# 网络安全

## 公众世界中的秘密通信

### （原书第3版）

[美] 查理·考夫曼

[美] 拉迪亚·珀尔曼

[美] 迈克·斯派西纳　　　　著

[美] 雷·珀尔纳

高志强　刘志骋　周迪　陈明媚　译

清华大学出版社

北京

北京市版权局著作权合同登记号　图字：01-2023-0309

**图书在版编目（CIP）数据**

网络安全：公众世界中的秘密通信：原书第 3 版 /（美）查理·考夫曼等著；高志强等译.
北京：清华大学出版社，2025.1. -- ISBN 978-7-302-67882-3

Ⅰ. TP393.08

中国国家版本馆 CIP 数据核字第 2024SA6074 号

责任编辑：薛　杨
封面设计：刘　键
责任校对：刘惠林
责任印制：曹婉颖

出版发行：清华大学出版社
　　　　网　　　址：https://www.tup.com.cn，https://www.wqxuetang.com
　　　　地　　　址：北京清华大学学研大厦 A 座　　　　　邮　　编：100084
　　　　社 总 机：010-83470000　　　　　　　　　　　　邮　　购：010-62786544
　　　　投稿与读者服务：010-62776969，c-service@tup.tsinghua.edu.cn
　　　　质量反馈：010-62772015，zhiliang@tup.tsinghua.edu.cn
　　　　课件下载：https://www.tup.com.cn，010-83470236
印 装 者：大厂回族自治县彩虹印刷有限公司
经　　销：全国新华书店
开　　本：185mm×260mm　　　印　　张：22.25　　　字　　数：575 千字
版　　次：2025 年 1 月第 1 版　　　　　　　　　　印　　次：2025 年 1 月第 1 次印刷
定　　价：128.00 元

产品编号：100716-01

# 译 者 序

"没有网络安全就没有国家安全,没有信息化就没有现代化""网络安全和信息化是一体之两翼、驱动之双轮"……习近平总书记的上述重要论述足见网络安全的重要地位。

我从 2013 年开始从事网络安全视域下数据安全与隐私保护的相关研究,对主动隐私保护框架及公理化描述体系构建,支持隐私保护的数据采集、挖掘、评估等重要问题进行了系统的研究。适逢 2022 年清华大学出版社引进英文著作 *Network Security:Private Communication in a Public World*(3rd edition),我带领团队积极应邀参与翻译工作,有幸成为该著作的译者,倍感压力与欣喜:一是该书之前版次是网络安全方向的经典著作,涉及网络安全和密码学领域的大量经典内容,以及前沿技术,符合团队多年来的研究方向,可作为团队研究成果与国外经典著作结合的一次有益尝试;二是原著作者查理·考夫曼(Charlie Kaufman)以及被誉为"互联网之母"的拉迪亚·珀尔曼(Radia Perlman)博士等的写作风格极具特色,深深地吸引了我和团队,因此希望将自己和团队"啃下"这个大部头著作(英文版含附录共计 544 页)的心得分享给读者;三是当今世界正经历"百年未有之大变局",国家安全、网络安全、信息安全面临新形势、新问题,同时互联网已成为人们生活不可分割的一部分,希望通过本书的相关工作,为网络安全的科普以及教学、科研做些贡献。

该著作中文译名为《网络安全:公众世界中的私密通信(原书第 3 版)》,以友好、直观的方式阐释了网络安全和密码学领域复杂的概念,并清晰生动地解释了密码学和网络安全协议的内部工作原理。全书共包含 17 章,涉及网络安全基础知识概述、密码学导论、私钥加密技术、加密哈希、第一代公钥算法、量子计算、后量子密码、人员身份认证、IPSec、SSL/TLS和 SSH、电子邮件安全、电子货币等内容,并且在最后介绍了网络安全和密码学中值得注意的技巧,以及相关术语、部分数学知识和样例 GitHub 资源。每章都配有课后习题,有助于读者加深对网络安全相关概念和技术的理解。本书适合网络安全大类的专业人士阅读,也可以作为计算机科学与技术、网络空间安全等专业高年级本科生和研究生的教材。此外,本书可作为网络安全课程双语教学的支撑教材。

该著作兼具科普性和专业性,易于阅读又兼顾理论和技术深度,语言幽默,案例丰富,内容权威,对大量专业术语、最新技术和原理进行了深入浅出的辨析,并从大量现实场景出发,对密码学和计算机网络知识进行了多角度、多层次的辨析与融合。例如,本书对黑客与hacker 一词做了以下探讨:

"真正的黑客(hacker)是精通编程的人,他们非常诚实,对金钱毫无兴趣,而且不会伤害任何人,是技术人员眼中了不起的人物;而闯入计算机系统的破坏者,用入侵者(intruder)、坏人(bad guy)和冒名顶替者(impostor)等词语来形容更合适。"

此外,该著作对于隐私(privacy)、保密(confidential)和秘密(secret)等术语的论述十分深刻、专业。加之,著作中对网络演进发展的相关讨论也极具启发性和思考意义:

"关于我们现在广泛使用的因特网,其最初的设计并不是唯一的,或者说它并非设计网络的最佳方法,但目前该设计在网络领域已经被成功实现,并成为人们工作、生活、学习等方方面面不可或缺的一部分。同样地，因特网（Internet）也是如此。即使目前仍存在一些因特网技术无法实现的需求，但我们所在的世界已经了解了如何推动因特网向着满足人类需求的方向发展。"

本书的形成也遵循同样的规律，在不断完善、迭代、更新的过程中不断优化、反馈、提升，以期符合技术的演进规律，并满足读者的阅读需求。

这正是典型的优化与平衡过程。

正如密码学的安全性取决于密码学的基本原则（Fundamental Tenet of Cryptography）一样——如果存在一个大量聪明人都没能解决的问题，那么这个问题很可能无法解决（或者无法很快解决），这并不是密码学中的确定性解决方案，但这确实可以被当作一种保护安全的应用密码。就像生活、社会、工作等涉及的复杂问题一样——它们不一定存在确定解，多数情况下最终的解决方案会是参与者、环境等多要素的不断妥协、折中，是一种近似性平衡的追求，并不是计算机世界中的非 0 即 1，也无法是量子计算中 0 和 1 的叠加，因此，整体的优化过程中所蕴含的动态演进平衡似乎是一种常态平衡。

与之类似，在 RSA 算法涉及的素性测试中，测试的次数也是性能和偏执之间的一种平衡。同样，在密码学算法的设计中所定义并引入的大量参数与操作，依然是为了实现安全性和性能等优化目标的优化平衡；在实际量子计算机的实现中采用量子门的种类依然是成本与性能损失在工程上的折中，通过优化与取舍，才实现了量子世界对现实世界的一种近似逼近。

总而言之，平衡与优化是密码学的重要主题，而且密码方案几乎都是为平衡性能与安全性而生的，通常会采用多种方式来平衡安全性、计算量，并且会优化密码方案以提升性能，或者安全性。然而，在现实生活中，一旦出现了安全问题，其所带来的往往不是好事。举一个真实的生活案例——电信诈骗与线下骗局的结合。骗子从开发商、物业等处买到公寓楼业主的信息，通过电话"轰炸"，以高租金为诱饵，诱骗业主将房子租给骗子做公寓酒店，但需要向骗子支付房屋的公寓酒店的装修费，待房子装修好后，骗子才会支付房租。如果骗子与业主都生活在理想的可信环境中，上述租赁流程不会存在任何问题。然而，在现实生活中，首先，骗子通过非法手段和渠道获取业主信息，就涉及隐私泄露、数据安全的问题；其次，骗子通过精心设计的"骗局"合同，诱骗业主支付装修费，这是"可信计算"研究的范畴；最后，骗子一步一步地诱骗业主，直到携款跑路，这是即便用密码学理论也很难让人们得到安全感的结果（尽管有人会说，从源头开始，对业主信息进行加密，就不会有后续的问题了，然而，只要存在信息交互，必然会在某个阶段存在信息的披露）。因此，在现实生活中，人们往往不会仅借助密码学去解决问题，而是会与骗子大吵一架，甚至报警（警方可能会因为证据不足而不会立案或进行干预）。最终，一种无奈的折中方案是基于所谓的合同，业主妥协，支付一定金额的违约金，得到一定量退回的费用作了结，而这些费用相比诈骗的全部费用只是一小部分。这就是复杂的现实生活中存在的另一种平衡——"少赔就是赢"的另类哲学。

下面从另一个视角看待人生所涉及的类似优化问题。

人的一生就像一个多目标优化问题的求解过程，我们追求着知识、成果、荣誉，却又不得不以熬夜、加班为代价；分秒必争地拼搏，却牺牲了与家人、朋友相伴的时间……在追求所有目标利益最大化的同时，不断地折中取舍、妥协、奋进，才能做到"舍得之间方得始终"。

但是请记住，不管做出了怎样的决策，既然选择了远方，便只顾风雨兼程。希望每一个成果和努力,都会化作朝着爱你的人们和你所爱的人们所期待的方向落下的又一个坚实足印。

乘风破浪,行稳致远,踔厉奋发,笃行不怠。

感谢本书的编辑,是你们的辛劳让本书可以顺利出版。

感谢本书的合译者,如果没有你们的协助,这个"大块头"著作的完成进度将会大大延长。

感谢我的妻子文文,以及刚出生的福宝,为了完成这本译著,我牺牲了许多陪伴你们的时间,在此深表歉意。尤其感谢岳母、岳父照顾小宝,以及在家养伤的我,以保证我有充足时间提高本书质量。

感谢我的父母和所有家人,为爱而行,是动力,是责任,更是义无反顾的执着。

成书之际,再次回想起正式接到本书翻译工作时的心情,很激动,很欣喜,一是可以再次与清华大学出版社合作;二是因重新梳理网络安全与密码学的相关技术、理论而感到"回忆满满"。同时,也对原著作者在网络安全领域做出的大量贡献和有意义的工作感到钦佩。因此,希望本书的翻译可以对相关领域的国内研究者,以及原著的推广工作起到积极作用。

高志强

2024 年 9 月

于西安

# 目 录

第1章 引言 …………………………………… 1
1.1 观点和产品声明 ……………… 2
1.2 本书路线图 ……………………… 2
1.3 术语说明 ………………………… 3
1.4 符号标记 ………………………… 5
1.5 受密码保护的会话 …………… 5
1.6 主动攻击和被动攻击 ………… 5
1.7 法律问题 ………………………… 6
　　1.7.1 专利 …………………… 6
　　1.7.2 政府法规 …………… 7
1.8 网络基础知识 ………………… 7
　　1.8.1 网络层 ………………… 7
　　1.8.2 TCP 和 UDP 端口 … 8
　　1.8.3 域名系统 …………… 9
　　1.8.4 HTTP 和 URL ……… 9
　　1.8.5 网络 cookie ……… 10
1.9 人类的名称标识 ……………… 10
1.10 认证和授权 ………………… 11
　　1.10.1 访问控制列表
　　　　　（ACL）…………… 11
　　1.10.2 集中式管理/能力 … 11
　　1.10.3 组 …………………… 11
　　1.10.4 跨组织的组和嵌
　　　　　套的组 ………… 12
　　1.10.5 角色 ………………… 13
1.11 恶意软件：病毒、蠕虫、
　　　木马 ………………………… 14
　　1.11.1 恶意软件从何
　　　　　而来 ……………… 15
　　1.11.2 病毒检测器 ……… 16
1.12 安全网关 …………………… 16
　　1.12.1 防火墙 …………… 17

　　1.12.2 应用级网关/代理 … 18
　　1.12.3 安全隧道 ………… 19
　　1.12.4 为什么防火墙不起
　　　　　作用 ……………… 19
1.13 拒绝服务(DoS)攻击 ……… 20
1.14 网络地址转换(NAT) ……… 21
1.15 总结 ………………………… 22

第2章 密码学导论 …………………… 23
2.1 引言 ……………………………… 23
　　2.1.1 密码学的基本原则 … 23
　　2.1.2 密钥 ………………… 23
　　2.1.3 计算复杂性 ……… 24
　　2.1.4 公布，还是不公布 … 25
　　2.1.5 早期的加密 ……… 25
　　2.1.6 一次性密码本 …… 26
2.2 私钥密码 ……………………… 27
　　2.2.1 基于不安全信道的
　　　　　传输 ……………… 27
　　2.2.2 不安全介质上的
　　　　　安全存储 ………… 27
　　2.2.3 认证 ………………… 27
　　2.2.4 完整性检验 ……… 28
2.3 公钥密码 ……………………… 29
　　2.3.1 基于不安全信道的
　　　　　传输 ……………… 30
　　2.3.2 不安全介质上的
　　　　　安全存储 ………… 30
　　2.3.3 认证 ………………… 31
　　2.3.4 数字签名 …………… 31
2.4 哈希算法 ……………………… 32
　　2.4.1 口令哈希 …………… 32
　　2.4.2 消息完整性 ……… 32
　　2.4.3 消息指纹 …………… 33

2.4.4 高效数字签名 ……… 33
2.5 破解加密方案 …………… 33
　2.5.1 仅密文攻击 ………… 33
　2.5.2 已知明文攻击 ……… 34
　2.5.3 选择明文攻击 ……… 35
　2.5.4 选择密文攻击 ……… 35
　2.5.5 侧信道攻击 ………… 36
2.6 随机数 …………………… 36
　2.6.1 收集熵 ……………… 37
　2.6.2 生成随机种子 ……… 37
　2.6.3 根据种子计算伪随
　　　　机数流 …………… 37
　2.6.4 定期重新生成种子… 38
　2.6.5 随机数的类型 ……… 38
　2.6.6 值得注意的错误 …… 39
2.7 数论 ……………………… 39
　2.7.1 有限域 ……………… 40
　2.7.2 幂 …………………… 41
　2.7.3 避免侧信道攻击 …… 41
　2.7.4 密码学所使用元素
　　　　的类型 …………… 42
　2.7.5 欧几里得算法 ……… 42
　2.7.6 中国剩余定理 ……… 43
2.8 作业题 …………………… 44

第 3 章 私钥密码 …………… 46
3.1 引言 ……………………… 46
3.2 分组密码的一般问题 …… 46
　3.2.1 分组大小、密钥大小 … 46
　3.2.2 完全通用映射 ……… 46
　3.2.3 看似随机 …………… 47
3.3 构建实用的分组密码 …… 48
　3.3.1 每轮的密钥 ………… 48
　3.3.2 S-盒和比特置换 …… 48
　3.3.3 Feistel 加密 ……… 49
3.4 选择常量 ………………… 50
3.5 数据加密标准(DES) …… 50
　3.5.1 DES 概述 ………… 51
　3.5.2 mangler 函数 …… 51

3.5.3 不想要的对称性 …… 52
3.5.4 DES 的特别之处 …… 53
3.6 多重加密 DES ………… 53
　3.6.1 进行加密的次数 …… 54
　3.6.2 为什么是 EDE 而不
　　　　是 EEE ………… 56
3.7 高级加密标准(AES) …… 56
　3.7.1 高级加密标准的
　　　　起源 ……………… 56
　3.7.2 总览 ………………… 57
　3.7.3 AES 概述 ………… 58
　3.7.4 密钥扩展 …………… 60
　3.7.5 反向轮次 …………… 60
　3.7.6 AES 的软件实现 …… 60
3.8 RC4 …………………… 61
3.9 作业题 …………………… 62

第 4 章 操作模式 …………… 63
4.1 引言 ……………………… 63
4.2 加密大消息 ……………… 63
　4.2.1 电子密码本 ………… 64
　4.2.2 密码分组链接 ……… 65
　4.2.3 计数器模式 ………… 67
　4.2.4 XOR 加密 XOR …… 68
　4.2.5 带有密文窃取的
　　　　XEX ……………… 70
4.3 生成 MAC ……………… 71
　4.3.1 CBC-MAC ………… 71
　4.3.2 CMAC …………… 72
　4.3.3 GMAC …………… 73
4.4 共同确保隐私性和完整性 … 74
　4.4.1 带 CBC-MAC 的计
　　　　数器 ……………… 74
　4.4.2 Galois/计数器模式 … 75
4.5 性能问题 ………………… 76
4.6 作业题 …………………… 76

第 5 章 加密哈希 …………… 78
5.1 引言 ……………………… 78

5.2 生日问题 ······ 80
5.3 哈希函数简史 ······ 80
5.4 哈希表的妙用 ······ 82
　5.4.1 数字签名 ······ 82
　5.4.2 口令数据库 ······ 82
　5.4.3 较大数据块的安全
　　　　摘要 ······ 83
　5.4.4 哈希链 ······ 83
　5.4.5 区块链 ······ 83
　5.4.6 难题 ······ 83
　5.4.7 比特承诺 ······ 84
　5.4.8 哈希树 ······ 84
　5.4.9 认证 ······ 84
　5.4.10 用哈希计算 MAC ··· 85
　5.4.11 HMAC ······ 86
　5.4.12 用密钥和哈希算法
　　　　加密 ······ 88
5.5 用分组密码创建哈希 ······ 88
5.6 哈希函数的构造 ······ 89
　5.6.1 MD4、MD5、SHA-1
　　　　和 SHA-2 的构造 ··· 89
　5.6.2 SHA-3 的构造 ······ 91
5.7 填充 ······ 92
　5.7.1 MD4、MD5、SHA-1 和
　　　　SHA2-256 消息填充 ··· 92
　5.7.2 SHA-3 填充规则 ······ 94
5.8 内部的加密算法 ······ 94
　5.8.1 SHA-1 内部的加密
　　　　算法 ······ 94
　5.8.2 SHA-2 内部的加密
　　　　算法 ······ 95
5.9 SHA-3 的 $f$ 函数 ······ 96
5.10 作业题 ······ 98

第 6 章 第一代公钥算法 ······ 100
6.1 引言 ······ 100
6.2 模运算 ······ 100
　6.2.1 模加法 ······ 100
　6.2.2 模乘法 ······ 101

6.2.3 模幂运算 ······ 102
6.2.4 费马定理和欧拉
　　　定理 ······ 103
6.3 RSA ······ 103
　6.3.1 RSA 算法 ······ 103
　6.3.2 为什么 RSA 有效 ··· 104
　6.3.3 为什么 RSA 安全 ··· 104
　6.3.4 RSA 操作的效率 ··· 105
　6.3.5 神秘的 RSA 威胁 ··· 110
　6.3.6 公钥密码标准 ······ 112
6.4 Diffie-Hellman ······ 114
　6.4.1 MITM(中间人)
　　　　攻击 ······ 115
　6.4.2 防御 MITM 攻击 ······ 115
　6.4.3 安全素数和小亚群
　　　　攻击 ······ 116
　6.4.4 ElGamal 签名 ······ 118
6.5 数字签名算法 DSA ······ 119
　6.5.1 DSA 算法 ······ 119
　6.5.2 这样为什么安全 ······ 120
　6.5.3 每个消息的秘密数 ··· 120
6.6 RSA 和 Diffie-Hellman 的
　　安全性 ······ 121
6.7 椭圆曲线密码 ······ 122
　6.7.1 椭圆曲线 Diffie-
　　　　Hellman ······ 123
　6.7.2 椭圆曲线数字签名
　　　　算法 ······ 124
6.8 作业题 ······ 124

第 7 章 量子计算 ······ 126
7.1 什么是量子计算机 ······ 126
　7.1.1 结论预览 ······ 126
　7.1.2 什么是经典计算机 ··· 127
　7.1.3 量子比特和叠加态 ··· 128
　7.1.4 作为向量和矩阵的
　　　　量子态和门 ······ 130
　7.1.5 叠加和纠缠 ······ 131
　7.1.6 线性 ······ 132

7.1.7 纠缠量子比特的
操作 ·············· 133
7.1.8 幺正性 ·············· 133
7.1.9 通过测量进行不可
逆操作 ·········· 134
7.1.10 让不可逆经典操作
可逆 ············ 134
7.1.11 通用门集合 ········· 134
7.2 Grover 算法 ············ 136
7.2.1 几何描述 ··········· 137
7.2.2 如何翻转状态 $|k\rangle$ 的
概率幅 ·········· 138
7.2.3 如何以均值为轴翻转
所有状态的概率幅 ··· 139
7.2.4 并行化 Grover
算法 ············· 140
7.3 Shor 算法 ·············· 141
7.3.1 为什么指数模 $n$ 是
周期函数 ········· 141
7.3.2 如何找到 $a^x \bmod n$ 的周
期以便分解整数 $n$ ··· 141
7.3.3 Shor 算法概述 ········ 142
7.3.4 引言——转换为频
率图 ············· 144
7.3.5 转换为频率图的
机制 ············· 144
7.3.6 计算周期 ·········· 146
7.3.7 量子傅里叶变换 ····· 147
7.4 量子密钥分发 ·········· 148
7.4.1 为什么有时称为量
子加密 ·········· 149
7.4.2 量子密钥分发是否
重要 ············· 149
7.5 建造量子计算机有多难 ···· 150
7.6 量子纠错 ·············· 151
7.7 作业题 ··············· 153

第 8 章 后量子密码 ·········· 155
8.1 签名和/或加密方案 ······· 156

8.1.1 NIST 安全等级
标准 ············· 156
8.1.2 身份验证 ·········· 156
8.1.3 不诚实密文的防御 ··· 157
8.2 基于哈希的签名 ········· 158
8.2.1 最简单的方案——单
比特签名 ········· 158
8.2.2 任意大小消息的
签名 ············· 158
8.2.3 大量消息的签名 ····· 159
8.2.4 确定性树生成 ······· 161
8.2.5 短哈希 ············ 161
8.2.6 哈希链 ············ 162
8.2.7 标准化方案 ········· 163
8.3 基于格的密码 ·········· 165
8.3.1 格问题 ············ 165
8.3.2 优化：具有结构的
矩阵 ············· 166
8.3.3 格加密方案的 NTRU
加密系列 ········· 167
8.3.4 基于格的签名 ······· 170
8.3.5 带误差学习 ········· 171
8.4 基于编码的方案 ········· 174
8.4.1 非加密纠错码 ······· 175
8.4.2 奇偶校验矩阵 ······· 178
8.4.3 基于编码的加密公钥
方案 ············· 178
8.5 多变量密码 ············ 182
8.5.1 求解线性方程组 ····· 182
8.5.2 二次多项式 ········· 183
8.5.3 多项式系统 ········· 183
8.5.4 多变量签名系统 ····· 183
8.6 作业题 ··············· 185

第 9 章 人类身份认证 ········ 188
9.1 基于口令的身份认证 ······ 189
9.1.1 基于口令的挑战-
响应 ············· 190
9.1.2 验证口令 ·········· 190

9.2　基于地址的身份认证 ……… 191

9.3　生物特征识别 ……… 192

9.4　加密身份认证协议 ……… 192

9.5　谁正在被认证 ……… 193

9.6　用口令作为密钥 ……… 193

9.7　在线口令猜测 ……… 193

9.8　离线口令猜测 ……… 196

9.9　在多个地方使用相同口令 … 196

9.10　需要频繁更改口令 ……… 197

9.11　诱骗用户泄露口令 ……… 197

9.12　Lamport 哈希 ……… 198

9.13　口令管理器 ……… 199

9.14　网络 cookie ……… 200

9.15　身份提供商 ……… 201

9.16　身份认证令牌 ……… 201

　　9.16.1　断开连接的令牌 … 202

　　9.16.2　公钥令牌 ……… 203

9.17　强口令协议 ……… 205

　　9.17.1　精妙的细节 ……… 206

　　9.17.2　增强型强口令
　　　　　　协议 ……… 207

　　9.17.3　安全远程口令
　　　　　　协议 ……… 207

9.18　凭证下载协议 ……… 208

9.19　作业题 ……… 209

第 10 章　可信中间人 ……… 211

10.1　引言 ……… 211

10.2　功能比较 ……… 211

10.3　Kerberos ……… 212

　　10.3.1　KDC 向 Bob 介
　　　　　　绍 Alice ……… 212

　　10.3.2　Alice 联系 Bob … 213

　　10.3.3　票证授权票证 …… 214

　　10.3.4　域间认证 ……… 215

　　10.3.5　使口令猜测攻击
　　　　　　变得困难 ……… 216

　　10.3.6　双 TGT 协议 …… 216

　　10.3.7　授权信息 ……… 217

10.3.8　授权 ……… 217

10.4　PKI ……… 217

　　10.4.1　一些术语 ……… 218

　　10.4.2　证书中的名称 …… 218

10.5　网站获得域名和证书 ……… 219

10.6　PKI 信任模型 ……… 220

　　10.6.1　垄断模型 ……… 220

　　10.6.2　垄断加注册机构 … 220

　　10.6.3　授权 CA ……… 221

　　10.6.4　寡头 ……… 221

　　10.6.5　无政府状态模型 … 222

　　10.6.6　名称约束 ……… 222

　　10.6.7　自上而下的名称约
　　　　　　束模型 ……… 223

　　10.6.8　任意命名空间节点
　　　　　　的多个 CA ……… 223

　　10.6.9　自下而上的名称
　　　　　　约束 ……… 223

　　10.6.10　PKIX 证书中的
　　　　　　　名称约束 ……… 225

10.7　构建证书链 ……… 226

10.8　证书撤销 ……… 226

　　10.8.1　证书撤销列表 …… 227

　　10.8.2　在线证书状态
　　　　　　协议 ……… 227

　　10.8.3　好列表与坏列表 … 228

10.9　PKIX 证书中的其他信息 … 229

10.10　过期证书问题 ……… 229

10.11　DNS 安全扩展 ……… 230

10.12　作业题 ……… 231

第 11 章　通信会话建立 ……… 233

11.1　Alice 的单向身份认证 …… 233

　　11.1.1　时间戳与挑战 …… 235

　　11.1.2　用公钥的 Alice
　　　　　　单向认证 ……… 236

11.2　相互认证 ……… 238

　　11.2.1　反射攻击 ……… 238

　　11.2.2　相互认证的时

间戳 ………… 239
11.3 数据的完整性/加密 ……… 240
    11.3.1 基于共享秘密凭证的
         会话密钥 ……… 240
    11.3.2 基于公钥凭证的
         会话密钥 ……… 241
    11.3.3 基于一方公钥的
         会话密钥 ……… 242
11.4 nonce 类型 ……… 242
11.5 蓄意的 MITM ……… 244
11.6 检测 MITM ……… 244
11.7 层是什么 ……… 245
11.8 完美正向保密 ……… 247
11.9 防止伪造源地址 ……… 248
    11.9.1 使 Bob 在 TCP 中
         是无状态的 ……… 249
    11.9.2 使 Bob 在 IPSec 中
         是无状态的 ……… 249
11.10 端点标识符隐藏 ……… 250
11.11 现场伙伴保证 ……… 251
11.12 并行计算的安排 ……… 252
11.13 会话恢复/多重会话 ……… 252
11.14 可否认性 ……… 254
11.15 协商加密参数 ……… 254
    11.15.1 套件与单点 ……… 254
    11.15.2 降级攻击 ……… 255
11.16 作业题 ……… 255

第 12 章 IPSec 协议 ……… 258
12.1 IPSec 安全关联 ……… 258
    12.1.1 安全关联数据库 … 259
    12.1.2 安全策略数据库 … 259
    12.1.3 IKE-SA 和
         子-SA ……… 259
12.2 互联网密钥交换协议 ……… 260
12.3 创建子-SA ……… 262
12.4 AH 和 ESP ……… 262
    12.4.1 ESP 完整性保护 … 263
    12.4.2 为什么要保护 IP

         报头 ……… 263
    12.4.3 隧道、传输方式 …… 264
    12.4.4 IPv4 报头 ……… 265
    12.4.5 IPv6 报头 ……… 266
12.5 AH ……… 267
12.6 ESP ……… 267
12.7 编码的比较 ……… 269
12.8 作业题 ……… 269

第 13 章 SSL/TLS 和 SSH 协议 ……… 270
13.1 使用 TCP ……… 270
13.2 StartTLS ……… 270
13.3 TLS 握手的功能 ……… 271
13.4 TLS 1.2 及更早的基本
    协议 ……… 271
13.5 TLS 1.3 ……… 273
13.6 会话恢复 ……… 273
13.7 TLS 部署的 PKI ……… 274
13.8 安全 Shell(SSH) ……… 275
    13.8.1 SSH 认证 ……… 276
    13.8.2 SSH 端口转发 ……… 277
13.9 作业题 ……… 277

第 14 章 电子邮件安全 ……… 278
14.1 分发列表 ……… 279
14.2 存储和转发 ……… 280
14.3 将二进制文件伪装成
    文本 ……… 281
14.4 HTML 格式的电子邮件 ……… 282
14.5 附件 ……… 282
14.6 垃圾邮件防御 ……… 283
14.7 邮件中的恶意链接 ……… 284
14.8 数据丢失防护 ……… 284
14.9 知道 Bob 的邮件地址 ……… 285
14.10 自毁，不转发 ……… 285
14.11 防止 FROM 字段的
    欺骗 ……… 285
14.12 传输中加密 ……… 286
14.13 端到端签名和加密邮件 … 286

14.14 服务器加密 ···············287
14.15 消息完整性 ···············288
14.16 不可否认性 ···············289
14.17 合理否认 ···············289
14.18 消息流机密性 ···········290
14.19 匿名 ···············291
14.20 作业题 ···············292

第 15 章 电子货币 ···········293
15.1 eCash ···············293
15.2 离线 eCash ···········294
15.3 比特币 ···············296
15.3.1 交易 ···············297
15.3.2 比特币地址 ·····297
15.3.3 区块链 ···········298
15.3.4 账本 ···············298
15.3.5 挖矿 ···············299
15.3.6 区块链分叉 ·····300
15.3.7 为什么比特币如
此耗能 ···········301
15.3.8 完整性检查：工作量
证明与数字签名 ···301
15.3.9 一些问题 ·········301
15.4 电子货币钱包 ···········302
15.5 作业题 ···············302

第 16 章 密码学技巧 ·······304
16.1 秘密共享 ···············304
16.2 盲签名 ···············305
16.3 盲解密 ···············305
16.4 零知识证明 ···········306
16.4.1 图同构 ZKP ·····306
16.4.2 平方根知识的
证明 ···············307
16.4.3 非交互式 ZKP ·····308
16.5 群签名 ···············309
16.5.1 一些不太重要的
群签名方案 ·······309
16.5.2 环签名 ···········310

16.5.3 直接匿名证明 ·····312
16.5.4 增强隐私 ID ·····312
16.6 电路模型 ···············313
16.7 安全多方计算 ···········313
16.8 全同态加密 ···········314
16.8.1 自举 ···············315
16.8.2 易于理解的方案 ···316
16.9 作业题 ···············317

第 17 章 约定俗成 ···········318
17.1 错误理解 ···············318
17.2 完美正向保密性 ·······319
17.3 定期更改加密密钥 ·······319
17.4 没有完整性保护就不要
进行加密 ···············320
17.5 在一个安全会话上多路复
用流 ···············320
17.5.1 拼接攻击 ·········321
17.5.2 服务类别 ·········321
17.5.3 不同的密码算法 ···322
17.6 使用不同的密钥 ·······322
17.6.1 握手的发起方和响
应方 ···············322
17.6.2 加密和完整性 ·····322
17.6.3 在安全会话的每个
方向 ···············323
17.7 使用不同的公钥 ·······323
17.7.1 不同目的用不同
密钥 ···············323
17.7.2 用不同的密钥进
行签名和加密 ·····323
17.8 建立会话密钥 ···········324
17.8.1 让双方贡献主
密钥 ···············324
17.8.2 不要只让一方决
定密钥 ···············324
17.9 在进行口令哈希时常量
中的哈希 ···············325
17.10 使用 HMAC 而不是简单

的密钥哈希 ·········· 325
17.11 密钥推导 ·········· 326
17.12 在协议中使用 nonce ······ 326
17.13 产生不可预测的随机数 ··· 327
17.14 压缩 ·········· 327
17.15 最小设计与冗余设计 ····· 327
17.16 过高估计密钥尺寸 ······· 328

17.17 硬件随机数生成器 ········ 328
17.18 在数据末尾加上校验和 ··· 329
17.19 前向兼容性 ·········· 329
17.19.1 选项 ·········· 329
17.19.2 版本号 ·········· 330

词汇表 ·········· 332

# 第 1 章 引　言

那是一个黑暗而风雨交加的夜晚,远处隐约地传来狗吠声。一个闪亮发光的物体吸引了 Alice[①] 的注意力。那是一个钻石袖扣! 家里只有一个人拥有钻石袖扣,那就是男管家! Alice 必须提醒 Bob 注意男管家的异常举动,但她如何在不惊动男管家的情况下告知 Bob 呢? 如果她直接给 Bob 打电话,男管家可能会通过分机监听。如果她从窗口放飞脚上绑着消息的信鸽,那么如何能让 Bob 确定这是 Alice 发送的消息,而不是 Trudy 为陷害男管家而发送的假消息,在这里 Trudy 是一个曾被男管家冷落的角色。

这就是本书要解决的问题。尽管书中对 Alice、Bob 以及男管家的性格方面描述不多,但本书中确实讨论了如何通过**不安全的媒介**进行**安全通信**的问题。

我们所说的"安全通信"究竟为何意? 在 Alice 向 Bob 发送消息的过程中,尽管 Alice 无法避免别人看到她发送的消息,但只有 Bob 才能理解该消息的含义。当 Bob 收到消息时,他应该能够确定该消息是 Alice 发送的,并且,在 Alice 和 Bob 之间发送和接收消息的过程中没有人篡改该消息。

我们所说的"不安全媒介"又为何意? 在某些字典里,"不安全媒介"的定义与互联网场景相关。众所周知,我们的世界正逐渐演变为一个奇妙的全球互联网络,计算机、家用电器、汽车、儿童玩具和嵌入式医疗设备都彼此互联。这是多么美妙! 当你在阳光明媚的海滩或是历史悠久的古城度假时,你都可以通过网络发送的简单命令控制核电站的运行。然而,网络内部的世界却是可怕的,窃听者可以监听通信链路。尽管网络中的信息以数据包的形式被交换机转发,但是,重新编程等方式可以监听交换机或篡改传输中的数据。

上述情况似乎让人感到无助,但密码学的"魔力"仍可以拯救我们,加密技术可以处理消息并将其转换为密文。尽管密文看似难以理解,但知道"密钥"的人即可将密文反向转换。密码学可以对数据进行伪装,使窃听者无法获得所监听消息的任何信息。密码学还可以创建不可遗忘的信息,并检测其在传输过程中是否被修改。**数字签名**(digital signature)技术便是实现上述过程的一种方法,它与消息本身及发送者相关,并可以被其他参与方验证是否为真,但数字签名只能由消息的发送者生成。这似乎难以置信。一个可以被验证但不能被生成的数字是什么样的呢? 尽管一个人的手写签名可以(或多或少地)被其他人验证,但只能由自己生成。尤其,当一个数字可以被验证时,生成这个数字应该不是难事。理论上可以通过尝试大量的数字来生成某人的数字签名,并对生成的每个数字进行测试,直到通过验证为止。但考虑到所使用数字的规模,按照上述方式生成签名将花费大量计算时间(甚至可能是几个宇宙量级的时间)。因此,数字签名具有与手写签名(理论上)相同的性质,因为它只能由一个人生成,但可以被许多人验证。然而,数字签名比手写签名的作用更大。数字签名

---

① 编辑注: 在密码学相关的大量文章和书籍中,常常会用 Alice(爱丽丝)和 Bob(鲍勃)作为"主人公"来说明案例。这个习惯最早可以追溯到 1978 年 Rivest 等人发表的论文《一种实现数字签名和公钥密码系统的方法》,该论文中首先采用了 Alice 和 Bob 这两个名字来代替传统的、枯燥的 A 和 B。在此之后,Alice 和 Bob 开始逐渐成为密码学领域中的"明星人物",本书中也沿用了这一对约定俗成的名字。

取决于消息的内容，一旦消息被更改，签名将不再正确，同时，相应的篡改也会被检测到。如果读者阅读了第 2 章，就会更加理解相关的内容。

密码学（cryptography）是本书的主题，这并不是因为密码学本质上很有趣（虽然它确实也很有趣），而是因为密码学可以极好地为人们提供计算机网络所需的安全特性。

## 1.1　观点和产品声明

本书所有观点仅是作者一家之言（甚至可能没有得到本书所有作者的同意）。这些观点也不一定代表作者们过去、现在或将来任职公司的观点。本书所提及的商业产品或商业组织仅作信息参考，并不代表任何作者当前、未来或先前供职机构的建议或认可。

## 1.2　本书路线图

我们的目标是让工程师能够理解本书，启发其设计灵感。但易于阅读并不意味着缺乏技术深度。我们尽力超越普通书籍中显而易见的信息，以期激发读者设计的洞察力。鉴于各类解释说明在网络高度发达的今天极易获得，我们并没有给出确切的网络数据包格式。

本书可以作为本科生或研究生层次的教材。每章的末尾都附有习题。同时，为便于教师们使用本书，多数章节都配有课件和答案手册（便于教师使用本书）。即使读者没有选修本门课程，也可以完成相应的习题。本书适合任何对技术有好奇心、有幽默感[①]，以及近期睡眠质量良好的读者。全书章节安排如下。

- **第 1 章　引言**：概述全书各章内容和网络基础知识。
- **第 2 章　密码学导论**：简单介绍密码学原理（后续章节会进行更详细的介绍）。
- **第 3 章　私钥密码**：本章讲解了不同的私钥加密算法，并介绍密码学家是如何创造这些算法的。
- **第 4 章　操作模式**：由于大多数私钥算法只能加密相对较小的数据块（如 128 比特以内的数据块），本章介绍多种可以有效并安全加密任意大量数据的算法。
- **第 5 章　加密哈希**：介绍哈希的用途，以及密码学家创造安全高效哈希算法的思维灵感。
- **第 6 章　第一代公钥算法**：讲解当前广泛使用的公钥算法。不幸的是，如果计算能力足够强大的量子计算机问世，那么公钥算法将不再安全。所以，第 8 章介绍的新型公钥算法——后量子密码技术将成为新的研究领域。
- **第 7 章　量子计算**：直观地给出量子计算机与经典计算机的差异，同时解释两种主要密码学相关量子算法（Grover 算法和 Shor 算法）背后的原理。
- **第 8 章　后量子密码**：介绍多种量子计算机也难以解决的数学问题，阐述将其转化为公钥算法的途径，并介绍可以提升其效率的各种优化方法。
- **第 9 章　人类身份认证**：描述人类身份认证面临的挑战，以及可能采用的各类技术。
- **第 10 章　可信中间人**：介绍密钥分发技术，并讨论目前已部署方案中的信任模型。

---

① 尽管幽默感并不是理解本书的必要能力，但幽默感仍是一种重要的通用特质。

- **第 11 章　通信会话建立**：介绍在进行相互身份验证握手和建立安全会话时遇到的各种概念问题。
- **第 12 章　IPSec 协议**：详细介绍 IPSec 协议的设计。
- **第 13 章　SSL/TLS 和 SSH 协议**：详细介绍 SSL/TLS 的设计和 SSH 协议。
- **第 14 章　电子邮件安全**：介绍电子邮件涉及的各种问题和解决方案。
- **第 15 章　电子货币**：描述使用电子货币能够达成的各种目标，以及各种实现技术，涉及加密货币和匿名现金。
- **第 16 章　密码学技巧**：介绍各种新出现的技术，例如安全多方计算和同态加密，以及其他广泛使用的技术（如密钥共享）。
- **第 17 章　约定俗成**：总结本书其余部分所讨论的一些设计经验，并解读一些常见误解。
- **词汇表**：定义本书中使用的术语。
- **数学手册**：更深入地介绍本书其余部分所涉及的数学知识。数学手册部分由迈克·斯派西纳单独撰写。该部分对于学习本书其余部分并非必需。部分样例内容可从迈克的 GitHub 库中访问，网址为 https://github.com/ms0/。

# 1.3　术语说明

计算机科学中充斥着大量定义不明的术语，甚至不同的作者以彼此冲突的方式使用着这些术语。有些人对待术语非常认真，当他们以某种方式使用某个术语时，如果其他人没有相应地遵从术语规范，则他们会感到被极大地冒犯。

> 当我使用一个词时，它的含义就是我赋予它的含义——不多也不少。
>
> ——Humpty Dumpty（《爱丽丝镜中奇遇记》）[①]

在网络安全领域，我们对一些术语具有相当强烈的感触。例如，我们不建议使用**黑客**（hacker）一词来描述闯入计算机系统的破坏者。这些犯罪分子自称为黑客，因而，他们率先得到了这个名字。但他们并配不上这个名字，真正的黑客是精通编程的人，他们非常诚实，对金钱毫无兴趣，而且不会伤害任何人。因此，将犯罪分子称为"黑客"既不明智，也不妥当。犯罪分子不仅偷窃人们的金钱、时间，更糟的是，他们还盗用了一个用来形容了不起人物的美好词汇。因此，对于这些闯入计算机系统的破坏者，用**入侵者**（intruder）、**坏人**（bad guy）和**冒名顶替者**（impostor）等词语来形容更合适。

关于**私钥**（secret key）密码学和**公钥**（public key）密码学这两个术语，在安全领域的文献中，通常采用**对称**（symmetric）和**非对称**（asymmetric）替代**私密**（secret）和**公开**（public）。

---

[①]　译者注：《爱丽丝镜中奇遇记》（*Through the Looking Glass*）是 19 世纪英国作家兼牛津大学数学讲师路易斯·卡罗尔（Lewis Carroll，1832—1898）创作的儿童文学作品，1871 年出版，是《爱丽丝梦游仙境》的姐妹篇。Humpty Dumpty 是书中一个又矮又胖的大蛋头形象，被称为矮胖子，或者蛋头先生。此外，科学家曾用 Humpty Dumpty 的故事来演示热力学第二定律（或称"熵增定律"），即在自然过程中，一个孤立系统的总混乱度（即"熵"）不会自动减少，熵在可逆过程中不变，在不可逆过程中增加。例如，鸡蛋从墙头掉下摔碎以后，几乎不可能回到原来熵值较低的完好状态，破镜难圆也是这个道理。

当提到**密钥**时，通常指加密和解密采用相同的密钥。当提到**公钥**（public key）时，通常指包括公钥（用于加密或签名验证）和私钥（用于解密或签名）的密钥对。有时使用**公钥**（public key）和**私钥**（private key）这两个术语时会令人感到不方便，因为在英文中，单词 public 和 private 都以字母 p 开头，缩写时容易混淆。

关于**隐私**（privacy）一词，通常指除特定知情人外，不愿被任何人获取的信息。一些安全领域的从业者会规避"隐私"一词，因为他们觉得隐私的含义在被定义为**知情权**时已经被破坏，例如，一些国家的**隐私法案**规定公民有权查看个人信息记录。此外，隐私也可用于防止个人信息被过度收集和滥用。此外，安全领域也会避免使用**秘密**（secrecy）一词，因为**秘密**（secret）具有特殊的军事含义，尤其当涉及并非**绝密信息**或秘密的保密信息时容易造成歧义。

在安全领域最常用的保持通信私密性的术语是**保密性**（confidentiality）。奇怪的是，**保密**（confidential）和**秘密**（secret）一样，都涉及安全等级标签，因此，安全领域也应该避免使用"保密性"这一术语。在本书的第 1 版中，出于保密性一词英文的音节太多、书中不涉及隐私等因素的考虑，我们并没有使用该词。在本书第 2 版中，我们重新审视了这一决定，计划将所有关于**隐私**（privacy）的表述都替换为**保密性**（confidentiality），然而，本书的一位作者指出，若要修改，则本书的题目也需要修改为**网络安全：在非保密世界中的保密通信**（*Network Security：Confidential Communication in a Non-Confidential World*）。最终，我们决定坚持采用**隐私**（privacy）这一术语。

> 话题发起人：在互联网上我们没有隐私，这不是很可怕吗？
> 诘问人 1：你所说的应该是"秘密"，请界定清楚你的术语。
> 诘问人 2：为什么不同的安全领域分支要不断地创造自己的术语？
> 诘问人 3：这是一种拒绝服务攻击。
>
> ——安全领域聚会时的争吵

通常，我们采用参与会话的人名来指代会话中所涉及的主体。例如，Alice 和 Bob 既可以指代人，也可以指计算机。此外，用代词 she 指代 Alice、he 指代 Bob 也是一种简明的描述方法，然而，用人类的名字指代事物时，仍会面临一些小问题。一般情况下，Alice、Bob 等多指计算机，而当提到用户 Alice 时，则指的是一个人。此外，当需要一个"反派"的名字时，本书中通常选择 Trudy（因为它听起来像入侵者-intruder）或者 Eve（因为它听起来像窃听者-eavesdropper）或者 Mallory（因为它听起来像恶意-malice）。[①]

> 有了你这样的名字，你几乎可以是任何形状的。
>
> ——Humpty Dumpty 对 Alice 说（《爱丽丝镜中奇遇记》）[②]

本书中，偶尔出现的作者个人观点采用带下标的"作者"表示，对于作者们都同意的观

---

① 译者注：为便于表述，与中文语法习惯类似，有生命的人作为主体时，使用"她""他"等，而无生命的计算机等主体统一用"它"代替。例如，通常认为 she 指代 Alice、Eve、Trudy，he 指代 Bob。为了更加普适，至少有一个反派角色是男性，本书用 Mallory 指代男性的坏人。尽管 Mallory 这个名字男女通用，而且在女性名字中越来越受欢迎，但本书中使用的 Mallory 是男性，并使用代词 he。

② 译者注：这句话来自《爱丽丝镜中奇遇记》第 6 章（With a name like yours, you might be any shape, almost.）。

点，或者其他作者都同意的观点（其他人都没有意见），采用"作者们"这个词。

## 1.4 符号标记

符号"⊕"（发音为 ex-or）表示按位异或。符号"|"表示级联。带有密钥的花括号表示加密，例如，"{message}K"表示用密钥 $K$ 加密消息。带有密钥的方括号表示签名，如"[message]$_{Bob}$"。本书中，密钥是否为下标并没有特殊含义。坦诚地讲，有时密钥具有下标，如 $K_{Alice}$，但我们使用的格式编辑器难以实现带有下标的符号标记。

## 1.5 受密码保护的会话

当 Alice 和 Bob 使用现代加密技术和协议通信时，例如，第 12 章中讲到的 IPSec 协议或第 13 章中讲到的 TLS 协议，首先，需要交换会话密钥（session secrets）中的一些消息，进而实现加密和会话完整性的保护。尽管 Alice 和 Bob 的物理链路基于互联网实现，但是一旦建立二者间受保护的会话，就可以像在私有受保护链路上互相发送信息一样可信。

上述受保护会话涉及多种术语表达，常用的为**安全会话**（secure session）。一种公认的安全惯例是在 Alice 和 Bob 间的安全会话中采用不同的密钥。例如，不同场景存在不同的会话密钥：
- 用于 Alice 流向 Bob 的流量加密；
- 用于 Bob 流向 Alice 的流量加密；
- 用于 Alice 流向 Bob 的流量完整性保护；
- 用于 Bob 流向 Alice 的流量完整性保护。

在受密码保护的会话中，Alice 和 Bob 各自拥有一个描述当前安全会话的数据库。该数据库用于存储传入会话数据的确认信息、参与会话所采用的加密算法，以及会话中收发数据的序列号。

## 1.6 主动攻击和被动攻击

**被动攻击**（passive attack）是一种入侵者只窃听消息流，但不对其作任何篡改的攻击方式。**主动攻击**（active attack）则是入侵者可以传输消息、重放旧消息、篡改传输中的消息，或者删除或延迟传输中选定消息的攻击方式。被动攻击对攻击者来说风险较小，因为发现或证明有人在实施窃听较难实现。例如，尽管攻击者没有直接存在于 Alice 和 Bob 之间的通信路径上，但仍可以通过使用**同谋路由**（accomplice router）复制流量，并将其发送给攻击者，完成隐蔽的数据分析。

在典型的主动攻击中，入侵者可以冒充会话的一方，或者充当中间人（MITM, meddler-in-the-middle）①。在中间人攻击中，攻击者，例如 Trudy，可以充当两方（Alice 和 Bob）之间

---

① 译者注：原著中解释为"需要注意的是，缩略词 MITM 曾用 man-in-the-middle 表示，但为了更具包容性和避免性别指向，该词作了调整"。

的中继，Trudy 不仅可以在 Alice 和 Bob 之间进行消息转发，还可以修改、删除或插入消息。如果只是忠实地转发信息，那么 Trudy 可能是被动的窃听者，或者是运行正常的路由器。

如果 Alice 使用具有强密码保护的安全会话协议与 Bob 进行通信，则 Trudy 无法通过窃听获得任何信息，更无法隐蔽地修改会话信息。

然而，Trudy 可以冒充 Bob 的 IP 地址，引诱 Alice 与其建立安全会话。然后，Trudy 可以冒充 Alice，并在 Trudy 和 Bob 之间建立安全会话，如图 1-1 所示。

Alice ◄——————► Trudy ◄——————► Bob

共享密钥 $K_{A-T}$ 共享密钥 $K_{T-B}$

**图 1-1  MITM 攻击**

表面上，Alice 和 Bob 实现了通信，但实际上他们都在与 Trudy 进行通信。Alice 发送给 Bob 的数据将被 Trudy 用 Alice-Trudy 的会话密钥进行解密，并用 Trudy-Bob 的安全会话密钥进行加密。对 Alice 和 Bob 来说，他们很难知道中间人 Trudy 的存在。

此外，Alice 可以通过问答的方式来确认是否正在与 Bob 进行通信，例如"第一次见面吃饭时，我点了什么菜？"，但是，Trudy 也可以转发上述问题和答案给 Bob。本书 11.6 节将介绍 Alice 和 Bob 可以用于检测中间人攻击的方法。后续章节中也会涉及一些具体的案例，例如，若 Alice 具有 Trudy 无法冒充 Bob 身份的证书，则 Alice 和 Bob 可以防止中间人攻击。

# 1.7  法律问题

法律视角下的密码学令人"着迷"，但相关问题变化得很快，而且本书的作者们并不是法律专家。虽然这说来惭愧，但如果要实现密码学的落地应用，真的需要请教专业的律师。专利和出口管制的"双管齐下"影响了加密的安全网络技术的落地应用，并导致了现实中一些"奇葩"的技术选型。

## 1.7.1  专利

专利是影响安全机制选型的法律问题之一。大多数加密技术都已被专利保护，从历史维度看，专利保护减缓了技术的落地应用进程。例如，NIST[①] 选择加密算法的重要标准为是否免版权税（如 AES、SHA-3 和后量子算法）。

广泛应用的 RSA 算法（详见 6.3 节）起源于麻省理工学院（MIT），当时，得益于 MIT 的基金支持，美国政府可以免费使用 RSA 算法。该技术只获得了美国专利，其授权许可仅由一家公司实际控制，但该公司声称 Hellman Merkle[②] 专利也涉及 RSA 算法，而且这个专利是全球通用的。同时，由于不同国家对于专利权的释义差异较大，因此所涉及的法律问题极

---

① 译者注：美国国家标准与技术研究院（NIST）成立于 1901 年，原名为美国国家标准局（NBS），直属美国商务部，从事物理、生物和工程方面的基础和应用研究，以及测量技术和测试方法方面的研究，提供标准、标准参考数据及有关服务。

② 译者注：论文《密码学的新方向》发表于 1976 年，介绍了一种新的密钥分配方法——Diffie-Hellman 密钥交换（但 Merkle 的博士生导师 Hellman 认为，由于 Merkle 的贡献，该方法应该被称为 Diffie-Hellman-Merkle 密钥交换），直接导致了一类新加密算法的发展，即公钥加密和非对称加密。

为复杂。无论如何,RSA 的最后一项专利已于 2000 年 9 月 20 日到期。因此,那天是很多人的"狂欢日"。

"我不知道你的方式表达的是什么意思,"王后说,"但这里的一切都是属于我的……"

——《爱丽丝镜中奇遇记》①

为了避免高额的授权许可费,许多协议标准采用 DSA 算法(参见 6.5 节)代替 RSA 算法。尽管 DSA 算法的很多性能不如 RSA 算法,但当 DSA 算法可以免费获得许可时,用户便不必与拥有 RSA 授权许可的公司签订协议。该公司声称 Hellman Merkle 涵盖了所有公钥加密技术,并通过获得 Schnorr 签名算法②与 DSA 算法相关的专利授权加强了其垄断地位。因此,在相关专利到期前,情况还是很不明朗。幸运的是,部分相关专利已经到期。

## 1.7.2　政府法规

> 玛丽有一把小钥匙
> (这是她能输出的全部)
> 她发送的所有电子邮件
> 在城堡被打开。

——罗恩·里维斯特③

美国政府对密码技术的出口有严格的限制,这引起了计算机行业极大的不满,并导致了一些令人费解的技术设计,例如,美国国内产品使用强加密算法是合法的,而出口的产品则不允许使用强加密算法。尽管美国公司出口含有密码技术的产品仍需要获得商务部的许可,但 2000 年以来,出口产品的相关许可已经很容易获得批准。

# 1.8　网络基础知识

尽管在讲授网络概念时总会有一些老生常谈的枯燥感受——仿佛 TCP/IP 协议是网络通信的唯一方式,或者是设计网络的最佳方式——然而,这的确是如今因特网(Internet)的根基,因此,我们需要了解一些网络知识的细节。下面对一些网络基础知识进行简要介绍。

## 1.8.1　网络层

分层思想是一个理解网络概念的好方法。在层的概念中,节点内部存在相邻层(上层或下层)的接口,节点之间存在对等层的通信协议。理论上,层内的协议可以由相邻层提供类似功能的层代替。尽管分层思想便于学习网络技术,但网络的部署应用并不完全遵循分层

---

① 译者注:原文为"I don't know what you mean by your way," said the Queen,"all the ways about here belong to me …"

*—Through the Looking Glass*

② 译者注:Schnorr 签名算法是一种基于离散对数难题的知识证明机制,本质上是一种零知识技术,由德国数学家、密码学家 Claus-Peter Schnorr 于 1990 年提出,1991 年申请获得专利,并于 2008 年到期。虽然据称 Schnorr 算法更强大,但数字签名算法(DSA)方案的使用更广泛,因为这一算法的专利可以在全球范围内免费使用。

③ 译者注:罗恩·里维斯特(Ron Rivest)是麻省理工学院知名的犹太裔密码学专家,他和其他两人(Adi Shamir 和 Leonard Adleman)因公钥加密算法 RSA 获得 2002 年图灵奖。RSA 即为他们三人的姓氏首字母。

模型。不同层级通常使用与该层相关的数据，而不局限于对等层或者相邻层。不同层级可以细分为更多层，或者进行层级的合并。国际标准化组织（ISO）定义了一个 7 层的网络模型[①]。该模型的底部层级情况描述如下。

- 第 1 层，**物理层**（physical layer）。物理层定义如何将比特流发送到相邻节点（在同一链路上的相邻节点）。

- 第 2 层，**数据链路层**（data link layer）。数据链路层定义如何将二进制比特串（由物理层提供）构造为相邻节点间的数据包。其中，需要用比特位来表示数据包的开始、数据包的结束和完整性检验等信息。

- 第 3 层，**网络层**（network layer）。网络层允许源节点跨越多条链路发送数据包。源节点通过数据包中的报头信息告知网络数据包的目的地。该过程与将信件放入信封，并在信封上书写目标地址的方式异曲同工。通常的网络拓扑由多条链路构成，**路由器**（routers）或**交换机**（switches）在链路间充当转发节点，连接两个或多个链路，并利用**转发表**（forwarding table）朝着目的地选择转发链路。一般情况下，网络地址是分层分配的，因此一组地址可以汇聚到一条转发目录中。为方便读者类比，可以想象，邮局只需要知道目的地址所在的国家，然后在国家内找到州（或省份），进而就可以转发到目的城市。目前，Internet 上应用的第 3 层协议是 **IP**（Internet Protocol），IP 数据包含有标识源和目的地址的包头、跳数（用于丢弃循环的数据包）和其他信息。IP 有两个版本：IPv4 具有 32 位地址，IPv6 具有 128 位地址。IP 数据包头部包含 16 位的"协议类型"信息，用于表明第 4 层发送数据所使用的协议。

- 第 4 层，**传输层**（transport layer）。这是需要在数据源添加，并在目的地址解析的信息。TCP 协议（传输控制协议，Transmission Control Protocol，RFC 793）提供的服务包括接收数据源的字节流，并向 TCP 之上的目的地址无丢失或重放地发送字节流。为实现上述目标，在发送端，TCP 为字节进行编号；在接收端，TCP 使用序列号确认所接收数据的顺序，并对有误数据进行重排序，以及请求重传丢失的数据。UDP（用户数据报协议，User Datagram Protocol，RFC 768）是另一种重要的第 4 层协议，但 UDP 并不关心数据的丢失或重排序。基于 TCP 或 UDP 的大量进程可以通过同一 IP 地址进行访问，因此，UDP 和 TCP 报头均包括**端口号**（ports，一个用于源端口，另一个用于目标端口），用于告知哪个目标进程应接收数据。

### 1.8.2  TCP 和 UDP 端口

TCP 和 UDP 报文中有两个 16 位字段：源端口号和目标端口号。通常，服务器上的应用程序可以通过"已知端口号"进行访问，这意味着这类端口和协议是绑定的。若客户端希望访问服务器上的应用程序，则协议类型字段的 IP 数据包头部将是 TCP(6) 或 UDP(17)，

---

[①] 译者注：开放系统互连参考模型（OSI-RM）是 ISO 组织在 1985 年研究的网络互连模型，将网络系统分成 7 层，每一层实现不同的功能，并以协议形式描述，协议定义了某层与对等层通信所使用的一套规则和约定。每一层向相邻的上一层提供一套确定的服务，并且使用与之相邻的下层所提供的服务。从概念上讲，每一层都与对等层通信，但实际上该层所产生的协议信息单元是借助于相邻下层所提供的服务传送的。因此，对等层之间的通信称为**虚拟通信**。发送和接收信息所涉及的内容和相应的设备称为**实体**。每一层都包含多个实体，处于同一层的实体称为**对等实体**。

第 4 层报文头部中的目标端口字段(TCP 或 UDP)应为与应用程序绑定的已知端口号。例如,HTTP 的端口号为 80,HTTPS 的端口号为 443。源端口号通常是动态分配的端口号(从 49152 到 65535)。

## 1.8.3 域名系统

互联网络的另一个重要内容是域名系统(DNS)。其本质为表示 DNS 域名(例如 example.com)与 IP 地址映射关系的分布式目录。因此,DNS 域名是分层的。简单地讲,对于每个层级的 DNS 域名(例如 root、.org、.com、example.com),服务器均存储着与该层级域名相关的目录。根服务器的目录允许查找每个**顶级域名**(top-level domains,TLD)服务器(例如,.org、.com、.gov、.tv)。目前已有超过 1000 个顶级域名,因此,根服务器存储着与每个顶级域名相关联信息的数据库。通常,DNS 域名的查找从根目录开始,查找保存着下一级目录的服务器,直到找到存储实际名称信息的服务器为止。DNS 分层结构的优点如下。

- 可以从组织机构购买 DNS 域名。若域名是从管理域名的组织 TLD.org 购买的,则域名的形式为 example.org。获得 example.org 域名后,即可基于 DNS 层次结构进行命名,如,xyz.example.com 或 labs.xyz.example.com。
- DNS 数据库不会变得无限大,因为任何组织都不需要保留整个 DNS 数据库。事实上,没有人知道 DNS 数据库中有多少域名。
- 允许在多个 DNS 数据库中使用相同的低层级域名。例如,DNS 域名 example.com 和 example.org 可以同时存在。

## 1.8.4 HTTP 和 URL

通常,人们上网时采用的协议为**超文本传输协议**(hypertext transfer protocol,HTTP)。HTTP 支持多个 DNS 域名,允许特定网页服务具有 DNS 域名。**统一资源定位符**(uniform resource locator,URL)可理解为网页地址。URL 包含服务的 DNS 域名,以及服务器接收到请求后产生的额外解析信息。额外的附加信息可以是目标服务器上所请求页面的查找目录路径。

有时,URL 是用户输入的,但 URL 常表现为网页中可以点击的链接。通常,用户利用互联网搜索引擎进行检索,然后从检索结果中单击所需要的信息。由于 URL 一般又长又丑,因此,无人会关注被点击的 URL 包含哪些内容。一般情况下,网页显示的链接不是实际的网址,当将鼠标悬停在网页链接上时,可能会显示其 URL。不幸的是,选择在页面上显示什么信息,以及将鼠标悬停在链接上时显示什么信息,是可人为操作的,而且,这些链接可能与单击链接时所指向的实际 URL 不同。例如,网页上有一个可单击的链接(通常以不同的颜色显示):"单击此处获取信息",若好奇的用户将鼠标悬停在链接上,则可能会显示一个网址"http://www.example.com/information",但如果用户单击该链接,恶意网页则可以链接到任何 URL,例如,http://www.rentahitman.com。

HTTP 有两种主要的请求类型,即 GET 和 POST。其中,GET 用于阅读网页,POST 用于向 Web 服务器发送消息。一般的网络响应包含请求的内容和状态信息(例如,状态良好-OK、未发现资源-not found 或未授权-unauthorized)。网络响应也可能包含重定向状态,用于告知浏览器访问其他的 URL。然后，就像用户单击了该链接一样，浏览器会跳转到新的 URL。

### 1.8.5　网络 cookie

当客户端正在浏览需要身份验证和访问控制的内容时，或者完成在线商品浏览后，需要向购物车中添加商品信息，并完成累加行为时，上述会话信息需要保存在计算机中。然而，HTTP 是无状态的，每个请求/响应的交互动作都需要建立新的 TCP 连接。cookie 机制可以帮助服务器保持多个请求/响应交互的上下文信息。cookie 是服务器发送给客户端的 HTTP 请求响应数据，客户端无须解析 cookie 数据。相反，客户端只须保留 DNS 域名列表，以及与 DNS 域名一致的服务器所发送的 cookie 数据。例如，客户端向 example.com 发送请求，然后，example.com 发送 cookie 数据，最终，客户端将在 cookie 列表中形成一条记录（example.com：cookie）。当客户端再次向 example.com 发出 HTTP 请求时，它将在 cookie 数据库中检索来自 example.com 的所有 cookie 数据，并将 cookie 数据包含于 HTTP 请求中。

cookie 可能包含用户的所有相关信息，服务器也可能将 cookie 数据保存在数据库中。在这种情况下，cookie 只需要包含用户的身份（由此服务器可以在其数据库中定位到该用户），以及服务器对该用户的身份验证证明。

例如，如果 Alice 已经向 Bob 进行了身份验证，则 Bob 可以向 Alice 发送涉及其功能的 cookie 数据和只有 Bob 知道的秘密消息。服务器可以通过多种方式对 cookie 进行加密保护。例如，采用只有服务器知道的密钥进行加密，或者只允许 cookie 被特定机器访问。此外，cookie 在网络上传输时，几乎总是受保护的，因为客户端和服务器的通信往往基于安全会话。

# 1.9　人类的名称标识

有时，人类拥有自己独特的**标识符**（identifier）是很重要的，但人们的名字没必要与众不同。而且，人类有许多独特的标识符，例如电子邮件地址、电话号码或特定网站的用户名。理论上，只有人类才需要辨别不同的身份标识是否指向同一个人，但不幸的是，一些组织机构利用掌握的数据可以轻易地关联各种身份信息。此外，家庭成员或好朋友之间共享网络账户的情况也较为常见，因此，同一个电子邮件地址或网站用户名实际上可能对应着多个人，但这种情况可以忽略。

人们的名字也可能会带来一些烦琐的问题。以电子邮件地址为例，某公司为第一个叫 John Smith（约翰·史密斯）的员工分配 John@companyname 的电子邮件地址，然后，为下一个同名的员工分配 Smith@companyname 的地址，为再下一个同名的员工分配 JSmith@companyname 的地址，而再下一个邮件地址就不得不以中间名作为起始标识。当你需要给同事约翰·史密斯发送消息时，你必须基于各种属性特征（如部门或职位，如果你有幸能在公司目录中找到上述信息），在公司目录中找出所需的电子邮件地址。当一个叫约翰·史密斯的同事收到了发给另一个约翰·史密斯的信息时一定会引起许多混乱。这对错收电子邮件的约翰·史密斯和没有收到电子邮件的约翰·史密斯来说都是个问题。通常情况下，可以轻易地删除垃圾邮件,但与某位约翰·史密斯无关的电子邮件,实际上可能对公司里另一位约翰·史密斯来说是重要的电子邮件,所以必须仔细阅读并谨慎转发,以防万一。但不幸的是,接收到电子邮件的约翰·史密斯还可能面临着需要将这封电子邮件转发给哪位约翰·史密斯的艰难抉择。

一种解决上述问题的方案如下:一旦公司雇佣了一位员工,就不要再雇佣另一个同名的员工了。本书的作者拉迪亚·珀尔曼的名字可能是世界上独一无二的,她可能认为这是合理的;但像约翰·史密斯这样的人可能会面临找工作的难题。

你为什么给你的孩子取名约翰?因为大家都叫约翰。

——塞缪尔·戈德温[①]

# 1.10 认证和授权

身份认证指的是 Alice 向 Bob 证明自己是 Alice 的过程。授权则决定请求者在 Bob 那里可以获得哪些权限。

## 1.10.1 访问控制列表(ACL)

通常,当服务器判断某用户是否能够访问某一资源时,首先需要对其进行身份验证,然后查询与该资源相关的数据库,找到不同用户及行为与该资源的对应关系。例如,与某文件相关的数据库存储的信息为:Alice 具有读的权限,George 和 Carol 具有读和写的权限。这种数据库通常称为**访问控制列表**(access control list,ACL)。

## 1.10.2 集中式管理/能力

除了列举每个资源的授权用户及其权限(例如读、写、执行)外,在另一种授权模型中,Bob 可以利用数据库记录每个用户的信息和操作权限。如果所有的场景都只有单个应用程序,那么 ACL 模型和集中式管理模型基本相同,因为对于这两种情况,都是利用一个数据库记录所有授权用户,以及每个用户的权限。但现实中,并不是所有的资源都在同一个组织的控制下,因此,利用集中式数据库管理用户及其权限是极为困难的。随着资源、用户及其权限规模的增加,尤其在资源可以被高速地创建和删除的情况下,上述集中式模型面临着巨大问题。然而,如果资源由不同的组织控制,那么就不存在单一可管理授权信息的可信组织机构。

当大量用户具备访问每个资源的权限时,ACL 模型面临着规模增长问题。但**组**(group)的概念有助于解决这种规模增长带来的问题。

## 1.10.3 组

假设在某个场景中,一个文件可以被戴尔公司的任意员工访问,那么将所有员工的姓名

---

① 译者注:原文为

　　Now why did you name your baby John? Every Tom, Dick, and Harry is named John.　　　　　—Sam Goldwyn

其中,Every Tom, Dick and Harry 翻译为"无论谁,不管张三李四"。

输入该文件的 ACL 表中将是一件极其烦琐的事！对于一组员工，例如"戴尔公司的所有员工"，可能对许多资源具有相同的权限。同时，为大量资源维护巨大的 ACL 表会耗费大量的存储空间，而且，任何员工入职或离职，都要对所有这些 ACL 表进行修改。

组的概念是为提升 ACL 表的可扩展性而提出的。当在 ACL 表上添加一个组名时，组内的任意成员都可以访问该资源。这样，组内的成员关系可以集中管理，无须在成员关系变化时更新每个资源的 ACL 表。

通常，当服务器利用 ACL 表中的组来保护某一资源时，需要掌握组内所有成员的信息，但如果该组的资源分散于许多服务器中，会使资源管理变得低效和不便。此外，该模式不适用于更灵活的组机制，例如：

- **跨组织的组**（cross-organizational groups），任何一个服务器都不能掌握所有成员的信息；
- **匿名组**（anonymous groups），可以证明组内的成员关系，并且无须泄露个人身份。

通常，组是集中式管理的，因此，某一用户属于哪个组就显而易见了，并且同一用户不能属于多个组。但在多数情况下，赋予用户创建组的能力（例如，用户可以创建"Alice 的朋友"或"已经在课程中参与了考试的学生"等组），并且让用户能够在 ACL 上对组进行命名是有意义的。

在现实中，将用户、组和 ACL 表的概念扩展到分布式环境是一个尚未解决的问题。本节为此描述了多种可行的方法，以及通用方法面临的挑战。

## 1.10.4　跨组织的组和嵌套的组

ACL 表需要支持组和个人的任何布尔组合运算。例如，ACL 表可以是 6 个个人和 2 个组的联合。只有在上述个人或组中，ACL 表才会为其授权。ACL 表需要支持类似"A 组且不是 B 组"等运算，例如"美国公民且不是重罪犯"。

同样地，组成员关系也需要支持组和个人的布尔组合运算，例如，"联盟高管"组的成员可能是 A 公司高管、B 公司高管和约翰·史密斯。联盟高管、A 公司高管和 B 公司高管可能分别由不同的组织管理，同时，成员关系也可能存储在不同的服务器上。那么，服务器 Bob 如何利用 ACL 表上的"联盟高管"组来保护资源，并判断 Alice 是否有访问资源的权限？就算 Alice 的名字没有明确出现在 ACL 表上，她也可能是 ACL 表上某个组的成员。但 Bob 并不一定认识这个组的所有成员。如果可以在目录中找到组名（联盟高管）的网络地址、公钥等信息，或者组名包含管理该组的服务器 DNS 域名，那么，组名可能是 example.com/Alliance-executives。

（1）Bob 可以定期查看其保护资源的任何 ACL 组，并收集完整的成员关系。这意味着 Bob 可以查看所有子分组的所有成员，以及子分组的子分组，然而，这面临着规模爆炸问题（组成员的数量可能非常大）、性能问题（服务器在查询组成员服务器的成员列表时可能需要占用大量性能）以及缓存老化问题。上述操作的频率为多少？如果一天一次操作，会带来大量负担，但一天时间对于 Alice 的组成员资格生效和撤销资格生效而言又过于长。

（2）当 Alice 请求访问时，Bob 可以向与该组相关的在线组服务器发起询问——Alice 是否为该组成员。但对组服务器进行多轮查询可能是一场性能噩梦，尤其，当未经授权的用户通过请求访问服务时，可能会造成拒绝服务攻击（DoS 攻击）。至少，一旦确定 Alice 是否属于该组,Bob便可以缓存此信息。但是,如果需要长时间缓存,则意味着成员关系可能需要很长时间才能生效,而且,撤销也可能需要很长时间才能生效。

(3)当Alice请求访问资源时,Bob可以回复:"你不在ACL表上,但ACL表上存在几个组,因此,如果你能证明是其中某一组的成员,则可以访问该资源。"接下来,Alice可以联系相关的组服务器,并尝试获得组成员资格认证。

(4)Alice可以结合某些证明,回复Bob她是ACL表上某个组的成员。同样,这也可能面临缓存老化问题,而且,如果大量用户(包括未经授权的麻烦制造者)联系组服务器,那么请求组成员身份证明的过程也会造成性能问题。

## 1.10.5 角色

"角色"一词有多种不同用法。基于角色的授权被称为**基于角色的访问控制**(role-based access control,RBAC)。在本书中,"角色"与"组"的概念相似。

在某些情况下,Alice需要以角色身份而不是个人身份登录。例如,Alice可能以管理员身份(admin)登录。然而,许多用户都可能需要以管理员身份登录,而且,出于审计目的,了解哪个用户正在调用管理员角色非常重要。因此,为方便审计,用户可以同时以角色(管理员)和个人(Alice)身份登录。在多数环境中,尽管命名为admin的角色能够调用计算机上的管理员角色,但不应为管理员授权控制核电站的权限。所以,组和角色都应该具有指定的域名,如管理组或角色成员身份的DNS域名服务。

尽管许多系统将角色与组当作相同的概念,但当这两个不同的词拥有相同的含义时,常常造成混淆。我们建议区分组和角色之间的差异,角色需要被用户有意识地调用,通常需要额外的身份验证,如输入不同的口令来验证自己属于哪个角色。而对于组则相反,我们建议所有成员自动拥有该组的所有权限,甚至不需要知道他们是哪个组的成员。

用户可以同时拥有多个角色,并且多个用户可能同时担任某一特定角色(如美国总统)。下面会继续讨论各种可用的授权方式,同时,不同系统的部署应用又会产生不同的授权选择。角色可以帮助人们解决的问题如下。

(1)当用户为特定角色时,应用程序将会呈现不同的用户接口。例如,当用户是经理角色时,"经费报告"功能会显示用于批准开支报告的命令,而当用户是员工角色时,该功能会显示用于上报经费的命令。

(2)角色可以为用户授予一定权限。若用户必须显式地调用特权角色,并可以长期保持着身份认证,则可以避免由拼写错误带来的繁杂特权操作。

(3)允许用户运行部分权限(非必要不调用最高特权角色)可以提供对恶意代码的保护。当运行不可信代码时,用户需要谨慎地以非特权角色运行。

(4)有时存在一些复杂的策略,例如"允许读取文件A或文件B,但不能同时读取文件A和文件B"。不管怎样,角色的支持者声称角色可以解决这个问题。这种策略被称为"中国墙"(Chinese wall)[1]。

---

[1] 译者注:中国墙(Chinese Wall)是证券法规中的专有用语,与我国的"内部防火墙"相似,是指证券公司建立有效的内部控制和隔离制度,防止不同部门互泄信息,导致内部交易及操纵市场的行为,是解决证券市场无处不在利益冲突的手段之一。采用"中国墙"的说法,意味着这种内部控制与隔离像中国的长城一样坚固。

## 1.11　恶意软件：病毒、蠕虫、木马

我的天啊！

——桃乐茜（电影《绿野仙踪》）[①]

人们喜欢对不同类型的恶意软件进行分类，并给它们分配"可爱"的生物名称（如果你也倾向于认为蠕虫很可爱的话）。我们认为区分这些名称并不十分重要，因此在本书中，我们将各种恶意软件泛指为 malware（恶意软件）。下面对一些可能会影响后续文字表述的术语进行介绍。

（1）**特洛伊木马**（Trojan horse）——隐藏在可用程序中可以做坏事的指令。通常，若在编写程序时安装了恶意指令，则会生成特洛伊木马。若稍后将指令添加到程序中，则此时该指令为"病毒"。

（2）**病毒**（virus）——运行过程中将自身副本插入其他程序的一组指令。

（3）**蠕虫**（worm）——通过网络在其他机器上安装自身副本的程序。

（4）**陷门**（trapdoor）——通常是为调试程序而故意写入程序的未记录入口点，是潜在的安全漏洞。当软件产品完成时，陷门经常被遗忘。然而，有时这些未记录的"功能"是程序员故意为之，以便于程序员在将来某个时间发泄不满。

（5）**僵尸**（bot）——被恶意代码感染的机器，因特网上的某些控制器可以激活该恶意代码，以执行恶意任务。控制器通常被称为**僵尸牧民**（bot herder）。这种被感染的"啮齿动物"会将计算机变成僵尸，其意图是让机器的所有者无法察觉其机器被感染了。机器的所有者依旧可以继续运行机器。然而，控制器可以随时召集其控制的所有"僵尸机器"进行某种恶意攻击，例如发送垃圾邮件或一些令人讨厌的信息服务。控制器所控制的僵尸通常被称为**僵尸军队**（bot army）。暗网上有租用僵尸军队的价目表，根据僵尸军队的规模和租用时间进行定价[②]。

（6）**逻辑炸弹**（logic bomb）——指在未来将被某个事件触发的恶意指令，例如会在将来某个特定时间发生的恶意指令。这种延迟有助于犯罪分子制造逻辑炸弹，因为他们可以事先在许多地方部署逻辑炸弹，或者可以在他们离开公司很久之后利用逻辑炸弹制造恶意攻击，以洗清自己的犯罪嫌疑。

（7）**勒索软件**（ransomware）——用于加密用户数据的恶意代码，用户向犯罪分子支付

---

① 译者注：原文为

*Lions and tigers and bears*, *oh my*!

　　　　　　　　　　　　　　　　　　—Dorothy (in the movie *The Wizard of Oz*)

lions and tigers and bears 是俚语，表示一种害怕的感情或者情绪。常用的语境是，遇到危险或者比较害怕的东西时，就可以说 lions and tigers and bears。

《绿野仙踪》（*The Wizard of Oz*）是美国米高梅公司（Metro-Goldwyn-Mayer，MGM）出品的一部童话故事片，改编自莱曼·弗兰克·鲍姆的儿童读物《奇妙的奥兹男巫》。1939 年 8 月 12 日该片在美国上映，讲述了美国堪萨斯州小姑娘桃乐茜（Dorothy）被龙卷风带入魔幻世界，在"奥兹国"经历了一系列冒险后最终安然回家的故事。其中，美丽善良的小女孩桃乐茜由美国女演员及歌唱家朱迪·嘉兰（Judy Garland）饰演。

② 译者注：暗网（dark web）是无法被搜索引擎检索的因特网子集，需要特殊的访问机制。因此，暗网是购买非法商品的"天堂"。

费用(如数百万美元)后才可以取回被加密的数据。

上述多数恶意软件都基于操作系统或应用程序中的漏洞实现。此外,还有一些恶意软件会利用人性弱点的漏洞,例如**网络钓鱼**(phishing),即按照一个巨大的非结构化电子邮件地址列表来发送邮件,以欺骗部分收件人,并使感染其机器,或者泄露其信用卡号码等信息:**鱼叉式网络钓鱼**(spear phishing),则意味着向特定人群发送定制化的消息。

## 1.11.1　恶意软件从何而来

恶意软件从何而来?最初,这仅是业余爱好者的自由试验。而如今,制造恶意软件已可以赚大钱。僵尸军队被租用于破坏竞争对手或政见不合的政治组织。恶意软件被用于索要赎金,也被"老谋深算"的间谍组织使用。典型的案例是震网病毒(Stuxnet)[①],这是一种旨在阻碍伊朗使用离心泵设备的恶意软件,以期减缓伊朗生产核武器的能力。

如何避免程序员故意将恶意软件写入程序?通过检查程序就能解决吗?下面的例子是伊安·菲利普斯(Ian Phillips)编写的一段简短程序(如图 1-2 所示),即使给出了源代码,恐怕读者也难以解释程序的用途。

```
/* Have yourself an obfuscated Christmas! */
#include <stdio.h>
main(t,_,a)
char *a;
{
return!0<t?t<3?main(-79,-13,a+main(-87,1-_,main(-86,0,a+1)+a)):
1,t<_?main(t+1,_,a):3,main(-94,-27+t,a)&&t==2?_<13?
main(2,_+1,"%s %d %d\n"):9:16:t<0?t<-72?main(_,t,
"@n'+,#'/*{}w+/w#cdnr/+,{}r/*de}+,/*{*+,/w{%+,/w#q#n+,/#{l,+,/n{n+,/+#n+,/#\
;#q#n+,/+k#;*+,/'r :'d*'3,}{w+K w'K:'+}e#';dq#'l \
q#'+d'K#!/+k#;q#'r}eKK#}w'r}eKK{nl]'/#;#q#n')  {)#}w'){){nl]'/+#n';d}rw'  i;# \
){nl]!/n{n#';  r{#w'r nc{nl]'/#{l,+'K {rw'  iK{;[{nl]'/w#q#n'wk nw' \
iwk{KK{nl]!/w{%'l##w#' i;  :{nl]'/*{q#'ld;r'}{nlwb!/*de}'c \
;;{nl'-{}rw]'/+,}##'*}#nc,',#nw]'/+kd'+e}+;#'rdq#w! nr'/ ') }+}{rl#'{n' ')# \
}'+}##(!!/")
:t<-50?_==*a?putchar(31[a]):main(-65,_,a+1):main((*a=='/')+t,_,a+1)
:0<t?main(2,2,"%s"):*a=='/'||main(0,main(-61,*a,
"!ek;dc i@bK'(q)-[w]*%n+r3#l,{}:\nuwloca-O;m .vpbks,fxntdCeghiry"),a+1);
}
```

图 1-2　圣诞节卡片

这段程序是 1988 年国际 C 语言混乱代码大赛[②]的冠军作品。该程序是一张令人愉快的圣诞卡,然而,除了预期目的外什么都没有做(我仔细分析了代码,并完全相信我的分析结果),但我们怀疑许多人在运行该程序之前,需要花费一定时间去理解这段程序。

但同时,相信没有人会仔细看这段程序。通常,你购买了一段程序后,便无法访问源代码,即使你拥有源代码,你可能也不会有耐心去阅读全部代码,或者非常仔细地阅读,甚至有

---

① 译者注:震网病毒又名蠕虫病毒,一般指超级工厂病毒,是世界上首个专门针对工业控制系统编写的破坏性病毒,能够利用对 Windows 系统和西门子 SIMATIC WinCC 系统的 7 个漏洞进行攻击。作为世界上首个网络"超级破坏性武器",震网病毒已感染了全球超过 45 000 个网络,伊朗遭到的攻击最为严重,60%的个人计算机感染了这种病毒。

② 译者注:国际 C 语言混乱代码大赛是一项国际编程赛事,从 1984 年开始每年举办一次(1997 年、1999 年、2002 年、2003 年和 2006 年除外),目的是写出最有创意的、最让人难以理解的 C 语言代码。

些可以运行的程序从未被审查过。此时，"开源代码"运动（所有软件都以源代码格式提供）的优势凸显，即使你没有仔细检查代码，但别人很有可能会认真地检查了该代码。

病毒是什么样子的呢？病毒可以通过执行以下步骤完成在程序中的安装：

（1）用跳转到内存中空闲空间的指令替代任意指令，例如用位置 $y$ 处的指令替代位置 $x$ 处的指令；

（2）从位置 $y$ 开始编写病毒程序；

（3）将最初位于位置 $x$ 的指令放在病毒程序末尾，随后跳转到位置 $x+1$。

除了病毒程序的常规损害外，恶意软件还可以自我复制，寻找文件目录中的可执行文件，并感染它们。一旦被感染的程序被运行，病毒就会被再次执行，进而造成更多的破坏，并再次复制，最终感染更多的程序。大多数病毒默默地传播，直到某个触发事件将其唤醒才开始作恶。如果它们一直在作恶，那么自然也不会传播得太远。

### 1.11.2　病毒检测器

软件程序如何才能检查出病毒？勇敢者竞相分析并编写程序来检测和消除病毒，而坏人也在不断地设计出新型病毒，以逃避病毒检测器的检测。

最古老的病毒检测器掌握了已知病毒中的指令序列，并且相信这些序列不会出现在正常的代码中。病毒检测器会检查磁盘上的所有文件和内存中的相似模式指令，一旦发现某个文件中隐藏的匹配项，就会发出警告。如果采用这类病毒检测器，则需要定期更新包含最新病毒的模式文件。

为了逃避病毒检测，病毒制造者设计了一种**多态病毒**（polymorphic viruses）。当病毒复制时，病毒会改变指令顺序或将指令变为功能类似的指令。除了新的模式文件外，检测多态病毒需要更多的工作量。现代的病毒检测程序不仅定期扫描磁盘，实际上，检测器会被嵌入操作系统中，并在文件被写入磁盘之前对其进行检查。

另一类病毒检测器通过记录文件目录的信息（如文件长度）来记录硬盘存储情况，甚至会记录文件的消息摘要。其设计目的是保证程序运行、信息存储，以及将来的再次正常运行。如果文件目录存在可疑更改，病毒检测器会发出警告。为避免加入程序后导致文件长度改变，有一种病毒会对程序进行压缩，使被感染的程序收紧到与原始程序长度一样。当程序运行时，包含病毒的未压缩部分会解压程序的其余部分，因此病毒部分之外的程序依然可以正常运行。

除了逃避检测，一些病毒甚至可以攻击病毒检测程序。如果攻击者能够渗透到某公司内部进行代码传播，例如病毒签名或程序补丁，则可以将恶意软件传播给该公司的所有客户。

## 1.12　安全网关

安全网关如图 1-3 所示，位于内部网络和因特网之间，可以提供各种网络服务。像盒子一样的安全网关通常具备许多网络功能，例如防火墙、网络代理和网络地址转换。接下来详细介绍这些功能。

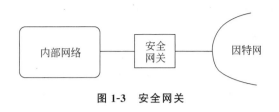

图 1-3　安全网关

## 1.12.1　防火墙

曾经人们认为,内部网络以及内部网络上的所有用户和系统是可信的,然而,若用户需要获取公开可用的网络服务,那么连接互联网便成了唯一的挑战。例如,若公司需要为公司网络之外的客户提供服务,则在内部网络和"可怕"的因特网之间安装防火墙是为了实现网络安全。

但通过防火墙实现内部网络和因特网之间的保护早已不足取信。即使部署了最安全的防火墙,例如,安全网关可以阻止内部网络和因特网之间的任何流量,但内部网络中的恶意软件依然可以任意进行破坏,即使是精心配置的防火墙也常常会被攻破。

**零信任**(zero trust)是最近的流行语,其理念与之前的观点相反。尽管防火墙可以增加一些额外的安全防护,但所有的应用程序必须做好自我保护,例如验证所有通信内容,执行访问控制规则。另一个流行语**纵深防御**(defense-in-depth)意味着设置多个安全阶段,即使其中一个失效了,其他的手段依然可以发挥保护作用。尽管传统的**防火墙保护模型**(firewall-will-protect-you model)已不再是安全防护的正确方式,但支持该模型的一些安全机制依然在部署应用。

防火墙可以集中式地管理单个系统的服务访问方式,但又不仅限于此。防火墙可以强制执行策略,例如,防火墙外的系统不能访问防火墙内任何系统上的文件服务。有了这样的限制,即使内部系统过于开放,或者存在 bug,防火墙外的系统也不能直接攻击内部系统。

注意,防火墙不仅是公司购买的硬件盒子。部署于每台机器上的软件防火墙具备与硬件防火墙相同的过滤能力。这个概念也称为**分布式防火墙**(distributed firewall)。"防火墙"和"分布式防火墙"都是流行语,与大多数流行语一样,其定义在不断演变,不同的供应商按照不同的方式使用这些词语。通常,分布式防火墙意味着所有做防火墙工作的组件是集中式管理的。否则,分布式防火墙将仅意味着多个防火墙的集合。

最简单的防火墙会基于可配置的准则(例如 IP 数据包头部的地址,断开持续连接的状态)选择性地丢弃数据包。例如,防火墙的配置中仅允许内部网络上的某些系统与外部进行通信,或者允许网络外部的一些地址与内部网络进行通信。对于每个网络通信方向,防火墙可以配置一组合法的源地址和目标地址,并丢弃任何不合法的数据包,这就是**地址过滤**(address filtering)。

数据包过滤机制不仅基于网络地址。在典型的安全策略中,对于某些类流量(如电子邮件、网页浏览),当收益大于潜在风险时,应该允许此类流量通过防火墙,而其他类流量(如远程终端访问),则不应被允许通过防火墙。

为实现防火墙允许主机 A 和主机 B 之间的某类流量,以及其他类流量的禁止通过,需要查看 IP 数据包头部的协议类型、第 4 层(TCP 或 UDP)报文头部端口,以及数据包中的任何固定偏移等内容。对于 Web 流量,源端口或目标端口应为 80(HTTP)或 443(HTTPS)。对于电子邮件,源端口或目标端口应为 25。

防火墙也可以设置更加复杂的策略。某些策略允许由防火墙内部的计算机启动连接,但防火墙外的计算机则被禁止启动连接。假设防火墙内的机器 A 初始化了与防火墙外机器 B 的连接。在二者会话期间,由于防火墙可以监视 A 到 B 和 B 到 A 两个方向的数据包,所以不能简单地禁止从 B 到 A 的数据包。防火墙可以通过查看 TCP 报文头部信息来强制管控 A 发起的连接。TCP 协议只在第一个用于建立连接的数据包设置了标签,这一标签称为 ACK。所以,若防火墙禁止了机器 B 中没有 ACK 标签的 TCP 报文头部的数据包,则通常可以达到预期防护效果。

另一种方法是**有状态包过滤器**(stateful packet filter),即一种能够记住数据包状态,并能够动态改变过滤规则的包过滤器。例如,有状态包过滤器具有记忆功能,网络连接从内部 IP 地址 $s$ 发起,目的 IP 地址为 $d$,并且允许(在一段时间内)从 IP 地址 $d$ 到 IP 地址 $s$ 的连接。

## 1.12.2 应用级网关/代理

**应用级网关**(application-level gateway),也称为**代理**(proxy),是客户端与提供服务的服务器之间的中介。网关中有两块网络适配器(网卡)充当路由器的角色,但更多情况下,像图 1-4 中的 3 个盒子一样,网关置于两个包过滤防火墙之间。这两个防火墙像路由器一样,只转发发往该网关或从该网关发出的数据包。例如,防火墙 F2 只转发公共网络发往该网关的数据包,同时只将网关发送的数据包转发到公共网络。防火墙 F1 只转发内部网络发往该网关的数据包,同样,只将网关发送的数据包转发到内部网络。

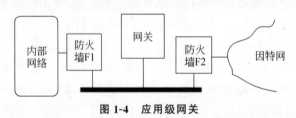

图 1-4　应用级网关

若要从内部网络向公共网络发送文件,则需要在内部网络将文件传输到网关计算机,这样在外部即可读取文件。类似地,若要将外部文件读入内部网络,则用户可以将文件复制到网关机器。若要登录公共网络中的计算机,可以先登录网关机器,然后访问远程网络中的机器。

应用级网关也称为**堡垒机**(bastion host),其运维和配置的安全性要求很高。在两个防火墙之间的网络部分称为**非军事化区域**(demilitarized zone,DMZ)。

网关不需要支持所有的潜在应用程序。若网关遇到不支持的应用程序,则网关两侧的防火墙会提前阻止该应用程序(基于第 4 层的端口),或者两个防火墙都允许该应用程序,这取决于用户是否希望该应用程序通过防火墙。例如,网关策略可以设置为仅允许电子邮件在公司网络和外部世界间传递,其目的是禁止文件传输和远程登录等其他应用程序。尽管电子邮件可以用于传输文件,但有时防火墙可能会专门禁止包含大文件的电子邮件,理论上,这会限制网关的文件传输能力。但包含大文件的电子邮件是完全合法的,所以,通常将文件分解为多个小块。

有时,应用程序可能会与应用网关上运行的代理相关。例如,浏览器可以配置代理的地址,然后所有网络请求都会发送给代理。代理会配置允许和不允许的网络连接,甚至为了检测恶意软件,代理可以检查通过的数据。

### 1.12.3  安全隧道

**隧道**(如图 1-5 所示)是节点 A 和 B 之间创建的点对点连接,是穿越网络的一条路径。节点 A 和 B 可以将隧道视为彼此之间的直接链路。**加密隧道**(encrypted tunnel),即节点 A 和 B 之间建立的安全会话,有时也称为**虚拟专用网络**(virtual private network,VPN)。VPN 这一术语并不妥当,**虚拟专用链路**(virtual private link,VPL)更加准确。

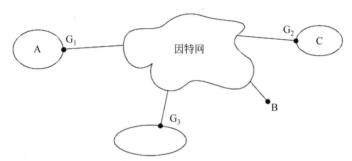

**图 1-5  通过公共网络(因特网)连接私有网络**

将虚拟专用链路称为 VPN 的观点认为,加密隧道是私有网络中的一条额外链路,因此,私有链路和互联网中加密隧道的组合构成了私有网络。如果只用首字母缩写 VPN 代表加密隧道,而不考虑 VPN 的扩展,则可以接受这个术语。

假设我们连接到因特网的唯一目的是将互不相连的个人网络连接起来。除了图 1-5 中的配置,还可以购买网关 $G_1$、$G_2$ 和 $G_3$ 之间的专用链路,并可以将这些链路视为公司网络的一部分,因为已经购买了专用链路。但让数以 GB 体量的流量通过因特网进行传输,成本更低。然而,如何信任跨越因特网传输的公司数据?可以配置网关 $G_1$、$G_2$ 和 $G_3$ 之间彼此相关的安全信息,如加密密钥,并建立安全隧道。

下面从 IP(网络的第 3 层)的视角分析网关 $G_1$ 和 $G_2$ 之间的隧道机制,当节点 A 向节点 C 发送数据包时,节点 A 的 IP 数据包头部的源地址为 A,目的地址为 C。当网关 $G_1$ 通过隧道发送数据包时,$G_1$ 会将数据包放入另一个"信封"中,即添加一个额外的 IP 数据包头部,并将之前的内层数据包头部视为数据。外层 IP 数据包头部包含源地址 $G_1$ 和目的地址 $G_2$。而且,所有内容(包括内层 IP 数据包头部)将被加密,数据完整性也会受到保护,因此通过因特网的隧道是安全的。

### 1.12.4  为什么防火墙不起作用

由于不能实现端到端安全的防火墙仅假设所有坏人都在防火墙之外,而防火墙内部区域是完全可信的,当然,这是一个毫无安全保障的假设。例如,员工是否可以访问(读和写)工资数据库?

即使公司在招聘方面非常谨慎，没有内部员工会主动做坏事，但如果攻击者将恶意代码注入公司网络中的计算机，那么防火墙就会立即失效。这种攻击可以通过诱骗内部人员从互联网下载来源不明的文件或者从电子邮件中启动可执行文件来实现。目前，攻击者闯入防火墙内部的系统并不稀奇，然后攻击者会利用该系统作为平台攻击其他系统。有人曾将受防火墙保护的网络比喻为"外强中干"。

防火墙也常常会使合法用户难以完成某些工作，例如，防火墙可能配置不正确，或者可能无法识别新的合法应用程序。如果防火墙允许某一应用程序通过，例如电子邮件或HTTP 报文，那么人们便可以知道如何伪装成为防火墙配置中允许的流量。为欺骗防火墙而伪装流量的反讽性术语是以**防火墙友好**（firewall-friendly）的协议传输流量。

由于防火墙通常允许 HTTP 流量（因为 HTTP 是用于网络浏览的协议），所以基于HTTP 的操作有很多案例。最极端的例子是通过 HTTP 承载 IP 数据包，即允许所有流量通过！这是防火墙友好吗？关键是要获得防火墙管理员的许可！其实，让防火墙承载HTTP 流量并不是最容易的事，让防火墙什么都允许通过或者什么都禁止是最容易的事！

正如将大文件拆分成多个小块，并分别由独立的电子邮件承载是低效的一样，从带宽和计算量角度看，让协议运行在 HTTP 之上而不是简单地运行在 IP 之上，也是效率低下的。

## 1.13　拒绝服务（DoS）攻击

**拒绝服务攻击**（denial-of-service attack，DoS attack）指攻击者阻碍正常的网络访问，也不允许任何服务的未授权访问。曾几何时，安全人员认为拒绝服务攻击发生的可能性不大，因为攻击者并不会从攻击中获得利益。当然，这是一种错误的推断。恐怖分子、心怀不满的员工，以及喜欢恶作剧的人会热衷于进行 DoS 攻击。

早期的拒绝服务攻击中，攻击者不断向受害机器发送信息。由于资源容易耗尽，当时大多数机器都容易受到此类攻击。举个例子，用于跟踪 TCP 连接状态挂起的存储区域往往非常有限，例如，大约可容纳 10 个连接。实际上，由于在单个网络往返时间内连接的 10 个合法用户数量并不大，因此，将容量设置为 10 较为合理。但即使攻击者只是通过低速链路连接到因特网，他们依然可以很轻松地占满服务器上的 TCP 连接记录表。

为了避免被抓住，攻击者通常会从伪造的源地址发送恶意数据包。这增加了找到并起诉攻击者的难度，同时，也使识别来自恶意机器的数据包，并用防火墙进行数据包过滤变得极为困难。

作为一种防御方法，人们主张让路由器具备对源地址进行合理性检验的能力。这些路由器的配置策略为，一旦收到来自不合法源地址方向的数据包，就将该数据包丢弃。路由器可以为每个端口配置预期的源地址，也可以基于转发表推断预期转发方向。出于对潜在网络问题的考虑，上述理念尚未部署应用。如果合理性检验仅基于已配置的信息，则因特网（例如链路中断和使用替代路由）拓扑的变更可能会导致路由器做出错误的推断。移动 IP协议（RFC 5944）允许节点在因特网上移动，并可以保留其 IP 地址，但这会扰乱正进行合理性检验的路由器。

针对单个企图耗尽服务器资源的恶意节点，可以采用部署性防御策略来增加服务器上的资源，这样，按照连接到因特网的速度，单个攻击者就无法填满挂起状态的 **TCP 连接表**

（TCP connection table）。

另一种升级的 DoS 攻击是，通过发送一个数据包来引发大量合法机器向受害机器发送消息。例如，将数据包发送到广播地址，然后将数据包的源地址伪造为受害机器的地址，并要求所有接收到广播的机器做出响应。所有收到广播的机器向受害机器发送响应的机制会放大攻击者基于单台机器的攻击效果，因为攻击者发送的每个数据包都可以变成 $n$ 个指向受害机器的数据包。

作为另一种防御方法，当机器从伪造的 IP 地址发送数据包时，TCP、IPSec 和 TLS 协议不再要求接收方 Bob 在收到网络请求后持续保持连接状态，或进行大量计算。除非请求者可以接收到来自所声明 IP 地址的数据包，否则 Bob 将不需要保持连接状态。仅当请求者返回了 Bob 发送到其声明的 IP 地址的数据后，Bob 才需要应答这个网络请求。

但随后出现了下一代升级，即所谓的**分布式拒绝服务攻击**（distributed-denial-of service attack，DDoS attack）。在这种攻击中，攻击者闯入大量无辜的机器，并通过安装软件使其攻击受害机器。这些无辜的机器称为僵尸、工蜂或机器人。当有足够多的机器人实施攻击时，所有受害机器都将失去访问能力，因为即使受害机器本身能够尽可能快地处理数据包，连接受害机器的链路或路由器也可能不堪重负。同样，TCP、IPSec 和 TLS 协议也会失效，因为机器人在攻击中的网络请求需要使用自己的 IP 地址。当面对来自成百上千台无辜机器的请求时，很难区分这些数据包是否来自合法用户。

## 1.14　网络地址转换（NAT）

**网络地址转换协议**（Network Address Translation，NAT）是出于 IPv4 地址过少（仅 4 字节 32 比特），且无法为因特网上每个节点提供唯一网络地址的需求而设计的。有了 NAT 技术，因特网上的局部网络（例如一家公司的网络）便可以使用非全球唯一的 IP 地址上网，事实上，这些地址也在许多其他网络中重复使用。这也意味着在该网络之外无法访问网络内部的节点。然而，如果安全网关支持 NAT 功能，网关将拥有可以按需分配的全球唯一的 IP 地址池。

NAT 技术不可能拥有足够大的 IP 地址池，更不可能为与外部节点通信的每个内部节点提供全球可访问的 IP 地址。所以 NAT 技术也需要转换 TCP 或 UDP 端口。因此，NAT 技术的实现需要完成从〈内部 IP，内部端口〉到〈外部 IP，外部端口〉的映射。当内部节点 Alice 向外部目的地 Bob 发送数据包时，NAT 技术会把源 IP 和端口替换为 NAT 表中的外部 IP 和端口。同样地，当数据包从 Bob 处到达 Alice 指定的外部〈IP，端口〉时，NAT 技术会在内部网络转发数据包之前，替换 Bob 数据包的目的地字段。

如果只是简单地转换〈IP 地址，端口〉元组，则 NAT 技术将面临一些安全问题。假设 Alice 与 Bob 建立连接，然后 NAT 技术创建了一条将 Alice 的内部地址和端口转换为全球可达元组〈$IP_{Alice}$，端口 $_{Alice}$〉的记录。如果 NAT 技术将任何目的地址为 Alice 的临时分配的全球地址和端口的数据包都向 Alice 转发，那么因特网上的任何节点都可以通过〈$IP_{Alice}$，端口 $_{Alice}$〉向 Alice 发送数据包。有时上述行为也过于理想化。例如，假设在一个会议系统中，Alice、George 和 Carol（假设他们都支持 NAT）通过联系中央服务器加入会议，但并不是所有会议中的通信都需要通过中央服务器。如果 NAT 技术允许任何人都可以通过 Alice 的临时全球地址联系 Alice，然后，会议协调器会告知所有成员其他成员的全球地址，那么他们便实现了直接的相互通信。

若要创建仅节点 Alice 启动的连接行为，并使得节点 Alice 可达，那么 NAT 技术需要维持一个 4 元组到〈外部 IP，端口〉对的映射。例如，若 Alice 在内部用 IP＝$a$，内部端口＝$p$ 初始化了到外部节点 Bob 的连接，其地址＝B，端口＝$P_B$，则 NAT 技术会为此连接分配 Alice 外部地址和端口〈$IP_A$，端口$_A$〉。NAT 表包含了 Bob 地址的映射，并且只允许来自 Bob 地址和端口的数据包转发给 Alice。因此，NAT 条目记录具有六元组〈B，$P_B$，$IP_A$，端口$_A$，$a$，$p$〉，这意味着只有来自 Bob（在〈B，$P_B$〉）的数据包会被转换，并转发给 Alice。

在 NAT 技术的另一个重要用途中，家庭中的所有设备都具有相同的 IP 地址。这很有用，因为一些**互联网服务提供商**（Internet Service Providers，ISP）对每台联网的设备进行收费，而 NAT 技术的存在使得 ISP 似乎只为家中的一台设备提供网络服务。然而，ISP 在长达 74 页的终端用户许可协议（end user license agreement，EULA）中对其定价模式的潜在威胁给出了声明，要求每个人都必须进行单击确认（但实际上没有用户会阅读该协议），并同意不使用 NAT 技术。如今，如果某人阅读了这个长达 74 页的协议，那么他们最可能会想问"NAT 技术是什么？"

## 1.15　总结

前文所述内容为因特网的主要概念。在本书的后续部分会提供更多详细的讲解。

因特网从其最初的设计演变而来，而这种设计从来不是唯一的或设计网络的最好方法，但该设计在网络领域已经成功地实现。这个现象可以拿英语作个类比。由于英语可能过于复杂，存在大量的拼写和语法特例，但英语在实际中确实很有用。每年都会有一些神秘的讨论组决定正式添加哪些英语新词，以及英语的语法规则应该如何改变。

同样地，因特网也是如此。至少到目前为止，即使仍存在一些因特网技术无法实现的需求，但我们的世界已经了解了如何推动因特网向满足人类需求的方向发展。

# 第 2 章　密码学导论

## 2.1　引言

密码学(cryptography)一词来自希腊语词汇 $\kappa \rho \upsilon \pi \tau o$(意为隐藏或秘密)和 $\gamma \rho \alpha \varphi \eta$(意为书写)。因此,密码学是一种书写秘密的艺术。一般来说,密码学是一种按照允许解密的方式将信息变成表面上不可理解状态的艺术。密码学的基本功能是防止他人以读取的方式在参与者之间传递信息。本书聚焦如何将信息表示为数字,并对这些数字进行数学处理的密码学技术。此类密码学技术还可以提供如下服务:

(1) **完整性检验**(integrity checking)——使消息接收者确信消息自合法来源生成后未被更改;

(2) **认证**(authentication)——验证某人(或某物)的身份。

**密码函数**(cryptographic functions)有三种基本类型:哈希函数、私钥函数和公钥函数。本章将介绍每种函数类型的含义及用途,并将在后续章节中进行更详细的介绍。**公钥密码**(详见 2.3 节)涉及两种密钥的使用。**私钥密码**(详见 2.2 节)涉及一种密钥的使用。**哈希函数**(详见 2.4 节)不涉及密钥的使用。哈希算法并不是私密的,不涉及密钥,但哈希算法对密码学体系至关重要。

在传统密码学中,原始形式的消息称为**明文**(plaintext 或 cleartext),被加密的信息称为**密文**(ciphertext),从明文得到密文的过程称为**加密**(encryption),加密的反向过程称为**解密**(decryption)。

明文　——加密——→　密文　——解密——→　明文

一方面,密码学家不断发明精巧的密码;另一方面,密码分析者试图破解这些密码。这两个领域总是试图保持着自己的领先地位。

### 2.1.1　密码学的基本原则

最终,密码学的安全性取决于**密码学的基本原则**(Fundamental Tenet of Cryptography)。

如果存在一个大量聪明人都没能解决的问题,那么这个问题很可能无法解决(或者无法很快解决)。

### 2.1.2　密钥

密码学体系往往涉及算法和秘密信息两部分。其中的秘密信息被称为**密钥**(key)。除了算法之外还需要密钥的原因是,不断设计可逆扰动信息的新算法是困难的,而且,快速地向准备进行安全通信的人解释清楚新设计的算法也并非易事。因此,在一个好的加密方案中,让所有人,包括坏人(和密码分析者),都知晓该算法是完全可以的,因为不了解密钥的算法信息是无法解密的。

密钥的概念与**组合锁**（combination lock）类似。虽然组合锁的概念众所周知（输入正确顺序的密码即可打开组合锁），但在不知道数字组合的情况下，无法轻松打开组合锁。

### 2.1.3　计算复杂性

对于密码算法来说，保证"好人"可以进行合理有效的计算很重要，其中，"好人"指知道密钥的人[1]。没有密钥并不意味着不可能破解密码算法。仅通过尝试所有可能的密钥，坏人便可以找到可用的密钥（这是基于坏人能够识别出合理明文的假设）。加密方案的安全性取决于坏人破解它所需的工作量。如果最好的方案需要用世界上所有计算机花费 1000 万年才能破解，那么可以认为这是相当安全的。

回到密码锁的案例，典型的组合可能由 3 个数组成，每个数都为 1～40。假设输入一个组合需要 10s，这对于好人来说相当方便。但对于坏人来说需要多少工作量呢？存在 $40^3$ 种可能的组合，即 64 000 种。按照每次尝试耗时 10s 计算，则尝试完所有的组合需要一周，尽管平均来讲只需要半周左右。

通常，增加密钥长度可以使密码学方案更加安全。下面继续以密码锁为例，将密钥增加为需要输入 4 个数。尽管这会给好人带来更多的工作量，导致现在可能需要 13s 才能完成数字组合的输入。但坏人却需要尝试 40 倍的组合数量，若尝试每个组合需要 13s，则尝试遍所有组合需要一年。若真的要花费那么长时间，则坏人可能会想停下来去吃饭或者睡觉了。

在密码学领域，可以用计算机来穷尽密钥。计算机比人类快得多，而且不会累，因此，一台计算机上运行的软件每秒可以尝试数百万个密钥，而且，在专用硬件上效率会更高。此外，如果有多台计算机，则可以并行尝试搜索密钥，所以，通过投入更多的计算机可以节省时间。

密码算法的加密强度通常被称为破解密码所需的**工作因子**（work factor），其定义是在经典计算机上所需的**操作**（operations）数量。"操作"的概念通常是模糊的。$n$ 比特密钥的理想加密算法所需的破解工作因子为 $2^n$。没有比这更好的了，因为蛮力攻击（攻击者尝试所有可能的密钥）的情况为 $2^n$。另一种表示工作因子的方式是**安全强度**（security strength），通常表示为理想的私钥加密算法（其中没有比蛮力攻击更好的攻击方式）中密钥的大小。

有时，密码算法具有可变长度的密钥。通过增加密钥长度可增强密码算法的安全性。将密钥长度增加 1 比特，只会使好人的工作变得稍微困难一点，但会使坏人的工作变得加倍困难（因为可能的密钥数量会加倍）。尽管一些密码算法的密钥长度固定，但可以按需设计一个具有更长密钥的类似算法。

完美的密码算法意味着，好人的工作量与密钥长度（例如 $n$ 比特）成比例，而坏人的工作量与密钥长度是指数级关系（例如工作因子 $2^n$）。以使用 128 比特的密钥为例，若计算机计算速度变为 2 倍，则好人可以使用 256 比特的密钥，并且与之前性能相同，但坏人将需要

---

[1]　术语"好人"指密码学家（cryptographers），"坏人"指密码分析者（cryptanalysts）。这是一种方便的简洁指代，不涉及道德上的判断——在任何给定场景中，好与坏的判断均取决于个人观点。

尝试 $2^{128}$ 倍的密钥,即使坏人的计算机性能变为之前的 2 倍,也杯水车薪。因此,更快的计算机意味着好人与坏人之间的计算鸿沟会更大,并且可为好人提供同样的性能。

请记住,破解密码方案通常只是获得所需信息的一种方式。例如,无论密码锁有多少种数字组合,断线钳都是有效的。其他案例请参见网站 https://xkcd.com/538/。

相比于单独用一句好话的方式,一句好话加一把枪能让你走得更远。

——维利·萨顿,银行抢劫犯[1]

## 2.1.4 公布,还是不公布

表面来看,对密码算法保密会增强其安全性。密码分析者不仅需要破解算法,更需要首先弄清楚密码算法是什么。

目前的共识是,公布算法并尽可能仔细地检查是更安全的方案。坏人最终会发现所采用的密码算法[2],所以最好将算法告诉一些非恶意的人,这样即使密码算法存在问题,让好人发现问题,也会比让坏人发现密码算法漏洞好。而且,发现问题的好人可以通过让全世界知道他们发现了密码算法存在的问题来赢得声誉(在首先向系统开发人员发出警告之后,开发人员便可以解决该问题)。公开密码算法可以得到来自学术界的免费咨询,因为密码分析者可以通过寻找密码算法的问题来发表论文。而如果坏人发现了密码算法问题,则会利用它做坏事,例如盗用钱财或窃取商业机密。

## 2.1.5 早期的加密

术语 secret code(密码)和 cipher(密码)是可互换的,用于表示任何加密数据的方法。最早有文献记载的密码归功于尤利乌斯·恺撒(Julius Caesar)[3]。若消息是用英文书写的,则**恺撒密码**(Caesar cipher)的工作方式如下:用字母表中后移 3 位的字母(并从 Z 环绕到 A)替换消息的每个字母。这样 A 将变为 D,以此类推。例如,DOZEN 变为 GRCHQ。一旦明白恺撒密码的原理,则读取这样加密的消息非常容易(当然,除非原始消息是拉丁语的)。

20 世纪 40 年代,作为饮品阿华田[4]的附加产品,恺撒密码的微改进版本被发布为午夜队长解密环(Captain Midnight secret decoder rings)[5]。这种恺撒密码变体在 1~25 的数字

---

① 译者注:原文为 *You can get further with a kind word and a gun than you can with a kind word alone*.这句话来自银行大盗维利·萨顿(Willie Sutton)的自传 *Where the money was*,是 2004 年出版的美国畅销书,是人心操纵术的经典之作。此外,1987 年的电影《不可触犯》(*The Untouchables*)中也有这句台词,美国黑手党 Al Capone 也有过类似表述。

② 译者注:无论算法是否为分布式实现,通过逆向工程,坏人均可以发现所采用的密码算法。

③ 译者注:尤利乌斯·恺撒(公元前 100—前 44 年),史称恺撒大帝,罗马共和国(今地中海沿岸等地区)末期杰出军事统帅、政治家。公元前 44 年 3 月 15 日,恺撒遭到以布鲁图所领导的元老院成员暗杀而身亡,其甥孙及养子屋大维击败安东尼开创罗马帝国。

④ 译者注:阿华田是瑞士的一种著名饮料,1904 年由阿尔波特·万德博士试制成功,有大麦麦芽、牛奶、鸡蛋等多种营养成分。在瑞士等国家,阿华田作为一种健康和运动营养饮料伴随着一代又一代人的成长。

⑤ 译者注:《午夜队长》是 1942 年上映的美国科幻电影,同时,《午夜队长》也是芝加哥广播电台的系列节目,后续由 Ovaltine 赞助。此外,有时午夜队长解密环会违反加密硬件的出口控制要求。

中选择一个密码 $n$，而不是像恺撒密码一样恒定使用 3，然后，用消息中字母后移 $n$ 位的字母替换消息中的每个字母（当然，并从 Z 环绕到 A）。因此，若密码规则是 1，则 A 会变成 B，以此类推。例如，HAL 将变为 IBM。若密码规则是 25，则 IBM 将变为 HAL。不管 $n$ 的值为多少，$n$ 只有 26 种可能的尝试值，因此，若已知正在使用这种密码，则破解这种密码仍然非常容易，解密后即可识别出原始消息。

另一种密码系统被称为**单字母密码**（monoalphabetic cipher），该密码由一个字母到另一个字母的任意映射组成，包括 26! 种可能的字母对，约为 $4 \times 10^{26}$ 种[①]。这种密码看似很安全，因为要尝试所有 26! 种可能性，若每种尝试需要 $1 \mu s$，则尝试所有的可能性大约要花费10 万亿年。然而，通过语言的统计分析方法（某些字母和字母组合比其他字母更常见），很容易破解这种密码。例如，许多日报都有一个每日密码，即单字母密码，有兴趣的人可以在乘坐地铁上班的途中破解这种密码。例如

Cf lqr'xs xsnyctm n eqxxqgsy iqul qf wdcp eqqh, erl lqrx qgt iqul![②]

计算机的广泛使用既使得研发更加复杂密码方案的必要性更加突出，也使更复杂的密码方案更具可行性。必要性是因为计算机能够以耗尽大量人工的速度来尝试破解密钥，而可行性指计算机可以快速无误地执行复杂的密码算法。

## 2.1.6　一次性密码本

一次性密码本是一种易于理解、执行速度快，且完全安全的加密方案。尽管一次性密码本很少实际应用，但人们常将其与其他更实用却不太安全的方案作比较。一次性密码本由一长串通信各方已知，但其他人不知道的随机比特组成。下面用符号 $\oplus$ 表示 XOR 运算（按位异或），加密过程用一次性密码本的随机比特与明文进行异或操作，解密过程用相同的随机比特与密文进行异或操作。

由于窃听者只能看到密文，因此他们所能得到的信息与随机数无异。一次性密码本可作为密钥，尽管窃听者可以通过遍历所有可能的密钥来获得信息，但同时会得到所有相同长度的其他可能信息，并且无法确定对方实际发送的是哪一条信息。因为窃听者进行再多计算也不会比猜测效果更好，所以一次性密码本方案满足理论上的信息安全。

一次性密码本通常并不实用，因为双方需要事先保证随机比特流与想要发送的所有消息长度相同。当使用相同的随机数来加密两个不同的信息时，一次性密码本便是不安全的，因为，窃听者如果知道通信参与方在进行上述加密，就可以学习这两个信息的异或结果。这看似无伤大雅，但实际上会泄露很多信息。例如，假设基于相同的一次性密码本对两张图像进行异或加密，如果对两张加密图像进行异或操作，那么就可以得到这两张图像的异或结果。若可视化相应的操作结果，则即使是人类也通常可以看出这两张图像的差异。一次性密码本被重复使用的次数越多，则一次性密码本的内容就越容易被确定。这也是密码学家称其为一次性密码本的原因，同时，这也是在提醒人们不要多次使用一次性密码本（参见本章作业题 11）。

Alice 和 Bob 基于真正的随机一次性密码本进行通信是不可行的，因为一次性密码本

---

① 译者注：$n!$ 读作"$n$ 的阶乘"，表示 $n \times (n-1) \times (n-2) \times \cdots \times 1$。
② 译者注：单字母密码案例对应的明文为"If you're reading a borrowed copy of this book, buy your own copy!"。

的比特数需要与他们想要发送的信息总量一样多,所以一些密码方案使用固定长度的密码作为种子来生成伪随机比特流。基于种子生成的伪随机比特流是与明文异或的结果,该方式可作为明文加密的一种手段(接收方对相同的比特流进行异或操作来解密)。这种方案通常称为流密码,与一次性密码本方案相似。然而,若比特流是基于种子生成的,则不具有理论上的信息安全性,因为攻击者可以遍历所有可能的种子,进而能够找到生成易于理解信息的种子。本书中讨论的流密码包括 RC4(参见 3.8 节)和 CTR 模式(参见 4.2.3 节)。

## 2.2 私钥密码

私钥密码使用单一的密钥。当给定消息(明文)和密钥时,私钥加密会产生难以理解的数据(就像美国国税局发布的数据一样),其长度与明文长度大致相同。解密是加密的反向过程,使用与加密相同的密钥。私钥加密和解密如图 2-1 所示。

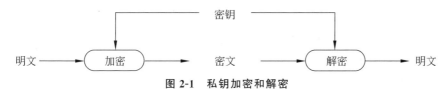

**图 2-1 私钥加密和解密**

私钥密码有时被称为传统密码或对称密码。尽管前面提到的午夜队长密码和单字母密码都很容易被破解,但二者都是私钥算法的典型样例。本章介绍私钥密码算法的功能,但不会涉及特定算法的细节。第 3 章会讲解一些主流私钥密码算法的细节。下面介绍几类私钥密码的应用场景。

### 2.2.1 基于不安全信道的传输

传输信息时通常无法防止信息被窃听。例如,电话会话可以被窃听,信件可以被拦截,因特网消息可以被链路上的路由器查看。

基于共享秘密(密钥),通过使用私钥加密技术,发送方和接收方可以在被窃听的媒介上相互发送消息,而且不用担心窃听者。我们需要做的就是让发送方加密消息,让接收方使用共享密钥解密消息。而窃听者只能看到信道上难以理解的数据。这就是私钥加密的经典应用案例。

### 2.2.2 不安全介质上的安全存储

由于任何存储的数据都无法避免被窥探,因此最好将数据加密存储。但必须小心,因为忘记密钥会使数据无法恢复。

### 2.2.3 认证

在谍战电影中,当两个素未谋面的特工会面时,都会用给定的口令或口令短语来识别对方。例如,Alice 的口令短语可能是"今晚的月亮很亮",Bob 的回答可能是"但是没有太阳亮"。若 Alice 并不是与真正的 Bob 对话,则 Alice 这一举动会把口令短语泄露给冒名顶替者。即使 Alice 正在与 Bob 对话，也可能会向窃听者泄露口令短语。

强认证（strong authentication）一词意味着可以在不泄露密钥的前提下证明参与方知道该密钥。加密技术可以实现强身份验证。当两台计算机试图通过不安全的网络进行通信时，强身份验证尤其有用（因为几乎没有人能够用大脑执行加密算法）。假设 Alice 需要确定是否正在与 Bob 进行会话，并且共享密钥 $K_{AB}$。Alice 可以选择一个随机数 $r_A$，并用密钥 $K_{AB}$ 进行加密，然后发送给 Bob。量 $\{r_A\}K_{AB}$ 称为挑战（challenge）。Bob 解密挑战，并将 $r_A$ 发送给 Alice。这就是 Bob 对挑战 $\{r_A\}K_{AB}$ 的响应（response）。这样，Alice 可以确认正在与知道 $K_{AB}$ 的人进行会话，因为，响应与 $r_A$ 匹配。上述过程如图 2-2 所示。

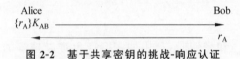

图 2-2　基于共享密钥的挑战-响应认证

如果有人，例如 Fred，要冒充 Alice，并让 Bob 为其解密一个值[①]，但在后续 Fred 冒充 Bob 与真的 Alice 会话过程中，之前 Bob 对 Fred 挑战的响应是无效的，因为真的 Alice 会选择不同的挑战。

注意：在这个特定的协议中，Fred 有机会获得一些〈选定的密文，明文〉对，因为，Fred 可以自称是 Alice，并要求 Bob 解密一个挑战。因此，必须从足够大的空间（例如 $2^{64}$ 个值）中选择挑战，这样就避免了两次使用相同的挑战。本书第 11 章中将讨论各种身份认证技巧和陷阱。

### 2.2.4　完整性检验

私钥密码的另一个用途是产生与消息相关的固定长度密码校验和（checksum）。

校验和是什么？普通（非加密）校验和可防止消息的意外损坏。术语"校验和"的最初来源是先将消息分成固定长度的块（例如 32 比特的字），然后求和。这个和与消息一起发送。接收端同样分解消息，重复上述加法，并检查总和。如果消息在发送过程中被篡改，那么接收端的和可能与发送的和不匹配，因此，消息会被拒绝。不幸的是，如果传输中有两个或多个错误相互抵消，则接收端无法检测到错误。事实证明，这种情况并非完全不可能，因为，若硬件缺陷导致了某处的比特翻转，那么也很可能在其他地方产生比特翻转。为防止硬件中的这种"常规"缺陷，密码学家设计了更加复杂的校验和，即循环冗余校验（cyclic redundancy checks，CRC）。但这仍然只能防止硬件问题，无法阻止聪明攻击者的攻击。因为，CRC 算法是公开的，想要更改消息的攻击者可以计算新消息的 CRC，并将其发送出去。

为了防止对消息的恶意篡改，需要使用密钥完整性检验算法，也就是说，要让不知道该算法的攻击者无法进行消息正确的完整性检验计算。与加密算法一样，最好使用通用、已知的算法和密钥。加密校验和的工作原理是：给定密钥和消息，加密校验和算法可以生成随消息一起发送的固定长度消息认证码（message authentication code，MAC）。在一些较旧的标准中，MAC 曾被称为消息完整性码（message integrity codes，MIC），但 MAC 一词现在更加流行。

如果要在不知道密钥的情况下修改消息，则必须猜测 MAC 值，而且正确选择 MAC 的

---

① 译者注：虽然 Fred 无法判断是否正在与真的 Bob 会话，因为 Fred 不知道共享密钥 $K_{AB}$。

概率取决于 MAC 的长度。典型的 MAC 至少为 48 比特,因此,成功伪造消息的概率只有 280 万亿分之一。在大型银行之间电子资金转账的完整性保护方面,基于此类消息认证码的应用已有相当长一段时间了。尽管消息不会对窃听者保密,但完整性检验可以保证只有知道密钥的人才能创建或修改消息。

## 2.3 公钥密码

公钥密码有时也称为**非对称密码**(asymmetric cryptography)。公钥密码概念首次发布于 1975 年[DIFF76b],但现在的公开信息表明,英国政府通信总部(Government Communications Headquarters,GCHQ)[①]的科学家更早几年就发明了这项技术。克利福德·柯克斯(Clifford Cocks)[②]于 1973 年发明了 RSA 技术,而马尔科姆·威廉姆森(Malcom J. Williamson)[③]于 1974 年发明了 Diffie-Hellman 技术。

与私钥加密不同,公钥加密中每个人都有两个密钥:只有密钥所有者知道的**私钥**,以及可以安全地告诉全世界的**公钥**。公钥和私钥彼此相关,因为,基于 Alice 的公钥,任何人都可以为 Alice 加密信息;而 Alice 知道私钥,只有 Alice 才可以解密信息。后续还将介绍公钥加密的其他用途。

请注意,公钥密码中**私钥**(private key)表示为 private key,而不是 secret key。该约定试图使任何场景中公钥密码和私钥密码的使用变得清晰。但有人在公钥密码中使用术语 secret key 作为私钥,或者在私钥密码中使用术语 private key 作为密钥。我们希望说服人们仅将 secret key 一词用作私钥密码中使用的单个密钥。而术语 private key 应指公钥密码中不能公开的密钥。

不幸的是,单词 public 和 private 都以字母 p 开头。我们有时需要用一个字母来表示其中一个密钥,而字母 p 不行,所以使用字母 e 表示公钥,因为公钥是在加密消息时使用的;使用字母 d 表示私钥,因为私钥用于解密消息,如图 2-3 所示。

**图 2-3 公钥加密和私钥解密**

公钥密码还可以做另·件事,即生成消息的数字签名。数字签名是与消息相关的数,例如校验和,或 2.2.4 节中涉及的 MAC。然而,与任何人都可以生成的校验和不同,数字签名

---

① 译者注:英国政府通信总部相当于美国国家安全局,与英国军情五处(MI5)和六处(MI6)合称为英国情报机构的"三叉戟"。

② 译者注:1977 年,RSA 技术由罗恩·李维斯特(Ron Rivest)、阿迪·萨莫尔(Adi Shamir)和伦纳德·阿德曼(Leonard Adleman)共同提出。而 1997 年解密的文件表明,早在 1973 年,在英国政府通信总部工作的数学家克利福德·柯克斯在内部文件中提出了一个相同的算法,但该发现被列入机密。若不是因为机密,那么现在讨论的算法或许是 CC 而不是 RSA 算法了。

③ 译者注:1974 年,柯克斯将其密码相关工作介绍给同在 GCHQ 工作的剑桥校友马尔科姆·威廉姆森(Malcom J. Williamson)。威廉姆森找到了另一种解决密钥分发问题的方法,对应 Diffie-Hellman 密钥交换。

只能由知道私钥的人生成。公钥密码中的签名不同于私钥密码中的 MAC，因为 MAC 的验证需要知道创建时所使用的同一密钥。因此，任何能够验证 MAC 的人也可以生成一个 MAC，从而可以替换不同的消息和相应的 MAC，上述过程如图 2-4 所示。

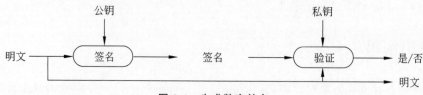

图 2-4　生成数字签名

相比之下，验证签名只需要知道公钥。因此，Alice 可以通过生成只有 Alice 才能生成的签名（即使用 Alice 的私钥）来签名消息。其他人可以验证这是 Alice 的签名（因为知道 Alice 的公钥），但不能伪造 Alice 的签名。这就是签名，因为数字签名与手写签名具有相同的属性，即可以识别签名的真实性，而不能被伪造。

公钥密码可以做任何私钥密码可以做的事情，但在相同的安全级别下，已知的公钥密码算法要比已知的私钥密码算法慢几个数量级。因此，公钥算法通常与私钥算法结合使用。公钥密码非常有用，因为基于公钥密码的网络安全能力更易于配置。在通信开始时，公钥密码可以用于身份认证和建立临时的共享密钥，然后，再使用私钥密码对会话的其余部分进行加密。

例如，假设 Alice 想和 Bob 对话。典型的技术实现是，Alice 使用 Bob 的公钥来加密密钥，然后使用该密钥来加密要发送给 Bob 的任何其他内容。由于密钥比消息小得多，因此使用较慢的公钥加密来加密密钥对性能影响并不大。注意，基于上述给定的协议，Bob 不知道发送消息的是 Alice。但这可以通过让 Alice 使用她的私钥对加密的密钥进行数字签名来进行修正。

下面介绍公钥密码适用的场景类型。

## 2.3.1　基于不安全信道的传输

假设 Alice 的公钥和私钥对可表示为 $\langle e_A, d_A \rangle$，Bob 的密钥对表示为 $\langle e_B, d_B \rangle$，Alice 知道 Bob 的公钥，Bob 也知道 Alice 的公钥，并且每个人都知道自己的私钥，如图 2-5 所示。实际上，准确地知道其他人的公钥是公钥密码面临的最大挑战之一，相关内容将在 10.4 节中详细讨论，现在不需要考虑太多。

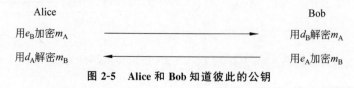

图 2-5　Alice 和 Bob 知道彼此的公钥

## 2.3.2　不安全介质上的安全存储

出于性能考虑，可以使用私钥对数据进行加密，但随后需使用具有数据读取权限用户的公钥对密钥进行加密，并将其包含在加密数据中。公钥密码的优点是，Alice 可以在不知道

Bob 的解密密钥情况下为 Bob 加密某些内容。如果有多个授权用户,则 Alice 可以加密每个授权用户的密钥,并将这些加密的量包含于加密数据中。

### 2.3.3 认证

对于私钥加密,若 Alice 和 Bob 想要通信,则必须共享**密钥**(secret key)。若 Bob 希望能够向许多实体证明其身份,那么基于私钥技术,Bob 需要记住许多密钥,并通过每个实体的密钥来证明自己的身份。很有可能,Bob 可以使用与 Carol 和 Alice 相同的共享密钥,但这样做的缺点是,Carol 和 Alice 可以互相冒充 Bob。

公钥技术则更方便。Bob 只需要记住一个密钥,即 Bob 的私钥。的确,如果 Bob 希望能够验证数千个实体的身份,那么 Bob 需要知道(或在必要时能够获得)数千个公钥。10.4 节将讨论如何实现上述需求。

图 2-6 说明了 Alice 如何使用公钥密码验证 Bob 的身份(假设 Alice 知道 Bob 的公钥)。其中 Alice 选择一个随机数 $r$,并使用 Bob 的公钥 $e_B$ 加密,然后,将结果发送给 Bob。Bob 通过解密消息并将 $r$ 发送给 Alice 来证明自己知道 $d_B$。

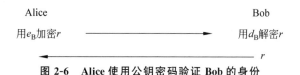

**图 2-6  Alice 使用公钥密码验证 Bob 的身份**

### 2.3.4 数字签名

美国锻造

刻在一把声称是工匠品牌的螺丝刀上™

证明特定的人创建了某个消息通常很有用。使用公钥技术可以很容易做到这一点。Bob 对消息 $m$ 的签名只能由知道 Bob 私钥的人来创建。签名取决于消息 $m$ 的内容。如果以某种方式修改了消息 $m$,则签名不再匹配。因此,数字签名提供了两个重要功能:一是证明谁生成了信息(本例为 Bob);二是证明自从消息和匹配的签名生成以来,信息未被除了 Bob 以外的任何人修改。

数字签名相比基于密钥的加密 MAC 的**不可否认性**(non-repudiation)更具有重要优势。假设 Bob 的工作是销售一些小部件,而 Alice 是 Bob 的常客,经常会通过邮寄带有签名的采购订单进行下单,出于方便考虑,Alice 和 Bob 同意 Alice 通过电子邮件消息来订购小部件。为了防止有人伪造订单,导致 Bob 制造比 Alice 实际需要更多小部件的情况发生,Alice 会在消息中增加完整性检验。这可以通过基于密钥的 MAC 或基于公钥的签名实现。但假设 Alice 下了一个大订单后改变了主意[①]。由于取消订单会受到很大的惩罚,所以,一方面 Alice 不承认自己取消了订单,并且否认自己曾下过订单;另一方面,Bob 起诉了 Alice,如果 Alice 通过与 Bob 共享的密钥计算 MAC 来验证消息,那么 Bob 可以知道 Alice 确实下了订

---

① Alice 改变主意可能是因为她在小部件市场进行了充分的调研,小部件市场已经触底,底价下跌,行情不好。

单。这是因为除了 Bob 和 Alice 外，没有人知道这个密钥，所以如果 Bob 没有创建消息，则肯定是 Alice 创建的。但 Bob 无法向任何人证明！由于 Bob 知道 Alice 用来进行订单签名的相同密钥，所以，Bob 也可能伪造消息上的签名，因此，Bob 无法向法官证明自己没有创建消息。如果采用的是公钥签名，Bob 则可以向法官出示签名的消息，法官便可以验证是否为 Alice 的密钥签名。当然，Alice 仍然可以声称有人偷了密钥，并且导致了密钥误用（甚至这可能是真的），但 Alice 和 Bob 之间的协议可以明确，由于未充分保护密钥并导致损失，Alice 需要承担相关责任。与共享密钥的私钥加密不同，公钥密码可以随时知道谁应该对私钥生成的签名负责。

## 2.4 哈希算法

哈希算法也称为 **消息摘要算法**（message digest algorithms）。加密哈希函数是一种数学变换，可以将任意长度的消息作为输入（转换为一个比特串），并输出为固定长度（较短）的数。消息 $m$ 的哈希记作 hash($m$)，具有以下属性。

（1）对于任意消息 $m$，计算 hash($m$) 相对容易。这意味着，为了实用性，计算哈希值不会花费大量的处理时间。

（2）给定哈希值 $h$，在计算上不可能找到哈希值为 $h$ 的消息 $m$。

（3）即使许多不同 $m$ 的哈希为相同的值（因为 $m$ 的长度是任意的，并且 hash($m$) 是固定长度的），在计算上不可能找到两个哈希值相同的消息。

本书第 5 章将给出安全哈希函数的示例。

### 2.4.1 口令哈希

当输入口令时，系统必须能够确定用户是否正确地输入了口令。如果系统存储的口令未加密，则任何有权访问系统存储或备份磁带（磁盘）的人都可以窃取口令。幸运的是，系统不需要记住口令来验证其正确性。取而代之，系统可以存储口令的哈希值。当提供口令时，系统会计算口令的哈希值，并将其与存储的值进行比较。如果匹配，则认为口令是正确的。即使攻击者获取了哈希口令文件，也不会立即生效，因为无法从哈希中导出口令。

历史上，一些系统将口令文件设置为公开可读，这出于对哈希安全性的信心。即使哈希中没有密码缺陷，但也可以猜测口令，并查看哈希是否匹配。如果用户大意，选择了容易被猜出的口令，那么，即使加密是可靠的，一次彻底的穷举搜索也可"破解"口令。出于这个原因，许多系统都隐藏了哈希密码列表（那些没有隐藏的系统也应该隐藏）。

### 2.4.2 消息完整性

与私钥加密相同，加密哈希函数可用于生成 MAC，进而保护不安全媒介所传输消息的完整性。

如果只是发送消息，并将消息的哈希作为 MAC，这是不安全的，因为哈希函数是公开的。坏人可以修改消息，计算新消息的新哈希值，并发送消息。

然而，如果 Alice 和 Bob 已就某密钥达成一致，则 Alice 可以使用哈希来生成发送给

Bob 的消息的 MAC,具体的方法是获取消息、连接密钥、计算消息|密钥(message|secret)的哈希值。这就是**密钥哈希**(keyed hash)。然后,Alice 向 Bob 发送哈希值和消息(不带密钥)。Bob 将密钥连接到刚收到的消息,并计算结果的哈希值。若这与接收到的哈希值匹配,则 Bob 可以确信消息是由知道密钥的人发送的(注意:还有一些微妙的加密细节,可以使密钥哈希真正安全。具体见 5.4.10 节),如图 2-7 所示。

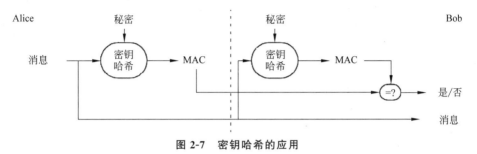

图 2-7 密钥哈希的应用

### 2.4.3 消息指纹

如果想知道在某一天内某个大型数据结构(例如程序)是否被修改,则可以在某个防篡改备份存储中保存数据副本,并定期将其与现行激活版本进行比较。使用哈希函数可以节省存储空间,而且只需要将数据的哈希值保存在防篡改的备份存储中[①]。若哈希值没有改变,则可以确信没有任何数据改变。

这里给潜在的使用者一个提示,你也许还没有意识到,但坏人已经意识到了——计算哈希值的程序必须受到独立的保护,这样才能保证安全。否则,坏人不仅可以更改文件,也可以更改哈希程序,然后像文件没有改变一样去生成相应的哈希值!

### 2.4.4 高效数字签名

公钥算法比哈希算法慢得多。因此,当要进行任意大小消息的签名时,Alice 通常不会直接对实际消息进行签名。取而代之,Alice 会计算消息的哈希值,并使用 Alice 的私钥对消息的哈希值进行签名。

## 2.5 破解加密方案

当我们谈到"坏人 Fred 在破解加密方案"时,这意味着什么? 例如,Fred 能够在不知道密钥的情况下解密某些信息,或者获得密钥。各种攻击类型可划分为仅密文攻击、已知明文攻击、选定明文攻击、选定密文攻击和侧信道攻击等。

请注意,密码学家很清楚所有这些攻击方案,因此大多数现代系统都能够抵御这些攻击。

### 2.5.1 仅密文攻击

在**仅密文攻击**(ciphertext-only attack)中,Fred 得到了(并且可能存储了)一些可以随

---

① 因为哈希值很小,就像文件柜中的一张纸一样。

时分析的密文。通常，坏人获得密文并不困难。[1]

若 Fred 只能看到密文，那么 Fred 如何能找出明文呢？一种可能的策略是搜索所有的密钥。Fred 可以通过依次尝试每个密钥来解密。对于这种攻击，Fred 需要能够意识到自己什么时候解密成功了。例如，如果消息是英文的文本，那么使用错误密钥的解密操作极不可能产生类似可理解文本的内容。因为，Fred 具有区分明文和乱码的能力是很重要的，所以这种攻击也称为**可识别的明文攻击**（recognizable-plaintext attack）。

Fred 也必须有足够的密文。例如，以单字母密码为例，如果 Fred 唯一可用的密文是 XYZ，那么 Fred 就没有足够的信息，因为，有许多可能的字母替换都会生成一个合乎规则的三字母英文单词。Fred 无法知道对应于 XYZ 的明文是 THE、CAT 还是 HAT。事实上，在下面的句子中，任何单词都可以是 XYZ 的明文：

The hot cat was sad but you may now sit and use her big red pen.

上述句子可翻译为：

那只潮猫很伤心，但你现在可以坐着用她的大红钢笔了。

仅密文攻击通常不需要搜索大量的密钥。例如，身份认证方案 Kerberos（见 10.3 节）会根据一个简单的公开算法，向用户 Alice 分配一个来自 Alice 口令的密钥。目前，Kerberos 使用的密钥通常为 256 比特。如果 Alice 不明智地选择了一个口令（例如字典中的一个单词），那么 Fred 并不需要搜索所有 $2^{256}$ 个可能的密钥，而只需尝试密码字典中的 50 000 余个口令便可推导出密钥。

另一种仅从密文中泄露信息的形式称为**流量分析**（traffic analysis），其中，信息是基于传输的密文来推断的。例如，知道"两家公司之间突然传输了大量流量"可能是有用的，因为这可能意味着两家公司的潜在合并行为。为避免基于通信参与方的信息泄露，可以通过中介来发送流量，该中介可以一直向客户发送大量虚拟业务流量，当需要发送真正的流量时，只需要将虚拟业务流量替换为真实流量即可，参见 14.18 节。

消息的长度也可能会泄露信息。例如，当一个年轻人收到一封来自自己所申请大学的信件时，在打开信封之前就可以根据信的厚度知道是否被录用。为避免基于消息长度的信息泄露，可以用额外的比特位来填充消息，使得所有消息大小相同。

由于密码分析者可以访问密文，所以加密算法需要可以抵抗仅密文攻击。但是，在许多情况下，密码分析者还可以获得额外的信息，因此设计密码系统以抵御接下来的两种攻击也是很重要的。

## 2.5.2 已知明文攻击

有时攻击者的生活会更轻松些。假设 Fred 以某种方式获得了一些〈明文，密文〉对。Fred 是怎么得到这些〈明文，密文〉对的？一种可能是，秘密数据可能不会永远保密。例如，这些数据可能包括指定下一个要攻击的城市，一旦攻击发生，关于前一天密文的明文现在便是已知的了。另一种可能是，所有消息都以相同的明文开头，例如日期。

在使用单字母密码的情况下，少量已知的明文将是一笔"财富"。从少量已知的明文中，攻击者可以了解大部分最常见字母的映射关系（Fred 可以获得明文中所使用的每个字母）。某些加密方案可能足以抵御仅密文攻击，但无法抵御已知明文攻击。在这些情况下，设计出

---

[1] 如果坏人无法访问加密数据，那么从一开始就没有必要对数据进行加密了！

可以最大限度地降低坏人获得〈明文,密文〉对可能性的加密算法系统显得尤为重要。

### 2.5.3 选择明文攻击

有时,攻击者的生活可能会更加轻松。在选择明文攻击中,Fred 可以选择任何想要的明文,并让系统告知对应的密文。这样的事情怎么可能发生?

假设一家电报公司提供了一项加密和传输信息的服务。假设 Fred 已经窃听了 Alice 的加密信息,现在 Fred 若破解了电报公司的加密方案,就能解密 Alice 的信息。

Fred 可以向电报公司为他发送的加密信息付费,获得所选择的任何信息所对应的密文。例如,若 Fred 知道电报公司在使用单字母密码,则可能会发送如下消息:

The quick brown fox jumps over the lazy dog.

翻译为:

一只敏捷的棕色狐狸跳过了一只懒狗。

该消息包含了全部 26 个英文字母。基于上述消息,Fred 就能获得字母表中所有字母的加密信息,然后,便可以确定地解密任何加密消息。即使电报公司正在使用更强的密码,若对同一消息加密两次均得到同一密文,那么,如果攻击者可以猜测明文,则攻击者可以通过发送该消息并查看密文是否匹配来实施攻击。正如第 4 章中讲解的,现代密码系统加密的方式是对同一明文加密两次,产生两个不同的密文。

### 2.5.4 选择密文攻击

如果攻击者 Trudy 编造了一条消息或修改了 Alice 给 Bob 的真实消息,并以 Alice 的身份将其发送给 Bob,则 Trudy 可能会通过观察 Bob 的反应了解一些信息。

即使 Bob 检测到该消息与 Alice 发送消息的格式不同,Trudy 也可能从 Bob 拒绝消息时发送的特定错误消息,甚至从 Bob 响应错误所需的时间中了解到些许信息。

**选择密文攻击**(chosen ciphertext attack)的一个例子是布莱琛巴克(Bleichenbacher)[BLEI98]在已广泛部署的系统中发现了存在的漏洞(SSL)[①]。该攻击的工作流程如下:首先,Trudy 窃听并记录 Alice 和 Bob 之间的会话。特别地,Trudy 可以在会话中找到 Alice 发送的用 Bob 的公钥加密的密钥部分。这个密钥会被用来加密保护会话的其余内容。然后,Trudy 可以假装尝试启动与 Bob 的连接,并发送 Alice 加密密钥的修改版本。这些连接都会失败,因为 Trudy 不知道 Alice 所使用的密钥,但在这种攻击方式中,Bob 的响应有助于让 Trudy 知道每个修改的消息错在哪里。通过这种攻击,Trudy 在百万次连接尝试之后,最终也将发现记录 Alice 和 Bob 之间会话的会话密钥,因此,Trudy 最终能够解密 Alice-Bob 的全部通信。通常,此类攻击可以通过简单的预防措施来防止,例如,始终通过加密和完整性保护来保护数据,并在通信连接尝试失败时提供最少的可能原因信息。

本书 8.1.3 节中将讨论一些更巧妙的选择密文攻击和防御手段。这些手段通常会迫使攻击者以规范自证的方式生成密文,例如,通过在密文中加入用于创建密文的随机种子的加密方式。

---

① 译者注:安全套接层(Secure socket layer)协议是 Netscape 公司基于 TCP/IP,采用公钥加密实现的安全协议。

### 2.5.5  侧信道攻击

保罗·科克(Paul Kocher)[KOCH96]提出的**侧信道攻击**(side-channel attack)不是对算法的攻击,而是对特定环境中算法实现时的攻击。通过观察算法在运行实现时产生的侧面效应,攻击者可能会发现明文或所使用密钥的部分或所有比特信息。尽管一些侧信道基于对功率的精密测量,甚至涉及计算机发出的声音,但所观察到的信息通常是执行一些操作的时间。最强大的侧信道攻击可能发生在攻击者 Trudy 运行攻击程序的系统与被观测环境非常接近时。例如,Trudy 可能在同一台计算机上运行一个程序。当被攻击的程序在另一个线程上运行时,Trudy 可以通过测量自己程序操作运行的时间来实施攻击。基于仔细测量访问内存的指令时间,Trudy 可以获得被攻击程序正在使用的缓存信息。另一个例子是,Trudy 可以在智能卡读卡器上安装恶意软件或硬件来获得信息。当 Trudy 与智能卡上的运行环境相近时,便可以观测到程序运行耗费的电量以及其他信息。即使只有网络访问权限的攻击者也可以通过仔细观测服务器响应消息所需的时间来实施攻击。

防御侧信道攻击的一种方法是,确保无论输入什么,系统都始终以相同的方式运行。例如,系统仍可以执行额外的计算工作,使其总是可以匹配最坏情况下输入的运行时间。另一种防御方法是使用输入的随机函数来随机化输入,然后将结果转换为基于真实输入的计算结果。

## 2.6  随机数

随机数的产生实在太重要了,不能由偶然性来决定。

——罗伯特·科尤,美国橡树岭国家实验室[1]

本节将深入讨论随机数的生成和使用问题。有关随机数发生器的更多信息请参见 NIST SP 800—90 标准的 A、B 和 C 部分。

完美的密码算法和完美设计的协议易于实现,但如果不能选择好的随机数,则系统仍会非常不安全。在选择密钥、挑战或密码系统的其他输入时,可能需要用到随机数。

尽管很想严格地定义"随机",但这很困难,甚至本书的作者们都给出了不同的定义,因为严格的定义超出了本书的范围和主要意图。例如,文献[KNUT69]中利用 15 页篇幅才给出了随机序列的定义。对那些没有被(m, k)-分布、序列相关系数和黎曼可积性(Riemann-integrability)等概念吓倒的读者来说(不要试图在本书的词汇表中找这些术语),文献[KNUT69]对随机性的讨论实际上是非常有趣的。

在密码学中,可以通过攻击者猜测所选数值的工作量来衡量随机数的质量。如果该工作量超出了以其他方式破坏密码系统的情况,那么这个量的随机性就足够了。理想情况下,需要测试大约 $2^n$ 个字符串以查找特定的 $n$ 比特随机字符串(实际上,若攻击者运气一般,平均需要 $2^{n-1}$ 次测试)。用于密码系统的随机数发生器通常包括以下 3 个步骤:

---

[1]  译者注:这是计算机领域的名言,原文为

The generation of random numbers is too important to be left to chance.

——Robert Coveyou,Oak Ridge National Laboratory

（1）收集熵；

（2）计算随机种子；

（3）根据种子计算伪随机数流。

就可以破坏系统安全性的漏洞而言，由于难以察觉，上述每一步都可能是危险的。

## 2.6.1　收集熵

熵（entropy）[①]的概念来源于物理学，但随机数中的熵是猜测某数值难度的一种量度。有 $2^n$ 种可能值的熵为 $n$ 比特。如果这些值的可能性不一样，那么熵会稍小些。一个完全随机的比特流中，每一比特数据的熵都是 1 比特，但即使是比 1 比特更简单的数据，采用猜测法仍是有意义的。例如，使用高分辨率时钟对用户敲击键盘的行为进行计时是高度可预测的，但每次敲击键盘仍会产生几比特的熵。测量磁盘的寻道时间同样是可预测的，但不是低比特的熵。如果设备具有麦克风或相机，则可以读到熵值很高的大量比特。

机械数据源的一个问题是数据质量会随着时间的推移而降低。在用户被脚本中输入按键的自动代理程序代替之前，测量用户敲击键盘的时间可能包含大量熵。当磁盘硬件被换为固态硬盘时，硬盘寻道时间会变得高度可预测。保守的设计方式是结合许多熵源，只要其中任意一个熵源是好的，系统就是安全的。

大多数现代 CPU 都有一个用于产生随机比特的内置随机数发生器，但依赖单一随机数源是危险的。这是因为破坏 CPU 芯片上随机数源的设计是情报机构或资金充足犯罪组织的高价值目标。实际上，很难发现芯片上随机数函数的输出是否基于真正的随机输入，但相反，若知道随机种子，并暗自将算法嵌入芯片，便可以完成随机数猜测。

一些系统在竭尽全力地构建能够收集可证性良好的熵源硬件，例如，利用盖革-米勒计数器[②]对放射性衰变事件进行计数，或测量光子的偏振。没有证据表明这些随机性源比传统设备更好，而且就像内置在 CPU 中的随机数源一样，很难知道高价格设备是否真的在进行盖革计数，或对于暗自嵌入算法的机构来说，生成的数依然是可猜测的。

## 2.6.2　生成随机种子

第二步是将大量不可猜测量的源转化为一个随机种子。最好的方法是对数据进行加密哈希处理。有人建议，若不同的源是不相关的，则将不同的源进行异或操作与加密哈希处理效果是一样的。但如果两个源相同，则异或操作将完全消除该优势（参见本章作业题 6），而只要哈希函数输出值足够大，对两个源的连接进行哈希处理将可以保持几乎所有的熵。

## 2.6.3　根据种子计算伪随机数流

伪随机数发生器（pseudorandom number generator，PRNG）可以利用随机种子生成一

---

① 译者注：1865 年德国物理学家克劳修斯提出熵的概念，其本质为一个系统"内在的混乱程度"。1948 年，香农面向信道通信开创了信息论，定义了信息熵。

② 译者注：盖革-米勒计数器（Geiger-Müller counter），简称盖革计数器，是一种专门探测电离辐射（α 粒子、β 粒子、γ 射线和 X 射线）强度的计数仪器。盖革计数器由充气的管或小室作探头，当向探头施加的电压达到一定范围时，射线在管内每电离产生一对离子，就能放大产生一个相同大小的电脉冲，并被相连的电子装置所记录，由此测量得到单位时间内的射线数。

个很长的加密随机数流。由于基于种子的伪随机数发生器会生成确定性的数据流，因此数据流的熵不会大于种子的熵。此外，如果得到了伪随机数发生器的状态，就能够计算出所有后续的输出。有时，数据流的某些部分并不是秘密的，例如，当用数据流选择随机初始化向量（initialization vector, IV）时①。因此，当获得一部分伪随机数据流时，不允许攻击者计算数据流的其余部分是非常必要的。同时，还需要实现状态丢弃，以保证当前状态不会计算出先前输出的数据流。例如，如果始终保留最初的种子，那么窃取了随机种子的人将能够计算出整个数据流的过去状态和将来状态。若整个实现过程崩溃了，则系统可能会丢弃所有状态。

许多基于私钥加密和哈希函数的安全方法可以用来构造伪随机数发生器，但最好使用 NIST15a 中的标准化函数。这主要出于两个原因：首先，某些安全合规管理制度要求这样做，但同样重要的是，这些算法附带的样本数据允许测试实现结果的正确性。随机数发生器中错误产生的输出对几乎任何测试人员来说都是随机的，但发现这些错误并得到一些输出的人可能会轻易地实施攻击。

有时，Alice 和 Bob 需要就许多不同的密钥或其他私密值达成一致。从一个种子中通常很容易推导出所有秘密，因此，Alice 只需要将种子发送给 Bob，然后从该种子中导出其他私密信息。从种子中导出信息的确定性函数称为**伪随机函数**（pseudorandom function, PRF）或**密钥导出函数**（key-derivation function, KDF）。该函数通常有两个输入：种子，以及一个称为数据变量的附加输入，该变量用于标识种子生成的可能密钥或秘密值。

## 2.6.4　定期重新生成种子

定期向伪随机数发生器中添加随机性是一种良好的安全实践。这涉及在程序运行时收集熵，并且当熵足够时，将其与状态混合。这样做的原因是，若攻击者得知了正在使用的种子，也只能在有限的时间内预测随机数据流。

最好等到达成合理的熵总量时一次性地完成混合，而不是在收集熵时在新熵中逐比特进行混合。一次性增加 128 比特的熵比增加 1000 次 8 比特的熵更有用（参见本章作业题 9）。

## 2.6.5　随机数的类型

不同应用程序对随机数的使用有着不同的要求。对于大多数应用程序，例如生成调试计算机程序测试用例的应用程序，要求数值未显式地分布在各处。对于这样的应用，使用数值 π 可能是非常合理的。然而，对于加密密钥等密码应用程序，数值必须是不可猜测的。考虑以下伪随机数发生器：从一个真正随机的种子开始，例如人类敲击键盘的计时；然后，计算种子的哈希值，并在每一步中计算上一步输出的哈希值。对于一个好的哈希函数，其输出将可以通过任何类型的随机性统计测试，但捕获到其中间量的攻击者仍能够计算出其余部分。

对于编程语言中生成随机数的函数，其通常的设计初衷并不是密码学意义上的不可破译，其设计仅仅是为了通过统计测试。因此，调用生成加密密钥的函数可能意味着灾难。

---

① 具体参见 4.2.2 节。

### 2.6.6　值得注意的错误

在随机数的使用过程中会存在一些有趣的错误,典型错误有以下 3 种。

(1) 发生器的种子空间过小。假设每次选择加密密钥时,应用程序只能从专用硬件中获得 16 比特的真随机性,并使用这 16 比特来生成伪随机数发生器。问题是,可选的密钥只有 65 536 个,这对于持有计算机的攻击者来说是一个非常小的搜索空间。假设 Jeff 发现,某个产品在使用随机计算的 RSA 密钥对,只使用了 8 比特的种子。Jeff 试图向该产品的主要开发人员报告这个漏洞(这里称其为 Bob)。但 Bob 不相信 Jeff 的话。所以,Jeff 编写了一个程序计算出了产品所有的 256 个可能密钥对,而且找到了 Bob 的密钥,同时,向 Bob 发送了一封用 Bob 私钥签名的电子邮件。

(2) 当应用程序需要随机值时,使用了当前时间的哈希值。问题是有些时钟并没有精细的粒度,所以,当入侵者大概知道程序的运行时间时,无须搜索非常大的空间就可以找到种子的确切时钟值。例如,如果时钟的粒度为 1/60s,并且攻击者知道在某个特定小时内程序选择了用户的密钥,那么只有 $60 \times 60 \times 60 = 216\ 000$ 个可能值。在一个广泛部署的产品中,该产品使用了微秒级粒度,并与其他非私密值连接在一起。伊安·戈德堡(Ian Goldberg)和大卫·瓦格纳(David Wagner)[1]发现了这个 bug,并且在 25s 内用一台慢速机器演示了如何破解密钥[GOLD96]。

(3) 泄露了种子的值。Jeff 再次发现公司(他先前警告了公司,之前的问题已被修复)使用一天中的时间来选择每条消息的加密密钥。在这种情况下,一天中的时间可能具有足够的粒度,但问题是,应用程序在未加密的消息头部中会包含一天中的时间!

不可忽视的是,情报机构可能在欺骗全世界,他们正在部署一个带有后门并允许预测输出(假设可以获得部分输出)的伪随机数发生器——Dual_EC_DBRG[2]。尽管行业专家对 Dual_EC_DBRG 发出警告,并且 Dual_EC_DBRG 的性能低于竞争算法,情报机构仍设法说服 NIST 将其标准化,并说服 RSA 数据安全机构使其成为广泛使用的软件。只有爱德华·斯诺登(Edward Snowden)在文章中披露了存在后门的证据后,该算法才被怀疑,并停止使用。

## 2.7　数论

密码算法所处理的消息和密钥都是按比特串定义的。这些算法的定义通常基于数的算术运算,而数由比特位组来表示。数学研究已有数千年历史,而且数学性质易于理解,因此,基于数学原理的算法分析更加可靠。

---

[1] 译者注:网景公司在早期版本的传输层安全性协议(SSL)中使用了伪随机数,其来源是伪随机数生成器根据 3 个变量派生的:一天中的时间、进程 ID 与父进程 ID。这些伪随机数相对而言通常是可预测的,因此熵值很低并且也少于随机数,亦因此发现这一版本的 SSL 并不安全。1995 年,Ian Goldberg 与 David Wagner 发现了这一问题,二人当时因为网景公司拒绝透露其随机数字生成器(静默安全性)的细节,而不得不对目标代码进行逆向工程。随机数生成器在后来的版本(第二版及更高)中通过更强的随机数种子(从攻击者的角度来看,更随机和更高的熵)得到修复。

[2] 译者注:Dual_EC_DRBG 使用椭圆曲线加密,并包含一组推荐使用的常量。2007 年,来自微软的 Dan Shumow 与 Niels Ferguson 显示这些常量可以通过在算法中创建一个密码学后门的方式来构建。2013 年《纽约时报》揭示了 NSA 对美国人民进行了恶意软件攻击。2014 年,NIST 将其从随机数发生器的指导草案中撤销。

数学研究涉及多种数：整数、有理数、实数、复数等。这些数的数量都是无限的，因而，不能用任何有限的比特位来表示。密码算法可以处理数千比特的数，而且需要精确而不是近似地表示所处理的数。

数学系统所操作的集合对象称为**元素**。元素可以是整数、实数、有理数、复数、多项式、矩阵或其他对象。不同的密码算法要求相应的数学系统具有特定的属性。普通数学中数的常见性质有＋和×（称为加和乘）[1]两种运算，满足以下性质。

- **交换性**：对于任意 $x$ 和 $y$，$x+y=y+x$，且 $x \times y = y \times x$。
- **结合性**：对于任意 $x$、$y$ 和 $z$，$(x+y)+z = x+(y+z)$。此外，$(x \times y) \times z = x \times (y \times z)$。
- **分配性**：对于任意 $x$、$y$ 和 $z$，$x \times (y+z) = (x \times y) + (x \times z)$。
- **加法恒等元**：对于任意 $x$ 和数 0，满足 $0+x=x$，且 $x+0=x$。
- **乘法恒等元**[2]：对于任意 $x$ 和数 1，满足 $1 \times x = x$，且 $x \times 1 = x$。
- **加法逆元**：对于任意 $x$ 和 $-x$，满足 $x+(-x)=0$。
- **乘法逆元**：对于除 0 以外的任意 $x$，存在数 $x^{-1}$，满足 $x \times x^{-1} = 1$。

满足上述所有属性的系统被称为**域**。某些元素不具备乘法逆元，且乘法不可交换的系统被称为**环**。只有一种运算且每个元素都有逆元的系统被称为**群**。

一些密码系统需要具备上述部分或全部属性，并要求能够以固定比特位精确地表示每个元素。那么，整数是否满足上述属性？整数有一个加法恒等元，即 0；有一个乘法恒等元，即 1。然而，大多数整数不满足乘法逆元。例如，1/2 是实数乘法中 2 的倒数，但 1/2 不是整数。此外，整数可以任意大，而密码系统希望能够以固定的比特位精确地表示每个元素。

### 2.7.1 有限域

幸运的是，有一种数学结构可以满足密码学的需求，被称为**有限域**（finite field）。大小为 $n$ 的有限域具有 $n$ 个不同的元素，并且具有密码学所需的所有性质。有限域的一种形式是以 $p$ 为模的整数，其中，$p$ 是素数。模 $p$ 运算的结果为 0 和 $p-1$ 之间的整数。模加法和模乘法与普通算术规则一样，但如果答案不在 0 和 $p-1$ 之间，则需要除以模 $p$，得到的余数为结果。例如，对于 mod 7 运算，所得元素为 $\{0,1,2,3,4,5,6\}$。例如，2 加 4 等于 6，则 mod 7 的结果为上述元素之一。然而，5 加 6 结果是 11，超出上述元素，则需要除以模数 7，然后，取余数 4 作为结果。第 6 章将详细讨论模运算，当谈及 RSA 算法时，只有在模数为素数时才是安全的。

埃瓦里斯特·伽罗华（Évariste Galois）[3]创立了有限域理论。对于每个素数 $p$，有且仅有一个有限域具有 $p$ 个元素，并且等价于整数 mod $p$。还有一个 $p$ 幂的有限域，例如，$p^k$。具有 $p^k$ 元素的域通常用 GF($p^k$) 表示，其中，GF 代表 Galois 域，以纪念创立者伽罗华。模素数 $p$ 运算表示为 GF($p$)，有时也表示为 $\mathbf{Z}_p$。

注意，若使用模运算，例如 mod 11，则需要 4 比特来表示每个元素，但会有 5 个比特值

---

① 译者注：＋和×的翻译为 plus and times 或 addition and multiplication。

② 译者注：也称为单位元。

③ 译者注：埃瓦里斯特·伽罗华(1811—1832)，法国数学家，对函数论、方程式论和数论做出了重要贡献。

$\{11,12,13,14,15\}$ 不是域元素。由于只使用 4 比特来表示 11 个值,这会导致一些问题,并浪费空间。因此,密码算法通常使用 $GF(2^n)$ 运算,因为,这样每个元素对应于唯一的 $n$ 比特值,反之亦然。

$GF(2^n)$ 中的运算非常有效,加法是计算机擅长的异或运算,$GF(2^n)$ 乘法对于计算机来讲也是有效的,可被看作多项式系数模 2 的模运算。例如,比特位串 110001 表示多项式 $x^5+x^4+1$。假设用 $n$ 比特表示 $GF(2^n)$ 元素,在两个 $n$ 比特多项式乘法后,有必要将结果(可能是 $2n-1$ 比特)进行模 $n$ 阶多项式运算。多项式模需要是不可约的(irreducible),即只能被自身和 1 整除。

密码学中常用的概念还包括有限环和有限群等。例如,RSA 使用非素数模的模运算,不使用有限域,但使用有限环。

## 2.7.2　幂

前文讨论了集合中元素的加和乘两种运算,但密码算法通常需要幂运算。与加运算和乘运算不同,幂运算是集合中两个元素的另一种运算。不同地,幂运算以元素 $a$ 和整数 $x$ 作为输入,并将 $x$ 累乘,记作 $a^x$。

若指数 $x$ 很小,则很容易处理,但若指数 $x$ 是一个很大很大的数,该如何处理呢?即使是超级计算机,做这么多乘法运算也需要几个宇宙时间。对于大指数的幂运算,实用的技巧是**反复平方**(repeated squaring)法,即从 $a$ 开始,将其平方(即自乘)得到 $a^2$,然后,$a^2$ 的平方得到 $a^4$,平方 $a^4$ 得到 $a^8$……因此,只要指数 $x$ 是 2 的幂,例如,$2^k$,即可通过计算 $k$ 次乘法(而不是 $2^k-1$ 次乘法)得到 $a^x$。如果指数 $x$ 不是 2 的幂,仍然可以使用反复平方技巧。如果 $x$ 是 2 的幂,那么在二进制中,$x$ 可表示为 1 后面跟着一串 0。如果 $x$ 不是 2 的幂,那么 $x$ 的二进制可表示为一些 0 和一些 1。因此,若要计算数 $a$ 的 $x$ 次幂,需要按以下操作步骤执行:用一个指针指向 $x$ 中的一个比特位;最初状态中,该指针指向 $x$ 最左侧(最有效)的比特位;此外,还需要一个中间值,并初始化为 1。对于 $x$ 中的每个比特位,执行以下操作。

(1) 若指针指向 $x$ 中的位为 1,则将中间值乘以 $a$。

(2) 若指针位于 $x$ 的最右边,则结束操作;否则,将指针向右移动一比特。

(3) 对中间值进行平方操作。

使用此算法,求 $x$ 幂的乘法次数取决于 $x$ 的二进制表示中 1 的个数。在最坏的情况下,乘法次数为 $x$ 中比特数的 2 倍(如果 $x$ 中所有的比特都是 1)。在最好的情况下,乘法次数为 $x$ 中的比特数(如果 $x$ 是 2 的幂)。

因为还需要一些特定的算法,后续将更深入地介绍上述概念。

## 2.7.3　避免侧信道攻击

因为 2.7.2 节中算法的实现对指数的每一比特位为 0 或 1 的操作不同,所以该算法的直接实现易受到侧信道攻击。为避免侧信道攻击,可以在每个比特位上进行相同的操作。例如,可以始终执行步骤(2)(将中间值乘以 $a$),并保存步骤(1)和步骤(2)的结果,然后,若该比特位是 1,则丢弃步骤(1)的结果;或者,若该比特位是 0,则丢弃步骤(2)的结果。

即使采用上述补救措施，仍可能面临侧信道攻击，因为任何包含条件分支选择的行为都可能会导致可观察到的行为差异，例如不同的内存读写位置。因此，可以通过平方运算的结果（称为 IF0 值）和平方乘以 $a$ 的结果（称其为 IF1 值）来执行求幂算法。然后，得到指数（0 或 1）中的相关比特位，按位异或的结果与 IF1 值相乘，并将相关比特位的补码乘以 IF0 值。

上述操作可能还不够。要真正消除侧信道攻击，还需要了解特定平台的详细信息。

### 2.7.4　密码学所使用元素的类型

有时密码系统会使用 mod $p$ 运算，其中，$p$ 是素数。正如后文将涉及的 RSA 算法中使用的 mod $n$ 运算，其中，$n$ 绝对不是素数。其他密码系统，特别是一些后量子算法会使用多项式或矩阵，但该系数使用模算术或 GF($2^n$) 运算。当模运算用于后量子密码时，模要么是素数，要么是 2 的幂。注意，整数模 2 的幂不会形成有限域，因为除 $2^1$ 以外的 2 的幂并不是素数。

### 2.7.5　欧几里得算法

**欧几里得算法**（Euclidean algorithm）是找到两个数 $a$ 和 $b$ 最大公约数（greatest common divisor，gcd）的有效方法。数 $a$ 和 $b$ 的最大公约数记作 gcd($a$, $b$)，这是同时整除 $a$ 和 $b$ 的最大数。

欧几里得算法也可用于求 $b$ mod $a$ 的乘法逆元，这就是欧几里得算法在密码学中最经常的应用。有时，使用求乘法逆元的欧几里得算法被称为扩展欧几里得算法。

找最大公约数的有效技巧为，若数 $d$ 是 $a$ 和 $b$ 的除数，则 $d$ 也是 $a-b$ 的除数，也是（$a-b$）任何倍数的除数。因此，如果用 $a$ 除以 $b$，则余数也可以被 $d$ 整除。欧几里得算法从 $a$ 和 $b$ 开始，在每一步中，都会计算可被 $d$ 整除的较小的数，直到最后一步的余数为 0。

在每个步骤中，将两个数 $A$ 和 $B$ 初始化为 $a$ 和 $b$。用 $A$ 除以 $B$ 得到小于 $B$ 的余数 $R$。在下一步中，将 $A$ 设为 $B$，$B$ 设为 $R$，并保持迭代，直到 $R$ 为 0 为止。$B$ 的最终值就是 $a$ 和 $b$ 的 gcd。例如，找 420 和 308 的 gcd，过程如下：

$$420 \div 308 = 1 \text{ 余数 } 112$$
$$308 \div 112 = 2 \text{ 余数 } 84$$
$$112 \div 84 = 1 \text{ 余数 } 28$$
$$84 \div 28 = 3 \text{ 余数 } 0$$

因此，28 是 420 和 308 的 gcd。

当需要找 $b$ mod $a$ 的乘法逆元时，则目标就是找到满足 $u \times a + v \times b = 1$ 的整数 $u$ 和 $v$。那么，$v$ 就是 $b$ mod $a$ 的乘法逆元，因为 $v \times b$ 比 $a$ 的倍数多 1。如果 gcd($a$, $b$) 为 1，则整数 $b$ 模 $a$ 只有一个逆元。所以，选用满足 gcd($a$, $b$) = 1 的两个数 $a$ 和 $b$，例如 109 和 25。首先，使用欧几里得算法来找 gcd(109, 25)，过程如下：

$$109 \div 25 = 4 \text{ 余数 } 9$$
$$25 \div 9 = 2 \text{ 余数 } 7$$
$$9 \div 7 = 1 \text{ 余数 } 2$$
$$7 \div 2 = 3 \text{ 余数 } 1$$
$$2 \div 1 = 2 \text{ 余数 } 0$$

因此,gcd(109,25)=1。我们希望将每个余数表示为 $a(109)$ 的一些倍数加 $b(25)$ 的一些倍数。已知 $a=1\times a+0\times b,b=0\times a+1\times b$。在第一步之后,可知 $a\div b=4$ 余 9,或者重写该式,可以得到

$$9=1\times a-4\times b$$

第 2 行表明,$25\div 9=2$ 余数 7。这意味着 $7=25-2\times 9$。其中,$25=b,9=1\times a-4\times b$。替换 9,得到 $7=25-2\times(1\times a-4\times b)$,由于 $25=b$,可简化为

$$7=-2\times a+9\times b$$

第 3 行表明,$9\div 7=1$ 余 2。这意味着 $2=9-1\times 7$。替换 $9(1\times a-4\times b)$ 和 $7(-2\times a+9\times b)$,可以得到

$$2=3\times a-13\times b$$

下一行表明,$7\div 2=3$ 余数 1。这意味着 $1=7-3\times 2$。替换 $7(-2\times a+9\times b)$ 和 $2(3\times a-13\times b)$,可以得到 $1=(-2\times a+9\times b)-3\times(3\times a-13\times b)$,即 $1=-11\times a+48\times b$。

上述结果表明,48 乘以 $b$ 比 $a$ 的整数倍数多几倍。换句话说,48 是 $b$ 模 $a$ 的逆。回到 $a$ 和 $b$ 的值(109 和 25),现在已计算出 25 模 109 的逆是 48。实际上,$25\times 48=1200,1200\div 109=11$ 余 1。

## 2.7.6　中国剩余定理

**中国剩余定理**(Chinese Remainder Theorem)有助于提高某些 RSA 运算的效率。下面将给出一个特例定义,因为这就是 RSA 算法所需要的。正如后续将介绍的,典型的 RSA 模数 $n$ 是两个素数 $p$ 和 $q$ 的乘积。中国剩余定理指出,若已知一个数,例如,$x$ 等于 mod $n$,则可以很容易地计算出 $x$ mod $p$ 和 $x$ mod $q$ 的结果。同理,若已知 $x$ mod $p$ 和 $p$,以及 $x$ mod $q$,则可以很容易地计算出 $x$ mod $n$。

已知 $x$ mod $n$ 可以很容易地计算 $x$ mod $p$ 和 $x$ mod $q$ 的结果。要找到 $x$ mod $p$,只需要将 $x$ mod $n$ 除以 $p$,余数就是 $x$ mod $p$。同理,可通过计算 $x$ mod $n$ 来计算 $x$ mod $q$。

另外,需要一些技巧。若已知一个数等于 $a$ mod $p$ 和 $b$ mod $q$,则需要求 mod $pq$ 的结果。

首先,需要计算 $p$ 的乘法逆元 mod $q$ 和 $q$ 的乘法逆元 mod $p$。这可以用扩展欧几里得算法来实现。

现已知 $p^{-1}$ mod $q$,和 $q^{-1}$ mod $p$。注意:

$p\times(p^{-1}$ mod $q)=1$ mod $q$,等于 0 mod $p$;

$q\times(q^{-1}$ mod $p)=1$ mod $p$,等于 0 mod $q$。

现在寻找满足 $a$ mod $p$ 和 $b$ mod $q$ 的数。将 $q\times(q^{-1}$ mod $p)$ 乘以 $a$,但不要减少 mod $p$,便可以得到一个 $a$ mod $p$,也是 0 mod $q$ 的结果(开始时,$a$ 等于 $a$ mod $p$,但 $a$ 可能不等于 0 mod $q$)。

同样,将 $p\times(p^{-1}$ mod $q)$ 乘以 $b$,但不要减少 mod $q$。现在得到一个等于 0 mod $p$ 和 $b$ mod $q$ 的数。

将上述的两个量相加,得到 $a\times[q\times(q^{-1}$ mod $p)]+b\times[p\times(p^{-1}$ mod $q)]$。现在减少 mod $n$,得到的结果 mod $n$ 也等于 $a$ mod $p$ 和 $b$ mod $q$。

为什么中国剩余定理有用?正如本书 6.3.4.5 节中讲解的,中国剩余定理不用直接进行

mod $n$ 计算，而是将数转换为 mod $p$ 和 mod $q$ 的表示，并进行 mod $p$ 与 mod $q$ 操作，得到 mod $p$ 与 mod $q$ 的结果后，则可以得到 mod $n$ 的结果。由于 $p$ 和 $q$ 的大小约等于 $n$ 的一半，因此，上述操作将比 mod $n$ 更有效。

注意，即使当较小的模数不是素数时，中国剩余定理也成立，只要它们是互素的（没有公因子）。因为通常用 $p$ 和 $q$ 代表素数，下面用 $j$ 和 $k$ 对中国剩余定理进行重新表述"若 $j$ 和 $k$ 互素，并已知 $a$ mod $j$ 和 $a$ mod $k$，则可以计算 $a$ mod $jk$，反之亦然。"

## 2.8 作业题

1. 本书的主题是什么？

2. 协议设计者 Random J.准备设计一种可以防止攻击者修改消息的方案。因此，Random J.决定在每条消息中附加该消息的哈希。为什么这种方案不能解决问题？

3. 假设 Alice、Bob 和 Carol 需要用私钥技术进行身份认证。若使用相同的密钥 $K$，则 Bob 可以冒充 Carol 与 Alice 的会话（实际上三者中的任何一个都可以冒充另一个与第三方的会话）。相反，假设每个人都有自己的密钥，所以，Alice 使用 $K_A$，Bob 使用 $K_B$，Carol 使用 $K_C$。这意味着 Alice、Bob 和 Carol 为证明自己的身份，用自己的密钥和挑战来响应挑战。上述方式比使用同一个密钥 $K$ 更安全吗？（提示：为验证 Carol 对 Alice 挑战的响应，Alice 需要知道什么？）

4. 如 2.4.4 节所述，出于性能原因，通常是对消息的哈希值而不是消息本身进行签名。为什么很难找到具有相同哈希值的两条消息这一特性如此重要？

5. 在某个密码算法中，若知道密钥的好人的工作量随着密钥长度线性增长，则破解密码算法的唯一方法是尝试所有可能的密钥暴力攻击。假设某个密钥大小的性能对于好人来说是足够的（例如，加密和解密的速度与比特沿有线链路传输的速度一致）。如果计算机技术的进步使计算机的速度提升到原来的 2 倍，假定好人和坏人都有运行速度更快的计算机，那么，计算机速度的提高对好人、坏人是否有影响？

6. 假设有一个非常好的随机源，然后将随机输出复制到两个地方，并进行异或操作。那么结果的随机性如何？若连接两个量，并对结果进行哈希处理，结果如何？是随机的吗？

7. 假设 PRNG 种子的长度为 $n$ 比特。那么需要多少比特的 PRNG 输出，才能验证正在使用种子的猜测（高概率）？

8. 假设可以看到 PRNG 的部分输出，但不是全部输出。若知道 PRNG 使用的算法，那么是否能够仅根据看到的每 10 比特来验证种子的猜测？相比于能够看到 PRNG 输出所有比特（假设能够看到足够的输出比特）的情况，这是否需要尝试更多的潜在种子？

9. 假设每秒（s）可以看到 400 比特的 PRNG 输出，并从 8 比特随机性开始，每秒混合 8 比特的新随机性。与每 16s 混合 128 比特随机性的 PRNG 相比，16s 后，计算 PRNG 的状态有多困难？

10. 若一个进程每秒产生大约 8 比特随机性，而且 PRNG 每秒使用 8 比特的随机输出，假设可以看到 PRNG 的输出。在使用随机性重新设定 PRNG 之前，为什么最好要等到具有（例如）128 比特的随机性？换句话说，若随机种子是 16 个 8 比特随机块的函数，则会有多少个可能的种子？若等到具有 128 比特随机性，结果将会如何？

11. 假设 Alice 准备向 Bob 发送一条秘密消息 $M$,但尚未与 Bob 基于密钥达成一致。此外,假设 Alice 可以确信,当向 Bob 发送消息时,没有人会篡改消息。所以唯一的威胁是有人可以在 Alice 和 Bob 之间读取信息。Alice 随机选择密钥 $S_A$,并将 $S_A$ 与 $M$ 的异或结果发送给 Bob。包括 Bob 在内,没有人可以读取此消息。Bob 现在创建了自己的密钥 $S_B$,用 $S_B$ 与从 Alice 接收到的内容进行异或操作,并将 $S_A$、$M$、$S_B$ 的异或结果发送给 Alice。Alice 现在通过 $S_A$ 的异或操作移除其密钥,并将 $M$ 与 $S_A$ 的异或结果返回给 Bob。Bob 现在可以用其密钥($S_B$)来读取消息。该过程如图 2-8 所示。这一过程安全吗?

图 2-8    作业题 11 过程

12. 使用欧几里得算法计算 gcd(1953,210)。

13. 使用欧几里得算法计算 9 mod 31 的乘法逆元。

14. 若某数是 11 mod 36 和 7 mod 49 的结果,那么 mod 1764 结果为多少? 若某数是 11 mod 36 和 11 mod 49 的结果,那么 mod 1764 结果是多少?

# 第 3 章 私 钥 密 码

## 3.1 引言

私钥加密方案要求双方通过共享密钥,进行加密和解密。下面讨论两类私钥加密方案。

(1) **分组密码**。其输入是密钥和固定大小的明文块[①],生成的明文块和密文块大小相同。当加密大于分组的消息时,需要迭代地使用第 4 章涉及的工作模式(modes of operation)算法。分组密码还会进行反向计算的解密操作。

(2) **流密码**。将密钥作为伪随机数发生器的种子,生成伪随机比特流,以及与数据按位异或的结果。由于按位异或操作是自身的逆,所以加密和解密操作的计算相同。

本章将介绍 DES、3DES 和 AES 等分组密码,目前全世界主流分组密码已转向 AES。然而,了解 DES 和 3DES 的结构有助于深入了解分组密码的设计理念。本章还会介绍流密码 RC4。尽管 RC4 具有良好的性能,但由于其存在许多弱点,并未被广泛使用。因为 RC4 是流密码的范例,而非分组密码,所以本章也将对其进行讲解。

## 3.2 分组密码的一般问题

### 3.2.1 分组大小、密钥大小

很明显,若密钥太小(例如 4 比特),则加密方案不会安全,因为遍历所有可能的密钥太容易。需要加密的明文块大小也面临类似的问题。若明文块过小(例如单字母密码中的 8 比特组),当获得足够的〈明文,密文〉对块后,便可以构造一个解密表。由于消息可能只在短时间内保密,因此,获得上述〈明文,密文〉对是有可能的。例如,军事领域中,消息可以显示军队第二天会攻击何处。

块过大也会影响性能,因此,块不应比实际需求大太多。密码学家的指导性原则是,若块大小为 $n$ 比特,则使用相同的密钥加密不应超过 $2^{n/2}$ 个块,事实上,至少每 $2^{n/2}$ 个块需要更改一次密钥。在 20 世纪 70 年代,因为不需要加密超过 32GB 的数据,所以,64 比特的 DES 似乎是一个合理的设计方案,而在不更改密钥的情况下,对于加密 PB 级的数据来说,128 比特块的现代标准才较为安全。

### 3.2.2 完全通用映射

为便于解释(以及可读性,因为需要写出 64 比特的值),现在假设一个使用 64 比特块的方案。加密 64 比特块的最常用方法是将 $2^{64}$ 个输入值与 $2^{64}$ 个输出值进行一一映射[②]。

---

① 译者注: 早期分组密码使用 64 比特块,现代分组密码使用 128 比特块。

② 映射必须是一对一的,即只有一个输入值映射到任何给定的输出值,否则将无法解密。

假设 Alice 和 Bob 需要一个可以加密对话的映射。如何设计呢？使用英文字母的单字母密码需要将 26 个值中的每一个值映射到 26 个可能值，可以具体表示为 $26 \times 5$ 比特。例如：

$$a \rightarrow q \quad b \rightarrow d \quad c \rightarrow w \quad d \rightarrow x \quad e \rightarrow a \quad f \rightarrow f \quad g \rightarrow z \quad h \rightarrow b \quad \cdots$$

但现假设一个将 64 比特块映射到 64 比特块的分组密码，如何指定通用映射？下面开始列举：

$$0000000000000000 \rightarrow 8ad1482703f217ce$$
$$0000000000000001 \rightarrow b33dc8710928d701$$
$$0000000000000002 \rightarrow 29e856b28013fa4c$$

因为有 $2^{64}$ 个可能的输入值，以及与之对应的 64 比特输出值，所以不可能把这些都写出来。构建这样的表需要 $2^{70}$ 比特。理论上，Alice 和 Bob 可以共享一个 $2^{70}$ 比特的量来指定完整的映射，并将其用作密钥。但 Alice 和 Bob 能否记住这么大的密钥，甚至在有限时间内进行会话或存储，都是令人怀疑的。所以这并不实用。

### 3.2.3  看似随机

分组密码的设计采用大小合理的密钥（128 比特，而非前文所述的 $2^{70}$ 比特），并对不知道密钥的人生成看似完全随机的一对一映射。**看似随机**（looking random）意味着对于不知道密钥的人而言，就像使用随机数发生器生成输入值到输出值之间的映射一样。这种看似随机的分组密码称为**伪随机置换**（pseudorandom permutation，PRP）。

若映射是真随机的，则输入中任意比特的改变都会导致完全独立随机的输出。没有相关性的两个不同输出，意味着大约一半比特是相同的，而另外大约一半的比特是不同的。例如，在一种不可发生的情况中，若输入的第 12 比特改变，则输出的第 3 比特总是改变，或者即使输入的第 12 比特改变，则输出的第 3 比特改变的概率也会趋于 1/2（所有可能输入的平均值）。因此，设计密码算法时会考虑**比特扩散**（spread bits around）问题，即单个输入比特会影响输出的所有比特，并能够以 1/2 的概率变化（取决于其他输入比特的值）。

一种创建真正随机映射的方法（尽管不太实用）是使用一个异想天开的盒子，即**预言机**（oracle）。请注意，哈希中也存在随机预言机模型（random oracle model）的类似概念。预言机可以回答以下形式的问题："$P$ 用密钥 $K$ 加密的结果是什么？""用密钥 $K$ 解密 $C$ 得到什么？"。预言机保存一个〈密钥 $K$，明文 $P$，密文 $C$〉的条目表，用于记录所有给定的答案。当要回答"$P$ 用密钥 $K$ 加密的结果是什么？"这类问题时，预言机会查看是否存在条目〈$K$，$P$，$C$〉。若存在，则返回答案"$C$"。若不存在，则生成一个随机值 $R$，而且如果 $R$ 不是密钥 $K$ 和其他明文 $P$ 的答案，则生成条目〈$K$，$P$，$R$〉，并回复"$R$"；如果 $R$ 已经是某个条目中的密文，则选择不同的随机值 $R$。

解密也是如此。若预言机被问到"用密钥 $K$ 解密密文 $C$ 会得到什么？"，如果存在条目〈$K$，$P$，$C$〉，则回答"$P$"。否则，生成随机值 $R$，并对于任何密文 $x$ 检查是否已经存在三元组〈$K$，$P$，$x$〉。如果存在，则生成不同的 $R$，并再次检查。如果不存在，则插入〈$K$，$P$，$C$〉，并返回"$R$"。

这种利用预言机对每个块进行加解密的方法显然不切实际，所以常用于定义**理想加密**

模型（ideal cipher model）。理想加密的安全性比 PRP 安全性更强，因为若获得生成 PRP 的密钥，则随机输出将不再随机。与 PRP 的安全性不同，但与随机预言机的安全性相似，理想加密的安全性过于强大，以致于任何有效的可计算函数都不可能达到[CANE98]。尽管如此，理想加密模型为分组密码设计者提供了一些"理想状态"的东西。理想密码模型和 PRP 模型都可用于安全性证明，其中，先证明假设底层的分组密码符合 PRP 模型或理想密码模型，然后证明系统的其他相关特性。

## 3.3　构建实用的分组密码

通用的分组密码以 $n$ 比特明文块和密钥作为输入，并输出 $n$ 比特的密文块。通常的构造方式是多次使用低开销但不太安全的分组密码。这种操作类似多次洗牌。每一次操作称为一轮。这种不太安全的分组密码称为**轮变换**（round transformation）。在设计分组密码时，密码学家试图使用轮数匹配密钥大小的强度。一旦轮数足够大，破解密码的最有效方法只能是对所有潜在密钥进行暴力搜索，而且额外的轮数也是浪费计算资源。若没有足够的轮数，再大的密钥也不会增加安全性。

### 3.3.1　每轮的密钥

分组密码中每一轮的参数是密钥，因此，轮变换因密钥而不同。有时，所有轮均使用相同的密钥会导致无法通过简单增加轮数来抵抗攻击，因此，每轮的密钥通常不同。若分组密码进行 $r$ 轮，且每轮使用一个 $x$ 比特密钥，则会导致生成一个非常大的密钥（$x \times r$ 比特）。因此，分组密码不会使用 $x \times r$ 比特密钥，而是根据实际的分组密码密钥中导出每轮的密钥，例如 $k$ 比特。DES 每轮仅使用 56 比特中不同 48 比特子集的密钥，而 AES 使用稍复杂的方法来降低每轮密钥间的关联性。从主密钥生成每轮密钥的过程称为**密钥扩展**（key expansion）步骤，或者**密钥调度**（key schedule）。当许多明文块需要用相同密钥加密时，只需要执行一次密钥扩展步骤，并缓存密钥调度，即可实现性能优化。

### 3.3.2　S-盒和比特置换

在 DES 和 AES 中，轮变换包含一个用于将一组输入比特转换成一组输出比特的组件。该功能在文献中称为 S-盒（S 代表代换）。对于 $k$ 比特输入的 $2^k$ 个可能值，S-盒可以指定其可能的输出值。为便于轮变换实现，S-盒只映射少量比特，而非映射整个块。为使用小的 S-盒，每一轮将输入变成小块，并在每块上使用 S-盒。DES 中的 S-盒将 6 比特输入映射到 4 比特输出。AES 中的 S-盒将 8 比特输入映射到 8 比特输出。DES 使用 8 个不同的 S-盒，即每个 S-盒执行不同的映射。在 AES 中，所有的 S-盒都是相同的。

注意，由于 S-盒只作用于所有比特的子集，若只进行一轮操作，则 1 比特输入只能影响输出的少量比特（例如 AES 的 8 比特），因为每一输入比特只能进入一个 S-盒。[①]

在每一轮的 S-盒操作后，受特定输入比特影响的比特位会扩散，以至于几轮之后，每一

---

① 准确地说，在 AES 中，每一比特只进入一个 S-盒。而在 DES 中，一些比特被输入两个 S-盒中。

输入比特都将影响所有的输出比特。在 DES 中,这种操作称为 P-盒,P 代表置换(permutation)。有时,"置换"一词用来描述具有 $n$ 比特输入的函数,其输出为 $n$ 个输入比特位置的重新排列。"置换"有时也用于描述 $n$ 比特的 $2^n$ 个可能输入值到 $2^n$ 个可能输出值的映射。DES 中的 P-盒是前一种意义上的置换;为了避免混淆,DES 中的 P-盒称为**比特置换**(bit shuffle)。比特置换的输入为 $n$ 比特,并循环移动这些比特位,因此,第 3 比特可能变成第 11 比特。输出和输入的 0 和 1 数量相同。

### 3.3.3　Feistel 加密

当然,加密算法可逆是非常重要的,而且,可逆便于解密。可逆加密方法(AES 采用)要求所有组件均可逆。对于 DES,S-盒显然是不可逆的,因为 DES 可以将 6 比特输入映射到 4 比特输出。因此,DES 使用一种称为 **Feistel 加密**的巧妙技术实现可逆。

Feistel 加密[FEIS73]一次只处理输入值的一半比特,可以实现从单向变换中构建可逆的变换。假设有一个输入为 64 比特的块,图 3-1 显示了该块加密和解密的工作原理。在 Feistel 加密中,一些用于置乱输入的不可逆组件称为 mangler 函数。

在第 $n$ 轮加密中,第 $n$ 轮的 64 比特输入被分成两个 32 比特部分,即 $L_n$ 和 $R_n$。第 $n$ 轮生成的 32 比特输出量为 $L_{n+1}$ 和 $R_{n+1}$。$L_{n+1}$ 和 $R_{n+1}$ 的级联是第 $n$ 轮的 64 比特输出,若还有另一轮,则输入第 $n+1$ 轮。

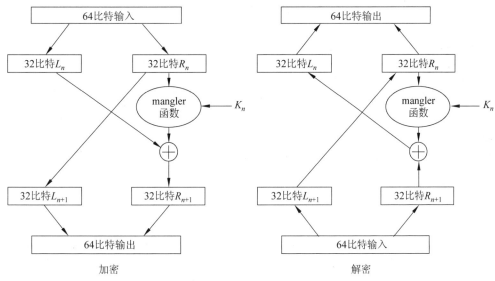

**图 3-1　Feistel 加密**

然后,将 $R_n$ 赋值给 $L_{n+1}$。其中,$R_{n+1}$ 的计算操作如下:将 $R_n$ 和 $K_n$ 输入 mangler 函数,将 32 比特的数据和部分密钥比特作为输入,产生 32 比特的输出;再将 mangler 函数的 32 比特输出与 $L_n$ 进行按位异或,得到 $R_{n+1}$。

基于上述情况,假设需要反向进行 Feistel 加密(例如 DES),即进行解密过程。若已知本轮密钥 $K_n$,以及两个 32 比特输出 $L_{n+1}$ 和 $R_{n+1}$。如何得到 $L_n$ 和 $R_n$?很简单,$R_n$ 等于 $L_{n+1}$。已知 $R_n$、$L_{n+1}$、$R_{n+1}$ 和 $K_n$,以及 $R_{n+1}$ 等于 $L_n \oplus \mathrm{mangler}(R_n, K_n)$,则可以计算 $\mathrm{mangler}(R_n, K_n)$,因为 $R_n$ 和 $K_n$ 已知。下面按位异或 $R_{n+1}$,得到的结果即为 $L_n$。注意,

mangler 函数不会反向运行。Feistel 加密的可逆性是包容的，并不限制 mangler 函数的可逆性。理论上，mangler 函数可以将所有值映射为 0，并仍可以继续执行算法，但使 mangler 函数将所有函数映射到 0 会使算法非常不安全（参见本章作业题 8）。

如果仔细查看图 3-1，则可以发现解密与加密相同，只是对其中 32 比特的部分进行了交换。换言之，将 $L_{n+1}|R_{n+1}$ 输入第 $n$ 轮，并输出 $R_n|L_n$。若算法指定在一系列 Feistel 轮换结束时，交换输出的两个部分（这是 DES 的做法），则在算法实现中可采用下面的技巧：加密或解密的单个算法实现仅取决于每轮提供的密钥。因此，加密或解密仅取决于所提供的密钥调度，而解密会反转每轮密钥的顺序。

## 3.4　选择常量

密码学家毫无疑问是一群"可疑的"人。理论上，若知道密码函数是如何设计的，则设计一个可破解的密码函数也是有可能的。这样设计者可破解的函数就是有**后门**（back door）的。例如，DES 中的 S-盒看似是任意选择的，所以我们可以理解有人会怀疑为什么选择这种特定的设计。

加密算法的组件通常需要一些任意的参数。为了避嫌，如今的设计者会以不受设计者控制，但具有安全设计所必需特性的方式选择常量。这种设计算法的技术有时被称为"锦囊妙计"[1]（nothing up my sleeve）技术。例如，从 $\pi$ 或 $\sqrt{2}$ 中选择一些比特作为常数。

## 3.5　数据加密标准（DES）

1977 年，NIST[2] 发布了数据加密标准（DES），并将其服务于商业和非保密性质的美国政府应用。DES 由 IBM 公司的一个团队基于自己的 Lucifer 加密设计，并征求了美国国家安全局的意见。DES 使用 56 比特的密钥，并将 64 比特的输入块映射到 64 比特的输出块。实际上，DES 密钥看似像一个 64 比特的量，但每个**八比特组**（octet）中都有 1 比特位用于奇校验。因此，每个八比特组中只有 7 比特实际上有密钥含义。

DES 的硬件实现是有效的，但在软件中实现则相对较慢。尽管使 DES 的软件实现困难并不是其目标，但人们声称 DES 是专门为此设计的，也许是因为这可以将 DES 的使用限制在能够提供硬件解决方案的组织中，或者可能是因为这样更容易控制该技术的使用权。无论如何，CPU 性能的提升使得 DES 的软件实现成本变得可接受。

随着半导体技术的进步，以及具备低成本大规模并行能力的 GPU 等技术的发展，密钥大小问题变得尤为关键。或许 64 比特密钥可能已将 DES 的使用寿命延长了几年，但即使这样，如今 DES 也不再安全。目前 NIST 建议，所有密码至少要达到 112 比特密钥的分组密码的破解难度，并且大多数设计的目标是至少 128 比特。

---

[1]　译者注：为增加趣味性，字面意思为"两袖清风"，也可理解为空袖术（类似于魔术中袖子空空如也，什么也没有）、袖里乾坤，或此地无银三百两。

[2]　译者注：美国国家标准与技术研究所（National Institute of Standards and Technology，NIST），当时被称为国家标准局（National Bureau of Standards，NBS）。

**为什么是 56 比特?**

使用 56 比特密钥是 DES 最具争议的问题之一。甚至在 DES 被采用前,情报界以外的人曾抱怨 56 比特密钥的安全性不足[DEN82,DIFF76a,DIFF77,HELL79]。那么,为什么算法只使用 64 比特 DES 密钥中的 56 比特? 而且,使用密钥中的 8 比特进行奇偶校验的缺点是会大大降低 DES 的安全性(是穷举搜索的安全性的 1/256)。

那么密钥使用 8 比特进行奇偶校验又有什么优势呢? 假设收到一个电子密钥,需要对该密钥是否为真进行合理性检验。若检查了其奇偶性,并发现奇偶性有误,那么便可以知道出了问题。

上述推理也存在问题,即使得到 64 比特的密文,也有 1/256 的可能性(给定奇偶性方案的情况下)使结果恰好具有正确的奇偶性,因此看似正确的密钥也可能有问题。这样大概率的错误可能性无法满足任何应用的有效保护需求。

人们普遍认为,56 比特密钥太小,难以确保安全。有些人(不包括本书作者)指出政府有意识地决定削弱了 DES 的安全性,以使 NSA 能够破解 DES。希望还有其他的解释,但我们从未听到过更合理的解释。

## 3.5.1 DES 概述

DES 非常容易理解,并且其中采用了一些非常优雅的技巧。下面介绍 DES 的基本结构,如图 3-2 所示。

64 比特的输入经初始比特置乱后(没有安全值),得到 64 比特的结果。56 比特的密钥通过提取每个 56 比特密钥中不同的 48 比特密钥子集,扩展形成 16 个 48 比特的每轮密钥。在每轮中,都将上一轮的 64 比特输出和 48 比特密钥作为输入,并产生一个 64 比特输出。在第 16 轮后,交换 64 比特输出的两部分,然后进行另一次比特置乱,这恰好是初始比特置乱的逆序。在最后一轮中,64 比特输出的两部分交换并没有增加算法的加密强度,但却可以达到一个有趣的效果。如 3.3.3 节所述,除密钥调度外,两部分的交换可以使加密和解密操作相同。

以上是 DES 加密工作原理的概述。解密基本上是 DES 的反向实现过程。若要解密一个数据块,首先需要进行初始比特置乱以消除最终的比特置乱。[①] 尽管以相反的顺序使用密钥[②],但两次置乱会执行相同的密钥扩展。然后,与加密过程一样,运行 16 轮运算。[③] 经过 16 轮解密后,交换输出的两部分,然后进行最终的比特置乱(以消除初始比特置乱)。

## 3.5.2 mangler 函数

mangler 函数的输入为 32 比特的 $R_n$(第 $n$ 轮 64 比特输入的右半部分),简记为 $R$,48 比特的密钥 $K_n$ 记作 $K$,得到 32 比特的输出,该输出与 $L_n$ 的按位异或得到 $R_{n+1}$(即下一个 $R$)。

---

① 译者注:初始比特置乱和最终比特置乱是互逆的。
② 首先使用最后生成的密钥 $K_{16}$。
③ 本书 3.3.3 节中解释了这样做有效的原因。

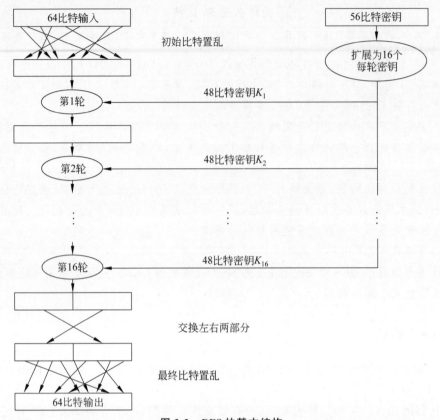

图 3-2　DES 的基本结构

首先，mangler 函数将 $R$ 从 32 比特扩展到 48 比特，具体为将 $R$ 分成 8 个 4 比特的块，然后将相邻比特连接到块中，使每个块扩展为 6 比特。$R$ 最左边和最右边的比特被定义为相邻，参见图 3-3。

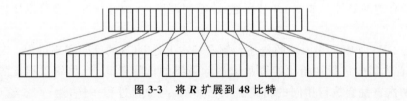

图 3-3　将 $R$ 扩展到 48 比特

每轮的 48 比特密钥 $K$ 被分成 8 个 6 比特块。扩展后将 $R$ 的块 $i$ 与密钥 $K$ 的块 $i$ 按位异或，得到一个 6 比特输出。将 6 比特输出送入 S-盒，为每个可能的 6 比特输入产生一个 4 比特输出。由于只有 64 个可能的输入值（6 比特）和 16 个可能的输出值（4 比特），S-盒必然会将几个输入值映射到相同的输出值。在 DES 中，有 8 个 S-盒，每个 S-盒将 6 比特输入映射到不同的 4 比特输出。

### 3.5.3　不想要的对称性

DES 中密钥扩展只涉及选取初始密钥比特的子集，而且每轮密钥的唯一用途是与明文或中间值进行按位异或，以及 Feistel 结构的使用，这些特点结合所产生的对称性导致了

DES 的脆弱性。没有人真正关心这一点，因为过小的密钥使得 DES 早已过时，但这些弱点确实可以通过精心的算法设计避免。本节涉及的 DES 弱点如下。

（1）有 4 个密钥是脆弱的，意味着这些密钥是自身的逆，即同一密钥加密两次会得到明文。两个明显的弱密钥是全 0 和全 1，因为每轮密钥只是密钥比特的不同子集。例如，如果密钥为零，则所有轮密钥（无论是解密还是加密）都将为 0，并且由于除了每轮密钥的顺序外，加密和解密的操作相同，所以，加密与解密的操作也相同。

（2）有 6 对密钥是半脆弱的，这意味着每对密钥是互逆的。

（3）对于所有密钥 $K$，若用密钥 $K$ 加密明文 $P$ 得到密文 $C$，则用 $\sim K$ 加密 $\sim P$ 可以得到 $\sim C$[①]。这意味着什么？假定加密系统使用密钥 $K$，允许攻击者（称为 Eve）选择两个明文。现假设 Eve 选择 $P$ 和 $\sim P$ 进行加密，则 Eve 知道加密 $P$ 得到 $C_1$，加密 $\sim P$ 得到 $C_2$。Eve 想用暴力搜索得到密钥 $K$。如果具有 56 比特密钥的 DES 没有这个弱点，则需要 $2^{56}$ 次加密（最差情况）或 $2^{55}$ 次加密（平均情况）以找到对应 $P$ 到 $C_1$ 映射的密钥 $K$。然而，由于这个弱点，Eve 的暴力搜索只需要一半的加密尝试，因为 Eve 只须尝试一半的密钥，例如首位为 0 的密钥。对于每个这样的密钥 $K$，Eve 用 $K$ 加密 $P$。如果结果是 $C_1$，那么即可知道 $K$ 是密钥。如果结果是 $\sim C_2$，那么便可知道密钥是 $\sim K$。因为只需要用一半的密钥进行加密，所以需要 $2^{55}$ 次加密（最差情况）或 $2^{54}$ 次加密（平均情况）。

### 3.5.4　DES 的特别之处

实际上，DES 非常简单，所以这给人们留下的印象是任何人都可以设计私钥加密算法。只需要通过某种方式将输入和密钥混合，并反复进行足够的次数，便可以得到一个加密算法。然而，事实上，私钥加密算法应该是非常神秘的。例如，DES 的 S-盒看起来完全是任意的。然而，S-盒的设计需要专门考虑安全强度。Biham 和 Shamir[BIHA91]的研究表明，在面对特定攻击（实际上不太可能）时，包括交换 S-盒 3 与 S-盒 7 在内的极其微小变化，都会导致 DES 的安全性降低大约一个数量级。Coppersmith 的优秀论文[COPP84]描述了 DES 为避免差分密码分析的秘密设计原理。然而，另一种密码分析技术，即首次出现在公开文献[MATS92]中的线性密码分析，指出 DES 的 S-盒设计似乎对线性密码分析的抵抗不强，而且，线性密码分析指出 DES 的设计者并不知道该方法。在 1993 年和 1994 年，线性密码分析对 DES 实施了攻击[MATS93，MATS94]。

## 3.6　多重加密 DES

请记住，加密方案具有两个功能函数，即加密和解密。这两个功能函数是互逆的，但事实上，每个功能函数的输入都是任意的数据块，然后以与另一个功能函数相反的方式进行置乱。所以，对明文进行解密操作与加密操作的安全性是相同的，然后对结果进行加密，可再次得到明文。由于用解密函数进行加密的说法会令人费解，所以后续将这两个功能函数描述为 E 和 D。

---

① 　$\sim x$ 是 $x$ 的补码，即翻转 $x$ 的所有比特位——0 变为 1，1 变为 0。

通过多重加密使 DES 更安全的公认方法为 EDE、3DES、TDEA（三重数据加密算法）或 TDES（三重数据加密标准）[①]。

事实上，任何加密方案都可以通过多重加密而变得更加安全。例如，EDE 可以很容易地用 AES 来实现。但 AES 已经具有不同密钥大小的标准化变体，而且通过修改算法来创建较大密钥的 AES，比起使用小密钥的 AES 进行多次加密要高效得多。

DES 使用 EDE 的步骤如下。

(1) 使用 3 个密钥：$K_1$、$K_2$ 和 $K_3$。

(2) 对于每个明文块，用 $K_1$ 加密 $K_1$（E），然后用 $K_2$ 解密（D），最后用 $K_3$ 加密（E）。在新的私钥加密方案中，64 比特块被映射到另一个 64 比特块。

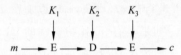

解密只需要进行反向操作。

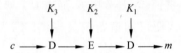

现在讨论为什么 3DES 是这样定义的。其实，关于加密次数和功能函数排列顺序有多种选择。

(1) 3DES 算法只选择了 3 次加密操作，事实上，进行 2 次或 714 次也可以。那么 3 次是否正确？

(2) 为什么功能函数排列是 EDE，而不是 EEE 或 EDD？

### 3.6.1　进行加密的次数

假设块加密的次数越多越安全，则加密 714 次比加密 3 次更安全。但现在的问题是加密操作的成本很高，因此，需要减少非加密方案真正安全所必需的加密操作。但仅使用 2 次加密存在问题，而选择 3 是因为 3 是大于 2 的最小整数。

**1. 用相同密钥加密两次**

假设不希望使用两个密钥进行加密。若用相同密钥连续加密两次，是否会更安全？

$$明文 \xrightarrow{\ K\ } \xrightarrow{\ K\ } 密文$$

事实证明，这并不比密钥 $K$ 的单次加密更安全，因为 56 比特密钥空间的穷举搜索仍然只需要搜索 $2^{56}$ 个密钥。由于攻击者需要进行两次加密，所以测试密钥的每一步都是 2 倍的工作量，但对于攻击者来说，两倍并没有增加多少安全性，特别地，与攻击者一样好人的工作量也会加倍。

那么，基于相同的密钥，加密（E）后，再解密（D）效果如何？这对好人来说是双倍的工作量，而对坏人来说没有任何作用，所以，这通常被认为是不好的加密方案。

---

① 译者注：英文全称为 TDEA（Triple Data Encryption Algorithm）和 TDES（Triple Data Encryption Standard）。

**2. 用两个密钥加密两次**

如果用两个不同的密钥进行两次加密,可以使其安全性与密钥大小为 112 比特的 DES 类方案相同,那么加密两次就足够了。然而,事实并非如此,原因如下。

使用两个 DES 密钥,$K_1$ 和 $K_2$,对每个数据块加密两次。首先用密钥 $K_1$ 加密,然后用密钥 $K_2$ 加密。

$$明文 \xrightarrow{\quad K_1 \quad} \xrightarrow{\quad K_2 \quad} 密文$$

这与双倍长度密钥(112 比特)的加密强度一样吗?可以认为这与 112 比特密钥强度一样的原因是,直接的蛮力攻击必须猜测 $K_1$ 和 $K_2$,才能确定特定明文块是否被加密为特定密文块。

然而,有一种不太直接的攻击,破解双重加密 DES 的时间大概是蛮力破解单次加密 DES 的 2 倍。这种攻击并不实用,因为所需的内存大到不合理。然而,这种攻击的一些变体只需要多一点的计算和更少的内存。因此,通常不进行双重加密。

这种攻击(中途相遇攻击[①])的步骤如下。

(1) 假设有几个〈明文,密文〉对〈$m_1, c_1$〉、〈$m_2, c_2$〉、〈$m_3, c_3$〉,其中,$c_i$ 源自用 $K_1$ 和 $K_2$ 对 $m_i$ 的双重加密。现需要找到 $K_1$ 和 $K_2$。

(2) 首先创建具有 $2^{56}$ 个条目的表 A,其中,每个条目由 DES 密钥 $K$ 和该密钥与 $m_1$ 的加密结果 $r_K$ 组成。按 $r_K$ 大小对表进行排序。

(3) 创建具有 $2^{56}$ 个条目的表 B,其中,每个条目由 DES 密钥 $K$ 和该密钥解密 $c_1$ 的结果 $s_K$ 组成。按 $s_K$ 大小对表进行排序。

(4) 在有序的列表中搜索匹配的条目,即表 A 中的〈$K_A, t$〉,表 B 中的〈$K_B, t$〉。在每个匹配条目中,$K_A$ 作为候选 $K_1$,$K_B$ 作为候选 $K_2$,因为 $K_A$ 加密 $m_1$ 得到 $t$,$K_B$ 加密 $t$ 得到 $c_1$。因此,$K_A | K_B$ 是 $m_1$ 到 $c_1$ 映射的双倍长度候选密钥。

(5) 如果有多个匹配的条目(成对的密钥〈$K_A, K_B$〉)将 $m_1$ 映射到 $c_1$(几乎肯定是),则测试每个候选密钥对是否为 $m_2$ 到 $c_2$ 的映射。若测试了所有候选的〈$K_A, K_B$〉对,并且其中有多个候选密钥对可以将 $m_1$ 映射到 $c_1$,$m_2$ 映射到 $c_2$,则尝试第 3 个〈明文,密文〉对〈$m_3$, $c_3$〉。当然,正确的密钥对〈$K_1, K_2$〉总是有效的,而不正确的密钥对几乎肯定无法对其他〈$m_i, c_i$〉有效。

搜索两个表后,期望找到多少匹配条目呢?因为存在 $2^{64}$ 个可能的数据块,每个表中只有 $2^{56}$ 个表条目(因为只有 $2^{56}$ 个密码),所以每个 64 比特块只有 $1/256$ 的可能性出现在每个表中。表 A 中出现的 $2^{56}$ 个数据块中,只有 $1/256$ 也会出现在表 B 中。这意味着应该有大约 $2^{48}$ 个条目同时出现在两个表中。其中只有一个条目对应正确的〈$K_1, K_2$〉,而其他的都不正确。下面用〈$m_2, c_2$〉进行测试,如果〈$K_A, K_B$〉是假的,则 $D(c_2, K_B)$ 与 $E(m_2, K_A)$ 相等的概率约为 $1/2^{64}$。大约有 $2^{48}$ 个错误条目,因此其中一个条目满足 $D(c_2, K_B) = E(m_2, K_A)$ 的可能性约为 $2^{48}/2^{64}$,或约为 $1/2^{16}$。每次针对其他条目〈$m_i, c_i$〉的测试都会将概率降低至 $1/2^{64}$,因此,在尝试 3 次之后仍为错误匹配的概率大约是 $1/2^{80}$。

---

① 译者注:中途相遇攻击(Meet-in-the-Middle attack)是密码学上以空间换取时间的一种攻击,在 1977 年由 Diffie 和 Hellman 提出。

### 3. 只用两个密钥的三重加密

3DES（也称三重 DES）用于进行三重加密。一种曾经流行的 3DES 变体只使用两个密钥，其中，$K_3 = K_1$。以下是在 3DES 中仅使用两个密钥的两个原因。

（1）在前文描述的针对 2DES 变体的攻击中，在 3DES 中使用 3 个密钥，可以使破解 3DES 的工作量减少到 $2^{112}$ 次加密计算，而且，若加密系统面临比蛮力攻击更有效的攻击，则通常认为该加密方案不好。

（2）理想密码的一个特点是很难找到能够将给定明文分组映射到给定密文分组的密钥。基于双重加密或 3 个密钥的 3DES，可以相对容易地找到将给定明文映射到给定密文的密钥。若用 $2^{32}$ 个随机选择的 $\langle K_1, K_2 \rangle$ 对加密明文，并用 $2^{32}$ 个随机选择的 $K_3$ 值解密密文，则可能存在至少一个公共值。这将为攻击者提供将明文加密为密文所需的 3 个密钥。大多数分组加密算法都难以应用，因为攻击者可以找到从给定明文到给定密文映射的密钥。在任何密钥大于分组长度的系统中，会有很多具有该属性的密钥，但是通常只有一个正确的密钥是有用的。这种威胁的一个重要案例是 UNIX 口令哈希中使用的加密（见 5.5 节）。在这种方案中，口令被用作加密密钥来加密常数，并存储加密结果。使用 3 个密钥的 EDE 则可以很容易地找到将给定明文映射到给定密文的 3 个密钥，其结果将被系统接受为有效密码。该结果不必是用户的实际口令，任何将明文（常量）映射到存储值的方法都将被系统接受。目前，并没有已知的实用方法可以找到像 $K_1 = K_3$ 这样的三元组。

在上述讨论后，可以发现两个密钥的 3DES 不能提供 112 比特的安全强度[MERK81]。因此，人们通常会放弃两个密钥的 3DES，而支持具有 3 个密钥的 3DES，尽管这样做存在理论上的问题。由于任何 64 比特块大小分组密码存在使用风险，因此，AES 几乎在所有应用中取代了 DES 和 3DES，但银行业除外。

## 3.6.2 为什么是 EDE 而不是 EEE

为什么 $K_2$ 用于解密模式？诚然，任何模式下的 DES 都没有问题，而且每种方式都会给出一种映射。DES 反向运行（交换加密和解密过程）的效果也总是好的。而选择 EDE 的一个原因是，通过设置 $K_1 = K_2 = K_3$，可以基于硬件运行 EDE 加密和普通的 DES 加密。硬件重复运行 3 次，即可完成加密任务（参见本章作业题 7）。

## 3.7 高级加密标准（AES）

### 3.7.1 高级加密标准的起源

20 世纪 90 年代，全世界需要一种新的私钥加密标准。DES 的密钥太小，3DES 又太慢，而且，DES 和 3DES 中的 64 比特分组也过小。

NIST 决定支持创造一个新的标准，然而，这是与技术问题一样困难的公共关系问题。多年来，美国一些政府部门竭尽全力阻碍安全密码算法的部署应用，因此，如果美国政府机构出面表示："我们来自政府部门，现在来帮助开发和部署强大的加密技术"，一定会令人怀疑。

NIST 确实想支持创造一个优秀的新安全标准。新标准需要是高效、灵活、安全、无阻碍、可自由实施的。但 NIST 如何才能帮助创造一个新标准？NIST 不参与进来是不行的，因为没有类似的组织会主动做这件事。使用美国国安局秘密设计的密码也不可行,因为大家都会认为他们的密码有后门。因此,1997 年 1 月 2 日,NIST 组织了一场选择新加密标准的竞赛。全世界任何国家或地区的任何人的加密标准提案都可能会被接受。但候选密码必须满足一系列要求,包括设计基本原理的文档(不仅是对数据进行一系列的转换)。后续的几年中,一些会议专门对候选提案论文进行分析。除了 NIST 外,还有一些积极的密码学家(包括竞争项目的作者)在相应竞争方案的缺陷,并比较候选算法的特性,如算法的性能。

经过大量分析,NIST 选择了由两位比利时密码学家开发、提交,并以他们名字命名①的 Rijndael。2001 年 11 月 26 日,标准化的 Rijndael——AES(高级加密标准)成为联邦信息处理标准[NIST01]。

因为 Rijndael 提供了 5 种不同的分组大小和 5 种不同的密钥长度,所以 Rijndael 有 25 种变体。分组大小和密钥长度这两个参数可以从 128、160、192、224 和 256 比特中独立选择。AES 只有 3 种变体,因为 AES 强制要求分组大小为 128 比特,密钥大小为 128、192 或 256 比特,但 AES 的其他方面与提交的 Rijndael 提案相同。接下来仅描述 AES 变体,不会进一步介绍 Rijndael。

### 3.7.2　总览

私钥加密算法的常见结构是多轮次处理输入数据,并在每轮中进行线性和非线性两种变换。在线性变换中,会独立地计算输入的加权和,并得到每个输出。② 若线性变换基于单个比特,则每一输出比特是输入比特某个子集的按位异或。如果线性变换的计算是按八比特组(例如 AES)进行的,则每个输出的八比特组是输入八比特组的加权和(由于是有限域的计算,因此输出的长度需要满足合理性)。在 DES 中,线性变换只是单比特的置乱,这在硬件中非常容易计算(仅需要连线,并且不需要门电路)。而 AES 中的线性函数更复杂。在 DES 中,比特置乱的结果是输出与输入中有相同数量的 1。在 AES 中,因为线性函数不是简单的比特置乱,所以输入和输出中 1 的数量可能不同。

通常,非线性变换(称为 **S-盒**)会作用于一小部分的比特子集。将输入划分为多个小组,理想情况下,每个小组用一个 S-盒以尽可能以非线性的方式进行从输入到输出的变换。为什么 S-盒只作用于比特子集? 在 DES 中,8 个 S-盒被定义为输入→输出映射的表,其中,每个条目将 6 比特输入映射到 4 比特输出(因此,DES 具有 64 个条目,每个条目具有 4 比特输出)。在 AES 中,只有一个 8 比特输入和输出的 S-盒。AES 中 S-盒的最初设想是一个具有 256-八比特组的查询表,虽然不是随机选择的映射,但设计了一个计算 S-盒输出的公式。这个公式的作用是表明没有恶意的映射选择。很可能 AES 的大多数映射是安全的,因为 AES 中 S-盒的设计者会确保其定义的映射满足某些标准(例如不将输入映射为自身或其补码,或者两个输入互为映射),以及具有抵抗差分和线性密码分析的良好定量特性。注意,若 S-盒的查询表具有 128 比特输入,则该表必须有 $2^{128}$ 个条目。即使基于 S-盒的计算没有庞大的查询表,但若输入是大量的比特,也需要进行大量的分析才能确保所选映射没有任何弱

---

① 两位密码学家的名字分别为 Joan Daemen 和 Vincent Rijmen[DAEM99]。

② 或者更正式地,若变换 F 是线性的,则满足 F(a+b)=F(a)+F(b),其中,a 和 b 属于某个加性群。在后续讨论的多数情况下,+就是 ⊕ 运算。

变换（例如将输入 $A$ 映射到 $B$，以及将输入 $B$ 映射到 $A$）。

为什么不让所有的变换都是线性的？如果做一系列的线性变换，则结果还是会得到另一个线性变换。如果加密算法是线性转换，则这是不安全的，因为给定少量的〈明文，密文〉对，就可以通过解线性方程计算出密钥。

为什么不让所有的变换都是非线性的？这实际上是安全的，但通常不这样做。对于小的 S-盒，输入比特只能影响组内的其他比特，因此，有必要在 S-盒后执行另一步骤来移动这些比特。虽然，其他步骤（称为混合层）也可能是非线性的，但设计者通常更倾向于通过线性运算来实现 S-盒之间的混合，因为，线性函数某些特性的证明比非线性函数更简单。更深入的分析详见文献[DAEM01]。

相关文献中涉及了各种非线性变换和线性变换术语。有时，非线性层被称为**混淆层**（confusion layer），而线性层称为**扩散层**（diffusion layer）。**混淆**和**扩散**是香农创造的术语[SHAN45]，指的是密码的设计目标——混淆与确保任何两个比特间数学上的复杂关系相关，而扩散与确保每个比特影响所有其他比特相关。上述术语的含义是，非线性层用于提供混淆能力，而线性层的目标是提供扩散能力。虽然这些概念不一定对应于所有密码设计中每轮各层的实际设计目标，甚至无法巧妙地分为线性和非线性两层的密码设计，但这与大多数密码设计的目标非常接近，因此这些术语很流行。

另一个常见术语是**代换置换网络**（substitution-permutation network，SPN）。这个术语会造成概念混淆，因为 AES（被认为是一种 SPN）中的非线性（置换）和线性（置换）变换是一对一的，而且，根据数学术语，两者都是输入值的排列。所以书中不会使用术语 SPN，而代之以术语"非线性层"和"线性层"。

私钥加密算法需要是可逆的，以便解密。DES 是可逆的，因为它采用了 Feistel 结构，即使 mangler 函数不可逆，也保证了每轮 DES 是可计算的。这给了 DES 设计者很多选择 S-盒的灵活性，但代价是每轮只能置乱一半比特的状态。AES 则不同，因为每一步操作都是可逆的，意味着所有的操作都被约束为一对一映射。

在 AES 中，实际输入比特会多于输出比特，因为输入由分组比特和密钥比特构成，而输出仅包括一个分组。那么，密钥会如何影响计算？将密钥扩展到轮密钥中，而且，每轮密钥通过按位异或操作进入轮间的状态。

### 3.7.3　AES 概述

AES 是一种 128 比特的分组密码，密钥长度可选择 128、192 或 256 比特——可想而知，相应的变体称为 AES-128、AES-192 和 AES-256。

AES 与 DES 相似，都通过密钥扩展算法将密钥扩展为一组轮密钥，而且算法通过执行一系列轮次运算，逐步将明文分组置乱为密文分组，详见图 3-4。DES 中，每轮都有一个 64 比特输入和一个 48 比特轮密钥，并会产生一个作为下一轮输入的 64 比特输出（以及下一轮密钥）。对于 AES，每轮都需要 128 比特的输入和 128 比特的轮密钥，并产生 128 比特的输出，然后，该输出会进入下一轮计算中。与 DES 不同，AES 不是 Feistel 密码。相反，AES 的每个步骤本身都是可逆的。这意味着 AES 可以置乱每轮中的所有比特，因此只需要大约一半的轮次就可以达到与 Feistel 密码所需安全级别相同的结果。根据"相比于任何其他形式的密码分析，只需要进行使密钥空间穷举搜索更少的轮数"原则，当密钥更大时，AES 需要更多轮次计算。AES-128 有 10 轮,AES-192 有 12 轮,AES-256 有 14 轮。若 AES 有一个 64 比特版本,则需要 8 轮,这与 DES 中的 16 轮相当[①]。

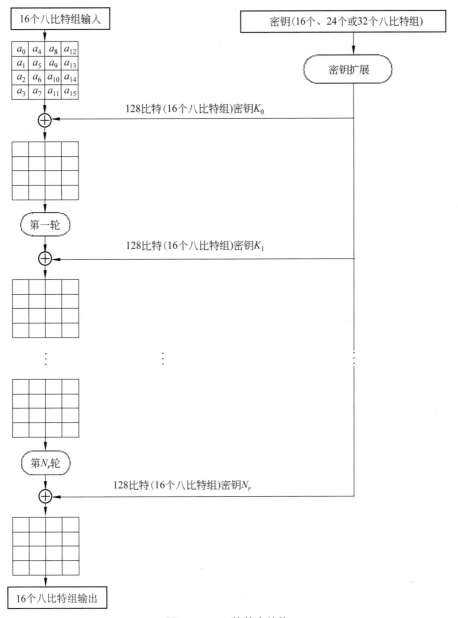

图 3-4　AES 的基本结构

　　DES 和 AES 之间的一个区别是 DES 对比特位进行操作,而 AES 对八比特组进行操作。这使得 AES 的软件实现更加高效。

　　DES 和 AES 的另一个区别是,DES 中的 S-盒和 P-盒似乎有些随意,并需要使用表来指定,而 AES 为所有转换操作提供了一个相对简单的数学公式,并且基本原理已公开。

---

① 同样,因为 AES 不是 Feistel 密码,所以每轮 AES 效率是每轮 DES 效率的 2 倍。

在 AES 中,128、192 或 256 比特的密钥被扩展为一系列 128 比特的轮密钥,其中,轮密钥数量比轮数多一个。AES 的加密或解密过程会在开始、结束,以及每轮之间将轮密钥按位异或到中间值中。

AES 的每轮都对 128 比特的分组进行操作,可视为由 4×4 的八比特组构成的数组。AES 将开始时的分组定义为输入状态,结束时的分组定义为输出状态。

每轮（AES 的 S-盒）中的非线性运算称为**字节代换**(SubBytes)。对于每个八比特组状态,AES 会对输入八比特组值到输出八比特组值进行一对一映射。尽管这会出现在 16 个不同的 S-盒中（每个 S-盒对应一个八比特组输入）,但所有 AES 的 S-盒是相同的。

AES 的线性层中涉及以下两种操作。

(1) **行移位**(ShiftRows)。对 4×4 的八比特组矩阵的每一行,都向左移动特定行数的八比特组,将左边的八比特组移动到右侧位置。顶部行（第 1 行）移动 0 个八比特组,第 2 行移动 1 个八比特组,第 3 行移动 2 个八比特组,第 4 行移动 3 个八比特组。

(2) **列混合**(MixColums)。独立作用于 4×4 的八比特组矩阵的每一列。每列乘以相同的固定 4×4 矩阵[使用 $GF(2^8)$ 算术]。因为该矩阵可逆,所以该步骤（以及所有步骤）是可逆的。当与行移位结合时,4×4 矩阵中的每个八比特组会在两轮内影响其他八比特组。

### 3.7.4 密钥扩展

DES 的密钥扩展非常简单。在 DES 中,需要 16 个 48 比特的轮密钥,并需要通过不同顺序的 56 比特密钥的不同子集来生成。每个密钥比特最终被用于 16 个轮密钥中的 13 个或 14 个。

AES 密钥扩展的工作方式也与 DES 不同。AES 的轮密钥为 128 比特,而完整密钥可以是 128、192 或 256 比特。AES 从完整密钥开始,生成密钥中其他大小的**密钥块**(key-block)。每个新的密钥块都是前一密钥块的复杂（但一对一）函数,并结合了许多更简单的函数:将 S-盒应用于 4-八比特组中的每一个位组,旋转 4-八比特组中的位组,将每个密钥块常数按位异或为一个八比特组,并对 4-八比特组整体进行按位异或。一旦完成了充分的扩展,轮密钥一次便可以从密钥中取出 128 比特。最终可以得到来自每个 128 比特密钥块的一个轮密钥,来自每个 256 比特密钥块的两个轮密钥,或来自每个 192 比特密钥块对的 3 个轮密钥。

### 3.7.5 反向轮次

由于每一步操作都是可逆的,所以可以通过与加密相反的顺序执行逆操作,并以相反的顺序使用轮密钥来完成解密。

正如 DES 通过最后执行一个额外的交换步骤来实现基于不同扩展密钥的单次加密或解密一样,AES 也设计了一些可以使加密和解密的组合更容易的特殊特征。特别地,为使加密及其逆过程在结构上更相似,最后一轮中省略了列混合步骤。

### 3.7.6 AES 的软件实现

与 DES 不同,AES 专门为在软件中高效实现而设计。由于 $GF(2^8)$ 算术（2.7.1 节）在软件中通常速度不快,并且面向八比特组的运算往往很耗时,因此,AES 进行了巧妙的设计,根据密钥设计了一些大表,每轮可以通过 16 个 4-八比特组的内存读取、旋转操作和按位异或来实现。

然而,这几乎从未实现。因为,所有主流的 CPU 供应商都实现了 AES 指令的一些步骤,其运行速度远快于任何软件实现。此外,研究人员发现,在运行多个进程的任何 CPU 上,当内存地址与秘密数据相关时,任何查表操作都极易受到侧信道攻击[KOCH96,BERN05]。

## 3.8　RC4

用简单的按位异或操作加密消息的长随机(或伪随机)字符串被称为一次性密码本。流密码可以生成一次性密码本,结合按位异或可将其应用于明文流。

RC4 是 Ron Rivest 设计的一种流密码,曾一度称为使用最广泛的加密算法。最初 RC4 是一个商业秘密,但在 1994 年被 Cypherpunks 邮件列表[1]上的匿名帖子"泄露"。后来,RC4 被纳入了一些标准协议,包括 SSL 和 WEP。值得注意的是,RC4 极其简单并具有高性能。

目前已发现了 RC4 的一些细微的缺陷。一个重要方面是**相关密钥**(related keys)的问题。必须为 RC4 加密的每个消息或流使用不同的密钥。RC4 连接秘密和随机数的设计并不安全的,因为这会产生相似的两个流,并易于遭到密码分析。相反,应该将秘密和随机数的哈希作为 RC4 的密钥。

RC4 还存在输出中初始八比特组的 256 个可能值概率不相等的缺陷。例如,第二个八比特组为零的概率为 1/128,而不是预期的 1/256。当使用不同的密钥进行多次加密时,也会导致潜在的问题。该缺陷在 WEP 中存在,因为每个节点所发送明文的前几个八比特组是一个常量。在使用一次性密码本之前,通过跳过流的大约前 4000 个八比特组可以避免该问题(RC4 的初始输出不是均匀分布的)。另一个问题是,RC4 的存储器访问依赖密钥,这使 RC4 容易受到侧信道攻击。由于这些安全问题,加之目前大多数现代 CPU 在专用硬件中实现了 AES,并比 RC4 速度快,所以,RC4 已停用。同时,在大多数标准中,RC4 已被弃用。

RC4 算法是一个非常简单而快速的八比特组伪随机流发生器。RC4 的代码基本情况如下:RC4 密钥长度可以是 1~256 个八比特组。即使使用最小的密钥(单个空八比特组),RC4 生成的伪随机流也可以通过所有的常规随机性测试。因此,RC4 可以为各种非加密目的生成足够好的伪随机数发生器[2]。RC4 保留了状态信息的 258 个八比特组:256 个八比特组是 0,1,…,255 的伪随机排列(在下面的代码中表示为 s),数组中的两个索引为 i 和 j。索引 i 按照 mod 256 递增。索引 j 是伪随机的,并且在每次迭代时,由 i 索引的八比特组递增。RC4 的每一次迭代都会交换 i 和 j 指向的八比特组,保持 s 为 0,1,…,255 的排列,该排列每次迭代后都会发生变化。为使用密钥初始化 RC4,rc4init 通过 256 步交换八比特组,并

---

[1]　译者注:Cypherpunks 邮件列表是 20 世纪 90 年代鲜为人知的一个电子邮件服务器,由三位对数字隐私感兴趣的"硅谷怪人"创办。Cypherpunks 由一群密码学家、嬉皮士、计算机程序员、黑客、活动家和哲学家组成。

[2]　作者曾多次将其用于该目的。

进行迭代,然后,通过来自排列的伪随机八比特组和来自密钥的八比特组增加 j 的值：

```
static uint8_t s[256], i, j;

void rc4init(uint8_t *key, int keylen) {
  i = j = 0;
  do s[i] = i; while (++i);
  do { j = (j + s[i] + key[i%keylen]);
      uint8_t t = s[i]; s[i] = s[j]; s[j] = t;
  } while (++i);
  j = 0;
}
```

一旦状态被初始化,对于 RC4 的每个八比特组输出,i 和 j 都会被更新,并交换其指向的两个八比特组,继而这两个八比特组的和会被用作排列的索引,进而决定返回哪个八比特组。

```
uint8_t rc4step() {
  j += s[++i];
  uint8_t t = s[i]; s[i] = s[j]; s[j] = t;
  return (s[t=s[i]+s[j]]);
}
```

## 3.9 作业题

1.编写一个预言机程序,用 8 比特块和 8 比特密钥进行加密和解密(如 3.2.3 节所述)。

2.如果密钥大小和分组大小都是 128 比特,那么平均多少个密钥,会使给定 $x$ 加密分组的结果与给定 $y$ 加密分组的结果相同?

3.如果密钥大小是 256 比特,而分组大小是 128 比特,那么平均多少个密钥,会使给定 $x$ 加密分组的结果与给定 $y$ 加密分组的结果相同?

4.有用的加密算法需要具有解密能力。以下哪些是可行的加密算法?

(1) 将两个元组⟨$key_1$,$block_1$⟩和⟨$key_2$,$block_2$⟩映射到同一密文分组。

(2) 将两个元组⟨$key_1$,$block_1$⟩和⟨$key_1$,$block_2$⟩映射到同一密文分组。

(3) 将大小为 $k$ 比特的明文分组映射到大小为 $j$ 比特的密文分组。若 $k<j$,这可能吗?如果 $k>j$ 呢?

(4) 输入为三元组⟨密钥,大小为 $k$ 的明文分组,随机数 $R$⟩,输出为⟨$R$,大小为 $k$ 的密文分组⟩(其中,密文取决于所有 3 个输入)。

5.当用密钥 $K$ 加密时,加密算法是否可以将明文 $P$ 映射为本身?

6.试证明:若加密算法中每轮变换都是线性的,则加密算法本身是线性的。

7.假设有硬件使用 EDE 实现了 3DES,那么,如何使用该硬件实现 DES?

8.假设在 Feistel 加密中,不管输入什么,mangler 函数都会将每个 32 比特值映射为 0。如果只有一轮迭代,加密计算会是什么函数? 如果有 8 轮迭代,加密计算会是什么函数?

9.试证明:除 48 比特密钥的顺序外,DES 的加密和解密是相同的。

提示:DES 向后运行一轮和向前运行一轮是一样的,但就两部分交换而言,DES 在向前的第 16 轮后进行交换。

# 第 4 章 操 作 模 式

## 4.1 引言

前文已介绍了如何用 AES 加密 128 比特的分组,或如何用 DES 加密 64 比特的分组,这些密码学原语具有一个很好的特性,即若攻击者更改了密文的任意部分,则实际上解密结果也会变成随机数。遗憾的是,最有用的消息往往超过 128 比特。**操作模式**(modes of operation)是一种以分组加密算法为迭代应用原语,并可以加密任意大小消息的技术。此类算法还具有其他的理想特性。例如,如果多次发送同一消息,则最好每次加密结果都不同,这样窃听者就无法知道消息发送者正在重复发送相同的信息。如果攻击者修改了加密的消息,那么需要能够通过计算某种消息验证码(message authentication code,MAC)来检测是否为有效的加密消息。如果攻击者可以使系统对其选择的消息进行加密(选择明文攻击),那么不能使攻击者也具有对任何其他已发送数据猜测结果的验证能力。本章内容会将上述松散的多种模式联系起来。

本章会讨论 3 种模式。

(1) 4.2 节描述加密任意大小消息的模式。

(2) 4.3 节描述计算任意大小消息 MAC 的模式。

(3) 4.4 节描述同时实现上述两种功能的模式。

每种类型都定义了数量惊人的操作模式。其中,一些操作模式是出于历史原因而使用的[①],另一些操作模式则因可以比常用方法更好地解决某些特定场景的挑战而存在。后续将介绍最常用的操作模式及其适用场景。

本章的目的是为读者提供操作模式算法的感性认识,以及设计的基本原理和潜在陷阱。有关确切的公式描述,请参阅相关标准。

多数操作模式使用的按位异或(XOR)运算用符号 $\oplus$ 表示。本书作者在描述按位异或运算时,对使用"XOR"或 $\oplus$ 进行了讨论,并最终决定使用 $\oplus$,因为"XOR"看起来与某些模式名称(例如 XEX 和 XTS)过于相似。整本书都会继续使用符号 $\oplus$。

## 4.2 加密大消息

假设使用 128 比特块的分组密码,那么如何加密大于 128 比特的消息? 在 NIST 标准文件(NIST SP 800—38 系列)中定义了几种方案。这些方案适用于加密固定长度分组的任意私钥分组密码。

---

[①] 即使人们定义了更好的操作模式算法,仍需要很长时间才能完成算法替换。

### 4.2.1 电子密码本

**电子密码本**（electronic code book，ECB）模式做法简单，因此，通常也是最差的方法。ECB 将消息分成 128 比特的分组（将最后一个分组也填充为 128 比特），并用私钥对每个分组进行加密，见图 4-1。另一方接收加密的分组，并通过依次解密每个分组恢复原始消息，见图 4-2。

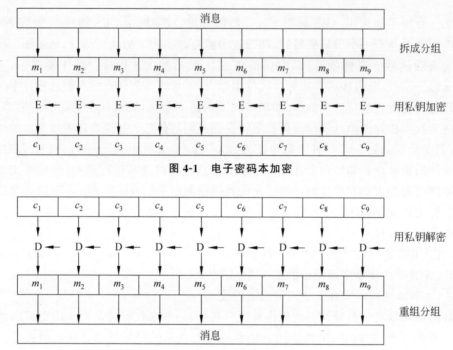

图 4-1　电子密码本加密

图 4-2　电子密码本解密

ECB 存在许多问题。首先，若消息包含两个相同的分组，则对应的两个密文分组也会相同。这会为窃听者提供一些信息，但是否有用取决于上下文信息。在 ECB 问题的案例中，假设窃听者知道明文是按字母顺序排列的员工和工资列表，并以表的形式存在，见图 4-3。

为创建非常适合一页呈现的 ECB 问题案例，下面假设密码为 DES 或 8 个八比特分组的 3DES。而且，幸运的是，每一行长度正好为 64 个八比特组，而且这些分组恰好在工资字段中被划分为千位数和万位数。由于相同的明文分组会产生相同的密文分组，如果能看到密文，则可以知道哪些员工的工资相同，而且还可以区分工资在 10 000 美元以内的员工信息。此外，如果你是其中一名员工，还可以将他人的密文分组复制到自己条目的相应分组中，在数据库中与其他员工的工资进行比对。

因此，ECB 有两个严重的缺陷：一是密文中的重复分组等模式会泄露信息，二是不能防止分组的重新排列、删除、修改或复制。

| 姓名 | 岗位 | 工资 |
|---|---|---|
| Clinton, H.R. | President | 400 000.00 |
| Kent, Clark | Mild-mannered Reporter | 18 317.42 |
| Lannister, Tyrion | Accounts Payable | 68 912.57 |
| Madoff, Bernard | Accounting Clerk | 623 321.16 |
| Nixon, Richard | Audio Engineer | 21 489.15 |
| Quixote, Don | Green Energy Solutions | 14 445.22 |
| Reindeer, R. | Lighting Engineer | 410.11 |
| Wayne, Bruce | Chiropterologist | 82 415.22 |
| Weiner, Anthony | Social Media Strategist | 38 206.51 |
| White, Walter | Cook | 94 465.58 |

分组边界

图 4-3 工资单数据

## 4.2.2 密码分组链接

**密码分组链接**(Cipher Block Chaining,CBC)模式避免了 ECB 的一些问题。基于 CBC 模式,即使明文中存在重复的相同分组,也不会在密文中造成重复。尽管本章后续讨论的模式在技术上更为优越,但 CBC 模式现在仍被广泛使用。

**1. 随机化 ECB**

首先,用一个案例模式(称为随机化 ECB)来说明如何避免 ECB 的一些问题,尽管这个案例是低效的,但有助于理解 CBC。注意,后文只将随机化 ECB 模式作为解释 CBC 模式的一种方式。随机化 ECB 并不是一种可用或标准化的模式。

假设分组大小为 128 比特,并为每个要加密的明文分组 $m_i$ 生成一个 128 比特的随机数 $r_i$。将明文分组与随机数按位异或,对结果进行加密,并同时传输未加密的随机数 $r_i$ 以及密文分组 $c_i$,如图 4-4 所示。解密过程需要解密每个密文分组 $c_i$,然后,用随机数 $r_i$ 将结果按位异或。

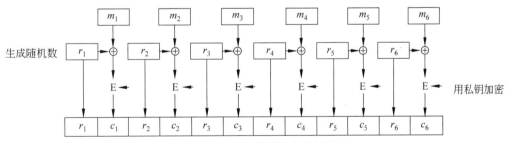

图 4-4 随机化电子密码本加密

该方案的主要问题是效率。因为随机数必须与每个密文分组一起发送,所以随机化 ECB 会导致信息传输量翻倍。另一个问题是,攻击者仍然可以重新排列分组,并对生成的明文进行预测。例如,如果 $r_2|c_2$ 被完全删除,那么将导致 $m_2$ 在解密的明文中不存在。如果交换 $r_2|c_2$ 与 $r_7|c_7$,则 $m_2$ 和 $m_7$ 在结果中也会交换。更糟的是,攻击者在知道任意分组 $m_n$ 的值之后,可以通过可预测的方式在 $r_n$ 中进行相应的更改(见本章作业题 4)。

## 2. CBC

现在解释 CBC。除第一个分组外，CBC 为所有分组生成自己的"随机数"，用 $c_i$ 表示 $r_{i+1}$。换言之，取前一密文分组，将其作为"随机数"按位异或，进入下一明文分组。为避免相同密钥加密的两个消息具有相同第一明文分组的信息泄露问题，CBC 通过按位异或将随机数放入第一个明文分组中，并将其与数据一起传输。这个初始随机数称为**初始化向量**（initialization vector，IV），见图 4-5。

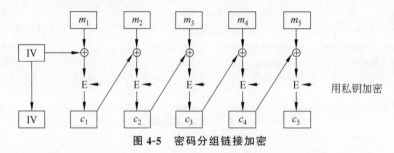

图 4-5　密码分组链接加密

因为按位异或是自身的逆（如图 4-6 所示），所以解密过程很简单。

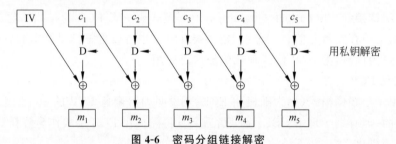

图 4-6　密码分组链接解密

CBC 加密与 ECB 加密的计算量基本相同，因为与加密成本相比，按位异或的计算成本微不足道。然而，CBC 有一个重要的性能缺点：由于每个明文分组的加密需要知道前一个分组的密文值，因此，CBC 加密无法利用大多数现代 CPU 一次可以加密多个分组的并行处理能力。此外，生成和传输 IV 的成本也被认为是 CBC 的性能缺点。

一些 CBC 模式的早期实现省略了 IV（或等效地，使用 0 作为 IV）。在某些情况下，这不会对安全产生不利影响：例如，将每个消息用不同的密钥加密，或者用包含序列号的相同密钥加密每个消息的第一个分组。然而，省略 IV 也将导致 NIST 规范所不允许的大量问题出现。例如，假设员工和工资的加密文件每周传输一次，如果没有 IV，那么窃听者便可以分辨出密文中第一次与前一周不同的地方，并可能确定第一个工资发生变化的人。

另一个例子是，在战争中，将军每天都会发送**"继续原地待命"**消息。如果没有 IV，那么在将军决定发送其他消息，例如**"开始轰炸"**之前，密文每天都是一样的。然而，密文的突然改变会惊动敌人。

随机选择的 IV 可以保证即使重复发送相同的消息，每次密文也完全不同。接下来介绍还可能存在并已经造成安全问题的其他威胁。

### 3. CBC 威胁——修改密文分组

使用 CBC（而不是 ECB）并不能消除通过修改密文来创建所需明文的问题，CBC 只是改变了威胁的特征。攻击者再也看不到重复的值，也不能仅通过复制或移动密文分组来交换自己和营销副总的工资。但仍然存在一些可能的攻击。如果攻击者改变了密文分组,例如密文分组 $c_n$ 的值,那么会发生什么? 改变分组 $c_n$ 会对 $m_{n+1}$ 有可预见的影响,因为,$c_n$ 与解密后的 $c_{n+1}$ 按位异或后可以得到 $m_{n+1}$。也就是说,改变 $c_n$ 的第 3 个比特位也会改变 $m_{n+1}$ 的第 3 个比特位。修改 $c_n$ 也会将分组 $m_n$ 篡改为不可预测的值。

例如,假设攻击者 Ann 知道对应于密文中一个八比特组范围的明文是她的个人记录。为使图表更简单,假设用 64 比特分组,并且将工资以 ASCII 码表示:

```
Tacker, Ann A.       System Security Officer      44,122.10
| m1 | m2 | m3 | m4 | m5 |m6 | m7 | m8 |
```

假设 Ann 想把工资提高 10 000 美元。在这种情况下,Ann 知道最后的八比特组 $m_7$ 是工资的万位数。数字 4 的 ASCII 码后三位是 100。为把工资增加 10 000 美元,Ann 只需要翻转 $c_6$ 的最后一比特。由于 $c_6$ 按位异或得到解密后的 $c_7$[1],得到的结果与之前的相同,即之前的 $m_7$,但翻转最后一比特后,数字 4 的 ASCII 会变为 5。

不幸的是,对于 Ann 来说,上述变化的副作用会使其职务字段中会出现一个无法预测的值[2],并将影响 $m_6$:

```
Tacker, Ann A.       System Security Offi!z°Œ(%9™      54,122.10
| m1 | m2 | m3 | m4 | m5 | m6 | m7 | m8 |
```

查看上述报表和发工资的财务人员很可能会怀疑这是出了什么问题。然而,如果这只是一个程序,则无法发现有什么问题。而且,银行很可能会接受这张支票,即使备注区出现了一些非正常的信息。

在上面的示例中,Ann 在一个分组中进行了可控的更改,但代价是在前面的分组中产生了一个既无法控制也无法预测的值。

多年来,加密协议设计领域可以保护消息机密性和真实性,但成本并不比加密数据更高的加密模式一直是座圣杯,然而许多提案后续都因安全漏洞而遭到质疑。2007 年,GCM(见 4.4.2 节)被正式标准化为实现机密性和完整性的手段[NIT07]。由于需要进行数据的算术运算,所以,GCM 比单独的加密成本要高些,但在软件中,这些运算比加密要高效得多。大多数现代 CPU 可以在硬件中实现加密,因此,这就不那么重要了。

### 4.2.3  计数器模式

**计数器模式**(Counter mode,CTR)使用密钥和 IV 生成伪随机比特序列,然后与数据进行按位异或操作,如图 4-7 所示。这种序列就是一次性密码本。CTR 通过加密 IV 来创建一次性密码本的第一个分组。对于一次性密码本的分组 $n$,CTR 加密会得到 $IV+n-1$。

计数器模式的优点是,如果使用多个 CPU(或分组密码的多个硬件实现),则可以并行计算一次性密码本的不同部分。在 CBC 模式中,分组必须按顺序进行加密。而 CTR 模式中,一次性密码本可以被预先计算,而且加密只是一个简单的 ⊕ 操作。

如果使用相同的密钥和 IV 加密不同的数据,则 CTR 模式是不安全的,因为这样的话,

---

[1]  $c_7$ 未被修改,因此,解密后的 $c_7$ 是相同的。

[2]  因为她无法预测修改后的 $c_6$ 将被解密为什么。

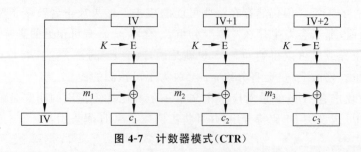

图 4-7　计数器模式（CTR）

一次性密码本将被多次使用。即使每次使用不同的密钥和 IV，攻击者还可以利用可预测的方式更改明文（如果没有额外的 MAC），并且，仅通过按位异或攻击者要更改的比特与密文即可实现攻击。

**选择 CTR 模式的 IV**

正如前文的描述，不同的明文分组不能使用相同的加密计数器进行加密，这是很关键的。在 CTR 模式中，选择唯一的 IV 值是具有挑战性的，因为这不仅要求每个消息的 IV 值必须不同，而且要求每个分组的 IV 值也不同。因此，如果用 X 的 IV 加密具有 100 个分组的消息，则必须确保未来的消息不会选择范围 $X$ 到 $X+99$ 内的 IV。CTR 标准并没有规定如何确保唯一性，只是给出了几个示例，其中的一个示例为，当选定密钥时，初始 IV 也会随机选择，然后对每个加密分组递增 IV。其他 CTR 模式的使用［CCM（见 4.4.1 节）和 GCM（见 4.4.2 节）］则更为明确。例如，GCM 指定，128 比特的 IV 被划分为最有效的 96 比特，并且用相同密钥加密每个消息时必须唯一（称为每个消息部分），其余 32 比特用于计数消息中的分组。该设计将单个 GCM 加密消息的长度限制为 $2^{32}$ 个分组，例如，假设是 128 比特分组，则长度限制大约为 69GB。这比大多数协议中最大消息长度大得多。CCM 标准与之类似，但 CCM 允许每个消息部分选择使用多少比特，以及分组计数器使用多少比特。

如何确保每个消息部分确实不会被使用两次？一种方法是随机选择，该方法在某些方面非常可取。例如，随机选择是无状态的，所以如果其中一个通信参与方重新启动，并忘记了最后一次 IV 是什么，则 IV 不太可能重复。但至少对于大量消息（例如数万亿计的消息）而言，随机选择的缺点是，存在每个消息值重复 96 比特的可能性，且不可忽略。NIST 标准规定，如果随机选择 IV 的每个消息部分，则需要在加密超过 $2^{32}$ 条消息之前更改密钥。

另一种方法是以随机值为起点，初始化每个消息部分（当密钥已被更改），并为每个新消息递增这个随机值。这保证了在计数器回绕之前，IV 不会重复。然而，这种方法会带来序列位置追踪的负担，并且很可能会因失去计数器状态，而导致 IVs 被意外重用的问题。

在某些应用中，加密是由多个不能彼此保持紧密同步，并基于相同密钥的处理器并行完成的。在此场景中避免重复使用每个消息值的技巧是将每个消息字段划分为两个字段——一个用于避免与密钥使用值冲突的方式分配并行的处理器（例如从随机值开始，并为每个消息递增），另一个用于为每个并行处理器分配唯一的常数。

## 4.2.4　XOR 加密 XOR

XEX（XOR Encrypt XOR，XOR 加密 XOR）模式是为磁盘加密而设计的，其数据加密级别较低，而且磁盘的设计是固定的。因此，XEX 模式设计的约束是密文长度不能大于明文。除 ECB 外，上述所有操作模式均对每个独立加密的消息使用随机生成的 IV，这会导致密文比明文长。XEX 确实使用了 IV，但磁盘扇区号是隐含的，并可预测。XEX 由 Rogaway[ROGA04]发明。XEX 不是一个标准，但理解 XEX 模式有助于理解 XTS 标准（将在 4.2.5 节中描述）。XEX 模式如图 4-8 所示。

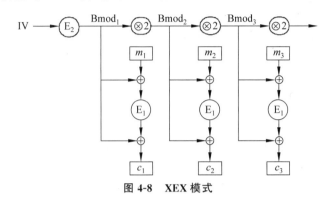

图 4-8　XEX 模式

XEX 模式基于 128 比特分组，并独立地对每个分组进行加密。此模式非常适合读取或写入具有单独部分数据结构的应用程序。然而，实现数据长度的保护需要牺牲完整性的保护。与 CTR 模式不同，XEX 及其 XTS 变体（详见 4.2.5 节）的设计可以保证即使攻击者知道加密分组所对应的明文，也无法将其更改为自己选择的值，详见本章作业题 6。当数据解密时，密文的任何改变都将在相应的明文分组中产生有效的随机值。此外，与 CBC 模式不同，只有密文被修改的分组才会受到影响。

XEX 模式的基本思想是，在分组被加密前后，将一个特定分组值通过按位异或进入每个数据分组中。

特定的分组值称为**分组修饰器**（Block modifier，Bmod）。Bmod 是分组地址和密钥的函数。计算 Bmod 的函数具有低计算成本特性（相比加密操作更加高效），并且对于任何不知道密钥的人而言，每个分组的 Bmod 值都看似是随机数。

XEX 和 XTS 模式可被认为具有两个密钥，一个用于加密 IV，另一个用于加密每个数据分组。在图 4-8～图 4-10 中，$E_1$ 表示用第一个密钥加密，$E_2$ 表示用第二个密钥加密。在 XEX 的原始发布版本中，两个密钥值相同，而 XTS 的标准化版本使用双倍长度密钥（AES-128 为 256 比特，AES-192 为 384 比特，AES-256 为 512 比特），并为两个密钥指定独立的值。

XEX 模式假设每个消息都有一个隐含的唯一 IV。若将其用于磁盘加密，则消息开始的磁盘位置（即磁盘扇区号）是一个合理的隐式 IV。注意，在文献中，这种隐含的 IV 被称为调柄（tweak）。

分组修饰器 Bmod 被计算为密钥、IV 和消息内分组号的函数。对于不完全熟悉有限域算术的读者而言，重要的是，尽管 $Bmod_1$ 需要加密操作计算，但任何其他 $Bmod_j$ 计算的软件实现都比用 $Bmod_1$ 和 $j$ 函数操作的加密更有效。

对于熟悉有限域算术的读者，在 Rogaway 的论文中，$Bmod_1$[1] 包括密钥加密的 IV。

---

① 译者注：即消息分组 1 的 Bmod。

Bmod$_{j+1}$①是 Bmod$_j\otimes$2，其中，$\otimes$2 表示在有限域 GF($2^{128}$)中乘以 000…010，即乘以 $x$ mod 不可约多项式 $x^{128}+x^7+x^2+x+1$。重要的是，模是不可约的，因此，$x$ 具有最大阶，这意味着 Bmod$_j$ 在取完 $2^{128}-1$ 个不同值前不会重复。

上述方法存在一个重要的安全弱点。对于每条加密消息，IV 本应是独一无二的，但通过磁盘扇区号选择 IV 时，每当新消息覆盖磁盘上现有的消息，IV 都会重复。这会使持续观察磁盘上密文的人能够找出哪些分组被修改了。若攻击者也可以更新磁盘，则可以将任何分组还原为以前的值。就实现在加密期间不扩展明文的目标而言，这个弱点是可接受的。

## 4.2.5  带有密文窃取的 XEX

XTS(XEX with Ciphertext Stealing，带有密文窃取的 XEX)模式的正式名称为 XTS-AES，但 XTS 可以与任何加密算法一起使用，因此可称其为 XTS。XEX 要求待加密消息的大小是加密分组大小的倍数。XTS 是 XEX 的一个巧妙变体，当需要加密具有多个分组的消息时，XTS 不要求待加密消息是加密分组的倍数，同时 XTS 可以保持密文与明文大小相同。文献[IEE07 和 NIST10]中对 XTS 进行了标准化。XTS 通过一种非常聪明但有点复杂的技巧，即密文窃取，保证当消息不是加密分组的倍数时，密文仍与明文具有相同长度。注意，只有消息的最后一个分组(这里称之为 $m_n$)可以小一些，因此，如图 4-9 和图 4-10 所示，除最后两个以外的所有分组都可以正常加密。

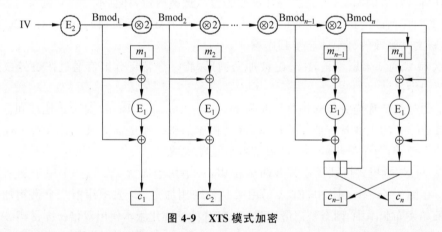

图 4-9  XTS 模式加密

例如，若最后一个分组 $m_n$ 是 93 比特，而不是 128 比特，那么如何进行加密呢？可以将 $m_n$ 填充为 128 比特，但如果这样，密文会比明文长，而且，如何能够知道解密分组 $m_n$ 的哪些比特是填充的？

在密文窃取中，用前一密文分组($c_{n-1}$)中尽可能多的比特填满最后的分组 $m_n$②。这样即可完成对填充分组 $m_n$ 的加密。

但目前，密文的最后一个分组是一个完整大小的分组，所以，现在密文比明文长。为解决这个问题，交换密文分组 $c_n$ 和 $c_{n-1}$，并将最后的密文分组(分组 $m_{n-1}$ 的加密)截断为原始

---

① 译者注：消息 $j+1$ 分组的 Bmod。
② 在上述示例中，需要从 $c_{n-1}$ 中窃取 128-93=35 比特。

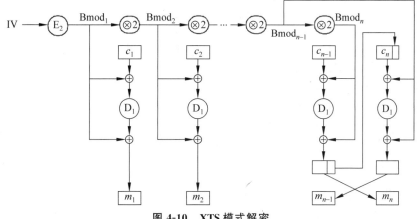

图 4-10　XTS 模式解密

分组 $m_n$ 的大小。在示例中，原始块 $m_n$ 为 93 比特，则最终密文分组也为 93 比特。现在密文与消息大小相同，但如何解密最后两个分组呢？若要获得分组 $m_n$，则需要解密 $c_{n-1}$[①]。解密结果为带有附加填充的明文 $m_n$，但需要知道 $m_n$ 中哪些是消息，哪些是填充量。其中，明文分组 $m_n$ 的大小是最终密文分组的大小（在示例中为 93 比特）。填充量（剩余 $128-93=35$ 比特）为从 $c_{n-1}$ 窃取的密文。

假设只需要读取明文分组 $n-1$，则需要做两次解密。首先，执行上文中的操作以获得用于填充分组 $m_n$ 的填充量（窃取的密文）。然后，获取最后的密文分组 $c_n$，附加窃取的密文，并像 $m_{n-1}$ 的加密结果一样，解密现在完成的密文分组。

## 4.3　生成 MAC

私钥系统可用于生成加密的完整性检查，即**消息认证码**（Message Authentication Code，MAC）。若正确地使用上述模式，则可以很好地防止窃听者破译消息，但没有一种模式可以很好地防止在未检测到攻击者的情况下修改消息。因此，在每次加密数据时，可将包含数据的 MAC 作为一种好方法。对于某些应用，加密或许是不必要的，但 MAC 可用于保护数据在传输过程中不被修改。常用的 MAC 基于私钥加密函数、哈希、公钥算法等实现。使用公钥算法的 MAC 称为数字签名。本章将重点关注基于私钥加密函数的 MAC。基于私钥的 MAC 无法计算，或在不知道密钥的情况下无法验证。注意，最常用的一种 MAC 方案称为 HMAC，并与本章中的方案具有相同的特性，但因为 HMAC 基于哈希而不是基于私钥加密函数，所以将在第 5 章讨论。

### 4.3.1　CBC-MAC

CBC-MAC 使用密钥 $K$ 计算消息的 MAC，以 CBC 模式和密钥 $K$ 加密消息，并使用最后一个分组（称为剩余分组，如图 4-11 所示）作为消息的 MAC。若攻击者修改了消息的任

---

① 译者注：使用与分组 $m_n$ 关联的隐式 IV 和 Bmod。

意部分,则剩余部分将不再是正确的值①。

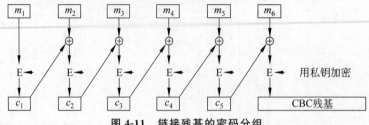

图 4-11    链接残基的密码分组

**CBC 伪造攻击**

使用具有相同密钥的 CBC 残基来保护许多不同长度的消息会存在一些问题。攻击者在看到某些消息的 CBC 残基后,可能会预测其他消息上计算的 CBC 残基。例如,假设某人发送了一条消息 $m_1|m_2|m_3$,CBC 残基为 $c_3$,并且随后发送了一条更长的带有 CBC 残基 $c_6$ 的消息 $m_1|m_2|m_3|m_4|m_5|m_6$。然后,攻击者可以伪造一条消息 $(c_3 \oplus m_4)|m_5|m_6$,并得到的 CBC 残基也是 $c_6$。详见本章作业题 12。

### 4.3.2    CMAC

为避免 CBC-MAC 的上述问题,参考文献[NIT93]中定义并标准化了一种微变体——CMAC。CMAC 与 CBC-MAC 非常相似,但不同之处为,在加密前,CMAC 与秘密值②的按位异可以得到明文的最后一个分组(详见本章作业题 9)。

实际上,CMAC 从密钥 $K$ 导出了两个秘密值($X_1$ 和 $X_2$)。导出这两个秘密值($X_1$ 和 $X_2$)的原因是,当消息不需要填充时,这两个秘密值能够在不添加额外分组的情况下将消息填充为整数个分组。然而,把消息填充为整数个分组是一个令人厌烦的细节。由于知道哪一部分明文是填充的很必要,所以,需要些技巧来区分填充的消息与明文中看似填充格式的消息。通常的解决方案是要求每个消息都包含填充,因此,已经是整数个分组的明文会包含一个额外的填充分组。

CMAC 采用不同的方式处理填充问题。若计算 MAC 的消息不是分组大小的倍数,则用比特 1 和所需的多个 0 填充分组。但若任意分组(非全零)在某处有一个最终的 1,那么如何区分填充的消息和未填充的消息? CMAC 的解决方案是,若最后一个分组未填充,则将秘密值 $X_1$ 按位异或到最后的分组,若最后的分组已填充,则将另一个值 $X_2$ 按位异或到最后的分组。CMAC 计算的 MAC 基于前 $n-1$ 个分组和可能填充的第 $n$ 个分组与 $X_1$ 或 $X_2$ 按位异或的明文③。然后,连同 MAC 一起发送或存储实际的消息,即去除了填充的比特。

特殊值 $X_1$ 和 $X_2$ 都导出自密钥,除非了解有限域算术,否则这种导出方法并不直观。$K$ 用于加密一个全零的常量分组。加密结果为,$\otimes 2$ 得到 $X_1$。然后,$X_1 \otimes 2$ 得到 $X_2$。

---

① 译者注：假设分组为 128 比特,产生例外的概率为 $1/2^{128}$。

② 译者注：导出自密钥 $K$。

③ 译者注：取决于最后一个分组是否填充。

### 4.3.3　GMAC

虽然基于 CBC 残基和哈希算法的 MAC 已经存在多年,同时,大多数平台引入了硬件支持的 AES CPU 指令,这导致 GMAC 和使用 AES 的 CBC-MAC 间性能差距显著缩小,但 GMAC 的工作方式是完全不同的,而且计算速度更快。注意,GMAC 中的 G 代表 Galois 域,因为这些模式使用 Galois 域算法(详见 2.7.1 节)。旧版 MAC 函数需要对数据进行加密传递——哈希算法和加密算法的复杂度和性能类似。而 GMAC 更像是一种校验和算法,可根据消息内容进行低成本计算。GMAC 只需要对两个单分组值进行高成本的加密操作,而无须考虑消息的长度。目前,全世界正在慢慢地向这种新的 MAC 算法迁移。与早期的 MAC 算法不同,GMAC 的唯一缺点是,除非密钥被更改,否则 GMAC 会要求每个消息使用唯一的 IV。如果曾用同一个 IV 和密钥加密两个不同的消息,则看到结果的攻击者可以使用该密钥计算任何消息的 MAC。本书不会解释在 GMAC 中重用 IV 是如何做到这一点的,但可以对比一下在 CBC 模式下重复使用 IV 的结果(见本章作业题 7)。

**1. GHASH**

GHASH(如图 4-12 所示)是计算 MAC 的组成部分。GMAC 和 GCM 都使用 GHASH。GHASH 的计算成本比 CBC 残基低得多,因为 GHASH 用低成本的有限域乘法($\otimes$)代替了 CBC 残基中高成本的加密操作。GHASH 的输入是一个消息和一个 $H$ 值。GHASH 流与 CBC 残基相似,因为,分组 $m_i$ 的输出先与 $m_{i+1}$ 进行按位异或计算,然后[①],GHASH 与 $H$ 进行 $\otimes$ 操作。

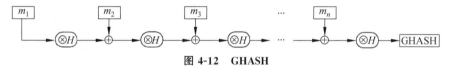

图 4-12　GHASH

GHASH 本身不能用作 MAC,因为任何知道消息和 $H$ 值的人都可以计算该消息的 GHASH 值。此外,即使不知道 $H$ 值,若得到消息和相应的 GHASH 值,也可以推导 $H$。然而,把 GHASH 作为 GMAC 中的一个组件,这是安全的,因为 GMAC 可以隐藏 $H$ 值和 GHASH 值。

**2. 将 GHASH 转化为 GMAC**

GMAC(如图 4-13 所示)可以把 GHASH 转换为一种密码学上安全且低成本的 MAC。已经证明,若 AES 作为加密算法是安全的,则 GMAC 作为 MAC 也是安全的。GMAC 把消息 $M$、96 比特的 IV 和密钥 $K$ 作为输入,输出为 128 比特的 MAC。

首先,GMAC 把消息填充为 128 比特分组的整数倍。然后,GMAC 向 GHASH 提供填充信息和 $H$ 值。GMAC 计算的 $H$ 值为用密钥 $K$ 对 0 进行 AES 加密的结果。

接下来,GMAC 获取由 96 比特 IV 和以 32 比特表示的值 1(即 31 个 0 后跟 1 个 1)构成的 128 比特值,然后,用密钥 $K$ 加密 128 比特值,并用 GHASH 进行按位异或。上述过程得到的结果即为 GMAC。注意,$H$ 值和 GHASH 值均未暴露。由于任何给定的 IV 只能使用一次,所以,窃听者无法获得有关 GHASH 的信息,也不知道两条消息是否具有相同的

---

① CBC 残基用密钥 $K$ 进行加密。

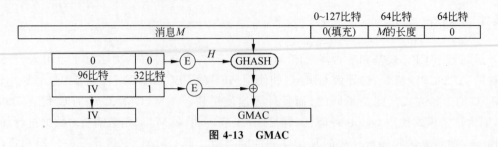

图 4-13　GMAC

GHASH。$H$ 可以被指定为算法输入的第二密钥，但为了避免这一点，$H$ 被定义为常数 0 的加密结果，而且为防止结果为 0，常数 1 会被附加到 IV 后。

　　除了使用两个需要 AES 加密的分组——一个用于计算 $H$，另一个用于加密包含 IV 的 128 比特的值之外，GMAC 中其他所有计算（$\otimes$ 和 $\oplus$）成本都很低。由于具有相同 $K$ 的任何消息的 $H$ 都是相同的，所以，GMAC 可以实现节省 $H$，并在后续消息上仅执行一次单个 AES 的加密操作（用来加密包含 IV 的 128 比特值）。GMAC 方案的安全性在于，同一 IV 永远不会与相同密钥的两个不同消息一起使用。

## 4.4　共同确保隐私性和完整性

　　通常，需要用任意 MAC 算法和任意加密算法对按任意顺序排列的消息进行处理，以确保所传输消息的私密性和完整性。但这要求 MAC 算法和加密算法的密钥彼此独立，并需要 2 倍的工作量。

　　标准化的组合模式有两种，即 CCM 和 GCM，两种模式都可以使用单个加密和完整性保护的密钥，并可以确保不会减弱私密性和完整性。CCM 单独加密或完整性保护需要 2 倍的加密工作量，而 GCM 的成本通常较低，因为 GCM 使用 GMAC 作为 MAC，而且相比于计算消息的加密，GMAC 的成本通常更低。

### 4.4.1　带 CBC-MAC 的计数器

　　NIST SP 800—38C 标准化的 CCM（带 CBC-MAC 的计数器）模式结合了 CTR 模式加密和 CBC-MAC（CBC 残基）的完整性保护。CCM 可以保护部分消息的（相关数据）完整性，但未进行加密。应用程序可以指定哪部分消息是关联数据的，以及哪部分消息需要加密和完整性保护。

　　CCM 采用 CBC-MAC 模式，而不是 CMAC 模式。CCM 还可以抵抗 CBC 伪造攻击，但与 CMAC 不同。CBC 标准规定，在加密组合量前，需要计算 MAC，并需要附加到明文后。实际上，MAC 的加密可以防止 CBC 的伪造攻击。尽管 CCM 使用相同的密钥进行完整性保护和加密，但 CCM 加密和完整性保护所需的加密工作量是单独进行加密或完整性保护的两倍。CCM 不仅要对消息进行 MAC 计算，还要对附加的前缀分组进行计算。该前缀分组包含随机数（从中导出第一个计数器值）和用于 CTR 模式加密的明文长度。实际上，在 CBC-MAC 操作开始前，需要知道明文的长度，这是 CCM 的性能缺陷。

## 4.4.2 Galois/计数器模式

GCM(如图 4-14 所示)是计数器模式加密与 GMAC 的结合,也称 Galois/计数器模式。GCM 允许两种模式使用相同的加密密钥。

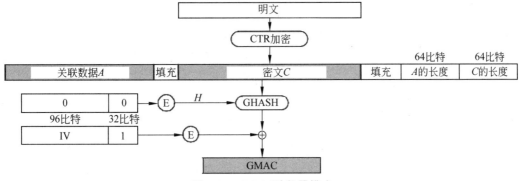

图 4-14　Galois/计数器模式

在 CTR 模式下,每个分组的 IV 值递增。CTR 加密的 IV 格式与 GMAC 中的 128 比特值相同(如图 4-13 所示),不同之处在于低 32 比特[①]从 $2(0\cdots010)$ 开始,并为每个要加密的分组递增。

与 CCM 模式一样,GCM 模式能够对部分消息(称为关联数据)进行完整性保护,但不进行加密。GCM 要加密的明文是 CTR 加密产生的密文。GCM 中的 MAC 计算包括相关数据、密文和一个额外分组,该分组包含 64 比特的加密消息和 64 比特的关联数据,可以防止前文提到的 CBC 伪造攻击。

注意,图 4-14 中带阴影的框(关联数据 $A$、密文 $C$ 和 GMAC)都需要传输。其他项,例如 IV,以及 $A$ 和 $C$ 的长度,必须被应用程序获知或以某种方式通信。

GCM 还有另一个有趣的特性。与所有版本的计数器模式一样,若 IV 重复使用相同的密钥,保密性会发生一些问题;但在 GCM 中,若 IV 重复使用同一密钥,完整性也会发生可怕的问题。当使用相同密钥和 IV 加密的两条消息时,攻击者可以根据关联的 MAC 计算出完整性保护密钥 $H$,然后伪造任意消息。因此,永远不重复使用 IV 是非常重要的。

GMAC 的 IV 值为 96 比特,并必须确保不重复使用该值。IV 与 32 比特的常数 1 相连,然后进行加密。GMAC 的这种选择是为了兼容 GCM。两者都使用相同的 IV 格式,其中,前 96 比特绝对不能与同一密钥重复使用,然后,连接从 2 开始的计数器,并随每个后续分组递增。由于两个分组使用相同的 128 比特会出现问题,所以,GCM 将单个消息中明文的数量限制为少于 $2^{32}$ 个分组。

如前文所述,正确使用 GCM 需要比其他模式更加小心,但与以前的完整性保护加密机制相比,GCM 的实现速度提高了一倍[②],因此这种方法更加普遍。

---

① 在 GMAC 中始终为 $0\cdots01$。

② 译者注:若利用并行计算,则速度会更快。

## 4.5 性能问题

加密和解密操作通常是计算密集型的，并且，在需要数据通过通信线路或磁盘传输的应用中，与通信传输相关的实时性要求可能更具挑战性。使用多个 CPU 或多个硬件加密引擎并行执行分组加密操作是提高性能的一种方法。虽然实现并行处理多个数据流很容易，但在加密或解密单个数据流时，并行性的能力会受到密码模式设计的影响。

例如，在 CBC 模式下，若前一分组未完成加密，则不能开始对该分组进行加密[①]。在使用 ECB 或各种计数器模式时，若资源允许，一旦收到消息，则所有分组都可以并行加密。有趣的是，即使是不能解密的 CBC 加密模式（见本章作业题 5），也可以做到这一点。计数器模式甚至可以在任何消息已知前开始加密（或解密），这是因为被加密的值是计数器，而且不依赖消息内容。当消息已知时，只需要与密钥流进行简单的按位异或操作，这样可以最小化时间延迟。

## 4.6 作业题

1. 在示例模式——随机化 ECB（如图 4-4 所示）中，假设一个密文分组中的 1 比特，例如 $c_i$ 被翻转，则对解密的消息会有什么影响？假设 $r_i$ 的 1 比特被翻转，则对解密的消息有什么影响？假设密文以八比特组流的形式传输，并且丢失了一个八比特组（并且没有通知接收方丢失了一个八比特组），这会对解密的消息有什么影响？

2. 在 CBC 模式下，假设密文的 1 比特被翻转，那么会对解密的消息有什么影响？假设密文以八比特组流的形式传输，并且丢失了一个八比特组（并且没有通知接收方丢失了一个八比特组），那么对解密的消息有什么影响？假设丢失了整个分组，对解密的消息有什么影响？

3. 考虑以下加密消息的替代方法：使用零隐式 IV 的 CBC 解密算法来加密消息，并使用零隐式 IV 的 CBC 加密算法解密消息。这样可行吗（"可行"意味着解密与加密操作互逆）？这对安全是否有影响？如果有，与"常规"CBC 相比，影响是什么？提示：如果与 CBC 变体相比，更改了常规 CBC 中的一个消息分组，那么会改变多少个密文分组？如果明文中存在重复的分组，那么密文中是否存在可检测的模式？

4. 假设已知员工数据库使用随机化 ECB 加密，并知道工资数据在明文分组 $m_7$ 中，同时可以访问密文，而且知道明文的语法。那么如何通过修改密文来增加工资？

5. 为什么可以并行解密 CBC 模式加密的密文分组，但不可能用 CBC 模式并行加密明文分组？

6. 假设消息用 CTR 模式加密，并且已知明文分组 $m_7$ 包含工资信息。若可以访问密文，则如何通过修改密文来增加工资？

7. 在 CBC 模式下，若两条消息重复使用相同的 IV，那么会对安全产生什么影响？

8. 假设要解密用 CBC 模式加密的一个文件中分组 $n$（而且知道文件加密的密钥）。那

---

[①] 译者注：因为前一密文分组在加密之前被转换为明文。

么,需要读取加密文件的哪些分组? 需要执行哪些加密操作?

9. 为防止 CBC 伪造攻击,如何按位异或 $K_1$ 得到 CMAC 的最后一个分组?

10. 对于以下每个场景,比较 XTS 与 XEX 中所需的 AES 操作数量。

(1) 对整数个分组的第 $n$ 个明文分组进行加密。

(2) 对非整数个分组的第 $n$ 个明文分组进行加密。

(3) 解密密文的第 $n$ 个分组。

(4) 仅解密分组 $n$。(两个问题:密文是整数个分组,或者密文不是整数个分组。)

(5) 仅解密第 $n-1$ 个分组。(两个问题:密文是整数个分组,或者密文不是整数个分组。)

(6) 仅解密第 $n-2$ 个分组? (两个问题:密文是整数个分组,或者密文不是整数个分组。)

11. 与 XTS 的技巧相似,如何使用 CBC 模式加密(和解密),并保持长度不变?

12. 如果得到两条带有 CBC-MAC 的消息,其中一条带有 CBC-MAC 的 $m_1 \mid m_2$ 为 $x_1$,另一条带有 CBC-MAC 的 $m_1 \mid m_2 \mid m_3 \mid m_4$ 为 $x_2$,那么可以伪造什么消息?

13. 基于 CBC-MAC 可以创建分组可由用户选择的消息,并且可以包含任何已选择的 CBC-MAC 值,同时,可以假设该消息的某个分组受计算约束而不由用户选择。那么如何构造一个 CBC-MAC 等于 0 的消息,其中,$m_1$、$m_2$、$m_3$、$m_4$、$m_6$、$m_7$、$m_8$ 为特定值,$m_5$ 无约束? 若上述操作可以使用任意密钥,假设使用的密钥满足 key$=K$,并用 AES-128 进行加密,则 $m_5$ 为何值时,消息 $m_1 \mid m_2 \mid m_3 \mid m_4 \mid m_5 \mid m_6 \mid m_7 \mid m_8$ 的 CBC-MAC 可以等于 0?

# 第5章 加密哈希

## 5.1 引言

在哈希函数中,输入为任意大小的比特串,输出为固定大小的比特串,因此,理想情况下,哈希函数所有输出值的可能性相同。而加密哈希(也称为消息摘要)具有以下额外的安全性特性。

(1) **抗原像性**(preimage resistance):在计算上不可能找到具有给定哈希值的消息。

(2) **抗碰撞性**(collision resistance):在计算上不可能找到两个具有相同哈希值的消息。

(3) **抗次原像性**(second preimage resistance):在计算上不可能找到与给定消息具有相同哈希值的另一个消息。

起初,"消息摘要"一词很流行,但如今"哈希"这一名称更为常用。作为已基本放弃消息摘要这一术语的证据,NIST 的哈希函数命名(见文献[NIST15b][NIST15c])都以 SHA 开头,代表了安全哈希算法。早期的哈希算法名称以 MD 开头(如 MD5),表示消息摘要。为便于表述,本章可互换地使用加密哈希、哈希和消息摘要等术语。

3.2.3 节中使用了一个异想天开的盒子——预言机,讨论了分组密码的理想密码模型。同样,一个几乎相同的、假想的预言机模型也适用于哈希函数。哈希预言机具有一个由⟨输入值,输出值⟩对构成的表,当被问到某一输入的输出是什么时,若输入值在表中,则预言机会按照指定的输出值进行响应。若输入值不在表中,则预言机会为输出值生成一个随机比特串,并将⟨输入值,输出值⟩对添加到表中,然后将输出值作为回复。通常,只有在抗碰撞性、抗原像性和抗次原像性等特性并不完全"看似随机"时,哈希函数的使用才是安全的。

在安全性证明中,密码学家会说"只要某协议使用的哈希函数是安全的,则这个协议就是安全的"。但他们很难准确定义哈希函数安全意味着什么,因此,密码学家进而会说:"如果哈希函数是一个随机预言机,那么它就安全了。"这通常被称为基于随机预言机模型的安全性证明。

理想情况下,找到给定 $n$ 比特哈希原像的难度不应超过蛮力搜索,即试验大约 $2^n$ 条消息。显而易见,找到冲突(两条消息具有相同的 $n$ 比特哈希)更容易。即使哈希函数满足随机预言机,也只需要试验 $2^{n/2}$ 条消息即可找到冲突。考虑到上述特性,仅需要通过从较大的哈希中取 $n$ 比特的任意特定子集,就可以从多于 $n$ 比特的哈希函数中推导出 $n$ 比特的安全哈希函数。

许多消息肯定会产生相同的哈希,因为消息的长度是任意的,但哈希的长度是固定的,例如 256 比特。例如,对于 1024 比特的消息和 256 比特的哈希,平均有 $2^{768}$ 条消息会映射到任意特定哈希值。因此,当然可以通过尝试大量的消息,最终找到两条映射到相同哈希的消息。这样做带来的问题是,"大量"的尝试基本上是不可能实现的。因为,假设有一个良好的 256 比特哈希函数,在找到消息的特定哈希映射前,需要尝试大约 $2^{256}$ 条可能的消息,或者在找到两条具有相同哈希的消息前,需要尝试大约 $2^{128}$ 条消息(参见 5.2 节)。

若攻击者可以找到具有特定哈希值的消息,那么会造成什么影响?例如,如果 Alice 对"Alice 同意支付给 Bob 10 美元"这一消息进行了签名,则意味着 Alice 对该消息的哈希进行了签名。如果 Bob 可以找到另一条具有相同哈希值的消息,那么 Alice 的签名也可以作为这一新消息的签名。例如,Bob 可以尝试不同的消息,直到找到带有 Alice 签名哈希的消息,而新消息内容可能被改为"Alice 同意向 Bob 支付 9 493 840 298.21 美元"。

若攻击者可以找到两条具有相同哈希值的消息,那么会造成什么影响?假设 Alice 想解雇 Fred,并要求秘书 Bob 写一封表明应该解雇 Fred 及原因的信,但 Bob 恰好是 Fred 的朋友。当 Bob 写完信后,Alice 会读取这封信,计算哈希值,并使用私钥对哈希值进行加密签名。然而,Bob 会倾向于写一封表明 Fred 很优秀,其薪水应该翻倍的信。但 Bob 无法在新哈希上伪造 Alice 的签名。如果 Bob 能找到两条具有相同哈希的消息,Alice 会同意对其中一条消息签名,因为这条消息是 Alice 想表达的意思,另一条消息是 Bob 想表达的意思,在 Alice 生成签名的哈希后,Bob 便可以替换自己的消息,这样看起来就像 Alice 在 Bob 的消息上进行了签名。

为简化示例,假设哈希函数仅输出 64 比特,并且是输出看似随机的哈希函数。那么,找到两条具有相同哈希消息的唯一方式是尝试足够多的消息,然后,按照"生日问题"方式,即可找到两条具有相同哈希的消息。

如果 Bob 起初写了一封 Alice 会同意的信,并找到了那封信的哈希,然后试图用这个哈希来找到不同的消息,那么 Bob 必须尝试 $2^{64}$ 条不同的消息。然而,假设 Bob 掌握一种可以生成大量各种类型消息(类型 1-Alice 愿意签名的消息;类型 2-Bob 想要发送的消息)方法。然后,按照"生日问题"方式,Bob 只需要为每种类型尝试 $2^{32}$ 个消息,就可以找到两条哈希匹配的消息。

Bob 如何能够写那么多信,尤其在这些信都必须对人类来说有意义的情况下?假设这封信的 32 个地方都有两种措辞,那么,Alice 可以生成 $2^{32}$ 条可能的消息。例如:

### 类型 1 消息

我写这封{备忘录|}是为了{要求|正式要求|通知你},{Fred|Fred Jones 先生}{必须|}{立即|马上}被{解雇|终止合同}。根据{7 月 11 日|11 日,7 月}{来自|发布于}{人事部门|人力资源}的{备忘录|报告},为实现{我们|公司}{季度|第三季度}预算{目标|目的},{我们必须消除所有自由决定的支出|所有自由决定的支出必须消除}。

{尽管|忽略}那份{备忘录|报告|命令},Fred 公然无视公司的{预算危机|当前财政困难}{订购|购买}{便贴纸|非必须物品}。

### 类型 2 消息

我写{这封信|这封备忘录|这份报告}是为了{正式|}表扬 Fred{Jones|}的{勇气和独立的思考|独立的思考和勇气}。{他|Fred}{清楚地|}知道{必要性|如何}{不惜一切代价|以任何必要手段}{完成|实现}{这份|他的}工作,并且{知道|明白}什么时候应该忽视官僚主义的{废话|阻碍}。我{在此推荐|在这里推荐}{他|Fred}{晋升|立即提职},并{进一步|}推荐一份{可观的|巨大的}{薪水|补偿}增加。

因为计算机可以生成足够多的两封信变体，所以 Bob 需要通过计算各种变体的哈希来找到匹配项。利用标准笔记本电脑的处理器，很容易在几分钟内生成和测试 $2^{32}$ 个消息。这表明 64 比特的哈希（前面的示例）计算量太小。通常，如果希望哈希函数可以像使用 $n$ 比特密钥的分组密码一样安全，则哈希应该有 $2n$ 比特。

理想情况下，哈希函数应该易于计算。因此，人们会想知道"最小"限度的安全哈希函数是什么样的。就超过必要次数的置乱而言，哈希函数的过度使用是比较安全的，但这样的计算会比必要的计算更困难。然而，设计者宁愿浪费时间和资源做计算，也不愿后来发现哈希函数不安全。与分组密码一样，哈希算法也需要多轮计算。通常，设计者会选择足够防止已知攻击所需的最小轮数，然后出于安全性考虑，再增加几个额外轮次来防止后续攻击技术的提升。

本章的后面会介绍 NIST 标准化的哈希函数。

## 5.2　生日问题

如果一个房间里有 23 个或更多人，那么其中两个人生日相同的可能性会超过 50%。这个问题的分析有助于深入了解密码学。假设生日基本上是一个不可预测的函数，并可以将每个人与 365 个值进行映射[1]。

下面用一种更通用的方式来说明这个案例。假设有 $n$ 个输入（即生日示例中的人数）和 $k$ 个可能的输出，以及一个从输入到输出的不可预测映射。对于 $n$ 个输入，则有 $n(n-1)/2$ 对输入。对于每对输入，产生相同输出值的概率为 $1/k$，因此，用 $k/2$ 对输入找到匹配对的概率约为 $1/2$。这意味着如果 $n$ 大于 $\sqrt{k}$，则很容易找到匹配对。

## 5.3　哈希函数简史

令人惊讶的是，哈希算法发展的动力来源于公钥密码。RSA 算法的发明，使得消息的数字签名成为可能。但用 RSA 计算长消息的签名速度非常慢，这导致 RSA 本身不可用。高性能的加密安全哈希函数让 RSA 变得更加有用。与长消息的签名计算不同，RSA 签名根据消息的哈希进行计算。因此，人们于 1989 年前后发明了 MD 和 MD2（RFC 1319）算法。MD 是专有的算法，从未向大众公布，曾用于 RSADSI 的一些安全邮件产品中。

1990 年前后，施乐公司（Xerox）[2]的 Ralph Merkle 开发了一种比 MD2 快几倍的 SNEFRU 哈希算法[MERK90]。这促使 Ron Rivest 开发了 MD4（RFC 1320）——一种基于 32 位新处理器优势，比 SNEFRU 更快的哈希算法。接下来，SNEFRU 被 Biham 和 Shamir 破解[BIHA92][3]。独立地，den Boer 和 Bosselaers[DENB92]发现了两轮次而不是三轮次 MD4 的漏洞。尽管 MD4 并没有被正式破解，但 Ron Rivest 依旧非常紧张，并决定加强算法的安全性，进而创造了（1991 年）比 MD4 稍慢的 MD5（RFC 1321）。

哈希算法的"漏洞"或"被破解"意味着什么？在理想的 $n$ 比特哈希算法中，需要 $2^{n/2}$ 次

---

[1]　更严格来说是 366。

[2]　译者注：施乐公司是美国数字与信息技术产品生产商，全球 500 强企业，发明复印技术的公司。

[3]　译者注：密码学领域认为 SNEFRU 被破解了，因为 Biham 和 Shamir 能够找到两条具有相同 SNEFRU 哈希的消息。

操作才能找到碰撞。哈希算法的漏洞指理论上的攻击可以用少于 $2^{n/2}$ 次的操作发现碰撞。哈希算法被破解意味着发布了一个实际的碰撞。

尽管 MD4 和 MD5 已相继被破解(从发现碰撞的角度来说),但如果足够小心谨慎,在某些情况下仍可以安全使用它们。[①]

在 MD4 和 MD5 发布后,但在被破解之前,NIST 提出了 NSA 设计的 SHA 算法(1993)。SHA 的设计上与 MD5 非常相似,但更加强大。SHA 是 160 比特而不是 128 比特的,但速度稍慢。当 SHA 提案中未公开的漏洞被发现后,NIST 在最后关头对其进行了修改,努力使 SHA 更加安全,这个修改版称为 SHA-1[②]。对 SHA 系列算法的担心显然是正确的,多年的密码分析结果表明,SHA-0 和 SHA-1 都存在漏洞,但截至 2022 年,发现 SHA-1 碰撞的最著名攻击的代价达到 $2^{63}$ 次操作,而找到 SHA-0 的碰撞只需要大约 $2^{39}$ 次操作。

为获得更长的哈希长度,NIST 于 2004 年采用,并标准化了 SHA-2。与 SHA-1 一样,SHA-2 由 NSA 设计。随后,SHA-1 被破解了。人们找到了一个碰撞查找算法,其预期运行时间明显少于预期的 280 次哈希操作。由于 SHA-2 使用了类似于 SHA-1 的算法,人们担心 SHA-2 有朝一日也可能会被破解(尽管到 2021 年还没有)。因此,NIST 又标准化了 SHA-3 系列算法,并采用了一种截然不同的结构,期望 SHA-1 中任何漏洞都不会适用于 SHA-3。SHA-3 另一个吸引人的方面与 AES 一样,即 SHA-3 是竞赛的结果,而不是由 NSA 设计的。SHA-1 可以生成 160 比特的哈希,SHA-2 和 SHA-3 系列可以生成 224 比特、256 比特、384 比特和 512 比特的哈希。SHA-2 和 SHA-3 中不同的哈希大小旨在分别匹配 3DES、AES-128、AES-192 和 AES-256 的安全要求。

注意,SHA-2 系列的标准术语仅涉及哈希大小,如 SHA-224、SHA-256、SHA-384、SHA-512 和 SHA-512/$n$,其中,$n$ 是哈希的截断大小,可以是 1~511 间除 384 外[③]的任何值。我们认为术语 SHA2-224、SHA2-256……更清晰,尤其因为 SHA-3 系列也可以产生许多相同的哈希长度,如 SHA3-224、SHA3-256、SHA3-384 和 SHA3-512。

SHA-2 可以指定一个单一的算法,如 SHA2-512,然后将每个较小的哈希指定为 512 比特哈希的相应大小截断。但由于 SHA2-512 的安全性设计与 AES-256 相同,如果只需要 AES-128 的安全性,那么 SHA2-512 的速度会比所需的慢些。所有 SHA-2 系列都非常相似,SHA2-384 与 SHA2-512 基本相同,但被截断为 384 比特。SHA2-224 与 SHA2-256 基本相同,但被截断为 224 比特。如果想使用这些大小之外(但小于 512)的哈希值,可以将 SHA2-512 截断为所需的任意大小。不过,不同尺寸哈希之间的区别是,为避免较大哈希的前 $n$ 比特与计算的 $n$ 比特哈希相同,每个特定长度哈希的 IV 值是独一无二的如图 5-4 所示。SHA2-256 和 SHA2-512 非常相似,但 SHA2-512 中字(word)的大小是 SHA2-256 的 2 倍,并有更多的轮次,以及使用不同的常数。实际上,在 64 位 CPU 上,SHA2-512 的运行速度比 SHA2-256 快,因此,许多只需要 256 比特哈希的实例使用被截断为 256 比特的 SHA2-512。

SHA-3 系列中设置了用于平衡安全性和性能的参数($r$ 和 $c$;详见 5.6.2 节),而且,相关标准为每个标准化哈希指定了安全性和性能参数。除了这些参数值外,所有 SHA-3 算法都

---

① 然而,如果你是小心谨慎的,并安全地使用其中一个函数,你必须准备好如何向客户解释为什么使用一个"已被破解"的函数。

② 译者注:1995 年前的版本被追溯为 SHA-0。

③ 不能取 384 的原因是可能会被误认为是使用 SHA-384。

是相同的。

在哈希函数的发展过程中，人们还设计了许多其他的哈希函数，包括一些提交到 SHA-3 哈希竞赛非常合理的哈希函数，但由于性能或安全性约束等问题，这些哈希函数最终都输给了 KECCAK。此外，欧洲和日本也举办过一些哈希竞赛，本节并未描述这些比赛的获胜者。而且，这里无法面面俱到地介绍所有哈希函数，否则本节的标题需要从"哈希函数简史"改为"哈希函数的全面综述"。然而，具有多种哈希大小（128、160、256 和 320）的 RIPEMD 系列算法仍值得一提，因为 RIPEMD-160［DOB96］用于某些加密货币，并且 RIPEMD-160 尚未发现任何漏洞。注意，这里的 MD 代表消息摘要。

## 5.4　哈希表的妙用

在研究几种流行的哈希算法细节前，先看看哈希的一些有趣用法。

### 5.4.1　数字签名

由于哈希长度固定（例如 256 比特）但消息长度任意，因此，许多消息会具有相同的 256 比特哈希。然而，设计哈希函数的初衷是希望难以找到两个具有相同哈希值的消息。因此，哈希可以用作消息的摘要。由于公钥签名很慢，而计算哈希很快，所以，数字签名是对消息的哈希进行签名，而不是对实际消息本身进行签名。

事实上，在签名之前对消息进行哈希处理也更安全。在没有哈希的情况下，许多数字签名算法（包括 RSA）具有这样的特性：得到签名消息的攻击者可以伪造其他〈消息，签名〉对，并可以成功地进行验证。相反，如果用公钥对消息的哈希进行签名，则尽管攻击者仍可以构造某些哈希值的有效签名，但只有在攻击者可以找到与某个构造哈希值一致的消息时，这些签名才是有用的。

### 5.4.2　口令数据库

假设用户在客户端向服务器端进行身份认证。在最简单的口令身份认证形式中，服务器保存了〈用户名，口令〉对的列表。用户输入用户名和口令，客户端将输入发送到服务器端[1]。接下来，服务器端验证〈用户名，口令〉对是否在列表中。这种设计的问题是，如果服务器上的数据库被窃取，则攻击者就可以知道所有的用户名和口令。

因此，让服务器存储〈用户名，hash(口令)〉对的数据库更安全。存在多种可用于身份认证的哈希口令方式。客户端可以向服务器端发送〈用户名，口令〉，然后服务器端对收到的口令进行哈希处理，并验证结果是否与数据库中的〈用户名，hash(口令)〉匹配。或者，客户端对口令进行哈希处理，并将其作为与服务器端的共享密钥，例如，让服务器端发送一个挑战，让客户端返回 hash(挑战 | hash(口令))。本书 9.8 节将更全面地讨论口令的存储。

---

[1]　可能通过服务器的加密连接。

### 5.4.3　较大数据块的安全摘要

典型存储设备存储的数据块通常为 8K 个八比特组,尽管这些块的长度可能有变化。在某些情况下,例如,当备份一家公司所有笔记本电脑的内容时,所有笔记本电脑上的大量数据都是相同的,例如操作系统软件。为节省存储空间,存储系统可以进行重复数据删除,即存储系统仅保留数据块的一个副本,并将该数据块的所有引用都指向存储块。

执行重复数据删除的典型方法是在存储系统中保留一个所有存储块的哈希值表。当存储系统接收到要存储的数据块时,需要对数据块进行哈希处理,然后,检查该哈希是否在重复数据删除表中,如果在,则不需要再次存储该数据块,尽管可能需要存储指向该数据块的新指针。

为节省网络带宽和存储,客户端可以将数据块的哈希发送到存储系统中,并且存储系统可以回复响应"已存在"或"将该数据块发给我"。

### 5.4.4　哈希链

哈希链拥有一块数据 $D$,并对其进行多次哈希操作,例如 $\mathrm{hash}^{500}(D)$,即 $\mathrm{hash}(\mathrm{hash}(\cdots \mathrm{hash}(D)\cdots))$。这一概念有许多应用。

(1)哈希链可以减慢蛮力口令猜测的速度。假设用户的口令哈希数据库被窃取了,如果服务器为每个用户存储的是 $\mathrm{hash}^{500}(\mathrm{pwd})$ 而不是 $\mathrm{hash}(\mathrm{pwd})$,那么窃取服务器数据库的攻击者在试图通过蛮力在数据库中找到潜在口令时,每个口令都需要 500 倍的工作量。当用户登录时,客户端也需要计算 $\mathrm{hash}^{500}(\mathrm{pwd})$ 而不是 $\mathrm{hash}(\mathrm{pwd})$,但这对性能的影响很小。

(2)哈希链可用于基于后量子哈希的签名(详见 8.2 节)。签名者通过公开 $\mathrm{hash}^{n-i}(\mathrm{秘密})$ 来对 $n-i$ 进行签名。

(3)哈希链已被用作无须使用公钥即可证明知道秘密的一种方式,并仅须有限次操作即可完成证明。一个恰当的例子是 Lamport 哈希(详见 9.12 节)。服务器 Bob 配置了用户 Alice 口令的多次哈希,例如 $\mathrm{hash}^{1000}(\mathrm{pwd})$,以及 Bob 相信用户口令哈希的次数 $n$(在本例中,$n=1000$)。当 Alice 进行身份认证时,Bob 会向 Alice 发送 $n$,而 Alice 会回复口令的 $n-1$ 次哈希。Bob 对 Alice 的回复进行一次哈希计算,若结果与数据库匹配,则服务器用 Alice 发送的哈希值($\mathrm{hash}^{n-1}(\mathrm{pwd})$)替换 $\mathrm{hash}^{n}(\mathrm{pwd})$,并递减 $n$。

### 5.4.5　区块链

区块链由一系列区块构成,每个区块都包含前一区块的哈希。这种数据结构可以防止链中区块被轻易篡改,因为,一旦区块被篡改,就需要重新计算所有后续区块。区块链的相关知识见 15.3 节。

### 5.4.6　难题

如果因拒绝服务攻击导致服务器 Bob 不堪重负,则 Bob 可以通过拒绝正常的连接请求来降低每个客户端的请求速度,并回复:"重试,并包含一个值,其经过哈希计算的后 $k$ 比特$=x$。"Bob 可以通过选择客户端需要求解的比特数来决定客户端请求速度慢下来的程度。而且，Bob 不需要记住向哪个客户端发送了哪个问题，也不需要给所有客户端发送相同的问题，所以，Bob 可能会选择他所知道的某种秘密问题，并与客户端的 IP 地址进行哈希。

尽管上文通过调整匹配特定值的哈希比特数来调整问题求解的计算量，但另一个变体[1]可以通过指定区块哈希的最大值来调整找到某个区块所需的计算量。

### 5.4.7　比特承诺

假设 Alice 和 Bob 正在打电话，Alice 通过掷硬币的方式决定两人谁在离婚后继续住房子。Bob 会猜测"正面"或"背面"，而 Alice 会展示硬币翻转的结果。

该协议的问题是，如果 Bob 告诉 Alice 他的选择（例如"正面"），则 Alice 可以说"结果是背面"，无论实际结果是什么。或者相反地，Alice 在 Bob 表明其选择结果前，公开了掷硬币的结果，若 Alice 说结果是正面，则 Bob 可以说"我选了正面"。

**比特承诺**是一种解决这类困境的非常聪明的办法。首先，Alice 公开一个决定硬币翻转值的量，但没有向 Bob 透露该值是多少。然后，Alice 选择一个随机数 $R$，并将 $R$ 的哈希发送给 Bob。如果 $R$ 的低阶比特为 0，则 Alice 的承诺是正面；如果 $R$ 的低阶比特为 1，则 Alice 的承诺为背面。Alice 向 Bob 发送 hash($R$)，而且，Alice 不能改变主意，因为无法找到两个具有相同哈希值的数。同时，仅知道 hash($R$)并不能帮助 Bob 作选择。一旦 Bob 选择了正面或背面，Alice 必须公开 $R$ 的值。

### 5.4.8　哈希树

若大量的数据只有一个哈希值，可能会遇到问题，尤其是当只有一小块数据需要随时读取或写入时。Ralph Merkle 于 1979 年发明了一种名为哈希树（又称 Merkle 树）[MERK79]（见图 5-1[2]）的方案，其思想是对每个数据块进行哈希运算，然后连接哈希组并继续进行哈希运算，然后对这些哈希组继续进行哈希运算，以此类推，直到只有一个主哈希，即到哈希树的根为止。当给定主哈希时，如果其具有数据以及其到根路径上兄弟姐妹节点的所有哈希值，则可以验证任意数据块，因为这样便可以计算路径上的中间哈希值，并比较最终值与根哈希值。在此过程中通常会使用二进制树，这样每层只需要一个辅助哈希值即可验证数据块。但是否获得了根哈希的实际值仍然需要验证。

### 5.4.9　认证

令人惊讶的是，如果存在共享密钥，则哈希算法可用于共享密钥分组密码的所有使用方式中。

2.2.3 节讨论了如何在 Alice 和 Bob 共享密钥 $K_{AB}$ 的情况下使用分组密码进行认证。为验证 Bob 的身份，Alice 会发送挑战 $r_A$，然后，Bob 用 $K_{AB}$ 加密 $r_A$，Alice 解密收到的内容，并验证其是否与 $r_A$ 匹配。

若 Bob 和 Alice 共享密钥 $K_{AB}$，则可以使用哈希算法而不是分组密码进行认证。由于

---

[1]　由加密货币使用，详见 15.3.5 节。
[2]　起初斯派西纳认为根节点应该在底部，叶子应该在顶部，但珀尔曼通过网络资料查询，发现这是错的。

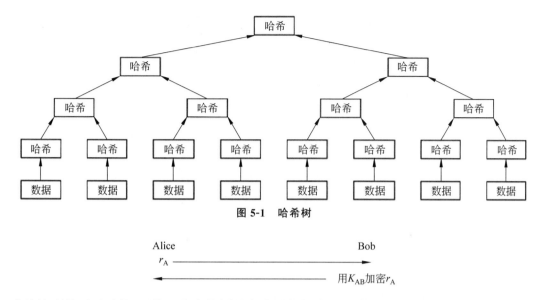

图 5-1　哈希树

哈希算法是不可逆的,不能以完全相同的方式进行加密和解密。然而,使用哈希函数也可以达到相同的效果。Alice 仍然发送挑战 $r_A$,然后 Bob 可以将 $K_{AB}$ 与 $r_A$ 连接起来,计算其哈希值,并发送结果。Alice 无法"解密"结果。然而,Alice 可以进行同样的计算,并检查结果是否与 Bob 发送的内容相符。

## 5.4.10　用哈希计算 MAC

4.3 节描述了基于 Alice 和 Bob 的共享密钥 $K_{AB}$,利用分组密码计算 MAC 的方式。那么,不用分组密码,而用哈希函数可以计算 MAC 吗?答案是可以的,对 MAC 执行与认证大致相同的操作——连接共享密钥 $K_{AB}$ 与消息 $M$,并用 hash($K_{AB}|M$) 作为 MAC。

上述方案是可行的,但不具备大多数主流哈希算法(包括 MD4、MD5、SHA-1、SHA2-256 和 SHA2-512)的一些特性,这些算法允许攻击者在给定消息 $M$ 和 hash($K_{AB}|M$)的情况下,计算以 $M$ 开头的较长消息的 MAC。

假设哈希是一个如图 5-2 所示的函数,其输入是 $K_{AB}|M$,并在末尾添加了一些填充,以确保输入是整数个数据块,但为使示例更简单,现在忽略哈希的填充。而且,哈希将输入分成多个数据块。在每个阶段,哈希都使用一个**压缩函数**(compress),其输入为两个,即下一个消息块和上一个哈希阶段的输出,同时输出一个新中间值。最终的**中间哈希**(intermediate hash)就是消息的哈希。

存在一种名为**附加攻击**(append attack)的攻击方式。假设 Carol(不知道 $K_{AB}$)准备向 Bob 发送一个看起来像Alice 发送的不同信息,Carol 并不在乎信息的大部分内容,但只关注信息的结尾——"给 Carol 升职,工资翻三倍"。Alice 向 Bob 发送了一些消息 $M$ 和 hash($K_{AB}|M$)。Carol 能看到这些信息,并可以将任何内容连接到 $M$ 的末尾,然后用

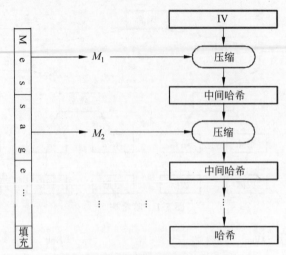

**图 5-2　易受附加攻击的哈希结构**

$hash(K_{AB} | M)$ 初始化中间哈希计算。换句话说，在图 5-2 中，Carol 将 IV 设置为 Alice 发送给 Bob 的值，并作为 $M$ 的 MAC。然而，Carol 不需要知道共享密钥 $K_{AB}$，就可以进行 $M$ 结尾的哈希计算。

　　如何避免上述缺陷？一种可行的技术是仅使用哈希的一些比特作为 MAC。例如，使用 256 比特哈希的低位 64 比特。这样，攻击者便没有足够的信息来继续进行哈希计算，除非可以正确地猜测出缺少的 192 比特哈希。仅使用哈希的 64 比特作为 MAC 并不会降低安全性，因为攻击者在不知道密钥的情况下无法计算或验证 MAC。最好的方法是为要发送的消息生成一个随机的 64 比特 MAC，而且希望你会非常非常幸运（$1/2^{64}$ 的幸运）。注意，SHA2-384 和 SHA-224 可以有效地做到这一点，因为，它们可以计算更大的哈希（分别为 512 和 256）和截断。

　　业界公认的解决方案是 HMAC（见 5.4.11 节）。HMAC 会将秘密串联到消息前，并对该组合进行哈希，然后将秘密连接到哈希前，并再次对该组合进行哈希。HMAC 的实际结构比上述过程稍复杂一些。由于 HMAC 执行了两次哈希，所以，HMAC 的性能低于截断哈希。但第二个哈希只计算秘密和哈希，因此不会给大消息增加太多的成本。在最坏的情况下，如果与密钥串联的消息为单个（$m$ 比特）数据块，那么 HMAC 的开销是使用截断哈希的 4 倍。然而，如果使用同一密钥对许多小的消息进行 HMAC 处理，则可以重用密钥哈希的计算，因此，HMAC 的速度只会减半。当消息足够大时，HMAC 的性能影响可以忽略不计。

　　任何结合密钥和数据的哈希被称为**密钥哈希**（keyed hash）。

## 5.4.11　HMAC

　　HMAC 来源于可证明安全的 MAC 算法，其底层哈希的压缩函数是安全的。HMAC 被证明具有以下两个特性[1]：

---

① 假定底层哈希是安全的。

- 抗碰撞性,即无法找到产生相同输出的两个输入;
- 不知道密钥 $K$ 的攻击者无法计算数据 $x$ 的 HMAC($K$, $x$),即使对于任意多个不等于 $x$ 的 $y$,仍可得到 HMAC($K$, $x$)的值。

本质上,HMAC 把密钥预置到数据前并进行哈希计算,然后把密钥预置到结果前,再次进行哈希计算。如果只对密钥和消息进行一次哈希,那么,具有两次密钥输入迭代的嵌套哈希可以防止可能的扩展攻击。具体而言,HMAC 的输入是可变长度的密钥和可变大小的消息,同时可以产生固定大小的输出,其大小与底层哈希输出相同,如图 5-3 所示。

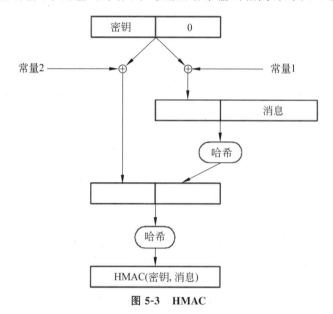

图 5-3　HMAC

HMAC 输出的比特数等于底层哈希函数的比特数。HMAC 还会根据底层哈希块的大小(以比特为单位)进行不同的填充。哈希块大小记为 $B$ 比特。在 SHA-1、SHA2-224 和 SHA2-256 中,$B=4096$(512 个八比特组)。在 SHA2-384 和 SHA2-512 中,$B=8192$(1024 个八比特组)。在 SHA3-224 中,$B=1152$(144 个八比特组)。在 SHA3-256 中,$B=1088$(136 个八比特组)。在 SHA3-384 中,$B=832$(104 个八比特组)。在 SHA3-512 中,$B=576$(72 个八比特组)。

如果密钥小于 $B$ 比特,则 HMAC 可以通过附加 0 将其填充到 $B$ 比特。如果密钥大于 $B$ 比特,则 HMAC 可以先对密钥进行哈希,如果哈希小于 $B$ 比特,则 HMAC 可将结果填充到 $B$ 比特。然后,用重复的 00110110 常量比特字符串与填充的密钥进行按位异或,接下来,连接要保护的消息,并计算哈希值。最后,用另一个常量比特字符串(重复的 01011100)与填充的密钥按位异或,并与第一个结果连接,对结果进行二次哈希计算。

注意,对于 HMAC,可以找到相同 HMAC 值的密钥对。例如,如果密钥 $K$ 小于 $B$ 比特,例如 200 比特,那么,$K \mid 0$, $K \mid 00 \cdots \cdots$ 任何消息的 HMAC 都将得到相同的结果。同样,如果 $K$ 大于 $B$ 比特,则 HMAC 先对密钥进行哈希,如果哈希小于 $B$ 比特,则 HMAC 会将结果填充到 $B$ 比特。因此,$K$ 和 $K$ 的哈希是等价的密钥。这个问题对于大多数应用程序来说都不是问题,特别是当应用程序需要固定大小的密钥时。

HMAC 可以使用 SHA-3。然而,由于 SHA-3 不易受到附加攻击,没有必要增加两次哈希和两次密钥带来的额外复杂性。NIST 已指定了一种基于 SHA-3 的简单预置 MAC[①]，即 KMAC［NIST16］。KMAC 在一种不太可能的场景中还有一个额外的优点——应用程序的 HMAC 等价密钥属性对可能会出问题，而 KMAC 不必考虑这个问题，因为 KMAC 没有等价密钥问题，除非能够找到 SHA-3 的冲突。

### 5.4.12　用密钥和哈希算法加密

*"用哈希算法加密很容易！"*

*"但让我看着你进行解密！"*

哈希算法不可逆，所以需要设计一种加密和解密都正向运行哈希算法的方案。这种方案会让人想起分组密码所使用的 CTR 模式（详见 4.2.3 节）。

CTR 模式生成的伪随机比特流可被用作一次性密码本，加密和解密均需要伪随机比特流与消息进行按位异或操作。CTR 模式使用分组密码生成比特流，而哈希算法也可以很容易地生成伪随机比特流。

Alice 和 Bob 需要一个共享密钥，$K_{AB}$。Alice 准备给 Bob 传送一条消息。Alice 会计算 hash($K_{AB}|1$)，并给出比特流的第一个分组 $b_1$。然后，Alice 计算 hash($K_{AB}|2$)，并将其用作 $b_2$。通常，$b_i$ 就是 hash($K_{AB}|i$)。为使用同一密钥加密多条消息，则需要唯一的 IV。在这种情况下，第一个分组为 hash($K_{AB}|IV|i$)。

注意，虽然有许多方法可以安全地执行此操作，但也存在许多不安全的做法。例如，如果密钥、IV 和计数器是可变长度的，那么这些量的串联可能会产生不同的三元组，并产生相同的哈希值。

在获得消息前，Alice 可以先生成比特流。然后，当 Alice 想要发送消息时，根据需要，可以尽可能多地与生成的比特流进行按位异或。

$$b_1 = \text{hash}(K_{AB}|1) \qquad\qquad c_1 = p_1 \oplus b_1$$
$$b_2 = \text{hash}(K_{AB}|2) \qquad\qquad c_2 = p_2 \oplus b_2$$
$$\vdots \qquad\qquad\qquad\qquad \vdots$$
$$b_i = \text{hash}(K_{AB}|i) \qquad\qquad c_i = p_i \oplus b_i$$
$$\vdots \qquad\qquad\qquad\qquad \vdots$$

两次使用同一比特流是不安全的，因此，Alice 必须为发送给 Bob 的每条消息使用唯一密钥或唯一 IV，且必须把 IV 传给 Bob。Alice 可以在加密消息前生成比特流，但 Bob 在看到 IV 前无法生成比特流。与 CTR 模式一样，这种加密模式不提供完整性保护，因此，应与单独的 MAC 方案一起使用。

## 5.5　用分组密码创建哈希

私钥分组密码在输入扰动方面效果很好，但不能用作哈希函数，因为私钥分组密码可逆。如果将分组密码定义为可接受明文和密钥两个输入，并产生一个输出（密文）的函数，那

---

[①]　具有不同的域分隔填充。

么,一个好的分组密码的设计目标是,即使得到任意数量的明文和密文,也不可能知道所使用的密钥。这意味着,若把要哈希的量当作密钥,并对常量进行加密,则相应的输出可用作输入的哈希。

最初的 UNIX 口令哈希就是这样做的,利用分组密码中 DES 的微改进版,计算口令的哈希,并无须通过反向计算哈希来获得口令。相反,当用户输入口令时,UNIX 使用相同的算法对输入量进行哈希,并将结果与存储的口令哈希进行比对。

首先,哈希算法将口令转换为密钥。然后,用该密钥加密一个全 0 分组。将文本串转换为密钥的方法很简单,只需要将与口令前 8 个字符相关的 7 比特 ASCII 打包为 56 比特的量,并插入 DES 奇偶校验。[①]

被称为 salt(盐)的 12 比特随机数与哈希口令一起存储。有关 salt 为什么有用的解释,详见 9.8 节。用改进的 DES 算法替代标准 DES,可以防止为 DES 反向计算口令哈希而设计的硬件加速。其中,salt 用于改进 DES 算法。

总之,每次设置口令时,都会生成一个 12 比特的 salt,该值非用户选择和可见。口令的前 8 个字符被转换为私钥。salt 用于定义改进的 DES 算法,该算法用转换后的口令作为密钥,并加密全 0 的分组。最后,将结果与 salt 一并存储为用户的哈希口令。

正如 5.6.1 节所述,许多哈希算法的内部都使用了分组密码。

## 5.6　哈希函数的构造

与加密系统一样,哈希函数[②]由输入长度固定的简单函数构造,并利用更简单的函数在固定大小的消息分组(填充为整数个分组)上进行迭代。本节仅给出对这些算法的直观理解。如果需要算法实现,可以参考相应标准。如果读者需要阅读代码,可以在 https://github.com/ms0/crypto 找到 Python 代码实现,这些代码旨在可读性而非效率,并不涉及抵抗侧信道攻击的设计。

### 5.6.1　MD4、MD5、SHA-1 和 SHA-2 的构造

MD4、MD5、SHA-1 和 SHA-2 这些哈希函数都具有相同的结构,即 Merkle-Damgård 结构,如图 5-4 所示,但具有不同的填充、哈希大小、分组大小和压缩函数。其中,压缩函数的输入为 $n$ 比特,输出为 $m$ 比特,且 $m < n$。

使用这种结构的哈希算法具有 $m$ 比特的状态,其中,$m$ 是需要生成的哈希大小。在图 5-4 中,该状态即为中间哈希。中间哈希被初始化为由算法定义的 $m$ 比特常数。因为与加密算法中 IV 作用非常类似,这里初始状态也被称为 IV。最终阶段的输出是 $m$ 比特哈希。

填充的消息被分成 $k$ 比特的消息块。在每个阶段,压缩函数的输入为中间哈希的前 $m$ 比特和 $k$ 比特消息,并输出下一个 $m$ 比特的中间哈希。

---

[①]　UNIX 口令允许超过 8 个字符,但只检验前 8 个字符。因此,如果用户的口令为 PASSWORD,则口令 PASSWORDqv 和 PASSWORDxyz 都有效。

[②]　可以对任意长度的消息进行哈希。

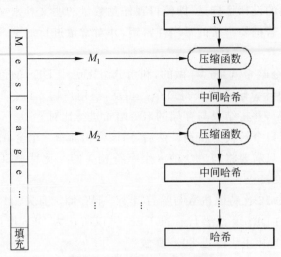

图 5-4　Merkle-Damgård 结构

哈希函数（MD4、MD5、SHA-1 和 SHA-2 系列）用 $k$ 比特密钥和 $m$ 比特分组的加密算法来构造压缩算法。$k$ 比特的消息块用于加密 $m$ 比特的中间状态。加密算法结构的更多详细信息参见 5.8.1 节和 5.8.2 节。

有人可能会认为加密算法可以是压缩算法，但这样做存在安全问题。假设有一个块大小为 $m$ 比特的加密算法，对于特定 $m$ 比特哈希值 $v$ 原像的蛮力搜索需要约 $2^m$ 的工作量。然而，如果图 5-4 中的压缩函数只是一个加密函数，则中间相遇攻击对 $v$ 的原像蛮力搜索只需大约 $2^{m/2}$ 的工作量。

**中间相遇攻击**（meet-in-the-middle attack）的工作原理如下。回顾一下，哈希大小为 $m$，在哈希的每个阶段输入的消息块大小是 $k$。这种攻击找到的原像是两个块（$2k$ 比特）长的消息。消息块大小 $k$ 有多大无关紧要，这种攻击所需的工作量仅取决于 $m$（哈希大小）。其初始状态被约束为 IV 指定的常量值，最终输出被约束为等于 $v$（因为需要找到 $v$ 的原像）。

选择 $2^{m/2}$ 个随机 $k$ 比特量，并用每个量加密 IV[①]。然后，从 $v$ 开始，选择另外 $2^{m/2}$ 个随机 $k$ 比特量，用每个量解密 $v$。现在，根据生日问题，可能会得到一个配对，例如，中间哈希等于 $key_1$ 加密 IV 的值，也等于 $key_2$ 解密 $v$ 的值。因此，$key_1$ 和 $key_2$ 的连接是 $v$ 的原像。

Davies-Meyer 结构（如图 5-5 所示）可以抵抗中间相遇攻击。

在 Davies-Meyer 结构中，压缩函数不仅是加密函数，而且，在每个阶段，中间状态不仅用消息的下一个块进行加密，而且会按位异或到加密函数的输出中。

这样可以防止中间相遇攻击。对于每个来自 IV 加

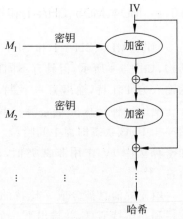

图 5-5　使用私钥加密的 Davies-Meyer 结构

---

① 译者注：因此得到 $2^{m/2}$ 个 IV 的加密值。

密的潜在中间状态,需要比较结果与 $v$ 和候选中间状态按位异或的解密值,而不是与 $v$ 的解密值。

换句话说,攻击者需要尝试用 $2^{m/2}$ 个不同密钥来解密 $2^{m/2}$ 个不同值,这样攻击者的工作量与 $2^m$ 成正比。注意,本节讨论的所有哈希函数都使用 Davies-Meyer 结构的变体,其中,每个 32 比特或 64 比特字(去掉进位)都使用＋,而不是 $\oplus$,这两种操作的效果相同。

## 5.6.2  SHA-3 的构造

SHA-3 基于 NIST SHA-3 加密哈希算法竞赛的冠军 KECCAK 实现,该规范可在文献 [NIST15c]中找到。该算法的设计者是 Guido Bertoni、Joan Daemen、Michaël Peeters 和 Gilles Van Assche。

之前讨论的哈希算法的输入为任意大小,输出为固定长度。相比之下,KECCAK 更灵活,允许任意大小的输入和任意大小的输出,并通过参数来平衡性能和安全性。

NIST 标准 FIPS 202 定义了 SHA3-224、SHA3-256 和 SHA3-238 的 KECCAK 参数设置,SHA3-384 和 SHA3-512 还定义了两个额外函数 SHAKE128 和 SHAKE256 的参数设置。两个 SHAKE 函数都可以生成任意数量的哈希比特,区别在于安全强度。SHAKE128 的安全性等同于 AES128,并比 SHAKE256 更快,SHAKE256 的安全强度等同于 AES256。SHAKE 函数可用作**可扩展输出函数**(extendable output functions,XOF)。若输入不是已知的消息,而是密钥种子,则 SHAKE 函数可用于计算伪随机比特流,例如流密码。

该算法的核心部分为海绵(sponge)构造,该命名得益于可以吸收任意数量的输入比特,并且可以挤出任意数量的输出比特。如图 5-6 所示,无须考虑哈希的大小或期望的安全级别,中间状态为 1600 比特。这 1600 比特被分为两部分,一部分是 $r$ 比特(速率),另一部分是 $c$ 比特(容量)。若 $c$ 较大,则 $r$ 较小[①],并需要更多的阶段来计算哈希。状态的 $r$ 部分称为 $r$ 比特,状态的 $c$ 部分称为 $c$ 比特。注意,在标准术语中,$c$ 比特称为内部,$r$ 比特称为外部,但笔者认为我们定义的术语更清晰。在 SHA-3 中,$c$ 比特的数量是哈希大小的 2 倍,$r$ 总是大于哈希大小。在 SHAKE128 中,$c$ 为 256;在 SHAKE256 中,$c$ 为 512。

在每个阶段,消息的后 $r$ 比特都会按位异或为状态的 $r$ 比特。然后,将整个 1600 比特状态(包括 $r$ 比特和 $c$ 比特)输入函数 $f$ 中,输出的 1600 比特作为下一阶段的状态。注意,$f$ 的输入和输出都是 1600 比特,因此,$f$ 不是压缩函数。$f$ 实际上是一种排列,是每个可能输入值到唯一输出值的可逆映射,可被定义为一个可在硬件和软件上进行快速计算的数学函数。

SHA-3 过程会持续到吸收完所有消息比特,然后将状态的顶部比特作为 SHA-3 哈希的输出。与消息比特进行按位异或的 sponge 结构部分称为吸收阶段。

对于 SHAKE,在消息被完全吸收后,算法会输出相应的比特。该阶段称为挤压阶段。在挤压阶段的每步中,会将 1600 比特的状态输入 $f$,并将状态的 $r$ 比特复制到输出中。

注意,$c$ 值越大,哈希消息所需的阶段就越多,因为在每个阶段仅吸收消息的 $r$ 比特。此外,在挤压阶段,如果 $c$ 越大,则在每阶段 $r$ 复制到输出的比特数就会越小。

如果没有 $c$ 比特部分,则会很容易找到原像(参见本章作业题 12)。

---

① 因为二者的和为 1600。

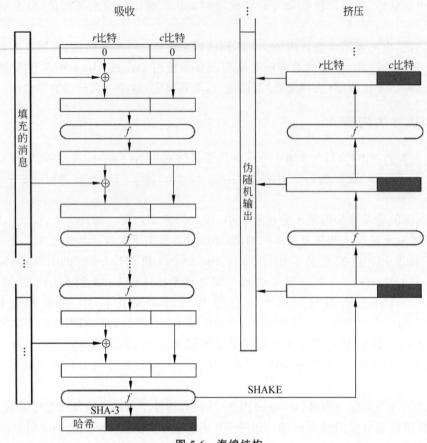

图 5-6　海绵结构

## 5.7　填充

哈希算法将消息分成固定大小的块，并在每个阶段输入消息的下一个块。即使消息已是整数个块，但也总是需要对其进行填充。

假设只用 0 进行填充，使消息成为块的倍数。在这种情况下，当消息具有整数个块时，如何区分恰好以 0 结尾的消息，与差 1 比特形成整数个块，但增加填充了 1 个比特的消息？例如，若消息以 5 个 0 结尾，如何可以知道这些 0 中有多少是消息的部分，有多少是填充的部分？注意，密钥的 HMAC 填充就是这样做的（用 0 填充），因此，可以找到产生相同 HMAC 的不同密钥。

### 5.7.1　MD4、MD5、SHA-1 和 SHA2-256 消息填充

哈希计算的消息必须是 512 比特的倍数。原始消息填充通过在比特 1 后面跟足够多的比特 0 来实现，这样消息会比 512 比特的倍数少 64 比特。然后，把表示原始消息长度的 64 比特大端数附加到消息中，如图 5-7 所示。

若最后的消息块比一个完整块少 64 比特，则这种情况需要最多的填充。这样就没有空

1~512比特　　　　64比特

| 原始信息 | 1000…000 | 原始长度 |

512比特的倍数

**图 5-7　MD4、MD5、SHA-1 和 SHA2-256 的填充**

间容纳比特 1 和后续的 64 比特,所以,最后的消息块需要用比特 1 和 63 个 0 来填充;然后,最后的新块为 448 比特的 0 和后续的 64 比特。

注意,由于长度字段只有 64 比特,所以消息必须小于 $2^{64}$ 比特。这并不是一个问题。以每秒 100GB/s 的速度,需要花十几年才能完成这样大消息的传输。若是出现这种情况,正如我们的祖母肯定会说的那样:

如果一件事不能用少于 $2^{64}$ 比特完成表述,那么根本不应该说出来。

请注意,SHA2-512 的块大小为 1024,填充的原始长度为 128 比特。所以,若真想用超过 $2^{64}$ 比特(但少于 $2^{128}$ 比特)进行表达,则可以使用 SHA2-512。如果担心受限于 $2^{128}$ 比特,那么若知道 SHA-3 对消息长度完全没有限制,你应该会很高兴。

为什么填充的长度字段很有用? 给定这些哈希使用如图 5-4 所示的 Merkle-Damgård 结构,若没有长度字段,则找到次原像(消息 $M_2$)会更容易,即在给定消息 $M_1$ 的前提下,使 $M_2$ 的哈希与 $M_1$ 的哈希相同。假设 $M_1$ 的长度为 256 个块,这意味着哈希将产生 256 个中间哈希。因此,如果攻击者计算 $M_1$ 的所有 256 个中间哈希,例如 $M_{1:1}$,$M_{1:2}$,…,$M_{1:256}$,而且,如果攻击者尝试找到随机消息 $M_3$ 来匹配任意的中间哈希,例如 $M_{1:207}$,那么,$M_2 = M_3 | M_{1:208} | \cdots | M_{1:256}$ 将是 $M_1$ 哈希的次原像。这意味着找到次原像比找到原像容易 256 倍,并可以使安全强度降低 8 比特。

不幸的是,即使用了长度字段,也有另一种可以找到次原像的更复杂攻击方式。因为人们发现碰撞比发现原像更简单(后者是 $2^n$,而前者是 $2^{n/2}$),所以可以认为搜索碰撞是低成本的。暂时忽略填充,并随机选择一组单块和双块消息,搜索每个尺寸的 SHA-2 哈希(无填充)匹配,并定义公共 SHA-2 值为 $H_1$。现使用 $H_1$ 作为 IV,搜索单块消息和三块消息的碰撞,并定义公共 SHA-2 值为 $H_2$。现使用 $H_2$ 作为 IV,搜索单块消息和五块消息的碰撞,并定义公共 SHA-2 值为 $H_3$。有了这三对碰撞,便可以用 3~10 个块和 $H_3$ 的哈希构造消息。如果一直这样做到 $H_8$,则可以用哈希 $H_8$ 构造 8~263 个块间任意长度的消息,通过连接来自碰撞消息的正确长度。现在,与没有长度字段的攻击一样,通过搜索 $H_8$ 到任何消息中间哈希块的映射来搜索次原像(除了最后 8 个)。如果能找到一个次原像,则可以用正确的哈希构造一个长度合适的消息。

因此,对于任何已知的威胁,填充中的长度字段并不能提供有效的保护。然而,这确实可以提供更好的安全证明。尤其只要长度填充可以证明压缩函数是抗碰撞的,则哈希函数就是抗碰撞的。

相反,如果没有长度填充,则可以用对抗选择的 IV,创建一个看似合理的哈希函数,这样可以很容易在哈希函数中发现碰撞,而无须在压缩函数中寻找碰撞。为此,可以使用 Davies-Meyer 压缩函数,如图 5-5 所示,并用某个消息块 $M$ 作为密钥,将 IV 设置为 0 的解密结果。然后,任何形式为 $M|X$ 的消息都具有与 $M|M|X$ 或 $M|M|M|X\cdots$ 相同的哈希。

### 5.7.2　SHA-3 填充规则

SHA-3 和 SHAKE 的填充方式与之前的哈希有以下不同点。

（1）没有长度字段。长度字段在 SHA-3 中是非必须的，因为攻击者在试图搜索次原像时，会在 $c$ 比特[1]上找到碰撞。

（2）填充字段以 1 结尾而不是以 0 结尾。这会阻止两个字符串的构造，其中第一个字符串的 SHA3-256 值等于第二个字符串的 SHA3-512 值[2]。

（3）SHA-3 规范在消息和填充间插入了一个额外的字段（可归并为填充），即域分隔符，旨在防止 SHAKE 输出与 SHA-3 哈希的值相同。SHA-3 的域分隔符为 01。SHAKE 的域分隔符是 1111。他们本可以用不同的初始状态来达到一样的效果，但 SHA-3（和 SHAKE）总是从初始状态零开始。读者可能会有这样的疑问，为什么不用 1 个比特位来区分 SHA-3 和 SHAKE？这是为区分 KECCAK 的潜在额外用途，在域分隔符中留出空间。

域分隔符后的填充由 $100\cdots001$ 组成，其中，0 的数量介于 0 和 $r-1$ 之间（包含 $r-1$）。注意，状态长度是 1600 比特，包括一些 $r$ 比特，其余为 $c$ 比特。假定 $c$ 的取值在 256 和 1024 之间，$r$ 的取值在 576 和 1344 之间，如图 5-8 和图 5-9 所示。

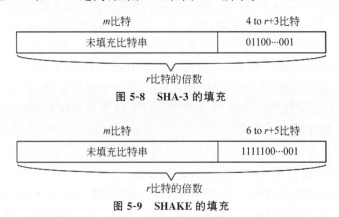

图 5-8　SHA-3 的填充

图 5-9　SHAKE 的填充

## 5.8　内部的加密算法

回想一下，SHA-1 和 SHA-2 所使用 Davies-Meyer 结构（如图 5-5 所示）都包括加密函数。尽管 SHA-1 和 SHA-2 使用的加密函数不同，但均与 Feistel 加密类似（见 3.3.3 节），因为每一轮加密都是可逆的。MD4 和 MD5 是类似的，但使用的是 128 比特而非 160 比特，并且轮次数更少。下面仅对 SHA-1 和 SHA-2 进行介绍。

### 5.8.1　SHA-1 内部的加密算法

确切的 SHA-1 内部加密算法细节并不重要，除非需要进行算法实现，但 SHA-1 的内部

---

[1]　在 SHA-3 标准中，设置为完整哈希的 2 倍。

[2]　这适用于任意两个 SHA-3 长度或 SHAKE 强度。

结构很有趣。SHA-1 的哈希是 160 比特,因此,中间状态为 160 比特,可视为 5 个 32 比特的字,在图中的标记为 $v_0$、$v_1$、$v_2$、$v_3$、$v_4$。下面调用一轮 $w_0$、$w_1$、$w_2$、$w_3$、$w_4$ 输出的 5 个字并成为下一轮的 $v_i$,如图 5-10 所示。

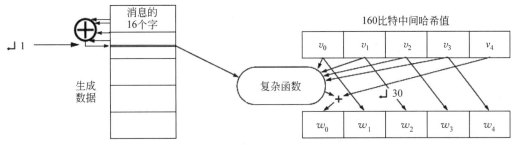

图 5-10　SHA-1 的内部循环——每块 80 次迭代

SHA-1 内部加密算法的输入为消息的 512 个八比特组块,用于生成 80 个 32 比特的每轮密钥[1],并将 5-字值($v_0$、$v_1$、$v_2$、$v_3$、$v_4$)视为要加密的量。

前 16 个循环密钥只是 512 比特消息块的 16 个 32 比特字。之后,第 $i$ 轮的 32 比特密钥被生成为 4 个前 32 比特密钥($i$-16,$i$-14,$i$-8 和 $i$-3)的按位异或,然后,向左旋转 1 比特。

在 80 轮次中,每轮均使用一个复杂的不可逆函数,其输入为下一个 32 比特密钥和 $v_0$、$v_1$、$v_2$ 和 $v_3$。注意,即使复杂函数不可逆,但类 Feistel 结构的每一轮都可逆。注意,从输出一轮($w_0$、$w_1$、$w_2$、$w_3$、$w_4$)开始,通过简单的不同位置复制,输入值 $v_0$、$v_1$、$v_2$ 和 $v_3$ 会与 $w_0$、$w_1$、$w_2$、$w_3$、$w_4$ 有细微的偏离,尽管当 $v_1$ 被复制到输出位置 $w_2$ 时,会向右旋转 2 比特(或等效地,向左旋转 30 比特)。

那么,如何从 $w_0$、$w_1$、$w_2$、$w_3$、$w_4$ 中恢复 $v_4$?由于已知所有复杂函数的输入(32 比特的轮密钥,$v_0$、$v_1$、$v_2$ 和 $v_3$),因此,可以正向计算复杂函数,并且,若从 $w_0$ 减去结果,就可以得到 $v_4$。

若读者好奇复杂函数的内部结构,可以得到,其输入包括 32 比特的量 $v_0$、$v_1$、$v_2$、$v_3$,以及轮密钥和每轮常量。前 20 轮的每轮常量是相同的,然后在接下来的 20 轮中使用不同的常量,以此类推,得到 4 个不同的常量。为表明选择这些常数并不会对算法的安全性产生不良影响,通常将这 4 个常量分别设置为小于 $2^{30}$ 与 2、3、5 和 10 的平方根乘积的最大整数。

复杂函数与 $v_0$(但向左旋转了 5 比特)、32 比特密钥、32 比特常量相加,然后,每 20 轮的轮特定函数 $v_1$、$v_2$ 和 $v_3$ 相同,但随后的 20 轮中变为不同的函数。轮特定函数可以是 $v_1$、$v_2$ 和 $v_3$ 的按位异或,或按位取众数,或者按位选择。其中,众数意味着如果 2 或 3 输入比特为 1,则输出比特为 1;否则输出比特为 0。选择意味着如果 $v_1$ 中的比特为 0,则输出是 $v_2$ 中对应的比特;否则,输出 $v_3$ 中对应的比特。

## 5.8.2　SHA-2 内部的加密算法

SHA-2 实际上是产生不同尺寸哈希的一系列算法。SHA2-512 与 SHA2-256 的不同之处在于内部加密算法的轮数[2],并且 SHA2-512 中块的大小为 SHA2-256 的 2 倍。两者

---

[1] 因为有 80 轮循环,所以每轮使用一个 32 比特密钥。
[2] SHA2-256 为 64 轮,SHA2-512 为 80 轮。

的中间状态都包括 8 个字（$v_0$、$v_1$、$v_2$、$v_3$、$v_4$、$v_5$、$v_6$、$v_7$），状态的每轮输出为 8 个字（$w_0$、$w_1$、$w_2$、$w_3$、$w_4$、$w_5$、$w_6$、$w_7$）。SHA2-256 使用 32 比特字；SHA2-512 使用 64 比特字。SHA2-256 每阶段处理 512 比特的块；SHA2-512 处理 1024 比特的块，如图 5-11 所示。

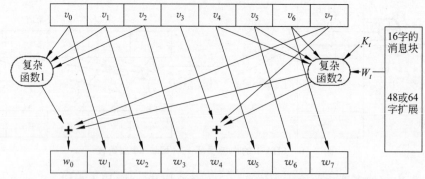

图 5-11 SHA-2-64 的内部循环——每块 64 次或 80 次迭代

密钥调度采用 16 字的消息块，并扩展 48 个字（用于 SHA2-256）或 64 个字（用于 SHA2-512）。

参考图 5-11，与 SHA-1 一样，类 Feistel 结构可以进行轮反转，例如，若知道 $w_0$、$w_1$、$w_2$、$w_3$、$w_4$、$w_5$、$w_6$、$w_7$ 和每轮密钥，即可计算 $v_0$、$v_1$、$v_2$、$v_3$、$v_4$、$v_5$、$v_6$、$v_7$。注意，除 $v_3$ 和 $v_7$ 以外的所有 $v_i$ 都很容易从 $w_i$ 导出，因为，$v_0$、$v_1$、$v_2$、$v_4$、$v_5$、$v_6$ 只是简单地复制（移位一个字）。棘手的部分是 $v_3$ 和 $v_7$ 的推导。

对于两个不可逆的复杂函数，复杂函数 1 的输入为 $v_0$、$v_1$、$v_2$。因为知道所有这些输入，所以可以计算复杂函数 1。

复杂函数 2 的输入为 $v_4$、$v_5$、$v_6$（均为已知）和每轮密钥，以及每轮常量。所以也可以计算复杂函数 2。

现在通过从 $w_0$ 中减去两个复杂函数的输出来计算 $v_7$，然后，基于 $v_7$，可以从 $w_4$ 中减去 $v_7$ 和复杂函数 2 的输出来计算 $v_3$。

读者会注意到上述过程尚未描述这两个复杂函数的内部构造。与 SHA-1 函数一样，这两个复杂函数也很容易计算[①]。每个复杂函数的输入为 3 个 $v_i$，并且复杂函数 2 增加了每轮常量 $K_t$ 和轮密钥 $W_t$。

## 5.9 SHA-3 的 $f$ 函数

5.6.2 节描述了 SHA-3（和 SHAKE）系列的大部分操作，但并未说明函数 $f$ 的内部构造。函数 $f$ 是 1600 比特输入到 1600 比特输出的一对一映射。理论上，函数 $f$ 可以通过具有 $2^{1600}$ 个条目表单的查表操作实现，但这会产生一个非常大的表。

如 3.7.2 节所述，私钥加密算法和哈希的公共部分为交替操作（通常称为层），在每轮中，输入比特被分成小组，每个组都进行非线性运算（通常称为 S-盒）。然后，线性层将这些比特展开，并彼此混合，以便每个 S-盒的输出比特可以影响下一轮中多个 S-盒的输入。经

---

① 由按位异或、众数、旋转、＋和选择来构造。

过足够多的轮次后,每一比特都会影响输出的所有比特。

SHA-3 中,$f$ 置换的设计原理与 AES 大致相似。事实上,AES 的设计师之一 Joan Daemen 也是 KECCAK 设计团队的成员。函数 $f$ 是 1600 比特输入到 1600 比特输出的一对一映射,采用了包括 1 个代换(非线性)操作和 4 个线性操作的 24 轮循环。所有这些操作都是可逆的,因此,很容易证明 $f$ 是一对一的,这使得算法分析更容易。

每次处理下一个 $r$ 比特消息块时(在吸收阶段)或每次输出 $r$ 比特时(在压缩阶段),都会调用函数 $f$。1600 比特可以可视化为 $5 \times 5 \times 64$ 比特的三维矩阵。SHA-3 规范 [NIST15c] 中有很多漂亮的图片,旨在帮助人们可视化比特变换。函数 $f$ 由 24 个几乎相同的轮次组成。每一轮执行 5 比特扰动操作,即 $\theta$(theta)、$\rho$(rho)、$\pi$(pi)、$\chi$(chi)和 $\iota$(iota),并按此顺序执行。

$5 \times 5 \times 64$ 比特矩阵中的 3 个维度分别为行、列和通道。行和列的长度为 5 比特,通道为 64 比特。为什么这些比特是这样组织的?原因是 64 位处理器可以自然地将数据组织成 64 比特的字,因此,这种数据结构显而易见的实现方式是字的 $5 \times 5$ 数组,其中,每个通道由 64 比特字表示。在这种排列中,通用 CPU 指令可以有效地实现每轮的组件函数——尤其是按位异或、按位与,以及按位旋转操作。

下面按顺序介绍 5 个组件函数($\theta$、$\rho$、$\pi$、$\chi$ 和 $\iota$)。

$\theta$ 可能是 5 种操作中最不直观的。$\theta$ 操作通过每列 5 比特的按位异或计算每列的奇偶校验位,并将这些奇偶校验位通过按位异或,进入两个相邻列的所有比特。此操作的目的是在每轮结束时,增加每个比特可能影响的比特数量。因为每个输出比特都是 11 个特定输入比特的按位异或,所以,$\theta$ 是一个线性变换。事实上,这 11 比特存在于不同的通道和行,这样有助于补充其他函数所提供的混合。

相比之下,$\rho$ 和 $\pi$ 操作(也是线性的)实际上就是所说的比特置乱[①]。$\rho$ 和 $\pi$ 操作不会改变任何比特,只是进行重新排列。$\rho$ 操作对 25 个通道中的每一个都进行不同的比特数旋转。之所以选择希腊字母 $\rho$,大概是因为其发音类似单词 rotate 的第一个音节。$\pi$ 操作取每个 $5 \times 5$ 切片中的每一个 25 比特,并将其移动到切片中新指定的位置。然而,尽管通道中的 64 比特保持在一起(尽管进行了旋转),但 $\rho$ 和 $\pi$ 在所有 3 个维度上完全进行了比特混合。

$\chi$ 是唯一的非线性操作,独立作用于 320 个 5 比特行中的每一行,因此这是一个 5 比特输入和输出的 S-盒。根据公式 $b_1 = b_1 \oplus (\sim b_2 \wedge b_3)$,行中的每一比特都会受到后两个比特的影响。在处理行末尾的比特时,该行被认为是环绕的。由于 S-盒对 1600 个比特状态的 64 个 $5 \times 5$ 表单执行相同的操作,因此,通过对状态的 25 个通道进行按位与和异或操作是有效的。这种实现策略被称为 S-盒层的比特切片。这与 AES 中 S-盒的设计策略形成对比。AES 中 S-盒最初是计划通过查表实现的,但很快发现 CPU 的缓存问题,导致查表时间消耗是可变的,这使得侧信道攻击者可以通过仔细观察加密器和解密器的操作时间消耗来获取秘密信息。

$\iota$ 函数使用 7 比特的每轮常量,通过按位异或使这些比特进入 1600 比特结构的特定 7 比特中。24 轮 $f$ 置换操作的唯一差异是每轮执行的常量值。$\iota$ 函数是线性的。

对于 5 个函数的精确比特转换,请读者参考文献 [NIST15c]。这些函数的特点如下。

---

① 因为每个输出比特由单个输入比特决定。

（1）使用 θ，每比特可以影响附近的 10 比特。

（2）对于 π 和 ρ，比特只会重新排列，不会影响其他比特。

（3）对于 χ，每比特只会影响附近的 2 比特，并且概率仅为 1/2。

（4）ι 在每轮中最多涉及整个结构中的 7 比特，通常每轮只有约 1/2 比特被翻转。所翻转的比特仅取决于轮数。

如果所有输入比特都是 0，则 ι 是唯一可以生成任何 1 的函数，并可以在任意给定轮次中，最多生成 7 个 1。令人惊讶的是，仅 24 轮即可混合得如此彻底，但如果每一比特都能影响到每轮中的其他 32 比特，那么混合程度就会累加。事实上，9 轮就足以避免所有已知的攻击，其成本不到 $2^{512}$ 次操作。

## 5.10 作业题

1. 绘制包含 8 个数据块（$b_1, b_2, \cdots, b_8$）文件相关的 Merkle 树。为验证 $b_3$ 是否未被修改，需要知道哪些项？如果需要修改 $b_3$，那么 Merkle 树中的哪些项需要修改？

2. 假设 Alice 和 Bob 想玩"石头、布、剪子、斯波克、蜥蜴"（Rock Paper Scissors Lizard Spock）[①]游戏，游戏规则如图 5-12 所示。

- 剪子剪布
- 布包石头
- 石头砸蜥蜴
- 斯波克踩碎剪子
- 剪子斩首蜥蜴
- 蜥蜴吃布
- 布（也指"论文"）证明斯波克不存在
- 斯波克融合石头
- 石头砸坏剪子

图 5-12 石头、布、剪子、斯波克、蜥蜴

若 Alice 和 Bob 用对讲机交谈，并轮流讲话，如果 Alice 告诉 Bob 她的选择，那么 Bob 便可以简单地做出比 Alice 更好的选择。什么协议可以防止双方作弊？

3. 为什么 SHA-1 和 SHA-2 已经是 512 比特的倍数，但还需要对消息进行填充？

4. 开放式项目：实现一个或多个哈希算法，并测试输出的"随机"程度。例如，测试输出中比特 1 的百分比，或测试输入的微小变化会导致多少输出比特的变化。此外，设计各种简化的哈希函数（例如减少轮次），并看看相应变化。

5. 在每个哈希函数中，所需的最小和最大的填充量是多少？

6. 5.7.1 节中指出，在没有长度字段的情况下，如果攻击者可以选择 IV，那么 $M|X$ 形式的任何消息都具有与 $M|M|X$ 或 $M|M|M|X$ 一样的哈希。假设哈希遵循 Davies-Meyer 结构，如图 5-5 所示，而且攻击者可以选择 IV。请解释为什么攻击者利用找到的 IV 和块 $M$，通过重复 $M$ 就会导致碰撞？例如，IV 需要是什么样的？加密函数的输出是什么？第二

① "石头、布、剪子、斯波克、蜥蜴"游戏是由萨姆·卡斯和凯伦·布莱拉发明的。美剧《生活大爆炸》（*Big Bang Theory*）将其称为该名字后，大多数人都使用这个名字。该游戏在石头、剪子、布的基础上增加了两种手势，分别对应动物蜥蜴和星际迷航的主要人物斯波克。

98

个加密函数的输入是什么?

7. 假设一个安全的 128 比特哈希函数和一个 128 比特值 $d$。若需要找到一个哈希值等于 $d$ 的消息。考虑到相比于 1000 比特的消息,有许多超过 2000 比特的消息可以映射到特定的 128 比特哈希,理论上,为找到哈希值为 $d$ 的消息,在测试 1000 比特消息时,是否可以用比 2000 比特消息更少的测试?

8. 对于统计爱好者,计算随机选择的 256 比特数中,比特 1 的平均数、标准差。

9. 在练习中,将"随机"定义为"所有元素都具有相同的选择可能性"。因此,如果每 100 比特的选择可能性相同,则选择一个 100 比特数的函数是**随机**的。基于此定义,对于函数 $x+y$,如果 $x$ 和 $y$ 中至少有一个是随机的,那么输出也是随机的。例如,$y$ 可以始终是 51,如果 $x$ 是随机的,则输出是随机的。对于以下函数,请找到 $x$、$y$ 和 $z$ 的充分条件,使得输出是随机的:

(1) $\sim x$。

(2) $x \oplus y$。

(3) $x \vee y$。

(4) $x \wedge y$。

(5) 选择函数: $\mathrm{Ch}(x,y,z)=(x \wedge y) \vee (\sim x \wedge z)$。

(6) 众数函数: $\mathrm{Maj}(x,y,z)=(x \wedge y) \vee (y \wedge z) \wedge (z \wedge x)$。

(7) 奇偶校验函数: $\mathrm{Parity}(x,y,z)=x \oplus y \oplus z$。

(8) $y \oplus (x \vee \sim z)$。

10. 证明函数 $(x \wedge y) \oplus (x \wedge z) \oplus (y \wedge z)$ 与函数 $(x \wedge y) \vee (x \wedge z) \vee (y \wedge z)$ 是等价的[①]。

11. 5.4.10 节描述了附加攻击,并将算法 MD4、MD5、SHA-1、SHA2-256 和 SHA2-512 列为易受此攻击的算法。为什么 SHA2-224 和 SHA2-384 不易受到这种攻击?

12. 请说明如何以 SHA-3 的修改形式计算哈希的原像,其中没有 $c$ 比特。换句话说,假设 $r=1600$,$c=0$,但算法的其他方面相同。

13. 请说明 SHA-3 找原像的工作因子与 $c$ 大小的依赖关系。

14. 假设 Alice 和 Bob 共享密钥 $K_{AB}$,并且 Alice 用 SHA-3$(M|K_{AB})$ 作为发送给 Bob 消息 $M$ 的 MAC。这是否容易受到 5.4.10 节中讨论的附加攻击?

15. 5.8.1 节中提到了 3 种按位运算:按位异或、按位取众数和按位选择。假设这 3 个函数的输入均为 1 比特,写出这 3 个函数的真值表。如果输入的 $a$、$b$ 和 $c$ 是 32 比特,那么下列情况下的输出是什么?

(1) $a$、$b$、$c$ 均为比特 0。

(2) $a$、$b$、$c$ 均为比特 1。

(3) $a$、$b$ 和 $c$ 是随机数(意味着每一个数大约有一半的比特是 0)。

这些函数中,在输出特定比特情况下,0 与 1 的概率分别是多少?

---

① 很抱歉——这与密码学不太相关,但我们在不同的文档中发现了两个不同版本的众数函数,因此,作者们综合考虑了一下,意识到它们其实是一样的。我们认为读者应该会对此产生同样的乐趣。

# 第6章　第一代公钥算法

## 6.1　引言

本章介绍了一些最常见的公钥算法（截至 2022 年），在未来几年内，它们仍会是最常用的公钥算法。正如将在第 7 章讲解的，如果能制造一台足够大的量子计算机，那么本章的公钥算法将不再安全，全世界也将很快改用其他的公钥算法（参见第 8 章）。但本章仍会聚焦当前的公钥算法，因为这些算法部署广泛，令人着迷。

公钥算法是一个混杂的算法集合。相比之下，所有的哈希算法都在做同样的事情——接收消息，然后执行不可逆的变换。所有的私钥算法也都在做同样的事情——以分组为输入，然后进行可逆的加密，并且基于操作模式将分组密码转换为消息密码。但相比之下，公钥算法不仅执行函数的方式不同，而且所执行的函数也不同。此外，后量子算法也是公钥算法，第 7 章讨论量子计算机后会对其进行介绍。本章将讲解以下要点：

(1) 用于加密和数字签名的 RSA；

(2) 用于数字签名的 ElGamal、DSA 和 ECDSA（椭圆曲线 DSA）；

(3) 用于建立共享密钥和加密的 Diffie-Hellman 和 ECDH（椭圆曲线 Diffie-Hollman）。

所有公钥算法都有一个共同点——主要概念涉及一对相关的量，即一个私有量和一个公有量。

正如 2.7 节所讨论的，密码算法需要一种可以精确表示数，并可以保证数据表示所需比特上限的数学方法。多数密码算法都使用模运算。2.7.1 节中介绍了模运算，下面将更详细地介绍模运算。

## 6.2　模运算

有一个叫 Ben 的年轻人

只能计数到十。

他说："当走过最后的小脚趾时，

我必须重新开始计数。"

——佚名

模运算利用小于正整数 $n$ 的非负整数进行加法和乘法等算术运算，然后用除以 $n$ 得到的余数作为结果，得到的结果为模 $n$（modulo $n$ 或 mod $n$）。"$x \bmod n$"表示 $x$ 除以 $n$ 的余数。当上下文清晰时，可简记作"mod $n$"。

### 6.2.1　模加法

以 mod 10 加法为例。与常规算术一样，$3+5=8$，mod 10 的结果为 0～9。在常规算术

中，7＋6＝13，但 mod 10 的结果是 3。基本上，mod 10 运算就是取结果的最后一位十进制
数值。例如：

$$5 + 5 = 0 \qquad 3 + 9 = 2 \qquad 2 + 2 = 4 \qquad 9 + 9 = 8$$

图 6-1 所示为 mod 10 加法表。

| + | 0 | 1 | 2 | 3 | 4 | 5 | 6 | 7 | 8 | 9 |
|---|---|---|---|---|---|---|---|---|---|---|
| 0 | 0 | 1 | 2 | 3 | 4 | 5 | 6 | 7 | 8 | 9 |
| 1 | 1 | 2 | 3 | 4 | 5 | 6 | 7 | 8 | 9 | 0 |
| 2 | 2 | 3 | 4 | 5 | 6 | 7 | 8 | 9 | 0 | 1 |
| 3 | 3 | 4 | 5 | 6 | 7 | 8 | 9 | 0 | 1 | 2 |
| 4 | 4 | 5 | 6 | 7 | 8 | 9 | 0 | 1 | 2 | 3 |
| 5 | 5 | 6 | 7 | 8 | 9 | 0 | 1 | 2 | 3 | 4 |
| 6 | 6 | 7 | 8 | 9 | 0 | 1 | 2 | 3 | 4 | 5 |
| 7 | 7 | 8 | 9 | 0 | 1 | 2 | 3 | 4 | 5 | 6 |
| 8 | 8 | 9 | 0 | 1 | 2 | 3 | 4 | 5 | 6 | 7 |
| 9 | 9 | 0 | 1 | 2 | 3 | 4 | 5 | 6 | 7 | 8 |

**图 6-1　mod 10 加法表**

常量 mod 10 的加法可用作数字加密的方案，因为该方案可将每个十进制数字以可逆
的方式映射为不同的十进制数字；这个常数就是私钥。当然，这种密码方案性能并不好，但
这的确是一种密码[①]。密码方案的解密过程通过减去私钥模 10 的结果来完成，该操作很简
单——只需要普通的减法，而且，若结果小于 0，加 10 即可。

与常规算术一样，减 $x$ 可以通过加 $-x$ 实现，也称为 $x$ 的加法逆。$x$ 的加法逆是在模
10 运算中加 $x$ 得 0 的数。例如，4 的加法逆是 6，因为，在模 10 运算中，4＋6＝0。当私钥为
4 时，若要加密，则加 4(mod 10)，若要解密，则加 6(mod 10)。

## 6.2.2　模乘法

下面看一下如图 6-2 所示的 mod 10 乘法表。

| × | 0 | 1 | 2 | 3 | 4 | 5 | 6 | 7 | 8 | 9 |
|---|---|---|---|---|---|---|---|---|---|---|
| 0 | 0 | 0 | 0 | 0 | 0 | 0 | 0 | 0 | 0 | 0 |
| 1 | 0 | 1 | 2 | 3 | 4 | 5 | 6 | 7 | 8 | 9 |
| 2 | 0 | 2 | 4 | 6 | 8 | 0 | 2 | 4 | 6 | 8 |
| 3 | 0 | 3 | 6 | 9 | 2 | 5 | 8 | 1 | 4 | 7 |
| 4 | 0 | 4 | 8 | 2 | 6 | 0 | 4 | 8 | 2 | 6 |
| 5 | 0 | 5 | 0 | 5 | 0 | 5 | 0 | 5 | 0 | 5 |
| 6 | 0 | 6 | 2 | 8 | 4 | 0 | 6 | 2 | 8 | 4 |
| 7 | 0 | 7 | 4 | 1 | 8 | 5 | 2 | 9 | 6 | 3 |
| 8 | 0 | 8 | 6 | 4 | 2 | 0 | 8 | 6 | 4 | 2 |
| 9 | 0 | 9 | 8 | 7 | 6 | 5 | 4 | 3 | 2 | 1 |

**图 6-2　mod 10 乘法表**

由图 6-2 可见，乘以 1、3、7 或 9 可作为一种密码[②]，因为这些可以实现数字的一对一替
换。但与其他任何数字相乘都不能作为密码。例如，若通过乘以 5 进行加密，则一半的数会

---

[①] 译者注：实际上，这就是凯撒密码。
[②] 同样，这也是不安全的密码方案。

被加密为 0，而另一半会被加密为 5，因此，乘以 5 的加密会丢失信息。例如，这里无法解密密文 5，因为明文可以是 {1,3,5,7,9} 中的任何一个。所以，当精心地选择了乘数后，mod 10 乘法可用于加密。但如何解密呢？与通过加上加法逆来抵消加法类似，也可以通过乘以乘法逆来抵消乘法。在普通（实数或有理数）算术中，$x$ 的乘法逆是 $1/x$。若 $x$ 是整数，那么其乘法逆是分数。然而，模运算中只存在整数，因此，$x$ 的乘法逆（记作 $x^{-1}$）是乘以 $x$ 能得到 1 的那个数。只有 {1,3,7,9} 具有 mod 10 的乘法逆。例如，7 是 3 的乘法逆。因此，加密可以通过乘以 3 实现，解密可以通过乘以 7 实现。9 是自身的逆，1 是自身的逆。尽管 mod $n$ 乘法不是安全的密码，但可以通过乘以 $x$ 进行数字扰乱，并通过乘以 $x^{-1}$ 得到原始数字（假设"密钥"是乘法逆 mod $n$ 的数）。

在 mod $n$ 运算中找乘法逆的方法并不直观，尤其当 $n$ 非常大时。例如，如果 $n$ 是一个 100 位的数字，那么蛮力搜索也无法找到逆。但事实证明，有一种算法（见 2.7.5 节）可以有效地找到 mod $n$ 的乘法逆。即给定 $x$ 和 $n$，求满足 $x \times y$ mod $n=1$ 的数 $y$（如果存在）。

数字 {1,3,7,9} 有什么特别之处？为什么只有它们 mod 10 有乘法逆？答案是这些数字都与 10 互素。互素意味着除 1 以外没有任何公因数。例如，同时能被 9 和 10 整除的最大整数是 1。同时能被 7 和 10 整除的最大整数也是 1。相反，6 不属于 {1,3,7,9}，并且 mod 10 也没有乘法逆，而且与 10 不互素，因为 2 也可以被 10 和 6 整除。一般来说，当 mod $n$ 时，所有与 $n$ 互素的数都有乘法逆，而其他数都没有乘法逆。与 $n$ 互素任意数 $x$ 的 mod $n$ 乘法都可作为密码，因为可以通过乘以 $x$ 进行加密，然后乘以 $x^{-1}$ 进行解密。再一次强调，我们并没有说这是一个安全的好密码。这里所说的密码只是可以通过一个算法（乘以 $x$ mod $n$）修改信息，然后可以反向该过程（乘以 $x^{-1}$ mod $n$）而已。

有多少小于 $n$，且与 $n$ 互素的数？为什么需要注意这个问题？事实证明这个问题非常有用，小于 $n$ 且与 $n$ 互素的数的个数可表示为 $\Phi(n)$，并称为欧拉函数，据推测，这种表示来自于总数（total）和商（quotient）。那么，$\Phi(n)$ 有多大？如果 $n$ 是素数，则所有整数 {1,2,…, $n-1$} 与 $n$ 互素，因此，$\Phi(n)=n-1$。如果 $n$ 是两个不同素数的乘积，例如 $p$ 和 $q$，则有 $(p-1)(q-1)$ 个数与 $n$ 互素，因此，$\Phi(n)=(p-1)(q-1)$。为什么会是这样？在 {0,1,…, $n-1$} 中，共有 $n=pq$ 个数，现要除去与 $n$ 不互素的数，这些数不是 $p$ 的倍数，就是 $q$ 的倍数。在小于 $pq$ 的数中，$q$ 的倍数有 $p$ 个，$p$ 的倍数有 $q$ 个。所以，有 $p+q-1$ 个小于 $pq$，且不与 $pq$ 互素的数。注意，0 不能计算两次。因此，$\Phi(n)=pq-(p+q-1)=(p-1)(q-1)$。

### 6.2.3 模幂运算

模幂运算与普通幂运算一样，用幂运算结果除以 $n$，取余数即可。例如，$4^6=6$ mod 10，因为，在普通算术中，$4^6=4096$，而且，$4096=6$ mod 10。在 mod 10 的幂运算表中增加了额外的几列，因为在幂运算中，$x^y$ mod $n$ 与 $x^{y+n}$ mod $n$ 不同。例如，$3^1=3$ mod 10，但 $3^{11}=7$ mod 10（在普通算术中 $3^{11}$ 为 177 147）。

下面看一下 mod 10 的幂运算表，如图 6-3 所示。

注意，指数为 3 的模幂运算可以进行数字加密，因为该运算可以重新排列所有数字。指数为 2 的模幂运算不可以进行加密，因为，$2^2$ 和 $8^2$ 均为 4 mod 10。

如果用模幂运算进行加密，如何解密？是否存在像乘法逆一样的指数逆？就像乘法一

| $x^y$ | 0 | 1 | 2 | 3 | 4 | 5 | 6 | 7 | 8 | 9 | 10 | 11 | 12 |
|---|---|---|---|---|---|---|---|---|---|---|---|---|---|
| 0 | | 0 | 0 | 0 | 0 | 0 | 0 | 0 | 0 | 0 | 0 | 0 | 0 |
| 1 | 1 | 1 | 1 | 1 | 1 | 1 | 1 | 1 | 1 | 1 | 1 | 1 | 1 |
| 2 | 1 | 2 | 4 | 8 | 6 | 2 | 4 | 8 | 6 | 2 | 4 | 8 | 6 |
| 3 | 1 | 3 | 9 | 7 | 1 | 3 | 9 | 7 | 1 | 3 | 9 | 7 | 1 |
| 4 | 1 | 4 | 6 | 4 | 6 | 4 | 6 | 4 | 6 | 4 | 6 | 4 | 6 |
| 5 | 1 | 5 | 5 | 5 | 5 | 5 | 5 | 5 | 5 | 5 | 5 | 5 | 5 |
| 6 | 1 | 6 | 6 | 6 | 6 | 6 | 6 | 6 | 6 | 6 | 6 | 6 | 6 |
| 7 | 1 | 7 | 9 | 3 | 1 | 7 | 9 | 3 | 1 | 7 | 9 | 3 | 1 |
| 8 | 1 | 8 | 4 | 2 | 6 | 8 | 4 | 2 | 6 | 8 | 4 | 2 | 6 |
| 9 | 1 | 9 | 1 | 9 | 1 | 9 | 1 | 9 | 1 | 9 | 1 | 9 | 1 |

图 6-3　mod 10 的幂运算表

样,答案是"有时可以。"[1]

### 6.2.4　费马定理和欧拉定理

费马定理指出,如果 $p$ 是素数,且 $0 < a < p$,则 $a^{p-1} = 1 \bmod p$。欧拉将费马定理推广到非素数的模运算。欧拉定理指出,与 $n$ 互素的任何数 $a$ 都满足 $a^{\Phi(n)} = 1 \bmod n$。

这意味着,如果能找到两个数 $e$ 和 $d$ 是 mod $\Phi(n)$ 的乘法逆,则 $e$ 和 $d$ 也是 mod $n$ 的指数逆,即,若用 $x^e \bmod n$,然后再用结果的 $d$ 次幂 mod $n$,最终可以得到 $x \bmod n$。

欧几里得算法(见 2.7.5 节)可以计算 mod $n$ 的乘法逆,但没有可以直接找到 mod $n$ 指数逆的有效算法。然而,若知道如何分解 $n$,就可以计算 $\Phi(n)$,然后便可以找到 mod $\Phi(n)$ 的乘法逆。因此,若知道如何分解 $n$,就能够计算出 mod $n$ 的指数逆,但若不知道如何分解 $n$,就无法计算 $\Phi(n)$,也就无法有效地找到 mod $n$ 的指数逆。

有了上述背景知识,下面来学习 RSA 算法。

## 6.3　RSA

RSA 以其发明者 Rivest、Shamir 和 Adleman 的首字母命名,是可用于加密、解密、签名生成和签名验证的公钥加密算法。RSA 密钥长度可变。任何使用 RSA 的人都可以选择长密钥来增强安全性,或选择短密钥来提高效率。最常用的 RSA 密钥长度是 2048 比特。

RSA 中的块大小(要加密的数据块)也是可变的。明文块必须小于密钥长度,且密文块与密钥长度相同。由于 RSA 的计算速度比 AES 等主流私钥算法慢得多,因此,RSA 不能用于长消息加密。相反,RSA 可用于加密私钥,然后用私钥加密算法来实际加密消息。同样地,RSA 不能用于大消息的签名,只对消息的哈希进行签名。

### 6.3.1　RSA 算法

在 RSA 算法中,首先要生成公钥和相应的私钥。具体为:选择两个大素数 $p$ 和 $q$(假设每个大素数大约 1024 比特)。然后,将 $p$ 和 $q$ 的乘积作为结果 $n$。其中,$p$ 和 $q$ 保密,模

---

[1]　注意,作者们发明了"指数逆"一词,因为这很有用,其含义也很明显,而且,也真的没有别的词了。不过,如果使用这个术语,数学家们可能会皱眉。

数 $n$ 是公钥的一部分，所以，$n$ 公开。然而，不能告诉任何人 $p$ 和 $q$，而且，实际上也无法分解像 2048 比特的 $n$ 这样大的数。

现在已选择了模数 $n$。为生成公钥的其余部分，需要选择与 $\Phi(n)$ 互素的数 $e$。因为，已知 $p$ 和 $q$，可以很容易地计算 $\Phi(n)=(p-1)(q-1)$。这样，可以得到公钥对 $\langle e,n\rangle$。

为生成私钥，先用扩展欧几里得算法找到 $e$ mod $\Phi(n)$ 的乘法逆 $d$。这样，可以得到私钥对 $\langle d,n\rangle$。除非攻击者可以分解 $n$，否则即使得到公钥 $\langle e,n\rangle$，也无法计算私钥。

注意，存在这样一种优化方法。当 Alice 计算两个指数 $e$ 和 $d$ 时，可以计算 $e$ 的乘法逆，$d$，mod $\lambda(n)$，而不是 $\Phi(n)$。其中，$\lambda(n)$ 是满足 $a^x$ mod $n=1$ 的最小整数 $x$[①]。当 RSA 中 $n$ 为两个奇素数 $p$ 和 $q$ 的乘积时，$\lambda(n)$ 最多为 $(p-1)(q-1)/2$，若 $p-1$ 和 $q-1$ 还有其他公因子，则 $\lambda(n)$ 还会更小一些。用 $\Phi(n)$ 和 $\lambda(n)$ 计算的 $d$ 可能会存在差异，但任何一个 $d$ 都是 Alice 所选指数 $e$ 的 mod $n$ 指数逆。这意味着，对于给定的 $e$，至少有两个 mod $n$ 的指数逆。

为加密 $m$，需要使用公钥来计算密文 $c=m^e$ mod $n$。[②] 只有使用私钥，才能计算 $m=c^d$ mod $n$，进而解密 $c$。而且，只有使用私钥，才能计算 $s=m^d$ mod $n$，并生成 $m$ 的签名 $s$。任何人都可以通过计算 $m=s^e$ mod $n$ 来验证签名。[③] 以上就是 RSA 算法的全部内容。下面需要回答以下问题。

(1) 为什么 RSA 有效？对加密消息进行解密会得到原始消息吗？

(2) 为什么 RSA 安全？给定 $e$ 和 $n$，为什么不能轻松地计算出 $d$？

(3) 加密、解密、签名和验证签名的操作是否足够高效且实用？

(4) 如何找到大素数？

### 6.3.2 为什么 RSA 有效

RSA 基于 mod $n$ 的算术运算实现，其中 $n=pq$。而且，$\Phi(n)=(p-1)(q-1)$，$d$ 和 $e$ 满足 $de=1$ mod $\Phi(n)$。因此，根据欧拉定理，对于任意 $x$，满足 $x^{de}=x$ mod $n$。RSA 的加密过程包括选取 $x$，然后计算 $x^e$。若利用该结果，以 $d$ 为指数（执行 RSA 解密过程），则可以得到 $(x^e)^d=x^{ed}$，且与 $x$ 相同。因此，解密与加密过程互逆。

在生成签名场景下，首先计算 $x$ 的 $d$ 次幂以获得签名；其次用签名的 $e$ 次幂进行签名验证；最后，$x^{de}$ mod $n$ 等于 $x$。

### 6.3.3 为什么 RSA 安全

我们不确定 RSA 是否安全，只能依靠密码学的基本原则进行解释——许多聪明人一直在尝试如何破解 RSA，但都没有成功（见 2.1.1 节）。

RSA 安全性的真正前提是"大整数难以分解"这一假设。目前，最著名的大整数分解方法非常慢，用已知最快的技术（广义数域筛法）分解 2048 比特的大整数需要花费超过 $10^{20}$

---

① $a$ 为整数，且 $1<a<n$。

② 被加密的量 $m$ 通常不是一个完整的消息，而是单个数据块，并包含加密长消息的 AES 密钥。

③ 而且，只对消息的哈希进行签名，而不是对长消息进行签名。

MIPS-年[1]的时间。我们怀疑,更好的大整数分解技术是先等待几百年,然后再使用已知最快的技术进行分解。

若可以快速地分解大整数,那么就能破解 RSA。假设已知 Alice 的公钥$\langle e, n \rangle$。若能够找到 $e$ 的 mod $n$ 指数逆,那么就可以得到 Alice 的私钥$\langle d, n \rangle$。如何能够找到 $e$ 的指数逆呢? 因为,Alice 知道 $n$ 的因子,从而可以计算 $\Phi(n)$,进而可以找到 $e$ 的 mod $\Phi(n)$ 乘法逆。而且,Alice 不需要分解 $n$——因为 Alice 相乘素数 $p$ 和 $q$ 即可得到 $n$。如果能通过分解 $n$ 得到 $p$ 和 $q$,便可以像 Alice 一样进行解密。

我们并不知道分解 $n$ 是否为破解 RSA 的唯一方法。而且,破解 RSA[2] 并不一定会比大整数分解困难[CORM91],但也可能存在其他破解 RSA 的方法。

注意,RSA 也可能会被误用。例如,假设在 Bob 举行的拍卖会中,出价必须是整数美元,拍卖的物品价值约为 1000 美元。Alice 的出价为 742 美元。Trudy 想知道 Alice 的出价是多少,这样 Trudy 就可以通过稍微多一点的出价来完成竞拍。假设 Alice 使用 Bob 的公钥加密出价,那么,Trudy 通过窃听 Alice 的加密信息能得到什么?

尽管 Trudy 无法解密用 Bob 公钥加密过后的内容,但他也可以用 Bob 的公钥进行加密。Trudy 可以尝试 Alice 的所有可能出价,然后,用 Bob 的公钥加密每个出价,并找到与 Alice 发送密文匹配的出价。

为防止 Trudy 猜测和验证明文,Alice 应该把出价与一个大随机数相连,如 128 比特长。这样,Trudy 不是检查 1000 条可能的消息,而是需要检查 $1000 \times 2^{128}$ 条消息,在计算上检查这么多消息是不可行的。

## 6.3.4 RSA 操作的效率

RSA 的常规操作包括加密、解密、生成签名和验证签名。这些操作因为使用频率高,所以效率要求也高。而且,寻找 RSA 密钥[3]也应高效,但由于使用频率较低,所以性能不像其他操作那样重要。事实证明,寻找 RSA 密钥比使用 RSA 密钥需要更为大量的计算。

### 1. 大数指数化

加密、解密、生成签名和验证签名都需要一个较大的数 $m$,然后计算 $m^x$,并计算模大数 $n$ 的余数。RSA 中数的大小必须确保安全,若使用最直接的方法(将 $m$ 自乘 $x$ 次,然后进行模归约),则这些操作所需的计算成本消耗也不能过高。下面将介绍一些加速计算的技巧。

假设要计算 $123^{54}$ mod 678。方法很简单,假设计算机具有多精度算术包,首先将 123 自乘 54 次,得到一个非常大的乘积(大约 100 位数),然后除以 678 得到余数。计算机可以很容易地做到这一点,但为确保 RSA 的安全,这个数必须达到 600 位的量级。用上述方法计算一个 600 位数的 600 位幂,将花费超过宇宙预期寿命的时间,并耗尽所有现有计算机的最大能力,因此不符合成本效益。

---

[1] 译者注: 计算机的计算能力以 MIPS-年来衡量,即每秒 100 万条指令的计算机运行一年,大约生成 $3 \times 10^{13}$ 条指令。据约定,一台 1-MIPS 的计算机等同于一台 DEC VAX 11/780,因此,一 MIPS-年相当于一台 DEC VAX 11/780 运行一年。

[2] 例如,在给定 $e$ 和 $n$ 的情况下找到 $d$ 的有效方法。

[3] 意味着选择适当的 $n$、$d$ 和 $e$。

幸运的是，下面的方法可以做得更好。如果在每次乘法后都做模归约，则可以防止数值变得非常荒谬。例如：

$$123^2 = 123 \times 123 = 15129 = 213 \bmod 678$$
$$123^3 = 123 \times 213 = 26199 = 435 \bmod 678$$
$$123^4 = 123 \times 435 = 53505 = 621 \bmod 678$$

这可以把问题化简为 54 个小乘法和 54 个小除法，但对于 RSA 使用的指数大小来说，仍是不可接受的。

然而，存在一种更有效的方法。为求 $m$ 的偶数次幂，例如 32 次幂，若时间充裕，可以从 $m$ 开始，将 $m$ 自乘 31 次。更好的方案是先求 $m$ 的平方，然后将结果平方，以此类推。最后，在 5 次平方（5 次乘法和 5 次除法）后完成计算：

$$123^2 = 123 \times 123 = 15129 = 213 \bmod 678$$
$$123^4 = 213 \times 213 = 45369 = 621 \bmod 678$$
$$123^8 = 621 \times 621 = 385641 = 537 \bmod 678$$
$$123^{16} = 537 \times 537 = 288369 = 219 \bmod 678$$
$$123^{32} = 219 \times 219 = 47961 = 501 \bmod 678$$

若不够幸运，无法计算某个值的偶次幂，该怎么办？首先要注意，若已知 $123^x$，那么可以很容易地计算出 $123^{2x}$——可以通过对 $123^x$ 求平方得到。计算 $123^{2x+1}$ 也很容易——可以将 $123^{2x}$ 乘以 123 实现。下面，用这种规律来计算 $123^{54}$。

用二进制表示，54 可表示为 $110110_2$。下面计算 123 的一系列幂——$1_2$、$11_2$、$110_2$、$1101_2$、$11011_2$、$110110_2$。每个连续幂的指数部分都比前一个多 1 比特。这样，每个连续的幂要么是前一个幂的 2 倍，要么比前一个幂的 2 倍多 1：

$$123^2 = 123 \times 123 = 15129 = 213 \bmod 678$$
$$123^3 = 123^2 \times 123 = 213 \times 123 = 26199 = 435 \bmod 678$$
$$123^6 = (123^3)^2 = 435^2 = 189225 = 63 \bmod 678$$
$$123^{12} = (123^6)^2 = 63^2 = 3969 = 579 \bmod 678$$
$$123^{13} = 123^2 \times 123 = 579 \times 123 = 71217 = 27 \bmod 678$$
$$123^{26} = (123^{13})^2 = 27^2 = 729 = 51 \bmod 678$$
$$123^{27} = 123^{26} \times 123 = 51 \times 123 = 6273 = 171 \bmod 678$$
$$123^{54} = (123^{27})^2 = 171^2 = 29241 = 87 \bmod 678$$

上述算法的核心思想是，平方操作与指数加倍的效果是一样的，相应地，也与指数左移一位的效果一样。而且，乘以底数与指数加 1 的效果一样。

通常，为计算底数的指数幂，首先将指数设置为 1。然后，当从高位向低位逐位读取指数的二进制比特时，如果该比特位是 1，则乘以底数。这样，在使中间结果变小的每次操作后，即可完成模规约。

通过这种方法，可以将 $123^{54}$ 的计算减少到 8 次乘法和 8 次除法。更重要的是，乘法和除法的计算量随着指数长度（以比特为单位）线性增加，而不是指数增加。

使用此技术的 RSA 操作非常有效，因此非常实用。

注意，正如 2.7.3 节所解释的，这种实现方式面临着侧信道攻击，因为，该实现中指数的每个比特所表现的行为都不同，并与该比特位是 0 或 1 相关。如 2.7.3 节所述，在算法实现中,若每个比特的行为相同,则可以避免侧信道信息。

**2. 生成 RSA 密钥**

多数公钥密码案例都不需要频繁地生成 RSA 密钥。如果需要生成 RSA 密钥,例如,当雇佣新员工时,则生成密钥无须与使用密钥的操作一样高效。然而,密钥生成仍需要具有合理的效率。

**寻找大素数 p 和 q**

素数有无限多个。然而,随着数字变大,素数会逐渐减少。在 $n$ 以内的整数中随机选择一个数为素数的概率约为 $1/\ln n$。自然对数函数 $\ln$ 随十进制或二进制数的位数增加而线性增加。例如,对于一个 10 位的十进制数,素数的概率大约为 $1/23$;对于一个 300 位的数(这样大的素数对 RSA 有用),素数的概率大约为 $1/690$。

下面,选择一个随机的奇数,并测试它是否为素数。平均而言,只需要尝试 690 次,就可以找到一个素数。那么,如何检验数 $n$ 是否是素数?

一种简单的方法是将 $n$ 除以所有小于或等于 $\sqrt{n}$ 的数,并查看是否有一个非零的余数。问题是,要验证一个候选数[1]是否为素数,可能需要花费几个宇宙量级的时间。正如前文所述,找到 $p$ 和 $q$ 不像生成或验证签名那样容易,但时间也不能太长。

长期以来,并没有足够快的方法能够绝对确定这样大小的数是否为素数。现在,数学家们已经发明了一种这样的算法[AGRA04],但几乎没有人使用。因为,还有一种可以更快地确定一个数是否为素数的测试方法,而且,测试的时间越长,就越能确信这个数是素数。

回忆费马定理:如果 $p$ 是素数,且 $0 < a < p$,则 $a^{p-1} = 1 \bmod p$。当 $n$ 不是素数时,$a^{n-1} = 1 \bmod n$ 是否成立?答案通常为不。数 $n$ 的素性测试是选择一个数 $a < n$,计算 $a^{n-1} \bmod n$,并查看结果是否为 1。如果不为 1,则 $n$ 肯定不是素数;如果为 1,则 $n$ 可以是素数,也可以不是素数。如果 $n$ 是一个大约 300 位的随机数,那么,$n$ 不是素数,但满足 $a^{n-1} \bmod n = 1$ 的概率小于 $1/10^{40}$[POM81,CORM91]。大多数人可能会认为"$n$ 不是素数,但却错误地假设 $n$ 是素数"的风险是可承受的。这种错误的代价可能是:①RSA 可能会失效——无法解密收到的消息;②攻击者可能用比预期更少的工作量计算出私钥。但对于应用程序来说,存在 $1/10^{40}$ 的故障风险并不是个大问题。

如果 $1/10^{40}$ 的风险是不可接受的,那么可以使用 $a$ 的多个值让素性测试更可靠。若对于任意给定的 $n$,$a$ 的每个值都有 $1/10^{40}$ 的概率误报素性,那么即使最偏执的人也可以确定一些测试结果。不幸的是,存在一些非素数 $n$,对于 $a$ 的所有值都满足 $a^{n-1} = 1 \bmod n$。这些数称为 Carmichael 数。Carmichael 数非常罕见,随便找到一个都可以令人兴奋难眠。尽管如此,数学家们提出了一种可以增强上述素性测试的方法,具有更高的概率,并可忽略额外的计算,因此我们可以使用这种方法。

素性检测方法源于 Miller 和 Rabin[RABI80],也称强伪素性测试。我们总是可以将 $n-1$ 表示为奇数与偶次幂的乘积($n$ 为奇数),例如,$2^b c$。然后,通过计算 $a^c \bmod n$ 来计算 $a^{n-1} \bmod n$,再将结果计算平方 $b$ 次。如果结果不是 1,那么 $n$ 不是素数,同时结束检测;如果结果是 1,则需要回顾一下最后几个中间平方值。[2] 如果 $a^c \bmod n$ 不是 1,则在平方值中取一

---

① RSA 中所使用数的大小。

② 若读者较为聪明,则在计算时就可以检查中间结果。

个不是 1 的数，并将其平方为 1。这个数是 1 的模 $n$ 平方根。事实证明，如果 $n$ 是素数，那么 1 的唯一 mod $n$ 平方根是 ±1。此外，如果 $n$ 不是素数的幂，则 1 具有多个平方根，并可以通过这个测试等概率地找到。除 ±1 以外的平方根称为 1 的非平凡平方根。所以如果能找到 $n$ 的非平凡平方根，则可以知道 $n$ 不是素数。更多解释，请参见后续第 3 点。

因此，如果 Miller-Rabin 测试发现 1 的平方根不是 ±1，那么 $n$ 不是素数。此外，如果 $n$ 不是素数（即使是 Carmichael 数），那么 $a$ 的所有可能值中至少有 3/4 无法通过 Miller-Rabin 素性测试。通过尝试 $a$ 的多个值，可以将 $n$ 被误识别为素数的概率降到非常小。在实际实现中，尝试 $a$ 值的个数是性能和偏执之间的一种平衡。

总之，寻找素数的有效方法步骤如下。

(1) 选取具有所需位数的奇数随机数 $n$。

(2) 测试 $n$ 被小素数整除的情况，如果找到因子，则返回步骤 (1)。[①]

(3) 重复以下步骤，直到 $n$ 被证明不是素数[②]，或者尽可能多次地证明 $n$ 可能是素数：

随机选取一个 $a$，并计算 $a^c$ mod $n$（其中，$c$ 是奇数，$n-1=2^b c$）。如果 $a^c = \pm 1$ mod $n$，则选择不同的 $a$，重复上述过程。否则，持续对结果 mod $n$ 进行平方，直到得到等于 ±1 mod $n$ 的值，或者直到指数为 $n-1$。如果值是 +1，那么刚才平方的值是 1 的平方根，而不是 ±1，所以这个数肯定不是素数。如果指数是 $n-1$，那么这个数肯定不是素数，因为 $a^{n-1}$ mod $n \neq 1$，否则 $n$ 已通过了这个 $a$ 的素性测试，如果愿意，可以尝试另一个 $a$。

**3. 为什么非素数具有多个平方根**

根据 2.7.6 节中描述的中国余数定理，当 $n = pq$ 时，有 4 种方法可以使得数 $y$ 成为 1 mod $n$ 的平方根。

(1) $y$ 等于 1 mod $p$ 和 1 mod $q$。在这种情况下，$y$ 等于 1 mod $n$。

(2) $y$ 等于 -1 mod $p$ 和 -1 mod $q$。在这种情况下，$y$ 等于 -1 mod $n$。

(3) $y$ 等于 1 mod $p$ 和 -1 mod $q$。在这种情况下，$y$ 等于 1 mod $n$ 的非平凡平方根。

(4) $y$ 等于 -1 mod $p$ 和 1 mod $q$。在这种情况下，$y$ 等于 1 mod $n$ 的非平凡平方根。

注意，如果找到了 1 mod $n$ 的非平凡平方根，那么，便可以分解 $n$（本章作业题 9）。

**找到 $d$ 和 $e$**

当给定 $p$ 和 $q$ 时，如何找到 $d$ 和 $e$？如前所述，对于 $e$，可以选择与 $(p-1)(q-1)$ 互素的任意数，然后只需要找到满足 $ed = 1$ mod $\Phi(n)$ 的 $d$。这可以通过扩展欧几里得算法来实现。

有以下两种策略可以确保 $e$ 和 $(p-1)(q-1)$ 互素。

(1) 选择 $p$ 和 $q$ 后，随机选择 $e$。测试 $e$ 是否与 $(p-1)(q-1)$ 互素。如果不是，则选择另一个 $e$。

(2) 不先选择 $p$ 和 $q$。相反，先选择 $e$，然后仔细选择 $p$ 和 $q$，以确保 $e$ 与 $(p-1)(q-1)$ 互素。接下来将解释为什么要这样做。

**4. 使 $e$ 为小常量**

一个令人相当惊讶的发现是，如果 $e$ 总是相同的数，则 RSA 的安全性并不会降低。而

---

① 这一步不是必需的，但显然是值得的，因为有足够高的概率可以找到非素数，而且比下一步快得多。

② 在这种情况下，返回步骤 (1)。

且,如果 $e$ 小一些,那么加密和签名验证操作也会变得更加有效。若寻找 $\langle d,e \rangle$ 对的过程为先挑选一个数,然后再推导出另一个数,则最直接的方式是将 $e$ 设为一个小常数。这样可以在私钥操作不变的情况下,使公钥操作更快。读者可能会思考,是否能够以公钥操作为代价,选择较小的 $d$ 来加快私钥操作?答案是不能,若 $d$ 是常数,则该方案不安全,因为 $d$ 是私钥。如果 $d$ 很小,则攻击者只需搜索较少的值就能找 $d$。

$e$ 的两个常用值是 3 和 65 537。

为什么是 3? 2 不行,因为,2 与 $(p-1)(q-1)$ 不互素[①]。3 可以,基于数 3,公钥操作只需要进行 2 次乘法运算。使用 3 作为公共的指数可以最大化计算性能。

众所周知,即使在一些实际的使用约束下,用 3 作为公共指数也不会削弱 RSA 的安全性。最具戏剧性的是,如果待加密信息 $m$ 较小——尤其当其小于 $\sqrt[3]{n}$——然后计算 $m$ 的 3 次方,并规约 mod $n$ 便可以得到 $m^3$。看到这种加密消息的人都可以通过取立方根的方式来解密。该问题可以通过在加密前用随机数填充每个消息来避免,这样 $m^3$ 总是可以大到足以保证规约 mod $n$。

用 3 作为指数的第二个问题是,如果将相同的加密消息发送到 3 个或更多个接收者,每个人的公共指数都为 3,则可以从 3 个加密值和 3 个公钥 $\langle 3,n_1 \rangle$、$\langle 3,n_2 \rangle$、$\langle 3,n_3 \rangle$ 中推导出消息。

假设坏人得到了 $m^3$ mod $n_1$,$m^3$ mod $n_2$ 和 $m^3$ mod $n_3$,并且知道 $\langle 3,n_1 \rangle$、$\langle 3,n_2 \rangle$、$\langle 3,n_3 \rangle$。然后,基于中国剩余定理,坏人可以计算 $m^3$ mod $n_1 n_2 n_3$。由于 $m$ 小于每个 $n_i s$[②],所以,$m^3$ 小于 $n_1 n_2 n_3$,因此,$m^3$ mod $n_1 n_2 n_3$ 就是 $m^3$。最终,坏人可以通过计算 $m^3$ 的普通立方根得到 $m$(利用计算机很容易计算)。

现在,这并不是什么可怕的事。因为,在 RSA 的实际使用中,被加密的通常是私钥加密算法的密钥,而且在任何情况下,密钥都比 $n$ 小得多。因此,在对消息进行加密之前,必须对其进行填充。如果填充是随机选择的(而且出于多种原因),并且如果每个接收人都重新选择了填充,那么无论有多少接收者,用 3 作为指数都不会带来安全威胁。此外,填充并不一定是随机的,例如,接收人的 ID 也可以。

最后,只有当 3 与 $\Phi(n)$ 互素(为使其具有逆元 $d$)时,指数 3 才有效。如何选择 $p$ 和 $q$,才能使 3 与 $\Phi(n)=(p-1)(q-1)$ 互素? 显然,$(p-1)$ 和 $(q-1)$ 必须都与 3 互素。为确保 $p-1$ 与 3 互素,需要使 $p$ 为 2 mod 3,这样 $p-1$ 为 1 mod 3。同样,希望 $q$ 是 2 mod 3。为使所选择的唯一素数与 2 mod 3 一致,可以选择一个随机数,乘以 3 再加上 2,并进行素性测试。事实上,我们希望确保测试的数是奇数(因为如果是偶数,则不太可能结果是素数),因此,应该从奇数开始,乘以 3,再加 2。这相当于从任意随机数开始,乘以 6,然后再加 5。

更流行的 $e$ 值是 65 537。为什么是 65 537? 与其他近似大小的值相比,65 537 这一数字的吸引力在于 $65\ 537=2^{16}+1$,并且是素数。因为,65 537 的二进制只包含 2 个 1,所以,只需进行 17 次乘法运算就可以求解指数。虽然这比指数为 3 所需的 2 次乘法慢得多,但比随机选择的 2048-比特值(如今实际使用的 RSA 模的典型大小)的平均 3072 次乘法快很多。此外,用数 65 537 作公共的指数可以在很大程度上避免指数为 3 的问题。

---

① $(p-1)(q-1)$ 是偶数,因为 $p$ 和 $q$ 都是奇数。
② 因为 RSA 只能加密小于模数的消息。

若 $m^3 < n$，则会出现指数为 3 的第一个问题。除非 $n$ 比现在通常使用的 2048 比特长得多，否则没有太多的 $m$ 满足 $m^{65\,537} < n$，因此，正常的 65 537 次方根并不会构成威胁。

当同一消息至少发送给 3 个接收人时，会出现指数为 3 的第二个问题。理论上，对于 65 537，若同一加密消息发送给至少 65 537 个接收人，则会面临安全威胁。激进的人会认为，在这种情况下，消息不可能是非常保密的。

指数为 3 面临的第三个问题是，选择的 $n$ 必须满足 $\Phi(n)$ 与 3 互素。对于 65 537，最简单的方法就是排除任何等于 1 mod 65 537 的 $p$ 或 $q$。排除 $p$ 或 $q$ 的概率很小，约为 $2^{-16}$，因此，这不会使查找 $n$ 变得困难。

**5. 优化 RSA 的私钥操作**

存在一种可以利用 $p$ 和 $q$ 的先验知识，加速签名生成和解密（使用私钥的操作）中 RSA 指数运算的方法。请随意跳过本部分内容——这不是本书中任何其他内容的预备知识，而且还需要读者保持高度专注。

在 RSA 中，$d$ 和 $n$ 是 2048 比特的数，或约为 617 位的十进制数。$p$ 和 $q$ 是 1024 比特或约为 308 位的十进制数。RSA 的私钥操作包括用某个 $c$（通常是 2048 比特的数）计算 $c^d$ mod $n$。"计算 2048 比特数的 2048 比特次幂 mod 2048 比特数"说起来很容易，但即使对于硅基计算机来讲，这肯定也是处理器密集型的计算。为加速 RSA 运算，可以先进行所有的 mod $p$ 和 mod $q$ 计算，然后利用中国剩余定理计算结果 mod $pq$。

假设要计算 $m = c^d$ mod $n$。取而代之地，可以令 $c_p = c$ mod $p$ 和 $c_q = c$ mod $q$，计算 $m_p = c_p{}^d$ mod $p$ 和 $m_q = c_q{}^d$ mod $q$，然后利用中国剩余定理，使 $m$ 等于 mod $n$ 的值，得到 $c^d$ mod $n$。此外，考虑到 $d$ 比 $p$ 大（一个因子 $q$），不需要计算 $d$ 次幂模 $p$。由于根据欧拉定理 $a^{p-1} = 1$ mod $p$，可以取 $d$ mod $p-1$，并将其作为指数。换句话说，如果 $d = k(p-1) + r$，则 $c^d$ mod $p = c^r$ mod $p$。

因此，先计算 $d_p = d$ mod $(p-1)$ 和 $d_q = d$ mod $(q-1)$。然后，取代 RSA 的预期运算 $m = c^d$ mod $n$（涉及 2048 比特的数）。计算 $m_p = c_p{}^{d_p}$ mod $p$ 和 $m_q = c_q{}^{d_q}$ mod $q$，然后根据中国剩余定理计算 $m$。因为需大量使用 $d_p$ 和 $d_q$（每当进行 RSA 私钥计算时），以及降低工作量，所以每做一次计算，就会对结果进行存储。同样，为在最后使用中国剩余定理，需要知道 $p^{-1}$ mod $q$ 和 $q^{-1}$ mod $p$，因此，会进行预先的计算和存储。

总的来说，为取代 2048 比特的指数运算，这个改进的计算进行了 2 个 1024 比特的指数运算，随后是 2 个 1024 比特乘法和 2048 比特加法。这可能看起来不像一个净增长，但因为指数的长度变为了一半，所以使用这个变体可以使 RSA 的速度提高大约 2 倍。

**注意**：对 RSA 操作进行上述优化，但需要已知 $p$ 和 $q$。只知道公钥的人不会知道 $p$ 和 $q$（否则可以很容易地计算 $d$）。因此，这些优化仅对私钥操作（解密和生成签名）有用。然而，这并没有关系，因为 $e$ 可以取一个方便的值（如 3 或 65 537），在不需要中国剩余定理的情况下，计算 2048 比特的指数 $e$ 就足够容易了。

## 6.3.5　神秘的 RSA 威胁

任意数 $x < n$ 都是 $x^e$ mod $n$ 的签名。因此，若不关心签名的内容，则伪造签名也无关紧要。下面将解释 PKCS♯1（将在 6.3.6 节详细讲述）试图避免的漏洞。

我们的目标是通过限制签名的内容来降低随机数成为有效消息的概率[①]。例如,通常是对哈希值进行签名,这比 RSA 的模小得多,因此,在数字签名前,应有足够的空间填充哈希值。若有效签名中的填充需要包含数百比特的特定常数,那么随机数极不可能看起来像有效的填充哈希。若攻击者只知道 Alice 的公钥,则在计算 $x^e \bmod n$ 时,需要找到有效填充的值 $x$。

**注意**:RSA 处理的是大整数,不幸的是,大整数的表示方法有多种。下面选择的表示方法为从左侧到右侧排列八比特组,即从最重要的位到最不重要的位[②],这被称为大端格式。

**1. 平滑数**

平滑数被定义为相当小素数的乘积。因为没有"相当小"的真正定义,所以平滑数没有绝对的定义。若攻击者可支配的计算能力越强,能访问的签名越多,则"相当小"的素数就需要越大,这样才能防止攻击者的威胁。

下面要描述的威胁被称为平滑数威胁。因为计算量巨大、需要收集大量签名消息和相当的运气,所以平滑数威胁实际上只是理论上的兴趣点。然而,避免这种威胁的编码成本很低。平滑数威胁由 Desmedt 和 Odlyzko 发现[DESM86]。

第一个案例是,如果对消息 $m_1$ 和 $m_2$ 进行了签名,那么坏人 Carol 看到 $m_1$ 和 $m_2$ 上的签名后,便可以计算 $m_1 \times m_2$、$m_1/m_2$、$m_1^i$ 和 $m_1^j \times m_2^k$ 上的签名。例如,如果 Carol 看到 $m_1^d \bmod n$($m_1$ 的签名),则可以通过计算 $(m_1^d \bmod n)^2 \bmod n$ 来计算 $m_1^2$ 的签名(参见本章作业题 5)。

如果 Carol 收集了很多签名信息,则可以利用乘法和除法从收集的信息中计算出任何信息的签名。如果签名的信息基本上是平滑的,那么 Carol 可以利用很多其他平滑信息伪造签名。

假设 Carol 收集了两条信息签名,而且其比率是素数。然后 Carol 便可以计算出该素数的签名。如果 Carol 幸运地得到了许多这样的消息对,则可以计算许多素数的签名,然后可以在任何消息上伪造签名。当有了足够多的消息对后,Carol 便能够在任何平滑数消息上伪造签名。

事实上,Carol 不必那么幸运。当得到来自 $k$ 个不同素数不同子集的 $k$ 个消息签名时,Carol 便能够通过一组精心选择的乘法和除法,分离出基于单个素数的签名。

RSA 签名的典型方法是填充哈希。如果用零填充,结果会比用随机数 $\bmod n$ 更平滑。而且,随机数 $\bmod n$ 的结果极不可能是平滑的[③]。

在哈希填充中,需要在左边用 0 填充才可以使填充后的消息摘要保持较小,这样才能让结果具备平滑的可能性。在右边填充 0 只不过是用 2 的幂乘以消息摘要,所以并不会更好。

另一个诱人的填充方案是在右侧填充随机数据。由于是对随机数 $\bmod n$ 进行签名,因此,签名的任何消息都不太可能是平滑的,所以,Carol 没有足够的签名平滑信息来发动攻

---

① 这里指低到可以忽略不计。

② 这里的重要性主要指位权。

③ 结果为平滑的概率极低,以至于如果对随机数 $\bmod n$ 进行签名,则需要假设 Carol 必须拥有大量资源和大量运气才能找到签名的平滑数,而且,可能需要数百万的平滑数才能发动攻击。

击。然而，这种方案也面临另一种令人费解的威胁。

**2. 立方根问题**

假设用随机数在右侧进行填充，基于此方案，则签名信息是平滑的概率可以忽略不计。但如果公共的指数为 3，则 Carol 几乎可以在选择的任何信息上伪造签名！

假设 Carol 要为某消息签名，其哈希为 $h$。同时，Carol 在 $h$ 的右侧用 0 填充。然后计算立方根，并四舍五入到整数 $r$。这样，Carol 便伪造了签名，因为 $r^e = r^3 = (h$ 的右侧用看似随机的数进行填充）。

### 6.3.6　公钥密码标准

为 RSA 签名或加密的信息编码制定标准是有用的，这可以保证不同用例的互通，以及避免 RSA 的各种缺陷。与其期望 RSA 的每个用户都能熟练地了解所有攻击，并通过细致的编码开发合适的安全方法，不如推荐用户使用公钥密码标准（PKCS）的编码标准。PKCS 实际上是一组标准，包括 PKCS♯1～PKCS♯15。另外，还有两个伴随文档：PKCS 标准概述，以及 ASN.1、BER 和 DER 子集的外行指南。[①]

在 RFC 8017 中记录了 PKCS♯1 的新版本，但大多数实现都使用此处描述的格式。

PKCS 定义了一些编码，例如 RSA 公钥、RSA 私钥、RSA 签名、短 RSA 加密消息（通常为私钥）、短 RSA 签名消息（通常是哈希）和基于口令的加密等。

PKCS 旨在应对的威胁包括：

（1）可猜测消息的加密；

（2）平滑数签名；

（3）当 $e = 3$ 时，存在多个消息接收人；

（4）当 $e = 3$ 时，加密长度小于 $n/3$ 的消息；

（5）信息位于高比特位部分，且 $e = 3$ 的消息签名。

**1. 加密**

PKCS♯1 定义了 RSA 加密消息格式的标准。RSA 通常不用于加密普通数据，而常用于加密私钥，同时，出于性能原因，常用私钥加密实际数据。

通常使用的格式如下：

| 0 | 2 | 至少8个随机非0<br>八比特组 | 0 | 数据 |
|---|---|---|---|---|

要加密的数据通常是比模数小得多的私钥。如果是 AES 的密钥，则为 128、192 或 256 比特。有时，也用作 PRF 输入的种子。

消息的第一个八比特组为 0 是一种很好的选择，因为这可以保证加密消息 $m$ 小于模数 $n$。[②] 注意，PKCS 指定模数 $n$ 的高八比特组（不是位！）必须非零。而且，PKCS 填充要求第一个八比特组为 0，这保证了被加密的消息小于模数。

下一个八比特组是 2，用于表示格式类型。其中，2 表示要加密的块，1 用于表示要签名

---

① 译者注：ASN.1＝抽象语法符号 1，BER＝基本编码规则，DER＝唯一编码规则。

② 如果 $m$ 大于 $n$，解密结果将是 $m \bmod n$ 而非 $m$。

的值。

每个填充的八比特组被独立地选择为随机非零值。因为 0 用于分隔数据和填充,所以不能用 0 填充八比特组。

下面回顾 RSA 面临的威胁,并看看这种编码方式是如何解决这些问题的。

(1)可猜测消息的加密:由于至少存在 8 个随机选择填充的八比特组,因此,仅知道数据中可能出现的内容对准备猜测数据、加密数据,并进行密文比对的攻击者来说并没有帮助。攻击者还必须猜测出填充,然而这是不可行的。

(2)向三个以上接收人发送相同的加密消息(假设 $e$ 为 3):只要为每个接收人独立地选择填充,加密量就不会相同。

(3)当 $e=3$ 时,加密长度小于 $n/3$ 的消息:因为第二个八比特组是非零的,所以可以保证消息长度大于 $n/3$。

**2. 百万消息攻击**

对 SSL(TLS 的前身)的攻击可能被认为是 SSL 实现中的缺陷,但全世界已经将其视为 PKCS♯1 加密格式的一个缺陷。PKCS♯1 版本 2 的格式修复了该"缺陷"。Daniel Bleichenbacher[BLEI98]发布的这一攻击被称为**百万消息攻击**。这可能是因为 SSL 对 PKCS♯1 填充所提供服务的一些不正确假设。攻击者 Trudy 利用这种攻击可以恢复 Alice-Bob 间的连接密钥,但需要 Trudy 在 Alice-Bob 的通信中发送一百万次第三条消息的修改版本。

在 SSL 协议中,客户端 Alice 向服务器 Bob 发送了一个用 PKCS♯1 填充和 RSA 加密的随机选择私钥 S。SSL 解密该值,并且,如果填充正确,则发送用私钥 S 加密的响应。如果解密后填充不正确,则 Bob 会发送错误的消息。问题是,这会使攻击者 Trudy 把 Bob 当作预言机。Trudy 可以向 Bob 发送消息,而 Bob 会告诉 Trudy 解密后的消息是否具有正确的 PKCS♯1 填充。一些 SSL 服务器会特别"有用",并可以判断填充是否有误,因为,前两个八比特组肯定不是 0 和 2,或者加密量的长度与预期不一致。

然后,Trudy 可以用原始 Alice-Bob 加密消息的修改版精心构造 SSL 连接请求,并记录从 Bob 那里得到的错误消息。当解密值以八比特组 0 和 2 开头时,如果 Bob 给出了不同的错误消息[①],则在得到大约 100 万条精心构造消息的响应后,Trudy 最终能够找出加密密钥。

如果加密填充含有足够的冗余,即当随机选择的值被解密成看似正确填充的概率可以忽略时,则此类攻击可以避免。[②] PKCS♯1 的版本 2 中明确了一个特别复杂的概率可忽略方案,称为 OAEP[BEL94],并在 IEEE P1363 和 RFC 8017 中进行了标准化。

由于这是一种很容易通过其他方式避免的隐蔽攻击[③],所以,全世界并没有争先恐后地迁移到 OAEP。但 OAEP 可能在新定义的协议中被强制使用,因为向后兼容性很容易实现。

**3. 签名**

PKCS♯1 还定义了用 RSA 签名数据的格式标准。通常,被签名的数据是哈希。与加

---

① 平均每 $2^{16}$ 条消息中就有一条是这种形式的。

② 对密码学家来说,百万分之一是不可忽略的。对他们来说,"可忽略的"指的是小于 $1/2^{100}$。

③ 例如,当发送无效消息时,错误消息并没有什么用。

密一样，也需要进行填充。常用格式如下：

| 0 | 1 | ff$_{16}$的至少8个八比特组 | 0 | ASN.1-编码的哈希类型和哈希 |
|---|---|---|---|---|

与加密一样，常用格式的第一个八比特组为 0，用于保证要签名的量小于 $n$。第二个八比特组是 PKCS 类型；这样即可进行签名。填充可以确保要签名的量变得非常大，因此不太可能是一个平滑数。

常用格式还包含了哈希类型，而不仅是用哈希标准化如何向对方表明所使用的哈希函数。

## 6.4  Diffie-Hellman

Diffie-Hellman 允许即使 Alice 和 Bob 两个个体只能公开地交换消息，也可以就共享密钥达成一致。例如，Alice 和 Bob 可能正在通过网络、被窃听的电话发送消息，或者在拥挤的房间里彼此呼喊。Alice 喊道："我的号码是 92847692718497。"鲍勃喊道："我的号码是 28379487198225。"房间里的每个人都能听到 Alice 和 Bob 的对话，但信息交换后，Alice 和 Bob 便可以获得房间内其他人无法计算的秘密。

Diffie-Hellman 的安全性取决于离散对数问题求解的困难性，其非正式表述为，"如果已知 $g$、$p$ 和 $g^x \bmod p$，那么 $x$ 为多少？"换句话说，为得到 $g^x$，需要 $g$ 的多少次方 $\bmod p$？

Diffie-Hellman 适用于多种类型的组，例如具有多种模的整数、多项式、椭圆曲线，但现在假设使用具有素数模的整数。某些 $p$ 和 $g$ 值会比其他值更安全。通常，密码学家定义了一些可供选择的组，并且可以从中进行选择。

因此，假设整数 $p$ 和 $g$，其中 $p$ 是大素数（可为 2048 比特），$g$ 小于 $p$，以及其他一些对算法理解并不重要的约束。此外，$p$ 和 $g$ 的值事先知道，可以公开，或者 Alice 和 Bob 可以通过拥挤的房间进行沟通协商。例如，Alice 可以大喊"我想使用这些密码学家公开推荐的 Diffie-Hellman 组"，Bob 可以回答"在提议的组中，我选择列表中的第三个"。

Alice 和 Bob 一旦就 $p$ 和 $g$ 达成一致，每个人都会随机选择一个大数进行保密，例如 512 比特。将 Alice 的私有 Diffie-Hellman 密钥记为 $a$，Bob 的私有 Diffie-Hellman 密钥记为 $b$。然后，以 $g$ 为底，以私有 Diffie-Hellman 数为指数，计算 $\bmod p$，生成公共 Diffie-Hellman 值。所以，Alice 计算 $g^a \bmod p$，Bob 计算 $g^b \bmod p$，并互相告知（见图 6-4）。最后，双方都会以对方的公共值为底，以私有值为指数，进行计算。

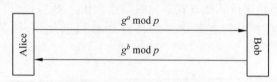

图 6-4  Diffie-Hellman 交换

Alice 计算 $g^b \bmod p$ 的私有数 $a$ 次幂。Bob 计算 $g^a \bmod p$ 的私有数 $b$ 次幂。因此，Alice 计算 $(g^b \bmod p)^a = g^{ba} \bmod p$。Bob 计算 $(g^a \bmod p)^b = g^{ab} \bmod p$。当然，$g^{ba} \bmod p = g^{ab} \bmod p$。

若不知道 Alice 的私有数 $a$ 或 Bob 的私有数 $b$，则其他人即使得到了 $g^a \bmod p$ 和 $g^b$ $\bmod p$，也无法在合理时间内计算出 $g^{ab} \bmod p$。这里假设他们不能计算离散对数，这源于密码学的基本原则。

## 6.4.1 MITM(中间人)攻击

如 1.6 节所述，MITM 攻击指的是攻击者 Trudy 可以在 Alice 和 Bob 的会话中转发消息，并能够解密或修改消息。如果假设 Alice 和 Bob 没有彼此的凭证(例如公钥)，那么仅 Diffie-Hellman 并不能阻止 MITM 攻击。

MITM 攻击(如图 6-5 所示)的典型案例是 Alice 和 Bob 进行 Diffie-Hellman 交换，并将生成的 Diffie-Hellman 密钥作为会话密钥。Alice 会发送 $g^a \bmod p$，Bob 会发送 $g^b \bmod$ $p$。但 Alice 并没有意识到自己正在与 Trudy 进行对话。Alice 把 $g^a \bmod p$ 发给 Trudy。Trudy 用自己的 Diffie-Hellman 值作为回应，例如，$g^t \bmod p$。因此，Alice-Trudy 的连接使用会话密钥 $g^{at} \bmod p$。Trudy 不知道 Alice 的私有 Diffie-Hellman 值 $a$，因此，Trudy 将自己的 Diffie-Hellman 值 $g^t \bmod p$ 发送给 Bob。Trudy-Bob 的连接使用会话密钥 $g^{bt} \bmod$ $p$。Trudy 能够看到 Alice-Bob 的整个对话，因为，Alice 给 Bob 的每条消息[①]都由 Trudy 解密，并用 $g^{bt} \bmod p$ 重新加密后，再发送给 Bob。

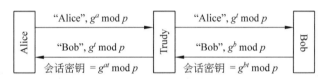

图 6-5 有中间人 Trudy 的 Diffie-Hellman

如果 Alice 和 Bob 都认为自己已经与对方建立了安全会话，那么 Alice 和 Bob 如何可以检测到存在 MITM 攻击？Alice 和 Bob 可以尝试向对方发送他们已同意用于认证的口令——Bob 可以对 Alice 说一个口令，也许是"鱼是绿色的"，同时，Alice 要对 Bob 说一个口令，例如"月亮在午夜落下"。Alice 收到了预期的口令，就可以确定正在与 Bob 通话吗？并不是。Trudy 可以解密来自 Alice 的每条消息，并在转发给 Bob 时进行加密。因此，口令会在 Alice 和 Bob 之间转发，并不会检测到中间人 Trudy。

也许 Alice 和 Bob 可以通过已建立的加密信道传输会话密钥。但这也不妥当。例如，Alice 发送消息"我认为我们正在使用 $g^{at} \bmod p$"。然而，在加密并转发给 Bob 之前，Trudy 可以解密消息，并将其编辑为"我认为我们正在使用 $g^{bt} \bmod p$"。

若仅使用 Diffie-Hellman，则 Alice 和 Bob 无法检测到通信中的中间人攻击。因此，这种形式的 Diffie-Hellman 只对入侵者监视加密消息情况下的被动攻击安全。

## 6.4.2 防御 MITM 攻击

若每个人的 Diffie-Hellman 值是永久的，而不是每次交换时才创建，则 Diffie-Hellman

① 用 $g^{at} \bmod p$ 加密。

技术可以防止主动攻击，然后通过一些假设可靠的方法对公共 Diffie-Hellman 值进行认证[1]。这使得 Alice 和 Bob 无须先握手便能开始安全通信。Alice 认证的公钥是 $g^a \bmod p$，Bob 认证的公钥是 $g^b \bmod p$。若 Alice 和 Bob 知道彼此要进行通信，则需要使用会话密钥 $g^{ab} \bmod p$。

在 Alice 和 Bob 之间始终使用相同的会话密钥可能会造成漏洞，下面描述一种更常见的技术。如果 Alice 和 Bob 知道某种秘密可以通过共享密钥或对方公钥（例如 RSA 密钥）和自己私钥的知识来相互认证，则可以证明生成的 Diffie-Hellman 值。这种交换称为认证 Diffie-Hellman 交换。身份认证可以在发送 Diffie-Hellman 值的同时进行，也可以在 Diffie-Hillman 值交换之后进行。示例如下。

（1）用预先共享的秘密加密 Diffie-Hellman 交换。

（2）用另一方的公钥加密 Diffie-Hellman 值（本章作业题 2）。

（3）用私钥对 Diffie-Hellman 值签名。

（4）在 Diffie-Hellman 交换后，传输已商定的共享 Diffie-Hillman 值、姓名和预先共享秘密的哈希。

（5）在 Diffie-Hellman 交换后，传输预先共享秘密的哈希值和传输的 Diffie-Hellman 值。

MITM 的另一种防御方式是通道绑定，详见 11.6 节。

## 6.4.3　安全素数和小亚群攻击

尽管 Diffie-Hellman 对任何 $p$ 和 $g$ 都有效[2]，但满足某些其他标准时，Diffie-Hellman 会面临安全漏洞。特别地，如果 $(p-1)/2$ 是平滑的，则存在对 Diffie-Hellman 的已知攻击。

传统意义上，Diffie-Hellman 基于素数，而且 $(p-1)/2$ 也是素数。满足这个附加约束的素数 $p$ 称为安全素数，而 $(p-1)/2$ 称为 Sophie Germain[3] 素数。群中元素的个数称为群的阶。如果群是乘法 mod $p$，且 $p$ 是素数，则群的阶是 $p-1$，因为 0 不在乘法群 mod $p$ 中。

正如下面即将讲解的，DSA（见 6.5.1 节）使用 Diffie-Hellman 类的密钥对，并通过加快签名和验证速度的优化使签名变得更小。取代 $p$ 是安全素数的条件，$(p-1)/2$ 只需要至少有一个合理大的因子 $q$，其中，$q$ 的长度是所需安全强度的 2 倍。因此，对于 128 比特的安全性，$q$ 是 256 比特。因为一些计算可以通过 mod $q$ 而不是 mod $p$ 来完成，所以这种优化使 DSA 更快。由于 $p$ 通常为 3072 比特，$q$ 为 256 比特，因此在进行 mod $q$ 时，指数将变为原先的 1/12 大小。

数 $g$ 称为生成器。如果取一个群元素 $g$ 并进行自乘，则可以得到元素 $g^1$、$g^2$ 等。一旦得到 1（单位元），则生成了群的某个子集，称为循环子群。该子群在乘法下闭合，这意味着子群中任意两个元素相乘会得到子群中的元素。子群中元素的个数称为子群的阶。子群的阶总是整除群的阶。

回想一下，如果 $p$ 是素数，那么群的阶是 $\Phi(p)=p-1$。如果 $p$ 是安全素数，那么，$p-$

---

①　例如通过 PKI 认证，参见本书 10.4 节。

②　Alice 和 Bob 就共同值作密钥上达成一致。

③　译者注：Sophie Germain（索菲·热尔曼），法国女数学家，有"数学花木兰"之称。

1 的唯一因子是 1、2、素数 $(p-1)/2$ 和 $p-1$。因此,仅有的子群是:

(1) $g=1$ 生成的子群阶为 1,因为 1 的所有次幂均为 1;

(2) $g=-1$ 生成的子群阶为 2,由元素 $\pm1$ 组成;

(3) 阶为 $p-1$ 的子群由整个群组成,几乎一半的群元素(除 1 以外的非平方数)都将各自生成整个群;

(4) (素数)子群的阶为 $(p-1)/2$,同样,几乎一半的组元素(除 1 以外的平方数)都将各自生成此子群。例如,假设生成器 $g$ 可以生成群中所有 $p-1$ 个元素,那么 $g^2$ 只能生成 $g$ 所生成列表中的其他元素。

选择 $p$ 和 $g$ 很耗费计算资源。理论上,$p$ 和 $g$ 只须选择一次,并可以持续使用相同的 $p$ 和 $g$,甚至可以是标准中的常量,而且每个人都可以使用相同的 $p$ 和 $g$。从可信来源[①]中取 $p$ 和 $g$ 值的优势是不必测试 $p$ 是否合适,例如,$p$ 和 $(p-1)/2$ 是否都是素数。

事实证明,尽管空间和计算量非常大,但基于单个 $p$ 可以计算大表,进而可以计算 $p$ 的离散对数。例如,1024 比特的素数太短,因为破解该素数的工作因子大约为 80 比特,用该素数破解 Diffie-Hellman 的工作因子仅为 50 比特。建议 Diffie-Hellman 素数的大小至少为 2048 比特。要破解这样大素数的工作因子为 112 比特,然后使用该素数破解 Diffie-Hellman 交换大约需要 70 比特。对于 3072 比特的 Diffie-Hellman 素数,破解的工作因子为 128 比特,并且随后用该素数破解 Diffie-Hellman 的工作因子为 80 比特。这就是为什么 Diffie-Hellman 使用 3072 比特的素数来获得 128 比特的安全性。

就基于模数来计算私钥而言,类似的方案可以破解 RSA。然而,攻击者并没有太多动机这样做。因为,每个人都使用不同的 RSA 模数,以至于攻击者这样只能破解一个密钥。如果 Diffie-Hellman 的 $p$ 被破解,并且许多人使用相同的 $p$,那么,使用相同模数的每个 Diffie-Hellman 密钥交换都可能被破解。很简单,只需要偶尔更改 $p$ 即可消除这种威胁。

下面讨论小群攻击。如果在阶非常小的群中进行 Diffie-Hellman[②] 则会不安全,因为 $g^{ab}$ 的可能值很少。所以进行 Diffie-Hellman 的子群要大是非常重要的。

首先,假设 $p-1$ 是平滑的,这意味着其因子都是很小的数,例如,$f_1,f_2,\cdots,f_k$。得到 $g^a \bmod p$ 的窃听者 Trudy 可以按照下面的方式计算 Alice 的私有数 $a$。

取 $p-1$ 的任意因子 $f$。用 $g^{(p-1)/f}$ 生成 $f$ 个元素。因为 $f$ 较小,所以 Trudy 可以列举所有这些元素,并可以通过 $g^a \bmod p$ 计算 $(p-1)/f$ 的幂,得到 Alice 的私有数 $a$,$\bmod f$。然后,将结果与大小为 $f$ 的子群元素匹配,这样,Trudy 现在就可以得到 $a \bmod f$ 的结果。

Trudy 用 $p-1$ 的所有因子来实现这一点。对于每个因子 $f$,现在 Trudy 知道 $a \bmod f$ 的值。根据中国剩余定理(见 2.7.6 节),Trudy 现在可以计算 $a \bmod$ 所有 $fs$ 的乘积,即 Alice 的数 $a$。

因此,若 $p-1$ 是平滑的,则根本不会安全,任何窃听者都可以计算出 Alice 和 Bob 的私有数。

不同地,现在选择一个 $p$,且 $p-1$ 有一个大因子 $q$。因为 $p-1$ 的其他因子是什么并不重要,所以这里假设其他因子都很小。这样,可以形成一个包含 $q$ 个元素的子群。在使用此

---

① 可信来源指使用相同的 $p$ 和 $g$ 或从一小组标准化值中选择 $p$ 和 $g$。

② 例如,用元素 $-1$ 作为生成器 $g$。

技术的算法（例如 DSA）中，某些操作仍可以通过 mod $p$ 完成，因此，本节开头讨论的"素数破解"不再是问题。为这种优化的 Diffie-Hellman 选择的生成器 $g$ 可以生成 $q$ 阶子群。

思考以下的图 6-6：

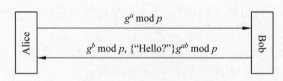

图 6-6  Diffie-Hellman 交换

假设 Alice 是恶意的，并与 Bob 多次交互，而且，若 Bob 持续使用相同的私有数 $b$，那么，Alice 可以用类似 Trudy 在 $p-1$ 平滑时的技术来计算 $b$，步骤如下。

恶意的 Alice 不通过计算所选生成器 $g$ 的幂来生成公共数 $A$，而通过选择生成大小为 $f$ 的小子群来生成公共数 $A$。有了公共数 $A$，Alice 可以计算 Bob 的值 $b$ mod $f$ 的结果，因为，Bob 用密钥 $A^b$ 加密了可识别的值——Alice 检查了 $A^b$ 的 $f$ 个可能值，并发现 Bob 用过哪些值加密消息。出于效率考虑，这些算法允许 Alice 和 Bob 使用相当小的指数（例如 256 比特），而且 Alice 只须得到 Bob 的值 mod 一组 $f$s 的结果，并使得这些 $f$s 的乘积至少为 256 比特。

因此，Bob 必须检查 Alice 是否发送了恶意的 $A$，并通过计算 $A^q$ mod $p$ 实现。如果结果为 1，则认定 A 的选择是诚实的；否则，Bob 会意识到 Alice 没有遵守规则。

### 6.4.4  ElGamal 签名

与 Diffie-Hellman 使用同类密钥和 ElGamal 提出了一个对 hash($m$) 进行签名的方案 [ELGA85]。这比 RSA 签名方案更难理解。不过，理解 ElGamal 签名是很有必要的，因为这将有助于理解 DSA 和 ECDSA（参见 6.5 节）。[①]

ElGamal 签名需要使用公开的 $g$ 和 $p$。签名者 Alice 需要使用很长的公钥/私钥 Diffie-Hellman 密钥对[②]。然后，Alice 通过以下操作对消息 $m$ 进行签名。

（1）Alice 计算消息的哈希：$M=$hash($m$)。

（2）Alice 随机选择一个与 $p-1$ 互素的消息密钥 $t$，并计算 $t^{-1}$ mod ($p-1$)。由于被选择的 $t$ 与 $p-1$ 互素，因此，这种计算是可能的。

（3）Alice 计算 $T=g^t$ mod $p$。$T$ 值是 Alice 在 hash($m$) 上签名的一部分。

（4）Alice 计算 $S=(M-aT)\times t^{-1}$mod ($p-1$)。

（5）Alice 在 $m$ 上的签名是 $\langle T,S\rangle$。

Bob 则通过执行以下操作验证签名。

（1）Bob 计算消息的哈希：$M=$hash($m$)。

（2）Bob 验证 $g^M=A^T\times T^S$ mod $p$。

为防止某些伪造攻击，Bob 还必须验证 $T$ 和 $S$ 均大于 0，且小于 $p-1$。

为什么验证有效？

---

① 译者注：ECDSA 是使用椭圆曲线的 DSA 算法。

② 公钥为 $A=g^a$ mod $p$，私钥为 Diffie-Hellman 的 $a$。

(1) $A^T \times T^S \bmod p = (g^a)^T \times (g^t)^S \bmod p = g^{aT+tS} \bmod p$。

(2) 由于 $g^{p-1} \bmod p = 1$，$g^{aT+tS} \bmod p = g^{aT+tS \bmod(p-1)} \bmod p$。

(3) 根据 $S$ 的计算方式，可以得出 $tS = [t \times (M - aT) \times t^{-1}] \bmod (p-1) = M - aT \bmod (p-1)$。

(4) 替换 $tS$，可以得到 $A^T \times T^S = g^{aT+M-AT \bmod(p-1)} \bmod p = g^{M \bmod(p-1)} \bmod p$。

上述过程安全的原因并不直观。但具有说服力的重要事项如下。

(1) 如果签名正确，则验证成功。

(2) 如果消息在签名后被修改，则签名函数的输入被改变，而且签名很可能与修改后的消息不匹配。

基于密码学的基本原则，必须确信的事项如下：

(1) 不知道 $a$ 将无法找到满足上述方程的 $t$ 和 $S$ 值；

(2) 无论得到多少签名都无助于攻击者计算 Alice 的私钥 $a$。

目前这种形式的 ElGamal 签名已很少使用，因为该领域存在性能更好的其他方案，例如 DSA。这里介绍 ElGamal 签名是因为其重要的历史地位，而且它比后续更先进的技术更容易理解。

## 6.5 数字签名算法 DSA

NIST 在 1991 年发布了一种与 ElGamal 相似的数字签名算法，性能更好，签名更短。该算法称为 DSA，即**数字签名算法**(Digital Signature Algorithm)。

密码分析师的工作可以指引密码算法设计的发展。如 6.4.3 节所述，Diffie-Hellman 和 ElGamal 通常使用安全素数，因为如果$(p-1)/2$ 是光滑的，则一些特殊攻击是可能的。可以从$(p-1)/2$平滑中得到安全素数，但使用安全素数被证明是过度的，因为只有在$(p-1)/2$的所有因子小于破解方案的工作因子的 2 倍时，这些特殊攻击才是有效的。这意味着，如果所选的 $p$ 大到破解因子为 128 比特(目前认为是 3072 比特)时，则$(p-1)/2$ 至少有一个大小为 256 比特的素数 $q$ 就至关重要。DSA 利用这一点构建了 ElGamal 签名的变体，在同等安全性前提下，计算和验证速度都更快。

可以通过 $\bmod q$① 来代替一些 $\bmod p$ 的计算，其中 $p$ 是大素数。考虑到最著名的攻击，为得到与 128 比特 AES 密钥相当的安全性，ElGamal 签名需要 3072 比特的素数 $p$，而 DSA 需要 3072 比特的素数 $p$ 和 256 比特的素数 $q$。由于 DSA 用 256 比特的 $q$ 进行大量计算，因此与 ElGamal 的 3072 比特 $p$ 相比，DSA 签名的速度快 6 倍，签名减为原先的 1/12。

与 RSA 和 Diffie-Hellman 一样，DSA 定义了大量用来平衡安全性和性能的不同大小参数。

### 6.5.1 DSA 算法

与 ElGamal 一样，DSA 算法需要选择公开的长期参数 $g$、$p$ 和 $q$。选择这些参数的过程需要大量计算，但新密钥对的生成、签名和验证相对较快。查找 $p$ 和 $q$ 的过程包括首先查

---

① 其中，$q$ 是整除 $p-1$ 的较小素数，但至少是所需安全强度的 2 倍。

找 256 比特的素数 $q$，然后搜索 $qn+1$ 形式的 3072 比特素数。生成器 $g$ 需要保证由 $g$ 生成的子群为 $q$ 阶。为生成签名，需要假设参数 $g$、$p$ 和 $q$ 是已知的。

与 Diffie-Hellman 和 ElGamal 一样，签名者 Alice 拥有一个公钥/私钥对，其中，$a$ 是私钥，$a=g^a \bmod p$ 是公钥。除了一些操作是 $\bmod q$，并且多数指数是 $q$ 大小，而非 $p$ 大小，签名过程遵循 ElGamal 的签名过程。

(1) Alice 计算消息的哈希：$M=\text{hash}(M)$。

(2) Alice 随机选择每个消息密钥 $t$（其中 $0<t<q$），并计算 $t^{-1} \bmod q$。

(3) Alice 计算 $T=[(g^t \bmod p) \bmod q]$。值 $T$ 是 hash($M$) 上签名的一部分。

(4) Alice 计算 $S=(M+aT)\times t^{-1} \bmod q$。

(5) Alice 在 $m$ 上的签名是 $\langle T,S \rangle$。

Bob 通过以下计算来验证签名（与 ElGamal 验证略有不同）。

(1) Bob 计算消息的哈希 $m$：$M=\text{hash}(M)$。

(2) Bob 计算 $x=M\times S^{-1} \bmod q$。

(3) Bob 计算 $y=T\times S^{-1} \bmod q$。

(4) Bob 验证 $T=(g^x \times A^y \bmod p) \bmod q$，为什么这样做有效？（本章作业题 8）。

## 6.5.2 这样为什么安全

安全意味着什么？它意味着以下几件事。

(1) 签名不会泄露 Alice 的私钥 $a$。

(2) 在不知道 $a$ 的情况下，任何人都不能为给定的消息生成签名。

(3) 任何人都不能生成与给定签名匹配的消息。

(4) 任何人都不能以保持相同签名有效的方式修改已签名的消息。

为什么 DSA 具有所有这些特性？因为密码学的根本原则，所以 DSA 被认为是安全的。DSA 也得到了美国国家安全局的支持，按理说是世界上最好的密码学家。但不幸的是，这是一个令人喜忧参半的问题，因为一些激进的人认为 NSA 永远不会提出一个自己无法破解的算法。

## 6.5.3 每个消息的秘密数

DSA 和 ElGamal 都要求签名者为每条消息生成唯一的秘密数 $t$。如果两条不同消息共用同一个秘密数，则会暴露签名者的私钥。同样，如果秘密数 $t$ 是可预测或可猜测的，则签名者的私钥也会暴露。

如果消息的秘密数已知，那么 Alice 的私钥是如何被公开的？在 DSA 中，签名为 $S=(M+aT)\times t^{-1} \bmod q$。记住，$t$ 是秘密数，$t$ 是 $g^t \bmod p \bmod q$，$a$ 是签名者的私钥。因此，如果 $t$ 是已知或可预测的，那么可以计算

$$a=(St-M)T^{-1} \bmod q$$

若知道 Alice 的私钥 $a$，就可以伪造任何东西的 DSA 签名。

当两条消息共用同一个秘密数时，私钥是如何被公开的？在 DSA 中，如果 $m$ 和 $m'$ 使用相同的秘密数 $t$ 进行签名，那么可以计算

$$a = (S - S')^{-1}[\text{hash}(m) - \text{hash}(m')] \bmod q$$

ElGamal 签名也存在类似的论点,参见本章作业题 7。

NIST 特别设计的一个应用程序可对 20 世纪 90 年代低成本、低性能的智能卡进行签名。例如,嵌入徽章上的智能卡可以对房门进行认证。如果要等几秒才能开门,则对用户很不友好。

DSA 需要进行乘法逆 mod $q$ 运算,这运算成本相当高。签名者和验证者都需要进行乘法逆运算。但 DSA 可以使签名者预先计算每个消息的秘密数 $t$ 和 $t \bmod q$ 的乘法逆。为每条消息生成唯一秘密数的方法如下。

(1) 使用真随机数。问题是这一步需要专用硬件。使硬件变得可预测很困难,但让硬件来预测不可预测性更加困难。

(2) 使用加密伪随机数生成器。这需要非易失性存储来存储其状态。

(3) 计算 $t$,得到消息和签名者私钥组合的加密哈希。这样做的问题是,在知道消息前,无法计算 $t$,因此也无法计算 $t^{-1}$。

## 6.6 RSA 和 Diffie-Hellman 的安全性

蛮力攻击,即尝试所有可能的密钥,需要指数级(就密钥长度而言)的工作因子。RSA 的安全性基于大整数分解的困难性。Diffie-Hellman 的安全性是基于求解离散对数问题的困难性。在经典计算机上求解这些问题的最著名算法是次指数级的(小于指数级),但是为超多项式级的[①]。因为复杂度是次指数级的,所以这些公钥算法所需的密钥大小(例如 3072 比特)比相应的私钥算法(例如 128 比特)大得多。

为获得不同安全级别所需密钥大小,NIST 已构建了一个用于评估各种算法的表格,如图 6-7 所示。如果密码分析领域取得新突破,这些表格数据可能会改变,但不会受到硬件加速的影响,尽管所需的安全级别会受影响。这个表格从 80 比特开始,曾经这是足够的,但随着技术的发展,加密强度至少应为 128 比特。

| 安全强度 | 密钥大小 | 哈希大小 | RSA 模 | DH 指数 | 模 | DSA $q$ | $p$ | ECC 密钥大小 |
|---|---|---|---|---|---|---|---|---|
| 80 | 80 | 160 | 1024 | 160 | 1024 | 160 | 1024 | 160 |
| 112 | 112 | 224 | 2048 | 224 | 2048 | 224 | 2048 | 224 |
| 128 | 128 | 256 | 3072 | 256 | 3072 | 256 | 3072 | 256 |
| 192 | 192 | 384 | 7680 | 384 | 7680 | 384 | 7680 | 384 |
| 256 | 256 | 512 | 15360 | 512 | 15360 | 512 | 15360 | 512 |

图 6-7 各种算法的安全强度

**注意**:正如将在本书第 7 章涉及的内容,一台足够大的量子计算机将能够进行有效的大整数分解和离散对数计算,尽管私钥算法和哈希仍然可用,但本章的任何算法都不再安全。

---

① 比任何固定复杂度的多项式都多。

## 6.7 椭圆曲线密码

正如 6.6 节所述，在经典计算机上，存在已知的次指数级（但是超多项式级）算法可以破解基于模运算的 RSA 和 Diffie-Hellman。椭圆曲线密码（ECC）很重要，因为还没有人在经典计算机上找到破解 ECC 的次指数级算法。因此，对于小密钥的经典计算机攻击，ECC 被认为是安全的，这对性能而言很重要。ECC 是 RSA、Diffie-Hellman、ElGamal、DSA 等公钥密码方案的流行替代品。对于某些加密方案，可以用模乘直接替换为椭圆曲线乘法，从而产生 ECC Diffie-Hellman（或 ECDH）和 ECC DSA（或 ECDSA）等算法。当然，如果有一台可以运行 Shor 算法（见 7.3 节）的足够大的量子计算机，那么这些算法都不安全。

尽管密码学中只使用了几种特殊形式的椭圆曲线，但一般来说，椭圆曲线是坐标平面上满足方程 $y^2 + axy + by = x^3 + cx^2 + dx + e$ 的一个点集。注意，椭圆不是椭圆曲线。虽然椭圆曲线的一些原始数学探索与椭圆间接相关，但在密码学中二者并没有什么有用的关系。最初，椭圆曲线的设想是两个坐标 $x$ 和 $y$ 是实数或复数，但密码学所使用的椭圆曲线中，$x$ 和 $y$ 属于有限域，其大小要么是大素数 $p$，要么是 $2^n$ 形式的数。在有限域坐标系下，无法绘制看起来像曲线的感性图形，尽管它们仍然被称为"曲线"。目前最流行的曲线[1]具有 $y^2 = x^3 + ax + b$ 形式的公式，并使用 mod $p$ 算法的有限域，其中，$p$ 是非常接近 2 但小于 2 的幂的大素数。曲线上的元素是具有 $x$ 和 $y$ 坐标的点。因为定义曲线的公式中，方程的左侧为 $y^2$，如果点 $\langle x, y \rangle$ 在曲线上，那么 $\langle x, -y \rangle$ 也在曲线上。这些是曲线上唯一具有特定 $x$ 坐标的点，因此指定 $x$ 坐标和 $y$ 坐标的符号就足以确定该点。当对椭圆曲线点的值进行编码时，通常用 0 和 $p$ 之间的整数表示 $x$ 坐标，用一个符号比特区分两个可能的 $y$ 值。

例如，为使用椭圆曲线进行 Diffie-Hellman，需要对曲线上的两个点进行一些数学运算，进而产生始终在曲线上的第三个点。该操作被称为乘法，尽管在 ECC 中，这看起来不像我们习惯的任何乘法。

当阅读其他关于椭圆曲线的密码学论文时，读者需要注意，大多数作者将用于曲线上点的运算称为加法，而不是乘法。当谈到计算 $g$ 的幂时，他们会提及 $g$ 与整数的标量乘法。这只是符号使用问题，并不会改变任何结果。我们相信，使用点的乘法运算会更清晰，因为这使 mod $p$ 与 Diffie-Hellman 和 DSA 的椭圆曲线版本之间的界限更加明显。而且，尽管他们称点自身的重复运算为标量乘法，但他们仍然称该操作的逆（破解密码系统所必需的）为计算离散对数，而不是标量除法。当用加法运算描述椭圆曲线时，则群的单位元为 0。如果运算为乘法，则单位元为 1。

相关运算（称为乘法）必须是可结合的，这样就可以按指数长度线性的时间复杂度，用重复平方技巧来计算数的较大幂次。换句话说，为计算某点的 128 次幂，需要将该点自乘（即计算了 2 次幂），然后将结果乘以自身（即计算了 4 次幂），再将结果乘以自身（即计算了 8 次幂）等。因为这种乘法运算是关联的，所以满足 $(g^x)^y = g^{xy} = (g^y)^x$。同样重要的是，离散对数也很困难（已知 $g$ 和 $g^x$，很难计算 $x$）。下面将给出乘法运算的公式。

---

[1] 因其在给定的安全级别下具有最佳性能。

在给出公式前,还有一个更重要的细节。为使满足椭圆曲线公式的点集是群,需要定义一个额外的点——无穷远点,并且在计算机上做这种算术时,需要在内存中为其提供一些独特的表示。这是群的单位元素,因此称为 1。任何点乘以 1 都很容易。对于任意点 $P$,$P \times 1 = 1 \times P = P$。若计算任意两点 $\langle x_1, y_1 \rangle$ 和 $\langle x_2, y_2 \rangle$ 的乘积,其中,$x_1 \neq x_2$,则结果 $\langle x_3, y_3 \rangle$ 为

$$x_3 = ((y_2 - y_1)/(x_2 - x_1))^2 - x_1 - x_2;$$
$$y_3 = ((y_2 - y_1)/(x_2 - x_1)) \times (x_1 - x_3) - y_1。$$

当 $x_1 = x_2$ 时,这些公式无效。如果 $x_1 = x_2$,则 $y_1 = y_2$ 或 $y_1 = -y_2$。如果 $y_1 = -y_2$,则两个点互逆,并且 $\langle x_1, y_1 \rangle \times \langle x_1, -y_1 \rangle = 1$。点的自乘有一个特殊公式,即 $\langle x_1, y_1 \rangle \times \langle x_1, y_1 \rangle = \langle x_2, y_2 \rangle$,其中

$$x_2 = ((3x_1^2 + a)/2y_1)^2 - 2x_1,\text{其中 } a \text{ 来自公式 } y^2 = x^3 + ax + b;$$
$$y_2 = ((3x_1^2 + a)/2y_1) \times (x_1 - x_2) - y_1。$$

通过这样定义点的乘法,椭圆曲线上的点集可以形成一个群,具有单位元、逆元,以及可交换和结合的乘法运算。尽管理解起来更复杂,但速度更快,至少对于私钥操作来说更快,因为除非提出了用于破坏 ECC 的次指数级算法,否则密钥无法更小。对于公钥操作,例如签名验证,即使 RSA 使用更大的密钥,RSA 也可能更快,因为 RSA 可以使用较小的公开指数。

注意,由于 Shor 算法(详见 7.3 节)的难度取决于密钥大小(无论 ECC 还是模算术),具有较小密钥的 ECC 很可能会在 RSA 前被破解。

当用椭圆曲线群来研究密码学时,并不总是使用群的所有元素。选择群中的某个元素 $g$,并只使用可以为整数 $i$ 计算 $g^i$ 的元素,这是椭圆曲线群的一个子群(有时是整个群)。正确选择 $g$、$a$、$b$ 和 $p$ 后,会得到一个子群,其大小是与 $p$ 大小相同的素数。

## 6.7.1 椭圆曲线 Diffie-Hellman

与 mod $p$ 的 Diffie-Hellman 和 ElGamal 不同,尚未发现任何单独的操作可以破解椭圆曲线,也未发现通过高成本的操作可以轻易地破解未来基于椭圆曲线的单个公钥或交换。因此,几乎所有椭圆曲线密码都使用 NIST 发布的预计算曲线。NIST 发布了一系列不同大小(针对不同安全强度)的曲线,并基于不同的有限域。

与椭圆曲线 Diffie-Hellman(ECDH,如图 6-8 所示)相关的数学和 Diffie-Hellman 相关的数学是相似的。Alice 和 Bob 各自选择了一个是所需安全强度两倍的随机数(例如与 AES-128 相当的安全性为 256 比特)。Alice 计算椭圆曲线群生成器的 $a$ 次幂,Bob 计算其 $b$ 次幂,然后,双方进行值交换。然后,Alice 和 Bob 都通过计算所收到值的私有指数幂来计算 $g^{ab}$。但得到 $g^a$ 和 $g^b$ 的窃听者,若不付出超常的努力,则无法计算 $g^{ab}$。

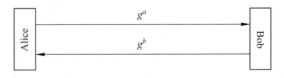

图 6-8 椭圆曲线 Diffie-Hellman 交换

### 6.7.2　椭圆曲线数字签名算法

椭圆曲线数字签名算法（ECDSA）的公式与 DSA 的公式非常相似，只是使用了一种不同形式的算术。给定具有素数（假设为 $n$）个元素的椭圆曲线群和生成器 $g$，所有元素都可以表示为 $g^i$，其中，$0 \leqslant i < n$。指数是整数，由于 $g^n = 1$，因此可以进行 mod $n$ 算术运算。

椭圆曲线上的点具有 $x$ 和 $y$ 坐标，并表示为有序对 $\langle x, y \rangle$。Alice 选择了一个公钥/私钥对，其私钥是介于 2 和 $n-1$ 之间的随机选择的整数 $a$。为对消息 $m$ 进行签名，Alice 需执行以下步骤。

(1) Alice 计算消息的哈希：$M = \text{hash}(m)$。

(2) Alice 有一个长期的公钥 $A = g^a$，选择了一个每条消息秘密 $t$。

(3) Alice 计算 $T = g^t$ 的 $x$ 坐标。$T$ 值是 Alice 在 $m$ 上签名的一部分。

(4) Alice 计算 $S = (M + aT) \times t^{-1} \bmod n$。

(5) Alice 在 $m$ 上的签名是 $\langle T, S \rangle$。注意，这是两个整数，不涉及曲线上的点。

Bob 为验证签名所做的计算也遵循与 DSA 相同的公式。

(1) Bob 计算 $x = M \times S^{-1} \bmod n$。

(2) Bob 计算 $y = T \times S^{-1} \bmod n$。

(3) 如果 $T = g^x A^y$ 的 $x$ 坐标，则签名有效。

与 DSA 一样，Bob 需要进行一些额外的检查，以确保正确生成 Alice 的值（见 6.4.3 节）。

## 6.8　作业题

1. 在 mod $n$ 算术中，为什么 $x$ 有乘法逆的条件是当且仅当 $x$ 与 $n$ 互素？

2. 6.4.2 节指出，用对方的公钥加密 Diffie-Hellman 值可以防止攻击。若攻击者可以用对方的公钥加密任何内容，那么为什么会出现上述情况？

3. 在 RSA 中，假设素数 $p$ 和 $q$ 的大小大致相同，那么，与 $n$ 相比，$p$ 和 $q$ 大约有多大？与 $n$ 相比，$\Phi(n)$ 有多大？

4. 随机选择的数与某个特定的 RSA mod $n$ 不互素的概率是多少？找到这样的数会带来什么威胁？

5. 假设不存在像 PKCS♯1 中的强制填充结构。若 Fred 在 $m_1$ 和 $m_2$ 上看到了 RSA 签名（看到了 $m_1^d \bmod n$ 和 $m_2^d \bmod n$），那么，Fred 如何计算 $m_1^j \bmod n$（$j$ 为正整数），$m_1^{-1} \bmod n$，$m_1 \times m_2 \bmod n$ 的签名，以及 $m_1^j \times m_2^k \bmod n$（$j$ 和 $k$ 为任意整数）？

6. 假设编码会遭到 Carol 的立方根攻击。如果 Carol 向 Bob 发送了一条假定由你签名的消息，那么，签名的消息会存在哪些可疑和引人注意的地方，以至于几乎不需要额外的计算，Bob 就可以检测到伪造信息？为使信息不那么可疑，Carol 能做些什么？

7. 在 ElGamal 中，若已知签名的秘密数，则签名者的私钥是如何泄露的？若两个签名使用相同的秘密数,则签名者的私钥是如何泄露的? 提示: $p-1$ 是某个素数的 2 倍。即使不是所有的数都有逆元 mod $p-1$,若愿意接受两个可能的答案,仍可以进行除法运算。(这里我们忽略了除数为 $(p-1)/2$ 的情况,因为这是极不可能的。)

8. 试证明验证在 DSA 中有效。

9. 假设已知 $n$ 的一个非平凡平方根 $y$。基于此,如何分解 $n$? 提示: $(y^2-1) \bmod n = 0$。

# 第 7 章 量 子 计 算

## 7.1 什么是量子计算机

量子力学[①]表明,针对某些计算任务,建造一台比传统(经典)计算机更快的计算机是可能的。尽管量子力学的某些理论较为晦涩,不够直观,但所有证据都支持上述观点。本章将介绍量子计算机与经典计算机的差异,并将以直观的方式描述与密码学最相关的量子算法。

市面上有大量整本都是关于量子力学的书籍,本章的目标并不是将多年的物理和数学知识整理成短短几页的内容,而是对相关概念、术语和符号标识以及可在量子计算机上运行的算法进行深入解读。对于那些想更加深入研究该领域的读者,希望本章的介绍有助于其理解更深层次的文献。

当尝试高度概括何为量子计算机时,笔者写下了:"量子计算机是一个能快速分解数字的魔盒。"下面的内容将对相关知识进行详细讲解,但依然会保持本章内容的直观性和简洁性。

### 7.1.1 结论预览

这里首先给出结论,随后会解释这些结论的正确性。

一种常见的误解是,量子计算机[②]比经典计算机更快,因为**摩尔定律**(Moore's law)[③]正在放缓,最终所有的计算机都将被量子计算机所取代。这个结论绝对不是真的。其实,量子计算机只在解决很少的部分问题时计算更快。量子计算机在某些任务上的优势体现在,量子计算只需要存储大小为 $n$ 的状态空间,就好像可以同时并行处理 $2^n$ 个状态值一样。然而,正如本章后续内容将要讲解的一样,量子计算也有严重的局限性,例如,一旦观测到一个量子状态,其他量子状态立即会消失。典型量子计算程序的神奇之处在于,量子计算可以提高最终读取结果的似然概率,这是一种很有用的数值。

---

① 译者注:量子力学形成于 20 世纪初期,由普朗克、玻尔、海森堡、薛定谔、泡利、德布罗意、玻恩、费米、狄拉克、爱因斯坦、康普顿等一大批物理学家共同创立,是研究物质世界微观粒子运动规律的物理学分支,量子力学主要研究原子、分子、凝聚态物质,以及原子核和基本粒子的结构、性质的基础理论,与相对论一起构成现代物理学的理论基础。

② 译者注:量子计算机是一类遵循量子力学规律而进行高速数学和逻辑运算,存储及处理量子信息的物理装置。以超导量子计算机为例,主要包括量子芯片、控制系统、低温系统三部分。经典计算机是通过集成电路通断来实现 0、1,量子计算机的基本单位——量子比特,通过量子态表示 0 或 1,例如光子的两个正交偏振方向、磁场中电子的自旋方向、原子中量子处在的两个不同能级等。1982 年,费曼最早提出量子计算机思想。

③ 译者注:1965 年 4 月提出的摩尔定律是英特尔创始人之一戈登·摩尔(Gordon Moore)的经验之谈,并非自然科学定律,但从一定程度揭示了信息技术进步的速度。其核心内容为:集成电路上可以容纳的晶体管数目在大约每 18～24 个月会增加一倍。换言之,处理器的性能大约每 2 年翻一倍,同时价格下降为之前的一半。

另一个常见的误解是量子计算机可以在多项式时间内解决 NP-难问题(如旅行商问题[①])。这几乎可以肯定不是真的。虽然没有人证明这是不可能的,但并没有已知的量子算法强大到可以解决这一问题。事实上,就我们目前的知识而言,量子算法几乎与经典算法能力相当。

尽管,原则上量子计算机可以进行经典计算机所能进行的任何计算,但对于大多数计算任务来说,量子计算机并不会比传统计算机更快。此外,在实践中,量子计算机的构建和运维成本甚至更高。例如,量子计算机的多数设计需要在非常接近绝对零度的温度下进行。所以,量子计算机不太可能服务于一个小众市场,并基于少量数据进行 CPU 密集型的计算。然而,存在以下两类与密码学相关的重要量子算法。

(1) **Grover 算法**[②],以加速蛮力搜索著称。这类算法会给加密或哈希算法带来麻烦,因为,暴力搜索可以找到密钥或原像。但 Grover 算法的局限性在于,该类算法只能将搜索时间缩短到搜索空间的平方根大小。因此,将搜索空间大小扩大为其二次幂(例如加倍加密密钥长度)则足以防御 Grover 算法。

(2) **Shor 算法**[③],可以有效地进行数值分解和离散对数计算。如果 Shor 算法能够在足够大的量子计算机上运行,则可以攻克目前广泛使用的公钥算法(例如 RSA、Diffie-Hellman、椭圆曲线加密算法、ElGamal)。在本书成稿时,尚未公开出现能够用于攻克目前公钥算法的大型量子计算机,而且,一些专家仍对能否建成这样的量子计算机持怀疑态度。建造量子计算机存在大量的工程难题,而且,在经济上可能永远都不可行。但是这样的计算机依然有实现的可能性,因此,在足够大的量子计算机实现之前,研究量子安全的公钥算法是很重要的。密码学领域正在积极开发和标准化此类算法,相关内容会在第 8 章进行描述。

## 7.1.2 什么是经典计算机

经典计算机[④]基于按位存储的信息进行计算。每个比特位存储一个 0 或 1,具有 $n$ 个比特位的经典计算机则处于 $2^n$ 种状态之一。例如,对于 3 个比特位,经典计算机可能的状态为 000、001、010、011、100、101、110、111。经典计算机使用门(例如与门 AND 和非门 NOT)对比特位进行运算,将一些比特位作为输入,然后输出一些比特位。经典计算机中的门操作通常用表格来表示,可以清晰地展示给定的输入比特值和输出比特值。例如,经典计算机中与门的表格如下:

在量子计算中,也有类似的门概念。然而,经典的门读取输入并将相应的输出值写到不

---

① 译者注:1959 年 Dantzig 等提出的旅行商问题(travelling salesman problem,TSP),是组合优化中的 NP-难问题,在运筹学和理论计算机科学中非常重要。该问题可描述为:给定一系列城市和城市间的距离,求解访问每座城市一次并回到起始城市的最短路径。相关工作可追溯到 1759 年欧拉研究的骑士环游问题,即对于国际象棋棋盘中的 64 个方格,走访每个方格一次且仅一次,并且最终返回到起始点。
② 译者注:1995 年提出的 Grover 算法,即**量子搜索算法**(quantum search algorithm),是一种在量子计算机上运行的非结构化搜索算法,是量子计算的典型算法之一。
③ 译者注:Shor 算法是 1994 年 Shor 等针对大整数分解提出的量子多项式算法,其核心思想是利用数论定理,将大整数分解转化为求某个函数的周期问题,该算法有望攻克 RSA 加密算法。
④ 译者注:经典计算机是能自动地以存储程序的方式进行算术和逻辑运算的机器,由硬件系统和软件系统组成,通用的经典计算机遵循冯·诺依曼体系结构(也称普林斯顿结构,与将程序、数据分开存储的哈佛结构不同):二进制、程序存储执行、五部分(运算器、控制器、存储器、输入设备、输出设备)。

| 输入 | 输出 |
|------|------|
| 00 | 0 |
| 01 | 0 |
| 10 | 0 |
| 11 | 1 |

同的位置，量子计算中的门可以对一组量子比特进行操作，并改变这些量子比特的状态。相关细节将在后续部分介绍。

### 7.1.3  量子比特和叠加态

量子计算机使用**量子比特**（qubits）代替经典计算机中的比特，其中量子比特的状态可以是 0 和 1 的混合，这就是**叠加态**（superposition）[1]。描述量子叠加态的标准符号为**右矢**（ket）[2]，是写在竖线和右尖括号之间表示状态的符号或值。一个或多个量子比特的状态通常记为 $|\psi\rangle$。单个量子比特状态的标准记法为 $|\psi\rangle = \alpha|0\rangle + \beta|1\rangle$。系数 $\alpha$ 和 $\beta$ 决定了观测值为 0 或 1 的可能性。观测和读取量子比特会破坏量子叠加态的信息，会被完全读取为 0（记作 $1|0\rangle + 0|1\rangle$，或简写为 $|0\rangle$），或者完全为 1（记作 $0|0\rangle + 1|1\rangle$，或简写为 $|1\rangle$）。

两个量子比特状态的标准记法为 $|\psi\rangle = \alpha|00\rangle + \beta|01\rangle + \gamma|10\rangle + \delta|11\rangle$。系数 $\alpha$、$\beta$、$\gamma$、$\delta$ 分别决定了观测值为 00、01、10 或 11 的可能性。

一旦完成观测，量子比特与经典比特便没有区别——要么是 0，要么是 1。那么量子比特如何变成 0 和 1 的混合呢？量子计算机可以通过量子门来创建叠加态，并完成量子计算，相关内容将在 7.1.5 节中讲解。

量子比特状态的系数 $\alpha$ 和 $\beta$ 称为**概率幅**（probability amplitudes），该系数绝对值的平方是概率值。若给定总概率必须为 1，则 $|\alpha|^2 + |\beta|^2 = 1$。在状态空间 $\alpha|0\rangle + \beta|1\rangle$ 中，量子比特为 0 的概率是 $|\alpha|^2$，为 1 的概率是 $|\beta|^2$。例如，若 $\alpha = \frac{1}{\sqrt{2}}$，$\beta = -\frac{1}{\sqrt{2}}$，则在状态空间 $\alpha|0\rangle + \beta|1\rangle$ 中，量子比特为 0 的概率是 $1/2$，为 1 的概率也为 $1/2$。在大多数文献中，上述系数[3]均称为概率幅。

量子比特状态的系数实际上是复数。但为了便于绘图，并在介绍 Shor 算法之前，我们只需要使用系数的实部，所以，现在假设这些系数是实数。给定概率 $|\alpha|^2 + |\beta|^2$ 的和为 1，若要绘制 $\alpha$ 和 $\beta$ 所有的潜在（实际）值，则可以得到一个半径为 1 的圆。需要注意的是，如果改变 $\alpha$ 或 $\beta$ 的符号，量子比特取值为 0 或 1 的概率并不会改变。例如，图 7-1 的左半部分展示了 $\alpha|0\rangle + \beta|1\rangle$ 的取值。图 7-1 的右半部分展示了 $\alpha|0\rangle - \beta|1\rangle$ 的取值。在这两种情况下，量子比特被观测为 0 的概率都是 $|\alpha|^2$，被观测为 1 的概率为 $|\beta|^2$。

---

[1]  译者注：叠加态，或称叠加状态（superposition state），指量子系统中几个量子态归一化线性组合后得到的状态。例如，若把一只猫关进密闭的盒子，用枪对盒子射击，这支枪的扳机由原子衰变扣动，那么便无法知道这只猫究竟是死还是活，因为原子是否衰变是一个随机事件，这只猫所处的状态可称为死与活的叠加状态。

[2]  译者注：Hilbert 空间（线性复向量空间）可以表示量子系统中各种可能的量子态，狄拉克首先引入符号"$|x\rangle$"表示量子态，用列向量表示，其共轭转置 $\langle x|$（bra）用行向量表示。一个量子比特的叠加态可用二维 Hilbert 空间（即二维复向量空间）的单位向量来描述。

[3]  此处使用了术语系数（coefficient）而不是概率幅（amplitude），因为表达式 $\alpha|0\rangle$ 中的 $\alpha$ 既代表大小，又描述了相位，如图 7-2 所示，概率幅和幅度这两个词在非技术类英语中经常被用作同义词。

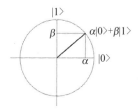 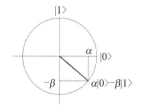

图 7-1　实数系数

如果两个量子比特状态的系数不同,但绝对值相同,则两个系数具有不同的**相位**(phases)。如果系数是实数,则相位是正或者负。对于复数,有一系列可能的相位。如果用二维向量表示复数 $x+yi$,其相位是向量与实轴的夹角,其绝对值是向量的长度。如图 7-2 所示,注意量子比特状态系数的绝对值不大于 1,因此只能存在于半径为 1 的外圆内部;在半径为 $m$ 的内圆上的任意系数,其绝对值为 $m$。

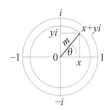

图 7-2　绝对值(大小)为 $m$ 和相位为 $\theta$ 的复数 $x+yi$

如果系数的相位不能改变被观测值的概率,那么关注量子比特状态的系数有什么用呢?答案为,在可用的量子计算中,观测量子比特的状态前,其状态会被称为**量子门**(quantum gates)[1]的变换反复改变,门操作之后,某个值的概率通常取决于应用门操作之前系数的相位。本章的后续部分将详细讨论量子门。

**1. 量子比特示例**

**光子**(photon)[2]具有量子比特特性,光子的偏振[3]被认为是其量子状态,光子的偏振态可为向上/向下(可理解为状态 1)、向右/向左(可理解为状态 0),或者两者中的任意状态。如果**偏振片**(polarizing filter)与光子偏振方向精确匹配,则光子可以通过偏振片。如果偏振片与光子偏振方向相差 90°,则光子无法通过。如果偏振片与光子的偏振方向相差 45°,则光子将以 1/2 的概率通过。更一般地,如果光子与偏振片相差的角度为 $\varphi$,则光子通过偏振片的概率为 $\cos^2 \varphi$。

上述过程就是偏振片对光子的测量过程,光子与偏振片的对齐程度决定了观测值为 0 还是 1;光子的状态可表示为 $\sin\varphi|0\rangle + \cos\varphi|1\rangle$,若光子通过了偏振片,则意味着光子相对

---

① 译者注:量子门,或量子逻辑门,是保持总概率为 1 的线性变换,即**酉变换**(Unitary transformation)。与多数传统逻辑门不同,量子逻辑门是可逆的,用酉矩阵表示,一般针对一个或两个量子比特进行操作。$n$ 位量子门,输入和输出均是 $n$ 位量子比特。

② 译者注:光量子,简称光子,是传递电磁相互作用的基本粒子,具有波粒二象性,静止质量为零,以光速运动,并具有能量、动量、质量。1905 年,该概念由爱因斯坦提出,1926 年由美国物理化学家路易斯正式命名。

③ 译者注:光的干涉和衍射现象说明了光具有波动性。1808 年,马吕斯发现光的偏振现象。光的偏振和光学各向异性晶体中的双折射现象证实了光的横波性。振动方向对于传播方向的不对称性称为偏振,是横波区别于纵波的最明显标志,只有横波才有偏振现象。

于偏振片的测量值为 0。因为测量破坏了光子为 1 的分量，使得光子现在与偏振片完全对齐。

在现实生活中，使用 3 个偏振片可以很容易地证明上述现象。若将两个成 90°排列的偏振片放在彼此的顶部，则没有光通过，即没有光子通过。然而，如果在这两个偏振片之间插入第三个偏振片，并与其他两个偏振片成 45°，则光可以通过三个偏振片的组合——1/2 的光子将通过第一个偏振片，然后，其 1/2 将通过第二个偏振片，然后，其 1/2 将通过第三个偏振片，参见本章作业题 1。

注意，只要 0 和 1 的定义是正交的，则量子比特的定义就可以是任意的。

**2. 多量子比特状态和量子纠缠**

量子计算机中另一奇特的概念是**量子纠缠**（entanglement）[①]，可以用于描述量子比特集合的整体性质，但无法确定性地描述单个量子比特的状态。例如，3 个量子比特可以是 8 个可能经典状态的叠加态：000,001,010,011,100,101,110,111。3 个量子比特的状态$|\varphi\rangle$，可记作

$$|\varphi\rangle = \alpha|000\rangle + \beta|001\rangle + \gamma|010\rangle + \delta|011\rangle + \varepsilon|100\rangle + \mu|101\rangle + \theta|110\rangle + \tau|111\rangle$$

3 个量子比特处于这 8 种状态之一的概率为 1。所以

$$|\alpha|^2 + |\beta|^2 + |\gamma|^2 + |\delta|^2 + |\varepsilon|^2 + |\mu|^2 + |\theta|^2 + |\tau|^2 = 1$$

同时，3 个量子比特被测量为 011 的概率为$|\delta|^2$。

若要表示 $n$ 个纠缠的量子比特状态，则需要 $2^n$ 个复数（系数）。然而，若量子比特不是纠缠的，例如彼此独立的，则其状态可以用 $2n$ 个系数紧凑地表达。第一个量子比特的状态可以表示为$\alpha_1|0\rangle + \beta_1|1\rangle$。第二个量子比特的状态可以表示为$\alpha_2|0\rangle + \beta_2|1\rangle$。第三个量子比特的状态可以表示为$\alpha_3|0\rangle + \beta_3|1\rangle$……然而，若要确定 10 个纠缠的量子比特状态，则需要 1024 个系数（需要为 10 个比特构成的 $2^{10}$ 个可能值各分配一个系数）。相反，若十个量子比特是非纠缠的，则每个量子比特状态可以用两个系数表示，因此，只需要 20 个系数。

尽管使用 $2n$ 个系数的紧凑表示法不能用于描述量子纠缠状态，但使用 $2^n$ 个系数的非紧凑表示法可用于描述非纠缠状态。

在非纠缠状态中，可以从 $n$ 个非纠缠量子比特的$|0\rangle$和$|1\rangle$系数中推导出所有 $2^n$ 个经典状态的系数。例如，3 个非纠缠的量子比特的状态分别为，$\alpha_1|0\rangle + \beta_1|1\rangle$，$\alpha_2|0\rangle + \beta_2|1\rangle$，$\alpha_3|0\rangle + \beta_3|1\rangle$，则状态$|000\rangle$在 3 个量子比特整体状态中的系数是 $\alpha_1\alpha_2\alpha_3$。同理，状态$|001\rangle$在整体状态中的系数是 $\alpha_1\alpha_2\alpha_3$，状态$|010\rangle$的系数是 $\alpha_1\alpha_2\alpha_3$，以此类推，参见本章作业题 2。

### 7.1.4 作为向量和矩阵的量子态和门

量子比特集合的量子态可以表示为系数的列向量，即每个量子比特组合对应一个列向量。按照惯例，通常根据相应的比特组合对系数进行排序，因此，一个量子比特的顺序仅为 0,1；两个量子比特的顺序为 00,01,10,11。上述记法可作为避免遗漏量子比特组合的速记方式。例如，$\alpha|0\rangle + \beta|1\rangle$可记作

---

① 译者注：在量子力学中，当几个粒子在彼此相互作用后，各个粒子所拥有的特性已综合成为整体性质，则无法单独描述各个粒子的性质，只能描述整体系统的性质，这种现象为量子纠缠。

$$\begin{bmatrix} \alpha \\ \beta \end{bmatrix}$$

量子门可以用乘法矩阵表示。对于单量子比特的门,第一列为当初始状态为$|0\rangle$时,最终状态为$|0\rangle$和$|1\rangle$的系数,第二列为当初始状态为$|1\rangle$时的最终状态系数。同理,这也是为避免遗漏的量子比特组合的速记方法。当描述量子门时,可以采用矩阵表示法。例如,NOT 门可记作

$$\begin{bmatrix} 0 & 1 \\ 1 & 0 \end{bmatrix}$$

以两个量子比特的 **CNOT** 门(受控非门)[①]为例,如图 7-3 所示,若第一个量子比特是 1,则第二个量子比特为 0 和 1 之一,可以通过$|00\rangle$,$|01\rangle$,$|10\rangle$和$|11\rangle$来定义。在矩阵表示法中,第一列为当初始状态为$|00\rangle$时,最终状态为$|00\rangle$,$|01\rangle$,$|10\rangle$和$|11\rangle$的系数。第二列为当初始状态为$|01\rangle$时,最终状态为$|00\rangle$,$|01\rangle$,$|10\rangle$和$|11\rangle$的系数,以此类推。

| 初始状态 | 最终状态 |
|---|---|
| $\|00\rangle$ | $\|00\rangle$ |
| $\|01\rangle$ | $\|01\rangle$ |
| $\|10\rangle$ | $\|11\rangle$ |
| $\|11\rangle$ | $\|10\rangle$ |

$$\begin{bmatrix} 1 & 0 & 0 & 0 \\ 0 & 1 & 0 & 0 \\ 0 & 0 & 0 & 1 \\ 0 & 0 & 1 & 0 \end{bmatrix}$$

图 7-3　CNOT 门

上述表示方法的美妙之处在于,通过门矩阵与状态向量的乘法即可实现量子门对量子态的操作。例如,对量子比特的状态$\alpha|0\rangle + \beta|1\rangle$进行 NOT 门操作,只需要将 NOT 矩阵乘以表示量子比特状态的列向量。

按从右到左顺序进行门矩阵的内积,可以得到一系列门操作的结果。

## 7.1.5　叠加和纠缠

叠加和纠缠是量子计算机比经典计算机更强大的原因。那么,量子比特是如何进行叠加和纠缠的? 在量子计算机上用门操作将量子比特初始化为已知状态,并用量子门来测量所有量子比特,即可完成量子计算。然而,这些量子比特并非是纠缠的,而是确定的 0 或 1。

有多种操作(门)可以使量子比特产生叠加态和/或纠缠态。例如,利用 Hadamard 门[②]可以使单个量子比特产生叠加态,一个固定为 0 或固定为 1 的量子比特通过 Hadamard 门,即可成为 0 和 1 的混合。Hadamard 门操作如图 7-4 所示。

基于一组量子比特进行的门操作可以使其产生纠缠态。例如,若存在未纠缠的量子比特 $x$、$y$ 和 $z$,并对 $x$ 和 $y$ 进行操作,那么 $x$ 和 $y$ 则会产生纠缠态。若对 $y$ 和 $z$ 进行操作,那么所有 3 个量子比特 $x$、$y$ 和 $z$ 现在都会纠缠在一起。此外,门操作也可用于消除量子比特的纠缠态。

**真值表表示法**(The truth table representation)可以展示 Hadamard 门对初始值为 0 或

---

① 译者注:CNOT 门可以有条件地进行量子比特翻转,可用于创建纠缠的量子比特,C 指 Controlled,意为受控的,NOT 门即量子非门,即量子 X 门,因此,CNOT 门也称 CX 门。其输入输出均为两个量子比特(因为量子门必须是可逆的,因此输出和输入个数必须相等)。

② 译者注:Hadamard 门是可将单个基态量子比特变为叠加态的量子逻辑门,常在线性空间中做基底变换,记作 **H**,其矩阵表示中每一列正交,因此 **H** 是一个酉矩阵。

$$
\begin{array}{cc}
\text{初始状态} & \text{最终状态} \\
|0\rangle & \frac{1}{\sqrt{2}}|0\rangle + \frac{1}{\sqrt{2}}|1\rangle \\
|1\rangle & \frac{1}{\sqrt{2}}|0\rangle - \frac{1}{\sqrt{2}}|1\rangle
\end{array}
\qquad
\begin{bmatrix}
\frac{1}{\sqrt{2}} & \frac{1}{\sqrt{2}} \\
\frac{1}{\sqrt{2}} & -\frac{1}{\sqrt{2}}
\end{bmatrix}
$$

$$\text{真值表表示} \qquad\qquad \text{矩阵表示}$$

图 7-4　Hadamard 门

1 的量子比特的操作。若量子比特初始状态为叠加态，例如，$\alpha|0\rangle + \beta|1\rangle$，那么，为计算 $\alpha|0\rangle + \beta|1\rangle$ 的 Hadamard 门输出，则只需要将 $|0\rangle$ 和 $|1\rangle$ 的输出与输入状态系数按比例相加。

由于 $|0\rangle$ 的输入系数为 $\alpha$，则 $|0\rangle$ 的输出为 $\frac{1}{\sqrt{2}}|0\rangle + \frac{1}{\sqrt{2}}|1\rangle$，然后，将 $|0\rangle$ 的输出与 $\alpha$ 相乘，得到 $\frac{\alpha}{\sqrt{2}}|0\rangle + \frac{\alpha}{\sqrt{2}}|1\rangle$。同理，将 $|1\rangle$ 的输出（即 $\frac{1}{\sqrt{2}}|0\rangle - \frac{1}{\sqrt{2}}|1\rangle$）与 $\beta$ 相乘。

将上述两个结果相加，则得到一个量子比特 $\alpha|0\rangle + \beta|1\rangle$ 的 Hadamard 门结果 $\frac{\alpha+\beta}{\sqrt{2}}|0\rangle + \frac{\alpha-\beta}{\sqrt{2}}|1\rangle$。

上述过程也可以通过 Hadamard 门的矩阵表示与量子比特 $\alpha|0\rangle + \beta|1\rangle$ 的列向量相乘实现：

$$
\begin{bmatrix}
\frac{1}{\sqrt{2}} & \frac{1}{\sqrt{2}} \\
\frac{1}{\sqrt{2}} & -\frac{1}{\sqrt{2}}
\end{bmatrix}
\begin{bmatrix}
\alpha \\ \beta
\end{bmatrix}
=
\begin{bmatrix}
\frac{1}{\sqrt{2}}\alpha + \frac{1}{\sqrt{2}}\beta \\
\frac{1}{\sqrt{2}}\alpha - \frac{1}{\sqrt{2}}\beta
\end{bmatrix}
=
\begin{bmatrix}
\frac{\alpha+\beta}{\sqrt{2}} \\
\frac{\alpha-\beta}{\sqrt{2}}
\end{bmatrix}
$$

上述过程之所以能将量子比特状态的输出与叠加态输入的系数相乘，得益于量子门的线性特点，该特性将在后文讲解。

现在，做个尝试，当应用两次 Hadamard 门会发生什么有趣的事？可以发现，Hadamard 门是自己的逆操作，如本章作业题 7 所示。

### 7.1.6　线性

量子门满足线性特性。这给人们的直觉是，量子门的输出是所有叠加的经典输入状态的加权和输出，该权重就是叠加的经典输入状态的系数。因此，当知道经典输入状态的门操作后，即可将每个经典输入态的输出与该状态的系数相乘，最终的加和就是量子态的结果。

线性是很好的性质，基于此，可以用表格来描述 $n$ 个量子比特的门操作，而且，在表格中仅需要描述当输入是 $2^n$ 个经典状态之一时的输出结果。这种表格足以确定量子门对任何输入状态的作用，因为所有可能的量子态都可以表示为 $2^n$ 个经典状态的叠加（线性组合）。例如，对于如图 7-3 所示的 CNOT 门，若 2-量子比特的输入状态为 $\alpha|00\rangle + \beta|01\rangle + \gamma|10\rangle + \delta|11\rangle$，则基于线性特征，可以得到的输出状态为 $\alpha|00\rangle + \beta|01\rangle + \delta|10\rangle + \gamma|11\rangle$。

**不可克隆定理**

线性特征导致了一个有趣的结果，无法克隆一个量子比特（或一组纠缠的量子比特）。若一个量子比特处于状态 $\alpha|0\rangle + \beta|1\rangle$，则你可能会想通过按位异或（$\oplus$）使其变成处于

状态 $|0\rangle$ 的量子比特,最后得到每个都处于 $\alpha|0\rangle+\beta|1\rangle$ 状态的两个量子比特。但事实相反,你会得到两个纠缠的量子比特,状态为 $\alpha|00\rangle+\beta|11\rangle$,见本章作业题 8。

**不可克隆定理**(no cloning theorem)[①]的一个重要含义是,不能多次读取量子的状态。如果量子的状态可以克隆,那么便可以获得大量副本,并且通过读取它们获得多个叠加态的值。如果可以得到足够多的副本,那么就能够获得各种叠加态的概率。但这显然是不可能的。读取量子态会破坏叠加态,同时,由于量子态不可克隆,所以只能读取一次。

## 7.1.7　纠缠量子比特的操作

量子门很少对一个或两个以上的量子比特进行操作,因为随着量子比特数量的增加,构建量子门的工程挑战也急剧增加。可以想象,应用于 $n$ 个量子比特的量子门实际上几乎是由一次只能处理一个或两个量子比特的门构成的。采用虚拟的 $n$ 个量子比特门的量子算法,其运行时间需要针对门的实际配置进行调整。所以,如果只能使用作用于 1 个或 2 个量子比特的门,那么对一组纠缠的量子比特进行操作会发生什么?

例如,假设有 3 个纠缠的量子比特,状态为 $\alpha|000\rangle+\beta|011\rangle+\gamma|100\rangle$。现在,对第 1 个量子比特使用 NOT 门,则结果为 $\alpha|100\rangle+\beta|111\rangle+\gamma|000\rangle$。更复杂的案例参见本章作业题 5。

通常一次只能对一个量子比特进行测量。例如,测量一组纠缠的量子比特中的一个,便可以得到值 1。测量量子比特的副作用是,所有与测量值不匹配状态的系数都会变为 0,而与测量值匹配的所有状态系数将线性累加,且系数绝对值的平方和为 1。请注意,上述线性缩放不会改变其余系数的相位,参见本章作业题 6。

## 7.1.8　幺正性

线性约束了量子门可进行的操作,例如防止量子比特克隆。量子门的另一个约束必须满足**幺正性**(unitary)[②]。线性门的幺正性指,如果量子门的输入状态是归一化的,即系数绝对值的平方和为 1,则输出状态也是归一化的。这些约束并不是人为任意施加的。相反,这源于已知的物理定律。

幺正性似乎是合理的。可以想象,当完成了一个可能的物理操作后,所有测量结果的概率之和可能会大于 1,这一定相当荒谬。尽管如此,仍有一些看似合法但又被这一约束所禁止的操作。例如,在将量子比特设置为 0 的线性门(即置 0 门)操作中,其真值表如下:

| 输入 | 输出 |
|------|------|
| 0 | 0 |
| 1 | 0 |

---

[①]　译者注:不可克隆定理是"海森堡测不准原理"的推论,指量子力学中对任意一个未知的量子态进行完全相同的复制过程是不可实现的,因为复制的前提是测量,而测量一般会改变该量子的状态。

[②]　译者注:在物理学中,幺正性指某个物质于时刻 t 在全空间找到粒子的总概率等于 1。若微观粒子不能产生和湮没,那么某时刻波函数满足归一化条件,则在任何时刻,波函数都将保持归一化(概率守恒),这体现了微观过程物质不灭的原理;在数学中,幺正矩阵的厄米共轭矩阵等于逆矩阵。对于实矩阵,厄米共轭就是转置。

上述门操作违反了幺正性，例如，当基于线性规则计算上述真值表时，归一化状态 $\frac{3}{5}|0\rangle +$
$\frac{4}{5}|1\rangle$ 将变为非归一化状态 $\frac{3}{5}|0\rangle + \frac{4}{5}|0\rangle = \frac{7}{5}|0\rangle$。注意，$\frac{3}{5}|0\rangle + \frac{4}{5}|1\rangle$ 是归一化的，因为
$3^2 + 4^2 = 5^2$。

像**置 0 门**（zeroize gate）这样不能直接转化为幺正门的经典操作，被称为**不可逆**
（irreversible）操作。其共同点是将至少两个不同输入映射到相同的输出。相反，能够将每
一个可能的输入映射到不同输出的**可逆**（reversible）经典操作可以直接转化为有效的幺正
量子门。7.1.9 节和 7.1.10 节将介绍如何利用量子组件实现不可逆的经典操作，一是测量，
二是将不可逆经典操作转换为可逆经典操作。

### 7.1.9　通过测量进行不可逆操作

测量是进行不可逆（基于量子计算的构成要素）经典操作的一种方法。例如，应用于量
子比特的置 0 操作可按如下步骤实施。

（1）测量量子比特。

（2）如果测量值为 1，则应用 NOT 门：$|0\rangle \rightarrow |1\rangle$，$|1\rangle \rightarrow |0\rangle$。如果测量值为 0，不进行
操作。

然而，这种实现经典操作方式有一个主要缺点。当测量处于多个经典态叠加的量子比
特时，只能得到叠加态中的一种经典状态。此外，若测量的量子比特与其他量子比特是纠缠
的，则在测量后，其纠缠状态将结束。因为叠加和纠缠是量子计算强于经典计算的关键，所
以，若测量是进行量子算法中某些经典计算的唯一方法，那这将是非常不幸的。

### 7.1.10　让不可逆经典操作可逆

当想要将不可逆的经典计算纳入量子算法时，典型的做法是添加额外的量子比特使其
变成可逆（因此是幺正的）的操作。

在经典计算中，有一个不可逆函数，其输入为 $i$ 比特，输出为 $o$ 比特。将其转换为可逆
函数的方法是做如下修改：将 $i + o$ 比特作为输入，利用不可逆函数计算前 $i$ 比特，然后将
结果按位异或（$\oplus$）转换为最后的 $o$ 比特。若 $o$ 比特的初始状态为 0，则计算过程是相同的，
并且新函数显然是可逆的，因为执行两次新函数即可得到原始输入。

在上述过程的量子版本中，若 $i$ 个输入量子比特处于叠加状态，则 $o$ 个输出的量子比特
为 0。当执行上述函数后，$i + o$ 个纠缠的量子比特将处于具有相同状态数量和相同系数的
叠加态。

在 $i + o$ 个纠缠的量子比特中，每个叠加态的值由一个输入量子比特（$i$ 个）的原始叠加
态值和与函数输出结果状态纠缠的 $o$ 个量子比特构成。

目前，已有算法可以将任何可计算的经典函数转换为类似的有效量子电路，其原理与上
述方式相同。

### 7.1.11　通用门集合

量子计算中使用的术语"电路"和"门"与经典计算机中人们所熟悉的相应术语相似。原

则上,所有经典操作都可以由**与非门**(NAND gates)[1]构建,而且电路可以用大量连接在一起的物理门执行更复杂的计算(例如两个 32 比特数值的加法)。

类似地,在量子计算机中,所有电路都可以用相对少量种类的一系列门进行近似逼近[2]。例如,通用量子门集合(可以构造任何所需电路的量子门集合)包括 Hadamard 门、CNOT 门和 π/8 门[3]。这些门的定义如下:

**Hadamard门**

| 初始状态 | 最终状态 |
|---|---|
| $|0\rangle$ | $\frac{1}{\sqrt{2}}|0\rangle+\frac{1}{\sqrt{2}}|1\rangle$ |
| $|1\rangle$ | $\frac{1}{\sqrt{2}}|0\rangle-\frac{1}{\sqrt{2}}|1\rangle$ |

$$\begin{bmatrix} \frac{1}{\sqrt{2}} & \frac{1}{\sqrt{2}} \\ \frac{1}{\sqrt{2}} & -\frac{1}{\sqrt{2}} \end{bmatrix}$$

**CNOT门**

| 初始状态 | 最终状态 |
|---|---|
| $|00\rangle$ | $|00\rangle$ |
| $|01\rangle$ | $|01\rangle$ |
| $|10\rangle$ | $|11\rangle$ |
| $|11\rangle$ | $|10\rangle$ |

$$\begin{bmatrix} 1 & 0 & 0 & 0 \\ 0 & 1 & 0 & 0 \\ 0 & 0 & 0 & 1 \\ 0 & 0 & 1 & 0 \end{bmatrix}$$

**π/8门**

| 初始状态 | 最终状态 |
|---|---|
| $|0\rangle$ | $|0\rangle$ |
| $|1\rangle$ | $\frac{1+i}{\sqrt{2}}|1\rangle$ |

$$\begin{bmatrix} 1 & 0 \\ 0 & \frac{1+i}{\sqrt{2}} \end{bmatrix}$$

实际量子计算机中所采用量子门的种类取决于工程上的折中,一是要考虑使用更多量子门的成本问题,二是实现电路需要更多步骤所导致的性能损失。

上述描述存在一些误导,因为,量子计算中存在一系列的量子门,但几乎没有一个量子门是由通用门组成的有限序列构建的。但是,任何量子门都可以用通用门的有限序列进行无限逼近。

## 量子态和量子门几何

如图 7-1 所示,量子比特的状态是单位圆上的一个点。更一般地,由于概率幅可以是复数,量子比特的状态实际上是四维单位球面[4]上的一个点,每个复数概率幅的实部和虚部均被视为独立的坐标。类似地,$n$ 个量子比特集合的状态是 $2^{n+1}$ 维单位球面上的一个点。因为量子态是归一化的,所以这是单位球面,即所有概率幅的绝对值平方和必须为 1。

量子门必须是幺正的,这意味着符合线性特性,可以进行量子态到量子态的映射。从原点到任意量子态的向量长度为 1,因此,量子门可以将该向量映射到长度为 1 的另一个向量。因为线性特性,量子门必须将任意两个状态间的向量映射到另一个长度相同的向量。换句话说,量子门保持了量子状态之间的距离。所以应用量子门后,量子比特的状态球面仍保持刚性,这意味着量子比特的状态只能旋转或翻转。如果几个状态位于同一个平面中,那么应用量子门后,其状态仍将位于同一个(可能是另一个)平面中。

---

[1] 译者注:与非门是一种基本的数字逻辑电路,是与门和非门的叠加,有多个输入和一个输出。若当输入均为高电平(1),则输出为低电平(0);若输入中至少有一个为低电平(0),则输出为高电平(1)。

[2] 译者注:经典比特只有 0 和 1 两种取值,所以与非门即可遍历上述状态。而量子比特状态覆盖在 Bloch 球面上,是不可数的。需要用有限门集的反复作用来逼近任意状态,作为类比,可以用有理数逼近任意实数。

[3] 译者注:在量子比特状态覆盖的 Bloch 球面上,绕 z 轴的 π/4 角度转动,即为 π/8 门,又称 T 门。

[4] 译者注:量子力学中,以自旋物理与核磁共振专家费利克斯·布洛赫(Felix Bloch)姓氏命名的**布洛赫球面**(Bloch sphere)是一种对于双态系统中纯态空间的几何表示法,在这个单位二维球面上,每一对对应点对应相互正交的态矢,其北极和南极通常分别对应于电子的自旋向上态和自旋向下态、标准基矢的 0 态和 1 态,反之亦然。球面上的点对应系统的纯态,其内部点对应相应的混合态。布洛赫球面在数学中也被称作黎曼球面。

## 7.2  Grover 算法

Grover 算法是一种用于**蛮力搜索**（brute-force search）的量子算法，在经典计算机上的时间复杂度为平方根量级。例如，若需要找到将明文 $m$ 加密为密文 $c$ 的 $n$ 位密钥 $k$，则在经典计算机上，需要尝试所有可能的（$N=2^n$）密钥，平均来说，需要尝试 $N/2$ 次搜索才能找到正确的密钥（最坏的情况是尝试 $N$ 次）。而在量子计算机上，Grover 算法成功找到 $n$ 个量子比特表示的密钥 $k$，需要的迭代次数与 $\sqrt{N}=2^{n/2}$ 成正比。

在 Grover 算法的初始阶段，$n$ 个量子比特被初始化为一个 $n$ 比特的值，$N=2^n$ 个状态的取值概率均相同。然后，逐步提高 $k$ 值（要搜索的密钥）的概率，直到粗略地完成 $\sqrt{N}=2^{n/2}$ 次迭代后，找到正确 $k$ 值的可能性将趋近于 1。

为了使所有的 $N=2^n$ 个 $n$ 比特值变成叠加态，首先需要将每个量子比特置为 0（将测量值为 1 的位置为 0），然后对每个量子比特进行 Hadamard 门操作。图 7-5 的最左侧部分展示了此时 $N=2^n$ 个叠加态的概率幅，均为 $\dfrac{1}{\sqrt{N}}=2^{-n/2}$。

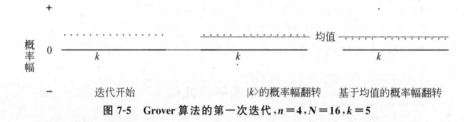

图 7-5  **Grover 算法的第一次迭代，$n=4$，$N=16$，$k=5$**

下面将循环执行以下两个操作，见图 7-5。

（1）将状态 $|k\rangle$ 的概率幅与 $-1$ 相乘。

（2）以所有概率幅的均值为轴，将 $N=2^n$ 个状态的概率幅翻转。

注意，状态 $|k\rangle$ 的概率幅翻转是一个幺正操作（操作后概率和仍为 1），因为，状态 $|k\rangle$ 的概率幅乘以 $-1$ 后，其概率幅绝对值的平方并未改变。创建一个能够识别并翻转状态 $|k\rangle$ 概率幅的量子电路听上去有些神秘，相关方法将在 7.2.2 节中讲解。

现在，以所有概率幅的均值为轴，对每个概率幅进行翻转。这个均值与除状态 $|k\rangle$ 外每个状态的公共概率幅非常接近，因为，有 $N-1$ 个概率幅是相同的，只有一个是状态 $|k\rangle$。该均值略低于公共值，因为状态 $|k\rangle$ 的概率幅（现在是负数）降低了均值。读者可能会怀疑这个操作是否满足幺正性，但它的确满足该性质。7.2.1 节将通过一系列简单的幺正操作对上述过程进行另外的解读。

图 7-5 的最右侧部分展示了第一次迭代后的概率幅分布。注意，现在所有状态的概率幅（除了状态 $|k\rangle$）均已变小（因为均值与其他状态的概率幅非常接近）。但状态 $|k\rangle$ 的概率幅已变大，因为该值已离均值更远，现在，状态 $|k\rangle$ 的概率幅扩大了约 3 倍。因为量子态概率幅的平方是概率，所以在第一次迭代后，成功测量 $k$ 的概率增加了大约 9 倍。尽管如此，当读取 $n$ 个量子比特时，仍然难以得到 $k$ 的值（假设 $n$ 很大）。为了使示意图便于展示，如图 7-5 所示，案例中采用 $n=4$ 个量子比特。然而，为体现 Grover 算法的优势，$n=128$ 的情

况更具现实意义。

接下来执行以下两个步骤的操作。

(1) 将状态 $|k\rangle$ 的概率幅与 $-1$ 相乘;

(2) 以所有概率幅的均值为轴,将所有 $N=2^n$ 个状态的概率幅翻转。

所有概率幅(除了状态 $|k\rangle$)的均值再次变小,并且,状态 $|k\rangle$ 的概率幅继续增加[①]。在达到最佳的迭代次数后,每个状态的概率幅(除了状态 $|k\rangle$)接近 0,并且状态 $|k\rangle$ 的概率幅趋近 1。

有趣的是,如果达到最佳迭代次数后继续迭代,则均值将变为负值。然后,继续以均值为轴进行翻转,状态 $|k\rangle$ 的概率幅将降低,而其他状态的概率幅会增加。如果超过了最佳迭代次数,那么在一段时间内进行量子比特测量,则能够成功读取到 $k$ 值的可能性会越来越小。图 7-6 展示了随着 Grover 算法的进行,能够成功读取到 $k$ 值的概率变化情况。注意,在 Grover 算法进行过程中,成功读取到 $k$ 值的概率先增加到最大值,而后,随着迭代次数增加而降低,然后,进入循环状态。因此,掌握何时停止迭代以获得读取正确结果的最佳时机非常重要。因为,只有一次读取结果的机会。

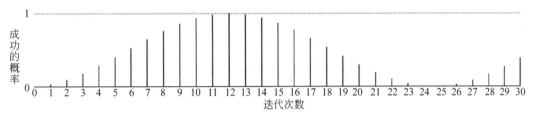

图 7-6  Grover 算法概览,$n=8$

## 7.2.1  几何描述

通常,$n$ 个量子比特,处于 $N=2^n$ 个经典态的叠加态,可以用 $2N$ 维单位球面上的一个点表示。因为,通常情况下,概率幅是复数,维数是 $2N$(而不是 $N$)。然而,对于 Grover 算法,只需要关注 $2N$ 维球面上的一个单位圆,该圆位于平面 K 的平面内(因为,其纵坐标是状态 $|k\rangle$ 的概率幅)。$|$除了 $k$ 以外状态$\rangle$($|$anything-but-$k\rangle$,即除状态 $|k\rangle$ 以外所有经典状态的等价叠加态)的概率幅是横坐标。

平面 K 的初始状态[②]如图 7-7 所示。状态 $|k\rangle$ 的概率幅很小$\left(此时值为 \dfrac{1}{\sqrt{N}}\right)$,所以该状态只是沿逆时针方向稍高于水平轴,这个角度被定义为 $a$。若利用 Grover 算法搜索 128 位的密钥,则角度 $a$ 过于小,以至于无法在图中显示,因此,图中用 $n=6$($N=2^6=64$)作为示意。图 7-8 展示了 Grover 算法完整的迭代情况。

因此,平面 K 中的量子态将从角度 $a$ 开始,每次迭代将使量子态逆时针旋转角度 $2a$。在 $\dfrac{\pi}{4a}$ 次迭代后,平面 K 中的量子态将大致走过 $\dfrac{\pi}{2}$ 的圆周,到达了圆的顶部附近,因此,读取状态 $k$ 的概率将接近 1。

---

① 但由于均值变小的幅度降低,因此,状态 $|k\rangle$ 的概率幅增加量也较之前有所降低。

② 译者注:也就是将每个量子比特初始化为 0 后,然后再应用 Hadamard 门获得的初始状态。

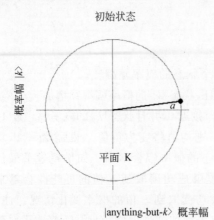

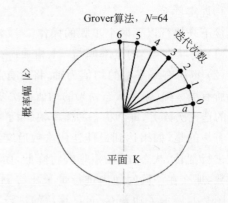

图 7-7　Grover 平面 K 的初始状态　　　　　　图 7-8　Grover 平面 K 的状态序列

　　由于初始状态的圆弧几乎是垂直的,而圆的顶部附近是接近水平的,因此,状态 $|k\rangle$（纵坐标）的概率幅在开始时比接近圆顶部时增加得更多。若迭代次数过多（越过圆的顶部）,则状态 $|k\rangle$ 的概率幅将开始减少。若继续迭代,则概率幅将会在圆上不断循环,一旦状态 $|k\rangle$ 的概率幅变为负数,则成功读取 $k$ 值的概率会降低到接近 0,然后会再次增加。

　　以上为高度概括的总结,下面将讲解如何控制上述操作。

### 7.2.2　如何翻转状态 $|k\rangle$ 的概率幅

　　假设存在一个有效的可计算函数 $f$,其输入为 $n$ 位的经典比特串 $s$,若 $s$ 具有正确的值,则返回 1,否则返回 0。例如,搜索满足 $\text{hash}(s)=h$ 的 $s$ 值,如果 $\text{hash}(s)=h$,则 $f(s)$ 返回 1,否则返回 0。如果要找到将明文 $p$ 加密为密文 $c$ 的 $n$ 位密钥,那么,若明文 $p$ 用密钥 $s$ 加密的结果是 $c$,则 $f(s)$ 将返回 1,否则返回 0。

　　简言之,已知 $s$ 是一个 $n$ 比特整数,并且存在一个值 $k$,使得 $f(k)=1$。即若 $s=k$,则 $f(s)=1$,否则 $f(s)=0$。

　　为构造一个量子版的函数 $f$,例如 $f_Q$,需要使用一个额外的量子比特——**辅助量子比特**（ancilla qubit）,以及可以操作 $n+1$ 个量子比特[①]的量子电路。符号 $s;b$ 表示比特串 $s$ 的值和辅助量子比特 $b$,当 $s=k$ 时,函数 $f_Q$ 在 0 和 1 之间翻转辅助量子比特,而对于 $s$ 的所有其他值,辅助量子比特保持不变。

　　执行完函数 $f_Q$ 之后,可以得到 $n+1$ 个纠缠的量子比特。若在 Grover 算法的几次迭代后读取量子比特,则几乎可以确定地读取到前 $n$ 个量子比特中 $s$ 与 $k$ 不同,同时辅助量子比特为 0。但若幸运地读取到 $k$,则会得到 $k;1$。

　　下面讲解如何翻转状态 $|k;1\rangle$,并保持其他状态的概率幅不变。该过程需要一个称为 Z

---

① 译者注：比特串 $s$ 的 $n$ 个量子比特加上一个辅助量子比特,共计 $n+1$ 个量子比特。

门[1]的量子门,作用于单个量子比特,使状态$|0\rangle$不变,状态$|1\rangle$变为$-|1\rangle$)。

为翻转状态$|k;1\rangle$的概率幅,需要将 Z 门应用于辅助量子比特。由于辅助量子比特与其他量子比特是纠缠的,因此,状态$|k;1\rangle$的概率幅与$-1$相乘,并不会改变状态$|s;0\rangle$的概率幅。除$s=k$以外的所有状态中,辅助量子比特均为 0。

下面再次应用函数$f_Q$,这次只会使状态$|k\rangle$的辅助量子比特从 1 翻转回 0,而其他状态的辅助量子比特保持不变。现在,所有状态的辅助量子比特都是 0,因此,辅助量子比特不再与其他量子比特纠缠,参见本章作业题 11。

由于需要计算函数$f_Q$两次,所以上述电路并不是翻转状态$|k\rangle$概率幅最有效的方法。在另一种可以更好地翻转状态$|k\rangle$概率幅的方法中,若通过 Hadamard 门($|1\rangle$)将辅助量子比特设置为$\frac{1}{\sqrt{2}}|0\rangle-\frac{1}{\sqrt{2}}|1\rangle$,则只需要应用函数$f_Q$一次。尽管上述方法不是显而易见的,但的确有效,参见本章作业题 12。

截至目前,我们已讲解了翻转状态$|k\rangle$概率幅的方法,或者换句话说,读者已经了解了如何基于横轴翻转所选状态(本例为状态$|k\rangle$)的概率幅。

### 7.2.3 如何以均值为轴翻转所有状态的概率幅

翻转所有状态的概率幅与翻转状态$|k\rangle$的概率幅方式相似,但解释起来稍微复杂一些。我们真正需要做的工作是,以图 7-7 中表示初始状态的线为轴进行状态翻转。7.2.2 节中介绍了如何通过平面中的水平轴进行概率幅翻转,但图 7-7 中的翻转轴并不是水平的。

解决上述问题的方案是采用另一个平面,即平面 Z(用来表示零)作为辅助,其中,横轴表示状态$|0\rangle$的概率幅,纵轴表示除了状态$|0\rangle$以外状态($|$anything-but-0$\rangle$)的概率幅。在平面 K 中所需的翻转轴,就是平面 Z 中的水平轴。

图 7-9 显示了 Grover 算法起始阶段在平面 Z 中的初始状态,所有量子比特的初始状态为零,状态$|0\rangle$的概率幅为 1,所有其他状态的概率幅为 0。

为实现平面 Z 和平面 K 之间的迁移,对 $n$ 个量子比特均应用 Hadamard 门。当量子态从平面 Z 迁移到平面 K 时,需要逆时针旋转角度 $a$。如果在平面 K 中应用 Hadamard 门,则量子态将顺时针旋转角度 $a$,并返回到平面 Z。

现在,平面 K 中的翻转轴与平面 Z 中的横轴对应,而且,我们已经知道如何按照横轴进行状态翻转。

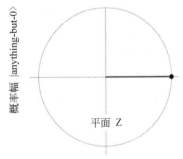

图 7-9　Grover 算法中平面 Z 的初始状态

---

[1] 译者注:所有单量子比特门都对应着布洛赫球面上的旋转操作。X、Y、Z、H 门都对应于球面上旋转 180°(但旋转轴各异)的量子门。其中,X 门(量子非门)使球面上的点绕 $x$ 轴旋转 180°;Y 门使球面上的点绕 $y$ 轴旋转 180°;Z 门使球面上的点绕 $z$ 轴旋转 180°,其效果是使相对相位发生相位翻转(球面上位于相同维度点的相位差即相对相位),故也称**相位翻转门**(phase flip gate)、**符号翻转门**(sign flip gate);H 门即 Hadamard 门,使球面上的点绕 Z 轴与 X 轴之间倾斜 45°的轴旋转 180°。

除状态 $|0\rangle$ 以外，通过在 0 和 1 之间切换辅助量子比特值，可以标记所有需要按横轴进行翻转的状态。具体地，使用量子函数 $g_Q$ 完成切换，当 $n$ 个量子比特的值不等于 0 时，可以在 0 和 1 之间切换辅助量子比特，同时，状态 $|0\rangle$ 的辅助量子比特保持不变。

下面，对辅助量子比特应用一个 Z 门，并通过横轴对除状态 $|0\rangle$ 外的所有值进行翻转。然后，再次应用函数 $g_Q$，可以将所有状态的辅助量子比特重置为 0。

现在，对 $n$ 个量子比特应用 Hadamard 门即可返回平面 K，需要通过以下 3 种操作的组合：

（1）应用 Hadamard 门实现从平面 K 到平面 Z 的迁移；

（2）按照横轴，对除状态 $|0\rangle$ 外所有状态进行翻转；

（3）应用 Hadamard 门返回平面 K。

通过以上操作的组合，即可实现在平面 K 中以概率幅均值为轴翻转所有状态的目标。

上述过程如图 7-10 所示。

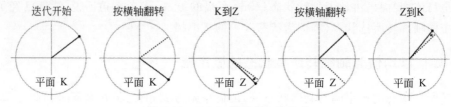

图 7-10　Grover 算法的一次迭代

### 7.2.4　并行化 Grover 算法

Grover 算法可对密钥搜索问题的求解进行平方级加速。这是否意味着加密过程中需要加倍加密算法的密钥长度？不一定。除了量子门比经典逻辑电路更难构建这一原因外，Grover 算法和经典密钥搜索算法间存在更为根本的差异——Grover 算法并行性差，这使得Grover 算法并不实用。

具体来说，56 比特密钥的 DES 算法是完全不安全的。然而，若只用单个 CPU 逐一试验密钥，即使使用非常好的 CPU 也需要几十年才能遍历所有密钥。事实上，通常几小时就可以破解 DES 算法的密钥。这得益于同时使用多个 CPU（或 GPU/专用硬件）来尝试多个密钥。例如，若可以同时尝试十万个密钥，那么便可以在几小时内破解一个 DES 密钥。然而，并没有可以加快 Grover 算法的类似方法。

当然，可以将密钥空间划分为若干段。例如，如果尝试使用 100 万个并行的量子处理器（每个处理器有几百个量子比特）来搜索 128 比特的密钥，那么，可以假设密钥的前 20 比特为 0…00，并在第一个处理器上运行 Grover 算法，然后，假设密钥的前 20 比特为 0…01，并在下一个处理器上运行 Grover 算法，以此类推。然而，这样做只会将 Grover 算法的迭代次数减少为原先的约 1/2000（从大约 $2^{64}$ 次减少到大约 $2^{54}$ 次）。实际上，所采用的计算机已变大了 100 万倍，但搜索速度只快了 1000 倍，因此，人们希望存在可以更有效并行化 Grover 算法的方法。然而，Zalka[ZALK99]的研究表明，这种方法并不存在。

因此，加倍密钥和哈希值的长度足以抵御量子计算机上 Grover 算法带来的威胁。

# 7.3 Shor 算法

Shor 算法[SHOR95]可以有效地进行整数分解,并解决离散对数问题,是量子计算在密码学中最重要的应用。结合由几千个逻辑量子比特构成的通用量子计算机和应用数十亿个逻辑门的量子程序(见 7.6 节),Shor 算法使当前广泛部署的公钥密码系统不再安全。

Shor 算法可以找到周期函数的周期。本章将在 7.3.1 节中解释 RSA 算法与周期函数的关系,并在 7.3.2 节中解释为什么获得函数的周期有助于分解 RSA 算法的模数。

从 7.3.3 节开始,本章描述 Shor 算法如何对 RSA 算法中 $b$ 比特的模数 $n$ 进行分解。通常,RSA 算法的模数长度为 2048 比特,但出于简化考虑,在示例中使用 $b=2000$。此外,用于求解离散对数的 Shor 算法稍微复杂一些,但在概念上与用于大整数分解的 Shor 算法相似。

## 7.3.1 为什么指数模 $n$ 是周期函数

在 RSA 算法中,模数 $n$(通常)是两个奇质数 $p$ 和 $q$ 的乘积,即 $n=pq$。正如在 6.2 节中所述,函数 $\varphi(n)$(欧拉函数)表示小于 $n$,且与 $n$ 互质的正整数个数。对于 $n=pq$,欧拉函数 $\varphi(n)=(p-1)(q-1)$。欧拉定理指出,对于任意与 $n$ 互质的数 $a$,满足 $a^{\varphi(n)}=1 \bmod n$。所以对于任意值 $x$,$a^x \bmod n = a^{x+\varphi(n)} = a^{x+2\varphi(n)} = a^{x+3\varphi(n)}$,更一般地,对于任意整数 $k$,$a^x \bmod n$ 等于 $a^{x+k\varphi(n)}$。这等价于,$a^x \bmod n$ 是周期函数,且每隔 $\varphi(n)$ 重复一次。

实际上,尽管 $a^x \bmod n$ 的确每隔 $\varphi(n)$ 重复一次,但其真实周期需要再除以系数 $\lambda(n)$,即 $p-1$ 和 $q-1$ 的最小公倍数(least common multiple),因此,$\lambda(n)$ 比 $\varphi(n)$ 小 $p-1$ 和 $q-1$ 的最大公约数[①]倍。例如,$p$ 和 $q$ 是奇数,则 $p-1$ 和 $q-1$ 都是偶数(具有公共因子 2),因此,$\lambda(n)$ 的值最大为 $\varphi(n)$ 的一半。此外,例如,若 $a$ 的平方模 $n$ 等于 $a$,则 $a^x \bmod n$ 的周期是其平方根的一半,因此周期可能再次减半。Shor 算法可以用于计算 $a^x \bmod n$ 的周期,该周期记为 $d$。

## 7.3.2 如何找到 $a^x \bmod n$ 的周期以便分解整数 $n$

首先,本节会介绍如何在已知周期 $d$($a^x \bmod n$ 的周期),并选择一个合适 $a$ 的条件下,找到一个数 $y$ 为 1 mod $n$ 的**非平凡平方根**,即数 $y$ 是除 ±1 mod $n$ 外的一个数,例如 $y^2 = 1 \bmod n$。然后,本节解释了为什么基于数 $y$ 即可分解整数 $n$。

因为 $d$ 是 $a^x \bmod n$ 的周期,所以 $a^d \bmod n=1$。如果 $a^d \bmod n=1$,那么当 $d$ 是偶数时,$a^{d/2} \bmod n$ 是 1 的平方根。根据中国余数定理,当 $n=pq$ 时,以下 4 种情况可以使 $y$ 成为 1 mod $n$ 的平方根。

(1)若 $y=1 \bmod p$,$y=1 \bmod q$,则 $y=1 \bmod n$。

(2)若 $y=-1 \bmod p$,$y=-1 \bmod q$,则 $y=-1 \bmod n$。

(3)若 $y=1 \bmod p$,$y=-1 \bmod q$,则 $y$ 是 1 mod $n$ 的非平凡平方根。

---

① 译者注:$p-1$ 和 $q-1$ 的最大公约数为 $\gcd(p-1,q-1)$。

（4）若 $y=-1 \bmod p$，$y=1 \bmod q$，则 $y$ 是 $1 \bmod n$ 的非平凡平方根。

在第一种情况下（$y=1 \bmod n$），若指数是偶数，则可以将指数再次除以 2，得到 $a^{d/4}$ $\bmod n$，并去求解 $1 \bmod n$ 的非平凡平方根。但如果指数为奇数，或为第二种情况（$y=-1$ $\bmod n$），则需要结束本次查找，并选择一个不同的 $a$ 重新开始。

请注意，不能从 $a^{d/2} \bmod n$ 开始。相反，可以先用一个最大的奇数除以 $d$，并将 $d$ 除以 2，直到得到一个奇数，例如 $w$。然后计算 $a^w \bmod n$。若结果为 1，则选择不同的 $a$。否则，一直求结果的平方根，直至得到 1 或 $-1$。若得到 $-1$，则选择不同的 $a$。若计算后第一次得到 1，例如，$a^{8w} \bmod n$，则 $a^{4w} \bmod n$ 是 $1 \bmod n$ 的非平凡平方根[1]。

现在已经找到了 $n$ 的非平凡平方根，也就是要找的 $y$。根据 1 的平方根定义，$y^2=1$，或者等效地，$y^2-1=0$。将 $y^2-1$ 分解，则方程变为 $(y+1)(y-1) \bmod n=0$。

若两个数的乘积 $\bmod n$ 为 0，则有以下两种情况。

（1）其中一个数（$y+1$ 或 $y-1$）$\bmod n$ 为 0。

（2）一个数是 $p$ 的倍数，另一个数是 $q$ 的倍数。

但由于 $y$ 是 1 的非平凡平方根，所以这是第二种情况。因此，计算最大公约数 $\gcd(y+1, n)$ 或 $\gcd(y-1, n)$，即可得到 $p$ 或 $q$ 的值。当然，一旦得到 $n$ 的一个因子，便可以通过除法得到另一个因子。

### 7.3.3　Shor 算法概述

为分解 $b$ 比特的 RSA 算法中的模数 $n$，需要 $3b$ 个量子比特。其中，前 $2b$ 个量子比特即**指数量子比特**（exponent qubits），被初始化为保存所有 $2^{2b}$ 个经典状态 $t$ 的叠加态。注意，这里使用双倍长度的指数 $t$，可以使周期函数 $a^t \bmod n$ 重复多次。剩下的 $b$ 个量子比特，即**函数结果量子比特**（result qubits），被初始化为 0。然后，将 $a^t \bmod n$ 按位异或（$\oplus$）存储于 $b$ 个函数结果量子比特中，这样可以得到 $3b$ 个纠缠的量子比特。

假设有一个 2000 比特的模数，则需要 6000 个量子比特——其中 4000 个指数量子比特用于存储指数 $t$，2000 个结果量子比特用于存储函数结果 $a^t \bmod n$。若用 $N$ 来表示指数 $t$ 的经典状态数量，则 $N=2^{2b}$。[2]

首先，将所有的 $3b$ 个量子比特初始化为 0[3]，然后应用 Hadamard 门，使指数量子比特变为指数 $t$ 的所有 $N$ 个可能经典状态的叠加态。

接下来，随机选择一个与 $n$ 互素的数 $x$，使用一个量子电路来计算 $x^t \bmod n$，并将结果按位异或存储于函数结果量子比特。现在得到 $3b$ 个纠缠的量子比特，其中，$2b$ 个指数量子比特存储指数 $t$ 的所有 $N$ 个经典状态的叠加态，$b$ 个函数结果量子比特存储 $x^t \bmod N$ 的可能值。

换句话说，如果此时要测量 $3b$ 个量子比特，则将在前 $2b$ 个指数量子比特中得到某个随机数 $j$，并在 $b$ 个函数结果量子比特中存储 $x^j \bmod n$。但这些工作用处并不大。因为，利用经典计算机，也可以选择一个随机数 $j$，计算 $x^j \bmod n$，并得到相同的信息。所以在量子计

---

[1]　这不是巧合，这一过程来源于 6.3.4 节中描述的 Miller-Rabin 素性检验[RABI80]。

[2]　对于 2000 比特的模数 $n$，指数 $t$ 的经典状态数量 $N$ 为 $2^{4000}$。

[3]　测量每个量子比特，若不是 0，则进行反转。

算中不会这么做。

　　与测量所有 $3b$ 个量子比特不同，Shor 算法只测量 $b$ 个函数结果量子比特，得到某个并不引人注意的随机数 $u$。因为 $2b$ 个指数量子比特与 $b$ 个函数结果量子比特是纠缠的，所以，读取函数结果量子比特和 $u$ 的结果就是指数 $t$ 所有经典态的概率幅，其中，$x^t \bmod n$ 的结果中不等于 $u$ 的将被归零。指数 $t$ 所有叠加态的概率幅结果图是一个周期函数，并且每隔周期 $d$ 都会出现函数峰值。这个图如图 7-11 所示，也称为**时间图**，后续将详细介绍。如果现在能够以某种方式读取 $d$ 的值，则可以分解 $n$。尽管峰值是每隔周期 $d$ 出现的，但第一个峰值的位置出现在某个随机数 $\tau$，即第一个满足 $x^t \bmod n = u$ 的 $t$ 值。因此，在此处读取量子比特不会得到正确的 $d$。

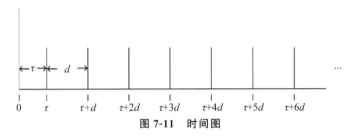

图 7-11　时间图

　　如果得到两个峰值的位置，其差值就是 $d$ 的倍数，这是有用的。但是，一旦进行测量，所有其他概率幅峰值都会消失，并且根据不可克隆定理，在测量之前不能复制量子状态。

　　Shor 受离散傅里叶变换的启发，发现了一种可以将时间图中的量子态转换为一种具有频率图（如图 7-12 所示）的新量子态方法。频率图也有规则间隔的峰值，$f = N/d$，但第一个峰值出现在 0 处，因此每个峰值都出现在 $f$ 的整数倍。这意味着，在峰值处读取量子状态，几乎肯定会得到 $f$ 倍数的值。

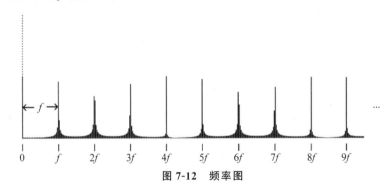

图 7-12　频率图

　　有些细节需要注意。不幸的是，$N/d$ 几乎可以肯定不是整数，因为 $N$ 几乎可以肯定不是 $d$ 的整数倍。因此，如图 7-12 所示，频率图中的峰值实际上分布于几个值。但这没关系，因为当读取量子比特时，很有可能会读取到一个足够接近 $f = N/d$ 倍数的值 $v$，这样就可以使用 $N/v$ 的经典连分数来计算 $d$。

　　另一个需要注意的细节是，在时间图中，所有的概率幅均为正实数。而在频率图中，概率幅是复数。图 7-12 中只显示了频率图中峰值的绝对值，因为这是最重要的。一旦量子状态与频率图所示一样，接下来就可以读取量子比特了。

　　下面将介绍一种便于理解的可将时间图转换为频率图的经典算法。这不是量子计算机或经典计算机如何求解的问题，而是出于对最简单理解方式的考虑。接下来的讲解包括量子计算机无法做的事情（例如读取概率幅）和完全不可行的操作（例如第 $2^{8000}$ 次分解一个 2000 比特的数）。在量子计算机上，分解 $b$ 比特数的 Shor 算法的运行时间与 $b^3$ 成正比。实际上，Shor 算法中复杂度最高的部分是**模幂运算**（modular exponentiation），而不是将时间图转换为频率图的操作。

### 7.3.4　引言——转换为频率图

在时间图中，沿横轴绘制的值记为 $t$，在频率图中，沿横轴绘制的值记为 $s$。$t$ 和 $s$ 都是介于 0 和 $N-1$ 之间的整数。起初，指数 $t$ 的 $2b$ 个量子比特的量子态由时间图表示。后来，相同的 $2b$ 个量子比特的量子态由频率图表示。

本节会使用向量来表示复数。复数 $x+yi$ 也可以被描述为向量 $(x, y)$。向量 $(x, y)$ 表示从平面上某个位置开始，向右移动 $x$ 个单位，向上移动 $y$ 个单位。

频率图中每个 $s$ 处的概率幅均是一组向量的和，与后续描述一致，归一化后 $s$ 的概率和为 1。概率幅和的相位（即向量的指向）不会影响读取量子态值的概率。然而，Shor 算法展示了如何使概率幅用复数表示。若归一化的向量和 $s$ 记作向量 $(a, b)$，则状态 $|s\rangle$ 的概率幅是复数 $a+bi$。

一组向量的求和运算规则为，将所有 $x$ 值相加以获得和的 $x$ 值，并将所有 $y$ 值相加以得到和的 $y$ 值，例如，$(x_1, y_1)+(x_2, y_2)+(x_3, y_3)=(x_1+x_2+x_3, y_1+y_2+y_3)$。在 Shor 算法中，所有被加和到给定 $s$ 的向量，大小相同，但方向可能不同。若 $n$ 个向量方向相同，则向量和为 $n$ 倍长的向量，如图 7-13(a) 所示。若两个向量方向相反，例如 $(x, y)$ 和 $(-x, -y)$，则二者相互抵消，得到长度为零的向量。同样，若 $n$ 个大小相等的向量等分圆周，则将彼此抵消，如图 7-13(c) 所示。若 $n$ 个向量在圆弧内等距分布，则向量和的方向将沿着圆弧中线，如图 7-13(b) 所示，而向量和的大小取决于圆弧的大小。如果圆弧较小，则向量和较大。

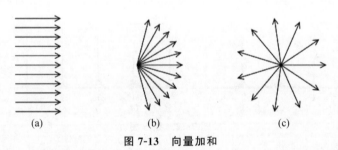

图 7-13　向量加和

### 7.3.5　转换为频率图的机制

可以将时间图比作一个巨大的弹性弦，其峰值对应时间图中的峰值。频率图中状态 $s$ 处的概率幅计算步骤如下。

(1) 将和向量 **S** 初始化为 $(0, 0)$。

(2) 拉伸时间图的弹性弦，使其正好环绕圆圈 $s$ 次。

(3) 对于弦中的每个峰值，将方向与峰值相同的向量添加到 **S** 中，并且大小与峰值相同

（在 Shor 算法中,所有峰值大小都相同）。

（4）除以 $\sqrt{N}$ 使 $S$ 的值归一化,$S$ 绝对值的平方和为 1。

当 $s=0$ 时,弹性弦将收缩于一点,因此,所有峰值方向相同,如图 7-14 所示①。

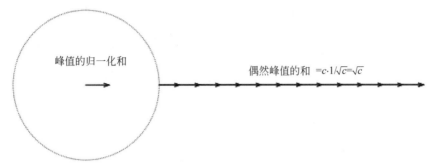

**图 7-14　当拉伸因子 $s=0$ 时的频率图计算**

当 $s=1$ 时,弦正好围绕圆周一圈。由于峰值在圆周对称分布,所以相互抵消,概率幅非常接近于 0,如图 7-15 所示。

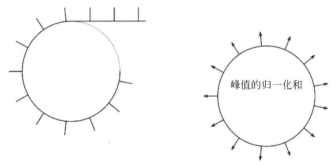

**图 7-15　当拉伸因子 $s=1$ 时的频率图计算**

类似地,参见图 7-16,当 $s=2$ 时,峰值的归一化和基本上为零,因此,图 7-16 中圆圈内只有一个点。

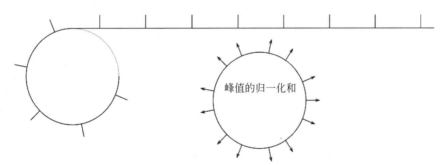

**图 7-16　当拉伸因子 $s=2$ 时的频率图计算**

但当 $s\approx f$（或 $s$ 接近 $f$ 的整数倍）时,峰值出现在每圈大致相同的位置。由于 $f$ 通常不是整数,所以 $s$（当 $s$ 接近 $f$ 的倍数时）要么比 $f$ 的倍数小一点,要么比 $f$ 的倍数大一点。如

---

① 图 7-14 中,圆周内的向量是峰值的归一化和。

果 $s$ 比 $f$ 的倍数小一点，则每个连续的峰值都会稍微低于前一个峰值；如果 $s$ 比 $f$ 的倍数大一点，则每个连续的峰值将比前一个峰值稍微靠前一些。任何一种情况，峰值都会落在圆弧上。和向量的长度会比分向量为同向时稍小一些，如图 7-17 所示。当 $s$ 为 $f$ 倍数的一半时，峰值最小，并分布于半个圆周，使向量和的大小大约减小为原先的 $\frac{2}{\pi}$，如图 7-18 所示。即使 $s$ 的峰值完全分布圆周，可能也不会完全抵消，所以向量和可能很小，但非零。

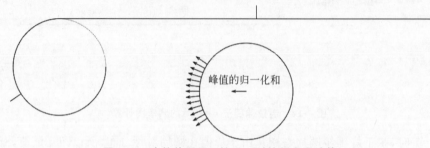

图 7-17　当拉伸因子 $s$ 接近 $f$ 时的频率图计算

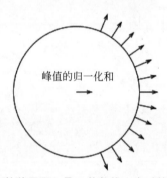

图 7-18　当拉伸因子 $s$ 是 $f$ 整数倍一半时的频率图计算

当计算了每个状态 $s$ 的概率幅后，可以得到频率图。正如之前示意图所展示的，在每一个 $f$ 的整数倍附近都会出现峰值。时间图（如图 7-11 所示）和频率图（如图 7-12 所示）之间的差异如下。

（1）时间图的峰值从随机位置开始，这取决于从函数结果量子比特读出的值。频率图的峰值从 0 处开始。

（2）时间图中的每个峰值是 $t$ 的单一值，频率图中的每个峰值都包含一些接近 $f$ 整数倍的 $s$ 值，其中，最接近 $f$ 整数倍的 $s$ 值的概率幅最大。

（3）时间图中每个非峰值 $t$ 的概率幅为 0，频率图中远离每个峰值的概率幅接近 0。

（4）时间图中峰值均具有相同的概率幅，包括大小和相位。在频率图中，不同峰值的大小和相位不同。

## 7.3.6　计算周期

当读取频率图中量子比特的状态时，很有可能会得到一个接近 $f$ 整数倍的值 $v$，其中，$f = \dfrac{N}{d}$。Shor 算法需要的就是分母 $d$。

读取 $v$ 的值为 $0$[①] 的概率很低,而且考虑到有很多其他类似大小的峰值,因此,我们几乎肯定不会那么倒霉。另外还存在一个小概率事件,即读取的值并不在峰值附近,因为,尽管这些值很小,但仍然具有非零的概率幅。当读取了一个无用的值时,只需要再次运行算法即可(随机选择一个数 $a$,并进行指数运算)。

一旦读取到接近 $f$ 整数倍的值 $v$,就可以计算 $d$。记住,$f=\dfrac{N}{d}$。这里将 $\dfrac{N}{v}$ 扩展为一个连分数,并得到一些有理数近似值。通常,其中一个有理数近似就是 $d$,尽管也有可能是 $d$ 的除数。

因为,测量的 $v$ 能够接近 $f$ 的整数倍,并使用连分数即可有效地找到 $d$,所以,可以使用 $2b$ 比特的指数来分解 $b$ 比特的模数。

## 7.3.7　量子傅里叶变换

将时间图转换为频率图的算法实际上是离散傅里叶变换(discrete Fourier transform)。尽管笔者无法想象不理解离散傅里叶变换会是怎样的情况,但在前文中花费了大量"笔墨"使潜在的"数学恐惧症"读者理解了离散傅里叶变换,本节将给读者一个惊喜——读至这里,读者应已理解了离散傅里叶变换。

离散傅里叶变换用到的是以下这个初看很"吓人"的公式,来完成从时间图到频率图的计算。

$$\widetilde{\alpha}(s)=\frac{1}{\sqrt{N}}\sum_{t=0}^{N-1}\alpha(t)\cdot e^{-2\pi i\frac{st}{N}}$$

下面来解读这个公式,该公式描述了 7.3.4 节中所涉及的计算。每个状态 $s$[②] 的概率幅是 $N$ 个值的和,每个值取决于 $\alpha(t)$(时间图中状态 $t$ 的概率幅,$t$ 从 0 到 $N-1$)。

为计算 $\widetilde{\alpha}(s)$,需要遍历整个单位圆,并对每个状态 $t$ 进行复数求和计算。对于状态 $t$ 的 $N$ 个值,需要遍历的弧是圆周的 $s/N$。所以,当 $s=1$ 时,刚好遍历圆周一次,当 $s=3$ 时,刚好遍历圆周 3 次。此外,单位圆的周长是 $2\pi$,周长为 $2\pi$ 的单位圆上的单位距离称为弧度[③]。这意味着,对于给定的 $s$ 值和每一个增量 $t$,在圆周上移动 $s/N$,即 $2\pi s/N$,所以在 $t$ 步之后,移动了 $2\pi st/N$ 弧度。

目前,已经解释了公式中指数 e 的大部分参数。负号是(正向)傅里叶变换的惯例。若没有负号,则相当于逆时针绕圆周旋转。无论有无负号,$\widetilde{\alpha}(s)$ 的大小相同,但相位不同[④]。就离散傅里叶变换而言,$\widetilde{\alpha}(s)$ 的大小最为重要[⑤]。

但在指数中,$-1$ 的平方根有什么用呢?这是欧拉公式的应用,对于任意实数 $\theta$,有 $e^{i\theta}=\cos\theta+i\sin\theta$。在欧拉公式中,以下 3 种方式可以表示单位圆上的点。

(1) 坐标形式:$(x,y)=(\cos\theta,\sin\theta)$。

---

① 读取到 0 值没有用。
② 即公式中,等号左边的 $\widetilde{\alpha}(s)$。
③ 译者注:弧度制指用弧长与半径的比度量对应圆心角角度的方式,符号为 rad,与半径长度相等的圆弧所对的圆心角为 1 弧度的角。
④ 负号使 $\widetilde{\alpha}(s)$ 的相位在水平轴上翻转。
⑤ 事实表明,当从频率图中恢复时间图时,逆傅里叶变换只是略去负号。

（2）$e^{i\theta}$。

（3）复数形式：$\cos\theta + i\sin\theta$。

求和运算中的每个值都是复数，表示 $t$ 在单位圆的角度乘以时间图中 $t$ 处的概率幅。此时，时间图中的概率幅是实数。一般来说，当进行复数乘法时，应遵循"大小相乘，角度相加"。

离散傅里叶变换公式的剩余部分就是 $\dfrac{1}{\sqrt{N}}$，用于使概率和为1。因此，最终结果的变换是幺正的。

# 7.4　量子密钥分发

1984 年，Bennett 和 Brassard[BEN84]提出了一种方法，通过利用现有的共享密钥技术和用于发送量子信息（如光子流）的介质（如光纤链路），可以在通信双方间建立起窃听者无法观测到的密钥。该方法的目标类似使用一种已有的密钥共享方法，例如经过认证的 Diffie-Hellman 算法，以期创造一种可以实现**完美前向安全性**（perfect forward secrecy）[①]的密钥。

**量子密钥分发**（quantum key distribution，QKD）背后的原理是，如果窃听者 Eve 试图读取 Alice 发送给 Bob 的密钥比特，则 Eve 的行为会在信息流中引入足够多的错误，以至于 Alice 和 Bob 可以根据比预期更多的观测错误，发现 Eve 所进行的推断攻击，进而导致二者无法就新的密钥达成一致。

这个想法很简单。发送方 Alice 将以规律的时间间隔小心地发送单个光子，并随机极化光子的偏振状态为向上（｜）、45°（/）、−45°（\）或横向（−）。

在每个时间间隔中，接收方 Bob 将通过随机放置的垂直或 45°对角的偏振片来读取光子信息。如果 Bob 选择用垂直偏振片来读取光子信息，那么：

- 若 Alice 发送 ｜ 状态的光子，则 Bob 可以观测到光子；
- 若 Alice 发送 − 状态的光子，则 Bob 无法观测到光子；
- 若 Alice 发送 \ 或/状态的光子，则 Bob 有 1/2 的概率观测到光子。

同理，如果 Bob 选择使用 45°对角的偏振片，那么：

- 若 Alice 发送 ｜ 或 − 状态的光子，则 Bob 有 1/2 的概率观测到光子；
- 若 Alice 发送/状态的光子，则 Bob 可以观测到光子；
- 若 Alice 发送了 \ 状态的光子，则 Bob 无法观测到光子。

接下来，Bob 会告诉 Alice 他所使用的偏振片位置序列，例如"｜｜/｜｜//｜/"。此消息（Bob 用于报告其选择的偏振片位置）必须使用 Alice 和 Bob 之前已配置好的**预共享密钥**（pre-shared secret）进行认证。否则，窃听者 Eve 只需要中间人攻击协议即可建立起 Bob-Eve 和 Eve-Alice 之间单独的密钥连接。

当 Bob 使用与光子偏振方向差±45°的偏振片进行读取时，无论是否观测到光子，结果都是完全随机的，因此，这些结果比特是无用的。所以，Alice 会检查 Bob 发送的偏振片位

---

[①]　译者注：完美前向完全性是密码学中通信协议的安全属性，指长期使用的主密钥泄露不会导致过去的会话密钥泄露。例如，在 HTTPS 中广泛使用的传输层安全协议（TLS），提供了基于 Diffie-Hellman 密钥交换的前向安全协议。

置序列,并告知 Bob 忽略与其发送光子偏振方向偏离±45°的比特。

如果 Alice 发送了 | 或 — 状态的光子,而 Bob 在该时间段选择了/状态的偏振片,则 Alice 会告知 Bob 忽略该比特。类似地,如果 Alice 发送了/或 \ 状态的光子,而 Bob 选择了 | 状态的偏振片,则 Alice 会告知 Bob 忽略该比特。

对于剩余的比特,Bob 或 Alice 会发送基于**纠错码**(error-correcting code)计算的**校验和**(checksum)。由于在理想情况下(没有窃听者的情况),发送单个光子的环境是有些噪声的信道,因此,会存在一定数量的错误,所以纠错码应该能够纠正超过预期数量的良性错误,但不能纠正窃听者可能引入的错误。

为什么窃听者 Eve 会引入错误?窃听者会尝试读取光子信息,并使光子通过其设置的偏振片继续传递给 Bob。然而,窃听者必须猜测其偏振片的设置方式。如果光子通过窃听者设置的偏振片,并且偏振片与光子没有完全对齐,则光子会发生扭曲。所以,即使 Bob 的偏振片与 Alice 的一致,Bob 也可能无法读取现在被扭曲的光子。或者,Bob 本应该读取到 0,但现在扭曲的光子却可能会通过 Bob 的偏振片。

## 7.4.1 为什么有时称为量子加密

为什么人们会对高性能的量子密钥分发技术感到忧虑?如果量子密钥分发技术仅用于发送密钥,例如用于传统通信信道数据加密的 256 比特密钥,则量子信道的高性能是没必要的。

基于具有**信息论安全性**(information-theoretic security)[1]的系统,即使是具有无限计算能力的攻击者也无法从密文中获得任何信息(例如,攻击者无法通过遍历所有可能的密钥识别明文,来找到正确的密钥)。

基于**一次性密码本**(one-time pad,OTP)[2]的按位异或运算具有该特性。如果量子密钥分发的目标是使用量子信道建立一次性密码本(并实现信息论安全性),则**量子加密**(quantum encryption)是有意义的。一次性密码本需要与发送数据长度一样。上述情况需要高性能,因为量子通信信道中(基于建立的一次性密码本)丢弃或用于纠错的所有比特需要是发送加密数据几倍的带宽。

## 7.4.2 量子密钥分发是否重要

量子密钥分发一直被宣传为具有安全保障的重要突破,但其并没有宣传的那样有用或安全。

量子密钥分发取决于建立的预先共享秘密。如果密码学是有效的,那么本书中 Alice 和 Bob 之间的任何安全通信机制都是有效的。这些传统机制可以在传统的多跳网络上工作,而量子密钥分发需要非常昂贵的专用直连链路。截至本书撰写时,部署量子密钥分发系统还存在其他问题。通常,端到端量子密钥分发仅在有限距离(不超过几百千米)内有效。中继盒子,即**可信中继站**(trusted repeaters)可用于长距离通信的流量解密。量子密钥分发

---

[1] 译者注:信息论安全性指其安全性完全以信息论为基础,即当攻击者有无限的计算能力时也不能破解,或敌手不能用密码分析进行破解。在 1949 年由美国科学家香农提出。

[2] 译者注:一次性密码本是密码学中的一种加密算法,以随机的密钥组成明文,且只使用一次。一次性密码本于 1882 年由 Frank Miller 发明。

系统也容易受到密钥共享的侧信道攻击，该攻击不是通过测量发射的光子，而是通过观测光子发射和接收设备的行为来实现。

## 7.5　建造量子计算机有多难

本书并未涉及如何建造量子计算机。尽管相关内容已隐含地表明所有这些量子信息的叠加和纠缠操作都符合我们所知的物理学，但这也提出了一个问题：如果所有这些都符合物理学，那么为什么没有人能够制造出足够强大的量子计算机来破解 2048 比特的 RSA 算法？难点在哪里？涉及哪些挑战？如何迎接这些挑战？

第一个挑战来自能够可靠地存储和操作量子比特的物理系统。量子比特必须与其环境隔离，因为量子比特与环境间的任何相互作用都会影响量子比特的状态。但是，为了应用量子门，必须以可控的方式谨慎地操作量子比特。

将量子比特与环境隔离的方法之一是选择与环境相互作用非常弱的量子比特，例如在真空或光纤中的偏振光子。但当需要对两个相互作用的量子比特应用门操作时，该方法就会使得量子比特难以操作。

通常，减少量子比特与环境间的非必要相互作用需要极低的温度。在常温下，大量的运动粒子使得量子比特长时间无法测量。编码为原子和离子等非常小物理系统中的量子比特有时可以应对更高的温度，但前提是要与其他原子间有非常大的高质量真空区域。

不幸的是，即使没有噪声环境，大多数量子比特也会自行衰变（或退相干）。例如，如果状态 $|1\rangle$ 比状态 $|0\rangle$ 更有活力，则状态 $|1\rangle$ 将在任何给定的时间间隔内以非零概率衰减到状态 $|0\rangle$，该概率与两个状态间的能量差成正比。然而，在量子比特状态间能量差过小的缺点是，量子门操作将非常慢。

尽管存在上述挑战，仍有很多方法可以使量子比特操作的正确率达到 99%。下面列举一些可行的方案：使光子穿过具有半镀银反射镜的障碍物场地和偏振片（光量子计算机[①]），使用激光操纵受困离子[②]中价电子[③]的状态（离子阱量子计算机）、涉及半导体（单电子晶体管、量子点[④]）或超导体（超导量子计算[⑤]）的纳米级电路，以及编织状轨迹中平面固体的挤压激发（拓扑量子计算机[⑥]）。

---

① 译者注：光量子计算机通常包含三部分：单光子源、超低损耗光量子线路、单光子探测器。

② 译者注：离子阱的原理为利用电荷与磁场间产生的交互作用力来约束带电粒子，使其行为得到控制。量子离子阱计算机需要整合真空、激光、光学系统、射频、微波、相干电子控制等技术，具有相干时间长、单双量子比特门保真度高、状态制备读出直接、量子比特可重复性高等优势。

③ 译者注：价电子指原子核外电子中能与其他原子相互作用形成化学键的电子，为原子核外跟元素化合价有关的电子。

④ 译者注：量子点是一种微观结构，可采用半导体材料制作，并可在 3 个维度上限制载流子。例如，将一个纳米晶体嵌入另一个半导体材料中，可在 3 个维度上限制电子或其他载流子。其中，载流子限制具有量子效应，可完全改变受限制粒子的态密度。目前，量子点主要应用在发光二极管和激光二极管中。

⑤ 译者注：超导量子计算是基于超导电路的量子计算方案，其核心器件是超导约瑟夫森结。超导量子电路在设计、制备和测量等方面与现有的集成电路技术具有较高的兼容性，对量子比特的能级与耦合可以实现非常灵活的设计与控制，极具规模化的潜力。

⑥ 译者注：拓扑量子计算涉及量子计算、拓扑学、拓扑量子场论、含拓扑序的凝聚态物理等，具有天然的免疫退相干，并且能准确执行预设算法的性质。

在本书撰写时,最具前景的方案是超导量子计算。其量子比特由超导电路中的微小振荡电流表示,但电路需要冷却到 0.01K[1] 左右。量子比特的交互可以使用**谐振器**(resonator),并可以通过激光激发或简单地在附近运行电流脉冲进行操纵。

因此,可以在 99% 的时间内进行正确操作的量子比特是可以实现的(虽然有些困难),但这本身还存在些问题。像 Shor 算法这样的密码学相关量子计算涉及数十亿个量子门。若十亿次操作中有 1% 的概率可以完全破坏量子门的计算任务,那么这几乎可以确定地会导致计算被破坏。为解决这一问题,相关工作推动了使用纠错码[2]实现高级容错方案的发展(见 7.6 节)。

尽管建造量子计算机所面临的挑战令人畏惧,但并非不可逾越。事实上,在未来几十年内,技术的发展使得建造一台密码相关的量子计算机有机会成为现实。一旦建成,这样的计算机将使得到广泛应用的公钥密码不再安全。因此,可以说我们正生活在一个有趣的时代。

## 7.6 量子纠错

在建造传统计算机时,几乎可以构建错误率任意低的电路,但有时也构建具有较高错误率的东西,并使用纠错码来补偿少量的预期错误,这样却更具成本效益。在传统通信和经典的存储领域,纠错比特所需的开销通常小于 10%。一些经典技术,例如**动态随机存取内存**(Dynamic Random Access Memory,DRAM)[3],需要通过读取和重写来周期性地更新,否则其状态会衰退。

量子纠错则更难,原因如下。

(1) 固有错误率更高,至少在当前量子比特和量子门技术的情况下。虽然传统计算机中比特的错误可能为百万分之一,但所有已知的量子门的错误率都会高于千分之一。

(2) 当量子态衰变得不能修复(与经典的 DRAM 一样)后,才能进行读取和重写,以刷新其状态。

(3) 传统计算机中的比特只有一种错误(比特翻转)。相比之下,量子比特可以漂移到无限数量的状态,而且其纠缠状态可以改变。

令人出乎意料的是,量子纠错是可实现的。量子纠错是一个活跃的研究领域。就已知的技术而言,量子比特错误率非常高。因此,进行复杂计算需要使一组物理量子比特构成一个更稳定的逻辑量子比特。量子纠错方案的特点是**阈值**(threshold),该值是物理量子比特的最大错误率,这将使得基于逻辑量子比特比基于物理量子比特更可靠。当物理量子比特和门的错误率低于阈值时,可以通过调整纠错方法使逻辑量子比特的错误率任意降低,而无须指数级地增加物理量子比特。截至 2022 年,最好的量子纠错方案的错误率可以达到 1% 左右的阈值。

纠错量(以及创建对数量子比特的物理量子比特组的大小)取决于作用于物理量子比特

---

① 译者注:Kelvin(开尔文),热力学温标或绝对温标,是国际单位制中的温度单位。由爱尔兰第一代开尔文男爵(Lord Kelvin)发明,符号是 K。其零度称为绝对零度,记为 0K 或零 K,等于摄氏温标−273.15℃或华氏温标−459.67°F。

② 译者注:纠错码也称为逻辑量子比特,由一组片状的物理量子比特充当一个性能良好的量子比特。

③ 译者注:动态随机存取内存,通常使用一个晶体管和一个电容器来代表一个比特。和 ROM 及 PROM 等固件内存不同,随机存取内存的两种主要类型(动态和静态)都会在切断电源之后丢失所存储的数据。

门的**准确性**（fidelity），以及当量子状态足够准确时，逻辑量子比特所需的门操作数量。

虽然数量可能会因更好的技术或量子算法的改进而发生变化，但学者们已经给出了一些估计值。这些成果或许可以表现出所涉及门操作数量的规模，以及随着时间多少的变化。例如，2012 年一篇高引论文[FOWL12]表明，一台用于整数分解的实用量子计算机至少需要 1 亿个物理量子比特；而 2019 年的一项最新分析成果[GIDN21]表明，分解 RSA 算法中 2048 比特的大整数需要大约 2000 万个物理量子比特。这些数字可以与分解 2048 比特 RSA 数的 Shor 算法所需的几千个逻辑量子比特进行比较。

一个逻辑门可以操作一个或两个逻辑量子比特，而相同的操作则需要更多的物理门作用于物理量子比特。因此，物理量子比特必须具有足够高的准确性，并可以承受额外的物理门来支持所需的至少一个逻辑门对逻辑量子比特组的操作。若用逻辑门操作逻辑量子比特具有足够的准确性，则可以递归地应用纠错算法以产生具有更高级别更高准确性的逻辑量子比特。这在理论上可以产生具有任意高准确性的逻辑量子比特。物理量子比特可达到的准确性与所需数量之间存在一种折中。在量子计算机设计的前沿方向中，涉及了增加量子比特数量及其准确性等方面。

以纠正单个量子比特位翻转（在状态 $|0\rangle$ 和状态 $|1\rangle$ 之间翻转）的简化量子纠错算法为例，但该算法不适用于其他类型的纠错，例如，使用 3 个物理量子比特 $a$、$b$ 和 $c$ 来表示一个逻辑量子比特的相位变化（状态 $|0\rangle$ 或状态 $|1\rangle$ 的系数与绝对值为 1 的复数相乘）。这 3 个量子比特的正确状态应该是等价的，所以两个叠加态是 $|000\rangle$（表示逻辑量子比特为 $|0\rangle$）和 $|111\rangle$（表示逻辑量子比特为 $|1\rangle$）。因此，3 个量子比特纠缠组的量子态可能是 $\alpha_1|000\rangle+\beta_1|111\rangle$。

一些量子门可以作用于逻辑量子比特，并在同一逻辑量子比特中不会引起物理量子比特间单个量子比特错误的传播。例如，NOT 门操作可以对 3 个物理量子比特逐一应用 NOT 门。如果未出现错误，则门操作后，$a$、$b$ 和 $c$ 都应该是相同的，所以仅有的两个叠加态仍为 $|000\rangle$ 和 $|111\rangle$，但系数可能会不同，例如 $\alpha_2|000\rangle+\beta_2|111\rangle$。事实上，任何与经典门等价的量子门都可以用这种方式实现。换句话说，上述简化的示例足以进行经典的纠错计算。

假设多个比特翻转的概率是非常低的，并且对量子比特 $b$ 进行位翻转，现在的状态为 $\alpha_2|010\rangle+\beta_2|101\rangle$。若读取任一量子比特，则将得到 0 或 1，并破坏叠加态。取而代之，可以通过测量 $a\oplus b$ 和 $b\oplus c$（以无损的方式）①来更好地检测量子比特的不一致。若未出现错误，则两种测量结果（$a\oplus b$ 和 $b\oplus c$）均为 0；若比特 $a$ 翻转，则测量结果为 1 和 0；若比特 $b$ 翻转，则测量结果为 1 和 1；若比特 $c$ 翻转，则测量结果为 0 和 1。综上所述，通过应用 NOT 门来翻转物理量子比特，可以将逻辑量子比特的状态修复为 $\alpha_2|000\rangle+\beta_2|111\rangle$。

不幸的是，除简单的位翻转之外，有很多方式可以破坏单个量子比特，以至于上述三元组方案在实践中不起作用。例如，量子计算中的错误可能会使状态 $|0\rangle$ 变为 $\frac{3}{5}|0\rangle-\frac{4}{5}|1\rangle$，状态 $|1\rangle$ 变为 $\frac{4}{5}|0\rangle+\frac{3}{5}|1\rangle$，或者将 $\alpha|0\rangle+\beta|1\rangle$ 变为 $\alpha|0\rangle-\beta|1\rangle$。

有效的纠错方案解释起来更加复杂，需要更多的量子比特来形成逻辑量子比特。这些

---

① 注意，为测量 $a\oplus b$，需要使用一个初始化为 0 的额外量子比特 $d$。首先，对 $a$ 和 $d$ 应用 CNOT 门，然后对 $b$ 和 $d$ 应用 CNOT 门。

纠错方案限制了作用于 1-量子比特门、2-量子比特门操作的容错性。然而,也存在支持通用门集的纠错方案。也就是说,尽管这些方案不能产生基于真值表的 2-量子比特门,但在对数开销下,可以产生所需的足够接近的量子门。因此,即使需要这些量子门,总体的计算也很可能会成功。

## 7.7 作业题

1. 假设使用 4 个偏振片,每个偏振片与前一个相差 30°。那么通过 4 个偏振片的光子百分比为多少?(参见 7.1.3 节)

2. 假设有 3 个未纠缠的量子比特,其中,量子比特 1 的状态为 $\alpha_1|0\rangle + \beta_1|1\rangle$,量子比特 2 的状态为 $\alpha_2|0\rangle + \beta_2|1\rangle$,量子比特 3 的状态为 $\alpha_3|0\rangle + \beta_3|1\rangle$。请写出 3 个量子比特的 8 个可能经典状态的概率幅,用符号 $\alpha_1$、$\beta_1$、$\alpha_2$、$\beta_2$、$\alpha_3$、$\beta_3$ 表示。

3. 假设用一个 2-量子比特门(输入为经典态)$\oplus$ 将量子比特 1 的值转换为量子比特 2,并只保留量子比特 1,请写出这个 2-量子比特门的真值表。之前是否见过该量子比特门?如果量子比特 1 和量子比特 2 分别被初始化为 $\mathrm{Hadamard}(|0\rangle) = \frac{1}{\sqrt{2}}|0\rangle + \frac{1}{\sqrt{2}}|1\rangle$ 和 $\mathrm{Hadamard}(|1\rangle) = \frac{1}{\sqrt{2}}|0\rangle - \frac{1}{\sqrt{2}}|1\rangle$,该门的输出为多少? 在输出状态中,这两个量子比特是纠缠的吗? 量子比特 1 和量子比特 2 的状态改变了吗?

4. 若 Hadamard 门所作用的量子比特的实数概率幅为 $\alpha$ 和 $\beta$,则该量子比特为单位圆上的一个点。Hadamard 门操作是通过原点的一条线进行状态翻转,那么这条线的角度是多少?(提示:Hadamard 将状态 $|0\rangle$ 翻转到何处? 将状态 $|1\rangle$ 翻转到何处?)

5. 假设有 3 个纠缠的量子比特,状态为 $\alpha|001\rangle + \beta|010\rangle + \gamma|100\rangle$。那么对第一个量子比特进行 Hadamard 门操作后,量子比特的状态为何?(提示:分别计算 3 种叠加态的结果,并按系数比例进行结果累加。例如,对第一个量子比特 $\alpha|001\rangle$ 进行 Hadamard 门操作的结果为 $\frac{\alpha}{\sqrt{2}}|001\rangle + \frac{\alpha}{\sqrt{2}}|101\rangle$。)

6. 假设有 3 个相同纠缠状态的量子比特集合,状态为 $\alpha|001\rangle + \beta|010\rangle + \gamma|100\rangle$。在测量第一个量子比特并得到 1 之后,3 个量子比特集合的状态是什么? 如果测量第一个量子比特并得到 0,那么 3 个量子比特集合的状态会是什么?

7. 对于如下量子比特状态,请给出应用一次 Hadamard 门的结果,然后,给出应用两次 Hadamard 门的结果。

(a) $1|0\rangle$。

(b) $1|1\rangle$。

(c) $\alpha|0\rangle + \beta|1\rangle$。

8. 试用状态 $|00\rangle$、$|01\rangle$、$|10\rangle$ 和 $|11\rangle$ 的系数,表示两个均处于 $\alpha|0\rangle + \beta|1\rangle$ 状态的非纠缠量子比特。

9. 试证明真值表为经典输入状态到经典输出状态一对一映射的任何线性量子门,关于 $n$ 个量子比特的操作是幺正的。

10. 若选择两个随机的 128 比特块 $x$ 和 $y$，那么是否总有一个 128 比特的 AES 密钥 $k$ 可以将明文 $x$ 映射到密文 $y$？256 比特的 AES 情况又是怎样？

11. 在 7.2.2 节中，如果不再次执行函数 $f_Q$，而只是按照如下方式读取辅助量子比特：

若读取结果是 0，则保留，若是 1，则对辅助量子比特执行 NOT 操作。会发生什么？

12. 试证明 7.2.2 节中的优化操作（将辅助量子比特初始化为 Hadamard($|1\rangle$)，并执行一次函数 $f_Q$）确实可以使状态 $|k\rangle$ 的概率幅为负。

# 第 8 章　后量子密码

正如在第 7 章所述,足够大的量子计算机所运行的 Shor 算法将可以破解目前已经部署的公钥算法。然而,在这成真之前,全世界很可能已经转向了相关替代算法。这些替代算法基于一些数学问题实现,而且很可能这些问题即使用经典和量子计算机的组合也无法在合理时间内解决。

这些新算法有几个等效的名称:抗量子、量子安全,或者**后量子密码**(Post-Quantum Cryptography,PQC)。全世界似乎已经确定了"后量子"这个术语,因此,即使有时后量子这个术语会让人们误以为这些新算法运行于量子计算机上,我们也会使用这个术语。

重要的是,在足够大的量子计算机出现之前,我们就应该开始远离当前的公钥算法,原因之一是算法的替换过程很慢。另一个重要原因是,有一些数据可能需要保密多年,如果用现在的公钥算法加密和存储这些数据,那么当量子计算机出现时,这些数据随后便可以被解密。由于不可能知道量子计算机何时(甚至是否)才能真正威胁到目前的公钥算法,因此人们应在短时间内转换到新的公钥算法。然而,在转换到新算法之前,全世界还需要对一些替代算法进行标准化。

美国国家标准与技术研究所(NIST)在密码(例如 AES 和 SHA)标准化方面发挥了重要作用,并在后量子算法的标准化中扮演着重要角色。2017 年年末(即方案提交的截止日期),NIST 收到了大约 80 个提案。与 AES 一样,NIST 不是挑选最优的方案,而是对几个方案进行了标准化。因为,后量子算法存在大量不同的特性,例如密钥大小、签名大小、所需计算量的巨大差异等,所以无法简单选出一个最优方案。

本章旨在直观地展现这些算法的工作方式,并尝试让近期未涉及更高层次数学课程的读者能够理解。而对那些需要严谨的数学知识、完全的规范和安全证明的读者而言,也有许多优秀的资源供参考,例如 NIST 的后量子网站[NISTPC],该网站提供了所有提交文件的详细信息链接。

后续部分将讨论 4 种最著名的密码方案:基于哈希(8.2 节)、基于格(8.3 节)、基于编码(8.4 节)和多变量密码(8.5 节)。

除了本章将详细讨论的 4 种主要后量子密码外,还存在第 5 种主要类型的后量子密码——同源密码。其中,"同源"是椭圆曲线间的一种特殊映射。同源密码使用椭圆曲线,但与传统的椭圆曲线密码不同——同源密码不依赖椭圆曲线离散对数问题的困难性。[①] 相反,同源密码依赖各种问题的困难性,例如,在已知具有同源性前提下,构造两条特定椭圆曲线间的同源。目前,同源密码的研究工作相对较好,人们已提出了许多有前景的方案,包括超奇异同源密钥交换(Supersingular Isogeny Key Exchange,SIKE)加密方案,在本书撰写时,SIKE 已进入 NIST PQC 标准化的候选名单[②]。与其他后量子方案相比,基于同源性的

---

① 回想一下,使用 Shor 算法的量子计算机可以很容易解决椭圆曲线离散对数问题。

② 译者注:但 2022 年,SIKE 已被破解,止步于 NIST PQC 标准化的第四轮。

几种其他加密和签名方案通常具有较小的公钥、密文和签名。尽管这些同源方案在实现的有效性方面已经取得了很大进展，但也往往更慢。本章并未对同源密码进行更广泛的讨论，这并不是因为同源密码不如后量子密码等其他主要领域重要，而是因为我们认为对大多数读者来说，基于大量数学背景知识的方案学习似乎很乏味，并且，感兴趣的读者也可以自行根据大量的资源去了解相关细节。

# 8.1　签名和/或加密方案

对 RSA 而言，任何密钥对都可以用于签名或加密。但使用同一密钥对同时进行签名和加密并不是一种好的安全实践，但从数学上讲，这是可行的。相比之下，大多数后量子算法只适用于签名或加密中的一种用途。这意味着，在后量子领域中，同时进行签名和加密不仅需要两个不同的密钥对，还需要两种不同的算法。

任何公钥方案都需要一个可以生成密钥对的算法。而签名方案还需要生成签名和验证签名的算法。此外，加密方案需要加密和解密的算法。由于公钥方案比私钥方案慢，所以公钥签名方案通常只对消息的哈希进行签名，而且，公钥加密方案通常只使用公钥加密来生成秘密 $S$，然后用 $S$ 来加密消息。

有时，密码学家会提到第三种类型的方案，即**密钥封装机制**（Key Encapsulation Mechanism，KEM）。KEM 方案也可以转换为加密方案，反之亦然。二者的区别在于，在加密方案中，一方选择 $S$，并用另一方的公钥对 $S$ 进行加密；相反，在 KEM 方案中，共享密钥来自一方或双方参与交换的信息。本书后续不会再使用 KEM 这个术语，而是将这两种类型的方案统称为**加密**。

## 8.1.1　NIST 安全等级标准

作为破解算法难度的粗略衡量标准，NIST 定义了 5 个安全强度类别。后量子算法提案具有满足一些或所有类别的参数集。例如，若要满足类别（1），则需要使用某些参数。具体安全强度类别定义如下：

（1）至少与 128 比特的分组密码（例如 AES128）的密钥搜索一样困难；

（2）至少与 256 比特哈希函数（例如 SHA256）的碰撞搜索一样困难；

（3）至少与 192 比特的分组密码（例如 AES192）的密钥搜索一样困难；

（4）至少与 384 比特哈希函数（例如 SHA384）的碰撞搜索一样困难；

（5）至少 256 比特的分组密码（例如 AES256）的密钥搜索一样困难。

就针对经典攻击的安全性而言，类别（1）和类别（2）基本相同（128 比特安全性），类别（3）和（4）也是如此（192 比特的经典安全性）。然而，当考虑到量子攻击（例如 Grover 算法）时，类别（2）可能被认为比类别（1）更安全，并且类别（4）可能被认为比类别（3）更安全。

## 8.1.2　身份验证

对于所有的公钥方案，为进行安全的签名、加密或身份验证，Alice 和 Bob 需要以可靠的方式知道彼此的公钥，例如相互出示由彼此信任实体签名的证书。在软件中可以植入认证实体的公钥。无论如何,这并不是后量子公钥算法特有的问题,后续也不会进一步讨论。

### 8.1.3　不诚实密文的防御

公钥加密方案需要通过仔细设计来抵御**选择密文攻击**(chosen-ciphertext attack)。例如,攻击者 Trudy 可以通过向 Alice 发送非根据算法规则生成的密文来获得信息。这种攻击通常需要 Trudy 向 Alice 发送许多(例如数百万条)密文,并且 Trudy 需要依赖 Alice 的行为来判断出是否已成功解密。在一些公钥加密算法中,即使是诚实生成的密文也有可能无法解密,并且,即使 Trudy 根据算法规则生成并发送了足够多的密文,Alice 也可能无法解密其中的一些密文,这样 Trudy 也可能从中获得一些信息。无法解密诚实生成密文的概率称为**解密失败率**(decryption failure rate)。

Trudy 通过这次攻击获得的信息可能会得到 Alice 的私钥,或者,如果 Trudy 得到诚实的 Bob 向 Alice 发送的加密消息,那么,Trudy 可以通过发送 Bob 密文的许多微变体来获得 Bob 的明文,并查看 Alice 是否可以解密。

这种攻击并不是后量子加密算法特有的。例如,所谓的**百万消息攻击**便属于这种形式,并已经针对 RSA 的特定实现[BLEI98]成功地进行了演示。

任何公钥加密算法都应该包含针对此类攻击的明确对策。防御选择密文攻击的简单对策之一是让 Alice 每次通信都更改公钥,但这并不切合实际,也很难强制执行。当算法设计者希望安全地重用密钥对时,可以利用可证明安全的系统来构造对抗选择密文攻击的安全性。这些构造背后的一般原则是,除非 Alice 能验证密文是诚实产生的,否则 Alice 会拒绝解密密文。通常,Bob 向 Alice 证明其诚实地生成了密文的方式如下。

(1) 在创建密文的过程中,Bob 通常会生成随机数。Bob 不是真正地随机生成这些数,而是根据算法规定的种子伪随机地推导出这些数。

(2) Bob 不是直接地加密明文或共享密钥,而是用推导的其他量来加密种子。

(3) 在 Alice 解密密文获得 Bob 的随机种子后,Alice 会验证 Bob 发送的密文是否确实来自种子。如果是这样,则 Alice 会继续从种子中伪随机地推导共享密钥[①]。

(4) 如果重新创建的密文与 Alice 接收到的内容不匹配,则 Alice 不会向攻击者提供任何关于解密是否失败或为什么失败的信息。Alice 的这种行为被称为**隐性拒绝**(implicit rejection)。这意味着,Alice 没有发送错误的消息,而是假装一切都很好,并使用随机数作为共享密钥,所以无论谁与 Alice 通信,都会认为 Alice 在胡言乱语[②]。相反,**显式拒绝**(explicit rejection)意味着 Alice 发送了错误消息或终止了连接。通常认为,使用隐式拒绝而不是显式拒绝可以更容易地避免无意中向攻击者泄露信息的错误实现。

所有进入 NIST 第三轮 PQC 标准化过程的加密方案都使用了这种构造或类似的构造。应该注意的是,如果诚实生成的密文的解密失败率很低,例如,每 $2^{128}$ 条密文中有一条解密失败,则这类构造能有效地防止选择密文攻击。因此,从安全性角度,对这些方案解密失败率的严格分析是必要的,而不是仅分析可靠性。

简单起见,后文在介绍各种后量子方案时,会介绍不涉及这些选择密文攻击保护措施的

---

① 也以算法规范规定的方式。

② 例如,Alice 使用对方不知道的加密密钥进行通信。

简化版本。

## 8.2 基于哈希的签名

这类算法基于的假设是，在计算上找到哈希 $h$ 的原像，即值 $v$，使得 $hash(v)=h$ 是不可行的。这里基于哈希的算法仅用于公钥签名（而非加密）。

密码学哈希已得到了很充分的研究，并且被认为是抗量子的。同时，密码学哈希是一个保守的选择，因为如果使用得当，那么密码学哈希被破解的可能性比其他签名方案低——基于哈希的签名方案仅依赖哈希函数的安全性，而其他签名方案不仅依赖哈希函数的安全性，还依赖一个或多个额外计算问题的困难性。存在以下两类基于哈希的签名方案。

（1）有状态（stateful），意味着签名者必须非常小心地记录之前签名项目的数量，否则方案是不安全的。

（2）无状态（stateless），意味着签名者不需要记录过去的签名数量。

有状态的方案比无状态的方案效率高得多，但有状态的案例实现必须非常小心地保持状态的准确性。如果一个进程崩溃并重新启动，或者一个服务的多个实例使用相同的公钥，那么这个案例实现会很容易地丢失已签名数量的记录。

下面介绍一些不实用但易于理解的方案，然后讲解一些使方案更有效的优化方法。

基于哈希的签名往往需要用很多参数来描述。这使得相关变体可以在安全性、签名大小和计算量等方面进行取舍，但所有这些灵活性都可能会让本书的描述难以阅读。因为本书的初衷主要是感性的介绍而非精确的说明，所以，我们会选择一些参数使相关描述更具可读性。

### 8.2.1 最简单的方案——单比特签名

这里提及的第一个概念是单比特的一次性签名。信息单比特签名的例子是，Alice 宣布两位候选人中的哪一位赢得了选举——候选人 0 或候选人 1。Alice 的私钥由两个随机选择的 256 比特数 $p_0$ 和 $p_1$ 组成，而公钥由 $h_0$ 和 $h_1$ 中每一个的 256 比特哈希组成。换言之，$hash(p_0)=h_0$，以及 $hash(p_1)=h_1$。为对值 0 进行签名，Alice 会公开 $h_0$ 的原像，即 $p_0$。为对值 1 进行签名，Alice 会公开 $h_1$ 的原像，即 $p_1$。

基于此方案，Alice 只能对单比特进行签名，因为 $p_0$ 和 $p_1$ 的背景知识允许对比特 0 或 1 的签名。如果 Alice 想证明另一次选举的结果，则需要创建一个新的公钥。假设使用 256 比特的 $p$ 和哈希，则公钥大小为 512 比特（由 $h_0$ 和 $h_1$ 组成），私钥也是 512 比特（由 $p_0$ 和 $p_1$ 组成），以及签名为 256 比特（为 $p_0$ 或 $p_1$，取决于 Alice 对 0 还是 1 进行签名）。

### 8.2.2 任意大小消息的签名

接下来，在单比特方案基础上使 Alice 能够对单个任意大小消息进行签名。与我们熟悉的其他公钥算法（例如 RSA）一样，Alice 不直接对消息进行签名，而是对消息的哈希进行签名。例如，如果 Alice 使用哈希算法 SHA-256，则需要能够对 256 比特进行签名。

为能够对 256 比特进行签名，Alice 为 256 比特中的每一个比特位选择了两个 256 比特

秘密。所以,对于比特 $i$,Alice 会选择 $<p_0^i,p_1^i>$ 秘密对。如果比特 $i$ 为 0,则 Alice 会公开 $p_0^i$。如果比特 $i$ 为 1,则 Alice 会公开 $p_1^i$。这样便会产生 512 个秘密,记为 $\langle p_0^0,p_1^0 \rangle,\langle p_0^1,$ $p_1^1 \rangle,\cdots,\langle p_0^{255},p_1^{255} \rangle$。Alice 对 512 个秘密中的每一个进行哈希,得到 $\langle h_0^0,h_1^0 \rangle,\langle h_0^1,h_1^1 \rangle,$ $\cdots,\langle h_0^{255},h_1^{255} \rangle$。对这 512 个哈希值进行哈希,则 $H=\text{hash}(h_0^0|h_1^0|h_0^1|h_1^1|\cdots|h_0^{255}|h_1^{255})$ 就是 Alice 的 256 比特公钥。

若对 256 比特量进行签名,例如,001011101…1,则 Alice 需要对 256 比特的每一比特位执行以下操作:若第 $i$ 比特是 0,则 Alice 公开 $p_0^i$ 和 $h_1^i$;若第 $i$ 比特是 1,则 Alice 公开 $h_0^i$ 和 $p_1^i$。验证者 Bob 对 Alice 公开的 256 个 $p^i$ 进行哈希,以便得到所有的 512 个哈希值($h_0^0,$ $h_0^1,h_1^0,h_1^1,\cdots,h_{255}^0,h_{255}^1$)。然后,Bob 会计算 $\text{hash}(h_0^0|h_0^1|h_1^0|h_1^1\cdots|h_{255}^0|h_{255}^1)$,并验证该结果确实是 Alice 的公钥 $H$。

Alice 只能对一个消息摘要进行签名,因为,如果 Alice 对两个不同的消息摘要进行签名,其中,若一个摘要的比特 $i$ 为 1,另一摘要的为 0,则 $p_0^i$ 和 $p_1^i$ 都会公开,然后,其他人便可以对比特 $i$ 为 0 或 1 进行签名。请注意,每次 Alice 签名时,都会公开一半的原像。如果 Alice 用这种方案对两条消息进行签名,那么第二条待签名消息的哈希中可能会有一半的比特与 Alice 签名的第一条消息中的比特相等,所以,仍有 1/4 的原像未公开。如果 Eve 想伪造 Alice 的签名,并且 Eve 知道所有 512 个原像,那么 Alice 可以对任何内容进行签名。但是,如果有 $n$ 个未公开的原像,那么 Eve 必须继续测试消息,直到 Alice 能找到一个哈希所有比特的原像都公开的消息。

对于这种方案,公钥的大小是 256 比特,私钥的大小是 128K 比特(256 个 $\langle p_i^0,p_i^1 \rangle$ 对,即 256×512 比特),签名的大小也是 128K 比特。验证签名需要对消息进行哈希,并进行额外的 256 次哈希(对原像 $p_i^0$ 或 $p_i^1$,这取决于消息哈希中的比特是 0 还是 1,然后对 512 个哈希值再进行哈希)。

## 8.2.3 大量消息的签名

只允许 Alice 对单条消息进行签名的方案并不是很有用。因此,可以使用哈希树(也称为 Merkle 树)来修改方案,进而支持 Alice 对大量信息进行签名。在图 8-1 中,Alice 可以对 4 条不同的消息[①]进行签名,而且,Alice 的公钥仍然只有 256 比特(树根的值)。

从树的顶部开始,根节点 $H_{\text{Alice}}$ 是 Alice 的公钥,值为 $\text{hash}(H_0|H_1)$,$H_0$ 是 $\text{hash}(H_{00}|H_{01})$。第二层 4 个节点中的每一个都等于其 512 个子节点的哈希。这棵哈希树可以支持 Alice 使用子树 $H_{00},H_{01},H_{10}$ 或 $H_{11}$ 对 4 个不同的消息进行签名。

这里用术语 treelet(小树)描述树的底层[②]。为使一棵 $n$ 层的树有 $2^n$ 个小树,我们不会把根或叶子算作一层。因此,图 8-1 中的树有 2 层和 4 个小树。

Alice 可以按如下的方式用 $H_{01}$ 下的小树对消息进行签名:对于待签名消息的消息摘要中的每一比特 $i$,如果第 $i$ 比特是 0,则 Alice 会公开 $p_0^i$ 和 $h_1^i$。如果第 $i$ 比特是 1,那么 Alice 会公开 $p_1^i$ 和 $h_0^i$。Bob(验证者)对每个 $p$ 进行哈希,可以得到相应的 $h$,所以,Bob 现在知道了 $H_{01}$ 的所有 512 个孩子,这样便可以计算 $H_{01}$。Bob 还必须知道 $H_{01}$ 的兄弟

---

[①] 每个消息都有 256 比特的摘要。

[②] 有 512 个孩子。

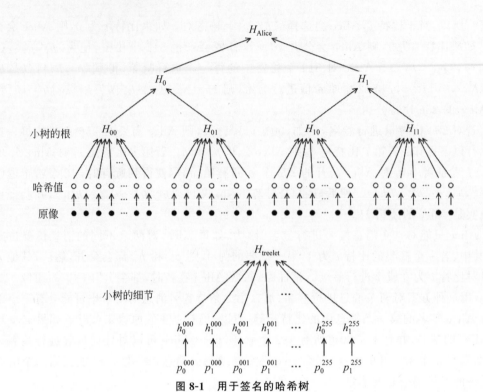

图 8-1　用于签名的哈希树

$(H_{00})$，这样才能计算出 $H_0$（hash($H_{00}|H_{01}$)），并且需要知道 $H_0$ 的兄弟（$H_1$），因此，可以计算 hash($H_0|H_1$)，并验证结果为 $H_{Alice}$。

总之，本方案中的公钥是 256 比特的哈希，即哈希树的根。签名包括 512 个 256 比特的量——对于每一比特，如果比特为 0，则为$\langle p_0^i, h_1^i\rangle$对；如果比特为 1，则为$\langle p_1^i, h_1^i\rangle$。签名还需要哈希树中的兄弟哈希，该哈希树每层由 256 比特的量组成。即使对于更深层的树，签名也只略大于 128K 比特（16K 个八比特组）。

假设 Alice 希望能够对大量的消息进行签名，例如，100 万条消息。然而，生成和存储 20 层的哈希树成本非常高[1]。另外，Alice 可能不知道需要对多少条消息进行签名。而且，Alice 可能会过高估计，导致创建和储存一棵比所需空间更大的树。但如果消息的数量超过了最初计算的树大小，那么该怎么办？

假设 Alice 以 $R_1$ 为根创建了一棵足够 1024 个签名的树，则 Alice 的公钥为 $R_1$。如果 Alice 需要对更多的信息进行签名，那么该怎么办？

在对 1023 条消息签名后，Alice 需要以 $R_2$ 为根，创建一棵具有 1024 个小树的新哈希树，并用第一棵哈希树的最后一个小树对新哈希树的根[2]进行签名。这样，Alice 便可以用 $R_2$ 对另外的 1023 条消息进行签名，并为后续 1023 条消息的第三棵哈希树根的签名留出充足的空间。最初 1023 条消息的签名由每个哈希的 256 比特的 512 个值（$p_0^i$ 和 $h_1^i$，或 $p_1^i$ 和 $h_0^i$），以及第一棵树中祖先节点的兄弟哈希构成。这样便可以达到 133 632 比特，或 16 704

---

[1]　超过 1300 亿比特——100 万乘以 512 再乘以 256。

[2]　有效地对消息进行签名，上面写着"$R_2$ 也是我的公钥"。

个八比特组。

对于接下来的 1023 条消息,签名的大小是双倍的,因为不仅需要用第二棵树对待签名的消息进行签名,还需要对第二棵树[①]的根进行签名。这样的结果是 33 408 个八比特组。

然后,对于接下来的 1023 条消息,签名的大小是 3 倍的,以此类推。

另一种策略是,Alice 只用第一棵树对 1024 个小树的根进行签名,每棵树都有 1024 个小树。这样,Alice 便能对 100 万条消息进行签名,每条消息的签名是 33 408 个八比特组。如果这还不够大,那么三层结构可以允许 10 亿个签名,每个签名将是 50 112 个八位字节。

## 8.2.4　确定性树生成

基于密钥种子 $S$ 确定性地生成一棵树,便可以使 Alice 只需要一个小密钥(例如 256 比特)就能按需生成哈希树,而不必预先生成并存储所有的哈希树。这为 Alice 的私钥节约了存储空间,但计算成本很高,因为 Alice 需要重新生成整个树才能完成签名。

为生成 10 层的树,Alice 需要用 $S$ 计算每个叶子的原像值来表示 $S$、小树的数量,以及原像是 0 或 1 标志的函数。例如,小树 42 的 $p_7^1$ 可以是 hash$(S|7|1|42)$。

为进行消息签名,Alice 需要生成整棵树。但签名(并且详细记住对多少条消息进行了签名)后,Alice 可以忘记所生成的树,只需要记住 $S$ 和已签名消息的数量。该过程在数据存储量和计算量之间存在权衡。如果 Alice 记住了哈希树中所有对等的哈希,但又重新计算了每个签名所需的小树,那么只需要适当的数据存储和计算量。

假设 Alice 使用的是一棵两层树,第一层树的小树用于对第二层树的签名。对于每个签名,Alice 需要生成(或存储)上一层树和当前正在处理的下一层树。生成每棵树的密钥必须是唯一的,因此,单个密钥 $S$ 需要与树的编号一起进行哈希,进而创建用于生成该树的密钥。

与单树的情况一样,通过记录已经计算的所有兄弟哈希,并根据需要计算新树的兄弟哈希,则可以省去许多计算。

确定性树生成的概念对于无状态方案尤为重要,详见 8.2.7 节。

## 8.2.5　短哈希

使用较短的哈希,例如 128 比特而不是 256 比特的哈希,可以明显提高性能,这样,小树只有一半的叶子节点,并且每个叶子值都是尺寸的一半。但是,一个使用 128 比特哈希的方案能达到 128 比特的安全级别吗?回想一下,找到 $n$ 比特哈希的哈希冲突只需要 $2^{n/2}$ 的工作量,而找到特定 $n$ 比特哈希值的原像需要 $2^n$ 的工作量。

首先,使 Alice 安全地对 128 比特消息进行哈希,而不是对 256 比特哈希进行签名,其中,"安全"指可以达到 NIST 的安全类别 1。我们需要确保攻击者去寻找特定的 128 比特哈希的原像,而不是去寻找任何 128 比特的哈希冲突。

可以按照以下方式强制攻击者 Ivan 寻找特定哈希的原像,而不是去寻找任何哈希冲突。为进行消息签名,Alice 会选择一个随机数 $R$(类似 IV),其签名由 $R$、消息和 hash$(R|$

---

① 使用第一棵树中最后一个小树进行签名。

消息）的签名组成。因为，Ivan 无法事先找到任何具有相同哈希的两条消息——Ivan 必须等 Alice 完成消息签名并选择了 $R$ 后，然后再必须找到 hash($R$|消息）的原像，所以，上述方式可以解决哈希冲突问题。

由于 Ivan 无法预测 Alice 选择的随机数 $R$，因此，Ivan 无法用相同的哈希作为 $R$ 和 Alice 签名消息的组合来创建恶意的消息。相反，Ivan 需要找到恶意的消息和 $R$，使得 hash($R$|消息）是 Alice 已签名的一个哈希。如果 Alice 只签名了一条消息，那么 Ivan 必须匹配 Alice 签名的哈希，例如找到该哈希的原像，这样才是安全的。

应该注意的是，还存在另一种使找到原像更容易的攻击。这就是所谓的**多目标攻击**（multi-target attack）。假设 Ivan 无须找到一个特定的哈希，而是拥有一个用于查找原像的百万级潜在哈希的列表。例如，Alice 已对 100 万条不同消息进行了签名，而 Ivan 拥有 Alice 签名的 100 万个哈希列表，因此，Ivan 只需要找到某条消息是这 100 万个哈希中任何一个的原像。每次 Ivan 只需要对试验的消息进行哈希，然后将结果与整个列表进行比较即可。由于 100 万大约是 $2^{20}$ 数量级，这可以将 Ivan 所尝试的消息数量从 $2^{128}$ 条降低到 $2^{108}$ 条。

为防止多目标攻击，Alice 还应该在哈希量中包含小树的数量。请注意，为使 Bob 能够验证 Alice 的签名，小树的数量必须已是 Alice 签名中指定的部分。所以 Alice 的第 $i$ 个签名包含消息 $M_i$、随机数 $R_i$、小树的数量（在本例中为 $i$）、哈希树的兄弟哈希，以及基于 hash($R_i$|$M_i$|$i$）公开的小树密钥。

下面修改设计方案，以使 Alice 也可以在哈希树中使用 128 比特哈希，并仍能避免多目标攻击。这些哈希需要用唯一的值进行定制[①]。此外，对于 Ivan 来说，有用的哈希列表可能不仅是 Alice 签名的哈希，也可能是其他授权实体签名的哈希。因此，对于 Alice 的哈希树，每个哈希的其他输入还应该包括姓名 Alice 和 Alice 的哈希树位置。

这些优化手段可以将签名的大小减少为原先的 1/4，因为每个公开的常数只有一半的比特量，而且要签名的比特也只有一半的量。因此，4K 个八比特组大小的签名可以签 1000 条消息，8K 个八比特组大小的签名可以签 100 万条消息，12K 个八比特组大小的签名可以签 10 亿条消息。

### 8.2.6　哈希链

哈希链可以通过取一个值 $p$，并对其进行多次哈希来计算。符号标记 $hash^7(p)$ 意味着计算 hash(hash(hash(hash(hash(hash(hash($p$)))))))。已知 $p$，可以计算任意值 $i$ 的 $hash^i(p)$，但得到 $hash^i(p)$ 并不能计算出哈希链中 $i$ 之前的任何信息。例如，若已知 $hash^3(p)$，则能够计算 $hash^4(p)$，$hash^5(p)$ 和 $hash^6(p)$，以及 $hash^7(p)$，但不能计算出 $p$,hash($p$)，或者 $hash^2(p)$。请注意，与 8.2.5 节一样，为避免多目标攻击，在每次哈希计算中，需要在哈希链中包含一些特定常量来定制化哈希。例如，除了 8.2.5 节中的定制化（例如 Alice 的姓名和小树的数量）之外，$p$ 的第三个哈希应该包含 3。所以，$hash^3(p)$ 为 hash(Alice|小树的数量 |3|$hash^2(p)$）。然而，为保持简洁，所有这些定制都未体现在符号标记之外。

利用哈希链可以使签名尺寸更小，但计算成本更高。之前，Alice 通过公开两个数——

---

① 类似于 UNIX 口令哈希中 salt 的用途——详见 5.5 节。

$p_0$ 和 $h_1$ 表示 0，或 $h_0$ 和 $p_1$ 表示 1，来实现 1 比特的签名。

假设 Alice 想同时对 4 比特进行签名。这个 4-比特的块取值来自 $\{0000,0001,\cdots,$ $1111\}$。Alice 选择一个密钥，例如 $p$，然后，对 $p$ 进行 15 次哈希。如果 4-比特块等于 7，那么 Alice 会公开 $\mathrm{hash}^7(p)$。如果 4-比特块等于 6，那么 Alice 会公开 $\mathrm{hash}^6(p)$，以此类推，直到 4-比特块等于 0，则 Alice 会公开 $p$。然而，这并不安全，因为如果 Alice 签名 0，一旦 Alice 公开了 $p$，则伪造者就可以为块签名其他的任意值。如果 Alice 签名 13，则伪造者可以签名 14 或 15。

为解决这个安全问题，Alice 可以使用基于 $p_{\mathrm{up}}$ 和 $p_{\mathrm{down}}$ 密钥的两个哈希链。为对 4-比特值 $i$ 进行签名，Alice 可以公开 $\mathrm{hash}^i(p_{\mathrm{up}})$ 和 $\mathrm{hash}^{15-i}(p_{\mathrm{down}})$，现在伪造者则不能对其他值进行签名。如果 Alice 对 $i$ 进行签名，则伪造者需要找到 $\mathrm{hash}^i(p_{\mathrm{up}})$ 的原像，对小于 $i$ 的值进行签名，并且需要找到 $\mathrm{hash}^{15-i}(p_{\mathrm{down}})$ 的原像，来对大于 $i$ 的值进行签名。

基于这种 4-比特块的技术，为 128 比特签名的小树只需要 64 个值：为 32 个 4-比特块的每一个提供一对值——$\mathrm{hash}^{15}(p_{\mathrm{up}})$ 和 $\mathrm{hash}^{15}(p_{\mathrm{down}})$。相反，单独对每 128 比特进行签名则需要 256 个值。在每个公钥可以生成多达 100 万个签名的情况下，这种使用 4-比特块的优化方案可以将签名大小从 8512 个八比特组降低到 2368 个八比特组。

Winternitz 对上述方案的改进可以使签名变得更小。再一次，假设针对 4-比特块，Winternitz 仍然对每个块进行 $\mathrm{hash}^{15}(p_{\mathrm{up}})$，但只需要一个 $p_{\mathrm{down}}$ 链，用于对所有块的总和进行签名。由于 128 比特值中有 32 个 4-比特块，每个值在 0 到 15 之间，因此块的总和为 0 到 $15 \times 32 = 480$ 之间的数。一个小树只需要 33 个值：每个块的 $\mathrm{hash}^{15}(p_{\mathrm{up}})$，以及总和的单个值 $\mathrm{hash}^{479}(p_{\mathrm{down}})$。

为节省计算多达 480 个哈希所需的工作量，可以用 3 个 4-比特块的二进制形式表示总和，并需要为每个块对应 1 个 $\mathrm{hash}^{15}(p_{\mathrm{down}})$ 值。用于对 128 比特值签名的小树由 35 个值组成：128 比特值中 32 个块的 $\mathrm{hash}^{15}(p_{\mathrm{up}})$，以及用于总和的 3 个 $\mathrm{hash}^{15}(p_{\mathrm{down}})$ 值。在每个公钥可以生成多达 100 万个签名的情况下，这种优化方案可以将签名大小从 2368 个八比特组降低到 1440 个八比特组。

每个区块的比特数是哈希签名算法的参数之一，是签名大小与计算量的权衡。用 8-比特的块取代 4-比特块会使签名大小折半（因为只有一半数量的块），但计算成本会增加 8 倍，因为一个链需要 256 个哈希，而非 16 个哈希。因此，大多数标准化方案的块大小倾向于 1 ~ 8 比特。

## 8.2.7　标准化方案

RFC8391(XMSS) 和 8554(LMS) 各自指定了一个基于有状态哈希的方案。二者在细节上有所不同，例如填充哈希数据的方式，以及如何提供一系列参数值来平衡单个密钥签名的数量、计算时间和签名大小。RFC 8554 签名的大小范围是从 1616 个八比特组(最多签名 32K 条消息)到 3652 个八比特组(签名一万亿条消息)不等。RFC 8391 签名的大小范围是从 2500 个八比特组(最多签名 1K 条消息)到 27688 个八比特组(最多签名 $2^{60}$ 条消息)。

### 无状态方案

到目前为止，我们概述的方案都要求 Alice 记住已签名消息的数量，这样 Alice 就不会重复使用相同的小树,并泄露相同比特的 $p_0^i$ 和 $p_1^i$。对于某些应用程序,例如,根证书和代码签名,这可能是可接受的要求,因为应用程序本身就需要强版本控制、备份和记录保存。然而,对于其他应用程序,签名则是动态创建的(例如,TLS 身份验证必须对每个新连接参数进行签名),使用有状态协议很可能会导致安全问题。

就目前所见的方案而言,我们确保不使用相同的小树进行两个不同哈希签名的方法是记录签名的数量,并不多次使用同一棵小树。但若 Alice 是无状态的呢?

一种无状态方法的例子如下：假设 Alice 有一棵 128 层的树,因此有 $2^{128}$ 个小树,每个可能的哈希值对应一棵小树(假设为 128 比特的哈希)。为使用值 $X$ 对哈希进行签名,Alice 需要使用第 $X$ 棵小树。Alice 不需要记录已签了多少哈希,因为小树只能对单个值进行签名。尽管签名相当小[①],但 Alice 需要预先生成整棵树,这显然不可行。

但是,若 Alice 使用 8.2.3 节介绍的多级树技术,则不需要预先生成整棵树,而可以根据需要从密钥种子 $S$ 中确定性地生成树。这样,Alice 的顶层树可能有 $2^8$ 棵小树(8 层)。为对前八比特等于 $X$ 的哈希进行签名,Alice 需使用顶层树中的第 $X$ 棵树对树 $T_X$ 的根进行签名。其中,树 $T_X$ 用于对以 $X$ 开头的哈希进行签名。

树 $T_X$ 也有 8 层,其中,第 $Y$ 棵小树用于树根签名,并用于以 $X|Y$ 开头的消息摘要签名。以此类推,通过 16 棵树,则可以达到 128 比特哈希的大小。

如前所述,为迫使 Ivan 找特定哈希的原像,而不是找哈希碰撞,Alice 在签名消息 $m$ 时需要随机选择一个 $R$,并在签名中包含 $R$,$m$ 和 $hash(R|m)$ 的签名。

尽管 Alice 永远不会使用同一棵小树对两个不同哈希值进行签名,但仍面临多目标攻击问题。例如,若 Alice 已经签了 100 万个 $\langle R,m \rangle$ 对,则 Ivan 可以尝试 $\langle R',m' \rangle$ 对,并查看 $hash(R',m')$ 是否与 Alice 签名中的任意 $hash(R',m')$ 值匹配。

多目标攻击的防御方法是根据 Alice 预计要签名的数量来增加哈希的大小。如果 Alice 可能要签名 100 万次($\sim 2^{20}$),那么哈希大小应增加 20 比特,同时,多级树的层数应增加 20。

一种优化方法基于如下发现：若 Alice 只使用小树 $hash(R|m)$ 对 $hash(R|m)$ 值进行签名,那么,小树就不需要有多个叶子——小树 $i$ 只需要包含一个哈希值,例如 $H_i$,并且,Alice 可以通过公开 $H_i$ 的原像来对值 $i$ 进行签名。这个方案称为金字塔(Pyramid)归功于 John Kelsey。

另一种构建基于哈希签名的无状态方案是,Alice 不使用小树 $Z$ 签名哈希值 $Z$,而是随机选择一棵小树,例如小树 $T$,计算 $Z=hash(R|m|T)$,并用小树 $T$ 对值 $Z$ 进行签名。然后,小树的数量不依赖哈希的长度,而是取决于 Alice 签名的数量。例如,若 Alice 永远不会签名超过 100 万条消息($2^{20}$),并且 Alice 偶然两次选择同一个小树的期望概率小于 $2^{-64}$,那么需要的小树数量应该至少为 $2^{104}$。指数 104 是如何得到的? 根据 5.2 节描述的生日问题,如果存在 Alice 用 $2^{40}$ 棵小树签名 $2^{20}$ 条消息,那么 Alice 偶然选择相同小树的概率约为 $1/2$。为使 Alice 偶然选择同一棵小树的概率小于 $1/2^{64}$,则需要将 64 加上 40,即 104。

NIST 竞赛的提案中,有一种被称为 SPHINCS＋的无状态哈希签名方案。SPHINCS＋定义了一些无状态哈希特有的其他优化方法,以支持生成多达 $2^{64}$ 个,并仅有 7856 个八比特组

---

① 只有 127 个兄弟哈希和小树中的哈希或原像。

长的签名。所提出的方案通常用可修改的参数来平衡安全性、签名大小和计算量,并且方案作者通常会对方案进行修改以提升性能或安全性。因此,这些数字只是近似的,而且,这里提供这些数字只是为了让读者对性能有更直观的感觉。

## 8.3 基于格的密码

什么是格?格是 $n$ 维空间的一个点集。$n$ 维空间的一个点可以由一个数的 $n$-元组 $\langle x_1, x_2, \cdots, x_n \rangle$ 表示。一个点也可以被认为是一个向量。例如,$\langle x_1, y_1, z_1 \rangle$ 是从原点 $\langle 0, 0, 0 \rangle$ 到点 $\langle x_1, y_1, z_1 \rangle$ 的向量。在向量加法中,将每个向量的第 $i$ 个坐标相加,得到加和的第 $i$ 个坐标,例如,$\langle x_1, y_1, z_1 \rangle + \langle x_2, y_2, z_2 \rangle = \langle x_1 + x_2, y_1 + y_2, z_1 + z_2 \rangle$。

在加法和减法下,格是封闭的,这意味着如果两个点 $v_1 = \langle x_1, y_1, z_1 \rangle$ 和 $v_2 = \langle x_2, y_2, z_2 \rangle$ 是格中的点,那么 $v_1 + v_2$ 和 $v_1 - v_2$ 也在格中。同理,下列 $v_1$ 和 $v_2$ 的线性组合也都在格中:

$v_1 - v_1 = \langle 0, 0, 0 \rangle$,

$-v_1 = \langle -x_1, -y_1, -z_1 \rangle$,

$2v_1 - 3v_2 = \langle 2x_1 - 3x_2, 2y_1 - 3y_2, 2z_1 - 3z_2 \rangle$。

格的基是一组格向量 $b_1, b_2, \cdots, b_n$,使得格中任意点都可以用 $n$ 个基向量的整数线性组合表示。例如,若 $c_1, c_2, \cdots, c_n$ 是整数,那么,$c_1 b_1 + c_2 b_2 + \cdots + c_n b_n$ 是格中的一个点。格完全可以由基来确定。

$n$ 维格的基由 $n$ 个向量组成,每个向量有 $n$ 个分量。一种确定基的常见方法为 $n \times n$ 矩阵,其中,矩阵的第 $i$ 行表示第 $i$ 个基向量。

许多不同的基可以确定相同的格。例如,图 8-2 中的二维格可以由左图中的两个短基向量或右图中的两个长向量来确定。任何一个基都可以生成相同的格。由短向量组成的基称为"好基",而由长向量组成的基称为"坏基"。

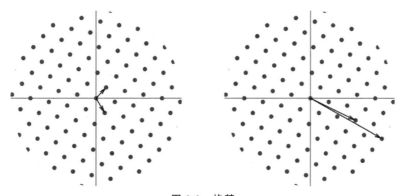

图 8-2 格基

### 8.3.1 格问题

格的困难问题为:给定 $n$ 维空间中格的坏基和该空间中的一些非格点,需要找到附近的格点。然而,如果存在一个好基,则这个问题很容易解决(参见 8.3.4 节)。这启发了一种基于格的方案：让 Bob 的私钥是格的好基，公钥是生成相同格的坏基。如果 Alice 知道 Bob 的公钥（即 Bob 格的坏基），则可以与 Bob 建立秘密 $m$，步骤如下所示（参见图 8-3）。

图 8-3 用消息编码作为格点偏移

（1）Alice 用 Bob 的公钥（坏基）计算 Bob 格中的一些随机点 $P$。

（2）Alice 随机选择一个小的 $n$ 维向量 $m$。

（3）Alice 计算 $X = P + m$。点 $X$ 不在 Bob 的格中。

（4）Bob 用私钥（好基）来找 $X$ 最近的格点，即 $P$。

（5）Bob 计算 $X - P$ 得到 $m$。

采用这种方式的基于格的加密方案包括 Goldreich、Goldwasser、Halevi 密码系统 [GOLD97]，以及稍后将讨论的 NTRU 密码系统。

## 8.3.2 优化：具有结构的矩阵

为使方案更实用，密码学家利用具有结构的矩阵作为优化方法，这样只需要存储和传输少量的矩阵，其余部分则来源于推导。

这种优化是格方案的重要组成部分，因此在介绍格方案之前，首先对这种优化进行描述。通常，确定一个一般的 $n \times n$ 矩阵需要 $n^2$ 个元素，而每个元素都需要一定数量的比特来确定元素值。不幸的是，为使格问题变得足够困难，以达到密码学要求的安全强度，我们需要大量的维度。例如，当 $n = 1000$，元素大小为 12 比特时，则需要 1200 万比特。使用结构化矩阵则可以极大地提高基于格的密码系统效率。虽然不知道目前最流行的结构化矩阵方法是否会显著地削弱安全性，但一些使用结构化矩阵的密码系统已被破解。因此，现在人们已经提出了完全弃用结构化矩阵的有些偏执的格密码系统。尽管如此，鉴于缺乏已知的攻击和巨大的效率改进，最广泛使用的格密码系统未来似乎也会使用结构化格。

循环矩阵是结构化矩阵的一个案例，其中，只须指定矩阵的首行，而后续行的创建由前一行元素向右旋转一列来实现，同时，末尾的元素需要旋转到最左边的位置。

一个循环矩阵案例如下：

$$\begin{bmatrix} 17 & 33 & 5 & 0 & -12 \\ -12 & 17 & 33 & 5 & 0 \\ 0 & -12 & 17 & 33 & 5 \\ 5 & 0 & -12 & 17 & 33 \\ 33 & 5 & 0 & -12 & 17 \end{bmatrix}$$

从数学上来说，每一行代表一个 $n-1$ 次多项式，其中，$n$ 是素数，元素是多项式的 $n$ 项系数，常数项在左侧。如果该行的元素为 $r_0, r_1, r_2, \cdots, r_{n-1}$，则该行表示的多项式为 $r_0 + r_1 x + r_2 x^2 + \cdots + r_{n-1} x^{n-1}$。更具体地说，上面循环矩阵的第一行表示的多项式为，$17 +$

$33x + 5x^2 - 12x^4$。

每一行(除第一行外)的计算都是乘以用 $x$ 表示的前一行的多项式,然后进行模 $x^n - 1$ 规约。这正是我们想要的结果,所有的值都向右移动一个位置,最末端的元素只需要移动到最左边的位置。这种技术也被称为多项式环格,或理想格。

假设有两个循环矩阵,$M_1$ 和 $M_2$,其中,$M_1$ 的第一行多项式表示为 $p_1$,$M_2$ 的第一行多项式表示为 $p_2$。很容易证明 $M_1M_2$ 是循环矩阵,并且,$M_1M_2$ 的第一行是 $p_1p_2 \bmod x^n - 1$。这意味着,当使用循环矩阵时,不仅可以节省存储空间[①],而且还可以节省循环矩阵加法或乘法的计算量,因为只需要对表示矩阵第一行的多项式进行相乘或相加运算。

例如,下面的案例都是循环矩阵:

(1) 单位矩阵;

(2) 两个循环矩阵的和;

(3) 两个循环矩阵的乘积。

尽管一般来说,矩阵乘法是不可交换的,但循环矩阵的乘法是可交换的(见本章作业题8)。虽然不是所有的循环矩阵都可逆,但对于那些可逆的循环矩阵,其逆也是循环矩阵(见本章作业题9)。

因为循环矩阵可以通过第一行来确定,所以这极大地减小了密钥的大小。例如,对于1000 维和 12 比特的元素,只需要 12 000 比特就可以确定一个循环矩阵,而不需要 12 000 000 比特来确定元素为 12 比特的一般 1000×1000 矩阵。

在使用循环矩阵的典型基于格的密码方案中,Bob 可以选择一个或多个具有小元素的循环矩阵作为私钥。然后,从私钥中用大元素计算出公钥。此外,利用混淆私钥的数学方法[②]可以使公钥也包含由一个或多个循环矩阵,但会具有较大的元素。

### 8.3.3 格加密方案的 NTRU 加密系列

下面介绍一个实际的方案,NTRU(以 $N$ 次多项式命名)[HOFF98]。NTRU 的原始方案效率已得到了改进,并在该方案基础上已提出多种改进建议。尽管 NTRU 涉及了一系列的类似方案,但后续描述中,我们会将该方案称为 NTRU,即使存在 NTRU 的标准化方案,它也可能在一些细节上与我们的描述有所不同。下面所选择的 NTRU 变体更易于理解,并与 NIST 提交的 NTRU 方案相似,但不完全相同。尽管乍一看 NTRU 与格的关系并不明显,但在介绍 NTRU 变体后,我们会解释相关的内容。

NTRU 方案用 $n-1$ 次多项式进行表示。多项式系数的算术基于 $\bmod q$ 实现,其中 $n$ 是素数,$q$ 是 2 的幂。$n$ 的典型值是 509,$q$ 的典型值为 2048,这需要 11 比特来表示元素。在多项式乘法后,结果用 $\bmod x^n - 1$ 进行规约,因此,最终结果为 $n-1$ 次多项式,其系数为 $-1024 \sim 1023$ 之间的 11 比特有符号整数。为提升可读性,后续会避免重复地提及多项式乘法是采用 $\bmod x^n - 1$ 和系数的 $\bmod q$ 运算。

**1. Bob 计算(公、私)密钥对**

有一些参数是众所周知的,例如算法的特定部分。这些参数包括多项式模的次数 $n$,系

---

① 只需要 $1/n$ 的存储空间就可以指定矩阵的第一行。

② 用于将私钥转换为公钥。

数的模数 $q$，以及较小的模数 $p$（在大多数变体中取值为 3）。为更易于阅读，下面的描述中会减少变量的数量，并使 $p=3$，$n$ 是素数，$q$ 是 2 的幂。在向 NIST 提交的几种变体中，为平衡性能与安全性，$\langle n,q \rangle$ 的值分别为 $\langle 509,2048 \rangle$、$\langle 677,2048 \rangle$、$\langle 701,8192 \rangle$ 或 $\langle 821,4096 \rangle$。尽管将 $p$ 设置为 3，但后续不会为 $n$ 和 $q$ 选择特定的数，而是使用 $n$ 和 $q$ 进行描述。

为创建密钥对，Bob 选择了两个 $n-1$ 次多项式，$f$ 和 $g$，其系数为较小的整数。对于多项式 $g$，其系数为 $-3$、0 或 3。同样，对于 $f$，除了 $f$ 的常数系数，其系数为 $-2$、1 或 4。这样选择的结果为，$g$ 是 0 mod 3[①]，并且，$f$ 为 1 mod 3[②]。事实上，$f=1$ mod 3 和 $g=0$ mod 3 后续是相关的。

多项式 $f$ 需要有一个额外的性质，即具有逆——多项式 $f^{-1}$，满足 $f \times f^{-1} = I \pmod{x^n-1 \bmod q}$，在 NTRU 中总是如此，因此，为了可读性，后续会省略这些模）。如果 Bob 为 $f$ 选择的系数导致了一个没有逆的多项式，那么需要选择另一个不同的 $f$。而且，Bob 计算 $f^{-1}$ 并不困难（见本章作业题 10）。

为将 $f$ 和 $g$ 变成公钥，Bob 需要用 $g$ 乘以 $f^{-1}$ 得到一个新的多项式 $H$。因此，$H = f^{-1}g$。

Bob 的公钥为 $H$，是一个具有大系数的 $n-1$ 次多项式（在 $-q/2$ 到 $q/2-1$ 范围内）。Bob 的私钥是 $f$。

Alice 用 Bob 的公钥加密 $m$。

Alice 知道 $H$，并选择了两个小系数的 $(n-1)$ 次多项式，$r$ 和 $m$。多项式 $m$ 是 Alice 为 Bob 加密消息的编码，其系数都选择为 1、0 或 $-1$。

Alice 向 Bob 发送 $rH+m$。只有 Bob 知道私钥 $f$，所以 Bob 可以得到 $m$。

**2. Bob 如何解密得到 $m$**

Bob 用得到的多项式 $(rH+m)$ 乘以私钥 $f$，可以得到 $f \times (rH+m)$。由于 $H = f^{-1}g$，因此，结果为 $f \times (rf^{-1}g+m) = f \times rf^{-1}g + fm = f \times f^{-1}rg + fm = rg + fm$。然后，规约 $rg+fm$ mod 3 的系数。由于 $g=0$ mod 3（多项式 $g$ 中的所有项都是 0 mod 3），并且由于 $f=1$ mod 3，因此，规约 $rg+fm$ mod 3 系数的结果为 $m$。

令人惊讶的是，mod 3 规约是有效的。如果系数首先被 mod $q$ 规约是不可行的，因为，如果 $z$ 可以被 3 整除，则 $z-q$ 不行。那么，为什么 Bob 可以规约 $rg+fm$ mod 3 呢？

因为 $r$、$g$、$f$ 和 $m$ 的系数足够小，所以，如果直接计算 $rg+fm$[③]，则 $rg+fm$ 的系数不需要 mod $q$ 规约。尽管 Alice 和 Bob 各自进行了部分计算以得到 $rg+fm$ 的过程确实涉及 mod $q$ 运算，但结果 $(rg+fm)$ 与 Bob 直接计算 $rg+fm$ 一样。由于 $rg+fm$ 的直接计算不涉及 mod $q$，所以 Bob 可以利用其计算的结果，并进行 mod 3 规约。

**3. 与格的关系**

当引入格时，我们将 $n$ 维格的基描述为 $n$ 个具有 $n$ 个元素的向量，或者 $n \times n$ 矩阵的 $n$ 行。格的定义似乎表明其元素（即格中点的坐标）为实数，但这对实现来说很尴尬，因为我们希望用固定的少量比特来表示元素。如果格的基向量都是整数元素，则格点都是整数元素；

---

① 多项式 $g$ 的所有系数为 0 mod 3。

② 除了 $f$ 的常数项为 1 mod 3，其他所有系数都是 0 mod 3。

③ 不需要 $f^{-1}$ 的中间乘法。

但这仍然很尴尬,因为整数的大小是无限的。

模算术是理想的,但如果只是简单地用 mod $q$ 算法定义一个 $n$ 维格,那么任何与 mod $q$ 线性独立的 $n$ 个基向量会得到一个非常无聊的格——每个具有整数坐标的点都是一个格点。

Bob 的格实际上是 $2n$ 维的,并有无限多个格点,包括元素任意大(大于 $q$)的格点。然而,NTRU 采用了一种技巧,可以使得基向量和计算的格点中的元素足够小,并可以表示为 mod $q$ 的整数。

Bob 的 $2n$ 维格的基由 $2n$ 个 $2n$ 维的基向量组成,并可以由 $2n \times 2n$ 矩阵表示,该矩阵由 4 个 $n \times n$ 矩阵构成:

$$\begin{bmatrix} I & H \\ 0 & qI \end{bmatrix}$$

- 左上角为单位矩阵,
- 右上角为 $H$(即 Bob 的公钥),
- 左下角为 $0$,
- 右下角为 $q$ 乘以单位矩阵。

回想一下,给定 Bob 格的一个基,用该基向量加上其他基向量的任何线性组合来替换任何基向量,则可以得到同一格的另一个基。同样地,将基向量与任何格点相加或相减,也可以在 Bob 的格中产生另一个格点。

在 NTRU 中,右上角的 $H$ 元素可以通过加上或减去下半部分的相关行而保持在所需的范围内。例如,当需要规约第一行最右边的元素 mod $q$ 时,可以根据需要多次减去底行。因此,利用基向量的下半部分来减少越界元素的技巧,NTRU 的实现可以用适当范围内的公钥计算出元素,并通过加或减去相关底部行的方式,找到元素在所需范围[1]内的格点。

在 NTRU 的描述中,Alice 选择了两个 $n$ 维向量 $r$ 和 $m$。在 $2n$ 维格中到底发生了什么?由于 Bob 的格确实是 $2n$ 维的,所以 Alice 也选择两个 $2n$ 维向量,$r'$ 和 $m'$。

(1) $r'$ 由 $r$ 的 $n$ 个元素和后面的 $n$ 个零构成,记作 $r' = r | 0^n$。

(2) $m'$ 由 $-r$ 的 $n$ 个元素和后续的 $m$ 的 $n$ 个元素构成,记作 $m' = -r | m$。注意,因为 $r$ 和 $m$ 都由较小的元素构成,所以 $m'$ 也由较小的元素组成。

向量 $r'$ 用于计算 Bob 格中的格点。用 Bob 的 $2n$ 维公钥矩阵乘以 $r'$,可以得到一个由 $r$ 与 $rH$ 级联而成 $2n$ 维向量,记作 $r | rH$,这就是 Bob $2n$ 维格中的一个格点。Alice 可以用 Bob 的公钥矩阵的下半部分来规约向量后半部分的元素 mod $q$,并计算 Bob 格中的另一个格点,其中元素都在期望的范围内。

向量 $m'$ 是 Bob 格中一个点的偏移量。即使 Alice 已经规约了 $rH$ mod $q$ 的元素,加 $m'$ 仍可能需要使用 Bob 公钥矩阵的下半部分去规约更多元素,但仍然会产生另一个格点,其中,$m'$ 是该格点的偏移。

Alice 对 $m' = -r | m$ 与格点 $r | rH$ 进行加和的结果是 $2n$ 维向量,该向量为 $n$ 个零,后跟 $rH + m \pmod q$,或者等效地,$0^n | rH + m \pmod q$。这是与 Bob 格中点很近的 $2n$ 维空间

---

[1] $-q/2$ 到 $q/2 - 1$。

的一个点[①]。Alice 不会发送 $n$ 个零，所以 Alice 只发送 $rH+m$。

Bob 的 $2n$ 维格的好基是什么样的呢？Bob 的私钥由 $f$ 和 $g$ 组成。$n$ 行矩阵的上半部分表示 Bob 的好基，并由两个 $n \times n$ 循环矩阵组成——一个循环矩阵在左边，$f$ 为第 1 行，另一个循环矩阵在右边，$g$ 为第 1 行。因为 $f$ 和 $g$ 都有较小的元素，所以，这是好基中的 $n$ 个向量。可以看到，这个 $n \times 2n$ 矩阵的 $n$ 行确实表示了与 Bob 公钥相同的格点，而且，注意将 Bob 公钥矩阵 $(I \mid H)$ 的上半部分与以 $f$ 为第 1 行的循环矩阵相乘，并根据需要，用 Bob（坏）基的下半部分 mod $q$ 来规约元素，最终可以得到好基的前 $n$ 行。

这只是 Bob 私钥基的一半，因为只有 $n$ 行。Bob 可以得到另外 $n$ 个向量，这些向量几乎与填充基的向量一样小。这些额外的行并不是解密所必须的，而是用于基于 NTRU 格的签名，但生成这些行的过程有些烦琐，因此本章不作讨论。

### 8.3.4  基于格的签名

与加密一样，在我们介绍的第一个基于格的签名方案中，Bob 的私钥是格的好基，而公钥是相同格的坏基。首先，介绍一个简单、直观，但不安全的签名方案，然后，介绍如何进行优化。

**1. 基本思想**

假设存在一个特殊的哈希函数，其输出包含正确数量的比特，并可表示为 $n$ 维空间中的随机点 $P$，同时，假设 Bob 的格是 $n$ 维的。

为对消息 $M$ 进行签名，Bob 用上述哈希函数在 $n$ 维空间中找相应的 $P = \text{hash}(M)$，并利用格中靠近 $P$ 的格点 $L$ 对 $M$ 进行签名。因此，Bob 的签名由 $\langle M, L \rangle$ 组成。这表明 Bob 知道私钥，因为只有知道好基才能计算附近的格点。

为了验证 Bob 在 $M$ 上的签名，Alice 需要使用哈希函数从 $M$ 中找到 $P$，并验证 $P - L$ 的结果很小，然后，使用 Bob 的公钥（坏基）验证 $L$ 存在于 Bob 的格中。

**2. 不安全的方案**

Bob 如何使用短基来找附近的格点？在 Goldreich、Goldwasser 和 Halevi 的签名方案 [GOLD97] 中提出了一种简单方法，其工作原理如下。

回想一下给定格的基 $b_1, b_2, \cdots, b_n$，只要 $c_1, c_2, \cdots, c_n$ 是整数，则 $c_1 b_1 + c_2 b_2 + \cdots + c_n b_n$ 是格中的一个点。若 $b_1, b_2, \cdots, b_n$ 是 Bob 的好基，则 Bob 可以按照如下方式找到 $P$ 附近的格点。

(1) 求解实数 $x_1, x_2, \cdots, x_n$，使其满足 $x_1 b_1 + x_2 b_2 + \cdots + x_n b_n = P$。这一步涉及以有限精度求解实数线性方程，这很容易。

(2) 将每一个 $x_1, x_2, \cdots, x_n$ 四舍五入到最近的整数，得到整数 $c_1, c_2, \cdots, c_n$。

(3) 将基向量乘以 $c_1, c_2, \cdots, c_n$，得到格点 $L = c_1 b_1 + c_2 b_2 + \cdots + c_n b_n$。

四舍五入 $x_i$ 得到 $c_i$，使 $L$ 与 $P$ 的距离最多为半个基向量的长度。由于 Bob 的好基由短向量组成，因此 $L$ 到 $P$ 的总距离不是很大。如果 Trudy（他不知道 Bob 格的好基）用 Bob 的坏公共基尝试了同样的过程，则可能会得到一个更远的 $L$。因此，Alice 只需要检查 $P$ 是

---

[①]  正如前文所述，这个点与 Bob 格中的点很近，因为 $m'$ 包括所有小的元素。

否像用 Bob 的好基时一样接近 **L** 即可。

Gentry 和 Szydlo 于 2002 年在文献[GENT02]中证明了上述基于格的签名方案并不安全,而且,Nguyen 和 Regev 于 2006 年在文献[NGUY06]中改进了这种攻击,以至于攻击者在得到 400 个 Bob 的签名后就可以破解私钥。

为什么这样不安全? 不幸的是,公钥并不是攻击者可能有的唯一信息。通常,攻击者还可以访问一些数量可观的已签名消息,以及〈**P**,**L**〉对。如果为每个 Bob 签名绘制由 **P**−**L** 组成的向量图,则这些向量都会被限制在平行六面体中,其边平行于 Bob 私钥中的好基向量。攻击者可以对适量签名的 **P**−**L** 进行统计分析,以得到这个平行六面体的形状(如图 8-4 所示)。

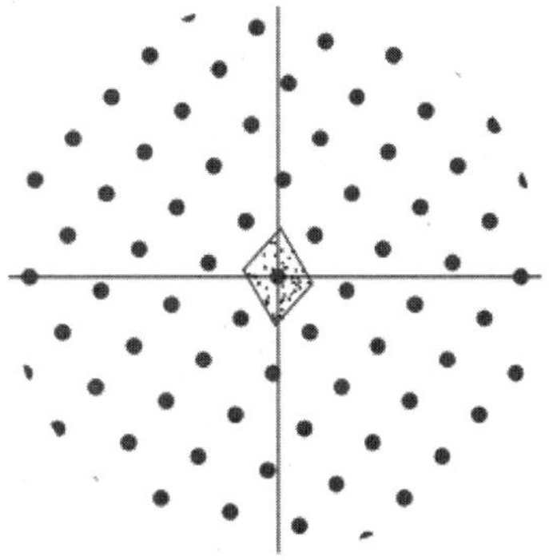

图 8-4　基于多个签名泄露私钥的方式

### 3. 方案的修正

2008 年,Gentry、Peikert 和 Vaikuntanathan [GENT08]发表了一种可以避免第一个方案缺陷的方法,其基本思想是 Bob 不总是给出离 **hash**(M)最近的格点,而是给出一个稍微接近的格点。而 Bob 必须总是谨慎地为给定的 **P** 选择相同的 **L**,否则,如果 Bob 先用 $L_1$ 签名 **P**,然后又用 $L_2$ 签名 **P**,那么两个格点 $L_1$ 和 $L_2$ 会足够近,以至于看到这两个签名的攻击者可以计算出 $L_1−L_2$,这会是 Bob 格的一个较小基向量。

这种可证明安全的"哈希-然后-签名"的签名是 NIST 候选方案 Falcon 的基础。还有一些其他的有效的、可证明安全的基于格的签名构造方案,例如,Lyubashevsky[LYUB12] 2012 年提出的方案是 NIST 候选方案 Dilithium 的基础。与之前一样,我们所说的"可证明安全"指假设某些假定的难题实际上是困难的。然而,在这两种情况下,相关证据都足够有力,可以排除攻击者在得到签名的消息和公钥后,能够极大地帮助攻击的可能性。

## 8.3.5　带误差学习

格密码的另一种加密方案为**带误差学习**(learning with errors,LWE)。与 NTRU 一样,带误差学习存在许多变体。

LWE 方案通常使用模算术。与 NTRU 一样,LWE 方案可以转化为格问题,结果与 8.3.3 节中的 $2n$ 维格看起来非常相似。

直觉上,LWE 与 6.4 节中的 Diffie-Hellman 相似,在这两种算法中,Alice 和 Bob 各自选择一个秘密,并从秘密中生成一个公共消息,传输公共消息,并使用接收到的公共消息和自己的秘密生成共享密钥。回想经典 Diffie-Hellman 协议中的模幂运算,非密参数是生成器 $g$ 和素数 $p$。Alice 选择秘密 $A$,Bob 选择秘密 $B$。Alice 发送的公共消息是 $g^A \bmod p$。Bob 发送 $g^B \bmod p$,Alice 和 Bob 对秘密 $g^{AB} \bmod p$ 达成一致。

相反,在 LWE 中,非密参数包括模数大小 $q$ 和元素在 0 和 $q−1$ 之间的 $n×n$ 矩阵 **A**。$n$ 的值是该方案的一个参数,通常为 500~1000。在示例中,$q=2^{15}$ 和 $n=1000$。

在每次交换中,对新随机生成的矩阵达成一致会更安全,并且需要确保计算成本较低。矩阵 **A** 不是秘密,但 Alice 和 Bob 需要就同一矩阵达成一致。矩阵 **A** 的生成不是通过列举

$A$ 的所有 $n^2$ 个元素实现，而是利用 Alice 向 Bob 发送的 256 比特种子和公开达成一致的确定性算法来实现。所以，Alice、Bob 和任何窃听者都能计算出 $A$。当提到 Alice 将 $A$ 发送给 Bob 时，意味着 Alice 选择了一个生成 $A$ 的种子，并将种子发送给了 Bob。

在 LWE 中，Alice 和 Bob 各自生成了一个秘密，该秘密是一对长度为 $n$，且具有较小元素的向量。选择"小"元素的具体约束条件（例如 $-2$、$-1$、$0$、$1$ 或 $2$）由方案指定。LWE 方案还指定了元素的分布。例如，如果某个 LWE 方案指定了均匀分布，那么每个元素取值的概率应该是相等的。而二项式分布会使 0 的概率较高，使 $\pm 1$ 的概率较低，甚至使 $\pm 2$ 的概率更低。

与大多数论文中的术语保持一致，Alice 的秘密向量为 $r$ 和 $e_A$。Bob 的秘密向量为 $s$ 和 $e_B$。向量 $e_A$ 和 $e_B$ 是误差向量，其元素为 $\bmod q$ 整数。Alice 的向量 $r$ 将作为行向量（例如 $1 \times n$ 矩阵）相乘，而 Bob 的向量 $s$ 将作为列向量（例如 $n \times 1$ 矩阵）相乘。

该协议的步骤如下。

（1）Alice 选择 $n$ 个元素的向量 $r$ 和 $e_A$，都具有小系数和矩阵 $A$。

（2）Alice 计算 $A$ 和 $n$ 维向量 $rA + e_A$，并发送给 Bob。

（3）Bob 选择 $n$ 个元素向量 $s$ 和 $e_B$，也都具有较小系数，并向 Alice 发送 $n$ 维向量 $As + e_B$。

（4）Alice 用从 Bob 那里接收到的 $n$ 维向量 $(As + e_B)$ 乘以 $r$，得到标量 $rAs + re_B$。

（5）Bob 用从 Alice 那里接收到的 $n$ 维向量 $(rA + e_A)$ 乘以 $s$，得到标量 $rAs + e_As$。

（6）由于 $r, s$ 和误差向量都很小，所以，Alice 和 Bob 都会计算出接近 $rAs \pmod{q}$ 的标量。

将值 $rA$ 记为 $Z$。如果 $q$ 是 $2^{15}$，那么 $Z$ 为 15 比特大小。Alice 和 Bob 会各自计算出一个近似等于 $Z$ 的值。

相差多少可以达到"近似相等"？将 Alice 的值记作 $Z_A$，Bob 的值记作 $Z_B$，$Z_A - Z$（Alice 与 $Z$ 的差值）为 $re_B$。在最坏的情况下[1]，乘积的量级至多为 4000。同样，$e_As$（Bob 与 $Z$ 的差值）的最大量级也是 4000，因此，$Z_B - Z_A$ 的最大量级是 8000。但由于元素分布在 $\{-2, -1, 0, 1, 2\}$ 之间，因此，实际的差值通常要小得多。

为向 Alice 发送单个比特，Bob 需要为 $Z_B$ 加一个较小的数（例如 $-2$、$-1$、$0$、$1$ 或 $2$）来发送 0，并为 $Z_B$[2] 加一个较大的数来发送 1。当 Alice 收到 Bob 的这个数时，Alice 可以判断结果是否更接近 $(\bmod q)Z_A$（Bob 发送 0 的情况）或者，更接近 $Z_A$ 加元素最大值的一半（Bob 发送 1 的情况）。

**1. LWE 优化**

1）重用 $\langle r, e_A \rangle$ 和 $\langle s, e_B \rangle$

使用前文所述的策略，Alice 和 Bob 都需要发送 $n$ 个元素的向量，以便在单个秘密比特上达成一致。如果 $n = 1000$，元素长度为 15 比特，则每个向量为 15 000 比特。

在典型用例中，Alice 和 Bob 需要就 256 比特的秘密（而不是单个比特）达成一致。Alice 和 Bob 每人都必须传输 256 个不同的 $n$ 个元素向量，而不是为每个比特执行一次策略（共 256 次），本节的优化方法可以使 Alice 和 Bob 就 256 比特的秘密达成一致，并且只传

---

① 例如，$r$ 和 $e$ 的所有系数为 2，并且 $n = 1000$。

② 译者注：$q/2$ 加 $-2$、$-1$、$0$、$2$ 中的一个。

输 16 个具有 $n$ 个元素的向量。

Alice 选择了 16 个 $\langle r_0, e_{A0} \rangle$, $\langle r_1, e_{A1} \rangle$, $\cdots$, $\langle r_{15}, e_{A15} \rangle$ 对,Bob 选择了 16 个 $\langle s_0, e_{B0} \rangle$, $\langle s_1, e_{B1} \rangle$, $\cdots$, $\langle s_{15}, e_{B15} \rangle$。每个 $\langle i, j \rangle$ 组合可以得到一个不同的近似 $Z$,最终可以得到 256 个不同的 $Z$ 值,例如,$Z_{ij} = r_i A s_j$,$0 \leqslant i \leqslant 15$,$0 \leqslant j \leqslant 15$。

这样可以得到 256 个 $Z$ 值,意味着 Alice 已知 256 个 $Z_A$ 值,Bob 已知 256 个 $Z_B$ 值。对于 256 个 $Z_B$ 值中的每一个,Bob 需要大约加上 0(对于 0)或大约 $q/2$(对于 1)。Alice 和 Bob 各自发送 16 个 $n$ 元素向量,另外,Bob 再发送 256 个标量。在 $n = 1000$ 的情况下,每个元素为 15 比特,则 Alice 需要为 16 个向量(240 000 比特)发送 $16 \times 15 \times 1000$ 比特,Bob 也将发送 240 000 比特,以及 256 个 15 比特标量(约 4000 位)。

2)为每个 $Z$ 发送多个比特

假设在仔细设计的方案中,若 $Z_A$ 和 $Z_B$ 之间的差异相对于模足够小,那么可以进行另一种优化。Bob 不是把每个 $Z_B$ 划分为两个范围——一个范围给 0,另一个范围给 1——而是划分为更多范围,例如 16 个范围,这样便可以一次发送 4 比特(00000001, $\cdots$, 1111)。因此,Bob 不是通过大约加 $q/2$ 来发送 1,而是大约加 $iq/16$ 来发送 4 比特值 $i$。特定的方案会仔细选择相关参数,以便可以将 $Z_B$ 值划分到特定数量的块中(见本章作业题 14)。

3)环 LWE

与 NTRU 一样,LWE 可以通过结构化矩阵实现进一步优化。请注意,8.3.2 节中描述的循环矩阵并不是唯一的结构化矩阵。在一种流行的环 LWE 变体中,表示 $k$ 行的多项式可由表示 $k-1$ 行的多项式导出,可以通过乘以 $x$ 的 $k-1$ 行多项式实现,并进行 $\bmod\ x^n + 1$ 规约[1]。$\bmod\ x^n + 1$ 规约的结果是,元素从右边移动到最左边位置,但符号相反。在这种形式的结构化矩阵中,$n$ 通常是 2 的幂,而不是像之前一样为素数。与循环矩阵一样,算术只能用结构化矩阵中第一行表示的多项式来完成。这类矩阵的一个例子如下:

$$\begin{bmatrix} 17 & 33 & 5 & -12 \\ 12 & 17 & 33 & 5 \\ -5 & 12 & 17 & 33 \\ -33 & -5 & 12 & 17 \end{bmatrix}$$

Alice 选择一对系数较小的 $n-1$ 次多项式,$r$ 和 $e_A$。Bob 选择一对系数较小的 $n-1$ 次多项式,$s$ 和 $e_B$。非结构化 LWE 的矩阵 $A$ 是环 LWE 的 $n-1$ 次多项式 $A$。与之前一样,为使 $A$ 有更少的比特,$A$ 的系数可以由 256 比特的种子生成。

Alice 计算 $rA$,得到 $n-1$ 次多项式,并且,加 $e_A$ 得到 $n-1$ 次多项式。同样,Bob 计算 $n-1$ 次多项式 $As + e_B$。注意,由于多项式乘法是可交换的,所以,Alice 计算 $rA + e_A$ 还是 $Ar + e_A$ 并不重要。同样,Bob 可以计算 $sA + e_B$ 或 $As + e_B$。将多项式规约为 $n-1$ 次多项式[2],并用 $\bmod\ q$ 完成系数的算术运算。

Alice 用从 Bob 那里得到的 $n-1$ 次多项式乘以 $r$。Bob 用从 Alice 那里收到的多项式乘以 $s$[3]。

---

[1]　而不是像之前的 $x^n - 1$ 规约。

[2]　根据所使用的结构化矩阵类型,规约 $\bmod\ x^n + 1$ 或 $x^n - 1$。

[3]　再次将多项式规约为 $n-1$ 次多项式,并用 $\bmod\ q$ 规约系数。

现在，Alice 和 Bob 各自计算了系数在 0 和 $q-1$ 之间的 $n-1$ 次多项式，这两个多项式都近似为 $rAs$。

该多项式中的 $n$ 个系数都服务于前文所述的 $Z$——Alice 和 Bob 已就这个近似值达成一致，但窃听者却无法计算。若不是因为存在误差多项式（$e_A$ 和 $e_B$），Alice 和 Bob 可以计算出相同的多项式（$rAs$），但由于存在误差多项式，$rAs$ 的 $n$ 个系数会接近 Alice 和 Bob 各自的计算结果。因此，Bob 可以按照系数大约加 0 的方式来发送 0，并按照系数大约加 $q/2$ 来发送 1 的方式，再次用这些系数向 Alice 发送多达 $n$ 个秘密比特。

4）结构化 LWE

与非结构化 LWE 相比，环 LWE 可以大幅降低密钥大小和密文大小，但还有一类被称为结构化 LWE 的更广泛的类似系统（包括但不限于环 LWE）。NIST 提交的 CRYSTAL Kyber[1] 是一个不属于环 LWE 的结构化 LWE 密码系统案例，它使用了称为模块 LWE 的 LWE 结构化变体。在 Kyber 中，矩阵 $A$ 的结构由 $k \times k$ 矩阵的 256×256 子矩阵构成，其中，$k$ 取决于安全级别，可为 2，3 或 4。例如，对于 NIST 安全级别 1，$k$ 为 2，因此，$A$ 为 512×512。由于每个子矩阵都是结构化的，则像环 LWE 一样，子矩阵上的算术运算可用多项式完成。而且，一些密码学家认为 Kyber 的风险要小一些，因为，比起环 LWE，矩阵 $A$ 的结构化程度要少些。例如，当 $k$ 为 4 时，$A$ 中独立系数是环 LWE 中相同大小 $A$ 的 4 倍。

**2. 基于 LWE 的 NIST 提案**

基于结构化矩阵的 LWE 通常被认为是安全的，并且比非结构化 LWE 更高效。基于结构化 LWE 的 NIST 提案是 CRYSTALS Kyber。基于非结构化矩阵的提案为 Frodo[2]。

在 Frodo-640[3] 中，Alice 和 Bob 各发送 8 个向量，并且每次发送 2 比特。因此，为发送向量，Alice 和 Bob 都需要传输 8×15×640 比特，或大约 10 000 个八比特组。

在 Frodo-1344[4] 中，$n=1344$，元素为 mod $2^{16}$，因此为 16 比特大小，Alice 和 Bob 各发送 8 个向量，以及每次发送 4 比特。因此，为发送向量，Alice 和 Bob 都需要传输 8×16×1344 比特，或大约 22 000 个八比特组。

在 Kyber-512[5] 中，Alice 和 Bob 各发送 256 次多项式的一个 2 维向量，其系数为模 3329（因此为 12 比特）。Alice 和 Bob 各需要传输略多于 12×512 比特，或大约 800 个八比特组。在 Kyber-1024（NIST 5 级安全性的 CRYSTAL Kyber 变体）中，Alice 和 Bob 各发送 256 次多项式的一个 4 维向量，其系数为模 3329。Alice 和 Bob 各需要传输略多于 12×1024 比特，或大约 1600 个八比特组。

# 8.4 基于编码的方案

在基于编码的密码方案构造会使用纠错码。纠错码最初是为解决通信媒介或存储系统中一小部分比特可能损坏的问题而发明。如图 8-5 所示，纠错码可以把 $k$ 比特串扩展为 $n$

---

[1] CRYSTAL 是 CRYptographic SuiTe for ALgebraic Lattice 的缩写。
[2] 该名称来自《指环王》（*Lord of the Rings*），Frodo 放弃了魔戒。
[3] 这个 Frodo 变体达到 NIST 1 级安全，$n$ 为 640，元素为 mod $2^{15}$，因此为 15 比特长。
[4] 是与 AES-256 安全性相当的变体（达到 NIST 级别 5）。
[5] NIST 1 级安全性的 CRYSTAL Kyber 变体。

比特串,即码字。还存在一个逆函数,可以处理最多 $t$ 个错误(翻转的比特)的 $n$ 比特码字,找出哪些比特被翻转了,并恢复原始的 $k$ 比特串。串中加入的冗余比特数越多,纠错码可以纠正的错误就越多。如果出现太多错误,则纠错码可能会报告错误是不可恢复的,或者可能会恢复出不正确的信息。

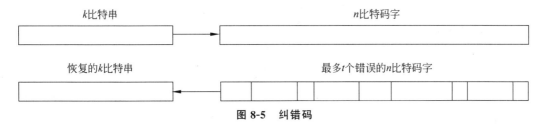

图 8-5 纠错码

当以纠错码为密码方案的基础时,并不会用其纠正偶然出现的错误。相反,错误是故意引入的,而且,这些故意引入的错误就是正在传输的秘密。

基于编码的方案与基于格的方案非常相似。所以,下面介绍的方案[①]与基于格的方案 NTRU 非常相似。在 NTRU 中,秘密是格点的偏移。在下面介绍的方案中,秘密是码字的偏移量。

## 8.4.1 非加密纠错码

首先,为增强直观感受,先介绍一个非加密的纠错编码。

其中,码字的形式由原始 $k$ 比特串和附加的 $n-k$ 个校验比特组成,这就是所谓的系统形式,如图 8-6 所示。如果将 $k$ 比特串转换为 $n$ 比特码字的算法并没有生成系统形式的码字,则对人类来说,码字是看起来与原始串没有明显关系的 $n$ 比特量。

图 8-6 系统形式

本节描述的简单非加密纠错码方案受**中等密度奇偶校验**(Moderate Density Parity-Check,MDPC)方案启发。稍后,我们将展示如何将非加密纠错码方案转换回启发它的公钥加密方案。

在非加密方案中,用于创建码字和纠错的算法都是公开的,而且生成的码字是系统形式的。算法涉及的每个步骤描述如下。

(1)构造步骤:定义纠错码。

(2)码字创建步骤:输入 $k$ 比特串 $M$,并以系统形式输出 $n$ 比特码字 $Y$。码字 $Y$ 为 $M|C$,其中,$M$ 为 $k$ 比特串,$C$ 为 $n-k$ 校验比特。

(3)"置乱"步骤:翻转码字 $Y$ 的 $t$ 比特,产生"置乱码字" $Y'$。将 $Y'$ 视为 $Y \oplus E$,其中,$E$ 是 $n$ 比特误差向量,并在 $Y$ 中翻转了比特 1。由于误差向量在 $M$ 和 $Y$ 的 $C$ 部分都有 1,因

---

① 该方案基于 Misoczki 等[MISO13]的 MDPC McEliece 方案,该方案随后作为 BIKE 方案提交给 NIST。

此，置乱的码字 $\boldsymbol{Y}'$ 为 $\boldsymbol{M}|\boldsymbol{C}'$。

(4) 诊断步骤：计算误差向量 $\boldsymbol{E}$。

请注意，在最初设计的纠错码中，其目标是恢复 $\boldsymbol{M}$。然而，对于要描述的密码方案，$\boldsymbol{M}$ 值并不重要。我们把 $\boldsymbol{M}$ 看作计算 Alice 纠错码中码字的随机种子。Bob 要发给 Alice 的实际消息是 Bob 准备添加到码字中的误差向量。

### 1. 构造步骤

为创建纠错码，Alice 会创建一个矩阵 $\boldsymbol{G}$，即生成器矩阵。$\boldsymbol{G}$ 是一个二进制矩阵（元素为 0 或 1），稀疏的（只有大约 1% 的元素为 1），大小为 $k\times n$。二进制串被视为二进制行向量，反之亦然。一个 $k$ 比特串乘以 $\boldsymbol{G}$ 会产生一个 $n$ 比特码字。注意，矩阵 $\boldsymbol{G}$ 拥有数千的行和列。

算术运算为 mod 2。这意味着 $\oplus$，$+$ 和 $-$ 是等价的。例如，如果把矩阵 $\boldsymbol{X}$ 累加，例如，$\boldsymbol{X}+\boldsymbol{X}$，则会得到 $\boldsymbol{0}$。同样，$\boldsymbol{X}-\boldsymbol{X}=\boldsymbol{0}$。

我们希望矩阵 $\boldsymbol{G}$ 可以产生系统形式。因此，为产生系统形式的码字，$\boldsymbol{G}$ 的左侧为单位矩阵 $\boldsymbol{I}$（其对角元素为 1，其余为 0）。

$\boldsymbol{G}$ 的其余部分是一个随机生成的稀疏 $(n-k)\times k$ 矩阵，$\boldsymbol{Q}$，如图 8-7 所示。然而，图 8-7 存在一些问题，$\boldsymbol{Q}$ 应该是稀疏的（只有 1% 的元素应该是 1），但这会使图中的 $\boldsymbol{Q}$ 具有数百列，这样的矩阵是不可读的，所以请读者想象一个更大的 $\boldsymbol{Q}$，即一个有数百列的 $\boldsymbol{Q}$，并只有大约 1% 的元素是 1。

$k\times n$ 矩阵 $\boldsymbol{G}$

$$
\left[\begin{array}{ccccccccccc|ccccccccccccccc}
1&0&0&0&0&\cdots&0&0&0&0&0&0&0&0&0&1&0&0& &0&1&0&0&0&0&0\\
0&1&0&0&0&\cdots&0&0&0&0&0&0&0&0&0&0&0&1& &0&0&0&0&0&0&0\\
0&0&1&0&0&\cdots&0&0&0&0&0&0&0&0&0&0&0&0&\vdots&0&0&0&0&0&0&1\\
0&0&0&1&0&\cdots&0&0&0&0&0&0&0&0&0&0&0&0& &0&0&0&0&0&1&0\\
0&0&0&0&1& &0&0&0&0&0&0&0&1&0&0&0&0& &0&0&0&0&0&0&0\\
\vdots&\vdots&\vdots&\vdots& &\ddots& &\vdots&\vdots&\vdots&\vdots& & & &\cdots& & & & & & & &\cdots& & & \\
0&0&0&0&0& &1&0&0&0&0&0&0&0&0&0&1&0& &0&0&1&0&0&0&0\\
0&0&0&0&0&\cdots&0&1&0&0&0&1&0&0&0&0&0&0& &0&0&0&0&0&0&0\\
0&0&0&0&0&\cdots&0&0&1&0&0&0&0&0&0&0&0&0&\vdots&0&0&0&0&0&0&0\\
0&0&0&0&0&\cdots&0&0&0&1&0&0&0&0&1&0&0&0& &0&0&0&0&1&0&0\\
0&0&0&0&0&\cdots&0&0&0&0&1&0&1&0&0&0&0&0& &0&0&0&0&0&0&0
\end{array}\right]
$$

$k\times k$ 单位矩阵　　　　$k\times(n-k)$ 矩阵 $\boldsymbol{Q}$

**图 8-7　系统形式的生成器矩阵**

### 2. 码字创建步骤

这一步很容易。取 $k$ 比特的串 $\boldsymbol{M}$，与矩阵 $\boldsymbol{G}$ 相乘，得到码字 $\boldsymbol{Y}$。因为 $\boldsymbol{G}$ 的左边部分是单位矩阵，则 $\boldsymbol{MG}$ 是系统形式的，所以，$\boldsymbol{Y}$ 为 $\boldsymbol{M}|\boldsymbol{C}$，其中，$\boldsymbol{C}$ 是 $n-k$ 校验比特。

### 3. "置乱"步骤

选择具有 $t$ 个 1 的 $n$ 比特误差向量 $\boldsymbol{E}$。计算置乱码字 $\boldsymbol{Y}'=\boldsymbol{Y}\oplus\boldsymbol{E}$。由于 $\boldsymbol{E}$ 可以置乱 $\boldsymbol{Y}$ 的前 $k$ 比特（即串 $\boldsymbol{M}$）和 $n-k$ 校验比特（即串 $\boldsymbol{C}$），则 $\boldsymbol{Y}'=\boldsymbol{M}'|\boldsymbol{C}'$，如图 8-8 所示。

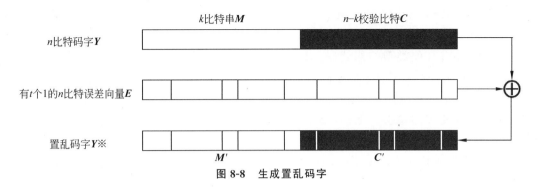

图 8-8　生成置乱码字

**4. 诊断步骤**

Alice 可能会收到存在一些错误（如果没有错误，则 $Y'=Y$）的码字 $Y'$。然后，需要计算 $E$。

在知道正在接收一些系统形式数据的情况下，首先，Alice 会假设码字 $M'$ 的前 $k$ 比特是串 $M$，并用 $G$ 计算 $M'$ 的码字，得到校验比特 $C''$。然后，计算 $C'\oplus C''$，这被称为**综合**，并且长度为 $n-k$。如果码字中没有错误，那么 $C$、$C'$ 和 $C''$ 相等，因此，综合为 **0**。

如果综合不为 **0**，则 Alice 会用稀疏矩阵 $Q$ 来诊断错误出现在哪里。这不是一个简单的计算，事实上，如果 $Q$ 不是稀疏的，则在计算上是不可行的。

考虑一下，如果码字的一个比特（称为比特 $i$）在置乱的步骤中被翻转，那么综合会怎样？在任何比特翻转前，综合会为 **0**。

（1）如果翻转的比特存在于码字的最后 $n-k$ 比特（校验比特），则只翻转综合的单个比特（见本章作业题 17）。

（2）如果翻转比特在码字的前 $k$ 比特，则 $Q$ 的第 $i$ 行中具有 1 的所有列在综合中都会被翻转（见本章作业题 18）。

Alice 会尝试用最少的非零比特来计算误差向量 $E$，从而产生发现的综合。综合是与 $M$ 中误差比特相对应的 $Q$ 所有行的总和，加上 $C$ 中与误差比特相对应的单个比特。如果 $Q$ 足够稀疏，则通常可以通过渐进近似的过程从综合中导出 $E$，并寻找与综合比特有相同多比特的 $Q$ 行。

首先，Alice 会尝试在 $E$ 的前 $k$ 比特中找到 1。当与综合按位异或时，Alice 会选择使综合中 1 减少最多的 $Q$ 的一行。$Q$ 的所选行中的一些 1 在综合中可能没有相应的 1。这会使综合的这些比特变为 1，但如果这确实是 $Q$ 的最佳行，那么综合中的 1 会减少。然后，Alice 会尝试 $Q$ 的另一行。$Q$ 的每一行用于表示 $E$ 的前 $k$ 比特中对应的 1。

例如，一旦 Alice 猜到了 $E$ 的前 $k$ 比特中的 $s$ 比特，则综合中剩余的 1 会少于 $t-s$，那么，Alice 便可以认为剩余的 1 来源于 $E$ 的最后 $n-k$ 比特的 1。

Alice 的算法可能会错误地选择要翻转的比特，并会发现取消翻转该比特会更好，并且可以减少综合中 1 的数量。这个过程可能需要不断循环，并永远不会终止。Alice 可能会得到一个错误的答案，例如，恰好为 Alice 从 Bob 那里收到的 $t$ 比特中的不同码字，所以，Alice 会计算一个与 Bob 所选择不同的误差向量。

然而，算法可能不会终止，或者可能会得到错误的答案，这一事实似乎有些令人不安。但是，根据所提出的基于编码的后量子方案中的参数值，上述问题发生概率的期望值非常小，例如对于 NIST 安全级别 1，概率小于 $1/2^{128}$。

并非所有的纠错方案都是概率性的。尽管我们描述的基于 MDPC 编码的方案是概率性的，然而，还有其他类型的纠错码。1978 年发布的早期 McEliece 密码系统基于 Goppa 码，而且被称为经典 McEliece 的密码系统也使用 Goppa 码。Goppa 码性能良好（总会停止，并在 $t$ 比特内永远不会有多个潜在的码字）。对于给定的消息和码字大小，Goppa 码可以比 MDPC 码纠正更多的错误。然而，由于解释 Goppa 码的数学比 MDPC 码的数学更难，所以，本书不会深入讲解 Goppa 码。此外，重要的密钥大小缩减优化、循环矩阵都适用于 MDPC 码，但不适用于 Goppa 码[①]，因此，MDPC 方案除了更容易解释之外，还具有显著的优势。

## 8.4.2 奇偶校验矩阵

MDPC 方案的常规实现还涉及另一个矩阵——**奇偶校验矩阵**，记为 $H$。与 8.4.1 节中的过程相比，用奇偶校验矩阵 $H$ 获得综合的方式更优雅。对于奇偶校验矩阵 $H$，Alice 只需要用（可能被破坏的）码字 $Y'$ 乘以 $H$，即可直接得到综合。但 Alice 仍然需要做同样的工作来找到哪些比特翻转了。

矩阵 $G$ 和 $H$ 是相关的。事实上，目前所解释的方案中，$G$ 和 $H$ 间唯一的区别是单位矩阵在矩阵 $Q$ 上的位置。在 $G$ 中，单位矩阵为左边。在 $H$ 中，单位矩阵为底部。通过将单位矩阵融到另一个矩阵来构建生成器和奇偶校验矩阵的方式称为**系统形式**，如图 8-9 所示。

在即将解释的密码方案中，Alice 会使用非系统形式的奇偶校验矩阵来生成综合。因此，下面给出奇偶校验矩阵的定义，以及与生成器矩阵关系的更通用定义：$G$ 通常是一个 $k\times n$ 矩阵[②]。$H$ 通常是列线性独立的 $n\times(n-k)$ 矩阵。$H$ 的大小是 $n\times(n-k)$，所以，当可能被置乱的 $n$ 比特码字乘以 $H$ 时，可以得到一个 $(n-k)$ 比特的综合。$G$ 和 $H$ 之间的关键关系是其乘积为零矩阵，即 $GH=0$。这保证了任何未被更改码字的综合是 $0$，还保证了对于一个置乱码字 $Y'$，综合 $Y'H$ 与 $EH$ 相同，其中，$E$ 是误差向量（见本章作业题 19）。

通过用生成器矩阵乘以消息来产生码字的方案称为**线性码**。所有线性码都具有奇偶校验矩阵。[③] 但 MDPC 码的特殊之处在于它至少有一个稀疏奇偶校验矩阵。事实上，利用稀疏的奇偶校验矩阵 $H$，在计算上对置乱的码字 $Y'$ 进行解码是可行的。

生成器矩阵 $G$ 如何可以有多个不同的奇偶校验矩阵？如果 $H$ 是 $G$ 的奇偶校验矩阵，并且如果任意可逆平方矩阵 $R$ 与 $H$ 具有相同的列数，则 $HR$ 也是 $G$ 的奇偶校验矩阵，因为 $YH=0$，当且仅当 $Y(HR)=0$（见本章作业题 20）。

## 8.4.3 基于编码的加密公钥方案

到目前为止，已经介绍了 Alice 如何创建 MDPC 码，但到目前为止的方案并不能作为密

---

[①] 可以实现一些密钥尺寸缩减，通过使部分公钥是基于 Goppa 码密码系统循环行列式，但不如中等密度奇偶校验码。第一轮 NIST 提案 BIG-QUAKE 可以使大约 $2\times10^6$ 的公钥降为 $2\times10^5$。相比之下，MDPC 码使用循环矩阵，通常可以达到同等安全水平下 $10^4$ 比特量级。前期用 Goppa 码减少密钥尺寸的尝试被证明不安全。

[②] 因此当 $k$ 比特串 $M$ 乘以 $G$ 时，可以得到一个 $n$ 比特码字 $Y$。

[③] 事实上，任何线性码通常都有大量不同的奇偶校验矩阵。

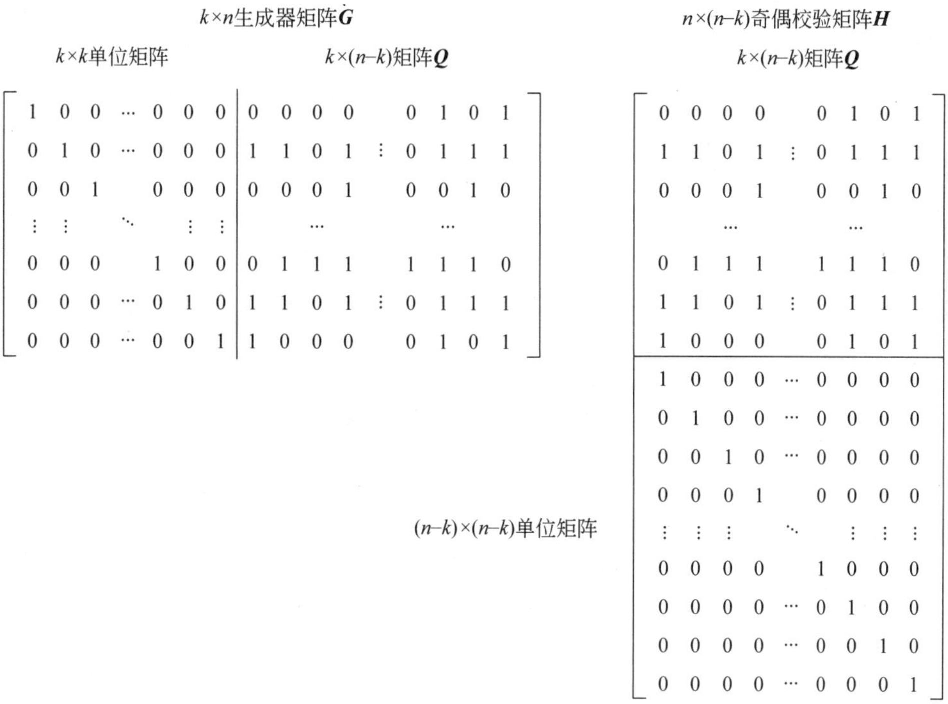

$k \times n$ 生成器矩阵 $G$　　　　　　　　　　$n \times (n-k)$ 奇偶校验矩阵 $H$

$k \times k$ 单位矩阵　　　$k \times (n-k)$ 矩阵 $Q$　　　　　$k \times (n-k)$ 矩阵 $Q$

$$
\left[
\begin{array}{ccccccc|cccccccc}
1 & 0 & 0 & \cdots & 0 & 0 & 0 & 0 & 0 & 0 & 0 & & 0 & 1 & 0 & 1\\
0 & 1 & 0 & \cdots & 0 & 0 & 0 & 1 & 1 & 0 & 1 & \vdots & 0 & 1 & 1 & 1\\
0 & 0 & 1 & & 0 & 0 & 0 & 0 & 0 & 0 & 1 & & 0 & 0 & 1 & 0\\
\vdots & \vdots & & \ddots & & \vdots & & & & \cdots & & & & & &\\
0 & 0 & 0 & & 1 & 0 & 0 & 0 & 1 & 1 & 1 & & 1 & 1 & 1 & 0\\
0 & 0 & 0 & & 0 & 1 & 0 & 1 & 1 & 0 & 1 & \vdots & 0 & 1 & 1 & 1\\
0 & 0 & 0 & & 0 & 0 & 1 & 1 & 0 & 0 & 0 & & 0 & 1 & 0 & 1\\
\end{array}
\right]
$$

$$
\left[
\begin{array}{cccccccc}
0 & 0 & 0 & 0 & & 0 & 1 & 0 & 1\\
1 & 1 & 0 & 1 & \vdots & 0 & 1 & 1 & 1\\
0 & 0 & 0 & 1 & & 0 & 0 & 1 & 0\\
 & & \cdots & & & & & &\\
0 & 1 & 1 & 1 & & 1 & 1 & 1 & 0\\
1 & 1 & 0 & 1 & \vdots & 0 & 1 & 1 & 1\\
1 & 0 & 0 & 0 & & 0 & 1 & 0 & 1\\
\hline
1 & 0 & 0 & 0 & \cdots & 0 & 0 & 0 & 0\\
0 & 1 & 0 & 0 & & 0 & 0 & 0 & 0\\
0 & 0 & 1 & 0 & & 0 & 0 & 0 & 0\\
0 & 0 & 0 & 1 & & 0 & 0 & 0 & 0\\
\vdots & \vdots & & & \ddots & & & & \vdots\\
0 & 0 & 0 & 0 & & 1 & 0 & 0 & 0\\
0 & 0 & 0 & 0 & & 0 & 1 & 0 & 0\\
0 & 0 & 0 & 0 & & 0 & 0 & 1 & 0\\
0 & 0 & 0 & 0 & \cdots & 0 & 0 & 0 & 1\\
\end{array}
\right]
$$

$(n-k) \times (n-k)$ 单位矩阵

**图 8-9　系统形式的生成器矩阵和奇偶校验矩阵**

码方案,因为任何能够创建码字的人都也能发现错误。若要创建公钥方案,则需要修改方案,使得 Bob 可以用 Alice 的公钥生成码字,但只有 Alice 用自己的公钥才可以找到与置乱码字相差小于 $t$ 比特的码字。

Alice 的公钥是生成器矩阵 $G$。为与 Alice 建立共享密钥,Bob 选择一个最多有 $t$ 个 1 的误差向量 $E$,然后计算码字,用 $E$ 与该码字按位异或进行置乱,最终,Alice 和 Bob 的共享密钥是 $E$ 的哈希,例如 SHA-256。

为创建 Alice 的密钥对,Alice 首先会创建一个稀疏奇偶校验矩阵 $H$ 作为 Alice 的私钥。然后,Alice 会产生一个与 $H$ 匹配的生成器矩阵 $G$($GH=0$),但 $G$ 不是稀疏的。这个 $G$ 是 Alice 的公钥。

Alice 的稀疏奇偶校验矩阵 $H$(Alice 的私钥)不是系统形式的。然而,Alice 的公钥、生成器矩阵 $G$ 都是系统形式的。系统形式的 $G$ 是可以使 Alice 的公钥更小(因为不需要发送 $k \times k$ 的单位矩阵),并且还支持一种得益于 **Niederreiter 优化** 的非常机智的优化,同时可以缩小密文大小。在详细解释如何从 $H$ 计算 $G$ 之前,我们先介绍 Niederreiter 这种优化方法。

**1. Niederreiter 优化**

请记住,Bob 将要选择一个最多有 $t$ 个 1 的误差向量 $E$,而且,Alice 和 Bob 要共享秘密是 hash($E$)。Niederreiter 在论文[NIED86]中发现,如果 Bob 使用 $E$ 的前 $k$ 比特作为串 $M$,并且如果生成器矩阵生成系统形式的码字,那么当 $E$ 与生成的码字($M|C$)按位异或时,置乱码字的前 $k$ 比特将为 $\mathbf{0}$。因此,如果方案包含了这种优化(使用 $E$ 的前 $k$ 比特作为串 $M$),则 Alice 可以假装从 Bob 那里收到的 $n-k$ 比特密文实际上是前 $k$ 比特为 0 的 $n$ 比特

密文。因为通常 $k$ 约为 $n$ 的一半，这意味着 Bob 需要传送给 Alice 的尺寸也是一半的大小，如图 8-10 所示。

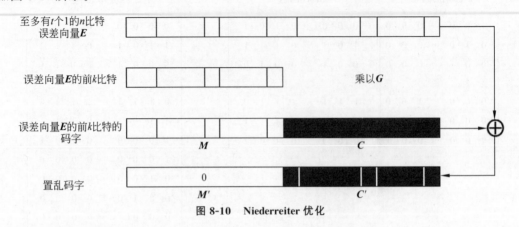

图 8-10　Niederreiter 优化

后续会将 Niederreiter 优化加入到我们正在介绍的方案中。

**2. 生成公钥对**

作为 Alice 的私钥，Alice 会创建一个随机生成的稀疏 $n \times (n-k)$ 矩阵 $H$。然后，将 $H$ 分解为两部分，如图 8-11 所示。

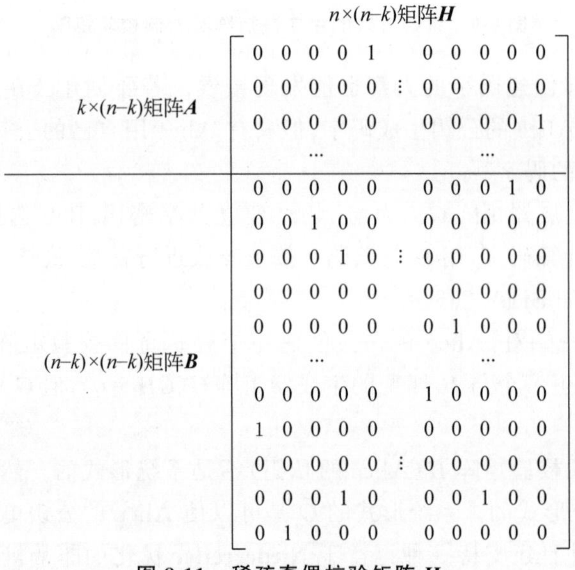

图 8-11　稀疏奇偶校验矩阵 $H$

（1）大小为 $k \times (n-k)$ 的矩阵 $A$；

（2）大小为 $(n-k) \times (n-k)$ 的矩阵 $B$。

Alice 现在要置乱矩阵 $H$，这意味着 Alice 要把 $H$ 变成相同编码的奇偶校验矩阵，并且，该矩阵将不是稀疏的，而且是系统形式的。

**计算公钥**

Alice 计算 $B^{-1}$。根据逆的定义，$BB^{-1} = I$。Alice 用 $B^{-1}$ 乘以自己的私钥矩阵 $H$，可以得到图 8-12 中的结果。

$n\times(n-k)$ 矩阵 $\boldsymbol{HB}^{-1}$

$k\times(n-k)$矩阵$\boldsymbol{AB}^{-1}$

$(n-k)\times(n-k)$ 单位矩阵 $y$

$$\left[\begin{array}{ccccccccccc}
0&0&0&0&1& &1&0&1&0&1\\
1&1&0&1&1&\vdots&1&0&1&1&1\\
0&0&0&1&0& &0&0&0&1&0\\
 & &\cdots& & & & & &\cdots& & \\
\hline
1&0&0&0&0&\cdots&0&0&0&0&0\\
0&1&0&0&0&\cdots&0&0&0&0&0\\
0&0&1&0&0&\cdots&0&0&0&0&0\\
0&0&0&1&0&\cdots&0&0&0&0&0\\
0&0&0&0&1& &0&0&0&0&0\\
\vdots&\vdots&\vdots&\vdots& & & &\vdots&\vdots&\vdots&\vdots\\
0&0&0&0&0& &1&0&0&0&0\\
0&0&0&0&0&\cdots&0&1&0&0&0\\
0&0&0&0&0&\cdots&0&0&1&0&0\\
0&0&0&0&0&\cdots&0&0&0&1&0\\
0&0&0&0&0&\cdots&0&0&0&0&1
\end{array}\right]$$

**图 8-12 置乱的 *H***

乘以 $\boldsymbol{B}^{-1}$可以使上半部分变成密集矩阵,这对解码没有帮助,不过将下半部分变成单位矩阵的优点是,通过使用上半部分 $\boldsymbol{AB}^{-1}$可以非常容易地创建系统形式的生成器矩阵 $\boldsymbol{G}$,如图 8-9 中的矩阵 $\boldsymbol{Q}$。

因此,Alice 的公钥只是矩阵 $\boldsymbol{AB}^{-1}$。把 $k\times k$ 的单位矩阵融合到左边可以创建生成器矩阵 $\boldsymbol{G}$,如图 8-13 所示,此外,Alice 的私钥是 $\boldsymbol{H}$。读者可以检查 $\boldsymbol{G}$ 和 $\boldsymbol{H}$ 是否具有生成器和奇偶校验矩阵所需满足的关系,即 $\boldsymbol{GH}=\boldsymbol{0}$(见本章作业题 21)。

$k\times n$ 矩阵 $\boldsymbol{G}$

$$\left[\begin{array}{ccccccccccc|ccccccccccccccc}
1&0&0&0&0&\cdots&0&0&0&0&0&0&0&0&0&1&0&1& &1&1&1&0&1&0&1\\
0&1&0&0&0&\cdots&0&0&0&0&0&1&1&0&1&1&1&0& &0&1&1&0&1&1&1\\
0&0&1&0&0&\cdots&0&0&0&0&0&0&0&0&1&0&1&1&\vdots&1&0&0&0&0&1&0\\
0&0&0&1&0&\cdots&0&0&0&0&0&0&1&1&1&1&1&1& &0&1&0&0&0&0&1\\
0&0&0&0&1& &0&0&0&0&0&1&1&0&0&0&0&1& &1&0&1&0&1&0&1\\
\vdots&\vdots&\vdots&\vdots& &\ddots& &\vdots&\vdots&\vdots&\vdots& & & &\cdots& & & & & & & &\cdots& & & \\
0&0&0&0&0& &1&0&0&0&0&0&1&0&0&1&0&0& &1&1&0&0&1&0&1\\
0&0&0&0&0&\cdots&0&1&0&0&0&1&1&1&1&0&0&0& &0&1&0&0&0&0&1\\
0&0&0&0&0&\cdots&0&0&1&0&0&0&1&1&1&1&1&0&\vdots&1&0&1&1&1&1&0\\
0&0&0&0&0&\cdots&0&0&0&1&0&1&1&0&1&0&0&0& &1&1&0&0&1&1&1\\
0&0&0&0&0&\cdots&0&0&0&0&1&1&0&0&0&1&1&1& &0&1&0&0&1&0&1
\end{array}\right]$$

$k\times k$ 单位矩阵 $k\times(n-k)$矩阵$\boldsymbol{AB}^{-1}$ Alice的公钥

**图 8-13 Alice 的生成器矩阵**

以下是使用公钥 $\boldsymbol{G}$ 和私钥 $\boldsymbol{H}$ 来建立共享密钥 hash($\boldsymbol{E}$)的协议步骤。

(1) Alice 向 Bob 发送公钥 $\boldsymbol{G}$(由于 $\boldsymbol{G}$ 的前 $k$ 列是单位矩阵,Alice 只需要发送后 $n-k$ 列)。

（2）Bob 选择一个最多有 $t$ 个 1 的 $n$ 比特误差向量 $E$。

（3）Bob 将 $E$ 的前 $k$ 比特乘以 $G$，可以得到 $n$ 比特码字 $Y$。然后，将 $E$ 与 $Y$ 按位异或，得到 $Y'$（由于这种构造使 $Y'$ 的前 $k$ 比特为零，所以 Bob 只需要发送 $Y'$ 的最后 $n-k$ 个比特）。

（4）然后，Alice 取 $Y'$（从 Bob 那里得到的量，其头部为 $k$ 比特的 0），并乘以 $H$，可以得到综合。由于 $Y'$ 的前 $k$ 比特为 0，所以，Alice 通过用 $B$ 乘以 $Y'$ 的最后 $n-k$ 比特，可以得到相同的综合，例如从 Bob 那得到的量（见本章作业题 22）。

（5）然后 Alice 使用稀疏的 $H$ 来计算 $E$。

**3. 使用循环矩阵**

这里介绍的方案可以很容易地使用循环矩阵。Alice 将稀疏奇偶校验矩阵（如图 8-11 所示）创建为两个稀疏循环矩阵 $A$ 和 $B$。由于 $B$ 是循环的，所以 $B^{-1}$、Alice 的公钥 $AB^{-1}$ 也是循环的。Alice 的公钥就是 $AB^{-1}$ 最上面的一行。

NIST 提案中与我们介绍的方案最接近的是 BIKE。该方案同时使用了循环矩阵和 Niederreiter 优化，其中，$k$ 是 $n$ 的一半。因此，公钥的大小为 $k$，并且对于 NIST 安全级别 1,3 和 5，$k$ 分别为 12 323,24 659 比特和 40 973 比特。

# 8.5 多变量密码

多变量密码系统基于求解多变量非线性（通常是二次型）方程组的困难问题。线性方程组很容易求解，但非线性方程组则不然。

线性（一阶）方程中，每个项都是一个常数，或者是一个常量和一个变量的乘积，例如 $x+15y-2z+3q=15$。

相反，在非线性方程中，变量可以是自乘的，也可以彼此相乘的。例如，三次方程可能具有诸如 $4x^3,19xyz,3xy^2$ 之类的项。

多变量公钥签名方案（例如不平衡油和醋（Unbalanced Oil and Vinegar, UOV），以及 Rainbow[DING05]）使用具有 100 多个变量的 2 次（二次型）方程。UOV 和 Rainbow 的公钥非常大，但它们签名、验证的速度快，而且签名小，因此，在不必每次都下载公钥、验证签名的应用程序使用过程中，UOV 和 Rainbow 似乎很有用（例如软件或固件更新）。

多变量加密方案怎么样？目前存在一些提案，但与基于编码或格的加密方案相比，那些没有被破解的方案性能特征似乎没有太大希望。

本节首先总体介绍多变量签名方案背后的直观感受。然后，本节介绍一种可以说是最古老也最简单的多变量签名方案——UOV。

## 8.5.1 求解线性方程组

求解 $n$ 个变量的 $n$（线性无关）个线性方程组很容易。例如，考虑两个变量的两个线性方程：
$$3x+2y=19$$
$$4x+y=22$$

利用第二个方程，以 $x$ 求解 $y$，可以得到 $y=22-4x$。然后，用 $22-4x$ 替换第一个方程中的 $y$，可以得到 $3x+2(22-4x)=19$。化简，可以得到 $44-19=5x$，然后将等式两边同时除以 5，可以得到 $x=5$，最后用 5 代替方程 $y=22-4x$ 中的 $x$，可以得到 $y=2$。

如果方程是线性无关的,并且变量数与方程数一样多,那么,便可以求解出所有变量。

## 8.5.2  二次多项式

两个变量的二次多项式可以是 $x^2+3xy+2y^2+3y+4$。同时,二次方程将多项式可以设置为某个值,因此,二次方程可能是 $x^2+3xy+2y^2+3y+4=17$。

在二次多项式(或二次方程)中,每项最多有两个变量相乘(例如,$x^2$ 是 $x$ 自身的乘积,$3xy$ 是 $x$ 和 $y$ 的乘积)。4 个变量 $x,y,z,q$ 的二次多项式可能是 $5xq+7z^2+4q^2+5xz+7y^2+3y+2x$。如果指定一个值,则可以得到一个 4 变量的二次方程,例如 $5xq+7z^2+4q^2+5xz+7y^2+3y+2x=85$。

## 8.5.3  多项式系统

多项式系统是由一定数量的变量构成的一组多项式,由次数(任何项中相乘变量的最大数量)、变量数和多项式数等表征。例如,下面的多项式系统的次数$=2$(二次),变量数$=2$,多项式数$=3$。

$$x^2+3xy+2y^2+3y+4$$
$$xy+y^2+x+2y$$
$$5x^2+3y^2+7xy+2x$$

与密码学所使用的其他算法一样,在多变量方案中,算术运算通常在较小的有限域上完成,例如 GF(64),6-比特有限域,参见本书附册 M.7.2 节。

求解一组多项式方程意味着可以找到满足所有方程的变量值。总体来说,这是非常困难的。最著名的技术并不比使用暴力搜索选择的变量值更好。对于多变量签名方案的典型参数(例如超过 100 个变量和 50 个方程),这在计算上是不可行的。但这对我们来说非常棒,因为这意味着它可以用来创建公钥密码系统。

## 8.5.4  多变量签名系统

Alice 的公钥是一组多项式中项的系数集合。Alice 的私钥在这种密码中有些像陷门函数,可以使 Alice 能够有效地基于公钥中的多项式求解一组方程。

在给定的方案中,有限域的大小和表示、变量数、多项式数、方程的最大阶数等都是参数。不过,为便于阅读,我们将在描述中选择特定的数值。

在具有 $n$ 个变量的一般二次多项式中,大约有 $n^2/2$ 个项——$n(n-1)/2$ 个项具有两个不同的变量,$n$ 个项有一个平方变量,$n$ 个线性项和一个常数项,共计 $n^2/2+3n/2+1$ 项。对于 150 个变量,则每个多项式有 11 476 项。对于 6 比特的系数,每个多项式可以为公钥提供大约 6.9 万比特。因此,对于 50 个多项式,公钥大约为 345 万比特。

**多变量公钥签名**

变量数量、系数的大小和哈希的大小都是特定方案的参数。下面选择一些易于可视化的值,但这只是为了便于解释。

假设 Alice 的公钥由 50 个二次多项式和 150 个变量组成,并使用 6 比特的算术和 300 比特的哈希函数。为对消息 $M$ 进行签名,Alice 需要对 $M$ 进行哈希运算,得到值 $H$。Alice

把 300 比特的 $H$ 划分为 50 个 6 比特的块，例如，$H_1, H_2, \cdots, H_{50}$。Alice 通过将每个多项式设置为相应的 $H$ 块来创建 50 个方程。

Alice 的签名由满足这 50 个方程的 150 个变量值组成。

为了验证 $M$ 的签名，验证者需要计算 $M$ 的 300 比特哈希，并将 Alice 公钥中的每个多项式设置为 $M$ 哈希的相应块，然后，将指定的变量值插入方程中，并验证是否满足每个方程。如果有 150 个变量，而且每个变量需要 6 比特来指定，则签名由 900 比特组成。

多变量签名方案的一个非常好的特征就是签名较小，尽管不幸的是，它们确实也有非常大的公钥。

**1. 创建（公、私）密钥对**

若要创建多变量密钥对，则需要生成一个带有陷门的多项式系统，并允许知道秘密的人基于这些多项式求解方程，但不知道秘密则无法实现。

一种最简单、最安全创建陷门的方法称为不平衡油和醋的方案［KIPN99］。例如，为创建公钥，油和醋方法从 150 个变量开始，并将变量分为两类——油和醋。醋的变量多于油的变量。下面使用 50 个油变量和 100 个醋变量。通过为二次及以下所有可能项随机选择系数，Alice 创建了私钥的约束二次多项式，其限制条件是油变量永远不会相乘——任何一个油变量项都由该变量单独组成，或与醋变量相乘。然而，醋变量可以平方，也可以自乘，或者乘以一个油变量[①]。

假设油变量为 $o_1$ 和 $o_2$，以及醋变量为 $v_1, v_2, \cdots, v_5$。那么受约束的二次型示例可以为：$3o_2v_5 + 5v_2v_3 - 7 + v_2 + 2o_1 + 4v_5^2$。此外，不允许使用的项如下：$o_1o_2$，$o_1^2$，$o_1v_1^2$，$v_1v_4^2$。

正如我们将看到的那样，约束的目的（油变量不互乘，或平方）是，对于受约束的二次方程，如果为醋变量选值，则很容易求解油变量，因为，此时油变量的方程是线性的。但如果受约束的二次多项式是 Alice 的公钥，那就不安全了，因为任何人都可以伪造 Alice 的签名。因此，必须对私钥中的多项式进行转换，这样公钥中的多项式才是二次的（非受约束的二次型），并且在没有私钥的情况下，在计算上无法将公钥多项式转换回可判断的油变量形式。

在我们的例子中，所使用的参数值为，50 个油变量、50 个多项式、100 个醋值和 300 比特的哈希函数。为创建 Alice 的私钥，Alice 随机选择了 50 个具有 50 个油变量和 100 个醋变量的受约束的二次多项式。这组多项式的知识也是 Alice 私钥的一部分。这些变量记作 $u_1, u_2, \cdots, u_{150}$（其中前 50 个是油变量，其他为醋变量）。正如我们将看到的，公钥是约束二次方程向一组无约束二次方程的变换，这样只有 Alice 才能创建签名。

**2. 求解约束二次方程**

为消息 $M$ 创建签名的第一步是求解 Alice 私钥中约束二次方程中的变量。

（1）Alice 计算 hash($M$)，并将结果划分为 6 比特的块（对于 300 比特哈希，为 50 个块）。

（2）Alice 把私钥中的每个约束二次多项式设置为一个 hash($M$) 的 6 比特块。

（3）Alice 随机选择 100 个醋变量值，并将这些值代入方程，得到含有 50 个变量的 50 个线性方程。

---

[①] 注意，遇到这些术语的人可能会认为，醋会互相混合，油可以与任何醋混合，但油不能互相混合。我们敬仰加密技术（这个方案非常机智），但我们不会相信厨房中的经验。

（4）Alice 求解这些线性方程,得到了满足方程的所有油变量值。

（5）Alice 现在得到了私钥（Alice 随机选择的 100 个醋变量,以及求解的 50 个油变量）中的所有变量值。

然而,Alice 必须将多项式和变量从私钥转换到置乱的多项式和变量中,成为 Alice 的公钥。

**3. 通过置乱来创建公钥**

Alice 将私钥的约束二次多项式中的 150 个 $u$ 变量转换为 $x$ 变量。结果有 150 个变量的无约束二次多项式。具体操作如下。

（1）Alice 随机选择 150 个线性方程,每个方程将 $u_i$ 设置为 $x$ 个变量的线性组合,例如,$u_3 = 3x_1 + 17x_2 + x_4 + \cdots + 9x_{150}$。这些方程式也将成为私钥的一部分。

（2）在私钥的 50 个约束二次多项式中,Alice 需要替换 $u$ 变量中的每个变量值（以 $x$ 变量表示）。结果为 50 个（无约束）二次多项式,变量为 $x_1, \cdots, x_{150}$。这 50 个多项式将成为公钥。注意,公钥中的多项式是二次的（用 $x$ 个变量的线性组合代替 $u$ 变量中的任何一个都不会产生任何次数大于 2 的项）。正如我们将看到的,Alice 用基于私钥的约束二次方程的 $u$ 个变量来求解方程,但需要为签名展示 $x$ 个变量的值。

Alice 可以求解 150 个线性方程中的每个 $x$ 变量,这些线性方程用 $x$ 个变量表示每个 $u$。现在 Alice 有 150 个用 $u$ 个变量来表示每个 $x$ 变量的线性方程。

一旦 Alice 求解了约束二次方程,并找到了所有 $u$ 个变量的值,就可以用这些方程来计算 $x$ 个变量的值。

Alice 的签名由满足公钥中二次方程的 $x$ 个变量值组成。

# 8.6 作业题

## 基于哈希的签名

1. 考虑原始方案的以下变体（无哈希树）。Alice 的公钥不是由 512 个量 $h_0^0, h_1^0, h_0^1, h_1^1, \cdots, h_0^{255}, h_1^{255}$ 组成,而是对每个比特仅使用单个哈希,即 $h^0, h^1, \cdots, h^{255}$。如果比特 $i$ 为 0,则 Alice 会公开 $p^i$,如果 $i$ 为 1,则 Alice 会公开 $h^i$。为什么这样不安全?

2. 现在通过额外的 8 个值对 0 比特数量的和进行签名,并修改作业题 1 中的方案。这些额外的 8 个值为 $h^{256}, h^{257}, \cdots, h^{263}$,并被计算为 $p^{256}, p^{257}, \cdots$ 的哈希。如果在已签名消息中 0 的总数为 120（十进制）,则二进制表示为 01111000。因此,Alice 会泄露 $p^{256}, h^{257}, h^{258}, h^{259}, h^{260}, p^{261}, p^{262}$ 和 $p^{263}$。那么这个方案安全吗?

3. 在 8.2.3 节中,我们比较了单棵树具有至少与要签名消息一样多的小树、在树中保留一个用于新树根签名的槽、单棵树的小树仅用于其他树根签名等情况。假设有一个 3 层结构,其中,例如,主树有 $k$ 层（$2^k$ 个小树）,该主树的所有小树用于对二级 $k$ 层哈希树的根进行签名,其所有小树都用于对三级 $k$ 层哈希树的根进行签名。三级 $k$ 层哈希树用于消息签名。这个方案可以对多少消息进行签名? 签名可以为多大?

4. 假设 Alice 使用的方案是,每棵小树有 512 个子节点,并且 256 个可能比特中的每个都具有一对 $\langle h_0^i, h_1^i \rangle$。假设 Alice 用该树对一条信息进行了签名。那么 Ivan 需要尝试多少条信息（大约）,才能找到可以使用该树（对于每个 $i$, $p_0^i$ 或 $p_1^i$ 会被泄露）伪造的信息? 如果

Alice 不小心对两条不同消息使用了两次小树，那么会怎样？Ivan 需要尝试多少哈希？若 Alice 用那棵小树对 3 条不同信息进行了签名，那么会怎样？

## 基于格的密码

5. 用 $x$ 乘以多项式 $3-12x+2x^2+5x^4$，并规约 $\bmod x^5-1$。

6. 试证明两个循环矩阵的和是一个循环矩阵。

7. 试证明两个循环矩阵的乘积是一个循环矩阵，其多项式等于两个矩阵相应多项式的乘积，并用 $\bmod x^n-1$ 规约。

8. 试证明：循环矩阵的乘法是可交换的。

9. 试证明：如果一个循环矩阵有一个逆，那么这个逆是循环的。

提示 1：矩阵逆是唯一的。提示 2：证明由逆的第一行形成的循环矩阵是逆。

10. 对于 $\mathbf{Z}_2$ 域的多项式 $f$，当 $f$ 与 $x^n-1$ 互素时，可以通过使用 2.7.5 节提到的欧几里得算法计算 $f \bmod x^n-1$ 的逆，得到多项式 $a$ 和 $b$，满足 $a \times f+b \times (x^n-1)=1$。但若 $\mathbf{Z}_q$ 不是域，那么如何得到 $f^{-1}$？

这其实很聪明。首先，计算逆 $\bmod 2$，因为 $\mathbf{Z}_2$ 是域，所以可以这样做。设 $a$ 为那个逆，而且系数都是 0 和 1，但我们会考虑系数 $\bmod q$。然后，迭代 $\lceil \log_2 \log_2 q \rceil$ 次：$a=a \times (2-f \times a) \bmod x^n-1 \bmod q$，为什么这样做有效？

提示：在第一次迭代前，误差多项式 $1-f \times a$ 的系数有什么特别之处，然后，在每次连续迭代后，又有什么特别之处？

11. 在 8.3.5 节所述的 LWE 密码系统中，如果 Alice 和 Bob 不加误差向量（例如使用 $\mathbf{0}$ 作误差向量），那么会不安全吗？为简单起见，假设矩阵 $\mathbf{A}$ 是可逆的。

12. 为什么 Alice 使用相同的 $Z$ 发送多个比特是不安全的？

13. 假设 Alice 和 Bob 要在 256 个秘密比特上达成一致，但从 Alice 到 Bob 的带宽远大于从 Bob 到 Alice 的带宽。如果 Alice 发送了 256 个向量，而 Bob 只发送了 1 个向量，这个方案会有效吗？如果 Bob 只发送 4 个向量，则 Alice 需要向 Bob 发送多少向量，才能使他们在 256 个秘密比特上达成一致？

14. 如果 Bob 一次发送 4 比特，那么发送 256 个秘密比特需要多少 $\langle i,j \rangle$ 对？假设 Alice 和 Bob 发送的向量数量相等，那么每个人需要发送多少个向量？

## 基于编码的方案

15. 比特向量 11001 乘以 $5 \times 5$ 的单位矩阵，结果是什么？

16. 假设修改图 8-7 中的生成器矩阵，使单位矩阵位于右侧，而不是左侧，那么，串 $M$ 的码字会是什么样？

17. 假设误差向量只有一个 1，并存在于最后的 $n-k$ 比特中。试证明综合也只有一个 1 比特。

18. 假设误差向量只有一个 1，例如，比特 $j$，并且 $j$ 在前 $k$ 比特中。证明综合是 $\mathbf{Q}$ 的第 $j$ 行。

19. 试证明对于置乱的码字 $Y'=MG+E$，综合 $Y'H$ 与 $EH$ 相同，其中，$E$ 是误差向量。提示：$GH=0$。

20. 试证明：如果 $H$ 是 $G$ 的奇偶校验矩阵，并且 $R$ 是与 $H$ 具有相同列数的可逆平方矩阵，则对于任何可能被置乱的码字 $Y$，$YH=0$，当且仅当 $Y(HR)=0$。如果 $R$ 不可逆怎么办？

21. 如 8.4.3 节所述，Alice 的公钥是矩阵 $AB^{-1}$。生成器矩阵 $G$ 是通过将一个 $k \times k$ 的单位矩阵融合到左边而创建的，Alice 的私钥是 $H$，其中，$H$ 的上半部是稀疏矩阵 $A$，下半部是稀疏矩阵 $B$。请验证，$GH = 0$。

22. 如 8.4.3 节所述，Alice 通过取 $n$ 比特量 $Y'$（从 Bob 那里收到的量，前 $k$ 比特为 0），并乘以 $H$。试验证：因为 $Y'$ 的前 $k$ 比特为 0，所以 Alice 可以通过将 $Y'$ 的最后 $n-k$ 比特（从 Bob 收到的量）乘以 $B$ 获得相同的综合。

23. 假设 $n = 2k$（在图 8-9 中，$Q$ 的大小与 $I$ 相同）。试证明，$GH = 0$。现在，假设 $k$ 不是 $n$ 的一半（所以，$Q$ 和 $I$ 的大小不同）。图 8-9 中的 $GH$ 是否仍然为 $0$？

24. 假设 $n = 2k$。图 8-13 中的 $GH$ 是什么（其中，$G = I \mid AB^{-1}$，$H$ 为 $A$ 在顶部，$B$ 在底部）？图 8-13 中的 $GHB^{-1}$ 是什么？

25. 若 Bob 只知道 $AB^{-1}$ 而不知道稀疏的 $H$，是否能判断 $n$ 比特量是码字？

26. 假设攻击者 Eve 可以向 Alice 发送任意的密文消息，并在解密失败时可以得到 Alice 的通知。若 Alice 没有更改公钥，那么，看到 Bob 发送给 Alice 的密文消息 $Y'$ 的攻击者，如何能够最终找到 Bob 发送给 Alice 的秘密？假设 $Y'$ 是正好有 $t$ 个错误的置乱码字，并且任何错误为 $t$ 或更少的码字都可以正确解密，而任何错误超过 $t$ 的置乱码字都会解密失败。

提示：Eve 发送的每条消息都允许 Eve 恢复用于生成 $Y'$ 的错误向量的 1 比特。

27. Bob 故意在错误向量为 1 的地方对码字进行篡改。如果 Alice 和 Bob 之间的信道引入更多错误，那么会发生什么？例如，若对于 $n$ 比特消息，通道可能会引入 100 比特错误，那么 Alice 和 Bob 可以使用能够发现多达 $t + 100$ 个错误的纠错码吗？

## 多变量加密

28. 假设变量 $a, b, c$ 是油变量，$w, x, y, z$ 是醋变量。以下哪一项在约束二次型中是允许的：$5wz, 12a, 4az, 3a^2, 6aw^2, 2bc, 8w$？

29. 假设在不平衡油和醋方案的参数集中，油变量比方程多。Alice 怎样才能求解约束二次方程？例如，假设 Alice 的私钥中有 80 个油变量，80 个醋变量和 50 个约束二次方程。

30. 假设油变量比方程少。例如，假设 Alice 的约束二次方程有 20 个油变量和 100 个醋变量，还有 50 个方程，那么 Alice 能够求解这些约束二次方程吗？

31. 一旦约束二次方程（$u$ 个变量）被转换为 $x$ 个变量，为什么结果仍然还是一个二次方程？

# 第9章　人类身份认证

　　人类无法存储高质量的加密密钥，并且加密操作的速度和准确性让人难以接受。尽管这些加密设备体积大、维护成本高、管理困难、会污染环境，但令人惊讶的是，人们仍在继续制造和部署各种加密设备，它们已经非常普遍，以至于我们必须围绕这些加密设备的限制来设计系统。

——拉迪亚·珀尔曼（本书第二作者）

　　身份认证是可靠地验证某人（或某物）身份的一种过程。在人类的交互中存在很多身份认证的例子。认识你的人可以根据你的外表或声音认出你。警卫人员可以通过比对你与身份证上的照片进行身份认证。银行和商户可以把是否知道信用卡号码和有效期这一事实作为身份认证的依据。

　　我们有时用名字 Alice 和 Bob 指代机器。当指人类时，我们会在必要时使用"人类 Alice"或"用户 Bob"这样的提示词进行区分。然而，本章中的 Alice 一直是人类，而且"她"并不会向人类进行认证，所以我们将 Alice 需要认证的对象命名为 Steve，并明确 Steve 不是人类，而是某个地方的服务器。我们并没有暗示所有叫 Steve 的都不是人类。

　　人类的参与会给身份认证带来特殊的挑战。如果只是两台计算机通过网络进行通信，那么它们完全能够存储高质量的加密密钥，并进行加密身份认证。

　　在以下情况下，人类会向某些东西进行身份认证。

　　(1) 人类通过向本地资源进行身份认证来解锁房门、汽车或手机。

　　(2) 人类基于网络，利用代表人类的个人设备（例如笔记本电脑、手机）向远程资源进行身份认证。该设备可能会通过存储用户凭证，使得用户身份的远程认证更加友好。但一个复杂的问题是，用户可能会想使用多个个人设备，并希望刚刚购买的新设备也能以某种方式获得用户凭证。

　　(3) 用户可能会使用公共设备，例如酒店大堂的计算机或其他人的计算机。这些设备没有存储用户凭证，所以，用户需要输入凭证才能访问远程服务。我们"希望"设备在使用后会删除凭证。请注意我们所使用的措辞"希望"。如果设备不可信，则设备可能会记住我们的凭证，或者将其发送给一些犯罪组织。

　　传统的人类身份认证技术可分为如下类别：你知道的、你拥有的、你是什么、你在哪里。其中，口令属于"你知道的"类别；客观存在的钥匙或 ATM 卡属于"你拥有的"类别；生物设备，如语音识别或指纹扫描设备，属于"你是什么"类别。资源只能用于物理上受保护位置的用户访问，或者根据接收到数据包中的源 IP 地址，让资源对用户身份进行认证（或决定用户应该访问什么），属于"你在哪里"类别。

　　上述各类技术都存在些问题。秘密（你知道的）可能会被无意中听到或忘记。客观存在的东西（你拥有的）可能会被盗取、丢失或损坏。生物特征往往具有假阳性和假阴性[①]，并且

---

① 特别地，如果一些损伤改变了生物特征，例如，手指上绑绷带，或者感冒改变了声音，则会影响判断。

需要特殊的扫描设备。因此,使用**多因素认证**(multifactor authentication)更安全,即用多类机制来认证用户身份。一些公司宣传所使用多个口令的系统是多因素的,但这并不是大多数人认可的多因素。多因素身份认证系统应包含不同的类别。例如,信用卡可能包含图片或签名,因此,理论上信用卡的使用可以结合生物特征[1]和物理访问。另一种形式的多因素身份认证是让网站向用户 Alice 的手机发送 PIN 码,这样在尝试认证 Alice 的身份时,不仅需要知道 Alice 的口令,而且必须能够访问 Alice 的手机。

尽管多因素身份认证更安全,但如果任何一个系统失效,则用户都不会那么方便,并使可靠性问题加剧,因为采用了多因素身份认证,所有因素都应该起作用。

在本章的许多场景中,用户 Alice 会通过网络向服务 S 进行身份认证。Alice 会把凭证输入某种设备中,例如平板电脑、手机或笔记本电脑。这些设备被称为"工作站"或"设备",但该术语旨在包括 Alice 可能使用的所有设备。

此外,当 Alice 的设备与网络服务通信时,通常会使用加密连接,例如 TLS(参阅第 13章)。但正如即将在示例中讨论的那样,这样的连接仍然存在潜在的安全问题。

## 9.1　基于口令的身份认证

这不是"你认识的",而是"你知道的"。

如果用人类可以记住的东西进行人类身份认证,那么这个东西通常是口令,或人类可以记住和输入的其他字符串。

不幸的是,即使是计算机间的身份认证,也常常是基于口令的。有时,人们并不会使用密码学技术,因为最初使用的是人机协议,而且扩展到计算机间的通信时,也没有对其进行重新设计。

在某些情况下,设计者出人意料地选择了简单的基于口令的方案。例如,第一代移动电话在通话时会传输电话号码和口令(未加密),只有口令与电话号码一致,电话公司才会允许该通话,并对该电话号码进行收费。问题是,任何人都可以窃听电话传输的数据,并克隆这个电话,这意味着他们可以制造一个使用窃听到的〈电话号码,口令〉对的电话。这曾经的确是一个问题——犯罪分子会通过克隆电话来窃取电话服务,并/或拨打无法被追踪的电话。而在最新的技术背景下,可以很容易在电话中实现一个简单的口令"挑战-响应"(challenge-response)协议,所有较新的手机都支持这样的操作。

请注意,如果 Alice 和 Steve 之间没有安全连接,则窃听者能够看到口令。即使有了安全连接,如果 Trudy 冒充 Steve,诱骗 Alice 认为她正在与 Steve 通话[2],则 Alice 也会向Trudy 泄露口令,在我们的例子中,Trudy 总是邪恶的。

---

① 假设在商店结账时,用户有时间仔细察看小图片或进行笔迹分析。

② 或许因为在人类 Alice 看来,Trudy 获得的 DNS 名称像"Steve"。

### 9.1.1 基于口令的挑战-响应

请注意，使用口令进行身份认证可能比简单地传输口令更安全。服务器 Steve 会发送挑战，即一个随机数，而 Alice 的机器计算 Alice 的口令和 Steve 挑战的函数，见协议 9-1。上述过程基本上就是 CHAP 协议［RFC 1994］的流程。

与前面的示例一样，如果 Alice 使用 TLS 协议，则不存在窃听的安全问题。然而，如果 Alice 被诱骗与 Trudy，而不是服务器 Steve 进行通话，则 Trudy 不会使用此协议直接得到 Alice 的口令，但可能会进行字典攻击，具体详见 9.8 节。

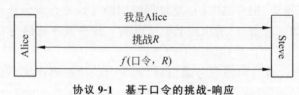

**协议 9-1　基于口令的挑战-响应**

### 9.1.2 验证口令

假设 Alice 只有一个网络口令，并用于访问其工作单位内的资源。此处不讨论单点登录问题，即 Alice 只需要输入一次口令。相反，我们假设 Alice 需要在访问每个公司资源时都需要输入口令，但所有资源的口令都是相同的。

服务器如何才能知道 Alice 输入的字符串是有效的口令？有以下几种可能的案例。

（1）将 Alice 的认证信息分别配置于 Alice 所使用的每个服务器中。

（2）用名为**身份认证存储节点**的位置来存储 Alice 的信息，并且当需要认证 Alice 身份时，服务器会检索该信息。这种模型目前很少使用。

（3）用名为**认证辅助节点**的位置来存储 Alice 的信息，并且当服务器要对 Alice 进行身份认证时，会把从 Alice 处收到的信息发送到认证辅助节点，该节点会执行身份认证，并告诉服务器"是"或"否"。相关案例为 RADIUS［RFC 2865］。

在上述案例（2）和（3）中，服务器对身份认证存储节点或辅助节点进行身份认证很重要，因为如果服务器被欺骗，并把坏人节点当作认证存储节点或辅助节点，则服务器可能会被诱骗，并相信无效的信息，进而使坏人可以冒充有效的用户。或者，服务器可能会被诱骗将用户的口令（或 9.8 节中导致字典攻击的信息）转发给欺骗性认证节点。

无论认证信息存储在哪里，我们都不希望数据库存储未加密的口令，因为任何得到数据库的人都可以冒充所有用户，并可以通过进入有数据库的节点或窃取数据备份来得到数据库数据。在案例（1）中，每个服务器中都单独配置有身份认证信息，得到服务器的数据库（未加密口令）后便可以冒充该服务器的所有用户。此外，如果用户在多个服务器上具有相同的口令，那么该用户也可能在其他服务器上被冒充。在案例（2）和案例（3）中，许多服务器位于同一位置，并且只要得到其数据库就可以冒充所有这些服务器的用户。不过，这也存在一种平衡。我们难以对每个服务器进行物理上的保护，然而，如果所有安全信息都位于同一位置，则只需要保护这一个位置。

若把所有的鸡蛋放在一个篮子里，那么需要非常小心谨慎地看着篮子。

——佚名

直接存储口令的另一种方式是存储口令的哈希。口令验证可以通过哈希运算,并与存储值的比较操作来完成,或者,在挑战-响应协议中用哈希口令作共享秘密。然后,如果有人读取了口令数据库,则可以进行离线口令猜测攻击(见 9.8 节),但无法获得用户仔细选择的口令。由于入侵者可能知道哈希函数(函数本身不是秘密),因此,能够读取哈希口令数据库的入侵者可以利用哈希口令进行口令猜测攻击。

请注意,如果把哈希口令,而不是实际口令发送给 Bob,或者如果在挑战-响应协议中将哈希口令用作共享秘密,那么哈希口令可被称为**等效口令**(password equivalent)。这意味着,如果 Trudy 窃取了 Bob 的口令数据库,即使 Trudy 猜不出 Alice 的实际口令,也可以用 Alice 的哈希口令直接冒充 Alice。然而,由于 Alice 的客户端软件只允许 Trudy 输入实际的口令(而不是哈希口令),则 Trudy 需要通过修改客户端软件来绕过用户输入的哈希操作,以及用哈希结果认证身份的步骤。

# 9.2　基于地址的身份认证

> 这不是"你知道的",而是"你在哪里"。

**基于地址的身份认证**(address-based authentication)不依赖网络上发送的口令,而是假设可以根据数据包到达的网络地址来推断源地址的身份。这曾经是一种广泛使用的身份认证方法,如今有时也在使用。例如,防火墙可能只基于 IP 包头部的源地址进行访问控制。

在某些情况下,基于地址的身份认证是有一定安全性的,例如,若网络是完全隔离的,或者假设信任以太网中桥接的所有网桥(交换机),则可以相信网络可以防止收到源自 VLAN 之外的任何数据包。

## 网络地址冒充

> 位置,位置,位置

Trudy 冒充 Alice 的网络地址有多难？一般来说,很容易传输源地址为任何地址的数据包。但有时候会困难一些,路由器可能具备一些使某人很难声称自己是不同网络地址的功能。如果路由器具有到终端节点的点对点链路,若源地址不是预期的方向,则路由器可能会拒绝接收数据包。

通常,Trudy 接收 Steve 发送到 Alice 网络地址的消息会比用 Alice 的地址作源地址发送的数据包更困难。如果 Trudy 尝试用 Alice 的源地址发送数据包,并无法接收 Steve 到 Alice 的数据包,那么 TCP 通常将对 Trudy 不起作用。这是因为 TCP 连接以随机序号开始,Trudy 也将无法向 Steve 的数据包发送 TCP 确认,因为 Trudy 不知道 Steve 所选择的序列号。因此,Trudy 既需要能够伪造 Alice 的源地址,也需要能够接收从 Steve 到 Alice 地址的数据包。如果 Trudy 存在于 Alice 和 Steve 之间的链路上,这很容易,因为从 Steve 到 Alice 的数据包都会经过 Trudy。如果 Trudy 不在链路上,则 Trudy 可能会在 Steve 和 Alice 间的链路上找到一个用于劫持数据包的密谋路由器,并转发给 Trudy,或者 Trudy 违背路由协议使数据包通过 Trudy。

违背路由协议是 BGP 的常见问题[RFC 4271]。BGP 非常脆弱,而且配置得很密集。例如,2008 年,巴基斯坦试图阻塞巴基斯坦境内的油管(YouTube)访问,因此,他们让 BGP

路由器将巴基斯坦境内发布为访问 YouTube IP 地址的最佳路径。

由于无论距离远近，互联网路由都更倾向于特定的目的地址，而且其他人都在传播包含 YouTube 地址的地址块，因此 YouTube 的全球流量都被路由到巴基斯坦的 BGP 路由器，这样便意外地阻塞了全球 YouTube 的访问。

移动 IP［RFC 5944］的设计允许节点 X 保持其 IP 地址，并可以在互联网上的任何地方移动。互联网上某个地方的服务器 S 可以接收来自某个地址块（包括 X）的流量。节点 X 可以得到一个特定位于 X 当前位置的临时地址，并且节点 X 可以让服务器 S 知道在地址 T 处节点 X 当前是可达的。当 Steve 向节点 X 发送数据包时，服务器 S 会接收数据包，然后通过隧道传输到节点 X，数据包外层头部的目的地址为 T。然而，从 X 到 Steve 的回程流量的源地址＝X，目的地址＝Steve。如果路由器真的试图强制要求源地址 X 来自预期方向，则这样并不可行。因为强制接收地址的方向会破坏移动 IP，所以大多数路由器不会强制源地址的方向。

## 9.3　生物特征识别

生物特征识别设备根据"你是什么"进行身份认证，这些设备可以测量身体特征，并与个人画像进行匹配。一些人想把生物特征识别技术用于远程身份认证。尽管生物识别技术对本地身份认证很有用，例如可以用于解锁智能手机或房门，但作为远程认证的"秘密"并没什么用，因为生物特征并不是秘密。如果想获得某人的指纹，只需要给他们一杯水，然后便可以从他们使用过的玻璃杯上提取指纹。如果测量设备是可信的，并且与远程服务器的连接经过认证，则可以通过生物特征值来安全地进行远程认证。无论是本地认证还是远程认证，测量设备都必须以某种特殊方式进行设计和监管，否则有人会用带有其他人指纹的橡胶手指欺骗设备，或者拿着用户被切断的手指去欺骗设备。

生物计量学的例子包括指纹扫描、虹膜扫描、视网膜扫描、面部特征或手形。除了同卵双胞胎情况之外，DNA 识别都是非常准确的，尽管这项技术还不完全可用。此外，还有行为测量策略，例如打字节奏、鼠标移动、步态、签名和声音。本书作者珀尔曼不太相信行为测量是有效的。如果脚上长了水泡，或者扭伤了脚踝，或者穿着高跟鞋，那么步态会改变吗？

## 9.4　加密身份认证协议

不是"你知道的"，或"你在哪里"，而是

"％zPy＃bRw Lq(ePAoa＆N5nPk9W7Q2EfjaPyDB＄S"

**加密身份认证协议**（Cryptographic Authentication Protocols）比基于口令或基于地址的身份认证安全得多。其基本思想是，Alice 使用的机器通过对服务器 Steve 提供的量进行加密来向 Steve 证明 Alice 的身份。Alice 的加密操作是基于 Alice 的秘密实现的。第 2 章中讨论了如何将哈希、私钥加密和公钥加密用于身份认证。本章的其余部分会讨论如何发挥这些协议作用的更多细节。

## 9.5　谁正在被认证

假设用户 Alice 位于一个工作站,并要访问文件服务器上 Alice 的文件。在工作站和文件服务器之间进行身份认证交换的目的是证明 Alice 的身份。而且,文件服务器通常不关心 Alice 正在使用哪个工作站。

还存在一些机器自动运行的其他情况。例如,目录服务副本会协调机器间的更新,并且需要彼此证明身份。

有时,对用户和用户通信的机器进行身份认证很重要。例如,银行出纳可能被授权只能在被雇银行的机器上进行一些交易。或者,Alice 可以下载电影,但只能从受内容提供商信任的设备进行下载,并强制执行规则,例如,在一段时间后删除电影,或者永不复制电影内容。

计算机可以代表人类进行加密操作,但必须设计出计算机获得人类的证书,并证明计算机是代表人类在进行操作的某种方式。

## 9.6　用口令作为密钥

加密密钥,特别是公钥加密的密钥,会专门选择一些非常大的数。正常人无法记住这样的量,但可以记住口令。将人类可以记住的文本串转换为密码密钥是可实现的。例如,为生成 AES-128 的密钥,可以对用户口令进行加密哈希变换,并取结果的 128 比特。但将口令转换成类似 RSA 私钥的量会困难很多(并且计算成本更高),因为 RSA 密钥是精心构造的量。理论上,口令可作为伪随机数发生器的种子,并可以根据该种子确定性地计算 RSA 密钥对。

基于这种想法的方案(即将用户的口令直接转换为公钥对)并未使用,不仅因为其性能差,而且仅凭公钥就会为离线口令猜测攻击提供足够的信息。尽管计算上的 AES 密钥转换是廉价的,但对于口令猜测,AES 密钥却是脆弱的,因为人类可记忆和可输入的口令并没有足够的熵。缓解口令猜测攻击的方法之一是有意识地将口令到密钥的转换设计得复杂些,例如将口令哈希 10 000 次。

另一种方式是存储基于用户口令函数加密的密码密钥,而不是尝试直接从口令中导出密钥。为检索密钥,需要记住口令,并能访问加密的密钥。这也意味着任何能够访问加密密钥的人都可以进行离线口令猜测攻击。

存在一些可以利用口令(弱秘密)在用户机器和服务器之间建立高质量密钥的巧妙方案,详见 9.17 节。

## 9.7　在线口令猜测

抱歉,您的密码必须包含大写字母、数字、俳句[①]、帮派标志、象形文字。

——佚名

---

① 译者注:日本的一种古典短诗,三行为一首,通常有 17 个音节。

如果 Trudy 能猜出你的口令，那么 Trudy 就能冒充你。而且这可能并不难。在一些系统中，密码被按照行政管理的方式设置为人的固定属性，例如生日或编号。这既使得口令易于记忆和分发，也使得口令易于猜测。本书作者考夫曼曾使用过一个系统，其中，学生的口令被按照行政管理的方式设置为名和姓的首字母，而教师的账号更敏感些，因此采用了 3 个首字母加以保护。

许多系统会用人们的常见属性进行身份认证，例如出生日期或社会安全码[①]。当许多系统都使用同一个人的相同信息进行身份认证时，这些信息就不再是秘密了。

如今，一种流行的备份身份认证机制可以重置忘记的口令，即从非常小的列表中选择安全问题的答案，通常包括问题为"你最喜欢的冰淇淋口味是什么？"人类有时可能喜欢香草，有时可能喜欢薄荷，所以这样的答案对实际用户来说很难记住，但考虑到有限的选择项，答案很容易猜测。下面是一组某系统让笔者（珀尔曼）从中选择的实际问题，以及笔者的心理活动。

- 最喜欢的运动队？（什么算是"运动"？）
- 你的宠物医生的姓名？（我没有宠物。）
- 你二年级老师的名字？（当我上二年级的时候，我甚至记不住老师的名字！）
- 你的中间名？（我确实有一个中间名！是 Joy。所以我输入了"Joy"，系统终于给了我一个可以回答的问题，我很激动。但系统回复"字母数量不够"。）

即使选择的口令并不明显，但如果冒名者猜测多了，那么这些口令也就变得可猜测了。事实上，只要有足够的猜测，任何口令，无论选择得多么仔细，都可以被猜测出来[②]。这种方式的可行性取决于猜测的次数以及口令测试的速度。

在某些军事用途的口令中，猜测并不会带来问题——你在门口说了一个口令，如果口令正确，则可以进入；如果口令错误，则被枪毙。即使你知道口令是将军出生的月份（所以有12 种可能性），但这种猜测并不是一种有吸引力的尝试。

大多数机器都没有可以远程控制的"执行用户"功能（尽管这可能很有用），因此这种限制口令猜测的机制并不可用。假设用户手指打滑了或忘记了自己曾经修改过口令，则他们需要多次机会去尝试。有一些方法可以限制猜测的数量或速度。第一种方法是设计一个猜测必须由人工输入的系统。在猜测方面，计算机比人类更快、更有耐心，因此，如果冒名者用计算机进行猜测，则威胁会更大。

跟踪账户连续错误猜测口令的次数是一个可以限制口令猜测的、看似有吸引力的机制。当超过阈值时，例如 5，则"锁定"账户并拒绝访问，即使后续使用了正确的口令，也要等到系统被管理员重置。这项技术可用于 ATM 卡的 PIN 码，如果猜错 3 次，则机器会吞掉 ATM 卡，用户必须带着身份证件到银行才能取回 ATM 卡。这种方法的一个重要缺点是有些只想搞破坏惹恼别人的人可以猜测 5 个错误口令，并锁住这个用户。

另一种缓解猜测速度的方法是在猜错几次后，锁定账户一段时间。

就人类而言，重复猜测同一个错误口令是对实际用户不利的（这是本书作者珀尔曼的观点）。通常，冒名者不会重复猜错相同的口令，但实际用户可能会这样，因为实际用户并不确

---

① 译者注：根据美国社会安全法案，社会安全码是发给公民、永久居民、临时（工作）居民的一组九位数字号码。
② 可以通过枚举所有有限的字符序列，直到找到正确的口令。

定自己是否输错了口令。参见本章作业题 7。

成功猜测口令的预期时间可以按照如下方式计算：用冒名者在猜对口令之前必须猜测的预期次数除以猜测速率。到目前为止，我们已集中地介绍了限制口令猜测速率的方法。另一种很有前途的方法是确保攻击者需要搜索的口令数量足够大，以防止使用大量 CPU 进行离线的、未经审计的搜索。有时，系统会为用户口令分配随机生成的字符串。这不会受到口令猜测的攻击，但也会面临其他问题。

用户讨厌它们…忘记它们…然后把它们写下来。有时，随机口令生成器足够聪明，能够生成可以发音的字符串，这让人们更容易记住这些口令。将生成的口令限制为相同长度的可发音字符串能够限制至少一个数量级的口令数量，但是由于 10 个字符的可发音字符串可能比 8 个字符的完全随机字符串更容易记住，并且同样安全，因此如果管理员想强制使用口令，则生成可发音的字符串是个好方法。

另一种方法是让用户选择自己的口令，但需要警告他们选择"好"的口令，并尽可能强制执行。一种策略是使用带有故意拼写错误或标点符号和奇怪大写的"通行短语"，例如 oneFi$hing 或 MyPassworDisTuff!，或者短语中每个单词的第一个字母，例如 Mhall；Ifwwas（玛丽有一只小羊羔，它的毛像雪一样白[①]）。如今，大多数系统都要求口令包含大写和小写字母、数字和特殊字符。然而，若大多数用户想用口令"password"时，会将其更改为"Password1!"以满足要求，这些规则并不能确保生成难以猜测的口令。在 xkcd 漫画中可以找到一些可用于口令的大智慧，读者可自行查阅。

允许用户设置口令的程序通常会检查是否存在易于猜测的口令，并会禁止用户使用这样的口令。有些资源编写了用户口令词典，一本大的字典可能包含 500 000 个潜在口令，而且，用计算机检索这么多口令并不困难。

许多系统试图去加强安全，但实际上强制的一些规则会导致不合理和不安全的情况发生。每个系统管理员都期望他们的系统是用户需要访问的唯一系统，但事实上，用户会在无数不同的系统中使用口令。用户被告知不能在多个系统中使用相同或相似的口令，并需要每隔几个月去更改一次每个系统的口令（参见 9.10 节），并且不能重复使用相同的口令。系统可以长期记忆口令，如果重复使用口令，系统便会记住。服务器强制执行的规则会让 Alice 觉得自己真的生活在卡夫卡[②]的小说中。如果 Alice 忘了自己的口令，则需要通过一个艰难的口令重置过程来说服系统自己真的是 Alice，然后，系统会允许 Alice 重置口令，但不允许设置为 Alice 暂时忘记了的口令。如果 Alice 记得之前的口令，那么这个口令会被认为是安全的，但现在 Alice 再也不能使用这个口令了，这也许是 Alice 一时忘记这个口令的惩罚。为增加"不合理性"，每个系统都有不同的口令规则[③]。如果 Alice 向系统询问口令的规则是什么，则 Alice 可能会记住她选择的口令，但在 Alice 需要设置新口令之前，系统是不会告诉 Alice 口令规则的。本书作者（考夫曼）甚至使用过一个永远不会表明口令规则的系统。当试图创建口令时，系统会提示"不可接受的口令，请选择其他口令。"作者在尝试了几次自认为高质量的口令后，最终只能在沮丧中将口令设置为"其他"，并达到了系统要求。因

---

① 译者注：原文为"Mary has a little lamb; its fur was white as snow."。

② 译者注：卡夫卡（1883—1924）是欧洲著名的表现主义小说家，其作品大多用变形荒诞的形象和象征直觉的手法，表现被充满敌意的社会环境所包围的孤立、绝望的个人。

③ 例如，必须包含特殊的字符，必须仅包含英文字母，长度必须至少为 $n$ 个字符，不能多于 $m$ 个字符等。

此,作者考夫曼认为该系统的所有用户最终都使用了"其他"的口令。

## 9.8 离线口令猜测

9.7 节讨论了在线口令猜测。若在线口令猜测是唯一威胁的话,那么口令并不必很强。

但有时,攻击者可以通过窃听或窃取数据库来获得数据,例如口令的加密哈希。在这种情况下,即使攻击者无法逆向口令的哈希,攻击者也可以猜测口令,执行相同的哈希,并与被窃取的量进行比对。攻击者可以在任何人都不知道的情况下进行口令猜测,并且速度仅受其计算能力的限制。这种攻击称为**字典攻击**(dictionary attack)或**离线口令猜测攻击**(off-line password-guessing attack)。

缓解这类攻击的方法之一是使每个哈希的计算成本变高,例如,让存储的哈希成为口令的 10 000 次哈希。尽管用户登录时不会注意到额外的计算负担,但这会使攻击者创建字典中所有口令哈希的工作量变为原先的 10 000 倍。不幸的是,当需要对用户进行身份认证时,这也会使服务器的工作量增加 10 000 倍,如果用户频繁登录或有人发起在线口令猜测攻击,则这可能会是一个真正的负担(见本章作业题 10)。

当人们开始关注被泄露的充满哈希口令的整个文件时,可以使用 salt 作为一种有用的技术。窃取了充满哈希口令文件的攻击者会对字典中所有的单词进行哈希,并检查是否有任何口令与存储的哈希值匹配,而不是仅针对单个用户账户进行口令猜测。这可以通过以下方式进行防护:当用户选择口令时,系统会为用户 salt 选择唯一的数——不必是秘密的,但需要是唯一的,所以编号或用户 ID 就可以。然后,存储 salt,以及 salt 和口令组合的哈希。当用户在认证期间提供口令时,系统会计算存储的 salt 和提供口令组合的哈希,并对计算的哈希与存储的哈希进行检查。salt 的存在并不会使猜测任何单个用户的口令变得更加困难,但这会使得执行单个加密哈希操作,以及查看口令对用户组中任何用户是否有效变得不可能。

| 用户 ID | salt 值 | 口令哈希 |
|---|---|---|
| Mary | 2758 | $hash(2758|password_{Mary})$ |
| John | 886d | $hash(886d|password_{John})$ |
| Ed | 5182 | $hash(5182|password_{Ed})$ |
| Jane | 1763 | $hash(1763|password_{Jane})$ |

攻击者可以通过预先计算的庞大哈希和相应的口令表进行时间/空间的平衡。这些表被称为**彩虹表**。当发现哈希口令时,口令猜测随之变得简单。使用 salt 也可以阻止彩虹表的创建。

## 9.9 在多个地方使用相同口令

是否应该建议用户在多个地方使用相同的口令,还是建议他们在不同系统保存不同的口令? 这是个艰难的权衡。如无意外,使用不同的口令更安全,因为如果泄露其中一个口令,则只会泄露用户在单个系统上的权限。然而,世事无常,如果用户需要记住多个口令,则用户很可能会记下这些口令,那么这种权衡就不那么清晰了。

不同口令面临的一个重要问题是级联闯入。闯入系统的攻击者可能会成功地读取口令数据库。如果用户在不同系统上使用不同的口令,那么除了在同一个系统上,这些口令信息将毫无用处。但是,如果用户重复使用相同口令,那么入侵一个因不包含"重要"信息而没有得到很好保护的系统后,实际上可能会泄露对关键系统有用的口令。

## 9.10　需要频繁更改口令

旨在增强安全性的技术需要频繁更改口令,但这最终却使可用性大幅降低,从而降低了安全性。频繁更改口令背后的想法是,如果有人真的得到了你的口令,则只有在下次更改之前这个口令才会有用。如果在短时间内会造成大量损失,那么这种保护可能没有多大价值。

要求用户频繁更改口令会带来的问题是,用户更可能写下口令,而不太可能在选择口令时考虑太多,或创造性地选择口令。这依然会导致可以观测和猜测的口令出现。同样,除非强制执行是明智的,否则用户会倾向于规避口令更改的策略。在相关技术"谍中谍"式升级的态势下,以下是常见的口令更改情况。

(1) 系统管理员决定用户必须每 90 天更改一次口令,并由系统强制执行。

(2) 用户输入改变口令的命令,将口令重置为与以前相同的内容。

(3) 系统管理员发现用户正在将口令重置为相同内容时,会修改系统,以确保口令在更改时被设置为不同值。

(4) 用户更改口令,并将口令设置为新值,然后立即将其设置为之前熟悉的值。

(5) 然后,系统管理员会用系统跟踪之前的 $n$ 个口令值,并且不允许将口令设置为它们中的任何一个。

(6) 然后,用户更改口令,遍历 $n$ 个不同口令值,最后,在第 $n+1$ 次口令更改时,回到之前熟悉的值。

(7) 修改系统以记录上次更改口令的时间,并且在几天内不允许再次更改口令。

(8) 当用户需要更改口令时,可以在之前口令的末尾附加 1 来构造新口令。下一次修改口令时,用户可以把 1 替换为 2,以此类推。

(9) 在寻找可猜测的口令时,系统会查找看起来"太像"前 $n$ 个口令中的某个口令。

(10) 用户会厌恶地举手表示同意,来接受这个不可能被记住的口令,并将其发布在自己的终端上。

## 9.11　诱骗用户泄露口令

让程序运行在公共终端上并显示登录提示,这是一种像时间共享一样的古老威胁。然而,当毫无戒心的用户输入用户名和口令后,特洛伊木马程序会在程序运行终止前,以某种旨在最大限度减少怀疑的方式将名称和口令记录到文件中。

如今,任何程序或网页都可以发布要求用户输入凭证的对话框。常见的电子邮件程序就是一个例子。在对用户来说不可知的时间内,例如当服务器出现故障时,就会弹出一个要求用户输口令的对话框。其实用户的行为并不会直接导致这样的弹出消息。但由于用户想要接收电子邮件,所以,用户会忠实地回复对话框中显示的任何信息,例如用户口令。用户已习惯了随时可能出现的弹框，而且，用户无法区分诚实的弹框（例如来自电子邮件程序的弹框）和恶意的弹框。

另一个例子是恶意发送的电子邮件（网络钓鱼），发件人希望诱骗用户泄露凭证。这样的电子邮件可能会声称来自用户的银行，并要求用户点击一个链接来验证最近的交易或其他内容。然而，该链接会将用户带到一个看起来与银行登录页面完全相似的页面，并将用户名和口令输入一个恶意网站，这样该网站就得到了用户凭据，进而可以访问用户的真实银行账户。

## 9.12　Lamport 哈希

记忆如此可怜，只能回溯过去。

——白皇后（来自《爱丽丝镜中奇遇记》）

Leslie Lamport 发明了一种有趣的一次性密码方案[LAMP81]。虽然没有被广泛使用，但这是一种非常优雅的加密技巧。该方案允许服务器 Steve 对 Alice 进行身份认证，并可以保证窃听认证的交换信息或读取 Steve 的数据库都不能冒充 Alice，而且无须使用公钥加密（见协议 9-2）。人类用户 Alice 会记住一个口令，而对 Alice 进行身份认证的服务器 Steve 有一个存储每个用户如下信息的数据库：

- 用户名；
- 整数 $n$，Steve 每对用户身份进行一次认证，便会递减；
- $hash^n$（口令），例如 hash(hash(…hash(口令))…)）。

首先，如何配置与 Alice 相关联的口令数据库条目？Alice 会选择一个口令，并选择一个相当大的数 $n$（例如 1000）。用户注册软件计算 $x_1 = hash$（口令），然后计算 $x_2 = hash(x_1)$。继续这个过程 $n$ 次，得到结果 $x_n = hash^n$（口令），并与 $n$ 一起发送给 Steve。

当 Alice 向 Steve 证明身份时，Alice 会在工作站上输入自己的名字和口令。然后，工作站将 Alice 的名字发送给 Steve，而 Steve 会返回 $n$。然后，工作站会计算 $hash^{n-1}$（口令），并将结果发送给 Steve。最后，Steve 会对收到的数进行一次哈希，并与数据库进行比较。如果匹配，则 Steve 会认为响应有效，并把存储的量替换为接收的量，同时将 $n$ 替换为 $n-1$。

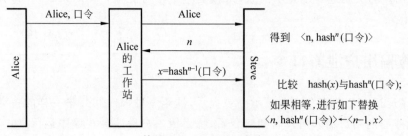

协议 9-2　Lamport 哈希

如果 $n$ 达到了 1，那么 Alice 和 Steve 需要重新设置 Alice 的口令。Alice 可以选择一个新口令，计算 $hash^n$（新口令），并将 $hash^n$（新口令）和 $n$ 发送给 Steve。

一种改进的方式是使用 salt（见 9.8 节）。在 Alice 设置口令时，Alice 不是用机器计算 $hash^n$（口令），而是把用户名（可能是一个唯一的值）作为 salt，并计算 $hash^n$（口令|Alice）。

如果 Alice 想在多台服务器上安全地使用相同的口令,则可以在计算中包含服务器的名称,例如计算 $\text{hash}^n$(口令|Alice|Steve),参见本章作业题 5。

　　Lamport 哈希具有一些有趣的性质。Lamport 哈希与公钥方案类似,因为 Steve 的数据库对安全性不敏感(对于读取来讲——除用来恢复用户口令的字典攻击之外)。而与公钥方案相比,Lamport 哈希还有一些缺点。一个问题是,在服务器上重置口令信息之前,只能进行有限次的登录。

　　另一个问题是,Lamport 哈希没有相互的身份认证,例如,除非 Alice 利用 TLS,否则 Alice 无法确定是否在与 Steve 会话。

　　还存在一个名为**小 $n$ 攻击**(small-$n$ attack)的安全问题。假设入侵者 Trudy 冒充 Steve 的网络地址,并等待 Alice 的尝试登录。当 Alice 试图登录服务器 Steve(但正与 Trudy 会话)时,Trudy 会返回一个较小值,例如,$n$ 为 50。当 Alice 用 $\text{hash}^{50}$(口令)作为响应时,假设 Steve 的实际 $n$ 大于 50,则 Trudy 会有足够的信息来冒充 Alice 一段时间。如何能够防止这种情况的发生? Alice 的工作站可以向人类用户 Alice 显示数 $n$,并提供一个调整的机会。如果 Alice 记得最后一次与 Steve 连接时的 $n$ 大约为 850,那么当 Trudy 冒充 Steve 时,若用户 Alice 看到一个比之前展示的 $n$ 小得多的值,则会产生怀疑。

　　Lamport 哈希也可以在工作站不计算哈希的环境中使用,例如 Alice 从没有 Lamport 哈希编码的工作站登录时,或者 Alice 正从不信任而无法告知口令的工作站登录时。

　　上述第一种环境称为**人类和纸上环境**(human and paper environment),另一种环境被称为**工作站环境**(workstation environment)。在人类和纸上环境中,Lamport 哈希的工作方式是,当服务器上配置了信息 $\langle n, \text{hash}^n$(口令)$\rangle$ 时,计算所有 $i<n$ 的 $\text{hash}^i$(口令)值,编码为可输入字符串,并打印在纸上,同时发给 Alice。当 Alice 登录时,Alice 使用页面顶部的字符串,然后将其划掉,下次再使用下一个值。这种方法可以自动地防止小 $n$ 攻击。当然,当张纸丢失后,尤其是落入坏人手中,这会是一个问题。

　　有趣的是,人类和纸上环境不易受到小 $n$ 攻击,因为人类总是使用列表上的下一个值,并且不会被诱骗到把列表的下一条目发出去。

　　由 Phil Karn 实现的 Lamport 哈希的部署版本称为 S/Key,已在 RFC 1938 中被标准化,既可在工作站环境中运行,也可在人类和纸上环境中运行。尽管没有解决小 $n$ 攻击,但它肯定是对明文口令的改进。

## 9.13　口令管理器

　　安全管理员有一个梦想:用户应该在每个网站都选择不可猜测的长口令,不应彼此相似,并且定期更改。每个网站都有自己关于口令长度,以及必须包含或不能包含哪些字符的规则。不幸的是,这个梦想却成了用户的噩梦。

　　因此,人们已开发了多种技术来帮助用户应对这种情况。用户可以亲自维护一个包含每个网站用户名和口令的文件。当然,若这个文件被窃取,则会很危险。为降低其脆弱性,用户可以使用非常好的口令对文件进行加密。若只存在一个口令,则用户可以很容易地记住,并输入一个非常好的口令。但由于用户会使用各种设备上网,所以必须在设备之间移动这个文件。如果用户在一个需要添加到文件的新服务中创建用户名/口令,则必须确保该条目包含在文件的所有副本中。这非常麻烦，所以用户很少这样做。

相反，用户的浏览器中通常可以实现各种口令管理器服务。这里不会介绍具体的实现，只是描述一些概念问题。

如果用户 Alice 同意，那么 Alice 所使用的浏览器会记住 Alice 所拥有账户网站的用户名/口令。当 Alice 要登录某服务时，浏览器可能会主动在网站上自动填写用户名和口令。这不仅方便，而且具有安全优势，即口令管理器不会被人诱骗将 Alice 在网站 X 上的用户名和口令发送到人类眼中看起来名称相似的钓鱼网站。

Alice 用户名/口令的浏览器数据库可能运行在机器本地，也可能会被浏览器备份到云中。如果 Alice 在其他设备上显式地登录浏览器，则浏览器可以从云中下载 Alice 的用户名/口令列表。有时 Alice 可能没有意识到自己已经登录了浏览器，因为浏览器提供商也可能提供电子邮件服务，因此，当 Alice 登录电子邮箱时，可能也会登录浏览器。

口令管理器的缺点是，如果猜测或泄露了一个口令，则口令管理器会向攻击者泄露用户的所有口令。同样，如果用户的设备感染了恶意软件，或者用户在设备解锁时离开了设备，则用户的所有口令都会泄露。请注意，口令管理器通常会为每个网站选择一个完全不可猜测的口令，但所有这些令人难以置信的安全口令都必须由一个用户能够记住和输入的口令来锁定。

## 9.14　网络 cookie

当用户 Alice 进行网络浏览时，Alice 会使用一种称为 HTTP 的协议。HTTP 是无状态的，这意味着 HTTP 协议处理的每个 HTTP 请求是与任何其他 HTTP 请求独立的。HTTP 请求的两种主要类型为 GET 和 POST。区分二者的最佳方式是，GET 用于读取网页，POST 用于向网络服务器发送信息。响应包含的信息包括请求的内容和状态信息等（例如，OK、未找到或未经授权）。响应中可能会包含一个重定向状态，这会告知浏览器跳转到另一个 URL。如果进行重定向，则浏览器会像用户单击了链接一样，跳转到新的 URL。

注意，在 HTTP 中，URL 代表**统一资源定位符**（Uniform Resource Locator），用于查找资源[①]。

网站可以在 HTTP 响应中包含一个八比特组字符串，即 **cookie**。浏览器不需要以任何方式解释 cookie，但必须与提供该 cookie 的网站域名一起存储。当浏览器向域名（在 URL 内）发送 HTTP 请求时，会将该域名的 cookie 与 HTTP 请求一起发送。

这会使用户产生可以与服务器 Steve 建立长期连接的错觉，因此，Alice 只需要偶尔登录到 Steve。一旦 Alice 登录到 Steve，则 Steve 就会发送一个 cookie，然后在每个向 Steve 发出的 HTTP 请求中，浏览器都会包含该 cookie，并向 Steve 说明这是 Alice。Steve 可以制订 Alice 浏览器应该保存 cookie 时长的策略。如果 cookie 过期了（例如 Alice 的浏览器删除了 cookie，或者 Steve 在 cookie 中包含了时间戳，并拒绝太旧的 cookie），那么，当 Alice 的服务器向 Steve 发出请求时，Steve 会重定向到登录页面。

---

[①]　URL 包含可以查找 IP 地址的 DNS 名称，以及资源解释的附加信息，这些有助于完成找到请求特定网站页面等任务。

## 9.15　身份提供商

另一种让用户 Alice 方便身份认证的方法是,链接 Alice 在被称为**身份提供商**(Identity provider,IDP)的网站账户与其他网站上的账户。在 Alice 看来,当试图登录服务器 Steve 时,Steve 可能会让 Alice 选择登录的用户名/口令,或某个提供身份服务的公司。

当 Alice 在服务器 Steve 上创建了一个账户时,Alice 既可以选择创建的用户名和口令,也可以选择使用身份提供商 IdentityProvider4 进行身份认证。如果选择了 IdentityProvider4,那么 Steve 的网页会把 Alice 发送到 IdentityProvider4。如果 Alice 之前登录过 IdentityProvider4,则浏览器会存储来自 IdentityProvider4 的 cookie,并将该 cookie 发送到 IdentityProvider4。如果 Alice 的浏览器没有来自 IdentityProvider4 的 cookie,则 Alice 会被引导到 IdentityProvider4 的登录页面。现在 IdentityProvider4 会知道 Alice 是哪个 IdentityProvider4 用户,以及从 Steve 发送到那里。IdentityProvider4 会询问 Alice 是否想登录 Steve。如果 Alice 同意,那么 IdentityProvider4 会把 Alice 发送给 Steve,并在指向 Steve 的 URL 末尾附加信息,即 IdentityProvider4 签名的声明,内容为“这个用户是 Identity Provider4 的 Alice”。

这对用户来说很方便,因为只需要记住如何登录 IdentityProvider4 即可。但这确实涉及隐私问题,因为,IdentityProvider4 会知道 Alice 使用 IdentityProvider4 作为身份提供商访问过的所有网站。而且,网站很容易注意到,网站 X 记录的 IdentityProvider4 用户 Alice 与网站 Y 在 IdentityProvider4 中的用户 Alice 是相同的。这也意味着,如果 IdentityProvider4 被入侵,则不同网站上的许多用户信息都会泄露。

请注意,如果 Alice 在多个身份提供商有账户,则需要记住在 Steve 处创建账户时所使用的是哪个身份提供商。不同的身份提供商会用不同的名称记录 Alice,而且,Steve 无法识别 Alice 的账户。

浏览器中支持身份提供商的协议已适配已有机制(例如 HTTP、cookie、重定向)。目前,已有包含 OpenID Connect 和 SAML 在内的多种标准。其中,OpenIDConnect 是一种在 OAuth 2.0 层之上的身份认证协议。SAML 具有与 OpenID/OAuth 几乎相同的功能,但二者语法不同(SAML 使用 XML),并由不同的标准组织定义。

## 9.16　身份认证令牌

**身份认证令牌**(authentication token)通常是可随身携带,并用于身份认证的实物。NIST 将这些设备称为认证器。根据破坏“你知道的”“你拥有的”“你是什么”“你在哪里”的安全性划分,身份认证令牌属于“你拥有的”类别。尽管我们会描述多种广泛的类别,但许多产品并不能很好地归入某一类别。强调一下,我们并没有描述特定的产品,而是正在讨论令牌的概念问题、权衡策略和潜在特征。我们把 Alice 连接到互联网的机器称为设备,例如笔记本电脑、平板电脑、手机,并使用术语“令牌”来指代用于身份认证的物理硬件小部件或软件实现。

### 9.16.1 断开连接的令牌

之前的令牌（尽管有些仍在使用中）是 Alice 可随身携带，但无法直接与设备通信的小物件。因此，Alice 必须充当令牌与设备间的接口。

Alice 的令牌可能会显示 8 个数字的字符串，而且，Alice 会把令牌上显示的值输入设备中。在发给 Alice 之前，每个令牌中都配置了一个内部秘密。互联网上某处的服务器管理着一组特定的令牌（例如来自特定公司的所有令牌），称为令牌服务器。令牌服务器上存在一个由〈用户 ID，秘密〉对集合构成的数库。用户 ID 是人类用户 Alice 的 ID 号，而且，秘密是配置到 Alice 令牌中的秘密。当 Alice 登录到网站，例如要求 Alice 用令牌作为一种身份认证因素的 Steve 时，Alice 会输入令牌上显示的值，而且，Steve 会向服务器查询 Alice 的令牌值是否正确。这些令牌至少有以下两种设计方案。

一类是基于时间的令牌。令牌显示的值为当日时间（通常以分钟为单位）与令牌秘密哈希的哈希。有时用户在令牌中会输入 PIN 码，哈希中的输入包括 PIN，以及以分钟为单位的当前时间和令牌秘密。如果用户输入错误的 PIN 码，则得到的唯一反馈是身份认证无效，因为令牌显示了错误的值。但身份认证可能不起作用，因为可能输错了令牌上显示的 8 位数字，所以 Alice 必须决定是否应在令牌中重新输入 PIN 码。基于时间的令牌面临的有趣挑战是时钟可能会漂移。通常的解决方案是，如果令牌中的值似乎快或慢超过一分钟，则令牌服务器会要求用户输入令牌当前的显示值，以及下一个令牌值。令牌服务器会为 Alice 的令牌计算和存储调整时间，以便可以再次同步。

另一类是挑战-响应令牌。令牌中有个像计算器一样的小键盘。当使用令牌进行身份认证时，Alice 正在进行身份认证的服务器 Steve 会向 Alice 的工作站发送一个数（可能是 4 位数字）。Alice 在令牌中输入该值，并且令牌会计算挑战和令牌秘密的函数，以及显示结果。Alice 将结果输入工作站中。这种形式的令牌对 Alice 来说不太方便，因为不仅要将令牌中的值输入设备中，还必须将设备上显示的挑战输入令牌中。而且，这也比基于时间的方式成本更高，因为要包括一个键盘，而且这也不那么安全。如果窃听者 Eve 观察了 Alice 的几百个挑战-响应，则当 Eve 试图冒充 Alice 去获得来自 Steve，且知道答案的挑战时，这时的 Eve 非常幸运。如果 Eve 不知道某个特定挑战的答案，则可以尝试再次登录 Steve 以获得新的挑战。如果 Eve 对挑战做出了错误的响应，则 Alice 的账户会在多次尝试后被锁定，但 Steve 通常不会把无响应视为错误响应。部署这些令牌的原因是为了避免专利问题，但由于相关专利已过期，所以也很少使用了。

对于 Alice 来讲，从令牌中读取示数，并把结果输入设备中是很不方便的。此外，用户还会经常把令牌放错地方。尽管这些类令牌最初是物理上的小部件，但现在通常是用户设备上实现的软件。如果 Alice 在与服务器 Steve 通信时，使用同一运行软件令牌的设备，则可以剪切显示的值，并粘贴到服务器 Steve 提供的登录页面中。

与物理令牌相比，软件实现的成本更低。如果 Alice 只用一个设备访问 Steve，则非常方便。不幸的是，Alice 会从多个设备（例如笔记本电脑、平板电脑、手机等）访问服务器 Steve，并且出于某种原因，软件提供商不希望 Alice 在多个设备上运行令牌软件。如果令牌软件运行于 Alice 的笔记本电脑上，而 Alice 想用手机进行浏览，那么笔记本电脑就会变成一个极其笨重的令牌，以至于 Alice 需要通过手机来访问 Steve。

这些基于秘密的令牌的安全含义是,互联网需要利用一个服务器(令牌服务器)来知道所有令牌的秘密。如果此数据库被窃取,则所有令牌都会被泄露。

## 9.16.2 公钥令牌

因为公钥签名太长以至于难以输入,所以需要将公钥令牌连接到 Alice 的设备上。令牌可以用蓝牙、NFC 或 USB 等技术连接到设备上。鉴于这是基于公钥的,因此不需要知道所有令牌秘密的在线服务器。

令牌可能是多因素的,因为 Alice 可能需要通过输入口令、扫描手指,或仅在令牌上触发按钮来激活令牌,进而完成身份认证。有时,物理令牌可以在 Alice 设备的软件中实现。这很方便,但其安全问题可能导致 Alice 机器上的恶意软件去窃取私钥。

无论令牌是物理形式的还是软件形式的,恶意软件都不需要从令牌中窃取私钥来制造安全问题。如果恶意软件可以要求令牌代表 Alice 进行身份认证,那么恶意软件就不需要知道令牌的秘密。因此,当设备代表 Alice 时,通常会向 Alice 进行某种反馈。

最安全的选项是让令牌进行显示,例如显示"请求登录 BigBank?"然后,Alice 单击令牌上的按钮,选择"是"或"否"。即便令牌上有许可按钮,但大多数实现都会让 Alice 的设备(而不是令牌)以 Alice 的名义显示令牌需要做的事情。问题是 Alice 设备上的恶意软件可以询问 Alice:"你要求登录 weather.com 吗?"实际上恶意软件会要求令牌向 BigBank 进行身份认证。尽管令牌的显示会使认证更安全,但这样的令牌会更大,成本也更高。

FIDO 联盟已经制定了浏览器或操作系统与此类设备之间的通信标准。W3C 组织也制定了 web 身份认证凭证的使用标准。这些标准包含许多变体,还存在一些不符合 FIDO 规范的公钥身份认证令牌。这里不会讲解具体的标准,而是讨论这些设备可能具有的一些功能。

理论上,令牌可以为 Alice 提供一个私钥,而且,可以用该私钥向所有支持使用该令牌进行身份认证的网站认证身份。对于 Alice 要访问的每个网站,有一些令牌,例如带有嵌入式计算机芯片的信用卡、美国政府的通用访问卡(CAC 卡)[①],或个人身份验证卡(PIV),它们并没有不同的密钥对。然而,PIV 和 CAC 卡具有几个受 PIN 保护的私钥,包括一个用于身份认证的私钥、一个用于文档签名的私钥和一个用于文档解密的私钥。还有一个非 PIN 保护的私钥,用于本地身份认证,例如完成开门的认证。

出于消费者的使用考虑,Alice 希望为每个需要认证的服务配有不同的私钥,这样就可以增加区分网站 A 和网站 B 的账户是否为同一用户的难度(尽管人们似乎认为使用身份提供商不涉及隐私问题)。

对于消费者类型的公钥令牌,当 Alice 在支持使用令牌进行身份认证的网站 Steve 处创建了一个账户时,Alice 的令牌就会随之创建一个新的公钥/私钥对,并向 Steve 发送密钥**句柄**(key handle)和公钥。而后,当 Alice 需要向 Steve 进行身份认证时,Alice 会将用户名告知 Steve,并且,Steve 会把与 Alice 账户相关的密钥句柄发送到 Alice 的工作站,完成信息向令牌的传递。然后,令牌便可以用该私钥进行身份认证。

FIDO 设计的一个精巧功能是,令牌上的存储空间很少,以至于令牌无法记住为所有网

---

① 译者注:通用访问卡(common access card)是美国国防部用来进行多重身份验证的智能卡。

站创建的所有私钥。相反,令牌只需要记住一个密钥 S。令牌发送给 Steve 的密钥句柄可
以是为了 Alice 的令牌新创建的私钥,并用 S 加密。当 Alice 登录 Steve 时,Steve 会发送密
钥句柄,并且,令牌可以通过解密密钥句柄来检索 Alice 的私钥。

另一个问题是 Alice 可能会买到伪造的、可能是恶意的令牌。Alice 如何能辨别呢？解
决方案是由合法制造商(例如 M)在每个令牌中安装一个证明密钥和一个证书,表明"这个
设备,型号 X,由 M 制造"。制造商的模型特征(例如令牌的防篡改程度,或者令牌是否需要
Alice 的指纹激活)可以在证书的某个地方找到。Alice 或许可以检测到令牌是伪造的,因为
Alice 的设备能够查询到令牌的传承,或者当 Alice 在网站 Steve 注册时,Steve 可以查询令
牌。如果 Alice 的令牌制造格外安全,那么 Steve 可能会允许 Alice 做某些操作。或者
Steve 可能会警告 Alice"我认为你的令牌是伪造的"或"该令牌不符合我的标准"或"该令牌
不是由我信任的组织制造的"。

如果每个令牌都有自己唯一的证明密钥,那么不同的网站将能够发现 Alice 在某个网
站的账户与另一个网站的账户是同一个人(使用相同的令牌)。为防止通过这种方式链接账
户,可以使用相同的证明密钥来配置大批量的令牌。

另一个有趣的问题是防止邪恶的 Trudy 充当中间人(MITM)。假设 Trudy 可以诱骗
Alice 认为自己就是 BigBank.com。或许 Trudy 得到了在人类眼中相似的域名,例如,
BiqBank.com(如果 Alice 不仔细看的话,字母 q 看起来就像字母 g),并且 Alice 连接到了
Trudy(本来打算连接到 BigBank)。假设 Trudy 想在 BigBank 充当 Alice。当 Alice 连接到
Trudy 时,Trudy 会连接到 BigBank,并说"我是 Alice。"BigBank 向 Trudy 发送一个挑战和
Alice 令牌的密钥句柄。Trudy 将挑战和密钥句柄转发给 Alice。Alice 的令牌会对挑战进
行签名,然后,Trudy 可以用它来完成 Alice 到 BigBank 的身份认证。

有多种方法可以解决中间人攻击问题。方法之一是让 Alice 的设备通知其认为正在进
行通信的域名令牌。尽管在 Alice 看来 BiqBank 像 BigBank,但 BiqBank 是另一个字符串。
如果 Alice 的令牌对挑战和 DNS 域名 BiqBank 的哈希进行了签名,那么 Trudy 将无法将其
转发给 BigBank,因为该响应不正确(会是一个包含错误域名的哈希)。另一个技巧是让安
全连接(例如 TLS 或 IPSec)的端点为安全会话建立的密钥哈希进行签名。如果 Trudy 充
当中间人,则 Trudy 和 BigBank 间建立的密钥与 Trudy 和 Alice 令牌之间建立的密钥不同。
Trudy 也将无法欺骗 Alice 的令牌,也无法在 Trudy 和 BigBank 之间对密钥进行签名。如
果该协议可以使 Trudy 能够将密钥强制为特定值,则该技术将无法检测到 Trudy。到目前
为止,让端点对所有消息的副本进行签名可能会更安全。其他相关问题如下。

(1) 如果 Alice 丢失了令牌,或者 Alice 把令牌放在口袋里,并在送到洗衣店后弄坏了,
那么该怎么办？Alice 应该有办法进行恢复,例如通过购买另一个令牌恢复,而不是在 Alice
一直使用的所有网站重新注册。该问题可以通过令牌备份创建的所有私钥来解决,但如果
存在从令牌读取私钥的接口,那么令牌会不那么安全。

(2) Alice 可以拥有多个令牌吗？Alice 担心可能会丢失一个令牌,或者因为 Alice 想把
一个令牌持续插入笔记本电脑的 USB 端口,而且另一个令牌粘在手机上。相关协议能否允
许 Alice 在所有网站上可互换地使用多个令牌？

# 9.17 强口令协议

即使 Alice 使用口令,而不是 TLS 等协议对远程资源进行身份认证时,强口令协议的设计也可以保证离线身份认证,其中,通过窃听身份认证来交换或冒充任何一端的人无法获得足够的信息来进行口令猜测。而且,窃听者无法从观察到的任何数量的合法交换中获得任何信息。但冒充任意端点的人都可以进行一次在线密码猜测,而这确实没有办法避免。如果猜出了口令,则能够成功地进行身份认证。如果猜错了,则可以知道没有成功通过身份认证,因此,所猜测的不是用户的口令。错误的猜测会导致身份认证失败,如果多次猜错,则会导致报警。

有时这被称为**口令-认证密钥交换**(password-authenticated key exchange,PAKE)。第一个这样的协议是 Bellovin 和 Merritt[BEL92a]提出的**加密密钥交换**(Encrypted Key Exchange,EKE),参见协议 9-3。在概念上,还有一些其他相似的协议。EKE 协议的思想是 Alice 和服务器 Steve 共享 Alice 口令哈希的弱秘密 $W$。Steve 知道 $W$,因为某时 Alice 在 Steve 设置了口令,并且,Steve 把(Alice,$W$)对存储于数据库中。用户 Alice 知道其口令,并且 Alice 向 Steve 进行身份认证所利用的设备可以得到 $W$,因为该设备可以根据 Alice 输入的口令进行计算。

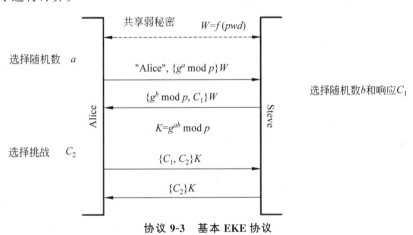

**协议 9-3 基本 EKE 协议**

基于 EKE 协议,这两个设备进行 Diffie-Hellman 交换,并用 $W$ 加密 Diffie-Hellman 数,然后基于商定的 Diffie-Hellman 共享秘密(一个强秘密)相互认证。在认证后,这两个设备便可以用商定的 Diffie-Hellman 值 $K$ 来加密会话的其余部分。

这个协议相当巧妙。其安全的原因是,对于窃听者来说,Diffie-Hellman 传输的值看起来像一个随机数。试图解密$\{g^a \bmod p\}W$ 和$\{g^b \bmod p\}W$ 的窃听者无法验证口令猜测的正确性,因为任何口令的解密结果看起来依然像随机数。尽管冒充一方或另一方都可以验证单个口令的猜测是否正确,但这是在线的、可审计的猜测,无法进行离线字典攻击。Diffie-Hellman 秘密 $K$ 是一个强秘密,因为攻击者必须同时猜测口令和破解 Diffie-Hellman。

对于攻击者 Trudy 来说,该协议的安全性体现在冒充 Alice 或 Steve 的 Trudy 只知道 $g^x \bmod p$ 的一个值 $x$。一旦 Trudy 用 $W$ 进行加密,则需要进行单一口令的猜测,见本章作业题 16。

若干年后，另外两种强口令协议几乎同时被发明。一种是 Jablon 发明的**简单口令指数秘密交换协议**（simple password exponential key exchange，SPEKE）[JABL96]，另一种是 Wu 发明的**安全远程口令协议**（secure remote password，SRP）[WU98]。在 SRP 和 SPEKE 被发明之后的几年，本书作者考夫曼、珀尔曼设计了**模衍生口令协议**（password derived moduli，PDM）[KAUF01]。

SPEKE 协议在 Diffie-Hellman 交换中使用 $W$（从口令衍生的弱秘密）代替 $g$，因此，SPEKE 不发送 $\{g^a \bmod p\}W$，也不对 $K = g^{ab} \bmod p$（像在 EKE 中一样）达成一致，而是发送 $W^a \bmod p$ 和 $W^b \bmod p$，并就密钥 $K = W^{ab} \bmod p$ 达成一致。

PDM 协议选择一个从口令中确定性地导出的模 $p$，并以 2 为底数，因此，发送的 Diffie-Hellman 数是 $2^a \bmod p$ 和 $2^b \bmod p$，并且商定的 Diffie-Hellman 密钥是 $2^{ab} \bmod p$。

### 9.17.1 精妙的细节

除了基本思想外，还有更多的细节可以增强 EKE 协议的安全性。原始的 EKE 论文提出了许多协议变体，其中，许多变体后来被发现有缺陷。而且，后续的协议也遇到了类似的困难。安全起见，必须仔细指定协议的一些实现细节，以避免窃听者消除口令猜测。后续的论文也指出了其他潜在的实现问题。例如，假设用 $W$ 对 $g^a \bmod p$ 直接进行加密，由于 $g^a \bmod p$ 小于 $p$，当用猜测的口令尝试解密窃听者在得到一个大于 $p$ 的值后，便可以消除该口令。如果 $p$ 只比 2 的幂多一点，则几乎有 50% 的可能性消除一个错误的口令。每当窃听者看到一个值 $W\{g^a \bmod p\}$（每次的 $a$ 可能不同），则几乎都可以消除一半的口令。例如，利用 50 000 个潜在口令的字典，窃听者只需要看到大约 20 次交换，就可以将字典中的可能性缩小到单一的选择。

如果 SPEKE 的设计不仔细，则也会存在缺陷，由此窃听者可以基于看到的 $W^a \bmod p$ 来消除一些口令猜测。这个缺陷可以通过保证 $W$ 是完美平方 mod $p$ 来消除。一些数为生成器 mod $p$ 的结果（如果 $g^1, g^2, g^3, \cdots, g^{p-1}$ mod $p$ 遍历 1 到 $p-1$ 的所有值，则 $g$ 是生成器）。如果 $g$ 为生成器 mod $p$，那么它的偶次幂是完美平方 mod $p$（所以，所有数 mod $p$ 的一半是完美平方，完美平方的任意次幂也是完美平方）。如果 SPEKE 中使用口令生成的 $W$ 中有些是完美平方，而有些不是，那么若窃听者看到一个值 $W^a \bmod p$ 不是完美平方，则可以知道，使 $W$ 是完美平方的口令都不可能是 Alice 的口令（因为这样的口令不可能生成不是平方的值）。要判断一个数是否为完美平方 mod $p$，需要计算 $(p-1)/2$ 次幂，并看结果是否为 1 mod $p$。与上一段中 EKE 的漏洞相比，这个漏洞并不那么严重，因为，在每个 EKE 交换中，都可以消除一半不同的口令。但在这个 SPEKE 漏洞中，如果窃听者看到的值 $W^a \bmod p$ 不是完美平方，那么一半的口令（$W$ 为平方的口令）会被消除，但无论观察到多少次交换，窃听者都不会进一步缩小可能性。

上述两个漏洞都很容易避免。选择一个略小于 2 的幂的 $p$ 即可避免 EKE 漏洞。SPEKE 漏洞可以通过确保 $W$ 是一个完美平方来避免——首先对口令进行哈希，然后进行平方 mod $p$ 得到 $W$。

根据 PDM 的基本思想来构建一个可行的协议（以合理的性能从口令中确定地生成模数）需要涉及一些我们不会详细讨论的数学，因为这对本章并不那么重要。出于一些微妙的原因,令 $g$ 为 2,模数 $p$ 必须是安全素数,即 $(p-1)/2$ 也必须是素数,并且 $p$ 必须等于 11 mod 24。

所有这些协议的采纳都因专利问题而放缓。然而,目前相关专利已经过期。

### 9.17.2　增强型强口令协议

根据之前讲解的方案,如果窃取了服务器数据库,并因此获得了 $W$,那么就可以冒充用户了。Bellovin 和 Merritt 设计了一个具有额外安全属性,即增强 EKE[BEL93]的强口令协议。额外的安全属性可以防止窃取了服务器数据库的人冒充用户。服务器数据库中的信息仍然面临攻击者 Trudy 的字典攻击。如果 Trudy 的字典攻击找到了用户的口令,那么 Trudy 就可以冒充该用户。但基于增强型的口令协议,如果 Trudy 对被窃服务器数据库的字典攻击没有成功,则无法向服务器冒充用户。

所有的基本方案(EKE、SPEKE 和 PDM)都可以修改为具有增强型的属性。9.17.3 节即将介绍的另一个协议 SRP 只有一个扩充形式,其思想是让服务器存储从口令导出的量,并用于验证口令,但是客户端机器需要知道实际口令(除了服务器上存储的导出量外)。已发布的增强型 EKE 方案有些复杂,因此,取而代之地,我们会展示一个具有相同属性的更简单的协议。这个更简单的协议中的策略适用于任何方案(EKE、SPEKE 和 PDM),但这里用 PDM 展示这个策略,并在本章作业题 11 中要求读者来调整为适用于 EKE 和 SPEKE 方案。

在 PDM 的增强形式中,服务器 Steve 存储 $p$,安全素数来自用户 Alice 的口令。服务器还需要存储 $2^W \bmod p$,其中,$W$ 是 Alice 口令的哈希。交换过程如下(见协议 9-4):

在 Diffie-Hellman 交换后(使用从 Alice 口令导出的 PDM 模数 $p$),Alice 和 Steve 都可以计算 $2^{ab} \bmod p$ 和 $2^{bW} \bmod p$,见本章作业题 12。请注意,每方都发送 $(2^{ab} \bmod p, 2^{bW})$ 中一个值的哈希,所以,这必须是不同哈希,或第二个通话的人可以重复所收到的内容。这样通过多种方式可以实现不同的哈希,例如连接常量与要进行哈希的量。

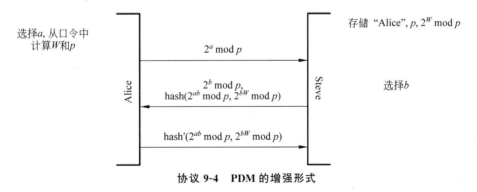

**协议 9-4　PDM 的增强形式**

### 9.17.3　安全远程口令协议

**安全远程口令协议**(Secure Remote Password,SRP)由 Tom Wu[WU98]发明,是 IETF 对强口令协议的一种流行选择。SRP 记录于 RFC 2945 中。SRP 比其他协议更难理解,但由于 SRP 确实出现在许多 IETF 协议中,所以这里对其进行介绍。与 EKE、SPEKE 和

PDM 不同，SRP 没有基本形式。增强属性是协议的一个内在组成部分。

SRP 如协议 9-5 所示。Steve 存储 $g^W \bmod p$，其中 $W$ 是 Alice 口令的函数。Alice 从口令中计算 $W$。棘手的部分是 Alice 和 Steve 如何各自完成会话密钥 $K$ 的计算，见本章作业题 14。

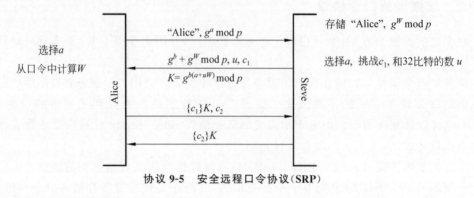

选择$a$

从口令中计算$W$

Alice

"Alice", $g^a \bmod p$

$g^b + g^W \bmod p$, $u$, $c_1$

$K = g^{b(a+uW)} \bmod p$

$\{c_1\}K$, $c_2$

$\{c_2\}K$

存储 "Alice", $g^W \bmod p$

选择$a$，挑战$c_1$和32比特的数 $u$

Steve

协议 9-5　安全远程口令协议（SRP）

# 9.18　凭证下载协议

**凭证**（credential）是可以用来证明你是谁，或者证明你有权做某事的东西。为了便于理解可以把凭证看作私钥。假设 Alice 有一张智能卡，并带着这张卡去上班，但 Alice 不小心把智能卡洗了，还好洗过之后的智能卡仍然可以用，并且 Alice 用来登录互联网的工作站还可以与智能卡进行通信。

但假设 Alice 没有智能卡，只知道自己的名字和口令。如果 Alice 的工作站具有可信软件，但没有用户的特定配置，那么若 Alice 能够以某种方式获得私钥，则可以从云中下载重建环境所需的所有其他信息。Alice 存储在云中的任何信息，例如 cookie 或需要保护私密性的浏览器书签，都可以用其私钥加密存储在云中。所以，Alice 真正需要做的就是从云中安全地检索私钥。

可以用强口令协议来做到这一点。把私钥保存在目录中，并利用用户口令进行加密，这个量被称为 $Y$。由于拥有 $Y$ 的人可以进行口令测试，所以，这里不想让 $Y$ 变得所有人都可读。而且，由于 Alice 在得到 $Y$（并用口令解密）之前无法证明自己是 Alice，所以不能使用传统的访问控制。强口令协议非常适合下载凭证。

对于凭证下载，增强型协议并不能提供额外的安全性。凭证下载协议的唯一目的是下载 $Y$。如果有人窃取了 Steve 的数据库，那么他们就已经知道了 $Y$。

文献[PERL99A]涉及了一种对凭证下载协议的分析，以及可以建立在任何基本强口令协议上的 2-消息版本。同时也探索了其他一些属性，例如 Steve 通过重用 Diffie-Hellman 指数 $b$ 来节省计算的能力。协议 9-6 中展示了一个基于 EKE 的简单 2-消息凭证下载协议。

Steve 无法判断 Alice 是否真的知道口令，但因为一旦 Alice 用 $W$ 加密，则只能提交一个口令，所以 Alice 的每次在线查询只能猜测一个口令。Alice 只知道量 $a$ 是用选择的 $W$ 加密的。因此，如果同一用户的凭证被多次请求，则 Steve 可以审核下载请求，并产生怀疑。请注意，用于加密 Alice 私钥的密钥 $W'$ 必须与 $W$ 不同，否则窃取 Steve 数据库的人（更不用说 Steve 本身）会知道 Alice 的私钥。

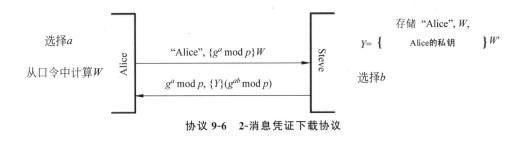

协议 9-6  2-消息凭证下载协议

## 9.19  作业题

1. 将 Lamport 哈希(见 9.12 节)值通过网络明文传输,为什么这会比口令更安全?

2. 假设不基于 TLS 等加密通道进行通信,Lamport 哈希协议是否容易受到窃听者的字典攻击? 有人能冒充 Steve 进行字典攻击吗?

3. 在服务器上使用 $k$ 倍的存储空间,试设计一个 Lamport 哈希的变体,但在客户端平均只需要 $1/k$ 的处理量。

4. 假设正在使用 Lamport 哈希,Steve 在收到 Alice 的回复之前崩溃了。如果入侵者 Trudy 可以窃听并检测到 Steve 崩溃了(也许 Trudy 甚至可以导致 Steve 崩溃),然后 Trudy 在 Alice 试图再次登录 Steve 之前登录,并用一个 Alice 回复,但 Steve 没有收到的量来冒充 Alice。如何修改 Steve 的行为以防止这种威胁?(更准确来说,Steve 什么时候需要重写数据库,并用什么重写?)

5. 假设在 Lamport 哈希中,Alice 的名字和 Steve 的名字都不是哈希量的一部分,所以,Alice 在 Steve 上的值为 $\langle n, \text{hash}^n(\text{口令})\rangle$。如果 Alice 在服务器 Carol 上使用相同的口令,并且窃听者可以窃听 Alice 向 Steve 的身份认证过程。为什么这样窃听者可以在 Carol 面前冒充 Alice?

6. 假设要用 Lamport 哈希进行身份认证,但在 $n$ 变为 0 之前允许 Alice 将口令重置为之前的口令,然而 Alice 可能甚至不记得以前用过哪些口令。如何修改 Lamport 哈希协议,使得即使 Alice 重复使用口令,也会是安全的?

7. 如果用户账户被锁定前(例如 $n$),其猜测错误口令的次数是有限的,那么若多次猜测相同的错误口令(可能是因为不确定该口令是错误的口令还是输错了口令)仍将其计算在内是不合理的。假设身份认证协议涉及用户将口令发送到服务器的过程。那么服务器如何避免用户多次猜测相同的错误密码? 现假设认证协议是 9.1.1 节中的挑战-响应协议。由于服务器无法看到用户输入的口令,那么为使 $n$ 次不同的错误口令尝试后,用户的账户才会被锁定,服务器可以做些什么(在不更改身份验证协议的前提下)?

8. 假设 Trudy 在服务 S 中猜测了 Alice 账户的 $n$ 个错误口令,导致 Alice 被锁定。尽管 Trudy 无法冒充 Alice,但这也会令 Alice 很恼火。即使 S 仍然有错误口令猜测次数的限制,但 S 能够做些什么才能使 Alice 不会被锁定? 提示:考虑让 S 使用网络 cookie 来区分哪台机器正在尝试进行身份认证,或者让 S 记住收到错误口令猜测的 IP 地址。

9. 假设有 1000 个用户。攻击者窃取了哈希口令数据库,并具有常见口令字典。如果口令哈希中包含 salt(见 9.8 节),那么当要求在字典中查找所有拥有口令用户时,攻击者需要做多少额外的计算？假设哈希的计算缓慢，例如包含 10 000 次口令哈希。如果同时使用计算量大的 hash 和 salt，那么攻击者需要多少额外的计算才能找到字典中有口令的所有用户？

10.9.8 节中提到，如果口令哈希为 $hash^{10\ 000}$（口令），那么对服务器而言工作量会是 10 000 倍。假设服务器仍存储 $hash^{10\ 000}$（口令），但是当 Alice 登录时，客户端机器首先会计算 $hash^{9999}$（口令），并将其发送到服务器。那么存储 $hash^{10\ 000}$（口令）还有优势吗？这会节省服务器计算量吗？

11. 证明 EKE 和 SPEKE 的增强型协议。

12. 证明在协议 9-4 中，Alice 和 Steve 如何分别计算 $2^{ab} \bmod p$ 和 $2^{bW} \bmod p$。

13. 证明在协议 9-4 中，如何确保 Alice 是 Steve，例如，另一方在 Steve 存储了信息。解释为什么有人窃取了 Steve 的数据库（但不能通过字典攻击找到 Alice 的实际口令），但不能向 Steve 冒充 Alice。

14. 解释在 SRP 协议（协议 9-5）中，Alice 和 Steve 是如何分别计算 $K$ 的。

15. 证明基于 SPEKE、PDM 和 SRP 的 2-消息凭证下载协议。

16. 为什么基于 EKE 的协议 9-7 不安全？（提示：冒充 Steve 的人可以进行字典攻击，但请证明如何实现。）若 Steve 仍未加密传输 $g^b \bmod p$，那么如何确保安全？

17. 考虑协议 9-8。Alice 如何计算 $K$？Steve 如何计算 $K$？为什么这个协议不安全？（提示：冒充 Steve 的人可以进行字典攻击，但要证明如何实现。）

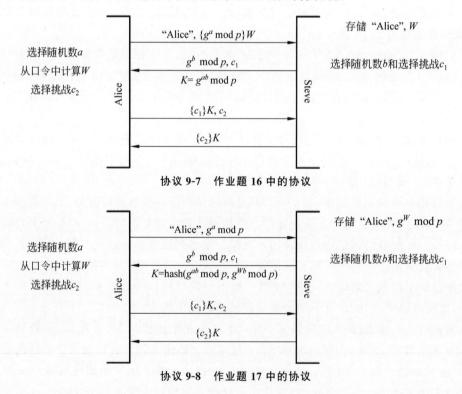

**协议 9-7 作业题 16 中的协议**

**协议 9-8 作业题 17 中的协议**

# 第 10 章　可信中间人

## 10.1　引言

如果节点 Alice 和 Bob 希望能够进行安全的通信,那么他们需要知道彼此的密钥。用其他节点的密钥配置每个节点只能将节点数量限制在较小的范围内,因此,需要使用可信第三方(Alice 和 Bob 都信任的人)来互相介绍 Alice 和 Bob。

本章会介绍基于可信第三方的不同类型系统。一种是只使用私钥的系统,在这种情况下,可信第三方通常被称为**密钥分发中心**(Key Distribution Center,KDC)。在公钥系统中,可信第三方通常被称为证书颁发机构(Certification Authority,CA),并进行证书签名,例如声明某个名称与公钥之间的映射。本章会介绍 Kerberos(一种基于 KDC 的系统)和**公钥基础设施**(Public Key Infrastructure,PKI)。其中,PKI 包括证书、CA、撤销机制和目录等组件。同时,本章还介绍了另一种 PKI 形式**域名系统安全扩展**(Domain Name System Security Extensions,DNSSEC)。

在基于 KDC 的系统中,KDC 具有一个由主体密钥构成的数据库。其中,主体是 KDC 提供安全通信的人或服务对象。每个主体最初只需要知道与 KDC 共享的单个秘密。

因此,KDC 知道密钥 $K_A$(Alice 的秘密)和 $K_B$(Bob 的秘密)。如果 Alice 想要与 Bob 进行通话,则会要求 KDC 为 Alice 和 Bob 创建一个新的共享密钥 $K_{A-B}$,然后,KDC 用 $K_A$ 加密后将 $K_{A-B}$ 安全地发送给 Alice,并用 $K_B$ 加密后安全地发送给 Bob。

作为对比,在 PKI 解决方案中,CA 会在证书上写"Alice 的公钥是 928…38021。"当 Alice 和 Bob 要通信时,只需要简单地彼此发送证书,然后进行相互身份认证,并建立加密通信的共享密钥。注意,在 PKI 解决方案中,CA 永远不会看到任何节点的私钥,因此,泄露 CA 不会泄露用户或服务的私钥。但是,如果已泄露的 CA 创建了一个欺诈性证书,并将 Alice 的名字映射到属于攻击者的密钥,那么攻击者就可以冒充 Alice。当 Alice 的雇主或政府需要,或 Alice 丢失了私钥后需要恢复时,可以采用保存 Alice 私钥的服务,这项服务可以由 CA 提供,但从逻辑上讲,这是一个不同的功能。这项服务称为**密钥托管服务**(key escrow service)或**密钥恢复服务**(key recovery service)。

## 10.2　功能比较

KDC 的解决方案需要一个在线服务器。但这存在以下缺点。

(1) 如果 KDC 被入侵,则攻击者可以得到所有资源的密钥。这使得攻击者可以冒充所有资源,以及窃听 Alice 和 Bob 之间的会话。

(2) KDC 知道 Alice 正在与 Bob 进行交谈,还可以记住为 Alice 和 Bob 之间通信所创建的密钥,因此,KDC 可以解密所有通信信息。

(3) 如果 KDC 崩溃,则任何资源之间都无法建立新连接。为实现鲁棒性和负载拆分,可以构建多个KDC,但存储秘密数据库的地方越多,安全保护就越困难。

但是在某些情况下,这些"劣势"反而可以被视为KDC优于PKI解决方案的优势(尤其在公司内部)。KDC是一个可以记录哪些资源进行了通信的中心位置。而且,KDC删除资源也很容易,例如,在Trudy窃听和冒充其他员工后,公司会最终决定解雇Trudy。从KDC数据库中删除Trudy会阻止Trudy启动新的会话,但不会立即停止任何正在进行的涉及Trudy的会话。

相比之下,在公钥设计方案中,CA不需要在线。这可以很容易地避免基于网络的攻击,还可以更容易地进行物理保护(例如保存在保险库中)。Bob或Alice可以保存已通信对象的审计日志,但只有KDC才知道其通信内容。

尽管在PKI系统中CA不需要在线,但任何一个密钥(即使Alice的密钥被泄露了,但Alice仍然是网络中受欢迎的成员)或资源(Alice在网络上不再受欢迎)的撤销通常由在线撤销服务来实现,并公布被撤销证书的列表,或有效证书的列表,或者查询特定证书的信息。撤销服务并不像CA或KDC那样对安全性敏感,如果撤销服务被破坏,则可能无法准确地反映证书的有效性状态,但也无法向伪造的密钥授予证书或泄露用户的私钥。

## 10.3　Kerberos

Kerberos是一种基于KDC的设计方案,最初基于Needham和Schroeder[NEED78]在MIT[MILL87]的方案设计。由于公钥密码技术专利的限制,Kerberos的设计中避免使用任何公钥密码技术。公钥加密是一种更自然的解决方案,但即使专利早已过期,Kerberos(以及相关设计,例如Microsoft活动目录)仍在广泛使用,因为Kerberos具有很大的安装部署基数。

出于信任和可扩展性的原因,全世界不会只有一个KDC。相反,KDC可以为一些节点集合提供服务。KDC及其服务的节点称为**域**(realm)。

### 10.3.1　KDC向Bob介绍Alice

Kerberos使用的最简单方法是Alice直接请求KDC进行与Bob的对话(如协议10-1所示)。10.3.3节会讨论这通常是如何实现的。注意,如果Alice是人类,则其秘密可以从思考中获得。这意味着人类Alice的秘密可能在加密方面很弱,正如10.3.5节将涉及的,Kerberos的设计方案试图弥补这一点。

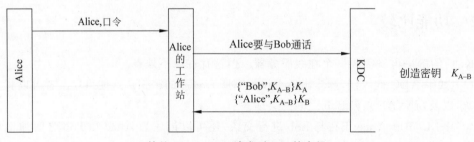

协议 10-1　Alice 请求对 Bob 的介绍

Alice 输入口令,然后工作站将其转换为秘密 $K_A$。下面会介绍协议 10-1 中的步骤,但为简单起见,通常将 Alice 的工作站称为"Alice"。KDC 为 Alice 和 Bob 共享创建了新密钥 $K_{A-B}$,并向 Alice 发送两个条目:

- $\{\text{"Bob"}, K_{A-B}\}K_A$;
- $\{\text{"Alice"}, K_{A-B}\}K_B$。

请注意,当提到加密时,我们指的是提供加密和完整性保护的某种模式(见第 4 章)。Alice 可以解密量 $\{\text{"Bob"}, K_{A-B}\}K_A$,因为 $K_A$ 对其进行了加密。这个量会告知 Alice,如果想要与 Bob 通话,则应使密钥 $K_{A-B}$。Alice 无法解密量 $\{\text{"Alice"}, K_{A-B}\}K_B$,但 Bob 可以解密。这条消息会告诉 Bob,为与 Alice 通信,Bob 应使用密钥 $K_{A-B}$。理论上,KDC 本应向 Bob 发送 $\{\text{"Alice"}, K_{A-B}\}K_B$,但对于 KDC 来说,查找 Bob 的 IP 地址,并打开与 Bob 的连接是一件麻烦事。但不管怎样,Alice 很快会与 Bob 进行通话,所以 KDC 会把给 Bob 的消息发送到 Alice。消息($\{\text{"Alice"}, K_{A-B}\}K_B$)就是给 Bob 的票证。当 Alice 开始与 Bob 进行会话时,Alice 会发送票证,并告知 Bob,如果与其联系的人能够证明他们知道密钥 $K_{A-B}$,那么他们就是"Alice"。

对 Kerberos 来说,实际上是用 Alice 的密钥 $K_A$ 对来自 KDC 的整个响应进行加密。但用 Alice 的密钥加密 Bob 的票证是不安全的——当 Alice 联系 Bob 时,任何窃听者都可以清楚地看到 Bob 的票证(见 10.3.2 节)。

## 10.3.2 Alice 联系 Bob

在协议 10-2 中,Alice 启动了与 Bob 的连接。请注意,此协议会进行相互身份认证。根据票证上的信息,Bob 知道,如果与其通信的人知道 $K_{A-B}$,则就是"Alice"。当 Bob 用 $K_{A-B}$ 解密认证器时,如果时间戳足够接近 Bob 认为的当前时间,则 Bob 会认为与其进行通信的人知道 $K_{A-B}$。

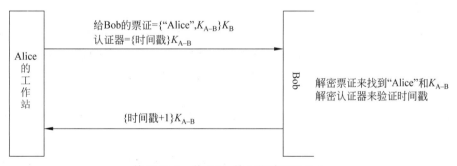

给Bob的票证=$\{\text{"Alice"}, K_{A-B}\}K_B$
认证器=$\{$时间戳$\}K_{A-B}$

Alice 的工作站

Bob

解密票证来找到"Alice"和 $K_{A-B}$
解密认证器来验证时间戳

$\{$时间戳$+1\}K_{A-B}$

**协议 10-2　从 Alice 的工作站登录 Bob**

认证器字段中的时间戳必须与 Bob 的时钟时间足够接近(例如 5 分钟以内),并且 Bob 需要记住在该时间窗口内从 Alice 接收到的所有时间戳。此字段可以防止窃听者重放会话,例如,如果 Alice-Bob 会话的结果是 Alice 告诉银行 Bob 向 Carol 转钱,那么若 Carol 可以重放 Bob 的全部会话,即使 Carol 无法解密,那么这也是糟糕的。

为了向 Alice 认证身份,Bob 需要证明他也知道 $K_{A-B}$。让 Bob 只发送相同的加密时间戳是不安全的,所以在 Kerberos v4 中,Bob 增加了 Alice 发送的时间(这就是协议 10-2 中增加时间戳的原因）。在 Kerberos v5 中，Bob 确实发送了相同的时间戳，但这只是包含其他信息（例如这是 Alice 消息的响应）的一部分消息，因此，Bob 发送的加密值与 Alice 发送的不同。在相互进行了身份认证后，Alice 和 Bob 可以选择是否对会话的剩余部分进行加密和/或完整性保护。如果 Alice 和 Bob 真的想用 Kerberos v4 加密保护会话，则会使用密钥 $K_{A-B}$。在 Kerberos v5 中，Alice 会为这个会话选择一个新密钥 $S_{A-B}$，并在认证器中包含带有时间戳的 $S_{A-B}$。

### 10.3.3 票证授权票证

对于 Alice 的工作站来说，最好不要长时间记忆 Alice 的口令或主密钥 $K_A$，以最大限度地减少恶意软件的暴露。出于这个原因，Alice 的工作站会请求 KDC 提供一个会话密钥 $S_A$ 和一个**票证授权票证**（Ticket Granting Ticket，TGT）。其中，TGT 是 KDC 的票证，用于告知 KDC，Alice 的当前会话密钥是 $S_A$，如协议 10-3 所示。

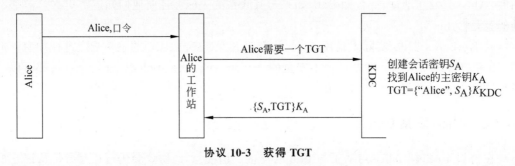

**协议 10-3　获得 TGT**

为什么窃取 Alice 的会话密钥 $S_A$ 和 TGT 不像窃走长期密钥 $K_A$ 那样是个大问题？原因是 TGT 通常在几小时内到期，并通常会限制如何使用。例如，TGT 可能包括 KDC 接收的 TGT 请求的 IP 地址。这意味着，窃取 $S_A$ 和 TGT 也无法冒充 Alice，除非他们也可以冒充 Alice 的 IP 地址。

**注意**：KDC 通常被描述为由两个不同的服务实现——一个提供 TGT，另一个提供票证。我们发现这些细节只会使描述更加复杂，所以这两个服务都使用 KDC 表示（见本章作业题 4）。因此，Alice 的工作站向 KDC 请求一个 TGT，然后，KDC 为 Alice 创建一个会话密钥 $S_A$，并将两个条目均用 Alice 的主密钥 $K_A$——会话密钥 $S_A$ 和 TGT 加密后，发送到 Alice 的工作站。注意，在发送到 Alice 时，无须对 TGT 用 Alice 的密钥进行加密，但 Kerberos 恰好可以做到这一点。

Alice 无法解密 TGT。只有 KDC 可以读取 TGT 中的信息，因为 TGT 是用 $K_{KDC}$（KDC 的密钥）加密的。在接收到会话密钥和 TGT 后，Alice 的工作站会遗忘 Alice 的口令和主密钥 $K_A$。KDC 不会记忆发给 Alice 的会话密钥，但当 Alice 需要向 Bob 提供票证时，Alice 会把 TGT 与票证请求一起发送给 Bob，这样，KDC 便能够通过解密 TGT 来找到 Alice 的会话密钥，如协议 10-4 所示。注意，Bob 的票证是用 Bob 的主密钥 $K_B$ 加密的。假设与 Alice 一样，Bob 想要将主密钥转换为会话密钥和 TGT，然后遗忘 $K_B$。这如何实现？（见本章作业题 8）

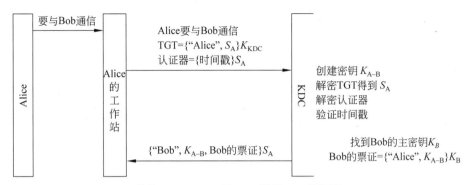

**协议 10-4　Alice 用 TGT 得到 Bob 的票证**

## 10.3.4　域间认证

假设世界被划分为 $n$ 个不同的 Kerberos 域。存在这样的情况：一个域中的主体需要与另一个域中的主体进行安全通信。Kerberos 支持这种场景，其工作方式是，域 B 中的 KDC 可以注册为域 A 中的主体。这允许域 A 中的用户像访问域 A 中任何其他资源一样，访问域 B 的 KDC，而且，一旦域 A 中的用户可以访问域 B 的 KDC，则该用户可以向域 B 中的主体索取票证。

假设 Alice 在域 Wonderland 中，希望与域 Oz 中的 Dorothy 进行安全通信。Alice 的工作站注意到 Dorothy 在另一个域中（因为 Dorothy 的名字可能会类似 Dorothy@Oz，显示她来自域 Oz）。Alice 会向 KDC 要求域 Oz 中 KDC 的票证，如协议 10-5 所示。如果 Wonderland 和 Oz 的管理者决定允许这样做，则域 Oz 的 KDC 将被注册为 Wonderland 的主体。现在 Alice 可以与域 Oz 的 KDC 进行通信，然后 Alice 可以要求域 Oz 的 KDC 提供 Dorothy 的票证。随后，域 Oz 的 KDC 为 Alice 提供可以与 Dorothy 进行通话的票证，见协议 10-5。

**协议 10-5　域间认证**

在 Alice 使用该票证与 Dorothy 建立连接后，Alice 和 Dorothy 就会知道她们正在进行会话，并像在同一个域一样共享密钥 $K_{A-D}$。Dorothy 的票证包括从 Alice 到 Dorothy 所经过的域列表。

域 Oz 的 KDC 会为连接的每个域提供不同的密钥，例如，为 Wonderland 中的主体 Oz KDC 存储密钥 $K_{Oz\text{-}Wonderland}$。如果域 Oz 与域 Mordor 合作，那么在域 Mordor 中 Oz KDC 的密钥为 $K_{Oz\text{-}Mordor}$。在协议 10-5 的第三条消息中，Oz KDC 知道需要用 $K_{Oz\text{-}Wonderland}$ 解密票证，因为请求者的名字是 Alice@Wonderland。如果 Alice 到 Oz 之间经过了几个中间域，那么 Oz KDC 会在域列表指定的最后一个域中使用其密钥。

### 10.3.5 使口令猜测攻击变得困难

如果 Alice 是人类，则其主密钥 $K_A$ 可以从口令中推导出来。Kerberos 无法阻止窃听者 Eve 根据观测 Alice 请求 TGT 的协议（协议 10-3）进行口令猜测攻击。该协议涉及 KDC 用 $K_A$ 加密发送 TGT。TGT 中存在可识别的字段，因此 Eve 能够识别可能的口令。

但在 Alice 要求 TGT 的过程中，仅为 Alice 索要 TGT 比在交换中试图窃听更容易。如果请求 TGT 的协议不需要请求者的身份认证，则 Trudy 可以很容易地说"嘿，我是 Alice；给我发一个 TGT"，而且，KDC 就会向 Trudy 发送用 $K_A$ 加密的 TGT，然后 Trudy 就可以进行离线口令猜测攻击。

为增加 Trudy 只要求 TGT 的难度，Kerberos v5 采用预身份认证的机制来证明为 Alice 索要 TGT 的人知道其口令。这通过让 Alice 在 TGT 请求中包括一个用 Alice 的主密钥 $K_A$ 加密的时间戳来实现。除非预身份认证字段有效（用 $K_A$ 解密的时间戳足够接近当前时间），否则 KDC 不会发布 TGT。

猜测口令的另一个潜在时机为当 Alice 向人类 Bob 请求票证时。因为 Bob 是人类，所以使用 Bob 的主密钥 $K_B$ 可以从口令中推导出来。Kerberos 通过允许数据库中的主体被标记为不向该主体发布票证（do not issue tickets to this principal）来防止此类攻击。

### 10.3.6 双 TGT 协议

在某些情况下，人类 Alice 向人类 Bob 请求票证是有意义的，例如，Alice 将票证包含在加密电子邮件的标题中，这样就可以向 Bob 发送加密电子邮件。也有些场景，非人类主体需要把主密钥交换为 TGT 和会话密钥。例如，服务器把绝密主密钥存储在受保护的硬件中，因此只能通过硬件访问，所以，使用速度较慢。因此，服务器希望得到时间有限、易于访问的会话密钥，而且，该密钥可以安全地存储在软件中，并进行大多数操作。

假设 Bob 不再知道其主密钥，因为 Bob 在用主密钥获取 TGT 和会话密钥后，就会将主密钥遗忘。由于 KDC 不跟踪会话密钥，如果 Alice 请求 Bob 的票证，那么 KDC 会给 Alice 一张用 Bob 的主密钥加密的票证。但是 Bob 无法解密该票证，因为 Bob 不再知道自己的主密钥。如果 Bob 是工作站的用户，那么此时工作站可能会提示 Bob 重新输入口令，但这很不方便。

Kerberos 认为 Alice 知道 Bob 可能将其主密钥交换为会话密钥。在 Kerberos 未指定的方法中，Alice 需要 Bob 的 TGT（见本章作业题 6）。然后，Alice 会将 Bob 的 TGT 以及 Alice 的 TGT 发送到 KDC（因此名为**双 TGT 认证**）。由于 Bob 的 TGT 是在 KDC 私有的密钥下加密的，所以 KDC 可以对其进行解密。然后，KDC 为 Alice 向 Bob 发布用 Bob 的会话密钥(而不是 Bob 的主密钥)加密的票证。

另一种方式是,Bob 向 KDC 发送 Alice 提供的票证和他的 TGT,并让 KDC 重新发布用 Bob 的会话密钥加密的票证(见本章作业题 10)。

## 10.3.7　授权信息

Kerberos 票证和 TGT 中有一个 AUTHORIZATION-DATA 字段,包含了 Alice 的组和角色信息。在 Kerberos 的 Microsoft 版本中,该信息在主体 Alice 的信息下配置到 KDC 中。默认情况下,KDC 会将这些信息放入 TGT 和票证中。Alice 可以请求该信息的一个子集,但会限制 Alice 的权利(最低特权原则),或者当授权 Bob 时,Alice 可以请求获得该信息的子集(见 10.3.8 节)。

## 10.3.8　授权

假设 Alice 希望 Bob 可以代表自己。例如,Bob 可能是一个备份服务,可以扫描 Alice 的文件系统,查找自上次备份以来更改的任何文件。Alice 只允许 Bob 读取 Alice 的文件,这样 Bob 就不会破坏这些文件。Alice 可以把主密钥发给 Bob,或者 Alice 将会话密钥和 TGT 发送给 Bob。安全员通常不愿意泄露秘密,也不愿意让别人冒充其他用户。

为使票证和 TGT 更安全,以便只有请求者才能使用,因此,Kerberos v4 经常在票证或 TGT 中包含请求者的 IP 地址。这意味着,即使 Trudy 以某种方式获得了 Alice 的 TGT 和会话密钥,Trudy 也无法使用,除非 Trudy 可以冒充 Alice 的 IP 地址。在 Kerberos v5 中,票证或 TGT 中的 IP 地址是可选的,因为在有多个 IP 地址或 IP 地址改变的情况下,要求特定 IP 地址的限制太大。

然而,假设 Alice 真的想让 Bob 能够代表自己。Kerberos 会允许 Alice 把 TGT 发送到 KDC,并以"Alice"为名用 Bob 的 IP 或不用 IP 地址去请求新的 TGT。此外,Alice 可以限制 Bob 代表自己的行为,例如通过请求从 Alice 所属的组和角色的总表中缩减票证 AUTHORIZATION-DATA 中的组和角色列表。

# 10.4　PKI

公钥基础设施(Public Key Infrastructure,PKI)由安全分发公钥所需的组件构成——证书,撤销证书的方法,以及从已知和事先信任(信任锚点)的公钥到目标名称的证书链评估方法。一些已部署的公钥系统省略了一些组件,例如撤销,甚至省略了证书。相反,Alice 会配置 Bob 的公钥,或者 Bob 将公钥发送给 Alice(而不是发送证书),而且 Alice 会存储公钥,并确信在 Bob 发送公钥的交互过程中是在与真实的 Bob 通话。该策略的行业术语是首用信任(trust on first use),或信仰之跃①。如果活跃的攻击者注意到 Bob 给 Alice 的初始消息,则攻击者会用自己的公钥替换 Bob 的公钥,然后便可以向 Alice 冒充 Bob。但在许多情况下,在实践中让 Bob 只向 Alice 发送自己的公钥是相当安全的。

---

①　译者注:leap of faith,指出于信仰某事而做出大胆、冒险、不计后果的举动。

### 10.4.1　一些术语

**证书**是可以担保特定名称与特定公钥相匹配的签名消息，例如［Bob 的公钥是 829348］<sub>Carol</sub>。如果 Carol 为 Bob 的名称和密钥证书进行了签名，那么 Carol 就是证书的**发布者**（issuer），Bob 就是**主体**（subject）。如果 Alice 要发现 Bob 的密钥，那么 Bob 的名称就是**目标**（target）。**信任锚点**（trust anchor）是验证器已经决定信任，并用来签名证书的公钥。**证书链**由一系列证书构成，其中每个证书都用上一个证书中认证的密钥进行签名。如果 Alice 相信某一个证书链，那么其中的第一个证书就是 Alice 的信任锚点之一。如果 Alice 正在评估某个证书或证书链，那么 Alice 就是**验证器**（verifier），有时也称为**信任方**（relying party）。任何具有公钥的东西都称为**主体**（principal）。

证书中通常还包含其他可以确定 Alice 是否认为证书有效的信息，包括截止日期、查找此证书撤销信息的位置、主体作为 CA 是否可信、主体被检查仔细程度等策略（例如多因素身份认证、安全许可），以及名称约束。

有时公钥以**自签名证书**（self-signed certificates）的形式进行分发。例如，自签名证书上写着［Bob 的公钥是 829348］<sub>829348</sub>。实际上，自签名证书声明 Bob 的公钥（由声明为 Bob 密钥的密钥进行签名）与未签名消息声明的相同信息之间并没有安全区别。有时以自签名证书形式交换信息的原因是已经有了解析证书的代码。但重要的是要意识到，签名并不能带来安全性，而且验证签名的唯一原因是电脑出于闲置状态，需要用其做点什么。有些人认为，如果用不受欢迎的加密算法（例如 MD5）进行签名，则自签名证书应被视为无效。如果有人这样对你说，那么你只需要微笑点头就行了。

### 10.4.2　证书中的名称

将名称映射到密钥的证书是一个非常简单的概念。互联网上部署最广泛的证书标准是 PKIX（使用 X.509 的公钥基础设施）（RFC 5280）。X.509 是联合发布的，ITU（国际电信联盟）将其发布为 ITU-T X.509，ISO 将其发布为 ISO/IEC 9594-8[①]。X.509 证书把 X.500 名称映射到公钥，而不是将 DNS 名称映射到密钥。X.500 名称是完全合理的分层名称，与互联网上使用的 DNS 名称神似，但二者语法不同，并由不同组织管理。这使得应用在互联网上时会面临不必要的复杂性，因为 X.500 名称不用于互联网的应用程序。

有些人会对基于 X.509 证书的互联网证书感到不满，所以他们在 IETF 内部成立了一个名为简单公钥基础设施（Simple Public Key Infrastructure，SPKI）的工作组。如果 SPKI 证书只是将 DNS 名称映射到公钥，那么这就是一种很好的简单形式互联网证书，但 SPKI 小组尝试进行真正的创新，让证书完全不基于名称，或让证书名称与任何使用这个名称的人（例如，Nicki 的表弟的朋友）相关。因此，SPKI 并没有流行起来，而互联网领域正在使用 PKIX 证书。

在 PKIX 中，证书中的 ISSUER（发布者）字段和 SUBJECT（主体）字段都是 X.500 名称。而且，互联网应用程序不关心 X.500 名称。当 CA 认证 DNS 名称时，PKIX 使用

---

① 译者注：ISO/IEC 标准由国际标准化组织（ISO）和国际电工委员会（IEC）联合制定。

SUBJECT ALTERNATIVE NAME(主体的别名)字段作为扩展。通常,购买证书的一方会创建未签名的证书,并发送给 CA 进行签名。因此,为认证名称 example.org,example.org 会将 example.org 放入 SUBJECT ALTERNATIVE NAME 字段。还存在其他可以放域名的地方,但这种方式已被反对。把域名编码在 CN 字段也是合法的,其中,CN 字段是 X.500 名称的组件"通用名称"。还存在另一种编码方式,其中 X.500 名称的组件被标记为域组件(domain component,DC),并且像 labs.example.com 之类的域名可以编码为 DC＝com,DC＝example,DC＝labs。若域名存在于编码位置,则会成为一个潜在的安全漏洞。在 CA 进行证书签名之前,需要验证证书中所有信息的准确性。例如,CA 应该确保 Bob 真正拥有证书中任何位置编码的所有名称。

更复杂的是,为人类用户提供证书会方便得多。用户通常有很多不同类型的名称,例如,电子邮件地址、社交媒体用户名(即网名)和依法登记的名称[1]。理论上,上述名称都可以存储在 PKIX 证书的 SUBJECT ALTERNATIVE NAME 字段中。

有些人对证书的语法感到兴奋,并抱怨 PKIX,因为 PKIX 的语法 ASN.1 有些冗长,而且计算机的计算解析比较困难。只要语法中可以说明任何必要的内容,并且结果是明确的,那么我们不会关心语法问题。但有趣的是,那些对 ASN.1 感到沮丧的人,似乎并没有抱怨更为冗长的 XML。

## 10.5　网站获得域名和证书

网站需要域名。为选择一个顶级域名,网站需要购买名称(例如以 .com 和 .org 为后缀的名称),联系与该域名相关的注册商,并申请一个喜欢的名称。如果注册商说这个名称已经卖出了,那么有意向的网站则需要选择另一个名称。当网站找到一个可以购买的名称时,例如 example.org,就可以购买。.org 的 DNS 注册商会为 example.org 在域中添加一个条目,并加入 IP 地址等信息。

如果网站购买域名的注册商同时也能够发布证书,则会非常有意义。当网站购买名称时,会与注册商建立安全连接,这样就可以发送信用卡号等信息。然而,事情并非如此。相反,其他与 DNS 注册商无关的组织也会颁发证书。因此,在购买域名后,example.org 会联系 CA,并表示"我的域名是 example.org,我希望你证明我的密钥是 947289143"。CA 如何能知道这是 example.org 名称的合法所有者?

这样做并没有标准可依,但一种方法是 CA 在 DNS 中查找 example.org 名称,并找到相关的 IP 地址。CA 向该 IP 地址发送一个秘密号码(类似于银行向你的手机发送 PIN)。如果请求 example.org 证书的人可以告诉 CA 这一秘密号码,那么 CA 会认为可以在 DNS 的 IP 地址中接收信息,然后,CA 才会愿意向 example.org 的名称颁发证书。

请注意,如果用特定 IP 地址接收是安全的,那么就不需要证书。这是 CA 信仰之跃的一个例子。同样,最有意义的是,DNS 注册商也是与发布名称相关联的 CA,但 CA 组织希望通过建立标准来确定 CA 存储密钥的安全性,以及 CA 运营商进行检测的频率等,而且,DNS 组织可能会无法接受这些规则。

---

[1]　即政府颁发的法定身份证明文件上的名字,例如,身份证、驾驶证、社会保险账户、护照、港澳通行证等。

# 10.6 PKI 信任模型

本节会探讨获取信任锚点，以及查找指向目标名称证书链的各种策略，相关内容会涉及在各种模型下的验证器操作。

## 10.6.1 垄断模型

在**垄断模型**（monopoly model）中，全世界会选择一个受所有国家、公司信任的组织，使其成为世界上唯一的 CA。作为单一的 PKI 信任锚点，该组织的公钥被嵌入所有软件和硬件中。每个人都必须从该组织中获得证书。

从数学上讲，这是一个非常简单的模型，而且可能是那些希望被选为垄断者的组织所青睐的模型。然而，垄断模型也存在以下问题。

（1）不存在一个受到所有人普遍信任的组织。

（2）由于所有软件和硬件都需要用垄断组织的密钥进行预配置，所以，在密钥泄露后，更改密钥是不可行的，因为这涉及对每一件设备和软件的重新配置。

（3）让远程组织验证密钥的成本很高，而且又不安全。那么他们如何能知道是你？如何才能安全地发送公钥？

（4）一旦部署了足够多的软件和硬件，全世界便很难更换该组织，拥有垄断控制权的组织可以对证书授予收取任何费用。

（5）世界的整个安全会取决于一个组织，人们会指望该组织不会有不称职或腐败的员工，但他们可能会被贿赂，或被诱骗颁发虚假证书，或泄露 CA 的私钥，这样，一个 CA 就可以冒充整个世界。

## 10.6.2 垄断加注册机构

在**垄断加注册机构**（monopoly plus registration authorities）模型中，单个 CA 信任被称为**注册机构**（registration authorities，RA）的其他实体，这些实体可以安全地检查某些主体的身份，并获得和担保实体的公钥，除此之外的内容均与 10.6.1 节类似。例如，注册机构可能由公司的 IT 部门为公司员工的密钥提供担保。然后，RA 与 CA 安全地进行通信（因为 CA 和 RA 有关系，并且知道如何进行彼此身份认证），然后，CA 就可以颁发证书。

与垄断模式相比，这种模式的优势在于获得证书更方便、更安全，因为可以有更多地方进行验证。然而，垄断模式的所有其他缺点在这种模式中都存在。

可以将 RA 添加到我们讨论的任何模型中。一些组织认为，最好由他们的组织运行 RA，并向 CA 组织支付创建证书的费用。他们相信 CA 组织会更擅长 CA 需要做的事（例如保护 CA 私钥和维护撤销基础设施）。然而，在实践中，CA 只会对 RA 验证的信息盖章。RA 必须进行确保名称到密钥正确映射的安全敏感性操作。不过，CA 最好可以提供已签名证书的防篡改审计跟踪。

RA 对于验证器来说是不可见的。证书仍由 CA 签名，因此验证器只能看到 CA 颁发的证书。

### 10.6.3　授权 CA

在对其他模型的增强中,信任锚点 CA 可以向其他 CA 颁发证书,并作为 CA 向密钥和可信度提供担保。然后,主体可以从授权的 CA 获得证书,而不必直接从验证器的信任锚点 CA 获得证书。

授权 CA 和 RA 之间的区别在于验证器看到了从信任锚点到 Bob 名称的证书链,或是看到了单个证书。

### 10.6.4　寡头

**寡头**(oligarchy)是浏览器中常用的模型。其中,该产品没有预先配置单个信任锚点密钥,而是配置了数百个信任锚点。证书由任意信任锚点或来源于其中的链发布,并由浏览器接受。有时在这样的模型中,用户可以添加或删除信任锚点。与垄断模型相比,寡头模型的优势在于被选为信任锚点的组织会相互竞争,因此全世界可以免于垄断定价。然而,寡头模型也可能比垄断模型更不安全。

(1) 在垄断模型下,如果单个组织存在腐败或不称职的员工,那么世界安全将面临风险。在寡头模型中,任何受到损害的信任锚点组织都会使全世界安全处于危险之中。

(2) 信任锚点组织会受到产品供应商的信任,却不一定会受到用户的信任。为什么供应商需要决定用户应该信任哪些组织?

(3) 欺骗用户在集合中添加伪造的信任锚点可能会很容易。这取决于浏览器的实现。如果与浏览器进行通信的服务器提供了一个由不在浏览器信任锚点列表中公钥签名的证书,那么,有一种曾经很常见的方式为显示弹框。然而,弹框的文字比改写的问题更令人困惑:

**警告。这由未知的 CA 签名。您愿意接受证书吗**?(用户几乎肯定会选择“确认”。)

**你是否愿意将来在不被询问的情况下始终接受此证书**?(确认。)

**是否始终愿意接受颁发该证书的 CA 颁发的证书**?(确认。)

第一个确认表示用户无论如何都很愿意去访问那个网站。第二个确认表示用户愿意始终信任该网站的证书。第三个确认把未知 CA 的公钥安装到信任锚点的集合中。存在一个有趣的心理练习,即在用户停止单击“确认”之前,看看你会有多愤怒。**是否始终愿意接受来自任何 CA 的证书**?(确认。)**既然你愿意相信任何人任何事,那么你希望让我对你硬盘上的文件进行随机编辑,而不用弹框来打扰你吗**?(确认。)

请注意,如果用户足够成熟和谨慎,则可以在单击“确认”按钮接受前,询问有关证书的信息。用户会被告知签名者的名字,例如,特蕾莎修女(Mother Teresa,想象中最值得信赖的签名者)。但这并不一定意味着真的由特蕾莎修女进行签名。这只意味着,无论是谁签名(例如 SleazeInc),都会将字符串 Mother Teresa 放入 ISSUER NAME(发布者名称)字段。

(4) 用户可能不会理解信任锚点的概念。如果他们确信使用的应用程序是加密的,那么即使他们使用的是酒店房间或机场的公用工作站,也会认为是安全的。尽管若用户被诱骗使用带有恶意代码的公用工作站,这也总会带来问题,但工作站的前一用户修改信任锚点集合(可能不是特权操作)会比更改软件更容易。

（5）即使知识渊博的用户可以检查信任锚点集合，并判断是否有人修改了该集合，但仍然没有实用的方法。如今的浏览器附带了数百个信任锚点，因此，用户可以看到一组信任锚点。每个条目都有名称和密钥，但可以删除 TrustworthyInc 的密钥，并放入一个声称属于 TrustworthyInc 的新密钥。你甚至可以看到公钥，但哪个用户会偏执到打印出信任锚点列表中显示的所有证书哈希，以便与当前显示的集合进行比较？

如今，大多数浏览器都会让用户很难修改或无法修改信任锚点的集合，用户只需要相信浏览器供应商可以确保列表中只有值得信赖的信任锚点。许多公司的 IT 部门会对员工设备的信任锚点列表进行管理。

### 10.6.5 无政府状态模型

**无政府状态模型**（anarchy model）有时也被称为**信任网**（web of trust）。每个用户，例如 Alice，都负责配置一些信任锚点，例如 Alice 所遇到的看起来值得信任的人的公钥，并且这些公钥以某种合理安全的方式被发送给了 Alice。

在此模型中，任何人都可以为其他人签名证书。在许多高智商人士的聚会上，有一个 PGP 密钥签名派对，需要首先通过电子邮件交换密钥的仪式，然后人们起立说明自己的名字和密钥哈希，并且，其他人会为此担保那个人确实具有这个名字。随后，参加派对的人需要为刚刚公布姓名和密钥的人签名证书。一些组织自愿保留任何人都可以存入证书的证书数据库。任何人都可以读取这些数据库。若要获取不在用户 Alice 信任锚点集合中的某人的密钥，则可以搜索证书的公共数据库来找到从信任锚点到目标名称的路径。这消除了垄断定价，但在大规模范围内确实不可行，原因如下。

（1）如果部署在互联网的规模上，则该数据库会变得十分庞大，无法实现。假设每个用户都捐赠了 10 个证书，那么这个数据库将由数十亿个证书组成。在这样的数据库中搜索并构建路径是不切实际的。

（2）假设 Alice 能以某种方式从信任锚点到 Bob 拼凑出一条链，那么如何知道是否应该信任这条链？假设 Alice 信任的锚点 Carol 为 Ted 的密钥担保。Ted 为 Gail 的密钥担保。Gail 为 Ken 的密钥担保。Ken 为 Bob 的密钥担保。所有这些个体都值得信赖吗？

只要这个模型在所有用户都值得信赖的小社区中使用，就会有效。然而，在互联网规模上，当有人故意添加虚假证书，并且不知情的用户被诱骗对虚假证书进行签名时，就不可能知道某条路径是否可以信任。一些人建议，如果能为目标名称建立多个链，则可以更加确信其可信度。但是，一旦有人决定添加伪造证书，则可以创建任意数量的虚构身份，以及这些实体签名的任意数量证书。因此，单纯的数字并不能保证可信度。

### 10.6.6 名称约束

**名称约束**（name constraints）的概念是，CA 的可信度并不是一个表示 CA"要么完全不可信，要么所有内容都可信"的二进制值。相反，CA 应该只在认证某些用户子集时受到信任，尤其当了解对方在暗示信任能够证明该名称密钥的人时。如果现在需要名称 roadrunner@socialnetworksite.com 的密钥，那么会选择信任与 socialnetworksite.com 相关的 CA 来证明密钥。如果需要 Bob.Smith@example.com 的密钥，那么会选择信任与 example.com 关联的 CA

来证明该名称的密钥。如果想知道 creditcardnumber4928749287@bigbank.com 的密钥，那么会选择信任与 BigBank.com 关联的 CA 来证明该名称的密钥。这些名称可能都指向同一人，但这无关紧要。用户 Alice 会为每个名称使用不同的公钥，也可能为一些名称使用相同的公钥。但这并不影响应该信任谁来证明特定名称与密钥的绑定关系。

注意，通常情况下，可以担保名称（例如社交媒体用户名）的注册商域名会以某种方式从人类使用的名称中导出，尽管人类的名称与电子邮件地址的语法不同。

### 10.6.7 自上而下的名称约束模型

自上而下模型与垄断模型类似，因为每个人都必须配置单一的信任锚点——所选择的根密钥。根 CA 授权其他 CA，这意味着根 CA 会向其他 CA 签名证书，但该证书表明 CA 仅在部分命名空间中颁发的证书可信，例如形式为 ∗.com 或 ∗.edu 的名称。

在 DNS 之类的分层命名空间中，存在一个与命名空间树中的每个节点关联的 CA。与父节点关联的 CA 会证明关联子节点的 CA 密钥，并表明此子 CA 仅在以该子节点名称为根的树中被信任，可以进行证书发布。

基于**自上而下的名称约束模型**（top-down name-constraint model），可以支持命名空间所关联组织制定的 CA 应遵循的策略。例如，∗.cia.gov 相关的组织可能希望 CA 运营商与 ∗.mit.edu 命名空间相关的组织有不同的策略，后者可能由不太可能通过药检的本科生管理。

在这个模型中，只须从根向下沿着名称空间寻找，很容易找到名称的路径，但也存在垄断模型的其他问题，因为每个人都必须就根组织达成一致，则整个世界的安全只取决于这个组织永远不会受到损害，而且，这个组织及其密钥的更换成本极高。

### 10.6.8 任意命名空间节点的多个 CA

在任意模型（到目前为止已描述的模型和将要描述的模型）中，可能有多个 CA 表示命名空间中的任何节点。例如，在自上而下的模型中，如果有两个节点竞争提供根 CA 的服务，那么验证器会把两个 CA 都配置为信任锚点，或者命名空间相关的 CA 证明主体需要由两个 CA 认证，并且主体需要询问验证器哪个 CA 是信任锚点。

对于证书链中除第一个链接以外的链接，上述验证适用于被授权的任何 CA。

### 10.6.9 自下而上的名称约束

这是我们推荐的模型。该模型最初由本书作者查理·考夫曼于 20 世纪 80 年代末为 Digital 的安全架构提出。该模型的创建对 10.6.7 节的模型进行了两个增强。这两个增强分别是：

（1）**上行-链路**，其中与名称空间层次结构中子节点相关的 CA 会证明与父节点相关 CA 的密钥；

（2）**交叉-链路**，其中命名空间中任何节点都可以证明与命名空间中任何其他节点关联的 CA 密钥。

在这个模型中，Alice 的信任锚点可以是命名空间中的任何节点。例如，如果在 Alice

工作的公司中，IT 部门会把与公司名称相关的 CA 配置为 Alice 设备的信任锚点。如果 Alice 与公司没有关联，则可以从信任的地方复制一份信任锚点列表，甚至可能在没有引起注意的情况下，浏览器已完成预配置。查找目标名称密钥的规则是，Alice 从信任锚点开始，如果该 CA 代表的节点是目标名称的祖先（在命名空间中），则 Alice 会沿着下行-链路查找。否则，Alice 会尝试查找目标名称祖先的交叉-链路。如果这样，Alice 会沿着命名空间中祖先节点的交叉-链路，然后沿着下行-链路到目标名称。或者，如果没有交叉-链路，则 Alice 会沿着上行-链路到达名称空间中的上一级。如果 Alice 在目标名称祖先的位置，则会沿着下行-链路。如果没有，则会寻找目标名称祖先的交叉-链路。

**1. 上行-链路的功能**

上行-链路如图 10-6 所示。

与自上而下模型相比，上行-链路具有以下两个优势。

（1）根 CA 不再难以替换。如果根 CA 有不好的行为或密钥泄露，则根密钥可以轻易地替换为不同的密钥，因为只有子节点（例如，与 DNS 中顶级域相关的 CA）需要撤销旧密钥，并颁发新证书。互联网上的绝大多数主体不会把根 CA 作为信任锚点，这样替换根组织或更改根密钥不会影响密钥或遍历的规则。

（2）如果目标名称和信任锚点位于相同组织的命名空间子树中，则该命名空间子树外泄露的 CA 将不在该命名空间主体间的证书路径上。例如，对于 xyz.com 中的主体（假设用与命名空间 xyz.com 节点关联的 CA 配置），如果.com 或根是恶意的，则 xyz.com 中的主体无法相互冒充。

**2. 交叉-链路的功能**

交叉-链路有以下两个优点。

（1）不需要等到连接上整个世界的 PKI。组织 a.com 可以部署自己的内部 PKI，而且，xyz.com 可以部署自己内部的 PKI。如果这两个组织希望其命名空间中的主体能够在其他组织找到主体的密钥，则只需要交叉证明彼此的密钥，如图 10-7 所示。

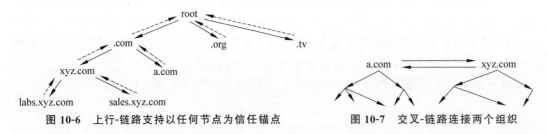

图 10-6　上行-链路支持以任何节点为信任锚点　　　图 10-7　交叉-链路连接两个组织

（2）交叉-链路的另一个优点是允许绕过不受信任的 CA，如图 10-8 所示。如果与 sales.xyz.com 下的名称树相关的组织创建了 a.org 的交叉链路，那么 CA 的路径直接从 sales.yz.com 到 a.org。对于信任锚点为 sales.xyz.com 或更低的主体，与 xyz.com、.com、root 或.org 关联的任何 CA 泄露都不会影响从命名空间 sales.xyz 到 a.org 的链路安全性，因为这些 CA 没在链路中。注意，sales.xyz.com 创建的交叉-链路不会创建双向交叉-链路，除非 a.org 创建了到 sales.xyz.com 的自己的交叉-链路。a.org 下命名空间的主体必须沿着从 a.org 到其父级.org，到父级根目录的完整证书链，然后沿着命名空间（通过.com 和 xyz.com）到达 sales.xyz.com。

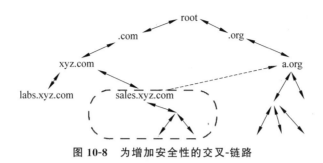

图 10-8　为增加安全性的交叉-链路

回顾一下,自下而上模型具有以下优势。

(1) 很容易发现是否存在路径。

(2) 假设某事物名称已知的策略意味着,你可以信任来认证该名称的 CA 是人们可理解的,而且足够灵活、简单、实际可用。

(3) PKI 可以部署在独立于世界其他地区的任何组织。为自己的组织构建 PKI,就没有必要支付商业 CA 的费用。不需要等到全世界范围内的 PKI 到位,就可以在自己的组织或合作组织间使用 PKI。

(4) 由于自己的组织中主体间的 CA 证书链永远不会超出组织,因此这可能是最安全敏感的操作——对自己组织的用户进行身份验证的安全性完全掌握在自己的手中。组织以外任何 CA 的泄露都不会导致命名空间的主体去冒充另一个主体。

(5) 替换任何密钥都很容易。如果根服务密钥被泄露,那么只影响每个根服务客户的顶级 CA。每个这样的 CA 必须撤销其颁发给根服务的旧证书,并颁发包含新密钥的新证书,然后,CA 子树中的所有用户都会自动用新密钥代替旧密钥。

(6) 没有任何组织能够收取垄断价格。更换任何密钥都很容易,而且竞争总是存在的(见 10.6.8 节)。

## 10.6.10　PKIX 证书中的名称约束

PKIX 证书存在一个名为 NAME CONSTRAINTS(名称约束)的字段,允许发布者 CA 指定受信任 CA 需要证明的名称。名称约束可以指定各种形式的名称,例如 X.500 名称、域名或电子邮件地址。为了简单起见,假设约束是域名,而且 CA 与 DNS 层次结构中的名称相关联。NAME CONSTRAINTS 字段包含带有通配符的名称(例如,∗.example.com 代表以.example.com 结尾的任何名称)和不允许的名称,也包含通配符。

上述提到的任何模型都可以通过名称约束来强制执行。若要建立无政府状态模型或寡头模型,则没有名称约束。在自上而下的模型中,CA 证明 DNS 层次结构中子 CA 密钥的证书表明,仅信任此名称和该名称以下的所有内容。在自下而上的模型中,子证书或交叉证书明确,只信任证明主题 CA 所代表的域名下子树的名称。在自下而上的模型中,父证书(上行-链路)包含的约束为"除了我代表的及下面的域名,或我已发布的交叉链路的其他名称"。

我们仍建议主要构建自下而上的模型,但严格的 up∗-cross-once-down∗ 算法可能无法提供一定的灵活性。例如,一个组织可能会交叉链接到 other-org.com,但意识到 other-org.com 也保持着 yet-another.com 和 still-another.com 的交叉证书,其名称约束可能意味着受信任的主体可以证明命名空间{other-org.com,yet-anoher.com,still-another.com}中的名称。或者,有几个相互交叉证明的根组织都证明了组织的某个子集。由于两个组织可能没有被同一根的证明,因此有必要向上到达根,然后找到穿过根网格到达目标根的路径,然后再向下。这可以通过用名称约束,信任所有名称,使根相互交叉证明来实现。自下而上的模型越深,越接近无政府状态模型,从而所有有效路径的搜索就越复杂。

尽管 PKIX 证书包含名称约束,但却很少使用。如果 CA 证书包含名称约束,则验证器应该检查是否 CA 发布的证书都遵循名称约束,但并非所有验证器都这样做。

## 10.7　构建证书链

在所有模型中,都存在验证器 Alice 如何获得目标名称 Bob 的相关证书的问题。相应地,存在各种各样的策略。在电子邮件中,一种策略是让 Bob 签名的电子邮件包含密钥的证书链,并希望包括一个 Alice 的信任锚点。当 Alice 收到邮件时,则会验证证书链,并可以缓存 Bob 的公钥(假设 Bob 的链包括一个 Alice 的信任锚点)。

如果存在与每个 CA 关联的目录,则 Alice 可以沿着信任锚点的路径要求每个 CA 的向上、向下或交叉证书。请注意,实际的 CA 不需要一直在线。目录只需要存储离线 CA 签名的信息。目录无法向验证器提供不正确的密钥,因为目录无法伪造 CA 的签名。

在 IPSec 和 TLS 等协议中,假设是自上而下/寡头模型。在最初的握手过程中,Alice 会告知 Bob 信任锚点,Bob 会向 Alice 发送来自其信任锚点的证书链。

## 10.8　证书撤销

如果有人意识到密钥被盗,或有人从组织离开,那么撤销他们的证书很重要。证书通常存在有效期,但由于发布证书会遇到很多麻烦(尤其当 CA 离线时),因此证书的有效期通常以年为单位,如果要撤销证书,则等待证书过期的时间太长。

这与信用卡的情况类似。信用卡也有一个有效期,通常是其发行后的一年或更长时间。然而,如果信用卡被盗用,则迅速撤销其有效性很重要。最初,信用卡公司出版了不良信用卡号的账簿,并将这些账簿分发给所有的商家。在接受信用卡之前,商家会进行检查以确保信用卡号没有在账簿中。该机制类似于**证书撤销列表**(CRL)机制(见 10.8.1 节)。

如今,信用卡的常见机制是,对于每笔交易,商家都会打电话给可以访问无效信用卡号(或有效信用卡号)数据库的组织,并告知商家信用卡是否有效,或者是否有足够的购买信用。这类似于**在线撤销服务**(On-line Revocation Service,OLRS)机制(见 10.8.2 节)。用于请求证书撤销状态的 IETF 标准协议称为**在线证书状态协议**(On-line Certificate Status Protocol,OCSP),记录在 RFC 6960 中。

为什么证书需要具有有效日期?假设存在一种撤销方法,则使得证书过期的唯一安全原因是提高撤销机制的效率,例如避免 CRL 过大。激进的人可能认为,设计证书有效日期的原因是,想要从发行证书中获得收入的公司可以多次收取同一证书的费用。PKIX 证书的使用寿命确实很长,甚至可以到 9999 年 12 月 31 日,但在实践中,这就等于没有有效期。

在某些情况下,证书的使用寿命短一些会更有意义,例如,知道证书只用于暂时使用时。举例来说,证书可能是一个有效期为一周的访客徽章,或一天的停车许可证。发布短期证书比撤销证书更简单。

## 10.8.1　证书撤销列表

**证书撤销列表**(Certificate Revocation List,CRL)的基本思想是 CA 定期发布所有撤销证书的签名列表。即使自上一个 CRL 以来没有撤销任何证书,但此列表必须定期发布,因为攻击者可能会在其证书被撤销前发布旧的 CRL。如果定期发布带有时间戳的 CRL,则验证器会在找不到足够的新 CRL 时拒绝接受任何证书。每个 CRL 包含所有未过期的完整列表、撤销的证书。

**增量 CRL**(Delta CRL)旨在使 CRL 分发更加高效。假设你想在一小时内使撤销生效。对于 CRL,这意味着 CA 每小时必须发布一个新的 CRL,并且每个验证器都必须下载最新的 CRL。假设 CRL 规模很大,或许因为该公司刚解雇了 1 万名员工。每个验证器每小时都必须下载一个巨大的 CRL,即使裁员后很少有证书被撤销。

增量 CRL 列表来自某些完整的 CRL。增量 CRL 可以表示增量 CRL 正在引用的完整 CRL 时间戳,例如,"这些是自 2023 年 2 月 7 日上午 10 时以来被撤销的证书"。增量 CRL 非常短,通常不包含任何证书。但只有当增量 CRL 变大时,发布新的完整 CRL 才会有用。

本书两位作者提出的关于 CRL 变得太大后,使其变小的设计思路称为首次有效证书。该方案还支持发布证书时无须具有预置的有效日期。相反,只用序列号标记,并在每次发布证书后增加(或者用发布时间取代序列号)。CRL 具有一个 X.509 中没有的附加字段,即 FIRST VALID CERTIFICATE 字段。任何序列号或发布时间较小的证书都是无效的。

我们方案中的证书没有预置的有效期。只要 CRL 的大小可控,就没有必要重新发布任何证书。如果 CRL 看起来太大了,则 CA 组织会发布一份备忘录,警告所有证书序列号小于 $n$ 的人要在备忘录日期后一周内获得新证书。选择 $n$ 的值以后,则当前 CRL 的序列号很少会大于 $n$。序列号大于 $n$ 的已撤销证书必须继续出现在新的 CRL 中,不必重新发布序列号大于 $n$ 的有效证书。一段时间后,例如备忘录发出的两周后,CA 会在第一个有效证书字段中发布一个 FIRST VALID CERTIFICATE 字段为 $n$ 的新 CRL。在获得新证书之前,忽略备忘录的受影响用户(序列号小于 $n$ 的用户)将无法访问网络,因为其证书现在无效。

在某些情况下,即使存在这种方案,在证书中包含有效日期也是合理的。例如,大学生可以获得每学期使用系统的证书,该证书在学期结束后到期。在支付下学期的学费后,学生将获得一个新证书。但即使在这种情况下,结合一些证书的有效日期和我们的方案仍然是合理的,因为我们的方案支持紧急情况下证书的大规模撤销。

## 10.8.2　在线证书状态协议

**在线证书状态协议**(Online Certificate Status Protocol,OCSP)(RFC 6960)是一种查询**在线撤销服务器**(On-line Revocation Server,OLRS)个体证书有效性的协议。如果 Bob 正在验证 Alice 的证书,则 Bob 会向 OLRS 询问 Alice 的证书是否有效。你可能会认为,把在线服务器引入 PKI 会消除公钥的一个重要安全优势,因为需要拥有一个在线可信服务。但是 OLRS 不像 CA 或 KDC 那样安全敏感,OLRS 能做的最极端的事情就是声称被撤销的证书仍然有效,因此这种损害是有限的,而且 OLRS 没有像 KDC 一样易受攻击的用户秘密数据库。因为 OLRS 的密钥应该与 CA 的密钥不同，所以如果 OLRS 的密钥被盗，CA 的密钥也不会泄露。令人惊讶的是，OLRS 密钥与 CA 密钥相同并不罕见。

OLRS 的一个变体是让 Alice 向 OLRS 服务器查询自己的证书。OLRS 响应会被签名（由 OLRS 服务器）并加上时间戳，因此 Alice 可以给 Bob 发送 OLRS 回复和自己的证书。假设 Alice 需要访问许多资源，那么这可以节省 OLRS 与多个验证器会话的工作，节省验证器查询 OLRS 的工作，并节省从多个验证器查询 OLRS 所使用的网络带宽。

Bob 可以决定撤销生效的速度。如果 Bob 想在 1 小时内撤销，则可以坚持要求在最后一小时内为 Alice 的 OLRS 响应打上时间戳。如果 Bob 抱怨 Alice 的 OLRS 响应不是最近的，那么 Alice 可以获得一个新的响应，或者 Bob 可以自己查询 OLRS。

Alice 可以主动刷新 OLRS 响应，因为 Alice 知道大多数服务器都要求在 1 小时内进行响应。那么，OLRS 的往返查询就不需要在事务处理时进行。

即使 Bob（而不是 Alice）查询 OLRS，也可以进行缓存和刷新。Bob 可以跟踪准备用他资源的用户的证书链，并主动与 OLRS 核实是否有证书被撤销。

请注意，如果服务器使用此策略，并用多个客户端收集 OLRS 响应，则会有更大的性能提升。

### 10.8.3 好列表与坏列表

一些标准假设 CRL 包含坏证书的所有序列号，或者 OLRS 有一个撤销证书的数据库。这种方案被称为坏列表方案，因为可以跟踪坏证书。

然而，跟踪好证书的方案更安全。假设 CA 操作员被贿赂了，并用有效证书的序列号发布了证书，而且没有表明这个伪造证书被发布的审计日志。没有人会知道这个证书要被撤销，因为没有正当合法的人知道该证书曾经发布过。该证书也不会包含在 CRL 中。

相反，假设 CRL 包含所有有效证书的列表（不只是序列号，还包括每个序列号证书的哈希）。然后，伪造的证书不会被接受，因为伪造的证书不会出现在好证书的列表中。关于好列表有两个有趣的问题。

(1) 好列表可能比坏列表大得多，更改更为频繁，因此其性能可能比坏列表更差。

(2) 组织可能不想公开有效证书的列表。这很容易通过让发布的好列表只包含有效证书的哈希来实现，而不是其他的可识别信息。

注意，在公开可读的情况下，好列表和坏列表通常只包含序列号和哈希，而不是其他的可识别信息。那么泄露的唯一信息就是有效证书的数量（在好列表情况下），或者无效证书的数量（在坏列表情况下）。没有理由相信好证书的计数比坏证书的计数更安全敏感。如果由于某种计数是安全敏感的原因，则撤销服务可以声明附加的虚构证书是有效的或无效的。

X.509 标准规定，不允许发布两个序列号相同的证书，并且必须记录所有发布的证书。但我们不应该认为坏人会因为违反规定而被阻止发布伪造的、未经审计的证书！X.509 标准假设 CA 的运行方式为没有人能够偷偷进入，并创建具有重复序列号的证书。而且，这可以用硬件强制实现得到很高的概率。

## 10.9　PKIX 证书中的其他信息

　　证书中为 Bob 的密钥提供担保的一些字段正是我们所期望的。SUBJECT NAME 字段中可以看到 Bob 的名称。证书中另一个明显的字段是 CA 的签名。考虑到可能有很多不同的签名算法,签名需要同时包括指定签名算法的 SIGNATURE TYPE 字段,以及实际的 SIGNATURE 字段。然而,PKIX 证书中还有其他字段。由于 PKIX 格式是可扩展的,所以始终可以添加新字段。

　　(1) SUBJECT PUBLIC KEY INFO 字段。这是一个重要的字段,明确了两个内容:证明的密钥类型,例如 RSA 密钥或 ECDSA 密钥;以及密钥的值。

　　(2) VALIDITY INTERVAL 字段。以秒为单位,明确了不早于(NotBefore)和不迟于(NotAfter)的时间,但没有发布时间(IssuedTime)。读者可能会认为 NOTBEFORE 字段是证书签名的时间,但 PKIX 格式允许后置证书日期(在周一签名,但表示要到周五才能合法)。此外,有趣的是,存在两种不同的时间表示方式,都用 ASCII 串表示。第一种表示法用于表示 2050-YYMMDDHHMMSSZ 之前的任何日期,其中,YY 是年份的最后两位数,MM 是用两位数表示的月份,DD 是用两位数表示的日期,HH 是 24 小时制的小时,MM 是分钟,SS 是秒,Z 是 Zulu 缩写的常数,代表格林尼治标准时间(Greenwich Mean Time)。由于年份的表示只有两位数,所以原始格式在 2000 年会出现 Y2K 问题。因此,时间代表委员会为自己争取了额外的 50 年,规定,如果这两位数大于或等于 50,则年份为 19YY,如果数小于 50,则年份是 20YY。时间代表委员会的人可能认为到 2050 年他们都会退休,所以可能希望让下一代人注意到这个问题并去应对解决。相反,有远见的人们为 2050 年后的日期提出了一种不同的表示方法,形式为 YYYYMMDDHHMMSSZ,其中年份是 4 位数。因此,下一次的时间表示问题会等到 9999 年,届时所有人都将退休,所以不需要担心。

　　(3) USAGE RESTRICTIONS 字段。这个字段包含名称约束(见 10.6.6 节),还包含一些限制,例如密钥是否应仅用于加密、签名(如果是这样,则应信任为哪些类型信息进行签名)或认证。在约束字段中有一个比特用于表明主体是否可以允许成为 CA。如果允许,则由主体名称签名的证书可被信任为证书链中的链接。此外,使用约束字段还允许指定从主体开始的链的长度。

　　(4) WHERE TO FIND REVOCATION INFORMATION 字段。该字段表示可以找到此证书撤销信息的位置。

## 10.10　过期证书问题

　　当用公钥进行实时身份认证时,唯一重要的是需要确保证书在使用时的有效性。但假设正在用公钥进行签名,如果证书已过期,签名是否应保持有效? 如果密钥被撤销了,该怎么办?

　　假设签名中包含日期,如果密钥在文件签名时是有效的,那么签名就应该是有效的。然而,假设这份文件是 Alice 给 Bob 签名的房契。Alice 签名时,其证书是新的,并未被撤销。所以 Bob 会信任 Alice 在契约上的签名。但假设十年后,Alice 对 Bob 说:"你为什么住在我的房子里？"Bob 给 Alice 看了十年前契约的签名。Alice 可以说："上周我报告了密钥被偷。一定是偷密钥的人创建了那个文件，并把时间改回到十年前。"

一种解决方案是让第三方，通常称为公证人，在 Alice 密钥仍有效的情况下随时进行文件签名。公证人可以证明 Alice 的密钥在公证人进行文件签名时是有效的，但公证人的密钥也可能过期或被撤销。因此，需要多个公证人对文件进行签名。公证人甚至可以在 Alice 的密钥撤销或过期后，重新验证文件，但前提是新的公证人会信任之前进行文件签名的公证人（及其密钥）。即使在 Alice 的密钥过期后，或一些公证人的密钥过期或被撤销后，如果至少一个已经签名的公证人具有有效的密钥，则文件上的签名仍可以验证。

## 10.11　DNS 安全扩展

域名是分层的。由于部署或性能优化的历史原因，DNS 的细节有些晦涩难懂。下面，我们将简化 DNS 中的概念，例如假设每个名称都有一个 IP 地址，并且 DNS 层次结构中的每个域都有一台 DNS 服务器，并将重点放在 DNS 安全扩展（DNS Security Extensions，DNSSEC）的概念方面。

每个 DNS 域都有一个联机服务器。DNS 基础设施支持 DNS 名称查询，例如其 IP 地址。举例来说，关于名称 dell.com 的信息，可以查询负责存储信息，并回答包含 ∗.com 形式域名查询的服务器。除了 IP 地址外，DNS 还存储了许多关于特定名称的信息，例如，名称 dell.com 的 DNS 信息可能包括处理邮件地址形式为 user@dell.com 的邮件服务器名称。

如果 Alice 在查找名称信息时没有对 DNS 服务器进行身份认证，那么冒充 DNS 服务器的人可能会提供虚假信息。即使 Alice 以某种方式对查询的 DNS 服务器进行了身份认证，最好还是尽量减少对在线服务器的信任，并且让在线服务器发送的信息以更好的保护和离线方式进行数字签名。为提高性能，需要许多可以查询 ∗.com 形式名称的在线服务器，并且最好不要求它们都是满足物理安全的。

DNSSEC 的主要安全功能是为每个名称信息添加公钥，并对 DNS 信息进行数字签名和存储。数字签名最好由物理上安全的离线实体创建，而且存储信息和回答域名查询的 DNS 服务器并不知道域的私钥。

DNSSEC 比预期的要复杂一些，有如下两个原因。

（1）人们希望对某些域名信息进行签名，而不允许对其他名称进行签名。这样做可能的动机是，域名管理者会向域名所有者收取信息数字签名的费用。

（2）人们已经决定增加寻找所有域名的困难程度。而且，禁止提供域名列表，但可以询问特定名称的信息，相应回复可能是该名称或域中不存在的特定名称信息。

基于最简单的设计方案，如果某名称信息完成了签名，那么 DNS 服务器会返回相应的签名信息，否则将返回"未签名"信息。如果存在不诚实 DNS 服务器，即使仍然基于上述设计的方案，而且该名称信息已签名，不诚实 DNS 服务器也会提供虚假信息，因为，DNS 服务器会说"存在这个信息，但没有签名。"同样，不诚实 DNS 服务器会声称域中不存在某个名称，即使这个名称确定存在。

DNSSEC 必须适应以下 3 种情况：

（1）域中不存在该名称；

（2）该名称存在，但该名称信息未签名；

（3）名称信息已签名。

DNSSEC 采用一个聪明的机制来防止不诚实 DNS 服务器的撒谎。与域（其中至少存在一些签名的条目）关联的是名称签名信息的哈希列表。该哈希列表按数字大小排序，例如 $h_1, h_2, h_3, \cdots, h_n$，其中 $h_1 < h_2 < h_3 < \cdots < h_n$。DNS 管理者（对域信息进行签名）为每个相邻的哈希对签名，例如，对 $h_1 | h_2$ 签名，接着对 $h_2 | h_3$ 签名……以此类推。如果查询特定名称并且对信息进行了签名，则 DNS 服务器会返回签名的信息。然而，如果名称不存在或名称信息未签名，则 DNS 服务器会对名称进行哈希，确定名称属于的哈希范围（例如名称的哈希介于 $h_7$ 和 $h_8$ 之间），并返回 $h_7 | h_8$ 的签名。这表明该范围内任何名称的哈希要么不存在于这个区域中，要么未签名。不诚实 DNS 服务器无法欺骗你相信已签名条目的错误信息，但对于未签名条目，即使它存在，不诚实 DNS 服务器也会声称该名称不存在，或者无论该名称是否存在，都会提供虚假的名称信息。

DNSSEC 可以作为 PKI 运行，并允许 Alice 通过查询在线服务器找到 Bob 的密钥（不像目前 TLS 和 IPSec 的工作方式，当 Alice 试图与 Bob 会话时，会依赖 Bob 向 Alice 发送的证书）。DNSSEC 是自上而下的模型，因为每个人都配置了根域密钥，并通过遍历每个子域找到域密钥。理论上，如果域支持父密钥（上行-链路）的条目或交叉-链路条目，则可以实现自下而上的模型。DNSSEC 的原始版本支持为服务器名称存储密钥，这在概念上很容易将组织中用户的电子邮件和认证密钥存储在由该组织管理的 DNS 目录中。不幸的是，DNSSEC 委员会删除了如何表示 DNS 中存储密钥的规范。至少在某些情况下，目前正在努力将其重新加入。**基于 DNS 的命名实体认证**（DNS-based Authentication of Named Entities，DANE），RFC 6698，就是这样的一项工作。

## 10.12 作业题

1. 与恶意 KDC 相比，恶意 CA 能做什么？考虑一些场景，例如解密 Alice 和 Bob 之间的会话，或者冒充 Bob 与 Alice 进行会话。

2. 在协议 10-1 中，发给 KDC 的第一条消息"Alice 要与 Bob 进行通话"没有进行加密保护，因此，主动攻击者可以把该消息改为"Alice 要与 Trudy 进行通话"。该协议如何能够确保 Alice 不会被欺骗，认为 Trudy 就是 Bob？

3. 设计 Kerberos 的变体，其中工作站会生成 TGT，而不是向 KDC 请求 TGT。提示：TGT 会被用户的主密钥而不是被 KDC 的主密钥进行加密。在效率、安全性等方面，这与标准 Kerberos 相比如何？

4. 假设存在两种不同的服务：只提供 TGT 的 TGT-服务器和提供票证的票证-服务器。若只有人类用户才能获得 TGT，其他主体保留它们的主密钥，并永远不会获得 TGT，而且票证永远不会授予人类主体。那么 TGT-服务器需要配置哪些信息？票证-服务器需要配置哪些信息？

5. 假设所有主体都获得了 TGT，但忘记了主密钥，并采用 10.3.6 节描述的双票证协议。TGT-服务器需要配置哪些信息？票证-服务器需要配置哪些信息？

6. 在 10.3.6 节中，举例为 Alice 要求 Bob 发送他的 TGT。如果 Alice 知道 Bob 的

TGT,如何阻止 Alice 冒充 Bob?

7. 假设为避免 KDC 失败时的中断,一个域中会存在几个冗余的 KDC。当域中添加或删除新主体时,KDC 数据库是否需要同步? 当 KDC 创建会话密钥和 TGT 时,如何处理?

8. 假设所有 Kerberos 主体(不仅是人类)都获得了会话密钥和 TGT,那么这样就可以避免保留主密钥。在 Bob 忘记了主密钥,只记得会话密钥和 TGT,并且 KDC 不跟踪会话密钥的情况下,请设计一个允许 Alice 获得 Bob 票证的系统。

9. 在向 KDC 请求 Bob 的票证时,为什么认证器字段没有安全优势,但登录 Bob 时却很有用?

10. 假设 Alice 得到了 Bob 的票证(用 Bob 的主密钥 $K_B$ 加密)。然而,Bob 已请求了会话密钥和 TGT,并忘记了主密钥 $K_B$。像 Kerberos 这样的系统,用什么机制可以使 Bob 能够找到联系他的主体名称("Alice"),以及与 Alice 通信的共享秘密 $K_{A-B}$?

11. 如何使用 Kerberos 进行电子邮件的安全保护? 显而易见的方法是,在向 Bob 发送消息时,Alice 得到 Bob 的票证,并包含于电子邮件中,用票证中的密钥加密和/或完整性保护电子邮件。这样做的问题是,KDC 会给 Alice 一个用 Bob 口令-导出的主密钥加密量,然后 Alice 便可以进行离线口令猜测。如何修改 Kerberos 实现无法进行离线口令猜测的电子邮件?(提示:向人类用户发出另一个邮件使用的不可访问的主密钥,并扩展 Kerberos 协议,使 Bob 能够安全地从 KDC 获得不可猜测的主密钥。)

12. 假设人类 Alice 是两个不同域的主体,例如 Wonerland 和 Oz,并且想在每个域中使用相同的口令。如何可以确保每个域中 Alice 的主密钥不同?

13. 若用 PKIX 构建无政府状态模型,则证书需包含哪些名称约束? 在自上而下模型中(唯一的证书签名由父节点对子节点的签名完成),证书中应该包含哪些名称约束? 若要构建自下而上模型,则上行-链路证书(子节点为父节点签名证书)需要哪些名称约束? 交叉-链路需要哪些名称约束?

14. 在图 10-7 中,没有上行-链路。为访问图中的所有主体,.com 中的主体需要配置怎样的信任锚点?

15. 在图 10-8 中,在从 sales.xyz.com 中主体到 a.org 中主体的证书路径中,需要哪些 CA 是可信的才能保证安全? 若要从 a.org 中主体到 sales.xyz.com 中主体,该路径需要满足什么要求?

16. 为什么即使没有撤销新证书,CRL 也必须定期重新发布?

17. 如果存在撤销机制,为什么证书也需要有效期?

18. 比较各种撤销方案的性能(例如带宽、延迟、撤销时间线):证书有效日期的依赖性、验证器下载完整的 CRL、验证器下载增量 CRL、验证器查询在线撤销服务器、获得"我的证书仍然有效"证书的主体,以及 CRL 中首次有效证书。考虑到一些因素,例如,公司突然解雇了数千名员工,但长时间没有撤销证书,为大量主体服务的验证器,或者主体访问了许多服务。

19. 为什么好列表撤销方案不仅需要保留序列号,保留有效证书的哈希也很重要?

# 第 11 章　通信会话建立

咚咚咚①!

是谁?

Alice。

哪个 Alice?

继续阅读,读者方能找到后续会话的安全方式。

本章分析了设计实时通信握手时的各种注意事项,然后以进行身份认证过程中非常简单的握手示例开始讲解相关原理。这些类型的协议对于简单的会话场景很有用,例如"开门",而且当人们只想用最少的工作量来代替发送口令时,这类协议的应用场景很常见。尽管如今大多数互联网通信都基于 TLS 协议实现,但从非常简单的握手案例开始分析通信会话仍然具有启发性。本章的后半部分介绍了 IPSec 协议、TLS 协议和 SSH 协议在握手设计中涉及的许多相关设计注意事项,这些广泛部署的标准协议现已被用于身份认证、建立加密保护会话的密钥,以及发送加密保护的数据。

符号标记提示:如果 Bob 和 Alice 共享一个密钥,则将该密钥记为 $K_{A-B}$。符号 $f(K_{A-B}, R)$ 意味着某个函数 $f$ 对两个输入——共享秘密 $K_{A-B}$ 和挑战 $R$ 进行密码变换。进行加密记作 $\{R\}K_{A-B}$,进行哈希记作 hash$(K_{A-B}, R)$。$K_{A-B}$ 可能是 Alice 和 Bob 中配置的高质量密钥,或者,如果 Alice 是人类,则 $K_{A-B}$ 可能是从 Alice 设备口令中导出的低质量秘密。

此外,如 9.8 节所述,字典攻击指攻击者捕获(得到)一些数据,并被允许验证口令是否为用户口令的一种攻击。由于字典攻击是离线的,因此,攻击者尝试的猜测次数无法被审核,并且受攻击者的计算能力和时间限制。

## 11.1　Alice 的单向身份认证

在许多老版本身份认证协议设计的环境中,窃听攻击并不是问题,无论正确与否,而且,坏人的存在也并不被认为是非常复杂的。这种协议中的身份认证通常包括:

(1) Alice(发起者)通过网络把用户名和口令以明文形式发送给 Bob;

(2) Bob(具有一个由用户名和口令构成的口令数据库)验证用户名和口令,通信过程不会进一步关注安全需求——没有加密,也没有密码的完整性保护。

这种协议的一种常见增强方法是用密码质询/响应代替明文口令的传输。考虑协议 11-1。

窃听者可以得到 $R$ 和 $f(K_{A-B}, R)$。这个协议相比明文口令有了很大改进。然而,该协议存在一些弱点。

---

① 译者注:模拟敲门声。

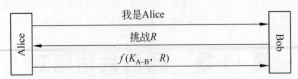

**协议 11-1　Bob 基于共享秘密 $K_{A-B}$ 对 Alice 进行身份认证**

（1）基于该协议的身份认证不是相互的。例如，Bob 认证了 Alice，但 Alice 并没有认证 Bob。如果 Trudy 能够接收到发送给 Bob 网络地址的数据包，并用 Bob 的网络地址进行响应，或者通过其他方式使 Alice 相信 Trudy 的地址就是 Bob 的地址，那么 Alice 就会被欺骗，认为 Trudy 就是 Bob。如果 Trudy 存在于 Alice 和 Bob 之间的路径上，则认证过程尤其方便。例如，若 Trudy 是路径上路由器中的恶意软件，则 Trudy 不需要知道 Alice 的秘密就可以冒充 Bob——只需要将任意之前的数 R 发给 Alice，并忽略 Alice 的响应即可。

（2）如果这就是整个协议（即会话的其余部分不进行加密保护传输），那么，假设 Trudy 可以冒充 Alice 的 IP 地址，则 Trudy 可以在初始交换后劫持会话 Bob，而且 Bob 会认为正在与 Alice 通话。劫持会话意味着在 Alice 完成对 Bob 的身份认证后，Trudy 会介入，并开始与 Bob 会话。这类似于 Trudy 在等待 Alice 在 ATM 机上插卡，并输入密码后，强行将 Alice 推开，并从 Alice 的账户为自己取钱一样。在网络环境中，假设 Trudy 可以冒充 Alice 身份认证的 IP 地址，则 Trudy 可以在 Alice 开始会话之前发送一些 TCP 数据包，当 Alice 开始尝试继续会话时，Bob 会忽略 Alice 的数据包，因为 Alice 使用的序列号小于 Trudy 所使用的序列号。

（3）窃听者看到 R 和 $f(K_{A-B}, R)$ 后，可以发起离线口令猜测攻击（假设 $K_{A-B}$ 从口令中导出）。

（4）窃取 Bob 口令数据库的人可以冒充 Alice。

请注意，如果 Mallory 窃取了 Bob 的口令数据库，则 Mallory 可以知道 $K_{A-B}$。如果 Mallory 可以修改客户端软件以绕过人工输入口令，并由客户端设备将其转换为口令，那么 Mallory 便可以直接冒充 Alice，而无须通过字典攻击来找到 Alice 的口令。然而，如果 Mallory 无法修改客户端软件，则 Mallory 需要用 Bob 的口令数据库进行字典攻击，以便找到可以转换为 $K_{A-B}$ 的口令。

协议 11-1 的微变体形式如协议 11-2 所示。

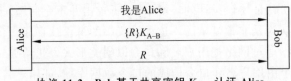

**协议 11-2　Bob 基于共享密钥 $K_{A-B}$ 认证 Alice**

在这个协议中，Bob 选择了一个随机挑战 R 进行加密，并传输加密结果。然后，Alice 使用密钥 $K_{A-B}$ 解密接收到的量，得到 R，并将 R 发送给 Bob。该协议与协议 11-1 只有如下的细微安全性差异。

（1）协议 11-1 可以用哈希函数完成。但在协议 11-2 中，Alice 需要逆向 Bob 对 R 的过程，以便检索 R。

（2）假设 $K_{A-B}$ 源自口令，因此该协议容易受到字典攻击。如果 R 是可识别的量，例如，用 32 个零比特填充加密块的 96 比特随机数，那么在未进行窃听的情况下，Trudy 可以通过发送消息"我是 Alice，从 Bob 得到了 $\{R\}K_{A-B}$"来发起字典攻击。然而，如果 Trudy 正在进行窃听，并且同时看到了 $R$ 和 $\{R\}K_{A-B}$，则可以用任意协议发起字典攻击。通常，窃听攻击比发送自称是 Alice 的信息更加困难。此外，Kerberos v4 是一个允许发送自称是 Alice 消息的协议，可获得一个用于发起离线字典攻击的量。Kerberos v5 只允许窃听者进行离线字典攻击。

### 11.1.1　时间戳与挑战

如果 $R$ 是生存期有限的可识别量，例如，与时间戳关联的随机数，则 Alice 可以在一定程度上认证 Bob，因为生成 $\{R\}K_{A-B}$ 需要知道 $K_{A-B}$。然而，如果 Alice 尝试在时间戳的可接受生存期内与 Bob 建立新的连接，那么冒充 Bob 的地址，诱骗 Alice 与之连接的窃听者 Trudy 可以重放 $\{R\}K_{A-B}$，并诱骗 Alice 认为自己正再次与 Bob 通联。克服上述弱点的方法是让 Alice 在第一条消息中发送挑战 $c$，并使得量($R|c|$时间戳)变为 Bob 加密的内容，如协议 11-3 所述。

协议 11-3　Alice 发送挑战的相互认证

协议 11-1 的另一个变体是缩短单个消息的握手，让 Alice 使用协议 11-4 中的时间戳，而不是 Bob 提供的 $R$。

协议 11-4　采用共享密钥 $K_{A-B}$ 的，基于时间戳的 Alice 认证

时间戳要求 Bob 和 Alice 具有合理的同步时钟。Alice 会对当前的时间进行加密。然后，Bob 解密结果，并确保结果是可接受的，即时钟偏离可接受(10 分钟)。该协议所涉及的修改含义如下。

（1）由于协议 11-4 不添加任何附加消息——仅用 Alice 发送给 Bob 的第一条消息中的加密时间戳来替换明文的口令字段，因此，可以轻易将时间戳添加到为发送明文口令而设计的协议中。

（2）该协议现在更加高效，不仅可以保存两条消息，还意味着对于 Alice，服务器 Bob 不需要保持任何易变状态(例如协议 11-1 中的 $R$)。通过让 Alice 仅将加密时间戳插入请求中，即将该协议加入到请求/响应协议(例如 RPC)中，则 Bob 可以认证请求，生成回复，并忘记发生的所有事情。

（3）如果能够在可接受的时钟偏离内完成通信，则窃听者可以用 Alice 传输的{时间戳} $K_{A-B}$ 来冒充 Alice。如果 Bob 能记住 Alice 发送的所有时间戳，那么在时间戳过期(时钟偏

离检查判定其无效）前，都可以克服这种威胁。然而，如果 Alice 对多个服务器使用相同的秘密 $K_{A-B}$，则行动迅速的窃听者可以利用 Alice 发送的加密时间戳字段，并在可接受的时间偏离内向不同的服务器冒充 Alice。这种漏洞可以通过在服务器名称中连接时间戳进行修复，例如，Alice 可以发送 $\{Bob|时间戳\}K_{A-B}$。然而，在 Alice 的视角中，多个实例看起来仍是单个服务器 Bob 的情况下，将名称 Bob 放入加密时间戳也没什么用。此外，在可接受的时间戳窗口内让 Bob 的所有实例与 Alice 使用的时间戳数据库保持一致，可能会有一定帮助，但代价很大，并且至关重要的是，让 Bob 的实例来了解用过的时间戳要比窃听者重放 Alice 的加密时间戳更快。或者，需要利用一个主 Bob 实例去跟踪用过的时间戳，并在 Bob 实例接受 Alice 的加密时间戳之前检查主 Bob，并询问该时间戳是否用过。

（4）假设 Bob 只会在有效的窗口内（10 分钟）记住用过的时间戳，如果坏人 Trudy 能够说服 Bob 将时钟重置，则可以重复使用 10 分钟前得到的加密时间戳，因为 Bob 已忘记。在实践中，有些系统容易受到入侵者的时钟重置攻击。如果并未完全理解安全协议，那么由时钟重置演变成的严重安全漏洞可能并不明显。

（5）如果安全性依赖时间，那么时钟重置便是需要进行安全握手的操作。如果时钟差异过大，那么基于时钟的握手则会失败。如果系统时间不正确，则很难登录系统进行管理。其合理解决方案是利用基于挑战-响应的不同认证握手来管理时钟设置。

在协议 11-1 中，可以用 $K_{A-B}$ 作为密钥来加密 $R$，或者利用 $R$ 连接 $K_{A-B}$ 进行哈希来计算 $f(K_{A-B}, R)$。当使用相同的时间戳时，该协议会存在一些小的复杂问题。Bob 如何验证哈希 $(K_{A-B}, R)$ 是可接受的？假设时间戳以分钟为单位，并且可信的时钟偏离为 10 分钟。然后，Bob 需要通过计算 20 个可能的有效时间戳的哈希 $(K_{A-B}, 时间戳)$ 来验证 Alice 发送的值。基于可逆加密函数，Bob 需要解密收到的量，并查看结果是否可以接受。尽管检查 20 个可能值的性能或许可以接受，但如果时钟粒度在时钟偏离内有更多的合法值，则这种方法效率很低。例如，时间戳以微秒为单位，则在 10 分钟的时间偏离内会有 12 亿个有效时间戳。对 Bob 来说，验证工作的效率将低下到无法接受。解决方案[1]是让 Alice 既传输哈希值，又未加密地传输实际时间戳，如协议 11-5 所示：

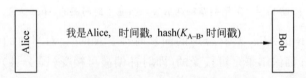

**协议 11-5** Alice 以明文形式发送时间戳，以及哈希 $(K_{A-B}, 时间戳)$

## 11.1.2 用公钥的 Alice 单向认证

利用 11.1.1 节基于共享秘密的协议，如果 Alice 能够读取 Bob 的口令数据库，则 Trudy 可以冒充 Alice。相反，若协议基于公钥实现，其中 Bob 的用户数据库包含每个用户的公钥，则可以避免攻击，如协议 11-6 所示。

符号 $[R]_{\text{Alice}}$ 表示 Alice 用私钥对 $R$ 进行签名。Bob 用 Alice 的公钥验证 Alice 的签名

---

① 假设用微秒时钟和哈希函数，而不是可逆加密方案。

**协议 11-6　Bob 基于 Alice 的公钥签名进行认证**

$[R]_{Alice}$。这与协议 11-1 非常相似。此协议的优点是 Bob 的公钥数据库对攻击者的读操作不再具有安全敏感性。为防止未经授权的修改，必须保护 Bob 的公钥数据库，但不会保护未经授权的泄露。而且，与以前一样，如协议 11-7 所示，同样的微变体协议也是有效的：

**协议 11-7　如果 Alice 可以解密用公钥加密的消息，则 Bob 可以认证 Alice**

在这个协议变体中，Bob 选择 $R$，并用 Alice 的公钥进行加密，同时，Alice 通过解密接收到的量去检索 $R$，来证明她知道自己的私钥。请注意，有些公钥方案只能进行签名，而不能进行可逆加密。该变体需要可以进行可逆加密的公钥方案。

在协议 11-6 和协议 11-7 中，都存在潜在的严重问题。其中，在协议 11-6 中，可以诱骗某人进行签名。假设 Trudy 有一个要伪造 Alice 签名的量，例如信息的哈希为"我同意向 Trudy 支付 100 万美元"。如果 Trudy 可以冒充 Bob 的网络地址，并等待 Alice 尝试连接，则 Trudy 可以向 Alice 提供该量，并作为挑战。Alice 会对这个量进行签名，而且，Trudy 可以实时获得 Alice 在该量上的签名。协议 11-7 会使 Alice 解密一些东西。因此，如果存在用 Alice 公钥加密的量，例如，用 Alice 的公钥加密的消息 AES 加密密钥，并且 Trudy 需要解密该消息，则 Trudy 可以再次冒充 Bob 的地址，等待 Alice 连接，然后将加密数作为挑战提供给 Alice。

怎样才能避免上述问题？一般的规则是，若出于两种不同目的，则不使用相同的密钥，除非密钥所有用途的设计都协调一致，这样攻击者就无法用一种协议来协助破解另一种协议。在一种协调的示例方法中，首先要确保 $R$ 具有某种结构。例如，若对不同类型的东西进行签名（例如挑战-响应协议中的 $R$ 与电子邮件消息），则每种类型都应该具有一种可以避免与其他类型东西混淆的结构。例如，在签名前，把不同值的类型字段连接到量的前面，并认证挑战和邮件消息。PKCS♯1（见 6.3.6 节）定义了足够的结构来区分利用 RSA 密钥进行的签名和加密。注意，仅用一种规范并不能使所有的实现都是严谨的。例如，一些软件实现不会进行所有检查，并且可能会被诱骗去对不具有适当结构的内容进行签名或解密。此外，PKCS♯1 不能区分签名的不同用途，例如作为认证握手的部分签名和消息签名，或加密的不同用途。PKCS♯1 的基本思想是，RSA 密钥通常用来对哈希进行签名。哈希最多为 512 比特，而 RSA 密钥约为 4096 比特，因此，在 RSA 密钥大小的块中有足够的空间来编码额外的信息。同样地，当用 RSA 密钥进行加密时，可能最多只加密 512 比特的密钥，而且，在填充块中会为额外的信息编码留下足够的空间。

## 11.2　相互认证

假设需要在 Alice 和 Bob 之间进行相互认证，以便二者可以知道彼此的会话对象，如协议 11-8 所示，可以在每个方向上进行认证交换。

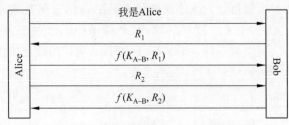

协议 11-8　基于共享秘密 $K_{A-B}$ 的相互认证

### 11.2.1　反射攻击

"先生，恐怕我已经没办法解释自己了，"Alice 说，"因为，你看，我已经不是我自己了。"

——《爱丽丝梦游仙境》

我们可能会注意到的第一件事是协议 11-8 的效率很低。如协议 11-9 所示，可以在每条消息中放入一项以上的信息来消除两条消息。

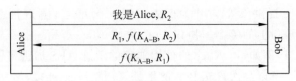

协议 11-9　基于共享秘密 $K_{A-B}$ 的优化相互认证

协议 11-9 中存在一个称为反射攻击的安全漏洞。假设 Trudy 准备向 Bob 冒充 Alice。首先，Trudy 会启动协议 11-9，但当在第二条消息收到 Bob 的挑战时，则协议的进行无法继续，因为无法加密 $R_1$。

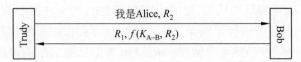

然而，Trudy 已设法让 Bob 加密 $R_2$。所以，此时，Trudy 会与 Bob 建立第二个会话。这时，Trudy 会用 $R_1$ 作为 Bob 的挑战。

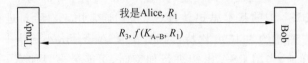

Trudy 无法继续进行此会话，因为无法加密 $R_3$。但现在 Trudy 知道了 $f(K_{A-B}, R_1)$，所以可以继续进行第一个会话来完成协议 11-9，并冒充 Alice。

这是一个严重的安全漏洞,而且,在已部署的协议中的确含有此漏洞。许多会话环境可以很容易地利用该漏洞进行攻击,因为同一服务器可能会同时建立多个连接,或者用多个服务器为 Alice 提供相同的秘密,因此 Trudy 可以用不同的服务器来计算 $f(K_{A-B}, R_1)$,这样就可以向 Bob 冒充 Alice。

如果我们足够小心谨慎,并理解其中存在的陷阱,则可以阻止反射攻击。存在两种修复协议的方法,均源于通用原则"不要让 Alice 和 Bob 做完全相同的事"。

(1)不同的密钥——使认证 Alice 的密钥与认证 Bob 的密钥不同。我们可以利用 Alice 和 Bob 共享的两个完全不同的密钥进行认证,但需要进行额外的配置和存储。或者,可以从认证 Alice 的密钥中导出用于认证 Bob 的密钥。例如,Bob 的密钥可能是 $K_{A-B}+1$、$-K_{A-B}$ 或 $K_{A-B} \oplus \text{F0F0F0F0F0F0F0F0}_{16}$。这些都会阻止 Trudy 向 Bob 冒充 Alice 的企图,因为 Trudy 无法让 Bob 用 Alice 未经修改的密钥加密任何消息。而且,提到这些例子是因为这些方法已用于 PEM[①] 等协议。但一些加密算法存在所谓的相关密钥弱点,其中,如果攻击者可以得到利用简单已知数学关系的密钥加密的密文,则密钥分析的工作因子会比蛮力搜索更低。因此,修改 $K_{A-B}$ 的优选方案是 hash(常数, $K_{A-B}$)。

(2)不同的挑战——坚持保证发起者(Alice)的挑战看起来与响应者的挑战不同。例如,可以要求发起者的挑战是奇数,而响应者的挑战是偶数。或者,加密挑战的一方在加密前将名称连接到挑战,例如,如果 Alice 到 Bob 的挑战是 $R$,则 Bob 会加密 $Bob|R$。

注意,协议 11-8 并没有受到反射攻击,因为该协议遵循了安全协议设计的另一个良好的通用原则:发起者应该率先证明其身份。理想情况下,不应该在对方证明你的身份之前证明自己的身份,但由于这不起作用,因此,假设发起者更可能是坏人。

……如果你只在别人和你说话时说话,而且对方总要等你开始后再说话,那么你会发现没有人会说任何话……

——Alice(来自《爱丽丝镜中奇遇记》)

## 11.2.2 相互认证的时间戳

通过时间戳而不是随机数进行挑战,可以将相互认证过程规约为两条消息,如协议 11-10 所示。

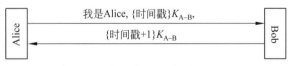

**协议 11-10 基于同步时钟和共享密钥 $K_{A-B}$ 的相互认证**

这种双消息变体非常有用,因为可以很容易地添加到现有协议(例如请求/响应协议)中,并且无须添加任何额外消息。但必须谨慎小心,在协议 11-10 中,Bob 加密的时间戳会比 Alice 的时间戳大。显然,Bob 无法把相同的加密时间戳发送给 Alice,因为这难以实现相互认证。Alice 需要确定要么正在与 Bob 进行会话,要么正在与能够从请求中复制字段的聪明人进行会话。因此,在交换中,Alice 和 Bob 必须加密不同的时间戳,并使用不同的密

---

① 一种早期的安全电子邮件标准。

钥加密时间戳,同时,在加密前把名称连接到时间戳,或者发送不同内容的其他方案。而且,用时间戳的单向认证所涉及的问题也适用于此(时间不能倒退,必须记住时钟偏离中所使用的值)。

注意,可以对时间戳进行任何修改。例如,示例中使用{时间戳＋1},因为这是 Kerberos v4 所使用的时间戳修改,但{时间戳＋1}并不是最佳的选择方案。另外,增加时间戳会带来潜在的一些问题,例如,Trudy 的窃听可能会使用{时间戳＋1}$K_{A-B}$来冒充 Alice,除非 Bob 记得{时间戳}和{时间戳＋1}都使用过。更好的选择方式是连接带有时间戳的值,以表明发起者或者响应方正在发送的信息。

另一个具有协议 11-10 的优点,但更简单的协议变体是,让 Alice 连接挑战 $c$ 与时间戳,而 Bob 只返回 $c$,如协议 11-11 所示。

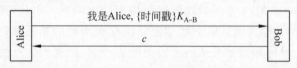

**协议 11-11　Alice 加密时间戳和挑战,Bob 解密并返回挑战目前尚未发现已部署此变体的协议**

## 11.3　数据的完整性/加密

即使 Alice 和 Bob 配置了一个长期共享的秘密 $K_{A-B}$,但最好用不同的密钥加密每个会话,而不是用 $K_{A-B}$ 来加密保护数据。每轮会话中不同的密钥即称为**会话密钥**(session key)。因此,我们希望在增强身份验证交换,并实现初次始握手后,Alice 和 Bob 能够共享会话密钥。

在通信会话中,序列号通常用于防止数据包的重放或重新排序。如果序列号被重用(例如循环),则应为每个新会话以及会话期间建立新的会话密钥。由于前一密钥使用时间过长,或用旧密钥加密了太多数据,更换新密钥也被称为**密钥翻转**(key rollover)。

通信双方都提供会话密钥是一种良好的安全规则。一种方法是让各方发送用另一方公钥加密的值,然后用这两个值的哈希作为会话密钥。这种规则降低了协议中存在缺陷的可能性,即重放攻击中有人冒充另一方。例如,在协议中,Alice 向 Bob 发送会话密钥,并用 Bob 的公钥进行加密,而冒充 Alice 的人可以简单地重放之前记录的会话中 Alice 的所有消息。

以双方发送值的哈希为例,如果任何一方都具有一个良好的随机数生成器,那么会话密钥就是足够随机的。请注意,并非所有双方均参与的方案都是如此。例如,在 Diffie-Hellman 交换中,如果一方发送 $g^1 \bmod p$ 作为 Diffie-Hellman 值,则无论对方的随机数发生器多大,得到的 Diffie-Hellman 密钥根本不会安全。

### 11.3.1　基于共享秘密凭证的会话密钥

本场景为 Alice 和 Bob 共享密钥 $K_{A-B}$。认证交换如协议 11-12 所示,或许相互认证中存在两个挑战:$R_1$ 和 $R_2$。

无论如何,在该协议中存在足够的信息支持 Alice 和 Bob 在会话中建立共享会话密钥,

协议 11-12　基于共享密钥的认证

例如使用 hash($R$,$K_{A-B}$)。

　　有些协议可以修改 $K_{A-B}$,并用其加密 $R$,例如,用 $\{R\}(K_{A-B}+1)$ 作会话密钥。为什么这样的协议需要修改 $K_{A-B}$? 为什么不能用 $\{R\}K_{A-B}$ 作为密钥? 不能用 $\{R\}K_{A-B}$ 的原因是,Alice 把 $\{R\}K_{A-B}$ 作为认证握手中的第三条消息进行发送,所以窃听者可以得到该值,因此,用其作会话密钥必然是不安全的。

　　那么用 $\{R+1\}K_{A-B}$ 作为会话密钥会怎么样? 这也不安全,其原因更微妙。假设在 Alice 和 Bob 建立的会话中,Bob 用 $R$ 作为挑战。也许 Trudy 可以记录 Alice-Bob 会话的整个过程,并用 $\{R+1\}K_{A-B}$ 进行加密。随后,Trudy 向 Alice 冒充 Bob 的网络层地址,从而诱使 Alice 尝试与 Trudy 而不是 Bob 进行通信,并且假装成 Bob 的 Trudy 会发送 $R+1$ 作为挑战,而 Alice 会用 $\{R+1\}K_{A-B}$ 作为回应:

　　然后,Trudy 便可以解密之前的 Alice-Bob 会话,因为 Trudy 可以得到 $\{R+1\}K_{A-B}$。但 Trudy 无法继续与 Alice 的当前会话(因为 Trudy 不知道 $\{R+2\}K_{A-B}$),但 Trudy 知道 $\{R+1\}K_{A-B}$,即 Alice-Bob 会话的会话密钥。

　　因此,在认证交换后,Alice 和 Bob 知道 $K_{A-B}$ 和 $R$,这两个量的许多组合可作为完全可接受的会话密钥,但也存在一些组合是不可接受的会话密钥。良好的会话密钥是怎样的? 对于每个会话而言,会话密钥必须是不同的,是不可被窃听者窃听的,并且不是用 $K_{A-B}$ 加密的量 $X$,其中,$X$ 是入侵者可以预测或提取的值,正如前文讨论的 $X=R+1$。参见本章作业题 1。

## 11.3.2　基于公钥凭证的会话密钥

　　假设用公钥技术进行双向认证,这样 Alice 和 Bob 就可以知道自己的私钥和彼此的公钥。那么如何建立会话密钥? 下面从相对安全性、性能优势和劣势角度讨论各种可能性。

　　(1) 一个参与方,例如 Alice,首先选择随机数 $R_1$ 作为会话密钥,用 Bob 的公钥加密 $R_1$,并将 $\{R_1\}_{\text{Bob}}$ 作为认证交换中消息的额外字段发送给 Bob。但此方案中存在安全漏洞。由于假设初始的认证交换没有进行完整性保护,则入侵者 Trudy 可以通过选择自己的随机数 $R_T$ 来劫持会话,利用 Bob 的公钥进行加密,并在给 Bob 的消息中用 $\{R_T\}_{\text{Bob}}$ 替换 Alice 的 $\{R_1\}_{\text{Bob}}$。然后,若 Trudy 充当了中间人,用 $R_T$ 作为会话密钥与 Bob 进行通信,那么,Bob 会认为在与 Alice 进行通话。在初始交换后,Alice 无法与 Bob 进行通话,但 Alice 会认为网络或 Bob 不稳定,并再次进行尝试。

（2）除了用 Bob 的公钥加密 $R_1$ 外，Alice 还可以对结果进行签名。所以，Alice 可以把 $[\{R_1\}_{Bob}]_{Alice}$ 发送给 Bob。Bob 首先会根据得到的量，用 Alice 的公钥验证 Alice 的签名，然后对结果用 Bob 的私钥得到 $R_1$。如果 Trudy 尝试用第一种可能性中相同的技巧，即选择自己的 $R_T$ 并发送给 Bob，则 Trudy 无法在加密的 $R_T$ 上伪造 Alice 的签名。

该方案存在一个可以部分修复或完全修复的小安全问题。该方案的缺陷在于，如果 Trudy 记录了 Alice-Bob 的整个会话过程，然后闯入 Bob，并得到 Bob 的私钥，那么 Trudy 便能够解密记录的会话。

（3）与上面一种可能性类似，但是 Alice 选择 $R_1$，Bob 选择 $R_2$。Alice 把 $\{R_1\}_{Bob}$ 发送给 Bob。Bob 把 $\{R_2\}_{Alice}$ 发送给 Alice。会话密钥为 $R_1 \oplus R_2$。在 Trudy 闯入 Alice，并窃取 Alice 的私钥后，就可以检索 $R_2$。在 Trudy 闯入 Bob，并窃取 Bob 的私钥后，就能够检索 $R_1$。但为了检索 $R_1 \oplus R_2$，Trudy 需要闯入 Alice 和 Bob（假设 Trudy 只有在 Alice 和 Bob 的会话结束后才能设法闯入，而且当会话结束时，Alice 和 Bob 会忘记 $R_1$、$R_2$ 和 $R_1 \oplus R_2$）。注意，在上一种可能性中，只让 Alice 对其相关的量进行签名（即发送 $[\{R_1\}_{Bob}]_{Alice}$，而不仅是 $\{R_1\}_{Bob}$）。为什么 Bob 和 Alice 没有必要在这里对他们的量进行签名？参见本章作业题 6。

（4）Alice 和 Bob 可以进行 Diffie-Hellman 密钥交换，其中，每个人对正在发送的 Diffie-Hellman 值进行签名（Alice 发送 $[g^{R_A} \bmod p]_{Alice}$，Bob 发送 $[g^{R_B} \bmod p]_{Bob}$）。在该方案中，即使 Trudy 闯入了 Alice 和 Bob，也无法解密记录的会话，因为无法推断出 $R_A$ 或 $R_B$。这种性质被称为**完美正向保密**（perfect forward secrecy，PFS），相关内容将在 11.8 节中进一步讨论。请注意，这不是实现 PFS 的唯一方法。

### 11.3.3　基于一方公钥的会话密钥

在某些情况下，会话中只有一方可以拥有公钥/私钥对。通常，与 TLS 一样，假设服务器具有公钥，客户端不需要烦琐地获取密钥和证书，则加密认证可以作为一种会话实现方式。该协议可以保证客户端与正确的服务器 Bob 进行通话，但在加密会话建立后，如果 Bob 要对 Alice 进行认证，则 Alice 会发送名称和口令。下面是该场景下建立共享会话密钥的两种方案。

（1）Alice 选择随机数 $R$，并用 Bob 的公钥进行加密，将 $\{R\}_{Bob}$ 发送给 Bob，而且，$R$ 可以是会话密钥。该方案的缺点是，如果 Trudy 记录了会话，然后闯入 Bob，并偷走了 Bob 的私钥，则 Trudy 可以解密会话。

（2）Bob 和 Alice 可以进行 Diffie-Hellman 交换，其中，Bob 对 Diffie-Hellman 量进行签名。Alice 不能进行签名，因为 Alice 没有公钥。即使只有 Bob 对 Diffie-Hellman 值进行签名，也可以实现完美正向保密。

**注意**：这两种方案都不能保证 Bob 真的在与 Alice 进行会话，但任何一种方案都可以保证 Bob 的整个对话都是与其中一个参与方进行的。例如，Bob 可以通过让 Alice 向 Bob 发送口令，或者用会话密钥加密的其他共享秘密来识别单一参与方为 Alice。

## 11.4　nonce 类型

nonce 是会话协议中任何给定用户只能使用一次的量。许多协议都会使用 nonce，并且存在具有不同属性类型的不同类型 nonce。使用具有错误属性的 nonce 可能会引入安全漏洞。各种类型的 nonce 包括时间戳、大随机数或序列数。这些量有什么不同？大随机数往往是最好的 nonce，因为相比序列数和时间戳，它们无法被猜测或预测。无法被猜测或预测的非重用性可能有些不直观，因为非重用性只是概率性的。但 128 比特或更多比特的随机数被重用的概率可以忽略不计。而且，时间戳需要合理的同步时钟，序列数需要非易失性状态，这样即使节点崩溃，并在多次尝试之间重新启动，也可以确保不会两次使用相同的数。上述这些特性何时是重要的？

在协议 11-13 中，挑战的不可预测性是重要的。

**协议 11-13  R 必须为不可预测的协议**

假设 Bob 使用序列数类型的 nonce，当 Alice 在尝试登录时，Bob 会加密下一个序列数，并发送给解密挑战并传输给 Bob 的 Alice。假设窃听者 Eve 观察了 Alice 的认证交换，并看到 Alice 返回的 $R$ 值为 7482。如果 Eve 知道 Bob 在挑战中用了序列数，那么 Eve 可以自称是 Alice，并从 Bob 得到一堆无法解析的比特，返回 7483。这会给 Bob 留下很自然的印象，并让其以为在与 Alice 进行会话。因此很明显，该协议中 Bob 的挑战必须是不可预测的。

如果采用另一种方式，例如，按照协议 11-14，让 Alice 计算 $R$ 的函数，并共享密钥会怎样？那么，挑战必须不可预测吗？

**协议 11-14  R 必须不可预测的其他协议**

再次假设 Bob 使用序列数。Eve 观察了 Alice 的认证交换，并知道 $R$ 为 7482。然后，Eve 冒充 Alice 的网络地址并等待，希望能诱使 Alice 向 Eve 证明自己的身份。当 Alice 这样做时，Eve 会向 Alice 发送挑战 7483，并且 Alice 会返回 7483 的函数和共享密钥。现在 Eve 可以向 Bob 冒充 Alice 了，因为 Bob 的挑战为 7483，并且，Eve 知道挑战的答案。

如果使用时间戳，这些协议也并不安全。Eve 必须猜测 Bob 使用的时间戳，而且必须偏离一或者两分钟。如果时间戳的粒度较粗（秒级），那么 Eve 可能会成功地冒充 Alice。但是，如果时间戳是纳秒级的粒度，那么这确实像一个随机数一样，并且协议是安全的。

协议 11-15 中，$R$ 所使用的可预测 nonce 是完全安全的。

**协议 11-15  R 不必不可预测的协议**

即使 Eve 能够预测 $R$，它也无法预测 Bob 发送的值，或者来自 Alice 的合适响应。

## 11.5　蓄意的 MITM

本书在 1.6 节以及 6.4.1 节中已经介绍了 MITM 攻击。有时 MITM 不是一种攻击，而是一种有意部署的行为。一些公司会有意部署代理（这里称为 Fred）作为员工和外部网站间通信的 MITM。Fred 的工作方式有很多，这里的例子是，公司 IT 部门会用 Fred 的公钥为所有员工设备配置信任锚点（见 10.4 节）。当公司网络内部的 Alice 试图连接到外部网站的 Bob 时，Fred 会拦截 Alice 的请求，创建 Bob 的证书，并且 Fred 会用已知的密钥进行签名，这样就完成了与 Alice 的 TLS 会话。Alice 会相信 Fred 新创建的证书是有效的，因为 Fred 是 Alice 的信任锚点之一。Fred 会建立与 Bob 的第二个 TLS 连接，并在 Alice 和 Bob 之间中继消息。如果 Fred 只需要在 Alice 和 Bob 间转发消息，那这就没什么用处。Fred 可以提供一些服务，例如用危险网站的拒绝列表阻止员工连接，通过缓存其他用户获取的网络图像，并将图像发送给 Alice，以节省带宽和降低延迟，扫描数据流中的病毒，或者检查员工是否发送了涉密信息。

请注意，只有当 Bob 具有证书时，这种形式的 Fred 才有效。如果 Alice 也有证书（客户端认证），这将不起作用。IT 部门可以将 Fred 配置为公司所有设备的信任锚点（这样 Fred 就可以冒充 Bob 了），但公司在所有服务器上安装他们的信任锚点是被禁止的，否则 Fred 便能够通过创建证书来冒充所有用户。

对于一些外部网站，Fred 可能未被配置为 MITM，而是可以直接连接到这些网站。例如，如果 Alice 在银行做生意，并且出于责任原因，Alice 的公司宁愿不看到银行信息，而且会信任该银行网站不会做任何恶意行为。因此，对于这些网站，Fred 被配置为不可以冒充 Bob。相反，Fred 只是转发 Alice 的信息而不进行解密和重新加密。Fred 并没有为 Bob 创建证书，也没有完成与 Alice 的 TLS 会话，而实际上只是充当了路由器。在这种情况下，Alice 到 Bob 只有一个 TLS 连接，而且，Fred 无法看到 Alice 和 Bob 的会话内容。

## 11.6　检测 MITM

在某些情况下，Alice 和 Bob 可以采用一些检测 MITM 的方法。假设 Alice 和 Bob 是用特殊电话进行通信的人类，并通过匿名 Diffie-Hellman 交换开始进行电话通话，同时具备显示会话密钥哈希的小显示器。Alice 和 Bob 会大声读出看到的显示值。如果存在 MITM，则 Alice 的会话密钥会与 Bob 的密钥不同。这是基于 Alice 和 Bob 认识彼此声音的假设。如果存在 MITM，这种技术会为信道两端的用户提供不同的信道标识符，这被称为 **信道绑定**（channel binding）。

信道绑定可以在不依赖人类识别声音的情况下使用。假设存在一个用匿名 Diffie-Hellman 创建的加密隧道层，例如 IPSec 或 TLS，但其中可能存在 MITM。如果该层存在一个可以向上层发布某种会话标识符的接口，例如会话密钥的哈希，那么在中间的 Trudy 进行匿名 Diffie-Hellman 后，Alice 计算机上的应用程序会被告知信道标识符为 $\mathrm{hash}(g^{at} \bmod p)$，Bob 计算机上的程序会被告知信道标识符为 $\mathrm{hash}(g^{tb} \bmod p)$。如果 Alice 只是发了信息"我认为信道标识符为 $g^{at} \bmod p$",那么 Trudy 可以用 $g^{tb} \bmod p$ 替换消息中的这个字段。

　　然而,假设该层还存在 Alice 的某种凭证,例如 Bob 为 Alice 存储的口令。在这种情况下,该凭证和信道标识符会以 Trudy 无法冒充的方式进行加密使用。例如,协议 11-16 可以解决 MITM。

协议 11-16　用信道绑定检测 MITM

# 11.7　层是什么

　　第 $n$ 层协议的定义:根据 IETF 组织的相关定义,任何东西都可以定义为一个 $n$ 层协议。

　　　　　　　　　　　　　　　　——拉迪亚·珀尔曼《互连:网桥、路由器、交换机和互联协议》

　　网络协议层的概念来自开放系统互连模型(Open Systems Interconnection,OSI)。尽管 OSI 7 层模型是学习网络协议的有用方式,但实际的实现中很少遵从 OSI 模型。TLS 和 SSH(如图 11-17 所示)"在第 4 层实现",而 IPSec"在第 3 层实现"。实时通信安全协议在第 3 层与第 4 层实现,这意味着什么? 其含义是什么?

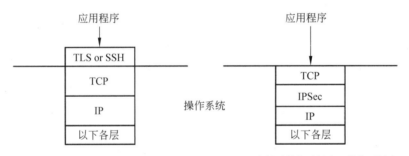

TLS或SSH运行于TCP之上。　　IPSec内置于操作系统中。操作系统变,
操作系统不变,应用程序变　　　连接TCP的应用程序和API不变

图 11-17　运行于第 3 层与第 4 层

　　许多 IP 栈是在第 4 层及以下的操作系统中实现,例如 TCP 而上层内容在用户进程中实现。TLS 的理念是,如果不必须改变操作系统,则部署相应操作会更容易实现,因此这些协议运行在"TCP 之上",并要求应用程序连接到 TLS,而不是 TCP,且要求不能更改 TCP。TLS 实际上是 SSL,或安全套接字层的新版本,其名称来源于 TCP 最流行的 API,即**套接字**(socket)。TLS 的 API 是 TCP 套接字 API 的超集。应用程序只需要很少的更改就可以在 TLS 上运行,但如果不使用更丰富的 API,则相应的安全优势会受到限制。

　　尽管使用 TLS 和 SSH 必须修改应用程序,但包括 TCP 及以下层的操作系统不需要修改应用程序。"传输层安全"表述并不确切,因为这些协议并不在第 4 层,而在运行于之上

the的层。

相反，IPSec背后的理念是在操作系统中自动实现安全，进而保护所有应用程序，无须修改应用程序。

运行于TCP协议之上的操作也会出现一些问题。由于TCP不参与加密，所以无法注意到是否有恶意数据进入数据流中，只要伪数据通过了非加密的TCP校验和，并具有正确的TCP序列号（可能需要攻击者进行窃听），那么TCP就会确认这些数据，并将其发送到TLS。伪数据无法通过TLS的完整性检验，因此，TLS会丢弃这些数据，但此时TLS无法告知TCP去接收真实数据。当真实数据到达时，TCP会认为这是重复的数据，并会丢弃这些数据，因为真实数据与伪数据具有相同的TCP序列号。TLS只能关闭连接，因为无法再提供API声明的TLS服务，即加密保护的无损数据流。攻击者可以通过在数据流中插入单个数据包来成功地发起拒绝服务攻击。通过对每个数据包进行独立加密保护的方法，IPSec可以更好地抵御此类攻击。

相反，IPSec不修改应用程序的限制最终会导致自身的严重问题。基于当前常用的API，通过IP协议只会告诉应用程序正在与哪个IP地址通信，而非另一端的用户是谁。因此，即使IPSec能够用当前的API认证单个用户，也只能告诉应用程序另一端的IP地址。大多数应用程序需要区分用户。如果IPSec已经对用户进行了认证，则理论上可以将用户名告诉应用程序，但这需要更改API和应用程序。

在不更改应用程序的情况下，在两个系统间设置防火墙和在防火墙之间实现IPSec，与实现IPSec具有相同的效果。这样可以实现以下效果。

（1）加密两个通信方之间路径上的流量，从而避免窃听。

（2）与防火墙一样，IPSec可以访问类似防火墙访问的策略数据库。例如，可以指定允许哪些IP地址与哪些其他IP地址进行通信，或者允许或禁止哪些TCP端口，无论IPSec连接的端点是防火墙还是终端节点。

（3）一些应用程序会基于IP地址进行认证（见9.2节）。API会告知应用程序接收信息的IP地址。在IPSec出现前，仅能根据IP包头的SOURCE ADDRESS字段值来假定源IP地址。在IPSec出现之后，基于地址的认证会变得更安全，因为一种IPSec端点标识符类型可以认证一个IP地址。

IPSec使用当前的API和未修改的应用程序只能为应用程序实现基于IP地址的认证。大多数主体都具有一些身份信息，例如名称，并允许从各种IP地址访问网络。在这些情况下，最可能的IPSec应用场景是IPSec基于用户的公钥进行高度安全且高成本的认证，并与用户名之间建立安全会话，但无法告知应用程序会话另一端的身份。应用程序必须依赖现有机制，例如名称和口令，来确定需要进行会话的用户。在未修改的应用程序基于名称和口令对用户进行认证的情况下，IPSec仍然有价值，因为现在的名称和口令在传输时会加密。

为充分利用IPSec，需要修改应用程序。为传递IP地址以外的身份信息，必须更改API，并且需要应用程序来使用此信息。因此，最好的解决方案是修改操作系统和应用程序。这说明了最好从一开始就需要设计安全性的原因，而不是将安全性附加到现有实现的最少修改中。

IPSec逐包加密处理的另一个优点是更容易构建进行IPSec处理的网络适配器。为了在这样的设备中实现基于TCP操作的TLS类型协议，必须实现TCP，包括缓冲无序数

246

据包。

**数据报传输层安全协议**（Datagram Transport Layer Security，DTLS，RFC 6347）不需要 TCP。相反，DTLS 运行于诸如 UDP 的数据报协议。这为 DTLS 提供了两全其美的能力——IPSec 可以对攻击者注入伪造数据包导致连接中断提供防御能力，以及 TLS 可以确保应用程序终端节点的身份认证能力。理论上，IPSec 可以通过修改 API 达到以上两种效果，因此可以放弃身份认证。

## 11.8  完美正向保密

如果窃听者 Mallory 记录了 Alice 和 Bob 之间的整个加密会话，并随后闯入了 Alice 和 Bob，窃取了他们的长期秘密，却仍无法解密二者的会话内容，则该协议被称为**完美正向保密**（PFS）。实现完美正向保密的技巧是生成一个临时会话密钥，该临时密钥不能在会话结束后从节点存储信息导出，并在会话结束时遗忘。如果会话持续时间很长，则通常会定期生成并遗忘密钥，这样即使在会话进行中 Mallory 占用了 Alice 和 Bob 的计算机，也无法解密最后一次密钥翻转前收到的消息。协议 11-18 是完美正向保密协议的示例，利用 Diffie-Hellman 商定会话密钥实现了完美正向保密，假设双方都生成了不可预测的 Diffie-Hellman 私有数，并在会话结束后遗忘了私有数和商定的会话密钥。

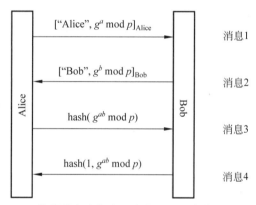

**协议 11-18  使用签名密钥实现完美正向保密的 Diffie-Hellman**

在前两条消息中，各方都会标识自己，并提供私钥签名的 Diffie-Hellman 值。在接下来的两条消息中，各方都会通过发送不同的哈希来证明对商定的 Diffie-Hellman 值 $g^{ab} \bmod p$ 的了解。如果各方在会话后遗忘了 $g^{ab} \bmod p$ 及私有 Diffie-Hellman 数（$a$ 或 $b$），则任何人都无法根据长期私钥和整个会话所记录的知识来重构 $g^{ab} \bmod p$。

什么样的协议不是完美正向保密？考虑以下几种情况。

（1）Alice 向 Bob 发送所有用 Bob 公钥加密的消息，Bob 向 Alice 发送所有用 Alice 公钥加密的消息。

（2）Kerberos（因为会话密钥存在于 Bob 的票证中，并且利用 Bob 的长期秘密进行加密）。

（3）Alice 选择会话密钥，并且利用 Bob 的公钥加密后发送给 Bob。

完美正向保密可能看似只能抵御相当模糊的威胁。然而，完美正向保密协议的设计通常具有**互联网工程任务组**（IETF）特别欢迎的另一特性，即第三方代管。这意味着，即使有人要求 Alice 和 Bob 将长期私钥交给善良、完全可信的组织，Alice 和 Bob 之间的会话仍然是 Alice 和 Bob 的秘密。换言之，即使具有 Alice 和 Bob 长期密钥的先验知识，被动的窃听者也无法解密 Alice 和 Bob 的会话。

当然，如果 Mallory 具有 Alice 和 Bob 所有秘密的先验知识，那么便可以冒充 Alice 或 Bob，而且或许会诱骗他们泄露会话中涉及的内容。也许读者认为 Alice 和 Bob 可以在会话前提问一些个人问题，例如"我们在巴黎的哪家咖啡馆见过面？"但 Mallory 可能会充当 MITM，解密和重新加密流量，并转发个人问题和答案，而且这样很难被发现。

完美正向保密性也会用第三方托管来对抗被动攻击，因为通过记录会话并了解秘密的行为，也可以通过事先知道秘密和实时的窃听来实现。但在托管系统中，用户通常有两个公钥对，一个用于加密，另一个用于签名。在这些情况下，只有加密密钥会被托管，因为执法部门只解密数据，但不需要伪造签名的能力。若他们具有用户的私人签名密钥反而会适得其反，因为这样用户会否认签名，并声称访问其密钥的其他人对消息进行了签名。因此，假设签名密钥没有被托管，则协议 11-18 也会针对主动攻击进行第三方托管。

还有一些实现 PFS 的其他方法。临时公钥是为短期使用需求创建的公钥，然后会遗忘私钥。例如，Alice 或 Bob 创建了一个临时 RSA 公钥对，并用长期 RSA 密钥对临时公钥进行签名，同时发送用临时公钥加密的会话密钥。由于出口限制等原因，SSL 实际上也使用了此策略。当时，如果采用较长的 RSA 密钥进行加密，则不可以出口，但可以用较长因此也相对安全的 RSA 密钥进行签名。因此，SSL 允许创建较短的临时 RSA 密钥对，用较长 RSA 密钥对临时公钥进行签名，并使用临时 RSA 密钥加密会话秘密。但生成 RSA 密钥的成本非常高。第 8 章提到的一些后量子算法可以低成本地创建临时密钥，并实现 PFS。

## 11.9　防止伪造源地址

在拒绝服务攻击中，尽管 Trudy 没有成功地冒充 Alice，但可能会通过成功地用尽 Bob 的服务器资源来阻碍合法用户的访问。如果 Trudy 用自己的 IP 地址发送恶意数据包，则很可能会被抓住，或者人们可能会注意到恶意流量的 IP 地址，并让防火墙删除其地址的内容。相比在对方回复时接收发送到对方地址的数据包，利用伪造的源地址发送数据包会更容易。

如果 Trudy 可以将数据包注入 Bob 会接收的 Alice-Bob TCP 连接中，则 Bob 可以接收 Alice 的数据，并且，由于 Bob 的 TCP 只通过查看序列号来确定 Alice 数据的下一部分是新的还是重传的，因此 Bob 会忽略 Alice 的真实数据。即使 TCP 上运行了加密协议，例如，TLS、TCP 也无法知道 Trudy 的数据包是伪造的，而且，TLS 也没有办法要求 TCP 忽略部分数据，并让具有相同序列号的真实数据通过。所以，这将中断 Alice 和 Bob 的连接。

在许多 TCP 的拒绝服务攻击之后，除非可以接收发送到该地址的流量，否则修改的 TCP 实现会防止从伪造的 IP 地址发送 TCP 数据包。TCP 本可以用额外的字段进行修改，但行业应用中巧妙地利用了 TCP 序列号，因此新的实现仍然遵循 TCP 规范，并且可以与未修改的协议实现互通。TCP 序列号为 32 比特长，并适用于流中的八比特组（与数据包编号相反）。TCP 数据包有两个序列号——一个是发送方在该数据包中发送的第一个八比特组，另一个是接收方确认的最后一个八比特组。如果 Trudy 试图从 Alice 的地址注入一个

TCP 数据包,若 Alice 的序列号与预期的不接近,那么 Bob 不会接收该数据包。因此,TCP 实现可以使得 Trudy 难以猜测 Alice-Bob 会话中的序列号。与以序列号 0 建立每个连接不同,TCP 实现会选择随机序列号作为初始序列号。RFC 6528 中讨论了各种相关技术。

## 11.9.1　使 Bob 在 TCP 中是无状态的

在另一种 TCP 拒绝服务攻击中,Trudy 使用伪造的 IP 地址与 Bob 建立了大量连接,并认为 Trudy 看不到 Bob 的回复。TCP 连接从三次握手开始,第一条消息称为 SYN。首先,Alice 发送一个 SYN 声明初始序列号。然后,Bob 用 SYN-ACK 回应,声明初始序列号,并确认 Alice 的序列号。最后,Alice 用包含其序列号和 Bob 序列号的 ACK 回应。

最简单的实现是,在接收到 Alice 的 SYN 后,Bob 会追踪 Alice 的序列号,以及 Bob 随机选择的初始序列号。然而,如果 Trudy 只是从大量伪造的 IP 地址发送大量 SYN,则可能会耗尽 Bob 在 TCP 实现中为存储部分已完成的 TCP 连接所留出的所有空间。

防御措施是让 Bob 在 TCP 中是无状态的,这意味着除非三次握手完成,否则 Bob 不需要花费任何空间来存储任何 TCP 连接,也就是说,只有当客户端从可以接收流量的 IP 地址发送数据时,才会这样做。

TCP 用聪明的方式实现了在不更改协议的情况下保证 Bob 是无状态的。然而,包括 IPSec 在内的其他协议具有不同的技术。但是 TCP 只能使用序列号。如果 Bob 为每个连接选择一个随机数,则必须记住所选择的序列号。但是,Bob 可以计算初始序列号,以至于当在 TCP 握手中收到第三条消息时,可以决定"这是我会选择的序列号吗?"

Bob 的所有连接不能使用相同的初始序列号,因此是秘密的,并且很可能每个连接都不同。一个例子是,Bob 的秘密 $S_i$ 每分钟都改变。如果 Bob 的当前秘密是 $S_n$,则不知道是使用 $S_n$ 还是 $S_{n-1}$ 生成的该序列号(因为 Bob 可能在第一条消息和第三条消息间改变了秘密)。当 Bob 从 IP 地址 $x$ 接收到 SYN 时,会选择 $hash(x, S_n)$ 作为序列号,并发送 SYN-ACK,然后遗忘该连接。如果 Bob 从 IP 地址 $x$ 接收到连接尝试的第三条消息(ACK),则 ACK 可能表明 Alice 的序列号是 $p$,而 Bob 的序列号则是 $q$。Bob 会相信 Alice 的序列号,但 Bob 也会通过计算初始序列号来对 $q$ 进行完整性检验。$q = hash(x, S_n)$ 成立吗?如果不成立,则 Bob 可能已改变了秘密,那么 $q = hash(x, S_{n-1})$ 是否成立?如果在可以设想的网络延迟内,Bob 的秘密几乎没有足够的可能性,则 Bob 可以尝试计算初始序列号时可能使用的所有潜在秘密。或者,Bob 可以用序列号中的几比特来编码其最近所使用的秘密。例如,如果 Bob 某时可能用了 8 个不同的秘密,则可以用 32 比特序列号中的 3 比特来指定需要使用的秘密。

当然,这些都不是加密安全的,但确实存在这种拒绝服务攻击,而且,TCP 实现中也部署了类似的防御措施。

## 11.9.2　使 Bob 在 IPSec 中是无状态的

**Photuris 协议**(RFC 2522,IPSec 的早期密钥管理协议)的设计者利用 cookie 功能来提供拒绝服务保护。但这与网络中的 cookie 无关,所以该名称可能会令人困惑。但是,若要想引起 IETF 人员的注意,并使其喜欢一个协议,那么最好的方法就是提到 cookie。此功能类似于 TCP 中的初始序列号。

cookie 是 Bob 选择的一个数字，可由 Bob 复制，并且对于发起与 Bob 通信的一方来说是不可预测的。当 Bob 从 IP 源地址 S 接收到初始连接时，Bob 会计算 cookie，该 cookie 是 Bob 所知道的秘密和来自接收到连接尝试 IP 地址的函数。Bob 不会保持状态，并在接收到具有有效 cookie 值的连接尝试后，才会进行重要计算。

这一功能使 Trudy 难以用伪造的 IP 地址耗尽 Bob 的资源，并且除了使协议稍微复杂一些之外，并没有什么坏处。理论上，只有当节点不堪重负时，才会用 cookie 来节省通常情况下的往返延迟。cookie 协议类似于协议 11-19。

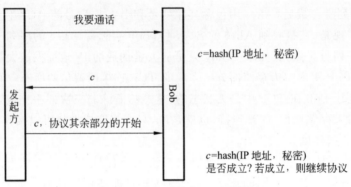

协议 11-19　无状态 cookie 协议

## 11.10　端点标识符隐藏

一些协议的另一个功能是能够向窃听者隐藏通信双方的身份。尽管 IP 地址仍可见，但此功能会隐藏其名称。假设 Alice 需要与 Bob 进行通话，并且不让窃听者知道。其实现机制是首先进行"匿名"Diffie-Hellman 交换，建立未知端点的加密隧道。该隧道中可能存在 MITM。

下一步是 Alice 向 Bob 透露身份（在加密隧道内）。窃听者不会看到 Alice 的名字，但 MITM 可以看到。然后 Alice 和 Bob 会进行相互认证。MITM 无法成功地向 Bob 冒充 Alice，或向 Alice 冒充 Bob。因此，MITM 所了解到的仅是 Alice 要与 Bob 进行通话。

注意，通过仔细设计协议，可以使 MITM 在被另一方发现为冒名顶替者之前只能了解一方的身份。对主动攻击者来说，哪种身份更适合隐藏？一种观点认为，隐藏发起者身份（Alice）比隐藏响应者身份（Bob）更好，因为 Bob 的身份可能是已知的，其固定的 IP 地址需要等待被通联，而 Alice 可以从任何地方接入，无法从 Alice 的 IP 地址中猜到其身份。

另一种观点认为，最好隐藏 Bob 的身份。如果 Bob 首先泄露了身份，那么任何人都可以启动与 Bob 的连接。除非存在从不接受连接的客户端，以及仅发起连接的严格客户端/服务器模型，其协议的响应者会首先泄露身份，使得找出给定 IP 地址的身份变得微不足道。相比之下，对于主动攻击者来说，若要诱骗 Alice 暴露身份，就需要冒充 Bob 的地址，并等待 Alice 发起会话。

假设双方具有公共签名密钥，示例协议见协议 11-20。

在该协议中，主动攻击者可以发现 Alice 的身份，但不能发现 Bob 的身份。相反，Alice

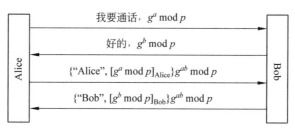

协议 11-20　身份隐藏

的身份很容易隐藏(见本章作业题 10)。

　　如果 Alice 和 Bob 提前知道会话对象(他们可以是准备在特定时间接头的两名间谍),那么基于共享密钥的协议可以隐藏双方身份。这是基于密钥认证实现的,不需要发送身份信息(见本章作业题 11)。

　　如果 Alice 已经知道 Bob 的公共加密密钥,那么就有可能对主动攻击者隐藏这两个身份(见本章作业题 12)。

　　某些情况下,Alice 需要告诉 Bob 自己的名字。假设 Bob 是 Web 服务器上的众多服务之一。例如,所有服务(例如图书销售、词典、雇佣职业杀手)可能地址相同,并且证书都不同。当 Alice 连接到该地址时,需要通知 Bob 所要连接的服务。该功能有时被称为 You-Tarzan-Me-Jane,因为 Alice 会告诉对方自己需要对方成为什么。TLS 具有此功能(称为 SNI,即服务器名称指示符)。然而,IPSec 不具备该功能。

## 11.11　现场伙伴保证

　　如果 Trudy 能够回放之前会话协商的消息,则可以浪费 Bob 的连接空间,或者更糟的是,Trudy 可能会重放后续的数据消息,即使 Trudy 不能解密会话,也可能让 Bob 重复操作。例如,当 ATM 机器 Bob 与 Alice 通话时,Alice 可以要求 Bob 像协议 11-21 一样在托盘中放入 100 美元。

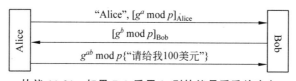

协议 11-21　如果 Bob 重用 $b$,则协议易受重放攻击

　　1 小时后,如果 Trudy 重放 Alice 的信息,则重要的一点是,Bob 能够意识到这不是与现场的 Alice 会话。如果 Bob 在每个 Diffie-Hellman 交换中选择不同的 $b$,那么就没有问题,但计算 $g^b$ 是计算密集型的,所以 Bob 能够重用 $b$ 可能会很好。

　　允许 Bob 重用 $b$,并能避免重放攻击的方法是,Bob 为每次连接尝试选择一个 nonce,并使会话密钥作为 nonce 和 Diffie-Hellman 密钥的函数。因此,该协议可能会被修改为类似协议 11-22 的样子,会话密钥是随机数 $N$ 以及 Diffie-Hellman 值的函数。这和 cookie 类似,但 cookie 最好是无状态的,这样在确信另一端可以监听所声称发送的 IP 地址前,Bob 就不必一直保持状态。在无状态 cookie 的最直接实现中,cookie 会被重用,因此不能作为

nonce。所以，可以设计一个允许同时作为 nonce 和无状态 cookie 的协议。

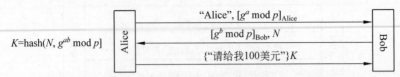

协议 11-22　使用 nonce，这样 Bob 知道这不是 Alice 重放的消息

注意，这里只确保 Bob 知道这是现场的 Alice，而不是重放的消息。Alice 如何知道对方是真的 Bob？如果 Alice 每次都选择不同的 $a$，并且收到另一方知道 $K$ 的证据，那么就可以知道这是真正的 Bob。读者不妨假设 Alice 和 Bob 一样，想要通过重用 $a$ 来避免计算 $g^a$ mod $p$ 的情况（见本章作业题 14）。

## 11.12　并行计算的安排

许多协议都要求 Alice 和 Bob 共同计算共享的 Diffie-Hellman 密钥。这可能需要很长时间。如果 Alice 和 Bob 可以像协议 11-23 一样同时进行计算，则可以加快交换的总运行时间。

这种交换看似笨拙。为什么不合并消息 2 与消息 3？原因是向 Alice 告知 $g^b$ mod $p$ 会使 Alice 先一步计算 $g^{ab}$。Alice 与 Bob 需要同时计算 $g^{ab}$。Al Eldridge 第一个发明了这种通过发送额外消息进行计算密集型计算的技巧，并在 Lotus Notes 中完成了实现。在 Lotus Notes 中，Bob 在消息 $k$ 中发送了用 Alice 的公钥加密的内容，然后在消息 $k+1$ 中发送了该消息上的签名。这样，Alice 进行高成本的私钥解密，Bob 进行高成本的签名。

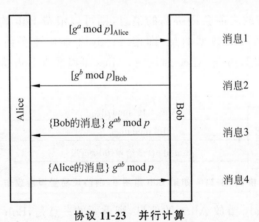

协议 11-23　并行计算

请注意，尽管这增加了一条消息，但不会增加任何往返时间，因此，即使 Alice 和 Bob 相距甚远，也可以更快地彼此通信（见 RFC 1149 或 RFC 2549）。

## 11.13　会话恢复/多重会话

像 IPSec 和 TLS 这样的协议会采用公钥操作进行初始握手，其中，Alice 和 Bob 会进行认证并建立安全会话。由于这一初始步骤成本较高，一些协议所使用的技巧是利用高成本的初始握手来廉价地恢复空闲的秘密会话,或并行地生成多个安全会话。例如,在 TLS 的常见用途中,Alice 为浏览器,Bob 为带有多张图像网页的服务器。Alice 会为 Bob 创建多个安全会话来并行地检索图像。

在 IPSec 中(其中安全会话被称为 SA),Alice 和 Bob 可能希望为不同类型的流量生成多个 SA。利用原始 SA 握手恢复的 SA 或新 SA,以及使用由 SA 恢复或 SA 在创建握手期间交换的新 nonce,可以通过哈希计算得出的不同秘密。

恢复安全会话或低成本地生成新安全会话的简单机制是,在初始的高成本握手中,Bob 会向 Alice 发送自己选择的会话 ID。如果 Bob 记得该会话信息,则可以低成本地恢复会话或创建新会话。如果 Bob 忘记了与会话相关的状态,那么 Bob 会告诉 Alice 需要重新开始,并建立新的会话。

但若有多个 Bob 的实例怎么办?如果 Alice 试图恢复 Bob 不同实例的会话,除非所有 Bob 实例都进行了某种同步,并且都知道所有会话的 ID、秘密和其他信息(例如协商的加密算法),否则其他实例不会记住该会话。

在一种优雅的替代方案中,Bob 会用所有 Bob 实例都知道的秘密 S(并且希望其他人也不知道)加密与会话相关的所有状态,并用该量作为 ID。然后,当 Alice 发送这个 ID 时,Bob 会解密,并可以知道恢复会话需要知道的一切。即使存在多个 Bob 实例,该机制也是有效的。

Alice 不需要知道 Bob 发送的会话 ID 就是保存会话状态数据库条目的 ID,或加密会话状态本身。对 Alice 来说,ID 只是一个看似随机的大数。唯一的问题是该协议必须允许 ID 足够大,如果 ID 只是一个数据库条目 ID,那么几个八比特组就足够长了。为编码所有与会话相关的状态,则需要更大的 ID。

旧协议中还使用了其他有趣的机制。在 Lotus Notes 中,服务器 Bob 有一个未共享的秘密 S,并定期改变(例如每月一次)。在 Bob 认证 Alice 后,Bob 会向 Alice 发送 Alice 的名字和 S 哈希计算的秘密,$S_{A-B}$。直到 Bob 改变了 S,并且每次 Alice 成功认证后,Bob 都会给 Alice 发送同样的 $S_{A-B}$。实际会话密钥(用于加密和完整性保护)是 $S_{A-B}$ 和每一方所发送 nonce 的函数。如果 Alice 告诉 Bob 她的名字是 Alice,并显示出对 S 和 Alice 所产生哈希 $S_{A-B}$ 的了解,那么 Bob 就会认为最近认证了 Alice,而且会跳过高成本的公钥操作,并通过交换 nonce 为会话创建秘密。实际的会话密钥(用于加密和完整性保护)是 $S_{A-B}$ 和 nonce 的函数。如果 Bob 更改了 S,那么 Alice 尝试绕过高成本的认证步骤就会失败,而且,Alice 和 Bob 会从头开始交换证书,进行签名等。Lotus Notes 的方案不需要 Bob 保持状态,因此,Lotus Notes 方案可以处理 Bob 的多个实例。

为绕过公钥密码,Digital 的 DASS 方案(RFC 1507)采用了一种不同的有趣方法。在握手期间,Alice 会向 Bob 发送会话秘密 S,用 Bob 的公钥加密,并用 Alice 的私钥签名,即 $[\{S\}_{Bob}]_{Alice}$。如果 Bob 记得最近 Alice-Bob 会话中的 $[\{S\}_{Bob}]_{Alice}$ 和 S,则仅需要比较接收自 Alice 的 $[\{S\}_{Bob}]_{Alice}$ 与存储的 $[\{S\}_{Bob}]_{Alice}$。如果匹配,则 Bob 不需要麻烦地解密提取 S。但若 Bob 不记得 $[\{S\}_{Bob}]_{Alice}$,或若 Alice 决定用不同的秘密 S 创建会话,则 Bob 会验证 $[\{S\}_{Bob}]_{Alice}$ 上的 Alice 签名,并采用私钥解密 $\{S\}_{Bob}$ 得到新的 S。如果 Bob 不记得以前的会话,但 Alice 记得,那么 Alice 仍可以节约时间。如果他们都记得之前的会话,那么 Alice 和 Bob 都可以节约时间。这个协议的有趣之处在于,无论是否保持状态,协议的消息都看起来一样。

## 11.14    可否认性

如果某个协议涉及让 Alice 对含有 Bob 名字的内容进行签名，那么这就提供了 Alice 有意与 Bob 进行会话的证据。在某些情况下，Alice 想要向 Bob 保证是 Alice 自己在进行会话，但又不能提供与 Bob 会话的证据。如果 Alice 和 Bob 基于共享秘密彼此认证，那么就无法向第三方证明 Alice 和 Bob 是相互通信的，因为整个会话可能由 Alice 或 Bob 建立。如果 Alice 和 Bob 用公共的加密密钥进行彼此认证，那么任何人都可以创建看似是 Alice 和 Bob 间会话的完整会话。例如，考虑协议 11-23，将前两条消息从发送方签名改为用接收方公钥加密。此类消息的创建不需要知道任何一方的私钥。

如果 Alice 和 Bob 用公共的签名密钥彼此认证，则可以创建一个每人对包含另一方身份的信息进行签名的协议，在这种情况下，不存在可否认性。但也可能避免对另一方的身份进行签名，从而保持可否认性，如协议 11-24 所示。

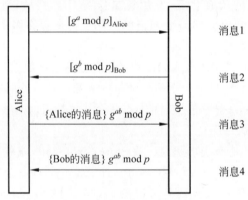

**协议 11-24    具有签名密钥的可否认性**

## 11.15    协商加密参数

如今，为安全协议协商加密算法很流行，而不是简单地将算法作为规范的一部分。这无疑会使协议更加复杂，因为要协商的内容样例包括加密算法、密钥大小、完整性保护算法、哈希算法、密钥扩展算法，以及 Diffie-Hellman 交换中所使用的组等。

允许选择加密算法的一个原因是，随着时间的推移，系统可以迁移到更强但更慢的加密算法，但同时攻击者和防御者设备的速度也在加快。此外，允许从受损的加密算法进行迁移。为允许端点独立更新时可以平稳迁移到新算法，因此也对新算法提供支持，同时会继续支持旧算法，直到所有端点完成更新。只有这样，才能删除对旧算法的支持。通常，算法协商会让一方公布其支持的所有算法，而另一方选择其同样支持的最佳算法。

### 11.15.1    套件与单点

协议可能会使用几类加密算法，例如加密、完整性保护、哈希。假设需要协商 4 种类型的加密算法,而且每种算法有 5 种选择。Alice 可能会说:"这是我所接受的加密算法,这是我所接受的加密密钥大小,这是我所接受的哈希算法,这是我所接受的完整性保护算法。"在协商时,4 种类型算法乘以 5 种选择,则每个方案都需要列出 20 项。

但如果不是所有算法都能相互合作呢? 例如,AES-GCM 同时提供认证和加密功能,因此没必要对其中一方用 AES-GCM,对另一方用其他算法。TLS 1.3 之前的 TLS 协议通过提出加密算法套件来解决该问题,其中每个套件标识符都隐含了需要使用的所有算法。但问题是,若端点需要支持 4 种类型算法的所有 5 种选择,那么需要提供 625 个不同的套件! 而且当需要标准化新的加密算法时,则需要其能够与所有其他算法一起工作,因此,所有可能的套件列表会变得很大。IPSec 的 IKE 采用了不同的方法,可以提供每种类型算法的列表,并允许同类算法的混合和匹配。但当存在端点不支持所有组合的异议时,通过引入一种复杂的附加机制,来支持在混合和匹配情况下交替整个集合。这演变成了一个看似非常简单问题的非常复杂的解决方案。TLS 1.3 中大大减少了所支持算法的数量,并更多地采用了单点的方式,并要求端点支持所提供算法的任意组合。在撰写本章时,这种简单方法能否奏效,或者在支持不同变体时是否会导致结构再次变得复杂,还有待观察。

### 11.15.2　降级攻击

如果参数协商未能正确进行,则潜在的安全漏洞是,主动攻击者 Trudy 会通过从 Alice 的建议中删除 Trudy 无法破解的密码来诱骗 Alice 和 Bob 使用较弱的密码。Alice 和 Bob 会对他们都支持的可能最强的加密达成一致。如果 Alice 愿意在必要时使用弱加密,并且弱算法可选,同时 Bob 愿意在必要时使用弱加密,若协商协议未仔细设计,则从 Alice 的列表中删除强加密选择可能会导致他们同意采用弱加密。

这是一种常见漏洞,因为当 Alice 和 Bob 正在协商加密算法时,他们可能还没有利用共享秘密对数据包进行完整性保护。解决方案是等到 Alice 和 Bob 建立了共享秘密后,通过让 Alice 以加密保护的方式重申所提出的建议来检测篡改。

为抵御此攻击,IPSec 和 TLS 协议采用的方法是,在建立密钥之前,累积连接设置期间发送的所有消息哈希,然后在建立密钥后发送该哈希。除非 Trudy 设法让 Alice 和 Bob 同意这样的弱算法,以至于 Trudy 可以实时地使会话认证机制失效,否则这种方式就是有效的。但 Trudy 可以攻击成功的唯一途径是,Bob 和 Alice 都支持极其脆弱的算法选择。此外,Alice 或 Bob 都可以很容易地防御这种情况——只须不支持这样的弱加密算法。

## 11.16　作业题

1. 考虑协议 11-12。$R$ 是 Bob 发送给 Alice 的挑战,而且,$S$ 是 Alice 和 Bob 的共享秘密($S$ 是本问题中 $K_{A-B}$ 的简写)。以下哪项对于会话密钥是安全的?

$$S \oplus R \quad \{R+S\}_S \quad \{R\}_{R+S} \quad \{S\}_S \quad \{R\}_{R+S} \quad \{R\}_S \quad \{S\}_R$$

2. 假设采用三消息相互认证协议,并且 Alice 会发起与 Bob 的联系。如果 Bob 是一个无状态服务器,那么要求 Bob 记住发送给 Alice 的挑战是不方便的。下面修改交换协议,以便 Alice 将挑战连同加密的挑战一起发送回 Bob。因此,协议如下:

这个协议安全吗?

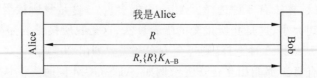

3. 在协议 11-4 的讨论中，Bob 可以记得最后 10 分钟内看到的所有时间戳。为什么 Bob 只记得 10 分钟的时间戳就足够了？

4. 在协议 11-4 中，假设存在多个 Bob 实例，例如 $Bob_1$、$Bob_2$、$Bob_3$。若其中一个实例为主 Bob（称为 $Bob_M$），当使用时间戳时，其他 Bob 会通知 $Bob_M$。当 $Bob_i$ 从 Alice 收到加密的时间戳时，$Bob_i$ 会通知 $Bob_M$ 所使用的时间戳，并询问 $Bob_M$ 该时间戳是否已被使用。$Bob_M$ 会告诉 $Bob_i$ 是否应该接受该时间戳。假设 Trudy 窃听了 Alice 给 $Bob_i$ 的信息，并立即将该加密时间戳重新发送给不同的 Bob 实例，$Bob_j$。$Bob_j$ 对 $Bob_M$ 的查询能否在 $Bob_i$ 的询问之前到达 $Bob_M$？如果这样，Trudy 可以冒充 Alice，并且 Alice 的认证将失败。可以采用什么机制来降低 Trudy 成功冒充 Alice 的概率？如何使该情况不可能发生？（提示：在通知 $Bob_M$ 之前，考虑 $Bob_i$ 崩溃的情况。）

5. 设计一个双消息认证协议，假设 Alice 和 Bob 知道彼此的公钥，并可以实现彼此认证和会话密钥建立。

6. 在 11.3.2 节的第 2 种可能性中，Alice 通过对量进行签名来阻止 Trudy 的 MITM 攻击，并避免 Trudy 冒充 Alice。在第 3 种可能性中，Alice 没有对自己的量进行签名，即 Alice 将 $\{R_1\}_{Bob}$ 发送给 Bob。Bob 选择 $R_2$，并将 $\{R_2\}_{Alice}$ 发送给 Alice，并用 $R_1 \oplus R_2$ 作为会话密钥。当 Bob 和 Alice 用 $R_1 \oplus R_2$ 作为会话密钥时，为什么没有必要在第 3 种可能性中对他们的量进行签名？

7. 有一种包含奇特电话的产品，当与兼容的奇特电话进行通话时，可以通过 Diffie-Hellman 密钥交换建立一个秘密密钥，并且会话的其余部分会被加密。假设你是一个能够在转发消息前修改消息的活跃窃听者，如何窃听这样电话间的会话？

8. 假设作业题 7 中的电话可以向其用户显示会话秘密的哈希。当 Alice 和 Bob 用这些电话交谈时，如何能发现是否有人在窃听？

9. 考虑协议 11-25，并假设 $R$ 适用于单个数据块，并且 Alice 在 CBC 模式下对 $R$ 进行加密，因此，通过让 Alice 选择 IV，并发送 IV、$\{IV \oplus R\}K_{A-B}$ 来计算 $\{R\}K_{A-B}$（使用 CBC 模式）。假设 Eve 看到了 Alice 和 Bob 间的交换，其中挑战是 $R_1$。如果 Bob 发送了一个不同的挑战 $R_2$，那么 Eve 如何冒充 Alice？

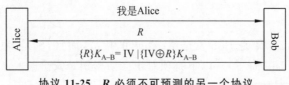

协议 11-25　$R$ 必须不可预测的另一个协议

10. 参考 11.10 节，修改协议 11-20，进而隐藏发起方的身份，而不是隐藏目标方的身份。

11. 如 11.10 节所述，如果 Alice 和 Bob 共享密钥，并且一小部分实体可能会发起与 Bob 的连接，则可以对主动攻击者隐藏双方的身份。请对这样的协议进行证明。

12. 如 11.10 节所述,假设发起人 Alice 已经知道了 Bob 的公钥,则可以设计一种协议对主动攻击者隐藏双方的标识符。请对这样的协议进行证明。

13. 假设私钥操作非常慢,展示一个通过额外消息可以更快运行的协议。假设传输延迟比私钥操作时间更长,如果有额外的消息,那么协议还会更快地完成吗?

14. 在协议 11-22 中,解释为什么 Bob 可以知道 Alice 是真正的 Alice,而不是重放 Alice 消息的人。如果 Alice 每次都使用不同的 $a$,那么如何知道这是真正的 Bob? 修改该协议,让 Alice 和 Bob 重用他们的 $a$ 和 $b$ 值,同时让双方都知道他们正在与现场的伙伴交谈。

15. 假设如 11.13 节所述的无状态会话恢复方案。若 Bob 每 10 分钟更改一次 $S$,但你希望能够恢复空闲时间超过该时间的会话,例如 2 小时。如何实现?

16. 考虑 11.13 节描述的 DASS 会话恢复协议,在什么情况下 Bob 可以节约计算量? 在什么情况下 Alice 可以节约计算量? 是否存在 Bob 可以节约计算量,而 Alice 不能节约计算量的情况?

# 第 12 章  IPSec 协议

正如第 11 章所述，IPSec 是运行在第三层网络上的安全会话协议。直接运行于第三层网络（例如 IP）意味着该协议可以独立地加密保护每个数据包。IPSec 不会保证所有数据包都可达，也不能保证到达的数据包依然能够按照发送顺序进行分发。IPSec 只保证可以丢弃不符合完整性检查的数据包，以及重复的数据包。IPSec 的这种设计易于在网络适配器中实现。由于 IPSec 不需要缓冲数据包，所以即使数据包未按顺序到达，也可以独立处理和分发数据包。理论上，IPSec 可运行于任何第三层协议之上，并且，事实上它也适用于 IPv4 和 IPv6 协议。

IPSec 包括两部分。一部分是初始身份认证握手，由**互联网密钥交换协议**（Internet Key Exchange，IKE）（RFC 7296）指定。另一部分是数据包编码，涉及两种格式：**封装安全载荷**（Encapsulating Security Payload，ESP）（RFC 4303）或**认证报头**（Authentication Header，AH）（RFC 4302）。IPSec 最初的设想是能够保护多播流量，而且，ESP 和 AH 同时针对单播和多播进行了设计。但 IKE 协议只能为两个端点的连接建立密钥，因此，IKE 协议没有标准机制去设置多播 IP 流，除非手动配置。

## 12.1  IPSec 安全关联

正如 1.5 节中提到的，IPSec 协议将 Alice 和 Bob 之间的加密保护会话称为**安全关联**（Security Association，SA）。

与 SA 每一端都关联的是加密密钥和一些其他信息，例如，另一端的身份、当前正在使用的序列号，和正在使用的加密服务等。IKE-SA（即 Alice 和 Bob 用来进行相互身份认证、发信号和创建子 SA 的一种 SA）是双向的。所有复杂的公钥运算都会在 IKE-SA 中执行，然后，利用 IKE-SA 创建 IPSec 中的子 SA，并基于此发送实际的应用程序数据。Alice 和 Bob 间的子 SA 是单向的，并且总是成对创建的。子 SA 可以使用 ESP 或 AH 格式。ESP 具有可选的完整性保护和可选的加密服务。AH 仅具有完整性保护。

IPSec 数据报头（ESP 或 AH）包含一个**安全参数索引**（Security Parameter Index，SPI）字段，用于标识安全关联，并允许 Bob 在 SA 数据库中查找所接收到数据包的必要信息，例如加密密钥。SPI 值由目的地 Bob 进行选择。似乎只有 SPI 字段才能让 Bob 知道 SA，因为 Bob 可以确保在 Bob 所有带有 SA 的源中，SA 的 SPI 字段是唯一的。但 IPSec 的设计也旨在允许 IPSec 协议去保护多播数据（其中，网络会将数据包分发给多个接收端）。如果 Bob 正在接收多播数据，则 Bob 不会选择 SPI 字段，并且多播组的 SPI 值可能等于 Bob 已为他和其他单个主体间 SA 分配的 SPI 值。或者，两个不同的多播组可能会选择相同的 SPI。因此，SA 可以由 SPI 和目的地址共同标识。在单播中，Bob 所接收到数据包的目标 IP 地址是 Bob 自己的 IP 地址，或者如果是多播，则是组地址。此外，如果一个 SA 使用 AH，另一个使用 ESP，则 IPSec 允许为不同 SA 分配相同的 SPI 值，因此，SA 由三元组<SPI，目的地址，

AH 或 ESP 标志>定义。

IKE-SA 也可以通过 SPI 来区分,但在子 SA 中 SPI 的处理方式稍有不同。在 IKE 中,Alice 所选择的 SPI($SPI_A$)和 Bob 所选择的 SPI($SPI_B$)都存在于每个 IKE 分组中。当 Bob 向 Alice 发送消息时,SPI 对可表示为简单的〈$SPI_A$,$SPI_B$〉,以及当 Alice 向 Bob 发送时,SPI 对可表示为〈$SPI_B$,$SPI_A$〉。如果接收端的 SPI 值总是第一个,那么接收端可以只查看 SPI 对中的第一个 SPI 值,并可以在表中找到该值(因为分配了该值)。然而,IKE 始终会首先选择使用 Alice(IKE 的初始发起方)的 SPI,其次使用 Bob(响应者)的 SPI。在 IKE 报头中存在一个表示数据包是来自初始 SA 发起方,或初始 SA 响应方的标志。IKEv1 就是这样实现的。如果能在 IKEv2 中修复这个问题就好了,因为这样 IKEv2 就会更简单一些。

## 12.1.1 安全关联数据库

实现 IPSec 协议的系统会具有一个安全关联数据库。当要传输到 IP 目的地址 $X$ 时,发送方会在安全关联数据库中查找 $X$,而且,该条目会告诉发送方如何发送到 $X$,例如提供 SPI、密钥、算法、序列号、在 SA 上可以发送哪些 IP 地址等。当接收 IPSec 数据包时,已接收数据包的 SPI 可用于查找安全关联数据库中的条目,并告诉接收方某范围内已使用和将用于处理数据包的密钥、算法、序列号等。

## 12.1.2 安全策略数据库

根据 IP 报头源地址和目的地址以及 TCP 端口等信息,防火墙会采用配置表来区分允许的流量类型。假定 IPSec 可以访问类似的数据库,那么该数据库用于指定应完全丢弃哪些类型的数据包,并在没有 IPSec 保护的情况下转发或接收哪些类型的数据包,哪些类型应受到 IPSec 的保护,以及如果受到保护,是否应该被加密和/或完整性保护。理论上,可以基于数据包的任何字段进行决策,例如源 IP 地址、目的 IP 地址、IP 报头的协议类型,以及第四层(TCP 或 UDP)端口。当 Alice 和 Bob 协商子-SA 的参数时,还会协商在该 SA 上发送的 IP 地址和端口的范围。如果 Bob 的配置只能接收某一组 IP 地址,而 Alice 通过 SA 将数据包发送到不同的 IP 地址,则 Bob 会丢弃该数据包。但更礼貌的做法是提醒 Alice 在该 SA 上应该采用哪些 IP 地址来处理数据包。在这种情况下,礼貌的方式可以节省带宽,但更重要的是,如果 Alice 还有一种不会丢弃流量的替代路径(可能是 Bob 不同的 SA),那么 Alice 知道这个路径肯定会更好,这样 Alice 发送的流量就不只会被丢弃。

## 12.1.3 IKE-SA 和子-SA

Alice 和 Bob 会使用 IKE 协议进行相互认证,并建立会话秘密。但实际上 IKE 创建的 SA 并没有用于发送应用程序数据。相反,IKE-SA 用于廉价地创建子-SA,并且应用程序数据会在子-SA 上传输。从 IKE-SA 衍生的子-SA 会话密钥是秘密的函数,该秘密由 IKE 握手,以及由其他信息(例如在创建子-SA 的握手期间交换的随机数)创建。

为什么 Alice 和 Bob 需要多个 SA 才能相互通信?只创建一个单独的 SA,并在此基础上发送数据——而不是先创建一个 IKE-SA,然后创建一个子-SA 来发送数据——不是更简单吗?此功能的基本原理是,Alice 和 Bob 希望可以创建许多不同的 SA,并在它们之间发送数据。每个子-SA 具有单独协商的加密算法。Alice 和 Bob 可能会创建一个只具有完整性保护的子-SA，因为数据对安全性不敏感，而且 Alice 和 Bob 也不想花费额外的计算量来加密数据。因此，Alice 和 Bob 会为正常的安全敏感数据创建另一个子-SA，并使用 128 比特的 AES 加密。此外，对于超敏感数据，他们会创建另一个子-SA，并使用 256 比特的 AES。Alice 和 Bob 还可以通过采用新密钥创建新的子-SA，并利用关闭旧的子-SA 的方式翻转子-SA 上的会话密钥。而且，如果 Alice 和 Bob 传输的数据所使用的加密密钥与其他用户发送数据的加密密钥不同，则一些用户会感到更安全，因此，用户希望使用单独的 SA。

此外，IPSec 在数据包上设置了序列号，并会丢弃重复的数据包。注意，这是 IPSec 序列号的唯一用途。IPSec 不会按顺序整理数据包，也不会要求重新传输丢失的数据包。但 IPSec 不会向应用程序发送重放的数据包。因此，Bob（接收方）需要记住所有用过的序列号，但仅限于与最近接收序列号足够接近的序列号，而且网络延迟可能会导致收到具有该序列号的数据包。所以，Bob 可以丢弃早于该序列号的数据包。

IPSec 设计者所设想的场景得益于 Alice 和 Bob 之间的多个子-SA，其中，Alice 会把数据排入不同路径上发送的数据流。Alice 这样做可能是因为与其他的应用程序相比，某个应用程序需要不同的服务质量，因此不同应用程序的传输路径可能具有截然不同的延迟特性。另一种情况是，Alice 和 Bob 之间存在多个用户多路流量的防火墙，并且一些用户已为更高质量的服务付费。如果已经在差异很大的路径中发送了同一 IPSec SA 上多路复用的数据流，则不同路径上的延迟差异会很大，而且，Bob 需要记住更大范围的序列号。如果单个子-SA 上的所有数据包都类似地由网络进行处理，则 Bob 不需要记住很大范围的已使用序列号，如图 12-1 所示。

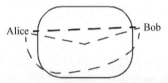

图 12-1　Alice 和 Bob 之间的多重路径

与 IPSec 创建大量子-SA 的设计不同，Alice 和 Bob 可以为每类流量独立创建单独的 SA。然而，一旦 IKE-SA 建立，则创建子-SA 的成本会很低。所有高成本的计算（例如私钥操作、Diffie-Hellman）都会在 IKE-SA 期间完成，尽管 Alice 和 Bob 在创建子-SA 时可以选择性地进行 Diffie-Hellman 握手。如果没有可选的 Diffie-Hellman 握手，则创建 IKE-SA 和单个子-SA 也不会比单个握手和建立单个 SA 成本高，因为，第一个子 SA 的创建是基于 IKE 交换实现的。IKE 和子-SA 两种不同 SA 概念可能会使得读者理解 IPSec 有点混乱，但即使在 Alice 和 Bob 之间只有一个 SA 的情况下发送数据，IPSec 的设计也不需要额外的往返距离，或者明显的更多计算量。

## 12.2　互联网密钥交换协议

**互联网密钥交换协议**（IKE）的原始版本过于复杂，尤其在 RFC2407、2408 和 2409 这几个不同文档中记录的术语和技术细节往往是相互冲突的，并且通常在诸如哪一连接端应对丢失的握手消息负责等内容上含糊其辞。本书第 2 版在描述 IKE 协议时意识到了这些问题，并在某些地方改变了第 1 版 IKE（IKEv1）协议内容。本书作者考夫曼、珀尔曼向工作组建议了各种简化 IKE 协议的方法，并从中找出了工作组真正需要保留的功能。本书作者考夫曼是第 2 版 IKE 的首席设计师，该版本更简单、更高效，并保留了人们所有想要的合理功能。第 2 版 IKE(IKEv2)的设计目的是尽可能多地保留 IKEv1 的设计,并尽可能地不像从头开始那样设计 IKEv2。本章只介绍 IKEv2。

如 1.8.2 节所述,IKE 协议运行于 UDP 之上。与 TCP 不同,UDP 不会重传消息,或为消息提供序列号,UDP 唯一提供的是端口,这样可以使 UDP 消息的接收端知道要将消息发送给哪个进程。UDP 数据包非常大,如果有必要,IP 会把大数据包分割成可以遍历网络的小块。在发送 UDP 数据包到目的进程前,另一端的 IP 实例会重组 UDP 数据包的所有部分。IKE 协议使用 UDP 端口 500 和/或 4500。

所有 IKE 消息都由一个请求和一个响应组成。创建 Alice 和 Bob 之间 IKE-SA 的常见情况包括两个请求/响应对(例如,协议 12-2 中共有 4 条消息)。此外,可以在同一组消息中协商第一个子-SA。

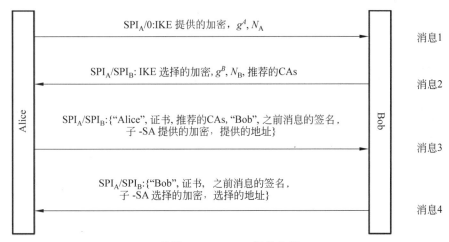

**协议 12-2    IKEv2 初始交换**

可能会存在更多的消息,例如,如果 Alice 使用 Bob 不能接收的 Diffie-Hellman 组(在这种情况下,Alice 需要重新开始协商);或者,如果 Bob 想让 Alice 证明她可以在自己发送消息的 IP 地址接收消息;或者,如果消息丢失,并且请求方超时,需要 Alice 重新发送请求。

在前两条消息中,Alice 和 Bob 完成了以下操作。

(1) 为 IKE-SA 的加密保护协商加密算法。Alice 给出在消息 1 中需要使用的算法建议,然后 Bob 从该集合中进行选择,并在消息 2 中告知 Alice 他的选择。请注意,Alice 还发送了一个 Diffie-Hellman 值($g^A$)。如果 Bob 不喜欢 Diffie-Hellman 参数的选择,则 Bob 可能会拒绝第一条消息。然后,Alice 会使用 Bob 能够接收的 Diffie-Hellman 组重新开始。这种罕见的情况将导致额外的两条消息。

(2) Alice 选择消息 1 中的 SPI 值 $SPI_A$ 用于 IKE-SA。由于 Alice 还不知道 Bob 选择的 SPI 值,所以 Alice 会将该字段设置为 0。注意,$SPI_B$ 可以充当 Bob 的无状态 cookie。假设 Bob 受到了攻击,例如被来自伪造 IP 地址创建的 IKE-SA 垃圾请求所淹没。在确认发起方可以在 IP 分组源地址的 IP 地址处接收消息前,Bob 都可以避免任何大量计算或保持任何状态。Bob 通过响应创建 IKE-SA 的请求来确认发起方可以在该 IP 地址处接收消息,该请求包含一个带有零 $SPI_B$ 的消息"重发请求,但当重发请求时包含这个非零 $SPI_B$。"Bob 会选择一个自己可以重建,但其他人无法预测的 $SPI_B$ 值。然后 Bob 便可以忘记收到的请求。

（3）协商主会话秘密 $S_M$。$S_M$ 是 Diffie-Hellman 交换和随机选择的 nonce($N_A$ 和 $N_B$) 的函数。$S_M$ 以及相同的 nonce($N_A$ 和 $N_B$)和 SPI 用来生成另外 5 个密钥：Alice 到 Bob 的 IKE 流量加密密钥；Bob 到 Alice 的 IKE 流量加密密钥；Alice 到 Bob 的 IKE 流量完整性密钥，另一个 Bob 到 Alice 的 IKE 流量完整性密钥；以及另一个用于生成子-SA 会话密钥的主密钥，$S_C$。子-SA 密钥导出自 $S_C$，创建子-SA 期间交换的 nonce 和 Diffie-Hellman 值。

（4）Alice 和 Bob 会让另一方知道他们所信任的 CA，这样对方就可以知道要发送哪些证书。注意，IPSec 支持其他方式的认证，例如用配置的预共享密钥，但通常要用证书进行认证。

（5）Alice 和 Bob 会各自显示私钥信息，并通过对之前消息字段的签名来检测 MITM 是否干预了消息 1 和消息 2。由于 Alice 和 Bob 尚未建立会话密钥，因此没有进行完整性检查。

（6）Alice 和 Bob 的身份对窃听者来说是隐蔽的，因为消息 3 和消息 4 是加密的。

（7）Alice 和 Bob 会在消息 3 和消息 4 中创建第一个子-SA，同时协商哪些 IP 地址可以在该子-SA 上发送。在创建子-SA 时，每一方都会选择他们想要的 SPI 值。

## 12.3  创建子-SA

一旦 IKE-SA 建立，则 IKE-SA 的任何一方都可以请求建立额外的子-SA 对（第一对子-SA 基于已建立的初始 IKE-SA）。协议 12-3 说明了 ESP-SA 对创建，并进行了可选的 Diffie-Hellman。

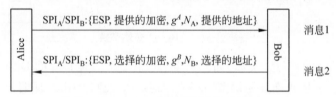

Alice → Bob: $SPI_A/SPI_B$:{ESP, 提供的加密, $g^A, N_A$, 提供的地址}  消息1

Bob → Alice: $SPI_A/SPI_B$:{ESP, 选择的加密, $g^B, N_B$, 选择的地址}  消息2

协议 12-3  IKEv2 密钥更新或额外的子-SA

$SPI_A/SPI_B$ 是来自 IKE-SA 的 SA 对。Alice 提供了她所支持的加密算法集合，同时建议了通过该 SA 发送的 IP 地址列表。Bob 会从 Alice 建议的集合中挑选。这里不存在 MITM 问题，因为这些消息受到 IKE-SA 的加密保护。子-SA 选择的 SPI 包含在 CRYPTO OFFERED 和 CRYPTO SELECTED 字段中。

协议 12-3 的握手也可以通过创建新的 IKE-SA，然后删除旧的 IKE-SA 来翻转 IKE-SA 密钥。

## 12.4  AH 和 ESP

IPSec 报头的两种数据包类型是 AH 和 ESP。AH 仅提供完整性保护，而 ESP 会提供加密和/或完整性保护。为理解两个头部的定义，以及二者看起来如此不同的原因，了解相关历史很重要。AH 组有很多 IPv6 协议爱好者，而 ESP 组由一些不在乎运行于哪些第三层协议的安全领域人员构成。多数情况下，这两个组是相互忽视的。

考虑到 ESP 可以选择性地提供完整性保护以及可选的加密,人们很自然地会想知道为什么还需要 AH。事实上,许多人认为 AH 没有必要,本书作者们也这样认为。

ESP 和 AH 提供的完整性保护并不相同。两者都为 IP 报文头部之上的内容提供完整性保护,但 AH 也为 IP 报文头部内的一些字段提供完整性保护。12.4.2 节会介绍为什么没有必要保护 IP 报文头部,以及 AH 这样做的真正动机。

## 12.4.1　ESP 完整性保护

最初,AH 报头用于提供完整性保护,ESP 报头仅提供加密。IPSec 最初的设想是,如果人们想要进行加密和完整性保护,则可以同时使用这两个报头。但在某些方面,ESP 的成员认为在没有完整性保护的情况下提供加密是危险的,因此添加了可选择的完整性保护。AH 的成员没有注意到这一点,或者说至少没有反对。他们本可以继续争论任何完整性保护也应使用 AH 报头,但并没有继续争论。

因此,在没有异议的情况下,ESP 增加了可选择的完整性保护。但后来,ESP 成员说:"也许是出于性能原因的考虑,人们才会只需要进行完整性保护。"所以,他们希望 ESP 中可以进行加密选择。但这一次,AH 成员关注了这一点,并反对说"如果只需要保护完整性,就应该使用 AH。"因此,他们坚持 ESP 必须提供加密功能。

所以,ESP 成员说:"好吧,加密是强制的,我们接受。但我们可以使用任何我们想要的加密算法,可以吧?"AH 成员说:"当然。"这导致了本书作者珀尔曼最喜欢的规范,RFC 2410——"NULL 加密算法及其在 IPSec 中的应用"的诞生,这定义了一种新的加密算法——空加密。RFC 夸耀该算法的效率和灵活性,该算法适用于任何密钥大小,甚至双方无须就密钥达成一致,甚至目前还存在一些测试数据,来测试是否正确地实现了空加密。

由于空加密是可以协商的算法之一,加密实际上也是可选择的。

## 12.4.2　为什么要保护 IP 报头

AH 的支持者声称 AH 是必要的,因为 AH 会保护 IP 报头。但没有人提出任何合理的理由来解释为什么保护 IP 报头很重要。有些人声称有很好的理由,但不能透露,因为那是秘密。网络路径上的路由器无法强制 AH 的完整性保护,因为它们不知道 Alice-Bob 安全关联的会话密钥。此外,一旦 Bob 收到数据包,他需要知道的就是发送方知道会话密钥,并且数据包的完整性检查验证是正确的。

AH 保护 IP 报头的目标使得该协议的实现和计算变得复杂。IP 报头的一些字段被路由器修改了,因此不能包含在 AH 的端到端完整性检查中。例如,TTL 字段必须由每个路由器进行递减。因此,AH 指定了 IP 报头中哪些字段是可变的,因此不会包括在 AH 完整性检查中;哪些是不可变的;以及哪些字段是可变但是可预测的(例如,可能沿着路径改变的碎片信息,当重组时,分组的样子是可预测的)。这意味着实现不能简单地基于数据包计算完整性检查,而是必须在计算完整性检测前将一些可变字段清零。

一些 AH 人士保护 IP 报头的动机是,他们作为 IPv6 协议的支持者,对全世界没有立即部署 IPv6 协议感到沮丧。请注意,如果他们真的希望互联网拥有更大的三层网络地址,就应该像互联网架构委员会(IAB)在 1992 年建议的那样,采用**无 连 接 网 络 协 议**

(Connectionless Network Protocol，CLNP)。当时广泛部署的 CLNP 有 20 个八比特组地址，并且在许多技术方面都优于 IPv6 协议。尤其是在 1992 年，当时互联网规模很小，将互联网切换到更大的地址空间会非常容易。

因此，IPv6 协议的支持者希望 IPSec 协议以及其他功能能成为转向 IPv6 协议的动力。一些 IPv6 协议的倡导者建议将 IPv4 协议的任何改进（包括 IPSec）都定为非法的，这样，Internet 工程任务组设计的任何新东西都将不得不转向 IPv6 协议。而且，网络地址转换协议（NAT）的存在被视为人们继续使用 IPv4 协议的原因之一，因为事实上 NAT 协议大大扩展了 IPv4 协议可以支持的网络规模。NAT 协议允许仅有本地意义的地址，并且具有相同本地意义的地址块可以使用多个网络。除非网络内节点 Alice 先发起与外部节点的通信，否则不能从外部与网络中的 Alice 通信。如果 Alice 确实向 Bob 发送了一个数据包，其中 Bob 的地址具有全球意义，则 Alice 的网络和互联网其他部分间的 NAT 盒子会为 Alice 分配一个临时的全球可达地址。NAT 盒子会把从 Alice 到 Bob 的数据包的源地址转换成 Alice 的临时全球可达地址，并把从 Bob 到 Alice 的数据包的目的地址转换成 Alice 的内部地址。

因此，AH 设计师们看到了"破坏 NAT"的机会。NAT 需要修改 IP 报头地址。如果受 AH 保护的数据包穿过 NAT 盒子，则完整性检查会失败。AH 设计师的想法是，一旦部署了 AH 报头，人们会说，"NAT 盒子会使 AH 无法工作，我们要去掉 NAT 盒子。"但在 NAT 网络运行良好，而在 AH 部署后网络却停止工作时，人们会说，"关掉 NAT 这个东西，它会坏事。"

请注意，让 ESP 和 IKE 协议都基于 NAT 协议工作会有些复杂。最简单的策略是让 IKE 和 ESP 在 UDP 端口 4500 上运行，而不是直接在 IP 上运行。然后，IKE 和 ESP 都会通过 NAT 协议工作。IKE 规范为 Alice 和 Bob 指定了一些确定是否有 NAT 盒子的详细机制，如果没有，则 Alice 和 Bob 会保存 UDP 报头的 8 个八比特组。

### 12.4.3 隧道、传输方式

IPSec 协议规范讨论了应用 IPSec 对数据包进行保护的两种模式。其中，**传输模式**（transport mode）指在 IP 报头和数据包的其余部分之间添加 IPSec 协议信息。**隧道模式**（tunnel mode）指保持原始 IP 数据包的完整性，并在外部添加新的 IP 报头和 IPSec 协议信息（ESP 或 AH），如图 12-4 所示。

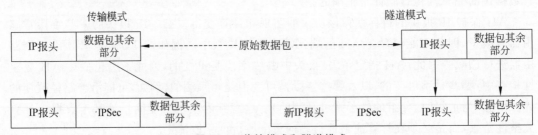

图 12-4 传输模式和隧道模式

当需要端到端地应用 IPSec 协议时，最符合逻辑的是采用传输模式。而隧道模式的常见用途是防火墙到防火墙，或端点到防火墙，并仅沿端点之间的部分路径保护数据。假设在互联网上的两个防火墙之间建立相互加密的隧道,如图 12-5 所示,并将隧道视为一个普通的、值得信赖的链路。为在该链路上转发数据包,防火墙 F1 利用目的地址=F2 来添加 IP 报头。当 A 向目的地 B 发送 IP 数据包时,在其 IP 报头中,源地址=A,目的地址=B。

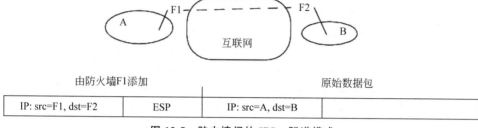

图 12-5　防火墙间的 IPSec 隧道模式

当防火墙 F1 通过加密隧道将数据包转发给防火墙 F2 时,会使用 IPSec 协议的隧道模式。除了需要做路由器在转发数据包时的工作,例如,递减跳数,防火墙 F1 不会修改报头的内部。在防火墙 F1 添加的外部 IP 报头中,源地址=F1,目的地址=F2。沿着防火墙 F1 和防火墙 F2 之间路径的路由器会修改内部报头。这些路由器将只查看外部 IP 报头。

传输模式并非绝对必要,因为可以使用隧道模式代替。但隧道模式需要使用更多的报头空间,因为该模式存在两个 IP 报头。

同一个数据包可能有多层 IPSec 报头,并且可能被多重加密,如图 12-6 所示。假设 A 和 B 采用端到端加密的连接进行通信。数据包含有 ESP 报头,当防火墙 F1 通过隧道将其转发到防火墙 F2 时,防火墙 F1 会获取整个数据包,包括 IP+ESP 报头,并添加自己的 IP+ESP 报头。防火墙 F1 利用防火墙 F1 与防火墙 F2 共享的密钥对收到的整个数据包进行加密,包括 IP 报头。

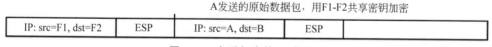

图 12-6　多重加密的 IP 数据包

为了保留原始源地址和目的地址,防火墙间的隧道模式至关重要。如前所述,以添加新的 IP 报头为代价,隧道模式可以代替传输模式。鉴于 IPSec 协议过于复杂,许多人会认为取消传输模式是简化 IPSec 协议的一种方式。但传输模式只是 IPSec 复杂性中不值得过于担心的一小部分,而去掉 AH 会更有用。

### 12.4.4　IPv4 报头

RFC 791 定义的 IPv4 报头,其字段如下。

就本章而言,IPv4 报头最重要的字段是表明 IP 报头后面内容的 PROTOCOL 字段。常见值为 TCP(6)、UDP(17)和 IP(4)。

IPSec 协议为 IP 报头的 PROTOCOL 字段定义了两个新值:ESP=50 和 AH=51。例如,如果 TCP 位于没有 IPSec 协议的 IP 之上,则 IP 报头的 PROTOCOL 字段为 6。例如,如果 TCP 与采用 AH 的 IP 一起使用,则 IP 报头中的 PROTOCOL 字段等于 51,并且 AH 报头的 PROTOCOL 字段为 6,表明 TCP 在 AH 报头之后。如果数据包采用 ESP 加密,则

大小

| | |
|---|---|
| 4比特 | 版本号 |
| 4比特 | 头部长度（以4个八比特组为单位） |
| 1个八比特组 | 服务类型 |
| 2个八比特组 | 总长度 |
| 2个八比特组 | 包标识 |
| 3比特 | 标志（不分片，以及最后一片） |
| 13比特 | 片偏移 |
| 1个八比特组 | 剩余跳数，即生存时间（TTL） |
| 1个八比特组 | 协议 |
| 2个八比特组 | 头部校验和 |
| 4个八比特组 | 源地址 |
| 4个八比特组 | 目的地址 |
| 可变部分 | 可选字段 |

50＝ESP，51＝AH（位于"协议"行右侧）

IP报头的PROTOCOL字段为50，但如果没有使用ESP进行加密，则IP报头中实际存在的PROTOCOL字段会在数据包解密前不可见。

### 12.4.5 IPv6 报头

RFC 2460定义的IPv6报头，其字段为：

八比特组个数

| | |
|---|---|
| 4 | 版本号（4比特）\|服务裂隙\|流标签 |
| 2 | 负载长度 |
| 1 | 下一报头 |
| 1 | 生存时间 |
| 16 | 源地址 |
| 16 | 目的地址 |

在IPv6协议中，与IPv4协议的PROTOCOL字段等效的是NEXT HEADER，二者值相同，因此，ESP＝50，AH＝51。IPv6协议扩展报头（大致相当于IPv4报头中的OPTIONS字段）的编码为：

八比特组个数

| | |
|---|---|
| 1 | 下一报头 |
| 1 | 本报头长度 |
| 可变部分 | 本报头的数据 |

本报头长度字段以8个八比特组块为单位，不计算第一个8个八比特组块。AH看似是IPv6协议的扩展头，但其负载长度字段以4个八比特组块为单位，而不是以8个八比特组块为单位（并且与其他IPv6协议的扩展头一样，不计算前8个八比特组）。这违反了第17章中描述的一条约定俗成的协议规则，即LENGTH字段应始终以相同方式定义所有可

选择的字段,因此很容易跳过未知的可选择字段。

本报头的数据(DATA FOR THIS HEADER)字段是一系列可选择的字段,都经过了
TLV 编码,即 TYPE 字段、LENGTH 字段和 VALUE 字段。其中,TYPE 字段的长度为八
比特组,并且在某些扩展头的 TYPE 字段选项中,相应比特位会表明该选项是可变的(可能
随路径变化),或不可变的(与 AH 相关;见 12.5 节)。可变标志只对 AH 有用,如果没有
AH,则 IPv6 协议中的标志会成为一个"谜"。

## 12.5　AH

RFC 2402 定义的 AH 报头仅提供认证(不加密)功能,其格式是以 IPv6 协议的扩展报
头为模式,以下一个报头(NEXT HEADER)和负载长度(PAYLOAD LENGTH)字段(给
出 AH 报头长度)开头,但是,AH 的负载长度字段与 IPv6 扩展报头的等效字段单位不同。
AH 不仅用于保护数据,还可以用于保护 IP 报头。在 IPv4 协议中,AH 报头必须是 32 比
特的倍数,而在 IPv6 协议中,AH 报头必须是 64 比特的倍数。因此,认证数据
(AUTHENTICATION DATA)字段必须具有适当的大小,以保证报头大小具有正确的
长度。

一些完整性检查要求数据是某个块大小的倍数。如果数据不是块大小的倍数,那么
AH 的计算就需要用 0 将数据填充到适当长度,但不发送 0。AH 报头结构如下:

八比特组个数

| | |
|---|---|
| 1 | 下一报头 |
| 1 | 负载长度 |
| 2 | 未使用 |
| 4 | SPI(安全参数索引) |
| 4 | 序号 |
| 可变部分 | 认证数据 |

AH 包含以下字段。

(1) 下一报头。与 IPv4 协议中的 PROTOCOL 字段相同。例如,如果 AH 报头后为
TCP 协议,那么该字段为 6。

(2) 负载长度。以 32 比特块为单位的 AH 报头大小,不包括前 8 个八比特组。

(3) SPI。在 12.1 节中讨论过。

(4) 序号。序号与 TCP 序号无关。该序号由 AH 分配并使用,以便 AH 能够识别重放
的分组,并丢弃它们。因此,如果 TCP 协议重新传输一个数据包,则 AH 会把它当作一个新
数据包,并分配下一个序号。AH 并不知道或不关心这是一个重新传输的 TCP 数据包。

(5) 认证数据。这是数据的加密完整性检查。

## 12.6　ESP

ESP 支持加密和/或完整性保护。如果需要进行加密,则必须使用 ESP。如果只需要

完整性保护，则可以使用 ESP 或 AH。如果同时需要加密和完整性保护，则可以同时使用 ESP 和 AH，也可以单独使用 ESP 同时进行完整性保护和加密。在数据传输到特定 IP 地址时，安全关联数据库会告知需要使用什么技术。把 ESP 称为"头部"有点奇怪，因为 ESP 会将信息放在加密数据的前面和后面，但大家似乎都将其称为"头部"，所以这里也采用这样的表述方式。

从技术上讲，ESP 总会进行加密，但如果不想加密，那么可以使用特殊的"空加密"算法。

IPv4 的协议字段或 IPv6 协议的下一报文字段为 50 表明存在 ESP 报头。ESP 本身的构成如下：

八比特组个数

| 4 | SPI（安全参数索引） |
|---|---|
| 4 | 序号 |
| 可变部分 | IV（初始化向量） |
| 可变部分 | 数据 |
| 可变部分 | 填充 |
| 1 | 填充长度（以八比特组为单位） |
| 1 | 下一头部/协议类型 |
| 可变部分 | 认证数据 |

ESP 包含以下字段。

（1）SPI。与 12.1 节讨论的 AH 相同。

（2）序号。与 12.5 节解释的 AH 相同。

（3）初始化向量。一些加密算法需要初始化向量（IV），例如 CBC 模式的加密。尽管 IV 长度可变，甚至长度可为零，但对于特定的密码算法来说，IV 的长度固定。一旦建立了 SA，密码算法便是已知的，因此 IV 字段的长度在 SA 持续的时间内是固定的，同理，"认证数据"字段也是如此。

（4）数据。这是受保护的数据，可能经过加密。如果是隧道模式的数据包，那么数据的头部是 IP 报头。如果是 TCP 数据包，并且基于 ESP 的传输模式，则数据的头部是 TCP 报头。

（5）填充。使用填充的原因如下：填充可以使数据成为加密算法所需块大小的倍数；使加密数据与明文大小不同，以便在某种程度上掩盖数据大小（该长度是受限的，因为填充长度仅为 1 个八比特组）；并且确保数据、填充、填充长度和下一头部字段的组合是 4 个八比特组的倍数。

（6）填充长度。填充的八比特组数量。

（7）下一头部。与 IPv4 协议的 PROTOCOL 字段，或 IPv6 协议的 NEXT HEADER 字段，或 AH 的 NEXT HEADER 字段相同。

（8）认证数据。加密完整性检查。其长度由 SA 选择的认证函数确定；如果 ESP 仅提供加密，则长度为零。

如果用 ESP 提供加密，则字段数据、填充、填充长度和下一头部都会被加密。只有当安全关联请求用 ESP 进行完整性保护时，才会出现认证数据。如果用 ESP 进行完整性保护，则 ESP 中的所有字段(以 SPI 开头,以下一头部结尾)都会包含在 ESP 的完整性检查中。

## 12.7　编码的比较

　　AH 由 IPv6 协议的支持者设计,并与 IPv6 协议的扩展头部相似,唯一的区别是长度字段的单位不同。ESP 的设计者并不会真正在意 IPv6 协议,也不必使 ESP 看起来像其他技术,只需要在技术上将 ESP 设计得尽可能更好。

　　为使所有字段达到 4 个八比特组,AH 中存在 2 个无用的八比特组(即"未使用的"八比特组)。但 AH 可以巧妙地避免填充数据,计算完整性检查的方式与用 0 把数据填充到块大小的倍数一样,但不需要传输填充。因此,如果数据需要多于 2 个八比特组的填充,则 AH 会更小。当然,这假设了 IPSec 仅用于完整性保护,正如前文所述,这是罕见的。如果数据是加密的,那么同时使用 AH 和 ESP 需要花费的开销比仅使用 ESP 进行完整性保护和加密更多。

　　与 AH 中一样,在数据前出现完整性检查(MAC)意味着在数据包发送前需要进行数据缓冲和完整性检查计算。相反,ESP 的 MAC 出现在数据之后。

　　若试图保护 IP 报头,则需要根据路径可变与否对 IP 报头的每个字段和选项进行分类,这样会使 AH 变得非常复杂。

　　在 AH 和 ESP 最终确定前的最后一次 IETF 会议上,微软的参会者起立发言,着重讲述了鉴于 ESP 的存在,AH 是多么无用,规范是多么混乱不堪,且无法有效实施等。而会议室里接下来发生的事情是,大家彼此环顾,说道:"嗯。他是对的,我们也讨厌 AH,但如果这只是让微软恼火,那就别管了。"

## 12.8　作业题

　　1. 为什么 SPI 值不足以让接收方知道数据包属于哪个 SA?

　　2. ESP 的完整性检查处理是如何比 AH 更有效的?

　　3. 假设 Alice 用 IPSec 向 Bob 发送数据包。若 Bob 的 TCP 确认丢失了,而 Alice 的 TCP 认为数据包丢失了,会重新发送数据包。那么,Bob 的 IPSec 实现会注意到数据包是重复的,并会丢弃该数据包吗?

　　4. 假设希望发送端而不是接收端分配 SPI。这可能会导致什么问题?能起作用吗?

　　5. 当从防火墙到防火墙发送加密流量时,为什么需要额外的 IP 报头?为什么防火墙不能通过简单地加密数据包,使源地址和目的地址仍为原始源地址和目的地址?

　　6. 参见图 12-5,假设 A 和 B 在传输模式中采用 IPSec 协议,并且防火墙 F1 和防火墙 F2 已用 IPSec 协议建立了加密隧道。假设 A 向 B 发送 TCP 数据包。请分别用 A 的 IPSec 层、A 发送的数据、F1 发送的数据、B 接收的数据表示 IP 报头的相关字段。

# 第 13 章　SSL/TLS 和 SSH 协议

第 11 章涉及了传输层安全协议(TLS)的概念,而且这些概念与 IPSec 协议类似。Alice 和 Bob 为会话进行认证,并建立加密密钥。

TLS 协议源于 Netscape 的安全套接层(SSL)协议。经 IETF 任务组接管、改进和标准化后,该协议被重命名为传输层安全(TLS)协议。自命名为 TLS 以来,TLS 协议已经历了三次修订,因此,其最新版本是 1.3(RFC 8446)。为什么 TLS 协议的不同版本被命名为 TLS 1.0、TLS 1.1、TLS 1.2 和 TLS 1.3,而不是 TLS 版本 1、TLS 版本 2、TLS 版本 3 和 TLS 版本 4,或者为什么 TLS 1.0 没有被命名为 SSL 版本 4?因为,大多数 TLS 版本修订都很微小,但从 TLS 1.2 到 1.3 的变化很有趣,本章会对此进行详细介绍,而且,本章会主要讨论 TLS 版本 1.2 和 1.3。

TLS 协议的凭证通常是 PKIX 证书,但由于 HTTP 是第一个使用 TLS 的协议,并且用户通常没有公钥或证书,因此,TLS 协议只允许服务器拥有证书。在大多数部署场景中,如果用户需要进行认证,则需要在 TLS 会话建立后使用用户名/口令之类的东西进行认证。与 IPSec 协议一样,TLS 协议规范也允许 Alice 和 Bob 之间的凭证是预共享密钥,而不是证书,但在 TLS 协议中,这种情况很少使用。然而,由于规范中包含了基于预共享密钥的认证,因此使用以前的会话秘密作为预共享密钥是有效恢复会话的方式。

## 13.1　使用 TCP

TLS 协议的设计运行于用户级的进程,并运行于 TCP 协议之上。如 11.7 节所述,运行于第 4 层之上可以支持在用户级进程中部署 TLS 协议,而且不需要更改操作系统。基于 TCP(可靠的第 4 层协议)协议而不是 UDP(数据报第 4 层协议)协议可以使 TLS 协议的实现更简单,因为 TLS 协议不必担心诸如超时和重传丢失数据、帧大小限制和拥塞避免等问题。TLS 协议本可以保留用户级进程易于部署的优势,并通过运行在 UDP 协议之上和在 SSL/TLS 协议中完成 TCP 协议的所有超时/重传工作,进而避免 11.7 节讨论的恶意数据包问题,但我们决定直接解决恶意数据包问题,并使得 SSL/TLS 协议的实现更加简单。事实上,运行于 UDP 协议上的 TLS 版本(基于 TLS 1.2)称为**数据报传输层安全协议**(Datagram Transport Layer Security,DTLS)(RFC 6347)。同时,也有基于 TLS 1.3 的 DTLS 协议版本。

## 13.2　StartTLS

在考虑安全性之前,一些协议(例如电子邮件)早就已经完成设计,并部署完毕。这些协议新升级的实现可以运行于 TLS 协议之上,其目标是让新的实现在可能的情况下可以通过 TLS 协议进行会话,但仍然可以与旧的实现进行互操作。目前,可以想到的多种解决方案如下。

（1）为支持 TLS 实现的协议分配一个新的侦听端口。然而，有时难以获得新的已知端口。

（2）宣传 DNS 服务是否具有 TLS 协议功能。

（3）使用单一端口，但在建立 TCP 连接后，需要为该协议发送一条精心编制的消息，该消息可以被旧的实现忽略，但可以被新的实现识别，并可以作为基于 TLS 通信的一种方式。

在某些协议（例如 SMTP）中，已部署了上述的第三种解决方案。在 SMTP 中，消息称为 StartTLS。由于 StartTLS 命令需在加密保护前发送，因此攻击者可以删除该消息，并使两个支持 TLS 的节点在没有 TLS 协议的情况下进行通信。

注意，TLS 协议本身可以免受降级攻击，即攻击者可以从 Alice 提供的选项中删除强加密选项。但目前不存在针对攻击者剥离 StartTLS 命令的类似防御措施，见本章作业题 2。

另外注意，第一种解决方案也存在攻击者可以使用 TLS 协议阻止两个支持 TLS 实现的问题。两个节点间路径上的攻击者可以丢弃发送到新端口的数据包，这将导致发起方 TLS 通信的尝试超时，而且，相反地，还会变成非 TLS 通信。

## 13.3 TLS 握手的功能

TLS 协议的握手完成了多种功能，其中以下功能是可选的。

（1）协商版本号，客户端给出列表，服务器进行选择。

（2）协商需要使用的密码套件，客户端给出列表，服务器进行选择。

（3）让客户端指定所希望使用的 DNS 名称（如果多个服务共享同一 IP 地址）。该字段称为**服务器域名指示**（Server Name Indication，SNI）。

（4）发送 Diffie-Hellman 值实现完美前向保密。

（5）让服务器发送其证书。服务器认为客户端采用 CA 签名的单一证书作为信任锚点，或者希望来自客户端信任锚点的证书链。

（6）让服务器发送会话 ID，以便客户端可以恢复会话，或者可以低成本地创建并行会话。这与 IPSec 的子-SA 神似。

（7）让双方发送 nonce，使每次恢复会话的会话密钥不同。

（8）可选择地认证客户端。服务器可以指定是否接受客户端认证，并可选地识别服务器的信任锚点和服务器希望在客户端证书中看到的扩展。

（9）让服务器证明知道其私钥（根据 TLS 版本号和密码套件，通过解密或签名实现），并以加密的方式保护交换中的所有消息，以避免降级攻击（使攻击者可以删除提供的密码套件或版本号）。

## 13.4 TLS 1.2 及更早的基本协议

通过 TCP 协议提供的可靠的八比特组流服务，SSL/TLS 协议可以将该八比特组划分为具有报头和密码保护的记录，并为应用程序提供可靠、加密和完整性保护的八比特组流。目前存在 4 类具有报头和密码保护的记录：用户数据、握手消息、警报（错误消息或连接关闭通知）和更改密码规范（本应是握手消息，但这里作为单独的记录类型）。

在基本协议中，客户端 Alice 会发起与服务器 Bob 的联系。然后 Bob 向 Alice 发送证书，Alice 验证证书并提取 Bob 的公钥，从计算会话密钥中随机选择数 $S$，并把用 Bob 的公钥加密的 $S$ 发送给 Bob，然后用这些会话密钥对会话的其余部分进行加密和完整性保护。如果 Bob 正确地计算了会话密钥，则 Alice 可以知道 Bob 了解与其证书相关的私钥。注意，根据所选的密码套件和 TLS 版本，可能存在许多来自 $S$ 的秘密。例如，对于 CBC 模式，可能存在每个方向上的加密密钥以及完整性保护密钥。

下面首先介绍该协议的简化形式，如协议 13-1 所示；然后讨论完整协议中的各种问题，最后讨论细节。

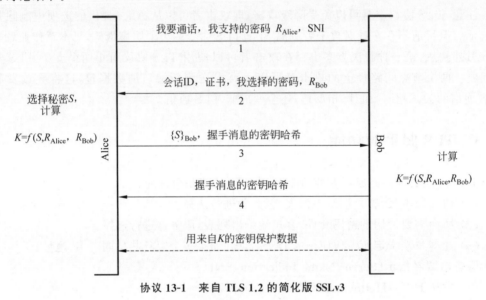

**协议 13-1　来自 TLS 1.2 的简化版 SSLv3**

TLS 1.2 的简化协议由建立了共享主密钥的 4 个消息组成。

（1）消息 1。Alice 要进行通话（但没有证明自己的身份），并给出了所支持的加密算法列表，以及将与消息 3 中 $S$ 组合形成各种密钥的随机 nonce $R_{Alice}$。

（2）消息 2。Bob 发送会话 ID、证书、有助于密钥的 nonce $R_{Bob}$，以及 Bob 从 Alice 在消息 1 中所列举的密码套件选择。

（3）消息 3。Alice 选择随机数 $S$（称为预主秘密），并用 Bob 的公钥加密后发送，计算 $S$ 和两个 nonce $R_{Alice}$ 和 $R_{Bob}$ 函数的主秘密 $K$。Alice 通过发送之前消息的密钥哈希（用密钥 $K$），以证明知道 Bob 计算的相同密钥 $K$，并确保检测到先前握手消息的篡改。为确保 Alice 发送的密钥哈希与 Bob 发送的密钥哈希不同，每一方都需在哈希中包含一个常量 ASCII 字符串，客户端与服务器的字符串不同。令人惊讶的是，密钥哈希被加密发送，并受到完整性保护。用于加密密钥哈希和其余会话数据的密钥来自哈希 $K$，$R_{Alice}$ 和 $R_{Bob}$。用于传输的密钥称为写密钥，用于接收的密钥称为读密钥。例如，Bob 的写-加密密钥是 Alice 的读-加密密钥。

（4）消息 4。Bob 通过发送所有握手消息的密钥哈希来证明知道会话密钥，同时需要确保早期消息用写-加密密钥加密，用写-完整性密钥保护完整性，并保证完好无损地到达。由

于会话密钥来自 $S$，这证明了 Bob 知道 Bob 的私钥，因为 Bob 需要它来提取 $S$。

此时，Alice 已认证了 Bob，但 Bob 不知道 Alice 的身份。在目前的部署方案中，身份认证很少是相互的——客户端会认证服务器，但服务器不会认证客户端。如果客户端具有证书，则协议允许对客户端进行可选的认证。但目前最常见的情况是，如果服务器上的应用程序希望认证用户身份，则会通过已建立的 TLS 协议会话将认证信息（例如用户名或口令）作为数据进行发送。

## 13.5  TLS 1.3

SSLv3 到 TLS 1.0，TLS 1.1，TLS 1.2 的版本变化差别在于对某些细微安全漏洞的增量响应，不同的是，TLS 1.3 旨在提高性能的变化的努力更为显著。TLS 1.3 会通过重排消息中的字段，来减少完成握手和开始发送应用程序数据所需的往返总次数，如协议 13-2 所示。TLS 1.2 引入了密码选择，并通过在会话开始时采用短暂密钥进行 Diffie-Hellman 交换和签名，而不是让 Alice 用 Bob 的长期公钥加密预-主密钥，进而实现完美前向保密。TLS 1.3 消除了所有的没有完美前向保密的密码套件，这可以在握手完成前开始加密消息，并使被动窃听者无法监听更多的信息。几个不同的 Diffie-Hellman 组可以协商使用 TLS，最常见和性能最佳的选择是一种 ECDH 曲线。为获得最佳性能，Alice 必须正确地猜测 Bob 可接收的值，并在推测时发送 $g^A$ 值。如果 Bob 不能接收，则会告诉 Alice 应该使用哪一组，但需要额外的一对消息。Bob 会在消息 2 中发送所选择的密码，而 Alice 会用 Bob 可接收的 Diffie-Hellman 组来发送新消息 1。

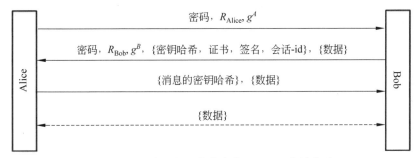

协议 13-2  若没有以前状态的 TLS 1.3 会话启动

## 13.6  会话恢复

SSL/TLS 假设会话是相对持久的，并可以从中低成本地获得许多连接。这是因为 SSL/TLS 是为使用 HTTP 1.0 而设计的，而且 HTTP 1.0 倾向于在同一客户端和服务器之间打开许多 TCP 连接。

通过高成本的公钥加密可以建立每个会话的主秘密，并通过发送 nonce（以便会话密钥是唯一的）以及避免公钥操作的握手，从而轻易地从主秘密中导出多个连接。

尽管不要求在启动下一连接前结束连接，SSL/TLS 协议也会称为会话恢复。而且，并行运行的多个连接很常见。在初始的高成本握手过程中，如果 Alice 想用相同的密码算法设置 Bob 的第二个连接，但采用新的密钥并绕过公钥操作，则 Bob 会向 Alice 发送一个后续可用的 session_id。

在 TLS 1.2 及更早版本中，会话恢复会要求 Alice 和 Bob 都记住以前连接的 session_id 和主密钥，如协议 13-3 所示。在 TLS 1.3 中，Bob 提供的 session_id 足够大，可以承载 Bob 需要的所有状态。因为 session_id 以明文发送，所以如果用明文传输像会话密钥这样的东西，那么这将是一种糟糕的安全做法。因此，Bob 应该用只有他才知道的密钥加密所需要的所有状态，并将该量作为 session_id。Bob 没必要这样使用 session_id，但 TLS 1.3 允许他这样做。

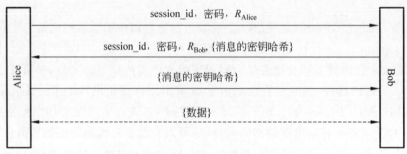

协议 13-3　TLS 1.2 及以前版本的会话恢复

如果 Bob 因为宕机或超时忘记了 session_id，则会忽略 Alice 提供的 session_id，并会继续进行全部握手过程，而且将来可能会为 Alice 提供可用的新 session_id。

在恢复会话时，Alice 会发送一组密码套件，而不仅是会话中所使用的套件，但这似乎很奇怪。即使 Bob 已经失去了会话状态，但在创建会话时，Bob 难道不会在给定相同选择的情况下选择相同的密码套件吗？不一定，因为也许 Bob 的策略已经改变了。因此，在恢复会话时，Alice 可以发送一组选择，该组选择必须至少包含之前该会话所选择的密码套件。

TLS 1.3 的会话恢复如协议 13-4 所示：

协议 13-4　TLS 1.3 的会话恢复

## 13.7　TLS 部署的 PKI

如今的部署场景中，客户端通常会配置各种"受信任"组织的公钥，它们由浏览器的供应商信任，却不一定被用户信任。在一些实现中，客户端机器上的用户可以修改该列表，并且添加或删除密钥。服务器会向客户端发送证书或证书链，而且如果客户端列表上的某个

CA 对证书进行了签名,则客户端会接受该证书。如果服务器提供了非列表签名的证书,例如自签名证书,则通常会向用户显示一个弹框,告知用户该证书无法验证,因为该证书由未知授权机构签名,是否仍要访问该网站?

如果服务器希望用证书来认证客户端,那么服务器会发送一个指定的信任 CA 的 X.500 名称,以及可以处理的密钥类型(例如 RSA 或 DSS)的证书请求。在 TLS 1.2 及更早版本中,这是个奇怪的不对称现象,因为客户端无法向服务器指定证书链或需要的密钥类型。尽管大多数实现都无法指定,但 TLS 1.3 确实允许客户端进行指定。

## 13.8 安全 Shell(SSH)

SSH 协议与 SSL/TLS 协议有很多共同点,而且均由同一个标准机构(IETF)进行标准化,因此它们的特性随着时间趋于一致。当 IETF 选择 TLS 算法时,SSL 和 SSH 便是两种候选算法。最终,TLS 会几乎完全基于 SSL。尽管可能所有 SSH 的使用最终都会转变为使用 TLS,但一些重要的差异会允许 SSH 维持其地位,因此 SSH 可能不会消失。

SSL 最初是为保护 Web 浏览器和 Web 服务器间的 HTTP 流量而设计,而 SSH 最初是为保护远程登录会话而设计的。在 UNIX 系统中,用命令行处理应用程序称为 Shell,而且,用 SSH 可以安全地连接到 Shell,因此得名安全 Shell。

与 SSL/TLS 一样,运行于 TCP/IP 的 SSH 协议可以通过重传实现可靠性。与 SSL/TLS 一样,但与 IPSec 协议不同,攻击者可以通过注入混淆 TCP 连接状态的单个数据包来中断 SSH 连接。加密完整性检查可以确保不处理无效数据,但会话的两端不能保留足够的恢复状态,因此会关闭会话连接。

与把单个 TCP 连接作为有效负载的 SSL/TLS 不同,SSH 协议能够启动基于单个 SSH 会话的多个 TCP 连接。这意味着 SSL/TLS 无须用 SSH 在一对节点之间高效地创建多个并行连接。SSH 可以在现有 SSH 会话的加密封装中创建额外的连接,并都会采用相同的密钥加密和完整性保护,但为防止连接混淆,会进行标记,并且使用相同密钥的加密保护不会存在安全弱点。

首次开发 SSL 时,会为使用 SSL 协议的 HTTP 连接分配第二个 TCP 端口。按照惯例,HTTP 连接的端口为 80,而基于 SSL 的 HTTP 连接的端口为 443。当希望用 SSL 来保护除 HTTP 外的连接类型时,需要为每个选择性地使用 SSL 的协议分配第二个端口,并且目前已经分配了大约 60 个端口。考虑到会占用稀缺资源池中的大量端口,更多的协议开始选择不进行加密,并协商使用 SSL/TLS 协议。然后,利用切换到同一端口上的 SSL/TLS 初始交换。

消息序列(如协议 13-5 所示)与 TLS 非常相似,但略有不同。

首先,Alice 会发送一组支持的密码套件,并且(假设密码套件用 Diffie-Hellman 实现 PFS)可以推测地发送 $g^A$。这些列表不仅包括加密算法,还包括可用来证明 Alice 身份的认证形式,以及接受 Bob 身份认证的形式。如果 Alice 猜错了使用哪一组,那么 Alice 看到 Bob 的密码套件列表时会意识到,并会立即从正确的组中发送 $g^A$,因此不需要错误的消息和重试。一旦 Bob 看到 Alice 的列表和 $g^A$,不仅可以发送 $g^B$,还会开始加密,并且发送证书或公钥,以及之前消息字段集合的签名。由于 SSH 协议不参与会话恢复,所以不需要

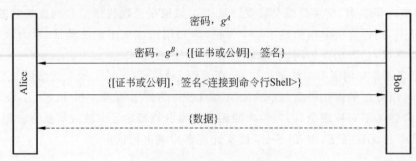

协议 13-5　SSH 会话启动

nonce。如果 Alice 或者 Bob 想要在连接过程中重新输入密钥，则会交换新的 Diffie-
Hellman 值（或所选密码套件中使用的任何 PFS 机制）。

　　SSH 协议可以在单个 SSH 会话中进行多路连接。在 Alice 和 Bob 创建了 SSH 隧道
后，Alice 和 Bob 便可以协商基于隧道传输的连接。SSH 的报头包括一个 1-八比特组指令，
后跟一个 4-八比特组的连接标识符，以及一个 4-八比特组长度。与 IPSec 一样，Alice 和
Bob 会告诉对方用什么作为连接标识符。例如，假设 Bob 分别分配两个连接标识符 $C_1$ 和
$C_2$。如果 Alice 正从 $C_1$ 发送数据，则发送的八比特组流会由一个标识后面数据的八比特
组，后面为 $C_1$、数据长度，以及数据构成。如果 Alice 想发送 $C_2$ 的数据，则会发送标识数据
的八比特组，后面为 $C_2$，以及在 $C_2$ 上发送的数据长度。

　　另一种类型命令是"关闭连接"，后面跟着连接标识符。

## 13.8.1　SSH 认证

　　虽然一些 SSH 实现支持采用 X.509 证书进行认证，但这不是最常见的配置。SSH 协
议不依赖任何类型的 PKI，相反，可以用原始公钥/私钥对而非证书进行认证。这在 SSH 协
议的原始使用中非常有用，用户可以连接到远程机器，并通过命令提示符启动终端会话。当
Alice 第一次连接到 Bob 时，Alice 机器上的软件并不知道 Bob 的公钥应该是什么，也不知
道 Alice 配置了受信任的 CA 密钥。因此，当 Bob 出示公钥时，Alice 可以得到提示："Bob
说公钥是 2832734…3623。你想信任吗？"Alice 可以从一些可靠的来源查找公钥，但在实践
中，Alice 只会说"是的"。Alice 真的不知道自己是否与 Bob 或一些冒充 Bob 的攻击者实现
了连接，所以 Alice 会产生怀疑。但是，Alice 机器上的软件会记住 Bob 的公钥，并确保下次
Alice 在连接时进行匹配。理论上，这种交换并不安全。但冒充 Bob 的攻击者必须在每次
Alice 试图连接时都冒充 Bob，并必须像 Bob 一样进行响应，以免 Alice 产生怀疑。因此，在
实践中，这种机制非常安全，除非 Alice 总是使用新的客户端，这样 Bob 的公钥就会永远都
不会被记住。此外，让管理员配置已知主机的公钥也很常见，这种机制甚至更安全。

　　这种提示假设 Alice 是人类，而不是某个自动化的进程。如果自动化的进程要定期连
接到 Bob，则必须配置 Bob 的公钥。这可以通过让管理员配置密钥，或者通过最初建立与
Bob 的连接，并且信任密钥来完成。

　　Alice 有许多方式来认证 Bob。如果 Alice 是自动化的进程或需要增强安全性的人类，
那么可能会配置一个公钥/私钥对，并把公钥配置在 Bob 处。如果 Alice 是人类，则可能会
使用用户名和口令或某种单一登录机制。如果 Alice 具有私钥和证书，则 Bob 也可以被配

置为接受(尽管这并不常见)。

## 13.8.2 SSH 端口转发

SSH 协议的另一个重要应用为端口转发,可以与任何使用 TCP 或 UDP 端口的应用程序一起使用,并透明地添加加密和完整性保护。当通过不安全网络隧道传输应用程序数据时,如果知道隧道传输的内容,则频繁通过企业防火墙隧道传输流量会产生拥堵。这会使得 SSH 端口转发成为用户和攻击者都喜欢的工具。

SSH 端口转发的工作原理如下。首先,Alice 打开 Bob 的 SSH 会话。当遍历 Alice 和 Bob 之间的网络时,为使遗留进程得到 SSH 保护,将遗留进程配置为与 Alice 的 IP 地址和 Alice 机器上为此分配的端口,并进行通信。Alice 会通过 Bob 的 SSH 连接隧道发送数据包。Bob 的 SSH 进程会剥离加密,并将隧道传输的遗留数据包转发给适当的目的进程。

此功能内置于 SSH 协议中,也可以在 TLS 协议上实现,通过定义连接 TLS 客户端的守护进程,完成侦听选定端口,并转发 TLS 到基于 TLS 建立的出站连接,以及转发流量的服务连接实现。该工作量很大,此外端口转发功能是 SSH 基本规范的一部分,也是 SSH 保持其地位的原因之一。

防火墙管理员不想阻塞 SSH,因为 SSH 对联系远程节点并且建立终端服务很有用,但是一旦连接建立,防火墙就会无法判断其用途。一般来说,任何人都可以基于任何协议(例如 HTTP 或 DNS 查找)通过隧道传输任何内容,但支持 SSH 会使其变得容易。

# 13.9 作业题

1. 一些证书规定公钥只能用于签名或加密。一些公钥算法只适用于签名或加密。在 TLS 1.2 中,Bob 的公钥是否必须用于加密、签名或两者兼有? TLS 1.3 呢?

2. TLS 协议如何抵御降级攻击(即攻击者从 Alice 的建议中删除最安全的加密算法,导致 Alice 和 Bob 使用不太安全的密码算法进行通信)? 为什么这种防御不适用于 StartTLS?

3. 在 TLS 1.3(协议 13-2)中,如果 Alice 猜出 Bob 不支持的 Diffie-Hellman 组,则 Alice 和 Bob 需要从头开始,这一次 Alice 基于 Bob 的消息知道了 Bob 支持的 Diffie-Hellman 组。然而,请注意,在收到 Alice 的第一条消息后,Bob 便知道需要选择哪个 Diffie-Hellman 组,因此,即使 Bob 忽略 Alice 的 Diffie-Hellman 值,也可以在回复中发送 Diffie-Hellman 值。在这种情况下,试利用 Bob 立即发送 Diffie-Hellman 值的优势,重新设计协议。

# 第 14 章　电子邮件安全

提到术语电子邮件安全，人们首先想到的是 Alice 给 Bob 发送的一条消息，这条消息由 Alice 用私钥进行签名，由 Bob 用公钥进行加密。1989 年，Lotus Notes 公开了一个专有的、广泛部署的加密电子邮件实现。1991 年，菲尔·齐默尔曼创造并开源发布了 PGP。随着 20 多年的发展，用户对用户签名和加密邮件的各种邮件标准包括：

- PEM(RFC 1421，1993 年 2 月)；
- PGP/GPG(RFC 2015，1996 年 10 月)；
- S/MIME(RFC 2311，1998 年 3 月)。

尽管 20 世纪 90 年代初存在出口管制和专利等部署障碍，但目前相关问题已得到解决。但是，令人惊讶的是，任何基于 Alice 签名并为 Bob 加密的模型实现如今都没有被广泛使用。加密和签名的电子邮件只在一些组织中使用，例如，美国政府已经部署了一个基于硬件的使用 S/MIME 加密的 PKI 系统，但绝大多数因特网用户并没有使用端到端加密的电子邮件。为什么加密没有成为发送邮件的默认机制？也许是因为用户 Alice 难以找到 Bob 的公钥，或难以在多个设备上维护自己的私钥。也许当忘记口令时，Bob 会为丢失收到的所有电子邮件而感到不快。也许大公司不鼓励员工使用端到端加密电子邮件。也许使用端到端加密电子邮件的努力并不值得，因为 Alice 发送电子邮件的大多数对象都不支持接收加密电子邮件。也或许用户根本不在乎是否加密。

特定于电子邮件，还存在一些端到端加密和签名无法解决的其他安全挑战。如果没有采取防范措施，则收件箱会被垃圾邮件淹没。有漏洞的电子邮件处理软件会允许恶意电子邮件携带可能感染用户设备的恶意软件。通常，这会归因于用户打开了危险的电子邮件或点击了电子邮件中可疑的链接。然而，拥有安全的电子邮件处理软件是可能的，而且全世界都应该希望拥有安全的电子邮件处理软件。打开电子邮件或点击电子邮件中的链接不应该感染用户 Alice 的设备，也不应该引发其他可怕的事情，例如给通讯录中的每个人发送电子邮件。然而，指责用户比开发安全的电子邮件客户端软件更容易。目前该领域已意识到这个问题，并正在进行相关研究，包括 DARPA 的 SafeDocs 倡议。

部署端到端加密电子邮件的另一个障碍是，出于法律原因，或为了防止公司机密信息被发送出公司，公司需要访问来自或发送给组织的所有明文电子邮件。从理论上讲，这可以通过让公司保留所有员工的私钥副本来实现，但这对公司的 IT 部门而言很不方便，并会分散其完成真正需要做的事情的精力。此外，一些邮件相关的安全功能会相互干扰。例如，端到端加密会干扰垃圾邮件到达客户端设备前的中转站过滤功能。

本章涉及各种电子邮件安全问题的概念挑战，也介绍了潜在的解决方案。尽管一些产品可以解决本章讨论的一些问题，但书中不会描述任何特定产品细节。此外，具体部署的机制和问题取决于当前的实现情况，包括漏洞。因此，本章将聚焦更广泛的概念问题。

## 14.1 分发列表

电子邮件允许用户向一个或多个收件人发送消息。最简单的电子邮件消息形式是 Alice 向 Bob 发送消息：

```
写给：Bob
  来自：Alice

                今晚在我公寓见面可以吗？
```

通常，邮件系统允许将消息发送给多个收件人，例如：

```
写给：Bob，Carol，Ted
  来自：Alice

                今晚在我公寓见面可以吗？
```

有时不可能或不方便列出所有的收件人，出于该原因，通常会将电子邮件发送到代表一组收件人的**分发列表**(distribution list)。分发列表的实现方式有以下两种。

(1) 如图 14-1 所示，首先，需要将消息发送到维护列表的站点，然后该站点会将消息副本发送给列表上的每个收件人。该方式称为**远程引爆法**(remote exploder method)。注意，更为常用的术语是**邮件反射器**(mail reflector)，但该术语听起来像是一种把发送的任何消息都返回来的服务。

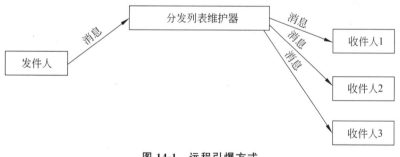

**图 14-1 远程引爆方式**

(2) 如图 14-2 所示，发件人会在保存列表的站点中进行检索，然后给列表上的每个收件人发送消息副本。该方式称为**局部引爆法**(local exploder method)。

有时，分发列表的成员可以是另一个分发列表的成员。例如，用于宣传安全产品的分发列表"安全客户"可能包括执法人员、银行家、锁匠和有组织的犯罪成员，也可以构造一个具有无限循环的分发列表。假设某人正在维护"密码学家"的邮件列表，另一个人在维护"密码分析者"的邮件列表。当密码分析者要求对发送到"密码学家"邮件列表的信息进行监听时，分发列表"密码分析者"会被添加到"密码学家"的邮件列表中。而且出于类似的原因，"密码

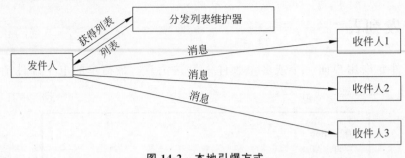

图 14-2  本地引爆方式

学家"邮件列表也会被添加到"密码分析者"邮件列表中。邮件系统必须以合理的方式处理分发列表中的无限循环,例如,必须向每个收件人发送至少一个消息副本,但不能发送任何不合理数量的副本。这样的循环可以有效地合并电子邮件列表,见本章作业题1。

本地引爆方式有以下优点。

(1)更易于防止邮件转发循环。

(2)如果存在多个分发列表,发件人可以避免向多个列表上的个人发送重复副本。

(3)发送者更容易提前知道传输消息会消耗多少带宽。

远程引爆方式有以下优点。

(1)支持向成员未知的列表发送邮件。例如以下邮件内容:

美国国税局发给在国外的美国间谍:

友好提醒——纳税截止日期为 4 月 15 日。被抓或被杀不是一个自动延期缴税的理由。

(2)如果分发列表是按地理位置组织的,则只需通过高成本链路向远方发送消息的副本。例如以下邮件内容:

美国政府发给法国公民:

谢谢送来的雕像。

(3)当某个分发列表包含于另一个分发列表中时,沿着整棵树追踪列表中的所有成员会很耗时。相反,当把消息发送到各个引爆器时,则会取得很好的进展,并可以利用并行性。

(4)当分发列表长于消息时,相比于向发件人发送分发列表,从发件人向分发列表发送消息会更有效。例如以下邮件内容:

致地球上的人们:

你好。如果不停止地向我们发送《我爱 Lucy》(一档电视节目)的重播,那么我们不得不摧毁你的星球。

## 14.2  存储和转发

直接从 Alice 的个人设备向 Bob 的个人设备发送 Alice 到 Bob 的电子邮件似乎是最简单的发送方式。然而,为保证在这种情况下消息能够成功发送,当 Alice 需要发送消息时,Alice 和 Bob 的设备都必须在网络上同时运行,并彼此可达。如果用户设备只是偶尔联网,例如偶尔入网的用户笔记本电脑,则可能会非常不方便。此外,大多数客户端设备都没有全球可寻址的稳定 IP 地址。客户端设备的地址通常仅在其本地网络内有效,因此无法从该网络外部进行寻址。只有当客户端设备启动外部节点连接时,才可能从网络外部与该客户端进行通信,这种情况下,**网络地址转换协议**(Network Address Translation,NAT)会为客户端分配一个临时的全球可达地址(IP 地址加端口),这样便可以接收回传的流量。如果源地址和目的地址都只有不同网络的本地地址,那么任何一方都无法与另一方建立连接,除非它们都已注册了某个具有全球地址的中继服务。通常即时消息服务会部署这样的基础设施,但电子邮件通常没有。此外,即使 IPv6 协议被普遍部署,防火墙也很可能会阻止大多数来自互联网的传入连接。

被称为**邮件传输代理**(Message Transfer Agent,MTA)的邮件转发程序可以解决这些问题。用户 Alice 不是直接向用户 Bob 的客户端设备发送邮件,而是将邮件发送到可能会永久存在于网络上的 MTA。当用户 Bob 的设备联网后,Bob 会在处理其账号的服务器上检索电子邮件。在源设备和目的设备上处理邮件的程序称为**用户代理**(User Agent,UA)。电子邮件会从 UA 转发到 MTA 转发到 MTA……转发到 MTA,最终再转发到 UA。

MTA 可以为用户保留电子邮件,并在用户连接时将电子邮件发送给用户。但 MTA 也可能会提供其他服务,例如提供垃圾邮件过滤或病毒检查服务,或者可以检查发送到公司外部地址的电子邮件,以检测并删除包含公司机密信息的电子邮件。

## 14.3 将二进制文件伪装成文本

最初设计电子邮件时,人们假设其唯一目的是使用英文字母进行人与人之间的文本交流。尽管大多数电子邮件基础设施已经可以发送超过 7 比特的 ASCII 文本,但如果不对数据进行编码,则仍无法可靠地发送任意数据,例如图像或加密数据。

即使采用英文 ASCII 编码文本消息,不同平台使用的文本格式也有所不同。例如,不同平台会使用不同的行分隔符,有些可能会使用〈LF〉(换行,ASCII 为 10),或者〈CR〉(回车,ASCII 为 13),或者〈CR〉〈LF〉,即〈CR〉后接〈LF〉。或者可能存在行的长度限制,而且如果分隔符间的字符太多,则不同平台可能会添加行分隔符或截断。或者如果行末尾存在空白(例如空格或制表符),则不同平台可能会删除空白。一些系统会期望在每个八比特组的高阶比特上进行奇偶校验,而且其他人会希望高阶比特始终为 0,所以如果看到第 8 比特为 1,则会将其更改为 0。

如果试图在不同系统的用户之间发送简单的英文文本消息,这类转换大多是无害的,但如果试图在系统之间发送任意数据,则会导致一些问题。当然,如果试图发送任意二进制数据,并清除所有高阶比特,或者周期地插入〈CR〉〈LF〉,则会彻底地破坏数据。但是,即使发送未加密的文本,若数据遭到修改,则安全功能也可能会被破坏。例如,若消息被修改,则无法验证涉及邮件内容的数字签名。目前很难准确预测修改创建 3 天左右的电子邮件基础设施设计会对文件有怎样的帮助。

为发送除简单文本之外的数据,例如图表、语音或图片,需要在所有已知的邮件之间共存各种编码标准,例如 BASE64[RFC 4648]。这些方案将输入视为任意长度的八比特组串,然后将位组串划分为 6 比特的块,以及将每 6 比特分组编码为仅表示"安全"ASCII 字符的八比特组,并偶尔以行尾分隔符来保证邮件基础设施的正常运行。这样,八比特组所需的

安全值会明显少于 256 个，否则任意二进制数据都可以正常工作。（A～Z，a～z，0～9，
+，/，，，－，_，…）中，至少有 64 个安全字符可供选择。这种编码通过把每个可能的 6 比特
值转换为 64 个选择的安全字符之一，并通常添加足够的行分隔符将 6 比特数据打包为 8-比
特字符。这种编码会将数据扩展大约 1/3。注意，也可以使效率更高。通过使用更安全的
字符，BASE85 可以将数据扩展 1/4，利用 5 个字符来编码 4 个八比特组数据，而不像
BASE64 用 4 个字符来表示 3 个八比特组。通常可以通过压缩降低这种开销，而且，有时
BASE64 编码的压缩数据会比原始数据小很多。

如今，大多数邮件基础设施都支持 UTF-8，并保证无须修改即可发送大多数 256 个八
比特组。一旦互联网意识到并非所有内容都基于英文，则该方式会变得绝对必要。当前所
支持的任何语言中，有超过十万个国际字符需要表示。每个字符需要超过 8 比特来表示，并
且各种编码方案可以用多个八比特组来表示一个字符。

然而，即使邮件基础设施可以支持所有 256 个八比特组值，邮件网关也可能会插入行尾
字符，或删除空白，因此，在传输图像或数字签名等任意二进制数据时，通常会使用 BASE64
编码。

## 14.4　HTML 格式的电子邮件

电子邮件可以采用 HTML 进行编码，这意味着电子邮件具有网页的大部分功能，例如
嵌入 URL 以获取图像、要点击的链接，以及可执行的 JavaScript 代码。假设 Alice 正在向
用户 Bob 发送消息。大多数电子邮件客户都会问 Bob 是否需要下载图像。如果 Bob 不需
要，则合法的电子邮件也可能会让人费解，或者至少看起来很难看，因为，许多合法发件人都
在使用 HTML 创建"用户友好"的电子邮件。如果 Bob 确实同意下载图像，而且如果 Alice
巧妙地嵌入了一个包含 Bob 邮件地址的特定收件人 URL，则 Alice 可以知道 Bob 是否以及
何时打开了该电子邮件。

如果 Bob 点击了其收到电子邮件的链接，则 Bob 的设备会执行链接中指定的任何操
作，而且，Bob 将被暴露于网页可能传播的任何"邪恶"内容中，包括可能感染设备的漏洞，以
及可能诱骗其输入安全敏感信息的恶意内容。

HTML 具有非常丰富的功能，这也意味着用户 Bob 邮件客户端中可能会存在漏洞，并
可能会被恶意邮件消息利用。

## 14.5　附件

邮件可以包含附件，尽管人们以为打开这些附件就像打开 Microsoft Word 或
PowerPoint 文档一样安全，但事实却并非如此。打开附件会运行与该文档类型相关联的应
用程序。有些文档类型是危险的，因为它们可能会包含任意代码，例如.exe 或.cmd 文件。
其他类型理论上是安全的——Word 或 PowerPoint 文档应该只显示内容，但由于漏洞或者
数字签名等一些非常特殊的功能，这样的文件也并非完全安全。

许多邮件客户端或 MTA 会配置删除具有特定文件扩展名（例如.exe）的附件。Word

和 PowerPoint 文档可以具有不同的文件类型,这取决于它们是无害的还是可怕的。文件类型为.docx 和.pptx 的 Word 和 Powerpoint 应该是无害的,而.docm 和.pptm 则可能是可怕的文件类型,其中,m 代表宏。

## 14.6 垃圾邮件防御

垃圾邮件是非必需、未经请求的电子邮件,而且如果没有在收到邮件前识别和删除大部分邮件,那么处理如此多的电子邮件所涉及的所有资源(例如时间、收件箱存储空间、MTA、网络传输流量等)都会被垃圾邮件淹没。发送垃圾邮件的原因包括:低成本地向大众宣传产品或服务,诱骗人们泄露个人信息(例如信用卡号码),诱骗人们汇款,或者诱骗收件人运行恶意软件来分发恶意软件。即使只有万分之一的收件人可能被如下邮件欺骗,如果发件人的目标是一亿个收件人,那么如此大的基数也可以成功地联系到许多做出回复的易受骗的收件人:

> 我是一位王子的遗孀,需要找一个值得信赖的人帮助我转移我的财产。如果你可以帮助我,我会支付我 3.15 亿美元财产的 10% 作为酬劳。[①]

向大量收件人发送电子邮件既简单又廉价。如果垃圾邮件发送者需要从自己的账号发送单独的邮件副本,则其发送的东西可以受到约束。然而如果通过分发列表、在云上租用域名和地址,或者利用发送垃圾邮件的机器人大军发送邮件,则垃圾邮件发送者可以扩大可用带宽。

垃圾邮件发送者,包括想要低成本地向大量潜在客户发送广告的所谓合法商业组织在内,都希望拥有庞大的实时邮件地址数据库,并且最好可以根据特定类型产品对邮件列表进行排序。

垃圾邮件发送者要如何知道其发送垃圾邮件的邮件地址? 互联网上可以很容易地收集电子邮件地址,另外,电子邮件地址也可以从收集电子邮件地址的网站上批量购买。或者,由于发送成本很低,垃圾邮件发送者可以在某个电子邮件域中尝试多种潜在用户名字符串的组合(aaaa1@hotmail.com,aaaa2@hotmail.com)。而且,可以通过向一系列猜测的电子邮件地址发送电子邮件,并为收件人提供"取消订阅"选项,来验证电子邮件地址。许多MTA 不会发送明确的错误消息,例如"用户名不存在(username not found)",以避免提示域中哪些电子邮件地址是合法的。

如何打击垃圾邮件? 有些人试图让互联网搜索程序更难找到其电子邮件地址,例如将"@"符号改为 radia at alum dot mit dot 等。

不幸的是,任何试图识别垃圾邮件的服务都会存在一些假阴性(例如通过过滤器的垃圾邮件)和假阳性。通常,电子邮件系统不会删除自动过滤器认为的垃圾邮件,而是将其放入特殊的垃圾邮件文件夹中。如果合法电子邮件被错误地分类,则用户应该经常扫描垃圾邮件文件夹,查看是否有合法邮件被误分类为垃圾邮件。

---

① 译者注:读者或许真的收到过这样的邮件,请小心谨慎,不要上当受骗。

反垃圾邮件服务需要什么技术才能实现垃圾邮件分类？部署反垃圾邮件服务后不久，任何技术都会被垃圾邮件发送者获得，而且，发送者也可以定制电子邮件来欺骗过滤器。如果将同一电子邮件发送给一大群收件人，则过滤器可能会猜测到这是垃圾邮件。或者，可以查找免费（free）或奖品（prize）等关键词，或应用各种人工智能技术。如果垃圾邮件发送者从实际的电子邮件地址发送电子邮件，则这些地址很容易被添加到拒绝列表中，但不幸的是，垃圾邮件发送者通常不会用合法的电子邮件地址发送，或者他们会伪造不是他们的合法地址。

如果从某个 IP 地址检测到大量垃圾邮件，则该地址可能会被拒绝。不过，这也存在一些问题。如果垃圾邮件发送者在公有云上租用了空间，则最终可能会因为网络行为不端（例如发送垃圾邮件）被驱逐，但随后下一个无辜的租户的 IP 地址也会被拒绝。或者，垃圾邮件过滤器可能会拒绝整个 IP 地址块，在这种情况下，特定公有云的所有租户都将因某些租户的不当行为而受到惩罚，并将其 IP 地址纳入拒绝列表集合。

## 14.7　邮件中的恶意链接

垃圾邮件会浪费用户时间、存储空间和网络带宽，并可能会诱使易受骗用户购买虚假产品、汇款或泄露个人信息。但另一个问题是，电子邮件中可能会包含恶意链接，如果用户点击了链接，则用户设备上可能会被安装恶意软件。

通常，给用户的建议是不要点击电子邮件中的链接，但这确实并不实用。合法邮件也会包含一些链接。用户可能会访问链接指向的内容，而不是点击链接，例如，通过输入合法实体的 DNS 名称，从主页开始浏览网站。这很耗时，有时甚至不可实现。

至少存在一家公司可以提供帮助公司员工免受恶意链接侵害的服务。该服务可以称为 phishingprotection.org 服务（即网络钓鱼保护，此处有意不使用真名）。为使用 phishingprotection.org 服务，公司的 MTA 会在邮件中查找链接，并在每个链接的 URL 前加 phishingprotection.org/。然后，当邮件用户点击链接时，请求就会跳转到 phishingprotection.org。由于 URL 中包含原始链接，因此 phishingprotection.org 可以检索原始 URL 指定的页面并进行病毒扫描，或者仅对照已知站点的拒绝列表，或者允许列表来检查原始 URL 的 DNS 名称。

## 14.8　数据丢失防护

**数据丢失防护**（data loss prevention，DLP）是一个非常令人困惑的术语。听起来像数据确实丢失了，而且公司本应该对其进行备份。DLP 的行业含义是防止公司的知识产权，或者其他机密信息被发送给未经授权的收件人。

公司的 MTA 可以检查发送到公司外部地址的电子邮件，并扫描任何被标记为公司机密的邮件，或者可以查找诸如产品名称或信用卡信息之类的关键词，也可以删除可能泄露信息的消息，或者进行保存以供工作人员检查，进而决定是否符合公司的政策。

除了发送电子邮件，还存在其他窃取公司机密信息的方法。例如，把信息加载到 U 盘上，或者用文件传输服务发送信息。

## 14.9  知道 Bob 的邮件地址

Alice 需要向用户 Bob 发送电子邮件,举个简单的例子,假设他们在同一家公司工作。确保只有 Bob 才能看到消息的第一步,是使 Alice 知道 Bob 的电子邮件地址。在大型公司中,例如,company.com,可能会有很多叫 Bob Smith 的员工。第一个被雇佣的 Bob Smith 的电子邮件地址可能是 bob@company.com,下一个可能是 bob.smith@company.com,下一个可能是 robert.q.smith@company.com,等等。当在公司目录中查找 Bob Smith 时,就会得到多个选择项,Alice 必须猜测要发送给哪一个。然而,电子邮件总是发送给错误的 Bob Smith,而且非预期的收件人必须仔细阅读这些内容,以猜测发件人应该想要使用哪个收件人的电子邮件地址。在某些情况下,相比于收到明显的垃圾邮件,这会给其他的 Bob Smith 带来更大的负担。对于 Bob Smith 而言,他可以很快删除声称 Bill Gates 选择他接受一百万美元的消息,制定其为垃圾邮件。然而,一封内容为"公司 CEO 希望你参加 1 月份在某地举行的会议"电子邮件则需要更多的考虑,来决定是否要将其转发给公司中其他 7 位 Bob Smith 中的一位。最初的收件人可以将信息转发给其他 7 位 Bob Smith,然后他们便可以在一月份去会议地点度过一段美好的时光,即使并不是要求他们真正地在那里开会。

## 14.10  自毁,不转发,…

发件人可能希望在收件人阅读电子邮件后不久将其销毁,或者阻止收件人保存或转发电子邮件。发件人可以对消息进行标记,并使目的地址的电子邮件系统遵循相应指示来实现。然而,与所有**数字版权管理**(digital rights management,DRM)一样,纯软件系统的执行通常可以通过修改客户端电子邮件应用程序的版本,或者通过截屏来规避。

## 14.11  防止 FROM 字段的欺骗

将任何字符串放入电子邮件的 FROM 字段是轻而易举。某些邮件客户端支持在其所有发出邮件的 FROM 字段设置所需的内容。

如果发件人 Alice 对发送给 Bob 的电子邮件进行数字签名,而 Bob 希望所有来自 Alice 的电子邮件都由 Alice 签名,那么如其他人将 Alice 的名字输入 FROM 字段,Bob 就不会被欺骗。然而,客户端签名的电子邮件并未被广泛部署,这可能因为验证签名的软件并未被广泛部署。因此,存在各种增加欺骗 FROM 字段难度的方案。

**发件人策略框架**(Sender Policy Framework,SPF)[RFC 7208]允许电子邮件域声明一组有限的 IP 地址或 IP 地址范围,并授权从该域发送电子邮件①。通过在 DNS 服务中放置数据可以实现地址声明,并可以用 DNSSEC 进行安全地数据检索。如果电子邮件不是来自该域的 IP 地址列表,则支持 SPF 的接收 MTA 会拒绝声称来自该域的电子邮件。在实践中,冒充其他 IP 地址连接是很困难的,但并不是不可能的,所以尽管 SPF 增加了安全性,但

---

① 电子邮件域是电子邮件地址中@后面的 DNS 名称。

也不如进行加密认证安全。此外，安全性取决于发送 MTA 对发送电子邮件用户的认证，并检查认证用户是否确实拥有电子邮件 FROM 字段的地址。

SPF 也会带来一些电子邮件的转发问题。例如，如果 Alice 向分发列表引爆器发送电子邮件，则会将副本转发给每个收件人。由于来自到达目的地 MTA 所转发的电子邮件 IP 地址是分发列表中的 IP 地址，而不是 Alice 的 MTA，因此，这种部署挑战阻碍了 SPF 的部署。

**域密钥识别邮件**（Domain Keys Identified Mail，DKIM）[RFC 5585]允许电子邮件域对关联的域外电子邮件消息进行数字签名，并在 DNS 中声明来自该域的电子邮件使用签名密钥列表中的密钥进行签名。大多数 MTA 会尊重此类声明，并会拒绝未使用公钥列表的签名，但会声称是来自此类域的电子邮件。由于电子邮件转发程序经常以各种方式修改电子邮件，因此导致 DKIM 签名失败。例如，转发器可能将"转发者"添加到主题行或正文部分。

## 14.12 传输中加密

Alice 可以使用 TLS 等认证和加密通道将邮件发送到 MTA，而不使用 Bob 的公钥加密电子邮件。MTA 会用证书向 Alice 进行认证。Alice 会使用用户名和口令进行认证，或者在 Alice 的设备上存储 Kerberos 票证。此外，MTA 之间会用 TLS 进行相互通信。而且，Bob 会登录 MTA 来检索电子邮件，而这种连接可能会使用 TLS。在市场上，这通常称为邮件加密，而不是端到端加密，这会要求信任路径上的所有 MTA，并要求 Bob 以某种受保护的方式存储电子邮件。

如果 MTA 可以用 TLS 进行通信，那么必须知道哪些其他 MTA 可以用 TLS 进行通信，并假设使用具有 X.509 证书的标准 Internet PKI 来学习彼此的公钥。否则，任何人都可能通过说"我是这个电子邮件域的 MTA，但我不使用 TLS 协议，你应该相信我"来欺骗 MTA。**基于 DNS 的命名实体认证**（DNS-Based Authentication of Named Entities，DANE）[RFC 7672]指定了如何在 DNS 中声明接受 TLS 连接。**MTA 严格传输安全**（MTA Strict Transport Security，MTA-STS）[RFC 8461]类似 DANE，但需要在电子邮件域级别进行声明，因此声明的策略适用于服务该电子邮件域的所有 MTA。这两种机制都没有问题。STARTTLS[RFC 3207]允许 MTA 告知正在与之建立连接的另一个支持 TLS 的 MTA。注意，如果没有 DANE 或 MTA-STS，则主动攻击者可以从消息中删除"我可以使用 TLS 协议"，并诱骗两个具有 TLS 功能的 MTA 在没有加密保护的情况下进行通信。

有时，这种在逐跳传输中进行的加密称为"加密邮件"，尽管不是端到端加密。

## 14.13 端到端签名和加密邮件

正如前文所说，尽管端到端加密保护的电子邮件（如 PGP、PEM 和 S/MIME 所设想的）并未广泛使用，但其概念很有趣。如果 Alice 要向 Bob 发送一条签名消息，则只需要在进行消息签名后再发送，并希望若 Bob 真想验证签名，则 Bob 已经拥有了 Alice 的证书，或者在必要时获得证书。或者，Alice 会悲观地认为需要将证书发送给 Bob，在这种情况下，Alice 可以把证书包含在电子邮件中。

无论 Alice 向特定个人还是向分发列表发送电子邮件,用 Alice 证书签名的电子邮件都是有效的,前提是签名字段都未被分发组列表引爆程序所修改。如果签名的电子邮件由 Bob 转发,则签名也是有效的。

然而,如果 Alice 需要向 Bob 发送加密消息,则需要知道 Bob 的公钥。Alice 有多种方法可以发现 Bob 的公钥。

(1)可能通过某种安全的**带外机制**(out-of-band mechanism)收到 Bob 的公钥,并将其安装在工作站上。

(2)可能通过 PKI 获得。

(3)电子邮件系统可以允许在电子邮件中附带证书。例如,如果 Bob 向 Alice 发送电子邮件,则可以包含其证书,使得 Alice 知道其公钥。或者,如果 Alice 之前没有收到 Bob 的电子邮件,则可以向 Bob 发送电子邮件,要求返回包含 Bob 证书的消息。

Alice 如何将加密邮件发送给多个收件人,例如 Bob、Carol 和 Ted?每个收件人具有不同的公钥,为加密这样的邮件,Alice 会选择一个仅用于加密该消息的随机密钥 $S$。然后,Alice 会用 $S$ 加密信息,并只须对消息进行一次加密。但 Alice 会用适当的密钥为每个收件人加密 $S$ 一次,并在每个加密的 $S$ 中包含加密消息。Alice 可能会向所有三个收件人发送同一消息,其头部分别包含 $\{S\}_{Bob}$、$\{S\}_{Carol}$ 和 $\{S\}_{Ted}$,或者为每个收件人定制相应的副本。

Alice 如何向分发列表或群组发送加密邮件?注意,能够实现这一点的邮件系统极其罕见,但下面会对一种实现方式进行介绍。假设 Alice 正在向将被远程引爆的分发列表发送消息,而 Bob 只是其中一个收件人。如果分发列表存储在远离 Alice 的某个节点上,Alice 甚至不知道分发列表的成员,因此,Alice 无法知道分发列表中所有成员的公钥。相反,Alice 只有分发列表引爆程序的密钥,并且不需要区别对待分发列表引爆程序与任何其他消息收件人。这只是一个拥有公钥的接收者,分发列表引爆程序需要该分发列表上所有成员的密钥,解密 $S$(用分发列表引爆器的公钥加密),并像给分发列表的每个成员转发加密邮件一样,需要用每个收件人的公钥加密 $S$。注意,分发列表引爆器可以看到消息的明文,但不需要解密消息,只需要为每个收件人解密和重新加密 $S$。

另一种向一组收件人发送电子邮件或共享文件的可能方式是用组密钥加密邮件。分发列表引爆程序或许无法解密消息 $q$,只能将密文转发给所有收件人。而且,该消息只能用该消息的密钥 $S$ 加密。加密的消息是 $\{message\}S$,与加密消息关联的是 $\{S\}_{group-key}$。也许该组的所有成员都预先获得并存储了组密钥,并且可以立即解密组消息。或者,存在用于认证的组服务器,并且成员可以向用于认证成员、解密 $\{S\}_{group-key}$,并向成员发送 $S$ 的组服务器发送 $\{S\}_{group-key}$。

## 14.14 服务器加密

有些产品可以为用户加密邮件,并存在多种实现方式。如果接收者没有实现专有机制,并接收了加密邮件,这通常会很尴尬。此类电子邮件通常会附带服务注册或者软件下载说明。

在一种可用于服务器为所支持的所有用户创建公钥对的机制中,如果用户 Alice 向用户 Bob 发送消息,而该服务没有 Bob 的公钥,则需要创建并存储密钥对。稍后,当 Bob 按照收到的加密邮件指示转到该服务，并以某种方式像拥有该电子邮件地址一样认证时，该服务可以解密电子邮件，或者允许下载软件和私钥，这样 Bob 就可以解密后续的电子邮件。

另一种机制是 Alice 告诉该服务她想发送加密邮件。该服务会创建密钥和密钥 ID，并告诉 Alice 将密钥 ID 放入头部，以及使用该密钥进行加密。当 Bob 收到电子邮件时，该服务会解密电子邮件，或者向 Bob 发送密钥，假设 Bob 已经下载了该密钥的专有软件服务。

还有一种机制是使用**基于身份的加密**（Identity-Based Encryption，IBE）。这是文献[SHAM84]中引入的公钥密码学概念。Boneh 和 Franklin 发明了一种实用的解决方案，并发表于文献[BONE01]，可以从名称中推导出域名的公钥，而不是使用将名称映射到公钥的证书。

（1）域中的所有用户都会信任名为**私钥生成器**（Private Key Generator，PKG）的服务器。

（2）与域关联的是域中所有节点都知道的**域专用参数**（domain-specific parameters），并且可以将名称转换为公钥。

（3）PKG 已知可以将公钥转换为私钥的**域秘密**（domain secret）。

如果一个域（例如一家公司）使用基于 IBE 的产品，那么服务器便可以知道域秘密，并且所有用户都会配置域专用的参数。当 Alice 要向 Bob 发送电子邮件时，会从 Bob 的名称和域专用参数中获取公钥。当 Bob 收到电子邮件时，如果已经以某种方式通过了服务器认证，并收到了私钥，则可以解密电子邮件。否则，Bob 的电子邮件客户端需要联系服务器并接收私钥。Alice 和 Bob 都需要专用的加密和解密软件。

尽管 Alice 用 Bob 已知的密钥对电子邮件进行加密，但服务器会利用所有这些系统去解密所有电子邮件。因此，当公司希望能够访问进出公司域中电子邮件地址的所有电子邮件明文时，则可以使用这种以服务器为媒介的电子邮件加密方式。

## 14.15　消息完整性

当 Bob 收到 Alice 的消息时，如何知道 Carol 没有拦截并修改消息？例如，Carol 可能已经将消息"立即解雇 Carol"更改为"立即提拔 Carol"。在不保证消息内容完整性的情况下，提供源认证是没有意义的。如果内容可能在途中被修改，没有人会在乎消息是否来自 Alice。

对于习惯于密码学的人来说，其解决方案很简单——让 Alice 对电子邮件内容进行数字签名即可。然而，还存在一些复杂的情况。假设 Bob 想把从 Alice 那里收到的电子邮件子集转发给 Carol。一旦 Bob 以某种方式修改了 Alice 的电子邮件，则 Alice 的签名将无法被验证。

另一个复杂情况是，由源 Alice 对消息进行数字签名，会干扰 MTA 可能提供的涉及修改消息的服务。例如，MTA 可能会查找看起来像信用卡号的字段，然后进行删除或加密。或者可能会修改链接中的 URL，以便提供电子邮件链接的检查服务。

还有一个复杂情况是考虑 Alice 的签名要涵盖哪些字段。电子邮件系统无法加密多数的头部，因为这会干扰向正确目的地址的电子邮件发送。安全邮件标准 PEM 和 PGP 仅提供对消息内容的完整性保护或隐私保护。S/MIME 支持任意行为——其头部（例如字段

SUBJECT,TO,FROM 或 TIMESTAMP)不受保护,或者将头部副本包含在受保护消息和其他可能是之前字段内容副本的头部中,并将出现在加密封装之外。多数人都会期待使用加密和数字签名的电子邮件,整个电子邮件都可以得到保护。

如果签名不能保护 SUBJECT,TO,FROM 或 TIMESTAMP 字段,则一些有趣的安全缺陷可能会被利用。天真的用户可能会将私人信息放入主题行,并将信息暴露给窃听者。假设 Alice 看到了 Fred 发来的信息,其中提出了一些离谱的想法。Alice 以完整性保护的方式转发了 Fred 的信息,其主题行是"立即解雇这个傻瓜",但有人将未受保护的主题行修改为"好主意!立即实现这个建议"。如果主题行未受保护,则 Alice 签名的消息将会发出,但修改后的主题行完全改变了 Alice 的意图。

然而,头部字段无法加密,因为电子邮件基础设施需要查看头部字段。从理论上讲,即使不能得到隐私保护,头部字段也可以被纳入完整性保护。

注意,即使电子邮件保护了所有头部字段,电子邮件也可能被误用。例如,如果 Alice 向 Bob 发送了签名消息"我同意",则 Bob 以后就不能用该消息来证明 Alice 同意 Bob 的操作,因为该消息并没有明确说明 Alice 同意了什么。

也许如果数字签名电子邮件得到了广泛部署,则用户就会习惯于了解如何安全地使用该功能。

## 14.16  不可否认性

否认(repudiation)指否认发送过信息的一种行为。如果消息系统提供了**不可否认性**(non-repudiation),则意味着若 Alice 向 Bob 发送消息,那么 Alice 以后便不能否认发送了该消息。Bob 可以向第三方证明 Alice 确实发送了该消息。例如,如果 Alice 向银行发送消息表示要向 Bob 的账户转账 100 万美元,除非该交易的发送方式使银行不仅可以知道该消息来自 Alice,而且必要时可以向法院提供证明,否则银行不应兑现该交易。

在传统方式中,让 Alice 用私钥签名消息可以提供不可否认性。收件人不仅知道消息来自 Alice,而且还可以向其他人证明 Alice 对消息进行了签名。

注意,不可否认性听起来具有法律含义。但事实并非如此,即使 Alice 用私钥对某些东西进行了签名,也可以声称设备上的恶意软件在未经允许的情况下代表 Alice 进行了签名,或者 Alice 的私钥被盗用了。

## 14.17  合理否认

不可否认性并不总是可取的。例如,Alice 可能是某个大型组织的负责人,想批准下属去实施一些计划。Alice 的下属必须绝对确定订单来自 Alice,因此必须验证消息的来源。但 Alice 需要具有**合理否认性**(plausible deniability),这样,如果任何下属被抓或被杀,则 Alice 都可以否认了解他们的行动。Alice 如何能把信息发给 Bob,使得 Bob 知道该消息来自 Alice,但 Bob 却不能向其他人证明该消息来自 Alice?

首先回顾一些符号。用大括号{}表示公钥加密,并用下标指定正在使用公钥的个体名称。用方括号[]表示私钥签名,并用下标指定正在使用私钥的个体名称。

(1) Alice 选择私钥 $S$,仅用于 $m$。

(2) 用 Bob 的公钥加密 $S$,得到 $\{S\}_{Bob}$。

(3) 用 Alice 的私钥对 $\{S\}_{Bob}$ 签名,得到 $[\{S\}_{Bob}]_{Alice}$。

(4) 用 $S$ 计算 $m$ 的 MAC。

(5) 将 MAC,$[\{S\}_{Bob}]_{Alice}$ 和 $m$ 发送给 Bob。

Bob 知道消息来自 Alice,因为 Alice 对加密的 $S$ 进行了签名。但 Bob 不能向任何人证明 Alice 发送了 $m$,但可以证明 Alice 在某个时候用密钥 $S$ 发送了一些消息,但可能不是 $m$。一旦 Bob 获得了量 $[\{S\}_{Bob}]_{Alice}$,那么就可以构造任何想要的消息,并用 $S$ 去构造 MAC。

## 14.18　消息流机密性

消息流机密性功能允许 Alice 以这样的方式向 Bob 发送消息,即窃听者无法发现 Alice 向 Bob 发送了消息,当 Alice 向 Bob 发送消息这一事实本身就是有用信息时,即使内容被加密,以至于只有 Bob 才能进行内容读取,这也会很有用。例如,Bob 可能是猎头,或者可能是记者,Alice 可能是向媒体泄露信息的国会秘密委员会成员。

如果 Alice 知道入侵者 Carol 正在监视她是否在向 Bob 发送消息,那么 Alice 可以利用朋友 Fred 作为中间人。Alice 可以向 Fred 发送加密消息,并将要发送给 Bob 的消息嵌入发送给 Fred 的消息内容中。因此,Fred 在解密后读到的信息是:"我是 Alice,请将以下消息转发给 Bob,非常感谢。"接着是 Alice 给 Bob 的信息。如果 Alice 足够偏执,则可能会更倾向于不断向随机收件人提供发送加密假消息的服务。如果 Fred 在随机延迟后转发了 Alice 的消息,那么即使 Carol 知道 Fred 提供了这项服务,Carol 也无法知道 Alice 要求哪个收件人 Fred 所转发的消息。

更偏执的是,可以在途中使用多个中间人。假设 Bob 和所有中间人都有公钥。当提到用公钥加密消息时,这意味着可以用随机选择的密钥 $K$ 加密消息,并包含用接收方公钥加密的 $K$,以及加密的消息。为在不泄露 Alice 正与 Bob 进行通信的情况下向 Bob 发送消息,Alice 可以选择一条中间人路径,例如 R1、R5、R2(因此,消息将从 Alice 传到 R1,最后从 R1 传到 R5,从 R5 传到 R2,最后从 R2 传到 Bob)。R1 会知道消息来自 Alice,但不知道目的地是哪里。R2 知道目的地是 Bob,但不知道消息来源。Alice 会进行以下操作。

(1) 用 Bob 的公钥加密消息。

(2) 获取结果,并用 R2 的公钥加密(加上 R2 转发给 Bob 的指令)。

(3) 获取结果,并用 R5 的公钥加密(加上 R5 转发给 R2 的指令)。

(4) 获取结果,并使用 R1 的公钥加密(加上 R1 转发给 R5 的指令)。

(5) 将加密结果相乘,并发送给 R1。

若 R1 解密所接收的内容,则结果是加密的消息和转发给 R5 的指令。R5 解密结果,并可以得到加密消息和转发给 R2 的指令。R2 解密结果,并可以得到加密消息和转发给 Bob 的指令。现在 Bob 收到一条可以解密的消息,如果 Alice 愿意,则可以向 Bob 透露自己的身份。

在这种设计中,每跳都使用公钥进行加密,并在每个加密消息中包含下一跳的 IP 地址,这会使得每跳的消息更长,并且使得每个消息的每个中间人的私钥解密成本更高。

相反,可以让 Alice 在 Alice 和 Bob 之间设置一系列选定的中间人路径进行密钥加密。基于密钥加密的数据转发具有如下优点。

(1) 用公钥进行连接设置,但对于数据转发只需要使用密钥。因此,数据可以是固定大小的,并且减少了转发数据的计算负担。如果在 Alice 和 Bob 之间发送大量流量,这会特别有优势(例如,网络浏览会话)。

(2) 即使 Bob 不知道通信的对象,也可以将流量返回给 Alice 的机制。

假设 Alice 选择的路径用 R1、R5 和 R2 作为中间人。Alice 建立到 R1 的连接,并就 Alice-R1 连接的共享密钥(例如,$K_{A-R1}$)达成一致。然后,Alice 会用该连接秘密地建立与 R5 的连接,并与 R5 就共享秘密达成一致密钥 $K_{A-R5}$。然后,Alice 会利用与 R5 的秘密连接创建与 R2 的秘密连接,并就共享密钥 $K_{A-R2}$ 达成一致。由于中间人会保持正在进行的连接状态,所以不需要包含转发指令。每个中间人都会保存一个记录,包括对于每个连接用什么密钥进行解密,并用哪个连接转发结果消息的连接表。

为向 Bob 发送消息,Alice 会使用为 Bob 建立的连接密钥来加密消息。Alice 获取结果,并用 $K_{A-R2}$ 进行加密,然后用 $K_{A-R5}$ 进行加密,再用 $K_{A-R1}$ 进行加密。当 Alice 向 R1 发送这个四重加密的消息时,R1 会识别该连接(例如其来自的 TCP 端口),进行连接表查询,并发现应该使用 $K_{A-R1}$ 解密,并且在 R5 的连接中转发数据包。下一个中间人 R5 在连接建立期间会查找其存储的该连接信息,并发现应该用 $K_{A-R5}$ 解密,并且在 R2 的连接上转发,等等。

Bob 可以在返回路径上发送消息,而无须设置到 Alice 的新路径。Bob 会用与 Alice 共享的密钥加密消息,并在 R2 的连接上转发结果。R2 查找有关连接信息,例如,告诉 R2 用 $K_{A-R2}$ 加密消息,并且转发到 R5,等等。

这种方法不仅可以避免高成本的私钥解密操作,而且消息大小不会每跳增加。

基于多中间人技术,即使某个中间人被贿赂,记住了接收和发送消息的方向,该中间人也不可能知道 Alice 正在与 Bob 进行通信。因为,如果要发现 Alice 给 Bob 发送了消息,则需要联合所有中间人。

在一些已部署的系统中已经使用了这样的方法。Chaum 于 1981 年提出了一个特定于电子邮件的系统[CHAU81]。受 Chaum 的工作启发,人们已部署了两个系统——Mixmaster 和 Mixminion。另一个类似系统——**洋葱路由**主要针对匿名网络浏览。TOR 由 Goldschlag,Reed 和 Syverson 发布于文献[GOLD99],并部署了一套由洋葱路由项目及公司维护的系统。

## 14.19　匿名

有时 Alice 可能想给 Bob 发送消息,但不想让 Bob 知道是谁发送的消息。有人可能会认为这很容易,Alice 只需要不进行消息签名即可。但大多数邮件系统会自动在邮件中包含发件人姓名。有些人可能想通过修改邮箱来省略这些信息,但聪明的收件人还是可以得到线索。例如,发送消息的节点网络层地址可能会与消息一起发送,收件人接收邮件的节点通常不是实际的源,而是存储和转发邮件的中间节点。但是,大多数邮件传输都会包含邮件路径的记录,因此收件人可以使用这些信息。

如果 Alice 确实希望保证匿名性，那么使用与消息流保密相同的技术可以将消息发送给第三方 Fred，并让 Fred 将未签名的消息发送给 Bob。

如果 Fred 没有足够的客户端，那么就不能实现匿名。例如，如果只有 Alice 向 Fred 发送了消息，那么即使 Fred 向随机节点发送了很多消息，Bob 也可以猜测出消息来自 Alice。通过提供天气预报等无伤大雅的服务，或者通过用户社区合作，以随机的间隔向 Fred 发送虚假消息，可以为真正需要该服务的节点提供掩护，这样，Fred 便可以拥有许多客户端。由于人们为 Fred 指定了固定长度的消息，因此，无法将 Fred 与消息长度相关联。若要发送更长的消息，则必须将其拆分为多个短消息。而且，必须将短消息填充到固定长度。这种额外的流量称为**覆盖流量**（cover traffic）。

另一个概念是**假名**（pseudonymity）。这意味着虽然 Bob 不知道是谁发送了消息，但可以知道多个消息都来自同一个实体。这可以通过创建与公钥关联的假名，并始终使用相同的公钥对与该假名关联的消息进行签名来实现。

如果用假名向 Bob 发送消息，则 Bob 将无法通过正常的 DNS 查询来回复该假名，因此，如果需要回复，则**回邮器中间人**（remailer intermediaries）都必须记住接收到假名邮件的前一跳。只有当闯入所有的回邮器时，才能追踪到谁拥有这个假名。匿名邮件可能不允许 Bob 进行回复。

## 14.20 作业题

1. 概述一个向分发列表发送消息的方案，可以嵌套分发列表。尝试避免向属于多个列表的收件人复制副本。讨论如何在分发列表扩展的本地引爆器和远程引爆器方法中实现。

2. 假设 Alice 通过 14.17 节中建议的机制向 Bob 发送加密的签名消息。为什么 Bob 不能向第三方 Fred 证明 Alice 发送了消息？为什么 $S$ 的两个加密操作都是必需的？（Alice 用 Bob 的公钥进行加密，并用私钥进行签名。）

3. 采用 14.17 节中描述的非不可否认认证，Bob 可以在给自己的消息上伪造 Alice 的签名。为什么 Bob 不能用同样的方法伪造 Alice 给其他人的签名？

4. 假设更改了 14.17 节的协议，以便 Alice 可以对 $S$ 进行签名，然后用 Bob 的公钥进行加密。因此，Alice 并没有发送 $[\{S\}_{Bob}]_{Alice}$，而是发送 $[\{S\}_{Alice}]_{Bob}$。这有用吗？Bob 可以确定这是 Alice 发送的消息，但无法向第三方证明吗？

5. 需要哪些安全功能（隐私、完整性保护、可否认性、不可否认性、源认证、匿名性），以及哪些功能是绝对不可以在以下情况中使用的？
   - 提交费用报告；
   - 邀请朋友共进午餐；
   - 向特工队发送任务描述；
   - 发送采购订单。

6. 假设 Alice 想用回邮器来隐藏其正在与 Bob 通信。Alice 选择到达 Bob 的回邮器路径是 R1、R5、R11、R2。假设 R1、R11 和 R2 相互串通来试图发现通信的双方身份，但 R5 是诚实的。串通者能否发现 Alice 正在与 Bob 通信？假设有很多相同大小的消息通过了系统，并且每跳都引入了随机延迟。

# 第 15 章 电子货币

作为等价交换的媒介和计量与储存财富的机制,货币有着悠久的历史。目前,各国都在控制铸币制造、纸币印刷,以及货币的流通量,并努力通过各种符合规律的手段来避免假币的出现。如今,几乎所有的小额支付都会使用电子转账或信用卡、支票实现。而且,大额现金交易(例如装满钱的手提箱)通常只用于不正当的交易,或者非法交易。

电子货币这种形式也已普及了很多年。基于因特网技术,可以管理银行账户,进行信用卡购物、电子线上转账和账单支付等。

本章所述的用于处理货币的新协议通常旨在实现当前银行系统不易实现的事情,例如,廉价快速地实现跨国货币转移、资产隐藏和匿名接收服务资金(例如,用勒索软件攻击受害者系统后,收取恢复受害者系统的服务费)。下面将讨论两种截然不同的电子货币协议。

(1) eCash 是 David Chaum[CHAU82]设计的一款优雅的协议,旨在支持用匿名资金进行电子消费。eCash 采用集中式的设计方案,其中,特定银行允许用户购买匿名金属货币。许多银行基于此方案独立地创建了自己的匿名货币。1995—1998 年,eCash 成立了一家公司,名为 DigiCash,由几家银行共同执行。然而,eCash 在商业上并不成功,因此并没有继续部署应用。

(2) 目前,**比特币**(bitcoin)以及数百种类似的加密货币正在部署应用。比特币不涉及任何中央银行或者国家,而是通过数千个节点的网络来创造和使用资金,并可以防止货币重复开销。网络节点可以是匿名的,而且新节点可以参与交易,现有节点也可以离开网络,而且,节点总数只能进行估算。另外,用户也可以进行合理匿名,但不能像 eCash 那样匿名。

下面聚焦相关设计方案中涉及的一些有趣的安全概念,但不会涉及部署应用时的具体细节。

## 15.1 eCash

eCash 的目标是创建一种可以像实物现金一样匿名使用的电子货币形式,称为 eCash 货币。首先,金融机构将传统货币转换为 eCash 货币,然后,用户 Alice 可以支付给收款人 Bob。

与传统现金所使用的难以伪造的秘密材料和印刷技术不同,如 eCash 货币等电子货币可以很容易地被复制。因此,eCash 的机制可以确保一枚 eCash 货币只能支付一次。

eCash 方案使用 Chaum 为此而发明的盲签名技术(见 16.2 节)。

为了创建 eCash 货币,Alice 会选择一个**唯一标识符**(unique identifier,UID)——这是一个可以区分所有 eCash 货币的较大随机数,并可以用于构造包含 UID 以及其他格式信息的消息。这种其他格式的信息可以防止随机数看起来像有效的签名。然后,Alice 向金融机构进行支付,并对创造的消息进行盲签名。而后 Alice 可以恢复签名的结果,而且签名的消息就是一枚 eCash 货币。尽管金融机构知道 Alice 得到了多少 eCash 货币,但不会知道属于 Alice 货币的 UID 信息。

Alice 会向 Bob 发送一枚 eCash 货币作为报酬。尽管 Bob 可以立即验证货币格式的合法性，以及金融机构签名的真实性，但 Bob 必须与金融机构进行沟通，以确保货币尚未被使用。金融机构必须记住已使用货币中的所有 UID 信息，以检测是否存在双重支付。一旦 Bob 将货币转发给金融机构，则金融机构就会验证是否有人已使用了该 UID，然后将货币值添加到 Bob 的账户中，或者允许 Bob 创建一个新的货币。

假设 Alice 使用了相同的 eCash 货币向 Bob 和 Carol 进行支付。无论 Bob 还是 Carol，先向金融机构转账的人就会先得到付款，而另一个人则会被告知货币无效，因为这与已支付货币的 UID 相同。

注意，从密码学角度看，该方案不需要 Bob 知道 Alice 的身份，尽管 IP 地址，或者收货地址等属性可能会允许 Bob 了解 Alice 的信息。在 Bob 向金融机构核实货币尚未使用前，可能不会向 Alice 提供服务。

若要真正让 eCash 的用户实现匿名，则需要有许多用户购买过货币。金融机构可以知道哪些用户购买了货币，因此，如果只有少数用户购买过货币，那么货币使用者的身份仅限于一小部分用户。

还要注意的是，Bob 不需要拥有金融机构的账户。当 Bob 向金融机构验证其持有的有效货币时，金融机构可以用实物货币向 Bob 进行支付，或者允许 Bob 创建可以稍后使用的新货币。

如果所有 eCash 货币的价值相同，例如，1 分，那么 Alice 需要 1000 枚货币才能向 Bob 支付 10 元，但这是非常低效的。因此，人们希望 eCash 货币可以发行多种面额。为实现该需求，金融机构需要为每个面额使用不同的公钥（见本章作业题 3）。例如，如果 Alice 向金融机构支付了 10 元，那么金融机构会用与 10 元货币相关的公钥对 Alice 的货币进行盲签名。

## 15.2　离线 eCash

Chaum、Fiat 和 Naor 在文献[CHAU88]中发表的离线 eCash 方案与在线 eCash 方案有些不同的性质，而且更加复杂。这种 eCash 变体旨在让 Bob 在某种程度上安全地接受 eCash 的匿名支付，即使暂时无法与金融机构进行通信以检查是否存在双重支付。如果 Alice 存在把已支付给 Carol 的货币又支付给 Bob 的作弊情况，则金融机构会告诉 Bob 该货币已被支付，并会暴露 Alice 的身份。然后，Bob 大概率可以起诉 Alice。如果 Alice 没有作弊，则可以保持 Alice 的匿名性。

尽管离线 eCash 增加的实际效益很小，但与在线方案相比，实现这种变体的密码技巧非常有趣，下面进行概述。

（1）为了创建一枚货币，Alice 创建了许多（例如 256 枚）具有特定格式的小货币，每一枚都嵌入了 Alice 的身份。然而，无法从任何小货币中读取 Alice 的身份，除非 Alice 作弊，并重复使用了某一枚货币。Alice 对 256 枚小货币进行盲签名，然后全部送到金融机构。

（2）每枚货币由 128 枚小货币组成，而且，金融机构会对货币的集合进行盲签名。注意，Alice 创建的小货币比一枚货币所需的数量多（在本示例中，Alice 创建了 256 枚小货币，但每枚货币仅由 128 枚小货币组成)。在对货币中 128 枚小货币的集合进行盲签名前,金融机构需要确保 Alice 诚实地生成了所有小货币。其实现方式如下:金融机构从 Alice 提交的 256 枚小货币中选择一个子集,例如 128 枚,并让 Alice 进行去盲化,然后显示这些小货币。如果这 128 枚小货币确实格式正确,则金融机构会相信那些没有要求 Alice 显示的其他小货币也是诚实生成的,然后会对剩余的隐藏小货币进行签名。这种让 Alice 以外的人选择小货币的子集,并强制 Alice 证明在所有这些选择的小货币上都遵循规则的技术,称为**剪切和选择**(cut and choose)。

(3) 每枚小货币都有一个与之相关的数,并会根据 Alice 在使用完货币前必须记住的信息进行计算。金融机构会对小货币集合上的签名,包括与集合中每枚小货币相关的 128 个数的乘积进行签名。

(4) 每枚小货币相关的数可以通过 Alice 需要记住的小货币信息的两个不同子集中的任何一个来计算。这两个子集记作**左信息**(left-info)和**右信息**(right-info)。在剪切和选择步骤中,Alice 会向金融机构显示所选小货币的左信息和右信息。尽管与小货币相关的数可以用左信息或者右信息进行计算,但只有当知道小货币的左信息和右信息时,才会显示 Alice 的身份。

(5) 为向 Bob 进行支付,Alice 会将金融机构在 128 枚小货币乘积上的签名发送给 Bob。然而,为验证金融机构的签名,Bob 需要从 Alice 那里获得更多的信息(每枚小货币的左信息或者右信息),来计算与 128 枚小货币相关的数。然后,Bob 可以将与 128 枚小货币相关的数相乘,并验证金融机构在该乘积上的签名。

(6) Bob 随机选择一个 128 比特挑战,并发送给 Alice。挑战的每一比特对应 128 枚小货币中的一个。如果挑战中对应小货币的比特是 0,则 Alice 必须向 Bob 显示该小货币的左信息。如果比特是 1,则 Alice 必须向 Bob 显示该小货币的右信息。请注意,对应 128 枚小货币中的每一个,Bob 会恰好接收到左信息或者右信息。当得到左信息或右信息后,Bob 则可以计算小货币的数量。然而,若 Bob 可以同时获得任何小货币的左信息和右信息,则会泄露 Alice 的身份。

(7) 为获得报酬,Bob 会把从 Alice 那里获得的每枚小货币的左信息或右信息发送给金融机构。金融机构会根据这些信息计算出每枚小货币的数量,并记住每枚小货币的数量,以及金融机构已知货币的右信息,或者左信息。然后,金融机构会检查数据库中是否存在已被使用的小货币。如果金融机构没有这些小货币的使用记录,则会告知 Bob 这些货币是有效的。

(8) 如果 Alice 已把货币支付给了其他人,例如 Carol,那么金融机构通过结合从 Bob 和 Carol 所得到的信息,可以计算出 Alice 的身份。原因是,当 Alice 向 Carol 进行支付时,Carol 的 128 比特挑战很有可能与 Bob 的挑战不同。对于 Carol 和 Bob 的挑战中存在的任何不同比特,他们中的一个会收集小货币的左信息,另一个则会收集相同小货币的右信息。当双方都将有关货币的信息发送到金融机构时,则金融机构至少会拥有小货币的左信息和右信息,这便会泄露 Alice 的身份。

实现这一目标的实际数学方法很晦涩,而且并不具有实际意义。然而,如果读者很好奇,可以去阅读涉及所有细节的相关文献[CHAU88],或者本章作业题 4。

**现实中的攻击**

离线 eCash 方案中存在一些安全问题。如果有人用假名创建了银行账户，则可以进行无次数限制的多次支出，因为银行账户欺诈活动的追踪无助于抓住真正的罪魁祸首。作为防护，金融机构可以公布一份已被发现来自此类欺诈活动的小货币的号码列表，并且该列表不会太大。但是，在金融机构广泛提醒用户注意这些恶意小货币的号码前，一旦犯罪分子进行了多次支付，就可以窃取巨额的资金。在线 eCash 模型远比要求金融机构及时提醒所有可能接受离线 eCash 的实体更有效。

如果有人闯入了 Alice 的电脑，并窃取了任何货币中的所有小货币信息，则会发生另一种攻击。然后，攻击者便可以随心所欲地花掉这些货币，而且 Alice 看起来像是有罪的。据推测，一旦 Alice 报案，就不会因为货币的支付而被起诉。然而，为保护商家不被多次使用的被盗货币所欺骗，商家必须在发货前立即向金融机构核实货币是否有效，这与在线方案使用的模型相同。

基于在线 eCash 方案，如果 Alice 的电脑信息被盗，则所有未使用的货币会被攻击者一次性地使用，但不会造成进一步的损害。

相比于在线方案，离线方案的另一个缺点是，Bob 无法对金融机构匿名，而且，只能用收到的货币兑换可以在其他地方消费的新货币。这是因为 Bob 必须通过向金融机构证明身份来确保所创建的小货币正确地记录了 Bob 的身份。

另一个不利的因素是，如果金融机构是恶意的，则很容易陷害 Alice。

因此，考虑到离线方案的复杂性，以及在线方案中有争议的额外优势，这里介绍的离线方案只是因为其有趣的设计。方案中有趣的想法如下。

（1）剪切和选择。

（2）只有在知道小货币左信息和右信息的情况下，才会显示小货币中嵌入的 Alice 身份。

（3）让一枚货币由许多小货币组成，并让收件人发送一个挑战，其中的比特会指定 Alice 应为每个小货币显示左信息还是右信息。

## 15.3 比特币

比特币概念是 2008 年中本聪发表的一篇论文［NAKA09］中提出的。其目标是实现一种各方都可以在不通过金融机构交易的情况下进行相互支付的电子货币模式。为防止双重支付，比特币将所有交易的账本记录在公开可读的数据结构——**区块链**（blockchain）中，并由匿名节点组——**矿工**（miner）来维护。

与 eCash 相比，比特币的价值不与其他任何货币的价值挂钩。此外，与国家货币不同，不存在（也不可能有）一家像美联储或者欧洲央行这样的机构来负责保持比特币价值的稳定，因此比特币的价格可以剧烈波动，也确实会剧烈波动。虽然政府发行的货币也会波动，但很少像比特币或其他加密货币那样大幅波动，而且国家货币的大幅波动通常只发生在严重的政治不稳定情况下。某些人购买比特币可能是因为相信其他人稍后会以类似或更高的价值买入它。或者，人们用比特币来代替传统货币交易会更方便（例如，不需要承担货币兑换的开销）。犯罪分子也可能想用比特币进行交易，因为比特币快捷，难以逆转，而且多数情况下无法追踪。

　　下面的描述会专注于比特币相关机制背后的直觉,而不是实现细节。目前,比特币是一个开源项目,而且开源社区可以更改一些技术细节。

　　比特币的相关术语如下。

　　(1) 地址:一些比特币发送者或接收者公钥的哈希。

　　(2) 交易:将某地址之前收到的比特币转移到另一个地址的签名消息。

　　(3) 账本——曾发生的所有交易的记录。

　　(4) 区块——一种由有效交易列表、链中前一个区块的哈希和其他信息组成的数据结构。

　　(5) 区块链——区块序列形式的账本。

　　(6) 矿工——收集交易并尝试创建链中下一区块的节点。

　　下面介绍比特币设计中各个有趣的方面:为什么账本很难伪造;算法如何调整增加新区块的难度,才能使得矿工社区平均每 10 分钟可以增加一个区块;为什么比特币会如此耗电;如何创建新比特币,以及设计中如何确保创建最大数量的比特币。

## 15.3.1　交易

　　比特币的交易可以在之前交易中具体说明,接收到一定数量 $b$ 的比特币的公钥所有者,正在将该数量的比特币转移到一个或多个收款方地址。交易中收到的比特币必须一次性用完。交易由交易信息的哈希标识。

　　如果 Alice 需要向 Bob 支付一些金额,例如 $b$ 比特币,则需要找到至少支付了 $b$ 比特币(Alice 尚未消费)公钥的交易 $x$。如果 Alice 在交易 $x$ 中收到了超过 $b$ 个比特币,则可以列出新交易的两个收款方——一个是 Bob 会告知的付款地址,另一个是 Alice 拥有的公钥(接收在交易 $x$ 中收到的金额与向 Bob 支付金额间的差额,就像在商店里找零一样)。下面是一个具有多输出交易的示例。如果支付金额需要合并之前交易中收到的较小金额,或者如果几个个体通过共享资源购买了一些东西,则交易也可能具有多个输入。因此,交易包括以下内容。

　　(1) 一组输入,每个输入包括前一交易的哈希值,以及表明本交易所使用的前一交易输出的序列号。

　　(2) 一组输出,每个输出包含比特币的数量和接收者的地址。输出中的比特币数量加起来不会超过输入值,而且任何差额都是交易费。

　　(3) 输入中每个不同地址的公钥和签名。

　　所有这些复杂性都隐藏在用户所下载软件的用户界面之下,该软件称为钱包(wallet)。

## 15.3.2　比特币地址

　　与 eCash 不同,比特币不支持完全匿名。比特币中的身份是公钥,并鼓励用户为每个交易创建新的公钥,进而可以使得交易难以链接到同一个人。如果用户在多次交易中重复使用自己的公钥,那么知道其身份的人可能会知道该用户还购买了什么。此外,如果有人窃取了与其地址相关的私钥,则可以花光所有该地址未使用的货币。

就算每个交易都使用不同的公钥，仍然不能保证匿名性。因为，账本是全世界可读的，可以通过追踪货币的踪迹来挖掘出许多信息，例如，"X1 支付了 X2；X2 支付了 X3"或"X1、X2 和 X3 都在每月的第一天向 X4 支付相同金额"。

付款方支付的地址是公钥的哈希，而不是收件人的实际公钥。这可以使地址变短。如果公钥算法较弱，也可能使比特币更安全，假设用户 Bob 每次交易都会更改公钥，因此每个公钥只需要签名一次。如果 Carol 试图通过计算与 $B$ 相关的私钥来窃取比特币的支付地址 hash($B$)，则必须在通过找 $B$ 的私钥来破解公钥方案前先找到一个哈希为 hash($B$)的公钥。然而，Bob 在使用比特币时必须公开其实际公钥，以便验证支付交易上的签名。Bob 在收到与花掉货币之间可能会间隔很长一段时间，例如几个月。如果 Bob 接收货币的交易指定了 Bob 的实际公钥，则攻击者需要花费很长时间去破解密钥和花掉货币。但是，如果 Bob 的实际公钥只在 Bob 支付货币时泄露，则攻击者需要在看到交易，以及交易出现在账本中的时间内破解密钥，这可能是几分钟，而不是几个月。

### 15.3.3 区块链

账本的形式宛如一条区块的链子，称为区块链，如图 15-1 所示。其中，每个区块都包含前一个区块的哈希，以及其他信息，例如新的交易。

**图 15-1 区块链**

在不替换某区块（例如区块 $n$）后面所有区块的前提下，这种区块链形式无法替换中间的区块。如果用不同的区块替换区块 $n$，则区块 $n$ 的哈希会不同，这将导致区块 $n+1$ 必须被改变，因为区块 $n+1$ 包含区块 $n$ 的哈希。所有后续区块也是如此。

### 15.3.4 账本

账本记录着所有曾发生过的比特币交易。所有交易的可见性保证了节点可以防止双重支付[1]。交易由其哈希标识，假设 A 在交易 $T_1$ 中向 B 支付了一定数量的比特币，然后，也许几年后，B 向 C 支付了 B 在交易 $T_1$ 中收到的比特币。为了验证从 B 到 C 的交易是有效的，则账本必须包含交易 $T_1$（表明 B 确实收到了该数额的比特币），而且在账本中后续不存在 B 向任何其他人支付 $T_1$ 的其他交易。

为节省验证交易的时间，大多数节点会保留一个单独的内部数据库，不与其他节点共享，用于追踪账本中所有未用的交易。这个数据库通常称为**未花费交易输出**（Unspent Transaction Outputs，UTXO）。如果有效交易 $T_i$ 的输入为 $T_j$，则需要从未花费交易数据库 UTXO 中移除 $T_j$（因为 $T_j$ 被花掉了），并将 $T_i$ 添加到 UTXO 数据库中。如果交易 $T_x$ 有多个输出，例如，3 个输出，那么 UTXO 数据库会增加 3 个条目：$\langle T_x,1\rangle$、$\langle T_x,2\rangle$ 和 $\langle T_x,3\rangle$。如果交易 $T_x$ 有多个输入，则所有这些输入会从 UTXO 数据库中移除。如果交易 $T_1$

---

① 译者注：也称重复消费，重复使用，或双花。

在 UTXO 列表中,并且 $T_1$ 表明 B 收到了必要数量的比特币,则节点不需要通过查看账本来确定 B 是否已经支付了 $T_1$,因为如果 B 已经支付了 $T_1$,则该交易会从 UTXO 列表中删除。

区块链中的每个区块都包含一定数量的交易,以及其他信息。交易列表包括以下信息:

| 输　　入 | 收款方/数量 | 签　名　方 | 交 易 哈 希 |
|---|---|---|---|
| 交易　$x_i$(支付 P) | A/133 | P | $x_1$ |
| 交易　$x_1$ | B/78,C/51 | A | $x_2$ |
| 交易　$x_2$,输出 ♯2 | Q/50.88 | C | $x_3$ |
| 交易　$x_2$,输出 ♯1 | Z/77.95 | B | $x_4$ |
| 交易　$x_4$ | M/49,K/28.6 | Z | $x_5$ |
| 交易　$x_5$,输出 ♯2 | D/15,K/13 | K | $x_6$ |
| 交易　$x_6$,输出 ♯2 | N/12.8 | K | $x_7$ |

上述表格的第一行输入显示,在哈希为 $x_i$ 的之前交易中,P 向 A 支付了 133 枚货币。如果 P 在交易 $x_i$ 中收到的货币少于 133 枚,则该交易无效。如果 P 在交易 $x_i$ 中收到了超过 133 枚货币,那么多出的部分则是支付给包含在区块中交易的矿工交易费。在第二行输入中,A 对哈希为 $x_1$,与 B 和 C 的交易继续进行签名。A 在交易 $x_1$ 中收到的 133 枚货币中,向 B 支付了 78 枚,向 C 支付了 51 枚,剩余部分支付给矿工。第三行输入显示"交易 $x_2$,输出 ♯2",意味着交易 $x_2$ 中的第二个收款方(即在第二行收到 51 枚货币的 C)向 Q 支付了 50.88 枚货币。

为了防止双重支付,整个社区必须就交易顺序达成一致。换言之,如果 A 试图对交易 $x_1$ 中所接收到的货币进行双重支付,则会存在两个交易——一个是 A 对 $x_1$ 到 B 的输出签名,而另一个是 A 对 $x_1$ 到 C 的输出签名。一旦账本中记录了其中一笔交易,则另一笔交易会被视为无效,而且矿工也不会在账本中记录另一笔交易,因为任何包含无效交易的区块都会被其他矿工忽略。

稍后发生的交易可能会被记录在账本中,因为区块中包括哪些交易完全由创建区块链中下一区块的矿工自行决定。只要包含的所有交易都是有效的,则区块就会被其他矿工所接收。例如,由于区块具有固定的最大长度,如果不是所有待处理的交易都适合一个区块,则矿工可能会选择记录交易费用最高的交易。

## 15.3.5　挖矿

成功创建区块链中下一区块的矿工会获得比特币奖励。具体规则是在区块中包含一组新的有效交易、发现该区块的矿工地址,前一区块的哈希,以及被称为 nonce 的随机数。新区块的哈希必须小于某个值。例如,如果哈希必须具有 77 个前导零(2022 年哈希所需的大致尺寸),则矿工只有 $1/2^{77}$ 的可能性使候选区块(包括矿工选择的随机数)具有足够小的哈希。如果候选区块的哈希大于最大值,那么矿工需要选择一个新的随机数,并重新尝试。

提出一个哈希足够小的区块就像中彩票一样困难。矿工可以计算的哈希越多,就越有可能在其他矿工之前找到一个可以被其他矿工接收的区块。在彩票中,买的彩票越多,中奖的可能性就越大。在比特币中,花费在计算哈希上的计算量越多,就越有可能找到区块链中的下一区块。

如果矿工发现了具有这样哈希的区块,则该矿工会将新的区块分发给矿工的点对点网络,而且,其他矿工会开始在该区块上继续进行构建。由于新的区块传播需要一些时间,因此多个矿工可能都会找到具有足够小哈希的区块,并且这些区块可能包含不同的交易。如果矿工看到两条有效的区块链,而且大小相等,则矿工会继续尝试在首先看到的区块链上继续进行构建。然而,如果一个区块链更长,则矿工会忽略更短的区块链,并尝试在更长的区块链上进行构建。除非挖矿社区已就包含该矿工的区块链达成一致,否则找到该区块的矿工也不会得到奖励,因此,矿工在更短的区块链上构建区块是没有意义的。注意,拥有多个有效的区块链称为**分叉**(fork)。

可以创建比特币,而且可以找到区块链中区块的幸运矿工会得到一定的奖励。幸运的矿工不仅会获得新造的比特币,还会获得该区块中包含的所有交易费。一些有趣的细节如下。

(1) 2009 年,除了任何交易费外,区块的矿工还获得了 50 枚比特币。区块的奖励大约每 4 年减少一半,因为设计者希望能够产生有限数量的比特币。2022 年,一个区块的奖励是 6.25 比特币。最终,在数量多次减半后,每个区块新造比特币的奖励会变得微不足道,而且矿工的奖励只会根据区块中交易的交易费兑现。

(2) 人们希望大约每 10 分钟就能找到一个哈希块,并对于每 2016 个区块(名义上是两周,因为 2016＝6×24×7×2),可以计算出来创建这些区块的时间。如果花费的时间太少(即每个区块平均花费不到 10 分钟),则可以通过减小最大的哈希尺寸来增加查找哈希的难度。如果花费的时间太长,则查找哈希的难度也会降低。例如,为将难度增加 2 倍,可以将最大的哈希值除以 2。

将找到哈希的奖励减半似乎会存在一些问题。难道在某些时候,矿工不会失去花光所有电力去计算哈希的动力吗?希望人们能够在交易中增加足够的交易费,并为矿工提供持续的补偿。

### 15.3.6 区块链分叉

实际场景中,可能会存在以相同的前 $n$ 个区块开始,但随后又分叉为两个有效的区块链情况,如图 15-2 所示。

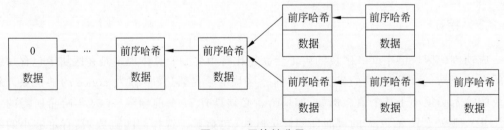

图 15-2　区块链分叉

这种情况的发生可能是由于几种原因。例如,两个矿工可能在大致相同的时间找到下一区块,并且不同区块链通过对等网络的传播需要一些时间。此外,如果矿工网络被划分为子组,而子组之间没有进行通信,则每个子组将继续向其区块链添加区块。当分叉被修复时,那时具有最长区块链的子组会被区块链接收,而较短的区块链将被遗忘。

分叉的后果是,较短区块链中的交易不会被记录,而且,这些交易中支付的货币可以被再次使用。这也意味着,那些认为通过在较短区块链中找到区块而中奖的矿工,则不能拥有已获得的比特币。

### 15.3.7 为什么比特币如此耗能

计算所有哈希的这种设计(称为工作量证明)成本非常高。据估计,2022 年,比特币挖矿所消耗的能源约为美国最大核电站产能的两倍,尽管与信用卡相比,比特币的能源使用量具有非常低的每秒交易量。

如果最大的哈希尺寸具有 77 个前导零,则意味着整个挖掘社区平均每 10 分钟就需要计算 $2^{77}$ 个哈希。这是一个巨大的数字,但这正是比特币所依赖的安全保障。如果攻击者能够聚集比比特币挖矿社区更多的算力,则攻击者可以通过以下方式擦除区块 $n$ 中的交易:创建替代区块 $n$,然后计算区块链中足够多的后续区块,使其比社区其他成员计算的区块链长。一旦攻击者引入了较长的区块链,就会替换较短的区块链。比特币挖矿社区的规模比任何国家或资金充足的犯罪企业所能够积聚的计算能力都多。然而,目前存在许多在建的加密货币,而且大多数加密货币不具有很大的挖矿基础设施。

### 15.3.8 完整性检查:工作量证明与数字签名

在传统密码学中,授权创建数据(数字签名)完整性检查需要知道秘密(私钥)。基于密码学技术,创建签名和伪造签名所需的算力差距存在巨大的鸿沟。此外,增加密钥大小会扩大这种差距。

相比之下,作为比特币中不存在已知授权方的设计目标的结果,完整性检查需要与恶意创建的看似有效的替代链具有同等的算力。

对于传统密码学来说,签名和伪造间的"巨大鸿沟"意味着什么,通过增加密钥大小来扩大鸿沟又意味着什么? 例如,基于 1024 比特的 RSA 密钥,伪造签名的难度大约是创建签名的 $2^{63}$ 倍。基于 2048 比特的 RSA 密钥,伪造签名的难度大约是原来的 $2^{94}$ 倍。这些数字很难理解,因此在更形象的表述中,基于 1024 比特的 RSA 密钥,典型 CPU 上的签名大约需要 1ms,而伪造签名则需要当今整个比特币矿工社区大约 1 小时的算力。这当然是一个巨大差异,但将密钥大小翻倍为 2048 比特的 RSA,则签名时间会从 1ms 增加为 6ms,而伪造却需要当今比特币矿工社区在未来 100 万年的算力。

相比之下,作为比特币中不存在已知授权方的设计目标结果,完整性检查要求创建和伪造花费同等的算力。

### 15.3.9 一些问题

就算力而言,比特币基础设施的成本非常高,就存储和网络带宽而言,成本也相当高。其规则似乎很武断,并可能会引发一些问题。给定固定的区块大小,以及以固定间隔(10 分钟)创建的区块,每单位时间的交易数是有限的。比特币的一个好处是交易费用低,但当矿工只通过交易费来获得奖励时,矿工只会选择包含交易费最高的交易。这些交易费可能会有多高？

为应对这些问题，已部署的闪电网络［POON16］等机制可以允许在主区块链外发生多次小交易，然后将多次累积交易汇总为主区块链上列出的几次大交易。

另一个问题可能是，如果存在独立的矿工实现，则相应的实现可能存在不兼容性，例如，忽略彼此区块链为无效的社区分区。这个问题实际上早在 2013 年 3 月就发生过，存在区块 B 对一个版本看似有效，而对另一个版本看似无效。所有认为 B 有效的节点都建立在包含 B 的区块链上，认为 B 无效的节点构建了从 B 之前的区块开始分叉的区块链。这种情况持续了 6 小时，但在被发现和修复前，可能会持续更长的时间。经验做法是，如果区块链在区块包含交易后还包含 6 个区块，则可以认为该交易的提交是安全的。但如果频繁发生矿工实现之间微妙的不兼容情况，则这显然不是真的。

注意，在这种情况下，当"某人"决定选择一个分叉时，那些被认为在无效区块链中找到区块而赢得奖励的矿工所获得的比特币就会丢失。而那些似乎被安全记录在无效分叉中的交易也不再被记录。

至于有关存储和网络带宽的抱怨，比特币的支持者声称，存储和带宽容量的增长速度将快于比特币消耗量的增长。

## 15.4  电子货币钱包

大多数人更喜欢把他们的传统货币放在银行里，而不是藏在家里，因为他们认为银行具有更好的安全措施，而且即使银行被抢劫了或倒闭了，这些钱也具有保险。

电子货币向人们提出了如何保证其安全的挑战。如果小偷窃取了 Alice 与电子货币相关的信息，则他们可以使用电子货币，而 Alice 也没办法追回。电子货币与实物货币不同——电子货币是存储在 Alice 计算机中的信息，它可能是一组签名的 eCash 货币，也可能是与收到的比特币相关的私钥。因此，至少有两种情况可能会出现问题。

（1）Alice 的计算机可能会丢失或损坏，而且，如果 Alice 没有正确备份电子货币的内容，那么存储的所有电子货币都可能丢失。这类似于 Alice 的钱在房屋的火灾中被烧毁。

（2）Alice 的计算机可能被入侵者入侵，而且电子货币也可能被盗。这类似于 Alice 的房子被抢劫。

## 15.5  作业题

1. 如果 Bob 从 Alice 那里收到一枚 eCash 货币，并且 Bob 相信 Alice 不会进行双重支付，那么 Bob 能用同样的货币支付给 Carol 吗（假设 Bob 没有将其转换到金融机构，并将其转换为新硬币）？

2. 在线 eCash 方案中，一枚货币不仅必须包含一个较大的随机数，还必须包含一些格式化信息。相反，假设 eCash 货币仅由金融机构的 RSA 私钥签名（意味着货币由 $x^d \bmod n$ 组成）的随机数 $x$ 构成。这为什么不安全？为什么格式化会使其变得安全？

3. 如果金融机构发行了不同面额的 eCash 货币，那么为什么每个面额都需要单独的公钥？为什么 eCash 货币不能同时包含货币的 UID 和价值？

4. 以下是离线 eCash 方案的详细信息（略为简化）。对于 256 个小货币中的每一个，例如，小货币 $T_i$，Alice 的 ID 是 Alice，并随机选择了 3 个数：$a_i$、$c_i$ 和 $d_i$。小货币 $T$ 由 Alice、$a$、$c$ 和 $d$ 的值按照如下方式构造。

首先，Alice 计算两个值的哈希：hash$(a|c)$ 和 hash$((a\oplus$Alice$)|d)$，然后连接并进行哈希，得到 $T=$hash(hash$(a|c)|$hash$((a\oplus$Alice$)|d))$。然后，小货币的左信息为三元组 $\langle a$，$c$，hash$((a\oplus$Alice$)|d)\rangle$，小货币的右信息为三元组 $\langle$hash$(a|c)$，$a\oplus$Alice，$d\rangle$。

(1) 如何用左信息计算 $T$？

(2) 如何用右信息计算 $T$？

(3) 证明如何只知道左信息或右信息，而不会泄露 Alice 的身份。

(4) 证明如何知道左信息和右信息可以泄露 Alice 的身份。

5. 在离线 eCash 模型下，恶意银行怎样让看似无辜的 Alice 进行双重支付？

6. 在比特币中，假设 Alice 每次交易都会更改公钥。当 Alice 在交易中支付收到的比特币时，必须列出自己的公钥，这样才能验证签名。既然 Alice 在支付时必须展示公钥，那么为什么只泄露密钥的哈希进行收款可以增加安全性？

7. 假设使用一种算力需求是比特币中目前所使用哈希算法十分之一算力需求的哈希算法。比特币社区会因此减少电力消耗吗？

# 第 16 章　密码学技巧

前面的章节已经介绍了密码学的主要研究领域,例如私钥加密和完整性检查,公钥加密和签名,以及哈希/消息摘要等技术。本章讨论密码学的其他技巧和功能,尽管不会非常详细地介绍相关的数学原理,或者进行理论证明,但我们至少会以深入浅出的方式讲解这些技巧和功能所尝试去解决的问题,如何实现直觉方法,以及现实世界中相关协议的应用示例。

## 16.1　秘密共享

秘密共享是指某人,例如 Alice,需要存储一条信息,例如 $S$,并要求必须对除 Alice 之外的所有人进行保密,但也必须可以由 Alice 进行信息检索的一种方式。同时,在稳健地存储 $S$ 的前提下,秘密共享需要始终实现 $S$ 的可检索性和被窃取风险之间的一种权衡。

在秘密共享中,Alice 需要计算 $n$ 个数(称为共享中的一部分),并使这些数中的任何 $k$ 个部分都能够计算出 $S$,但是任何大小小于 $k$ 的子集都无法提供 $S$ 的任何信息。Alice 可以将 $n$ 个共享的部分存储在不同的位置。其中,参数 $k$ 和 $n$ 的选择应满足以下条件。

(1) $k$ 大于 Alice 认为可能被划分的位置数量。

(2) $n-k$ 至少与 Alice 认为可能会丢失其存储的信息,或者与在需要时不可用的位置数量一样。

目前存在多种可以实现秘密共享的方案。尽管在秘密共享概念中使用了一种由 Blakley[BLAK79]发明的不同机制,但 Shamir 方案[SHAM79]仍是最容易理解的。

首先看 Shamir 方案如何处理 $k=2$ 的情况,这意味着该方案需要利用 $n$ 个共享部分中的 2 个来恢复出 $S$。Alice 会选择一个随机数 $b$,并为直线 $y=bx+S$ 创建一个方程。$S$ 的每一部分都由直线上的一个点 $\langle x,y \rangle$ 组成,则秘密 $S$ 是当 $x=0$ 时,$y$ 的取值。如果 Alice 或者攻击者被告知了任意两个点 $\langle x_1,y_1 \rangle$ 和 $\langle x_2,y_2 \rangle$,则他们便可以计算出这条直线,因此可以获得秘密 $S$。但任何一个点都不会产生任何信息。

对于一般的 $k$ 和 $n$($n$ 个共享的部分,其中,$k$ 个部分则可以重构 $S$),则方程为 $k-1$ 次的多项式。$n$ 个共享部分可以是等式所表示的曲线上任意 $n$ 个不同的点,当然,$x=0$ 的点除外。

通常,当人们想到方程和曲线时,都会认为曲线上的点是实数对($x$ 和 $y$ 值)和具有实数系数的方程。但这会是非常混乱的——因为数字计算机在计算实数方面极其不精确。相反,在用于秘密共享的系统中,示例实现中的系数可能会是整数 mod $p$,其中,$p$ 为一些适当大的素数,并且满足方程的点将是整数 mod $p$ 的元组。因为整数 mod $p$ 会形成一个域,所以这是可以实现的。对于 $n$ 比特的秘密,很明显,可以选择的域是 $GF(2^n)$。

## 16.2 盲签名

**盲签名**(blind signature)的概念由 David Chaum 发明[CHAU82]。盲签名的思想是，Alice 让 Bob 在一条消息 $m$ 上进行签名，而 Bob 却无法看到签名的内容。令人惊讶的是，这样一个协议的存在对任何事情都有用，而且任何人都希望具有这样功能的协议！

Alice 选择了可以按照特殊方式与 Bob 的公钥对进行交互的两个函数：**盲化**(blind)和**去盲化**(unblind)。Alice 将盲化函数应用于消息 $m$，从而伪装消息 $m$，并使 Bob 无法知道消息 $m$。然后，Bob 再对盲化的消息 $m$ 进行签名。最后，Alice 会应用去盲化函数，并且得到的结果是 Bob 在消息 $m$ 上的签名，如图 16-1 所示。

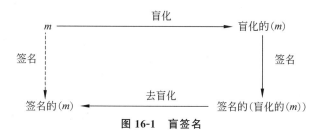

**图 16-1  盲签名**

盲签名的一个应用示例是匿名电子现金。另一个应用示例是群签名的一种变体（见16.5.1 节）。

许多公钥签名算法可以被应用于盲签名方案，但最容易理解的是基于 RSA 的盲签名方案。假设 Bob 的 RSA 公钥为 $\langle e,n\rangle$，私钥为 $\langle d,n\rangle$。若 Alice 需要用 Bob 的私钥 $\langle d,n\rangle$ 对消息 $m$ 进行签名，这意味着 Alice 需要进行 $m^d \bmod n$ 操作。

为了盲化消息 $m$，Alice 需要选择一个随机数 $R$，并将 Bob 的公钥应用于随机数 $R$（这意味着 Alice 需要计算 $R^e \bmod n$）。然后，Alice 将消息 $m$ 乘以 $R^e \bmod n$，得到的结果是 $m R^e \bmod n$。

接下来，Alice 会要求 Bob 在盲化的消息上进行签名，这意味着 Bob 需要计算 $mR^e \bmod n$ 的 $d$ 次幂，并对结果进行 $\bmod n$ 规约。然后，得到的结果是 $m^d R^{ed} \bmod n$。由于 $e$ 和 $d$ 是可逆的，因此 $R^{ed} \bmod n$ 与 $R \bmod n$ 等价，因此，盲化的签名消息是 $m^d R \bmod n$，即 Bob 发送给 Alice 的消息。

现在 Alice 可以通过 $m^d R \bmod n$ 乘以 $R^{-1} \bmod n$ 来进行去盲化，得到的结果是 $m^d \bmod n$——换言之，尽管 Bob 无法看到他签名的内容，但消息 $m$ 仍由 Bob 进行签名。

## 16.3 盲解密

盲解密与盲签名非常相似，对于 RSA 算法，同样的数学方法也适用。Alice 具有 $\{X\}_{\text{Bob}}$，并想要检索 $X$。然后，Alice 选择函数（盲化函数和去盲化函数），并将盲化函数应用于 $\{X\}_{\text{Bob}}$，同时将结果发送给 Bob。Bob 会应用他的私钥，这是用 Bob 的公钥进行加密的反向过程，从而产生可以得到用盲函数加密的 $X$。然后，Alice 可以使用去盲化函数进行解密以检索 $X$。

盲解密的例子之一如文献［RABI81］中所示，引入了一个称为**不经意传输**（oblivious transfer）的概念。该方案需要解决的问题是，Bob 可以向 Alice 发送几个条目，但 Alice 不希望 Bob 或窃听者知道她检索的是哪个条目。

例如，Bob 可能是一个内容服务提供商，而 Alice 是付费下载电影的用户，但 Alice 不想让任何人知道她购买了哪部电影，如文献［PERL10］中所述。Bob 可能会发布一堆加密的电影，每一部电影都用 Bob 的密钥 $K$ 进行加密。与每部电影相关联的是一个由 Bob 为此而创造的公钥加密密钥 $K$ 组成的报文头部，例如，Bob-电影。

因此，与每部电影相关联的是 $\{K_i\}_{\text{Bob-电影}}$。

Alice 可以下载任何加密电影。然而，若要进行解密，则 Alice 需要密钥 $K_i$。同时，Alice 需要为每部电影向 Bob 付费，但不想让 Bob 知道 Alice 购买了哪部电影。

解决方案很简单。Alice 可以为她想要的电影选择 $\{K_i\}_{\text{Bob-电影}}$，并要求 Bob 进行盲解密。

当然，为建立一个完整的解决方案，并保护 Alice 的隐私，Alice 需要某种可以保证 Alice 获得加密电影的机制，并且没有人可以注意到她下载了哪部电影。可能的方案之一是将电影进行广播，而且，知道解密密钥的 Alice 可以在电影广播时进行观看。另一种方案是 Alice 可以通过某种匿名器，例如 TOR［DING04］来下载加密的电影。

# 16.4 零知识证明

**零知识证明**（zero-knowledge proofs，ZKP）概念首次是在文献［GOLD85］中提出，其中，Alice 的基本目标是向 Bob 证明自己知道一个秘密，但不能向 Bob 泄露这个秘密。此外，零知识部分意味着除了与 Bob 会话的一方知道秘密之外，Bob 不应从会话交互中获得任何信息。

传统的 ZKP 是交互式协议，其中每轮都存在一个某人可以冒充 Alice，并能够欺骗 Bob 的概率（在大多数例子中概率为 $1/2$）。如果 Bob 向 Alice 进行了 $n$ 次提问，则冒充者能够对 Bob 实施 $n$ 次欺骗的概率是 $1/2^n$。

ZKP 还拥有这样的属性，即尽管 Alice 可以说服 Bob 自己知道 Alice 的秘密，但 Bob 也无法向第三方出示对话记录来证明 Bob 已经与 Alice 进行了会话，因为 Bob 本来就可以自己创造整个会话。

## 16.4.1 图同构 ZKP

图是一种顶点的集合加上连接顶点对之间链接的集合结构。如果对图的顶点进行打标签操作，并用顶点标签的无序对来表示每个链接，那么若存在一种可以重新标记 $G_1$ 中顶点来产生 $G_2$ 的方法，则两个图 $G_1$ 和 $G_2$ 是**同构**（isomorphic）的。假设在所有情况下都很难确定两个图是否同构，如图 16-2 所示。最著名的解决方案也比多项式级复杂度高。但是，如果将 $G_1$ 的顶点以重命名为 $G_2$ 的方式呈现，则很容易证明图 $G_1$ 和 $G_2$ 是同构的。

在图同构的 ZKP 中，Alice 需要证明她知道 $G_1$ 和 $G_2$ 是同构的，这意味着 Alice 知道如何重命名 $G_1$ 的顶点以产生 $G_2$。Alice 可以通过取一个大图 $G_1$，并重命名其顶点以生成 $G_2$

图 16-2 难以确定是否为同构图

继而生成两个这样的图。Alice 现在知道如何从 $G_1$ 映射到 $G_2$,而且,Alice 的"公钥"是图 $\langle G_1, G_2\rangle$ 对。但是 Bob 很难找到新标签来保证 $G_1$ 同构于 $G_2$。

为了让 Alice 向 Bob 证明她知道 $G_1$ 和 $G_2$ 是同构的,Alice 需要选择 $G_1$ 或者 $G_2$ 的随机新标签来产生一个新图 $G_3$。然后,Alice 会把 $G_3$ 送给 Bob。这一步称为 Alice 的**承诺**(commitment)。

然后,Bob 会通过选择 $G_1$ 或 $G_2$ 来向 Alice 发送挑战,并要求 Alice 展示如何映射到 $G_3$。如果 Alice 真的知道如何将 $G_1$ 映射到 $G_2$,无论 Bob 选择的是 $G_1$ 还是 $G_2$,Alice 都可以正确地回答 Bob 的问题。假设冒充者 Trudy 试图冒充 Alice,但 Trudy 不知道如何将 $G_1$ 映射到 $G_2$。如果 Trudy 通过重命名 $G_1$ 中的顶点来创建 $G_3$,那么,若 Bob 用 $G_1$ 向 Trudy 发起挑战,则 Trudy 能够展示到 $G_3$ 的映射。然而,如果 Bob 用 $G_2$ 向 Trudy 发起挑战,则 Trudy 将无法正确回答。如果 Trudy 能够选择 $G_3$,并能够正确回答 Bob 是用 $G_1$ 还是 $G_2$ 向她发起挑战,那么,Trudy 就可以组合映射来获得从 $G_1$ 到 $G_2$ 的映射。

这意味着 Trudy 每轮都有 1/2 的概率会欺骗 Bob。考虑到 Bob 需要确保有 50% 以上的概率与 Alice 进行会话,因此,Bob 需要进行更多轮次的会话。在每一轮中,Alice 必须选择另一个图 $G_i$,而且 Bob 会向 Alice 发起挑战来表明 $G_i$ 与她选择的 $G_1$ 或 $G_2$ 之间的映射。

## 16.4.2 平方根知识的证明

ZKP 协议的另一个例子发表在文献[FIAT86]中,其规则如下:假设存在一个**合数模**(composite modulus),记为 $n$,但除了 Alice 之外没有人知道 $n$ 的因子分解。Alice 通过选择一个随机数 $s$,并利用其平方 $\bmod n$ 来创建公钥 $s^2 \bmod n$。为向 Bob 进行身份认证,Alice 必须向 Bob 证明她知道 $s$(Alice 的私钥)。

消息 1:(Alice 的承诺)Alice 选择一个随机的 $r$,并将 $r^2 \bmod n$ 发送给 Bob。

消息 2:(Bob 的挑战)Bob 向 Alice 要求 $r$ 或者 $rs$。

消息 3:如果 Alice 真的知道 $s$,那么 Alice 可以很容易地给出 $r$ 或者 $rs$。如果 Bob 要求 $r$,则 Bob 会将其取平方,并验证结果是否等于 Alice 的承诺。如果 Bob 要求 $rs$,则 Bob 也将其取平方,并验证结果是否等于 Alice 的承诺与 Alice 公钥的乘积。

如果 Trudy 正在冒充 Alice,那么 Trudy 可以欺骗 Bob 的概率是 1/2。如果 Trudy 认为 Bob 会向她要求 $r$,那么,Trudy 会在消息 1 中发送 $r^2$。然而,如果 Trudy 认为 Bob 会要求 $rs$,那么,Trudy 会选择一个随机数,例如 $t$,并在消息 1 中发送 $t^2/s^2 \bmod n$。当 Bob 要求 $rs$ 时,Trudy 会发送 $t$。然后,Bob 会得到 $t^2$,并验证从 Trudy 那里收到的值 $t^2/s^2$ 与 $s^2$ 相乘的结果确实是 $t^2$,所以,Bob 会被欺骗。然而,如果 Trudy 对 Bob 要求的是 $r$,或者 $rs$ 作出了错误的预测,那么 Trudy 就无法进行正确的回答。

### 16.4.3　非交互式 ZKP

任何 ZKP 都可以通过让证明者 Alice 用她无法控制的挑战来模拟挑战者 Bob 的方式，来变成非交互式 ZKP。一种典型的实现方法是从 Alice 承诺的加密哈希中推导出挑战。

下面以 16.4.2 节中的协议为例。假设 Alice 想要进行 $k$ 轮模拟。Alice 首先会创建 $k$ 个输入 $(r_1^2, r_2^2, \cdots, r_k^2)$。然后，Alice 取 $r_1^2|r_2^2|\cdots|r_k^2$ 的一个哈希。如果哈希的第 $i$ 比特是 1，那么，Alice 必须提供 $r_i s$。如果哈希的第 $i$ 比特是 0，那么 Alice 必须提供 $r_i$。

如果 George，想要在不知道 $s$ 的情况下冒充 Alice，那么 George 可以选择 $r_1^2, r_2^2, \cdots, r_k^2$，但对于每个 $i$，George 只知道 $r_i$ 或者 $r_i s$ 中的一个。George 可以对 $r_1^2|r_2^2|\cdots|r_k^2$ 进行哈希，而且如果 George 不喜欢该哈希选择的挑战，则 George 可以选择新的 $r_i s$，重新进行哈希，并抱着最好的希望继续进行会话。假设哈希足够大，那么在计算上，George 是不可能足够幸运地找到一组 $r_i s$，并能得到一组他能够回答的挑战的。注意，在交互式 ZKP 中，若伪造者可以在一半时间内进行每一轮的回答，则 20 轮可能是足够安全的。但如果使用非交互式 ZKP，可能需要更多的轮次，见本章作业题 8。

如果 Alice 对消息和承诺的连接进行哈希，而不是简单地对上述承诺的集合进行哈希，则可将这种形式的非交互式 ZKP 作为一种签名。

**零知识**（zero knowledge）的正式定义要求，第三方看到声称是 Bob 和 Alice 之间互动的记录后，并不会相信 Bob 实际上在与 Alice 进行互动，因为 Bob 可以在没有 Alice 的情况下创建这些记录。这个严格的定义在一些安全性证明中是有用的，但对于我们所知道的任何看似实际的 ZKP 应用来说，这都不是必要的。

将零知识证明转换为非交互式 ZKP 称为 **Fiat-Shamir 构造**（Fiat-Shamir construction）。目前 ZKP 的大多数应用都采用 Fiat-Shamir 结构。这些只需要满足较弱的 ZKP 概念，其中，如果 Bob 随机地选择他的挑战，那么只需要零知识。

在非交互式 ZKP 中，假设冒充者在每轮模拟中都具有 50% 的概率进行正确的回答。如果每轮的输入（承诺）都有很多比特，那么 Fiat-Shamir 构造的效率会非常低。因此，为实现一个实用的非交互式 ZKP，则挑战需要具有更小的概率以使得冒充者不能正确地作出响应。

以下是 Schnorr[SCHN89]发布的一个原始协议示例，其中，冒充者可以以很小的概率创建正确的响应。在这个协议中，Alice 证明了她知道公钥 $g^x \bmod p$ 的离散对数 $x$[①]。

（1）Alice 选择一个随机数 $r$，并向 Bob 发送 $g^r \bmod p$（Alice 的承诺）。

（2）Bob 向 Alice 发送一个随机数 $c$（Bob 的挑战）。

（3）Alice 向 Bob 发送 $r-cx\ (\bmod\ p-1)$（Alice 的响应）。

（4）Bob 验证 $(g^{r-cx})(g^x)^c = g^r \bmod p$。

在上述协议（Alice 证明她知道 $g^x \bmod p$ 的离散对数）和其他类似的证明中，冒充者可以猜测出单个正确响应符合诚实验证器零知识证明的概率非常小，见本章作业题 3 和作业题 4。

---

① 该协议是一个安全的诚实验证器零知识证明系统，其底层的离散对数问题很难解决。该问题依赖 $p-1$ 的因子分解，但在这里不值得深入讨论。

# 16.5 群签名

群签名的目标是让一个群成员进行签名,这样验证者就可以知道某一个群成员进行了签名,但无法知道是该群中哪个成员生成了签名。

在群签名的一个应用场景中,某人(这里称为吹哨人)能够安全地向新闻媒体透露一些不法行为。新闻媒体需要知道,吹哨人确实是掌握准确信息的人之一,而不是某个麻烦制造者在编造故事。但对吹哨人的身份进行保密也很重要。

另一个群签名的示例应用是让设备在证明它是真正设备的同时,保护设备所有者的隐私。这种群签名的示例用途是**数字版权管理**(digital rights management,DRM)。销售内容的公司希望可以得到所购买内容的设备就是一组为遵循 DRM 规则而设计的设备之一的保证。如果该公司能够确定购买内容的是哪一个设备,则该用户可能会犹豫是否要购买该内容。

**群签名**(group signatures)的概念在文献[CHAU91]中首次提出。在群签名中,如果一个人不是该群的成员,就不可能伪造签名。因为看到了签名也无法泄露信息,所以即使这个人看到了很多签名,也无法伪造签名。因此,一些群签名方案中引入了为群创建凭证的**群管理器**(group manager)。

目前已经有各种群签名方案被提出,它们具有以下各种潜在特性。

(1)不可链接的签名——验证器无法知道两个签名是否由同一群成员进行签名。

(2)在两个属性之间进行选择——要么没有人能够识别哪个成员生成了给定的签名,要么存在一个能够识别生成给定签名的成员实体(群管理器)。

(3)如果公开了被泄露的成员私钥,则该成员的群资格可能会被撤销,因此,验证器不再将该成员的签名验证为有效。

(4)如果某个签名是不诚信的(例如,某人同意购买某物品,但没有付款),那么即使生成该签名的特定成员无法被识别出来,也可以撤销该签名,这样未来的证明人就可以证明他们不是生成特定签名的人。

## 16.5.1 一些不太重要的群签名方案

本节研究一些通常可以实现群签名方案所需特性的简单方法。本节中讨论的这类方案可能被认为过于琐碎,而且并不能被认为是"真正的"群签名方案。同时,我们还将讨论这些简单方法的缺点,以了解为什么密码学家需要设计更加复杂的群签名方案。

**1. 单一共享密钥**

在这种普通的方法中,群的所有成员共享相同的私钥。这个简单的方案确实满足这样的特性,即验证者无法判断哪个成员进行了签名,也无法判断两个签名是否由同一设备创建。

然而,许多人共享私钥并不是很安全。如果许多个人或设备知道相同的私钥,那么最终群外的某人很可能会想出提取出私钥的方法。

为撤销群中单个成员的身份,群密钥也需要被撤销。同时,也需要创建新的群密钥,并告知所有验证器群密钥已被更改,而且,所有剩余的群成员需要共享新的私钥。

**2. 群成员证书**

这种简单的群签名方法是让每个成员为本群的群签名专门创建一个新的公钥对。首先，成员 Bob 会创建一个新的公钥 $P$，并将其用 Bob 的普通私钥进行签名并发送给群管理器。然后，群管理器会为 $P$ 签发证书——"$P$ 是本群的一部分"。群管理器可以知道哪个公钥与每个成员相关联，但验证者不知道每个成员的公钥，然而，验证者可以知道两个条目是否由同一个人进行了签名。撤销成员资格很容易，通过群管理器撤销与该成员关联的公钥证书即可实现。

**3. 多群成员证书**

多群成员证书这种变体可以满足签名的不可链接性（群管理器除外）。其中，每个成员都可以创建许多公钥对，并让群管理器对每个公钥进行验证。群管理器知道哪些公钥与哪个成员相关联。但是，验证器不知道哪些公钥与哪个成员相关联。因此，如果某个成员对每个签名都使用不同的私钥，则验证器无法将两个签名链接为来自同一成员。若要撤销某个成员资格，则群管理器需要撤销该成员的所有证书。

**4. 对多个群成员证书进行盲签名**

因为采用了盲签名技术，所以对多个群成员证书进行盲签名的这种变体使得群管理器不可能知道哪个成员与给定的公钥相关联。假设 Bob 是这个群的成员，Bob 会向群管理器进行身份认证，创建公钥 $P$，并将 $P$ 嵌入一条盲化的消息中，该消息的内容为"公钥 $P$ 是群成员"。群管理器会对盲化的消息进行签名。如果 Bob 每次创建签名时都使用不同的公钥对和证书（由群管理器进行盲签名），那么包括群管理器在内的任何人都无法知道哪个成员创建了签名，也无法对两个签名进行链接。

基于此变体方案，如果群管理器想要撤销 Bob 的成员资格，则群管理器可以拒绝为 Bob 盲签名任何新的证书，但群管理器无法撤销在 Bob 的成员身份被撤销之前已被盲签名的证书。相反，若需要撤销某个成员资格，则群管理器需要更改自己的公钥对，声明由旧密钥签名的所有证书无效，并为仍然有效的成员颁发新证书，用群管理器的新私钥进行盲签名。

作为一种备选方案，当成员资格被撤销时，群管理器的密钥可以频繁地更改，例如每小时更改一次，而不是只更改群管理器密钥。为避免群成员刚好在群管理器更改其密钥之前收到了证书所带来的问题，需要在验证器接受由当前群管理器的密钥，或者在前一群管理器签名证书时设置一些时间重叠。也许当需要进行签名时，每个成员都可能需要单一的盲签名证书，但在这种情况下，群管理器可以关联 Bob 请求证书的时间和用于签名的时间。

## 16.5.2 环签名

环签名这个优雅的方案出现在文献[RIVE01]中。**环签名**（ring signatures）特别适合吹哨人场景。每个个体都有自己的公钥对，并且群中的个体集合不必被预先确定。任何人，例如 Bob，都可以选择一个由 $n-1$ 个人构成的集合，并能够在 $n$ 个人的群中隐藏自己的身份。验证器可以知道这 $n$ 个用户中的某个人对消息进行了签名，但不知道具体是哪个人。

该方案以更通用的方式在相关文献中进行了描述，并且需要根据所使用的特定密码算法进行调整。为了便于解释，下面将选择未填充的 RSA、SHA2-256 和 AES-256 作为加密函数。

假设存在 $n$ 个个体，$M_1, M_2, \cdots, M_n$。该群中的每个个体都具有一个公钥对(例如 2048 比特的 RSA 密钥)。每个人都知道所有成员的公钥。下面将 2048 比特的量记为 $R$，用 $M_i$ 的公钥对其进行加密，记为 $\{R\}_i$。使用未填充的 RSA 进行加密，这样任何小于模数的 2048 比特量都可以被加密，或者解密。

假设存在一个成员 $M_3$，想要对消息 $m$ 进行签名。消息 $m$ 的 SHA2-256 哈希是 $h$。在诸如具有零 IV 的 CBC 之类的某些模式中，该哈希可以用作 AES 密钥，这样用哈希 $h$ 对 2048 比特量的加密可以得到一个 2048 比特的量。

消息 $m$ 上的环签名(群中具有 $n$ 个个体)包括 $n+1$ 个看似随机的 2048 比特数 $y_1, R_1$，$R_2, \cdots, R_n$，如图 16-3 所示。签名可以以任何 $y$ 值开头，但通常以 $y_1$ 开头更简单。

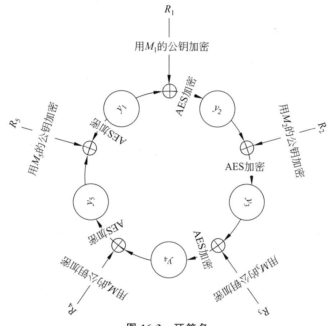

图 16-3　环签名

为了验证签名，首先需要计算出消息 $m$ 的 SHA2-256 哈希 $h$。哈希 $h$ 是用于每个 AES 加密步骤的密钥。然后，例如从 $i=1$ 开始，沿着 $n$ 个步骤的环进行计算。

(1) 使用 $M_i$ 的公钥加密 $R_i$ 以获得 $\{R_i\}_i$。计算 $y_i \oplus \{R_i\}_i$。

(2) 将 $y_{i+1}$ 设置为 $y_i \oplus \{R_i\}_i$ 的 AES 加密(使用密钥 $h$)。

在为每个成员完成以上内容后，下面需要计算 $y_2, y_3, \cdots, y_6$。如果 $y_6 = y_1$，则签名被视为是有效的。

假设 Bob 是成员 $M_3$。为使用哈希 $h$ 来计算消息 $m$ 的签名，Bob 需要为 $y_4$ 和 $n-1$ 个随机数 $R_1, R_2, R_4, \cdots, R_n$ 选择一个随机的 2048 比特数。注意，$R_3$ 将在稍后进行计算，见图 16-4。Bob 采用成员 $M_4$ 的公钥加密 $R_4$，并用 $y_4$ 对结果进行按位异或。然后，Bob 用 $h$ 对结果进行 AES 加密，得到的结果为 $y_5$。然后，Bob 会继续沿着环计算每个 $y_i$，直到到达 $y_3$。现在，Bob 使用密钥 $h$ 计算 $y_4$ 的 AES 解密，这里称为 $X$。为了完成环签名，Bob 会计算 $y_3 \oplus X$，并用自己的私钥对结果进行解密。如果 Bob 运气不好，则 Bob 的计算结果会是一个比其模数还大的数，而且将不得不改变其中一个随机数，并重复上述计算。最终的结果

将是 $R_3$，而且 Bob 会将其作为群签名的一部分。

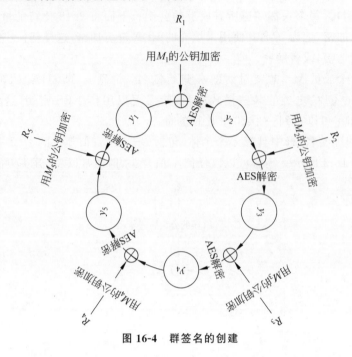

图 16-4　群签名的创建

知道任何一个私钥的人都可以计算出满足验证算法的环值，但验证者无法知道使用了哪个私钥。

### 16.5.3　直接匿名证明

**直接匿名证明**（Direct Anonymous Attestation，DAA）[BRIC04]是一种群签名方案，已被可信计算组（Trusted Computing Group，TCG）采用，并供**可信平台模块**（Trusted Platform Modules，TPMs）使用。一种适用于 DAA 的示例应用是数字版权管理。**证明**（attestation）是对某内容的签名声明，例如某种情况下硬件和软件的配置。

DAA 的概述涉及 3 个实体——DAA 发布者（发布 DAA 凭证）、平台（使用收到的凭证进行证明），以及验证者。

如果凭证只是一个证书，那么平台需要向验证器提供证书，并且平台需要知道证书中与公钥相关联私钥的证据。然而，DAA 并不会这么做。平台和证明人之间的会话包括一个非交互式零知识证明，其中，平台具有 DAA 发布者发布的有效凭证。

如果某个平台的私钥变成了公开的（例如某人闯入平台并获得密钥，然后将其发布到某个地方），则所有以前使用该私钥的证明都可以被识别，并且未来的证明会被拒绝。

如果私钥未知，即使 DAA 发布者无法知道哪个平台发布了特定的证明，那么撤销该证明的唯一方法便是重新设置所有有效设备的密钥。

### 16.5.4　增强隐私 ID

**增强隐私 ID**（Enhanced Privacy ID，EPID）[BRIC10]是对 DAA 的增强，并可以支持一

种额外形式的撤销。DAA 中唯一可能的撤销形式是撤销私钥,而且要求在知道要撤销的成员私钥后,才能撤销该成员。

基于 EPID 技术,存在一种可以撤销"无论谁生成此签名"的方法。假设存在一个"坏签名"的撤销列表,其中,不知道是谁生成了这些签名,但这些签名是由过去的某个平台所创建,但后来发现该平台在某种程度上表现不佳。基于 EPID 技术,验证器会要求平台证明自己是该群的有效成员,就像使用 DAA 一样。此外,验证器可以向平台提供一个坏签名列表,而且证明者可以证明其签名是由一个不同的密钥产生的,而不是存在于坏签名列表上的某个签名。

## 16.6　电路模型

16.7 节和 16.8 节都需要用**电路**(circuit)的概念作为支撑。电路是一种从输入计算输出的算法,并由一系列门的简单操作组成。门的输出可以是电路的最终输出,也可以是中间值。门可以作用于电路的输入、中间值或常数。电路与更通用类型程序不同的方面是,门的顺序以及其作用的值不取决于电路的输入,因此,电路不能存在分支、循环,或者输入所指定的内存位置引用。尽管如此,存在一个定理,即任何具有固定大小输入和已知最大计算步骤数的程序都可以转换为作用于 0 和 1 的电路,并且只由两种类型的门组成:

(1) 按位 AND($\wedge$)(模 2 乘法);

(2) 逐位 XOR($\oplus$)(模 2 加法)。

用电路执行程序的成本很高。例如,如果存在一个分支,则必须附加两个电路——一个用于满足已知条件时完成需要进行的计算,另一个用于不满足已知条件时完成需要进行的计算。如果程序存在一个执行次数可变的循环,则电路必须执行循环的最大次数。此外,若需要在大型数据库中进行检索(假设在不知道程序输入的情况下无法预测数据库的索引),则在数据库中查找单个条目的成本会与数据库的总大小成正比。

## 16.7　安全多方计算

**安全多方计算**(Secure Multiparty Computation)[BENO88](有时缩写为 MPC)由一组 $n$ 个参与者组成,每个参与者都具有自己的输入,并可以共同计算 $n$ 个输入的函数,而不会将自己的输入泄露给其他参与者。实现这一方案的简单方法是让所有参与者将他们的输入发送给所有参与者都信任的人,例如 Tom,并让 Tom 计算所有输入的函数。但是,密码学家为安全多方计算设计的协议是假设没有可信的 Tom 存在,因此,参与者必须以某种方式协同计算函数。模型是"诚实但好奇"的,其中,参与者会诚实地进行计算,但该系统设计的唯一目的是防止参与者了解其他参与者的输入信息。这就是本节涉及的场景,此外,有些论文讨论了如何检测和防止恶意地错误计算。

**拍卖**(auction)是参与者可能希望对其输入进行保密的一个示例功能,出价最高的参与者可以赢得拍卖,并且必须支付他们的出价。如果你知道所有其他人的出价,那么你就可以出价略高于目前场上最高的出价,因此,参与者都不希望其他参与者知道他们的出价,即使在拍卖完成后也是如此。在用于根据几个参与者输入来计算结果的已发布协议中,只有参与者可以看到自己的输入。事实上，其中某个协议已用于丹麦甜菜的拍卖［BOGE09］。这是一个高成本的协议，但这种情况每年只发生一次，因此据报道，丹麦甜菜种植者对结果是满意的。

目前存在各种各样的多方计算方案，但最安全的多方计算是基于秘密共享实现的。相关计算需要转换为电路。然后，每个参与者的输入会被划分为其他参与者的份额。

在参与者计算他们所获得的份额，并相互通信以产生中间值份额的过程之后，最终的输出可以通过参与者的法定人数与他们输出的份额组合来构建。

每个参与者 $P_i$ 都具有一个输入 $p_i$，$n$ 个参与者的集合会在计算中使用该输入。下面会使用术语 $t$-share 来指代基于 $t$ 阶多项式的输入份额。参与者 $P_i$ 使用具有 $t$ 阶多项式的秘密共享方案来创建，并将其输入的 $t$-share 分发给其他的每个参与者。现在每个参与者都具有 $n$ 个数，每个数都是 $n$ 个参与者输入的 $t$-share 值。请注意，$t+1$ 个参与者的群可以串通，并可以恢复任何参与者的输入。

假设该群必须执行的计算是将 $P_k$ 和 $P_j$ 的输入进行相加。显然，加法很容易。每个参与者获取其份额 $p_k$，并将其加到份额 $p_j$ 中。现在每个人都有一份 $p_k+p_j$。

然而乘法比较复杂。为计算 $p_k p_j$，每个人都需要将他们 $p_k$ 的 $t$-share 值乘以他们 $p_j$ 的 $t$-share 值。不幸的是，这会使多项式的阶次加倍，所以现在每个人都会有 $2t$-share 的 $p_k p_j$ 份额。而且，这需要 $2t+1$ 个参与者才能恢复 $p_k p_j$。由于参与者拥有 $2t$-share 的条目，因此有必要减少多项式的阶数。这需要进行两轮通信，其中，每个参与者需要向其他每个参与者发送一条消息，然后再进行计算。

（1）第 1 轮。每个参与者 $P_i$ 创建 $p_k p_j$ 的 $2t$-share 中的 $n$ 个 $t$-share，然后将相应的 $t$-share 发送给每个其他参与者。在该步骤之后，每个参与者将具有 $n$ 个值，而且每个值是参与者 $2t$-share 中的一个 $t$-share。然后，每个参与者取这 $n$ 个值的向量，并将该向量乘以一个矩阵，转化为一组不同的 $n$ 个值，这是每个参与者 $t$-share 的 $p_k p_j$ 乘积的 $t$-share。换言之，前 $n$ 个值的第一个就是 $p_k p_j$ 在 $P_1$ 中 $t$-share 的 $P_1$ 的 $t$-share，前 $n$ 个值的第二个就是 $p_k p_j$ 在 $P_1$ 中 $t$-share 的 $P_2$ 的 $t$-share，以此类推。

（2）第二轮。每个参与者将 $n$ 个值的第一个值分发给 $P_1$，第二个值分发给 $P_2$，以此类推。在第二轮中，每个参与者都将获得 $n$ 个乘积 $p_k p_j$ 的 $t$-share。根据这些操作，现在每个参与者都可以构建自己 $p_k p_j$ 的 $t$-share。因此，现在每个参与者都具有一个 $t$-share 的 $p_k p_j$，而不是拥有 $2t$-share 的 $p_k p_j$。

**注意**：如果 $t$ 比 $n$ 小得多，那么在阶规约步骤之前可能需要进行多次乘法运算。然而，由于大多数应用不涉及太多的参与者，并且 $t$ 的值过小是不安全的（$t$ 个串通的参与者可以很容易地找到彼此），因此，大多数实现都会将 $t$ 设置为满足 $2t+1$ 但不大于 $n$ 的最大值。

## 16.8 全同态加密

基于**同态加密技术**（homomorphic encryption），既可以以一种特殊的方式对数据进行加密，也可以对加密的数据进行计算，而且结果就是加密的答案。因此，同态加密对明文数据进行计算得到的答案，与对加密数据进行计算并对结果进行解密相同。同态加密的应用之一是将加密数据存储在公共云中，并对加密数据进行计算，而无须信任云对数据隐私的保护。这样做的另一个原因可能是,Alice 拥有秘密数据,而 Bob 拥有一个可以对数据进行计算的专有程序。Alice 不希望 Bob 看到她的数据,Bob 也不希望 Alice 了解他的程序[①]。

有些替代方法可以获得同态加密所希望的部分,或者全部优势。

(1) 将所有加密数据复制到人们认为更安全的位置(例如私人网络)进行解密,然后再对明文进行计算。

(2) 使用**安全隔离区**(secure enclaves),这是芯片中的特殊硬件功能,英特尔的 SGX 或者 AMD 的 SEV 都旨在向潜在的恶意管理程序、操作系统,或者具有管理权限的云管理员隐藏用户级的数据和代码。安全隔离区不会显著影响性能,而且相比将程序变成 $\land$ 和 $\oplus$ 运算的电路,调整程序以利用安全隔离区会相对更容易些。安全隔离区可能无法提供同态加密所能提供的可证明安全性,特别是因为历史上曾存在数据可能泄露的侧通道攻击。然而,这种方法总是比同态加密更有效。

多年来,同态加密一直是密码学界的热点。正如 16.6 节所说,任何计算都可以用 $\land$(和/乘)和 $\oplus$(按位异或/加)组成的电路来完成。因此,实现同态加密方案需要找出一些允许对加密数据进行这两种操作的数学方法。

此外,存在一些可以进行一种操作,但不能进行另一种操作的方案。例如,RSA 加密(无填充)可以进行同态乘法。如果拥有两个消息 $m_1$ 和 $m_2$,公钥 $\langle e, n \rangle$ 和私钥 $\langle d, n \rangle$,那么将加密的 $m_1(m_1^e \bmod n)$ 乘以加密的 $m_2(m_2^e \bmod n)$ 可以得到 $(m_1 m_2)^e \bmod n$。然后,如果解密 $(m_1 m_2)^e \bmod n$(通过对 $\bmod n$ 指数的 $d$ 次幂运算),则可以得到与明文 $m_1$ 和 $m_2$ 相乘的相同结果 $(m_1 m_2)$。但这只是一种乘法操作。

还存在一些可以多次执行一种操作,而有限次执行第二种操作的方案。这些方案称为**部分同态加密**(somewhat homomorphic encryption)。一个类似部分同态加密的例子是 16.7 节中提到的方案(进行乘法时不执行阶规约步骤)。在大多数部分同态加密方案中,由于"噪声"必须与密文结合才能确保同态加密的安全,因此,在密文上可以执行的加法和乘法数量是有限的。加法和更多的乘法都会增加噪声量。如果噪声过多,则无法再进行解密。

## 16.8.1 自举

Craig Gentry[GENT09]提出了一个可以消除只能进行有限次同态运算问题的技巧,并将此技巧称为**自举**(bootstrapping),该技巧可以减少密文在一些计算步骤后积累的噪声量。

我们假设存在不允许看到明文,或者私钥的云端需要进行自举操作的场景。为实现这一点,云端需要知道用户的公钥,使云端能够将明文转换为噪声最小的密文;以及用户的私钥,并使用用户的公钥进行加密。

如果云端知道实际的私钥,那么云端可以解密带有噪声的密文 $C$,并且可以用公钥对其进行重新加密,但是不允许云端看到实际的私钥或者明文。然而,云端可以看到利用用户公钥进行同态加密的用户私钥。

---

[①] 即使 Alice 看不到 Bob 的程序,但因为 Alice 会把加密数据发送给 Bob 来运行 Bob 的计算,所以有人会担心 Alice 在结果中看到的噪声模式也可能会泄露 Bob 程序的某些信息。为了避免这个潜在的问题,需要利用一个称为电路隐私(circuit privacy)的额外属性。目前,人们已提出了具有电路隐私的 FHE 方案,并且它们的效率并未明显低于没有电路隐私设计的方案。

首先，云端利用用户的公钥对带有噪声的密文 $C$ 进行加密，从而产生双重加密的数据。通常，密文 $C$ 的每比特都会被独立加密，因此，双重加密的数据会比密文 $C$ 大得多。然后，云端会使用加密的私钥和加密的密文（即双重加密的明文）对解密电路进行同态评估。这样可以产生一个新的单独加密的明文。只要原始单独加密的明文中的噪声足够小，则密文 $C$ 可以进行解密，而且新的单独加密的明文会是对相同明文的加密，并且具有固定的噪声量，不需要依赖密文的累积。

只要自举操作本身加上任何单个操作都不会引入太多噪声，而且如果运行自举操作的频率足够高，那么就可以对加密数据进行任意多次的计算。基于自举技巧，目前已经提出了许多全同态加密方案。

## 16.8.2　易于理解的方案

大多数 FHE 方案都涉及枯燥乏味的数学。仅凭直觉，下面将介绍一种非常容易理解的方案［VAND10］。这肯定是不现实的（例如加密数据会扩展大约 10 亿倍），但本书的目的是向读者展现一种直观感觉。

该方案要求对每比特进行加密。因此，有必要了解如何加密比特 0 和如何加密比特 1。私钥是一个较大的奇数整数 $n$[1]。这个方案会进行普通的整数运算，而不是模运算。

如果知道 $n$，那么为了加密 1 比特，需要进行如下操作。

（1）选择 $n$ 的某个非常大的倍数。

（2）加上或者减去一个相对较小的偶数，该偶数称为噪声。此时，将得到的值称为 $n$ 的噪声倍数。如果正在对比特 0 进行编码，那么现在这样就完成了编码。

（3）如果要加密的比特是 1，则加上 1，或者减去 1 即可。

为了支持不知道 $n$ 的人进行加密，我们需要创建一个是比特 0 加密列表的公钥。为了加密比特 0，某人会把随机选择的比特 0 的加密子集进行相加。加密比特 1 需要做同样的操作，但要在最后加上或者减去 1。

只有知道 $n$ 的人才能进行解密。若要解密值 $x$，则需要找到最接近 $n$ 的倍数，如果 $x$ 和 $n$ 的倍数之差为偶数，则将 $x$ 解密为 0。如果差值是奇数，则 $x$ 解密为 1。

将两个编码比特相加，可以得到两个明文比特的按位异或 $\oplus$。将两个编码比特相乘，可以得到两个比特的和 $\wedge$。对编码比特加 1 或者减 1，可以计算编码比特的非 $\neg$。请注意，每当两个加密比特相加或相乘时，噪声都会增加。如果噪声大于 $n/2$，则无法保证可以解密出正确的答案，见本章作业题 10。因此，可以进行加法和乘法运算，但必须避免让噪声大于 $n/2$。另一个恼人的问题是，每次执行乘法时，加密比特的大小都会翻倍。如果把两个 10 亿比特的数相乘，则就会得到一个 20 亿比特的数。所以，不需要太多的乘法运算就可以让某个数变成超级荒谬的大数。

此处采用了一个非常好的技巧，类似用公钥值来减少加密比特大小。在云端，可以对某个值进行安全计算和数规约。规约列表包含不同大小 $n$ 的噪声倍数，例如，$m_1, m_2, m_3, \cdots$。

为了规约 $x$，需要选择小于 $x$ 的最大 $m_j$，并规约 $x \bmod m_j$。通过寻找小于 $x'$ 的最大

---

① 本文使用 $p$ 作为秘密的奇数，但由于通常 $p$ 是素数，而且在这种情况下不需要素数，所以使用了符号 $n$。

$m_k$,并规约 $x'\bmod m_k$,可以对结果,$x'$进一步进行规约。虽然这是一种可以使 $x$ 的编码更小的很好的操作,但模规约会增加噪声。

加法会在一定程度上增加噪声,但乘法和模规约会非常迅速地增加噪声。因此,在噪声大于 $n/2$ 之前进行自举是至关重要的。

自举需要使用公钥(比特 0 的多次加密)来加密噪声值的每一比特,从而产生大约数以 10 亿计的比特。然后,这个值需要使用一个可以访问同态加密私钥 $n$ 的电路对结果进行同态解密。

如前所述,我们提出这个方案只是因为它易于理解。目前人们提出的同态加密方案并不那么实际可用,而且,同态加密仍然是一个活跃的研究领域。

## 16.9 作业题

1. 在 Shamir 的秘密共享方案中,如果 $k=7$,$n=37$,那么需要多少阶的多项式才能够创建共享的份额?

2. 在图同构 ZKP 中,为什么 Alice 每次都必须选择不同的图?换言之,如果 Bob 让 Alice 展示如何在一轮中将 $G_3$ 映射到 $G_1$,并让 Alice 在另一轮中将相同的 $G_3$ 映射到 $G_2$,会发生什么?

3. 在 16.4.3 节中,证明 Bob 如何在不知道 $x$ 的情况下进行记录的创建。(提示:让 Bob 为消息 2 和消息 3 选择随机数,然后计算 Alice 在消息 1 中需要发送的内容。)

4. 假设在 16.4.3 节的非交互式 ZKP 协议中,Bob 是一个不诚实的验证器。Bob 如何能够让第三方相信他真的与 Alice 交流过?(提示:Bob 的消息 2 可以是消息 1 的哈希,而不是为消息 2 选择的随机数。一旦提交到消息 1,在不知道 $x$ 的情况下,Bob 就不再可以从消息 2 和消息 3 中导出消息 1。)

5. 16.5.2 节中按向前(顺时针)方向描述环签名计算。那么,如何计算一个反向(逆时针)工作的签名?描述如何从环中的任何一点开始,并要求仍然可以计算签名。

6. 对于 16.5.1 节中的每个简单群签名方案,试指定其属性(考查签名的可链接性,群管理器是否可以确定哪个成员进行了签名,验证器是否可以知道哪个成员进行了签名,是否可以撤销群成员)。

7. 证明如何使用诸如 HMAC 之类的不可逆函数,而不是诸如 AES 之类的可逆函数来实现环签名方案。

8. 当冒充者在每轮中有 $1/2$ 的机会可以正确回答时,为什么在交互式 ZKP 中使用 20 轮是安全的,而在非交互式 ZKP 中,则需要更多的轮次?

9. 16.6 节表明,电路模型只需 $\oplus$ 和 $\wedge$ 门。那么如何创建一个 $\neg$ 门?

10. 考虑 16.8.2 节中描述的同态加密方案。为什么 $n$ 一定要是奇数?

11. 在 16.8.2 节中,如果噪声大于 $n/2$,为什么加密的比特 0 会看起来像加密的比特 1?

# 第 17 章  约 定 俗 成

> 每当我做烤肉大餐时,我总是像我看到我祖母的做法那样,从先切掉烤肉的末端开始做起。有人曾经问我为什么这么做,然而,那时我才意识到我根本不知道这样做的原因。我从来没有想过要问为什么是这样。而事情就是这样的。最后,我想起来问我的祖母,"您为什么总是把烤肉的末端切掉?"祖母回答说:"因为我的锅很小,否则烤肉就放不下。"
>
> ——佚名

许多事情和做法已经成为公认的安全实践。如果读者真的知道自己在做什么,那么大多数安全实践就是为了避免一些可以通过其他方式来解决的问题。养成安全实践的习惯是好的,但最好至少要知道为什么要这样做。这些问题在整本书中都有讨论,但我们在这里进行了总结。17.1 节中驳斥了一些人们经常听到的错误理解。本章的其余部分介绍了一些好的做法,同时解释了为什么这些做法会成为公认的安全实践,以及这些做法何时是真正重要的。

## 17.1  错误理解

我们在这里列出了几个常见的安全相关看法,并介绍了真正的真实情况。

(1)误区 1:在量子计算机上运行的任何程序都是经典计算机速度的数倍。事实上,经典程序在量子计算机上不会运行得更快。只有一小部分问题可以从为量子计算所设计的算法中受益,而且这些算法与经典算法差异很大。为经典计算机所设计的程序在量子计算机上并不会运行得更快。

(2)误区 2:量子计算机可以破解所有密码方案。事实上,任何已知的量子攻击都无法破解哈希和私钥算法(除了 Grover 算法,即使在量子计算最乐观的情况下,Grover 算法也可以通过加倍密钥大小和哈希大小来进行抵抗)。只有公钥算法才会受到量子计算机的威胁,而且,在全世界拥有一台能够破解我们目前部署的公钥算法的量子计算机之前,公钥算法可能会被后量子算法长期取代。此外,希望任何使用当前公钥算法加密的数据在那时都不会再轻易地受到攻击。

(3)误区 3:量子计算机可以分解素数。的确,量子计算机可以分解素数,但经典计算机也可以。事实上,人类大脑中也可以分解一个素数。我们认为量子计算机可以分解素数这句反复说的话只是一个表述错误问题,但人们真的应该养成这样说的习惯:"量子计算机可以分解数。"

(4)误区 4:让用户每隔几个月更改一次口令是件好事。这取决于你的目的。如果你的目的是惹恼用户,那么这是一个很好的策略,但如果你的目的是更安全,那么定期更改口令会降低系统的安全性。如果坏人窃取了用户的口令,那么他们可能会在强制更改口令之前的几周内造成足够大的损害,因此,让用户每隔几个月更改一次口令并不能提高安全性。此外,强迫用户记住更多的口令会降低安全性。考虑到用户往往是人类,他们通常会采用一种简单的策略,例如,以数字作为口令的结尾,并在每个周期递增该数字。

(5)误区 5:使用 $MD5$ 的任何系统都是不安全的。我们只是拿 MD5 作为一个例子,但这里实际上指的是任何密码学家已经证明存在漏洞的加密算法都是不安全的。事实上,在一次使用中某个算法是不安全的,并不能说明该算法在所有情况下都是不安全的。如果读者正在实现一个新的系统,那么一定要使用密码学界相信的算法,除非存在一些真正好的理由(例如向后兼容性)可以使用不推荐的算法。对于现有的系统而言,即使在这种情况下,使用不推荐的算法实际上也是安全的,因为在分析其安全性时也有可能会遗漏一些微妙的属性。此外,一旦客户意识到你所使用的算法是他们所了解的不安全算法,那么向客户解释为什么该算法在特定情况下是安全的将是非常耗时的。解释可能会比修改系统并采用更新的算法更麻烦。

# 17.2  完美正向保密性

**完美正向保密性**(Perfect Forward Secrecy,PFS)是即使攻击者从 Alice 和 Bob 之间加密会话开始起,已经了解到任何一个参与方,或者双方的长期密码秘密,仍可以防止记录二者之间加密会话的人在以后仍能够解密该会话的一种协议属性。因此,即使知道 Alice 和 Bob 的长期密钥,被动攻击者也无法解密使用 PFS 设计的协议。然而,知道 Bob 长期密钥的主动攻击者可以向 Alice 冒充 Bob,或者可以充当中间人。即使攻击者 Trudy 不知道 Bob 的长期密钥,但如果 Trudy 能够说服 Alice 另一个密钥是属于 Bob 的,那么 Trudy 便可以充当中间人。PFS 被认为是一个可以保持会话秘密的重要协议属性,并可以免受下列实体的影响:

(1)知道长期密钥的托管代理人;

(2)盗窃其中一个参与方的长期密钥,而未被发现的小偷;

(3)记录对话,并后续设法窃取了一个参与方或双方长期密钥的人;

(4)记录了会话的执法部门,并随后通过法院命令获得了一个参与方或双方的长期密钥。

# 17.3  定期更改加密密钥

在密钥的使用超过一定量的数据或者超过一定时间之前,最好进行密钥更改(密钥翻转)。更改密钥的时机取决于加密模式和数据块大小。例如,在 CBC 模式中,由于生日问题,在使用相同的密钥对 $2^{n/2}$ 个数据块进行加密后,可能会出现两个相等的密文块。在两个密文块冲突的情况下,计算两个明文块的按位异或$\oplus$时,可能会泄露信息。如果希望密文冲突的概率远小于 $1/2$,那么密钥的更改频率应该比每 $2^{n/2}$ 个数据块更频繁。例如,如果希望冲突的概率小于 $2^{-32}$,则应在加密 $2^{n/2-16}$ 个数据块之前更改密钥。

在 GCM 模式中,不能重用 IV 的每个消息 96 比特部分是至关重要的(128 比特计数器的底部 32 比特会针对消息内的数据块进行递增)。如果应用可以明确地跟踪所使用的所有 IV,那么便可以保留相同的密钥,并且使用相同的密钥可以加密 $2^{96}$ 条消息。然而,如果应用随机地选择了 IV 的每个消息 96 比特部分,则应用不应使用相同的密钥加密超过 $2^{32}$ 条消息，以使得重用随机选择 IV 的概率小于 10 亿分之一。

另一个进行密钥更改的原因是以防在不知情的情况下，数据加密密钥在对话过程中被盗。密钥更改可以限制被盗密钥所造成的损害。

在静态加密数据的情况下，如果用数据的加密密钥直接加密数据，那么解密所有密文并用新密钥进行加密的成本很高，而且可能用处不大，因为很可能存在之前密文的备份。然而，如果用随机选择的数据加密密钥 $K$ 对每个消息进行加密，并且用长期加密密钥 $S_1$ 对与数据相关的消息进行 $K$ 加密，则更改 $S_1$ 的成本不高，因为，只有元数据 $\{K\}S_1$ 需要利用之前的密钥 $S_1$ 进行解密，并用新的密钥（例如 $S_2$）进行加密。

## 17.4  没有完整性保护就不要进行加密

一种常见的误解是，一旦被加密，就不可能在不被检测到的情况下实现密文修改。然而，存在一些包括完整性保护的加密模式，但如果该模式不包括完整性保护，则可能会存在许多种攻击。

在类似 CTR 的模式中，如果攻击者知道或者能够猜出明文，那么按位异或预期的变化，并将明文转换为密文是很简单的。想象一个类似于 RADIUS（RFC 2058）的密钥网络身份认证系统，其中身份认证服务器配置了用户的秘密，并与用户可能登录的每个服务器间共享一个密钥。服务器 Bob 将通过安全会话与身份认证服务器进行通信（这里假设使用流密码）。Trudy 连接到服务器 Bob，并声称自己是 Alice。Bob 向 Trudy 发送了一个挑战，并得到了 Trudy 的响应，然后发送到身份认证服务器，"Alice 发送了 $Z$ 来挑战 $X$。"身份认证服务器会响应成功，或者失败。在没有完整性保护的情况下，冒充 Alice 的 Trudy 可以拦截身份认证服务器和 Bob 之间的消息，并将其按位异或到消息中。

在其他模式下，修改密文会破坏明文，而攻击者无法对明文进行可预测的更改。如果没有进行完整性保护，那么系统可能会接受被损坏的明文，并产生未知的后果。谁知道当核电站在被要求执行命令 $\&(Hk2'\#zAzq*\$fc\_)2@c$，而不是减少 $10\%$ 的产量时，会做出什么？

完整性保护可以防止 17.5 节中讨论的漏洞。

## 17.5  在一个安全会话上多路复用流

传言说，不同的会话不应该在同一个安全会话中进行多路传输。如图 17-1 所示，假设两台机器 F1 和 F2，正在通过 IPSec SA 进行会话，并在 A 和 B 之间以及 C 和 D 之间转发流量。F1 和 F2 可能是防火墙，在这些防火墙后面存在机器 A、B、C 和 D。或者，A 和 C 可能是 F1 上的进程，而 B 和 D 可能是 F2 上的进程。有些人可能会主张在 F1 和 F2 之间创建两个安全会话，一个用于 A-B 的流量，另一个用于 C-D 的流量，并使用不同的密钥。

就状态和计算而言，创建多个安全会话显然成本更高。下面介绍一些案例，表明创建多个安全会话的优势。

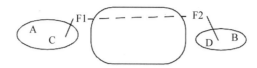

**图 17-1　在一个安全会话上多路复用 A-B 和 C-D 流量**

### 17.5.1　拼接攻击

在**拼接攻击**（splicing attack）中，攻击者可以看到用某个加密会话数据块替换另一个加密会话密文块的多个加密会话。如果安全会话受到完整性保护和加密，则这种攻击就会失效。假设图 17-1 中的 F1-F2 安全会话只进行了加密，并假设 F1 在单个安全会话上会将 A-B 的流量和 C-D 的流量多路复用到 F2。

假设 C 能够窃听 F1-F2 的链路，以及注入数据包。C 有可能进行拼接攻击，并查看 A-B 会话的解密数据。假设明文的开头，例如前 16 个八比特组，很可能通过指定源地址和目的地址来识别到 F2 的会话。拼接攻击包括以下步骤。

（1）记录 C-D 会话中的加密数据包。

（2）记录 A-B 会话中的加密数据包。

（3）将来自 C-D 数据包密文的前 16 个八比特组覆盖到加密的 A-B 数据包的前 16 个八比特组上。

（4）将拼接后的数据包注入密文流。

当 F2 解密该数据包时，F2 会观察到应被发送到 D 的数据包的前 16 个八比特组。数据包的其余部分是来自 A-B 会话的数据。如果在 ECB 模式下进行加密，则 A-B 明文包中的所有数据都将发送给 D。但是，如果以 CBC 模式进行加密，则第一个数据块会被篡改，但其余数据将是 A-B 会话的明文。

**注意**：只有当 F1-F2 的链接仅进行加密时，此方案缺陷才相关。如果使用了完整性保护，则拼接攻击是不可能的。然而，由于人们发现了只进行加密的缺陷，有些人认为在 F1 和 F2 之间为每次会话使用单独的安全会话可以更安全，以免在使用完整性保护后也发现类似缺陷。

即使在加密和完整性保护的隧道上多路复用的不同会话流量不存在安全缺陷，如果 F1 是互联网服务提供商为多个客户提供服务的一台机器，而且若他们的流量通过自己的 SA 传输，则客户通常会感到更加安全。既然互联网服务提供商需要客户，那么让客户感到更安全对服务提供商来说便是有利的。

### 17.5.2　服务类别

假设在 F1 和 F2 之间转发的某些类型流量是加急的服务，或者一些不同的路由使得 F1 发送的数据包变得非常混乱。如果 F2 根据数据包中的序列号来防止重放攻击，则检测重放的常见实现方法是 F2 记住迄今为止看到的最大序列号，例如 $n$，并记住已经看到了 $n-k$ 到 $n-1$ 范围内的哪些序列号。如果 F1 用不同服务类别对数据包进行了标记，那么具有较低优先级的数据包可能需要更长的时间才能到达 F2。如果由 F1 发送的多于 $k$ 个高优先级数据包能够在较低优先级数据包之前到达，则 F2 会以在序列号窗口之外为由，将低优先级数据丢弃。

出于这个原因，有些人主张为每个服务类别创建不同的安全会话，这样每个服务类别都会具有来自不同空间的序列号。

### 17.5.3 不同的密码算法

有些人主张对不同的数据流使用不同的安全会话，因为每个数据流可能需要不同的安全级别。某些数据流可能只需要完整性，不需要加密。某些加密流量可能需要比其他流量更高的安全性，因此需要更长的密钥。有些人可能会认为，可以通过对所有流量使用最高级别的安全加密来解决这个问题。但是，如果将更高安全性的加密用于所有流量，则可能会出现性能问题。

另一个使用不同加密算法的原因是，某些数据流是为那些出于自身喜好原因而为客户提供的特定加密算法。这可能是他们自己公司或者国家开发的**虚拟加密货币**（vanity crypto），他们可能会觉得使用不同的算法会比其他人使用的算法更安全，因为他们可能听到了关于某些算法潜在弱点的传言，或者可能存在特定算法仅可用于某些客户流量的法律原因。

## 17.6 使用不同的密钥

使用不同的密钥来建立安全会话以及在会话期间保护数据，是一种很好的做法。

### 17.6.1 握手的发起方和响应方

通常，Alice 和 Bob 之间的安全会话是使用共享密钥 $K_{A-B}$ 建立的，但必须要小心一点。在身份认证握手中，发起方与响应方使用不同的密钥可以避免 11.2.1 节中提到的相关攻击。还存在其他可以避免反射攻击的方法：

(1) 让发起方生成奇数的挑战，让响应方生成偶数的挑战；

(2) 除密钥和挑战之外，例如，hash(名字，密钥，挑战)，或者{名字|挑战}密钥，对挑战的响应还应包括被挑战一方名字的函数。

### 17.6.2 加密和完整性

如 4.4 节所述，当使用相同的密钥进行加密和完整性保护时，用 CBC 残差作完整性检验还会存在一些问题。但是，如果完整性保护采用密钥哈希，那么使用同一个密钥就不会存在问题。然而，人们会担心基于 CBC 残差同时为两种目的使用同一个密钥会存在问题，也许后来会有人发现其他方案的弱点，并且使用两个不同的密钥可以避免这个问题。

另一个流行在协议中使用两个密钥的原因是美国的出口法。美国政府允许出口的加密密钥大小是 40 比特，这肯定是非常弱的。但美国政府确实允许加强完整性检验。因为，美国政府只想读取数据，而不需要篡改数据，所以如果完整性检验的强度很好，那么对于美国政府来说也是可以接受的。因此，协议通常具有两个密钥：一个用于加密的 40 比特密钥，以及一个用于完整性保护的足够大的密钥。但目前,强加密密钥也是允许的。

如今,存在一些不需要两个不同密钥的加密模式,例如 GCM 和 CCM,它们也都是安全的。

### 17.6.3 在安全会话的每个方向

如果安全会话的两个方向都使用不同的密钥,则可以防止攻击者将流量反射给其中一方,并且让他们就像消息来自另一方一样进行消息解释。

## 17.7 使用不同的公钥

人们经常提到"Bob 的公钥",但让 Bob 使用单一的公钥可能会存在问题。

### 17.7.1 不同目的用不同密钥

如果使用相同的密钥来解密身份认证协议中的挑战,以及解密加密消息的头部,则攻击者 Trudy 可能会诱使 Bob 解密可以向 Trudy 泄露信息的内容,或者 Bob 可能会允许 Trudy 冒充 Bob 进行签名。一个极端的例子就是盲签名。根据定义,基于盲签名技术,Bob 无法知道自己要签名的内容是什么。所以这个密钥最好不要用于任何其他目的。

但是,即使不是有意设计应用来阻止 Bob 知道自己在做什么,应用程序也很可能无法识别可能会在另一个应用中有意义的操作。例如,如果在挑战-响应协议中用私有解密密钥进行挑战解密,则给定的"挑战"可能是从电子邮件头部提取的加密数据加密密钥。

一种可以防止这种跨应用混乱的方法是,使用公钥密码在将要签名或者加密的信息填充中进行特定于应用的编码。因此,在要求 Bob 对挑战进行签名的挑战-响应协议(称为 QXV 协议)中,挑战可以是一个 128 比特的数,而且,Bob 会在签名之前用特定于应用的常量(例如字符串的哈希)对挑战进行填充。如果使用相同密钥的所有应用都经过仔细协调,那么就不会出现混乱。然而,如果任何应用不坚持这些规则,就可能存在漏洞。此外,如果任何应用正在使用盲签名或盲解密,那么私钥所有者 Bob 是看不到填充的。因此,理论上只授权一个仅适用于给定应用的密钥是最安全的。但这样做的缺点是,维护这么多不同的密钥可能会带来自身漏洞和性能问题。

### 17.7.2 用不同的密钥进行签名和加密

忘记密钥和密钥被盗的后果是不同的。而且,对于签名密钥的结果与加密密钥的结果也是不同的。这表明,同一个密钥不应同时用于两个目的,因此需要使用不同的机制进行存储和检索。

如果忘记了签名的私钥,那并没有什么大问题,只需要生成一个新私钥即可。但是,如果用于加密的私钥丢失了,那么所有用它加密的数据也就丢失了。因此,Alice 通常会在许多不同的地方保留密钥的额外副本,进而确保自己的私有加密密钥不会丢失。但这使得密钥更容易被盗,然而考虑到丢失所有加密数据的成本更高,因此在某些情况下,加密密钥可以接受这种权衡。

注意，如果签名密钥被盗，那么显而易见的解决方案就是撤销签名。但这会导致所有以前的签名无效，即使在签名密钥被盗之前有效的签名，也会变得无效。人们可能会认为，在撤销中包含一个时间戳，表明"任何早于此日期的签名仍然有效"，就可以避免所有签名无效。但是，窃取签名密钥的攻击者可以在签名中输入他想要的任何日期，因此指定撤销中的日期并没有什么用。所以，复制签名的私钥是危险的，因为这会使得签名的私钥更有可能被盗。

如果签名密钥仅用于身份认证，则会简单得多，因为在以前的身份认证中，保持签名密钥的有效性并不重要。但是，如果将签名密钥用于对文档的签名，则需要避免使所有签名都变得无效。

另一个为加密和签名单独使用密钥的原因是，执法部门或公司希望能够解密任何员工的任何加密内容。他们希望 IT 部门可以轻易地读取 Alice 的私有加密密钥。但他们不需要能够伪造 Alice 的签名，所以他们不需要 Alice 签名私钥的副本。事实上，不访问 Alice 的签名密钥对他们是有利的。这样，Alice 便不能声称用她的密钥签名的信息是执法部门试图陷害她而伪造的。[①]

然而另一个原因是，人们希望可以区别对待即将过期的旧加密密钥与旧签名密钥。人们没有理由还需要存档旧的私有签名密钥。一旦更换了密钥，就应该把旧的密钥扔掉。一旦私有签名密钥不再使用，则应该不可撤销地进行丢弃，以防止有人窃取旧密钥，并对文档进行回溯。但对旧数据的解密可能仍然需要旧的加密密钥。

# 17.8   建立会话密钥

## 17.8.1   让双方贡献主密钥

对于通信双方来说，贡献密钥是一种很好的加密形式。考虑以下协议：Alice 和 Bob 各自选择一个随机数，然后用另一方的公钥加密后将其发送给另一方，并使用这两个值的哈希作为共享秘密。尽管该协议不满足 PFS，但相比于 SSL，该协议具有更好的前向保密性。通过让双方都贡献密钥，并对这两个值进行哈希，攻击者可以得到双方的私钥来解密记录的会话。让双方都贡献主密钥的另一个原因是，如果任何一方都有一个好的随机数，那么结果也会是一个好的随机数。

## 17.8.2   不要只让一方决定密钥

除了确保每一方都贡献密钥外，有人认为，应该确保任何一方都不能强迫密钥具有任何特定值。例如，如果每一方都发送一个用另一方公钥加密的随机数，若共享密钥是两个值中的按位异或，那么无论哪一方发送了最后的一个值，都可以很容易确保结果是一个特定值。相反，如果共享密钥是两个值的加密哈希，那么这将是不可能的。

为什么这是一个重要的特性？大多数情况下并不重要。然而，这里有一个很重要的微妙例子。假设应用正在进行匿名的 Diffie-Hellman 交换来建立会话密钥，因为该协议层没

---

① 尽管 Alice 仍然可以声称，在她不知情的情况下，攻击者或者恶意软件使用了她的密钥。

有 Alice 或者 Bob 的凭证。然而,由于上层协议具有认证能力,Alice 和 Bob 可以基于下层协议同意的会话密钥进行信道绑定。如果 Trudy 充当中间人,并且可以强制 Alice-Trudy 的密钥与 Trudy-Bob 的密钥相同,则信道绑定无法检测到中间人。

## 17.9 在进行口令哈希时常量中的哈希

用户倾向于在多个地方使用相同的口令。下面考虑一个协议,其中可以从用户的口令中推导出密钥,并应用于挑战-响应协议中(见协议 11-1)。在这样的协议中,服务器会包含每个用户的哈希口令的数据库,并且用户的哈希口令可以直接用于冒充用户。注意,在我们讨论的协议中,并不是客户端建立与 Bob 的 TLS 会话,然后 Alice 通过安全会话发送她的口令,接着 Bob 对 Alice 的口令进行哈希,并将其与 Bob 的用户口令数据库进行比较;而是客户端会将 Alice 的口令转换为与 Bob 共享的密钥,并在挑战-响应协议中使用该共享密钥。

为了防止某台服务器的数据库被盗后,允许某人在另一台服务器上使用相同的口令冒充用户,因此,需要将常量哈希到口令的哈希,例如服务器名称。这样,如果 Alice 在服务器 X 和服务器 Y 上都使用了口令 albacruft;那么 Alice 存储在 X 上的哈希口令将与存储在 Y 上的口令不同,因为,在 X 上,值 X 将与 Alice 的口令进行哈希,在 Y 上,值 Y 也将与 Alice 的口令进行哈希。如果有人窃取了服务器 X 的数据库,那么他们可以在服务器 X 上冒充 Alice。如果他们对 X 被盗的数据库进行字典攻击,并发现了 Alice 的实际口令,那么他们就可以在服务器 Y 上冒充 Alice。然而,如果 Alice 的口令足够好,则可以抵御字典攻击,那么 X 被盗的数据库将不允许攻击者在服务器 Y 上冒充 Alice。

当然,这种策略要求客户端机器在创建用户与服务器的共享秘密时,使用相同的常量进行哈希。由于 Alice 请求与 X 进行会话,所以客户端会知道用口令对什么样的常量进行哈希。

此策略解决了 Alice 在多台服务器上使用相同口令的问题。除了使用 salt(见 9.8 节),或者人为地增加哈希的计算成本(例如多次哈希用户的口令)等两种解决不同问题的方法外,对攻击者来说,还应使离线口令猜测的计算成本更高。

## 17.10 使用 HMAC 而不是简单的密钥哈希

如今有传言说,为了进行密钥加密哈希,则应该使用 HMAC。例如,HMAC 在计算上比 hash(消息|密钥)速度更慢。但是,正如 5.4.10 节中解释的那样,HMAC 可能会错误地进行密钥哈希。对于一些哈希算法,如果进行了 hash(密钥|消息)并泄露了整个哈希,那么即使不知道产生哈希的密钥,但看到消息和整个密钥哈希的人也可以将其附加到消息后,并生成一个新的密钥哈希。基于 HMAC,这种攻击则不可能实现。存在一些其他更简单、更快,并且可能同样安全的方法可以避免这种攻击。然而,HMAC 是可证明的,所以尽管 HMAC 存在轻微的性能缺陷,但 HMAC 仍然很受欢迎。如今,存在一些包括完整性保护的加密模式,例如 AES-GCM,这些模式也被证明是安全的,而且更高效,并正在逐渐取代 HMAC。

## 17.11 密钥推导

**密钥推导**（key derivation）是一种使用少量随机比特作为种子，并从中推导出大量密钥比特的技术。例如，对于 128 比特的随机种子，人们可能希望在每个方向上推导出 128 比特的加密密钥和 128 比特的完整性密钥。或者，人们可能希望使用相同的种子多次定期地进行密钥滚动（但不满足 PFS）。

密钥推导的替代方案是为每个密钥获得独立的随机数。然而，获得那么多随机比特的成本可能很高。例如，如果用另一方的公共 RSA 密钥发送加密的随机数，则可以方便地限制随机数的大小以适合 RSA 数据块。而且如果未来有很多不可预测的密钥也需要从相同的密钥材料中推导出来，那么你会无法知道需要多大的随机数。

如果随机数足够大（128 比特或更多），那么该随机数可作为无限数量密钥的种子。重要的是，这样做即使泄露一个密钥，也不会泄露其他密钥。因此，通常使用单向函数从随机数种子和其他信息（例如密钥版本号或时间戳）中推导出每个密钥。

通常从主密钥或密钥种子中可以推导出来自所有其他密钥的随机数。

在许多协议中，创建和/或传递初始秘密的成本很高，因为这涉及私钥操作。重新使用生成新密钥的原始秘密会比创建和发送新的随机种子成本更低。

在密码学界，拥有离谱宣传和虚假安全产品的公司被称为"蛇油"[①]公司。"蛇油商人"通常会宣称其公司的算法使用了某个巨大的密钥，可能是数百万比特，因此他们的产品会比那些使用 128 比特密钥的公司更安全。他们通常声称自己拥有一个获得专利的专有加密方案。这样的声明会存在很多引起人们怀疑的方面，即这些说法就是骗局。通常，从一个非常小的种子（例如 32 比特）中便可以生成百万比特的密钥，即通过密钥推导变成许多比特。因此，如果计算密钥的种子是 32 比特，即使所使用的密钥可能是一百万比特，那么该密钥本身就相当于 32 比特的密钥。

## 17.12 在协议中使用 nonce

对于特定运行的协议来说，nonce 值应该是唯一的。协议会使用 nonce 作为挑战——Bob 给 Alice 一个 nonce 作为一个挑战，并且 Alice 通过返回挑战和 Alice 秘密的函数来证明她知道自己的秘密，或者可能作为从交换中推导出会话密钥的一个输入。如果 nonce 是可预测的，那么某些协议将是不安全的，而其他协议只要求 nonce 是唯一的。如果读者不想劳烦地分析协议是否需要不可预测的随机数，那么随机生成它们通常会是最安全的。

参见 11.4 节中两种类型的协议案例。在协议中放入大量 nonce，并且要求所有 nonce 都是随机选择的，已是一种非常流行的做法。然而，在某些情况下，例如当 nonce 不能被重用时，使用序列号会更安全，因为这需要更少的状态来记住最近使用过的所有序列号，而且应用可以删除序列号太旧的消息。如果随机地选择了 nonce，那么应用就需要记住曾经使用过的所有 nonce。

---

[①] 译者注：蛇油（snake oil）是美国俚语，意为欺骗性的骗局或虚假药物。

## 17.13　产生不可预测的随机数

如果不方便获得较大的随机数,那么可以通过使用只有发送者知道的秘密,对序列号等唯一的 nonce 进行哈希,并将其变成不可预测的 nonce。

## 17.14　压缩

如果需要对加密数据进行压缩,那么必须在加密之前对数据进行压缩。这是因为压缩算法依赖数据在某种程度上是可预测的。对于任何安全的加密算法,密文看起来都是随机的,因此不会进行压缩。

显然,压缩可以节省传输数据的带宽,也可以节省存储数据的存储空间。但加密前压缩和解密后解压缩所需的额外计算带来的缺点可能会抵消这一优点。另外,压缩可能会提供计算优势,因为在数据被压缩后,所需的加密/解密八比特组会更少。此外,硬件有时会支持加密算法,但不支持压缩算法。

在加密算法较弱的过去,人们认为压缩更加安全。当时的假设是,当攻击者在密钥空间进行暴力搜索时,识别有效的压缩明文将比识别有效的未压缩明文更困难。然而,压缩数据通常以固定的易于识别的头部开始,因此暴力攻击者可能会更容易地识别出有效的压缩数据。

然而最近,密码学家一直建议不要进行压缩。这似乎令人惊讶:他们对节省带宽和存储有什么反对意见吗?密码学家不支持压缩的原因是,在许多情况下,压缩会泄露有关明文的信息。例如,在块存储系统中,明文被划分成固定大小的块。尽管攻击者无法解密加密的数据块,但通过压缩和加密,攻击者将能够看到密文块的大小。压缩算法是众所周知的,因此基于产生的密文块大小,攻击者将能够知道哪些候选明文块可以压缩到该大小。

另一个压缩会泄露信息的例子发表在文献[WRIG08]中。对音频进行编码的自然方法是将其分解为固定的时间单位块,并压缩每个块。如果使用加密,则每个压缩块都使用**长度保持加密模式**(length-preserving encryption mode)进行加密。该论文表明,若给定每个压缩加密块的大小,则攻击者可以了解有关明文的信息,例如所使用的语言,以及哪些内容是重点。

另一种攻击方式则称为"压缩率可以使信息泄露变得简单"(Compression Ratio Info leak Made Easy,CRIME),这是一种与 HTTP 和 cookie 相关的漏洞。由于压缩会导致此类漏洞和其他漏洞,所以 TLS 1.3 中删除了对压缩的支持。由于 TLS 的实现很少进行压缩,因此取消对压缩的支持并没有产生争议。

只有当压缩块的长度比已知明文块的长度会泄漏更多信息时,压缩操作会带来问题。在加密和发送所得到压缩数据的固定大小的块之前,压缩大量信息并没有什么问题。

## 17.15　最小设计与冗余设计

有些协议的设计非常简单,以至于其中的所有内容都是必不可少的。如果在任何地方偷工减料,不仔细遵守规范,则最终会导致出现安全漏洞。相比之下,就实现所需安全的几种不同方法而言，**过度设计协议**（over-engineer protocols）已成为一种时尚，然而事实上，只要完成了其中任何一种方法，其他的 $n-1$ 种方法就是不必要的。一个例子是抛出许多 nonce 和其他变量，而且每个都要求是随机的，然而，为了安全起见，只要求其中一个是随机的。作者们认为这种冗余方式是一种危险的趋势，因为会这使得协议更难理解。当编写用于选择 nonce 代码的人注意到 nonce 并没有必要满足随机性时，他们会认为没必要这么麻烦，然而，当编写协议不同部分代码的人也注意到他们的 nonce 不需要是随机的时，最终可能会得到一个有缺陷的协议。因此，可以切掉 $n-1$ 个角，但不能把 $n$ 个角全部切掉。

## 17.16　过高估计密钥尺寸

美国执法部门一直试图找到"正确"的密钥大小，试图用"足够大"来保证"足够安全"，但密钥太小的话，则执法部门会在必要时将其破解。当然，这样的密钥大小不可能真正安全，因为"安全"意味着没有人能够破解，包括美国的执法部门。不管怎样，假设相比于攻击的坏人而言，美国执法部门更加聪明，或者更有计算能力。即使这是真的（例如执法部门的计算能力是有组织犯罪的 10 倍），考虑到计算机的速度会越来越快，而且数据往往需要进行多年的加密保护，因此，目前可以被执法部门破解的系统，在几年内也可能会被有组织的犯罪行为所破解。但认为坏人可支配的计算能力会比执法部门少得多的想法同样荒谬。因此，尝试选择最小的"足够安全"密钥大小是危险的。

## 17.17　硬件随机数生成器

随机数的生成是一个棘手的问题。通常，计算机的设计是确定性的，每次需要随机数时，如何让软件选择一个不同的数都是一个问题。各种纯软件的随机数策略包括记录用户敲击键盘，或者消息到达网络的时间，或者连接设备上的统计数据。由于随机数生成器的错误，已经发生了许多不安全实现的例子。因此，许多人希望计算机能包含真正的随机性来源，进而可以通过测量某种噪声，在硬件层面实现随机性。事实上，拥有随机数的硬件来源很方便，也会增强安全性。然而，与其将硬件作为唯一的随机性来源，不如将其用作其他形式随机性的增强。

假设某个组织正在设计一个可能被广泛部署的硬件随机数生成器。在设计硬件随机数生成器时有意识地、秘密地使其产生可预测的数，但只有设计芯片的组织才能对其进行预测，这种设计将是非常"诱人的"。任何人都很难察觉到这一点。例如，每个芯片的初始化，可以用一个真正随机的 128 比特数作为输出的前 128 比特，并且每个输出的后续 128 比特，可计算为一个较大的秘密与前 128 个比特输出的哈希。假设哈希是好的，那么将无法区分该输出是否为真正的随机数。软件中很难嵌入这样的陷阱，因为这会很容易被逆向工程检测出。

即使硬件随机数生成器可能存在这样的陷阱，但它仍然是有用的，并且甚至可以按照制止了非法组织嵌入后门的方式进行使用。硬件随机数生成器应该按照增强生成随机数的任何其他方案的方式来使用。因此，随机数的生成应该像没有芯片一样去生成（例如使用鼠标和键盘输入，以及细粒度时钟的低位比特）。但是硬件随机数生成器的输出也应该被哈希到随机数的计算中。

## 17.18　在数据末尾加上校验和

一些协议(例如 12.5 节中的协议)使用了完整性保护数据的格式,其中在数据之前,可以进行完整性检验,甚至可能在数据中间。相反,最好在最后进行完整性检验。如果完整性检验在最后,那么可以在传输数据的同时计算完整性检验,然后在最后添加计算的完整性检验。另一种选择是,完整性检验先于数据,要求在计算出完整性检验,并将其固定到开头前,缓冲数据的输出,这样会增加延迟和复杂性。此规则主要用于传输的数据。对于接收到的数据,人们很可能不希望在验证完整性检验之前对数据进行操作,因此无论完整性检验存储在哪里,都需要对数据进行缓冲。

在数据中间进行完整性检验会使规范和实现都变得复杂。必须提供完整性检验的空间,而且将字段设置为零,然后计算完整性检验,并将其存储到字段中。在收到数据时,必须将完整性检验复制到其他位置,然后将其在消息中的位置置零,以便验证完整性检验。

当基于所选字段计算完整性检验时,尤其是当某些字段是可选的,并且没有严格指定排序时,会存在一些特别复杂的情况。完整性检验必须由进行检验的生成器和验证器进行相同的计算。

## 17.19　前向兼容性

历史表明,协议是在不断发展的。因此,重要的是要设计一个可以添加功能的新协议。这是任何类型协议的理想属性,而不仅是安全协议。在不断发展的协议中,存在一些特殊的安全考虑因素,例如防止主动攻击者诱骗双方使用较旧的、可能不太安全的协议版本。

### 17.19.1　选项

允许在协议的未来版本中将新字段添加到消息中是非常有用的。有时,这些字段可以被不支持它们的实现所忽略。有时,包含不支持选项的数据包应该被丢弃。为了实现跳过无法识别的选项,并解析消息的其余部分,则必须采用某种方法来获得该选项的结束位置。目前存在以下两种技术。

(1) 在选项末尾设置一个特殊标记。这往往是计算密集型的,因为在搜索结束标记时,协议实现必须读取所有选项数据。

(2) TLV 编码,这意味着每个选项都以表明选项类型的 TYPE 字段、表明该选项中数据长度的 LENGTH 字段,以及提供选项特定信息的 VALUE 字段开头。

TLV 编码更常见,因为它更有效。然而,LENGTH 字段必须始终存在,并且在相同的单元中,可以实现未知选项的跳过。有时,不太了解 TLV 编码概念的协议设计者可能会做出一些聪明的事情,例如,注意到他们定义的选项是固定长度的,所以他们不需要LENGTH 字段,或者某个选项可以用不同的单位表示。例如,尽管 AH 的设计看起来像IPv6 的扩展头部,但当所有其他 IPv6 选项都以 64 比特字为单位时,其长度实际以 32 比特字为单位表示。

能够添加一些选项也很有用，例如，可以简单地跳过某个实现所不支持的选项，以及添加其他必须理解或者必须被丢弃数据包的选项。但是，如果某个实现不承认这个选项，那么如何能够知道它是否可以被安全地忽略？有几种可能的解决方案。一种是在选项头部存在一个称为**关键比特**（critical bit）的标志，如果不对未知选项设置关键比特，则表示该选项可以被简单跳过并忽略。另一种可能性是为关键选项保留一些类型号，并为非关键选项保留其中一些类型号（如果无法识别，则可以安全跳过这些类型号）。

## 17.19.2 版本号

很多协议都拥有一个版本号字段，但除指定实现应该在该字段中写入什么之外，并没有指定如何进行处理。版本号字段的目的是允许在未来对协议进行更改，同时不会混淆旧的实现。一种不需要版本号的方法是将修改后的协议声明为"新协议"，然后需要一个不同的多路复用值（例如不同的 TCP 端口，或者以太网类型）。对于版本号，可以保留相同的多路复用值，但必须遵循关于版本号处理的规则，这样旧的实现就不会被重新设计的数据包格式所混淆。

**1. 版本号字段不得移动**

如果需要根据版本号字段来区分版本，则版本号字段必须始终位于消息中的同一位置。虽然这看起来很明显，但当 SSL 被重新设计为版本 3 时，版本号字段被移动了。幸运的是，存在一种可以识别 SSL 消息是哪个版本的方法。在版本 2 的客户端 hello 消息中，第一个八比特组将是 128，而在版本 3 的客户端 hello 消息中，第一个八比特组将在 20～23 之间。

**2. 协商所支持的最高版本**

通常，当存在新版本协议时，新的实现会在一段时间内同时支持新旧两个版本。如果新的实现同时支持两个版本的协议，那么在与另一个节点会话时，如何知道需要使用哪个版本？由于某种原因，新版本协议可能会更高级。因此，通常首先尝试与新版本协议进行会话，如果失败，那么再次尝试与旧版本协议进行会话。使用此策略，重要的是需要确保两个节点都能支持新版本协议进行会话，而且不会因为丢失消息，或者主动攻击者发送、删除，或者修改消息而被欺骗地用旧版本进行会话。为什么主动攻击者会在意欺骗两个节点使用早期版本的协议？也许新版本更安全，或者新版本具有攻击者希望节点无法使用的功能。（我们希望设计的新版本协议能带来一些好处！）

如果看到了版本号高于所支持版本号的消息，正确的做法是删除该消息，并向对方发送错误报告，表明不支持该版本协议。但是，由于协议无法协商密钥，因此无法对该错误消息进行加密完整性保护。因此，除非很小心，否则如果主动攻击者，或者网络漏洞删除了最初尝试的消息，或者攻击者发送了"错误提示：不支持的版本号"（error：unsupported version number）消息，节点可能会被诱骗而使用旧版本。

一种可以确保两个节点不会被诱骗使用旧版本协议的方法是在数据包中包含两个版本号——数据包的版本号和发送者支持的最高版本号。但是这里采用 1 比特就足够了，用于表明发送方可以支持比消息中的版本号更高的版本号。如果使用版本 $n$ 与某人建立了连接，并支持高于 $n$ 的版本，而且收到了认证过的带有"支持更高版本号"（HIGHER VERSION NUMBER SUPPORTED）标志的消息，那么可以尝试使用更高的版本号进行重新连接。

### 3. 次要版本号字段

另一个协议设计者会感到困惑的领域是次要版本号（MINOR VERSION NUMBER）字段的正确使用。为什么会同时存在"主要版本号"和"次要版本号"字段？正确地使用次要版本号是为了指示向后兼容的新功能。如果协议不兼容，则应更改主版本号，而次要版本号仅供参考。如果要交谈的节点表明其版本是 4.7（其中，4 是主要版本号，7 是次要版本），而你的版本是 4.3，则会忽略次要版本号。但是使用 4.7 版本的节点可能会通过该版本来知道有些字段是你不支持的，所以使用 4.7 版本的节点不会发送这些字段。

关于正确使用次要版本号的困惑很可能是因为软件版本存在主要版本号和次要版本号之分，而迭代增加版本号的选择是市场营销所做出的相关决策。

# 词 汇 表

**访问控制**(access control)——一种为授权用户限制使用某些资源的机制。

**访问控制集**(access control set)——访问控制列表的同义词;有些人对访问控制集和访问控制列表两个术语做了如下区分:访问控制集中的条目顺序不是很重要,而访问控制列表中的条目顺序很重要。

**访问控制列表**(access control list,ACL)——一种与指定授权用户的资源相关联的数据结构。

**主动攻击**(active attack)——除了窃听之外,攻击者还可以进行一些诸如传输数据、修改数据,或者破坏系统的行为,从而可以冒充某个地址。

**辅助位**(ancilla)——在量子计算中所使用的量子比特,但被初始化为独立于计算输入的值。

**美国国家标准协会**(American National Standards Institute,ANSI)——几个开发和发布计算机网络标准的组织之一。ANSI 是美国国家标准协会的缩写。

**应用编程接口**(Application Programming Interface,API)——用于描述某个软件主体如何使用另一个软件主体的函数代码。

**美国信息交换标准码**(American Standard Code for Information Interchange,ASCII)——一种文本字符和数字之间的映射。ASCII 是美国信息交换标准码的缩写。

**抽象语法标记.1**(Abstract Syntax Notation 1,ASN.1)——一种数据表示和数据结构定义的 ISO 标准。目前,我们迫不及待地想看到 ASN.2 标准。

**非对称密码学**(asymmetric cryptography)——公钥密码学。

**"雅典娜"项目**(Athena)——麻省理工学院的一个项目,开发了许多有趣的技术,包括 Kerberos 密码身份认证系统。

**审计**(audit)——记录可能具有某种安全意义的事件,例如访问资源的时间。

**认证**(authenticate)——用于确定某事是否为真。在本书的内容中,认证用于可靠地确定通信方的身份。

**身份认证**(authentication)——可靠地确定通信方身份的过程。

**授权**(authorization)——允许访问资源。

**后台身份认证**(background authentication)——当用户请求服务时,自动进行的身份认证,而不需要用户执行任何操作。

**坏人**(bad guy)——试图破解密码,或者其他安全机制的人。(书中的"坏人"不涉及道德含义;我们的一些最好的朋友也可能是坏人。)

**base64**——一种贯穿于所有电子邮件基础设施的二进制数据编码方法,其中,每 6 比特都用 64 个安全 ASCII 字符中的一个进行编码。

**批处理作业**(batch job)——代表特定用户运行的某个进程,而用户不需要物理意义上出现在任何终端,并且终端不需要与该进程相关联。用户稍后可能会返回并获取结果。

**大端模式**（big-endian）——从最重要的到最不重要的一种排列模式,通常用于比特和/或字节的排序。

**生物识别设备**（biometric device）——一种通过测量某些难以伪造的物理特性来对人类进行身份认证的设备,例如指纹或者签名的笔画和时间。

**比特**（bit）——二进制数(0 或 1);一个 $Z_2$ 域的元素;二进制计算机中最小的内存单元;具有两个等概率的实验结果所承载的信息量。

**盲签名方案**（blind signature scheme）——一种在签名者看不到签名内容的情况下所进行签名的方法。

**块加密**（block encryption）——以可逆的方式将固定大小的数据块扰动成固定大小的密文。

**字节**（byte）——某个数量(通常为 8)的连续比特(参见八比特组)。

**字节交换**（byte-swap）——在大端模式和小端模式之间通过颠倒字节顺序进行转换。

**认证机构**（certification authority,CA）——认证机构是对证书进行签名的主体。

**证书**（certificate）——一个用公钥数字签名进行签名的消息,并表明指定的公钥属于具有指定名称的人或物。

**证书撤销列表**（certificate revocation list,CRL）——一种数字签名的数据结构,可以列出给定 CA 创建的所有尚未过期但不再有效的证书。

**认证机构**（certification authority,CA）——可以对证书进行签名的可信机构。

**挑战**（challenge）——一个被赋予某物的数,这样就可以使用其知道的秘密量对该数进行加密处理,并返回结果(称为响应)。相关过程的目的是在不向窃听者透露的情况下证明对秘密量的了解。这就是所谓的挑战-响应身份认证。

**校验和**（checksum）——由一个任意长度消息的函数所计算的较小的固定长度量。校验和由消息的发送方计算,并由消息的接收方重新计算和检验,以检测数据是否损坏。最初,校验和一词指特定的完整性检验,包括将所有数字相加并舍弃进位。密码学中校验和的用法扩展了校验和的定义,涉及了更加复杂的非加密函数,例如,用于检测高概率硬件故障的 CRC,以及可以抵御聪明攻击者攻击的加密函数,例如消息摘要。

**中央情报局**（Central Intelligence Agency,CIA）——美国政府中负责间谍活动的部门。

**秘密的**（classified）——一个形容词,用于描述出于国家安全原因,政府不想透露的事情。秘密存在多种类别,包括机密(CONFIDENTIAL)、秘密(SECRET)和绝密(TOP SECRET)。

**明文**（cleartext）——未加密的消息。

**客户端**（client）——通过计算机网络来访问服务并进行通信的东西。

**妥协**（compromise）——在常见的语义中,"妥协"是指为在某事上达成一致而放弃某些事,但这种用法在密码学界很少出现。在安全的背景下,"妥协"是通过绕过某事的安全来实施入侵。一个违背原则的人可能是一个接受了贿赂的人。而缺乏抵抗力的计算机则可能被安装了特洛伊木马。

**保密性**（confidentiality）——不向未经授权的各方泄露信息的特性。

**限制**（confinement）——不允许某个安全类别的信息从允许其存在的环境中逃逸。

**cookie**——①提供给网络浏览器的数据,网络浏览器会在随后的调用中返回这些数据,以创建正在进行的会话假象。②用于证明在 IP 数据包源地址中的 IP 地址。

**循环冗余码**（Cyclic Redundancy Code，CRC）——一种用于错误检测的流行的非加密完整性检验形式。

**CRC-32**——一种产生 32 比特输出的特定 CRC。

**凭证**（credentials）——在身份认证交换中用来证明自己身份的秘密信息。

**证书撤销列表**（Certificate Revocation List，CRL）——一个数字签名的消息，列出了特定 CA 颁发的所有未过期但已注销的证书。证书撤销列表类似于商店经常收到的被盗充值卡号记录本，可以帮助商店拒绝不良的信用卡。

**密码分析**（cryptanalysis）——发现密码算法弱点或缺陷的过程。

**加密校验和**（cryptographic checksum）——一种完整性检验，其属性是除非你知道某些秘密，否则无法为消息找到有效的校验和。

**加密哈希**（cryptographic hash）——一种具有一些重要属性的哈希函数，例如，在计算上无法找到具有相同加密哈希的两条消息。

**密码学**（cryptography）——以可逆或者不可逆的变换为目的对数据进行数学处理。

**网络谎言**[①]（cybercrud）——大多数无用的计算机所生成的胡言乱语，人们要么被忽视，要么被恐吓和惹恼。

**暗网**（dark web）——互联网上普通搜索引擎无法检索到的内容，需要特殊软件才能访问。

**国防高级研究计划局**（Defense Advanced Research Projects Agency，DARPA）——美国国防部资助的新兴技术研发机构。

**解密**（decrypt）——撤销加密的过程。

**授权**（delegation）——将你的一些权利交给另一个人或者程序。

**行列式**（determinant）——从一个方阵元素计算出的值，本质上是相关线性变换的一种尺度。

**目录服务**（directory service）——在计算机网络上，一种可以帮助人们确定内容位置的服务。

**离散对数**（discrete logarithm）——对于给定的 $y$、$b$ 和 $n$，整数 $x$ 满足方程 $y = bx - \mathrm{mod}\ n$。更一般地，对于给定有限群中的 $y$ 和 $b$，整数 $x$ 满足等式 $y = b^x$。

**自由访问控制**（discretionary access controls）——一种允许资源所有者决定谁可以访问该资源的机制。在军事环境之外通常简称为访问控制。

**数据丢失预防**（Data Loss Prevention，DLP）——一种防止将机密数据泄露给未经授权各方的部署机制。

**域名系统**（Domain Name System，DNS）——用于查找有关因特网名称的信息分层命名约定和基础设施。

**域名系统安全扩展**（Domain Name System Security Extensions，DNSSEC）——DNS 的安全相关扩展，包括对条目进行数字签名，以及关联公钥与名称。

---

① 译者注：这一概念是 Ted Nelson 于 1974 年出版的《计算机解放》书中创造的，反对计算机集中化，以及为组织非计算机工作人员理解计算机而故意说的谎言。

**下载**(download)——通过网络发送一个需要加载和执行的程序,通常由打印机或者路由器等专用设备完成。

**数字版权管理**(Digital Rights Management,DRM)——用于限制使用专有硬件和受版权保护作品的访问控制技术。

**窃听**(eavesdrop)——在通信方不知情或不同意的情况下窃听会话各方。

**加密**(encrypt)——对信息进行置乱,这样只有知道适当秘密的人才能通过解密获得原始信息。

**加密隧道**(encrypted tunnel)——在公共世界中,通过在公共网络上加密保护的连接,而不是使用物理安全的链路,实现私有通信的一种方式。

**托管**(escrow)——在密码学背景下,托管意味着将密钥的副本保存在第三方,以便在所有者丢失密钥,或在执法部门或其他参与方希望解密托管密钥所有者的数据时,可以恢复出密钥。

**托管分支**(escrow-foilage)——可以防止被动攻击者解密 Alice 和 Bob 之间的会话,即使攻击者在进行会话时知道 Alice 和 Bob 的长期秘密。

**欧几里得算法**(Euclidean algorithm)——一种寻找最大公约数的算法,还可以利用特定的模来计算乘法逆。

**引爆器**(exploder)——电子邮件系统的一个组件,可以将发往通讯组列表的一个邮件转换为多个发给单个收件人的邮件。

**域**(field)——一种包含一组元素(包括 0 和 1)的数学结构,这些元素上的加法和乘法运算符都满足熟悉的性质。

**联邦信息处理标准**(Federal Information Processing Standard,FIPS)——一系列美国政府文件之一,规定了数据处理各个方面的标准,包括数据加密标准(DES)。

**形式因子**(form factor)——函数的外观,例如输入的数量和大小,以及输出的数量和大小。

**GF($p^n$)**——具有 $p^n$ 个元素的有限域(Galois 域),其中,$p$ 是素数,$n$ 是正整数。如果 $n=1$,也可写作 $\mathbf{Z}_p$。

**好人**(good guy)——按照设计者的意图使用密码,或者其他安全系统的人(参见坏人)。

**最大公约数**(greatest common divisor)——可以整除一组已知整数的最大整数。也可以应用于整数以外的其他内容,例如多项式。

**组/群**(group)——①一个为便于说明授权策略而创建的用户命名集合。②一种数学结构,包含一个元素集合,以及满足一些相似性质元素上的二元算子。

**黑客**(hacker)——这个词适用于那些才华横溢、敬业的人,不幸的是,媒体已经开始使用"黑客"一词来指那些将计算机用于犯罪目的的人。一个真正的黑客所能够做的最恶毒的事情是,在管理层发布反自行车法令后,他们会偷偷把自己的自行车带进大楼,或者拒绝洗澡。

**哈希**(hash)——一个加密单向函数,可以接受任意大小的输入,并可以产生固定大小的输出。

**同态加密**(homomorphic encryption)——一种加密形式,允许对加密数据执行某些操作,这样解密后的结果与对未加密数据执行这些操作时的结果相同。

跳（hop）——两台计算机之间的直接通信信道。在复杂的计算机网络中，一条消息可能在其源地址和目的地之间进行多跳传输。

**超文本传输协议**（HyperText Transfer Protocol，HTTP）——一种用于检索网页的协议。

**超文本传输安全协议**（HTTP with Security，HTTPS）——位于 TLS/SSL 之上的 HTTP 协议。

**身份/单位元**（identity）——①表明一个人的身份是谁。②在数学结构中，当与任何元素组合时，会产生后一元素的一种元素。

**信息论安全**（information-theoretic security）——即使攻击者拥有无限的计算能力，也不可能破解的密码系统。

**完整性**（integrity）——正确性。如果系统可以防止未经授权的修改（与为防止未经许可的披露来保护数据的机密性不同），则系统可以保护数据的完整性。

**中介**（intermediary）——支持准备进行通信的各方之间的通信媒介。

**国际标准组织**（International Standards Organization，ISO）——一个国际组织，负责制定和发布从酒杯到计算机网络协议的所有标准。本书中的 ISO 指其计算机网络标准，即开放系统互连（Open Systems Interconnect，OSI）。

**互联网服务提供商**（Internet Service Provider，ISP）——一家销售互联网连接服务的公司。

**初始化向量**（Initialization Vector，IV）——不同加密模式所使用的数，通常对于使用相同密钥加密的每条消息是不同的，并且不是秘密的。其目的是确保如果用相同的密钥加密相同的消息，可以得到两个不同的密文。

**密钥分发中心**（Key Distribution Center，KDC）——一个在线可信中介，拥有所有主体的主密钥，并在请求时可以生成主体之间的会话密钥。

**Kerberos**——麻省理工学院作为 Athena 项目的一部分，开发的一种基于 DES 的身份认证系统，随后被纳入越来越多的商业产品中。

**密钥**（key）——密码学中用于加密或者解密信息的量。

**局域网**（Local Area Network，LAN）——一种将多个系统互连，并使局域网上所有系统都能监听局域网上全部传输信息的方法。

**小端模式**（little-endian）——从最低有效的到最高有效的，通常用于比特位和/或字节的排序。

**对数**（logarithm）——以 $b$ 为底，$x$ 的对数是以 $b$ 为底数得到的幂次 $x$，因此，$b^{\log_b x} = x$。大多数公钥密码算法的安全性取决于计算离散对数的困难程度。

**逻辑炸弹**（logic bomb）——被恶意添加到程序中的一段代码，直到某个事件发生前，该代码会被专门用于休眠，例如到达特定日期或者用户输入某个命令之前。逻辑炸弹的典型例子是，一名心怀不满的员工将一段代码插入关键程序中，以便在该员工离职后的很长一段时间，再通过该代码制造麻烦。

**消息认证码/强制访问控制**（Message Authentication Code 或 Mandatory Access Controls，MAC）——消息认证码，或者强制访问控制的缩写。MAC 还代表数据链路层网络术语中的介质访问控制，与访问控制的安全无关。

**中间人攻击**（man-in-the-middle attack）——人们试图用中性术语"中间人（meddler-in-the-middle)"来取代这个术语，但它仍在广泛使用。中间人攻击是一种主动攻击，涉及进入两个合法用户之间的路径，并将二者的消息转发给对方，从而欺骗他们认为自己在直接与对方进行会话。

**矩阵**（matrix）——元素的矩形阵列，通常为数字，用于表示线性变换。矩阵的维度是行数 $r$ 和列数 $c$（通常写为 $r \times c$）。只具有一行或一列的矩阵分别称为行向量或列向量。矩阵的加法和乘法运算有一些特定规则。

**消息摘要**（Message Digest，MD）——加密哈希的同义词，目前术语"消息摘要"使用得越来越少。

**消息认证码**（Message Authentication Code，MAC）——消息完整性码（Message Integrity Code，MIC）的同义词。

**每秒一百万条指令**（Million Instructions Per Second，MIPS）——每秒处理一百万条指令。计算机原始处理能力的近似度量。截至 2022 年，处理器芯片可以达到数百万 MIPS。但不要将其与计算机的 MIPS 架构混淆。

**相互认证**（mutual authentication）——会话中的每一方都向另一方证明自己的身份。

**网络地址转换**（Network Address Translation，NAT）——一种可以将比 IP 地址更多的节点连接到因特网的机制。网络地址转换的工作原理是将 IP 地址动态地分配给网络内当前正在与网络外进行通信的节点。被称为网络地址和端口转换（network address and port translation，NAPT）的扩展版本，支持多个在外部使用相同 IP 地址的节点，并通过使用第 4 层网络端口进行区分。

**美国国家标准与技术研究所**（National Institute of Standards and Technology，NIST）——美国政府的一个机构，其使命是开发和推广度量、标准和技术。前身为美国国家标准局（National Bureau of Standards，NBS）。

**nonce**——一个在加密协议中所使用的数，但每次给定的一组参与者在运行协议时，该数极有可能不同，以确保攻击者无法有效地注入以前运行协议时记录的消息。存在多种生成 nonce 的方法，包括适当的大随机数、序列号和时间戳。

**不可否认性**（non-repudiation）——一种方案性质，可以提供谁发送了某条消息的证据，并且接收方可以向第三方展示，然后第三方可以独立地进行消息来源验证。

**非易失性存储器**（nonvolatile memory）——在没有外部电源情况下仍可保持其状态的存储器，例如磁盘和核心存储器。

**在线证书状态协议**（On-line Certificate Status Protocol，OCSP）——一种由 IETF 的 PKIX 工作组定义的用于查明证书撤销状态的协议。

**八比特组**（octet）——八个连续的比特，例如一个 8 比特的字节。

**对象标识符**（Object Identifier，OID）——一种分层标识符，可表示为 ASN.1 编码结构中所采用的数字字段序列。有权使用特定 OID 的人可以将自己的 OID 作为前缀来分配 OID。

**在线撤销服务器**（On-line Revocation Server，OLRS）——一种在线服务，可用于回答有关证书撤销状态的查询。

**在线服务器**（on-line server）——可以提供服务，并且在网络上通常可用（即在线服务器可以在无人值守的情况下运行）。

**一次性密码本**（one-time pad）——一种加密方法，可以将发送方和接收方已知的长字符串与明文相乘来获得密文，并与密文相乘来恢复明文。如果所使用的字符串确实是随机的，并只有通信双方知道，而且任何给定的字符串只能进行一次加密，那么这种极其简单的加密方法是可证明安全的。

**一对一映射**（one-to-one mapping）——一个函数为每个输入值分配一个输出值，这样就不会有两个输入被映射到同一个输出。

**开放/开源等**（open）——意味着所描述的东西是由一个没有利害关系方被排除在外的委员会开发的，即开放；有足够详细的文档记录，以实现单独基于文档的独立互通实现；并且没有专利、版权或商业秘密阻碍其部署。

**开放系统互连**（Open Systems Interconnect，OSI）——由 ISO 批准的计算机网络标准名称。在网络社区中，术语 OSI 和 ISO 往往可以互换使用。

**损害/溢出**（overrun）——在短语"缓冲区溢出"中，指一种软件不检查输入是否适合其缓冲区的软件错误。

**填充**（pad）——在消息中添加附加比特以使其达到所需的长度，例如整数个八比特组。

**奇偶校验**（parity）——偶数（得到 0）或奇数（得到 1），作为 mod 2 的某个数值属性。

**被动攻击**（passive attack）——只能进行窃听攻击的攻击者。

**口令**（password）——被认为是用来证明自己身份的秘密字符串。

**置换**（permutation）——对一组对象的重新排列。在密码系统中，有时指比特重排，有时指 $n$ 比特值到 $n$ 比特值的一对一映射。

**置换矩阵**（permutation matrix）——除了每行和每列中只有一个 1 之外，所有元素都为 0 的矩阵。当一个向量乘以置换矩阵时，结果是一个向量，其元素是原始向量的元素，但不一定顺序相同。

**完美前向保密性**（Perfect Forward Secrecy，PFS）——协议的一种属性，在该属性中，即使攻击者已经了解了双方的长期的加密秘密，记录了加密会话的人以后也无法对会话进行解密。

**个人识别号**（Personal Identification Number，PIN）——一个可用作口令的短数字序列。

**公钥加密标准**（Public-Key Cryptography Standard，PKCS）——由 RSA 数据安全股份有限公司生产和发布的一系列文档，并提出了以安全和可互操作的方式使用公钥加密算法的技术。

**可否认性**（plausible deniability）——某种场景中事件已经形成，使得某人声称不知道，或者没做某事，而且不存在相反的证据。每当这个词出现时，当事人几乎肯定是有罪的。

**便利贴**（post-it pad）——其原始的样子是写着笔记并粘贴在人们的门、椅子等位置上面的黄色便签。在安全领域，这是一种将口令的书面表示附加到工作站的常见方式。

**预认证**（preauthentication）——一种在允许访问使用该口令加密的高质量秘密之前证明你知道口令的协议。预认证用于防止入侵者轻易获得可以进行离线口令猜测的量。

**主体**（principal）——一个密码学界所使用的完全通用术语，包括人员和计算机系统。创造主体这个术语是因为它比"实物"一词更庄重，而且因为"物体"和"实体"这些表述已被过度使用了。

**隐私**（privacy）——当使用这个术语时,意味着保护数据不被未经授权的披露。安全纯粹主义者会使用保密性(confidentiality)一词,因为律师们选择隐私(privacy)一词的意思大致相反:隐私立法由要求政府和企业告诉人们这些组织存储了他们哪些信息的法律组成。

**私钥**（private key）——公钥密码学中必须保密的量。

**特权用户**（privileged user）——被授权绕过正常访问控制机制的计算机用户,通常能够执行系统管理功能。

**受保护的子系统**（protected subsystem）——一个可以运行在比程序用户所授权更高级别权限的程序,因为受保护的子系统有非常结构化的接口,除安全操作之外,不允许任何操作。

**代理**（proxy）——一种充当客户端和服务器之间中介的服务。Web 代理是处理 HTTP 流量的代理。

**公钥**（public key）——公钥密码学中,在必要或者方便的情况下,可以安全泄露的量。

**公钥密码学**（public key cryptography）——也称为非对称密码学（asymmetric cryptography）,是一种使用不同密钥进行加密和解密的密码系统。

**量子比特**（qubit）——量子计算对经典比特的模拟。量子比特可以是经典状态 0 和 1 的叠加。

**基于角色的访问控制**（role-based access control,RBAC）——一种基于角色指定授权的方法,在实践中类似于组。

**域**（realm）——Kerberos 术语,表示服务于特定 KDC 的所有主体。

**参考监视器**（reference monitor）——计算机系统中的一段代码,用于监视所有与安全相关的活动,例如资源访问。

**反射攻击**（reflection attack）——一种攻击,可以将从某个地方接收到的消息重放回去。

**重放**（replaying）——存储和重新传输消息。该术语通常用于暗示进行消息重放的实体正在发起某种安全攻击。

**否认**（repudiation）——否认你做了什么,或者发表一些声明。

**征求意见**（Request for Comments,RFC）——由 IETF 发布的系列文档,可从 IETF 网站(www.IETF.org)免费下载,用于描述 IETF 标准化的协议。尽管存在征求意见(RFC)这个名词,但是意见(comments)在这个过程中的该阶段并不特别受欢迎,而是在初步阶段更受欢迎,因为该文件称为互联网草案(internet draft),也可以从 IETF 网站上获得。

**环**（ring）——一种包含一组元素(包括 0)的数学结构,这些元素的加法和乘法运算满足相似的性质。

**滚动**（rollover）——在会话中更改密钥,以限制密钥使用的数据量,或者时间。

**RSA**——一种以其发明者(Rivest、Shamir 和 Adleman)命名的公钥密码算法,用于加密和数字签名。

**安全素数**（safe prime）——若 $p$ 是素数,则 $(p-1)/2$ 也是素数。$(p-1)/2$ 称为 Sophie Germain 素数。

**salt**——一个以密码学方式将特定于用户的值与该用户的口令进行组合,以获得该用户口令的哈希。salt 有多种用途,即使两个用户口令相同,也可以使其哈希不同。这也意味着入侵者无法预先计算几千个猜测口令的哈希值，并无法将该列表与被盗的哈希口令数据库进行比较。salt 可以是一个随机数，与用户口令的哈希一起存储在明文中，也可以由用户名或者其他一些特定于用户的信息组成。

**密钥**（secret key）——私钥密码中用于加密和解密数据的共享秘密量。

**秘密共享**（secret sharing）——一种可以将一个秘密分解为 $n$ 个部分，从而可以将其中的任意 $k$ 个部分组合起来检索秘密，但其中的任意 $k-1$ 个共享都不会提供任何信息的方法。

**密钥密码**（secret key cryptography）——也称为对称密码，一种使用相同密钥进行加密和解密的方案。

**安全多方计算**（Secure Multiparty Computation，MPC）——一种可以计算 $n$ 个参与者输入函数的方法，其中，参与者看不到其他的输入，但可以看到结果。然而，法定人数为 $k$ 个的参与者可以串通查看所有输入。

**安全关联**（Security Association，SA）——用于进行加密保护会话的共享状态，例如密钥、另一方的身份、序列号，以及需要使用的加密算法。

**自同步**（self-synchronizing）——一种加密方案，如果某些密文因信息的添加、删除、或者修改而被篡改，则在接收方某些消息会被篡改，但在密文修改后消息流中的某个点，消息仍可以正确解密。

**服务器**（server）——网络上可用的一些资源，用于提供一些服务，例如域名检索、文件存储，或者打印。

**会话劫持**（session hijacking）——一种在初始身份认证后，会话的加密保护结束时，可能会发生的攻击。攻击者会闯入会话，并向一方冒充另一方。

**签名**（sign）——使用私钥生成数字签名，以证明用户生成或者批准了某些消息。作为名词指一个与消息相关的量，只有知道私钥的人才能生成，但可以通过知道公钥来验证。

**智能卡**（smart card）——一种信用卡大小的对象，用于身份认证，包含非易失性存储，以及计算能力。一些智能卡能够在卡上执行加密操作。

**简单邮件传输协议**（Simple Mail Transport Protocol，SMTP）——一种通过网络发送电子邮件的协议，由 IETF 标准化。

**Sophie Germain 素数**——一个素数 $p$，其中 $2p+1$ 也是素数。

**欺骗**（spoof）——在未经某个实体 $X$ 允许且你不是 $X$ 的情况下，说服某人你是 $X$。同义词为假冒（impersonate）和伪装（masquerade）。

**方形矩阵**（square matrix）——行数与列数相同的矩阵。

**流加密**（stream encryption）——一种可以对任意大小的消息进行加密和解密的加密算法。

**强认证**（strong authentication）——窃听认证交换的人无法在随后的认证中获得足够的信息来冒充主体。

**叠加**（superposition）——$n$ 个量子比特的集合状态，其中，$2^n$ 个经典状态中的一个以上具有被测量的非零概率。

**超级用户**（superuser）——操作系统中的概念，允许某个人绕过普通的安全机制。例如，系统管理者必须能够读取每个人的文件以进行备份。

**对称密码学**(symmetric cryptography)——私钥密码学。之所以称为对称,是因为加密和解密使用相同的密钥。

**可信计算组**(Trusted Computing Group,TCG)——一个非营利组织,旨在开发、定义和推广开放的、供应商中立的全球行业规范和标准,支持基于硬件的信任根,用于可互操作的可信计算平台。

**传输控制协议**(Transmission Control Protocol,TCP)——在互联网协议套件中定义的面向可靠连接的传输层协议。

**telnet**——远程终端连接服务协议。

**票证授予票证**(ticket-granting ticket,TGT)——一种 Kerberos 的数据结构,实际上 TGT 是 KDC 的票证。其目的是允许用户的工作站在用户登录后不久忘记用户的长期秘密。

**票证**(ticket)——由可信中介构建的数据结构,使双方能够相互认证。

**类型长度值编码**(Type Length Value,TLV)——一种用于以向后兼容的方式对一组字段进行编码,以便轻松添加新字段的语法。不识别类型的实现可以使用长度(length)跳过字段。

**顶级域名**(Top-Level Domain,TLD)——DNS 域名的最高级别。例如.com、.au、.tv 和.edu。

**欧拉函数**(totient function)——$\varphi(n)$,小于 $n$ 且与 $n$ 互素的正整数个数。

**可信平台模块**(Trusted Platform Module,TPM)——安全密码处理器(使用集成密码密钥保护硬件的专用微控制器)的国际标准。

**透明**(transparent)——一种不在那里,又像在那里的幻觉,可以在不更改现有应用的情况下进行部署。

**陷门函数**(trap door function)——该函数看起来是不可逆的,但存在一个秘密方法(陷门),如果知道陷门则可以逆转这个函数。

**特洛伊木马**(Trojan horse)——一段出于邪恶目的,例如窃取信息,而嵌入有用程序中的代码。通常,当恶意代码不试图将自己复制到其他程序中时,会使用特洛伊木马一词,而不是病毒。

**可信中介**(trusted intermediary)——第三方,例如 KDC 或者 CA,允许双方在没有事先配置密钥的情况下进行身份认证。

**可信服务器**(trusted server)——辅助网络身份认证的实体。

**可信软件**(trusted software)——以某种使用户确信代码中不存在特洛伊木马(甚至与安全相关的错误)的方式而生产的软件。

**图灵测试**(Turing test)——艾伦·图灵(Alan Turing)提出的测试计算机是否实现了人工智能的测试。测试的内容是,一个人可以通过键盘与计算机,或者人类进行通信,如果测试人员无法判断哪一个是人类,哪一个是计算机,那么计算机就通过了图灵测试。

**用户代理**(User Agent,UA)——将用户与变幻莫测的电子邮件基础设施隔离开来的第一层软件。

**用户数据报协议**(User Datagram Protocol,UDP)——在互联网协议套件中定义的数据报传输层协议。

统一资源定位符（Uniform Resource Locator，URL）——一个用于指定因特网上资源的字符串。

uudecode——一个用于反转 uuencode 影响的 UNIX 实用程序。

uuencode——一种 UNIX 实用程序，通过对每个字符的六比特二进制数据进行编码，并将任意二进制数据编码为无害的可打印字符。

向量（vector）——具有单行或者单列的矩阵。此外，也可以是携带和传播病毒或者其他恶意实体的东西。

验证签名（verify a signature）——使用消息、签名和公钥执行加密计算，以确定签名是否由知道签名消息相应私钥的所有人生成。

病毒（virus）——通过嵌入其他程序进行复制的一部分计算机程序。当这些程序运行时，病毒会被再次调用，并可能进一步传播。

虚拟专用网络（Virtual Private Network，VPN）——一种在互联网上使用加密隧道的网络，就好像它们是专用链接一样。

工作因子（work factor）——破解给定密码系统所需计算资源的估计值。

$Z_n \times$——与 $n$ 互素的整数，mod $n$。